带你玩转 ANSYS Workbench18. 0 工程应用系列

ANSYS Workbench18. 0
高阶应用与实例解析

买买提明·艾尼　陈华磊　编著

机 械 工 业 出 版 社

本书以 ANSYS Workbench18.0 为基础，以常见工程应用问题为章节标题，介绍了接触与摩擦分析、结构对称分析、子模型应用分析、塑性分析、结构振动分析、机构刚柔耦合分析、碰撞分析、瞬态热分析、裂纹扩展与寿命分析、蠕变与松弛分析、复合材料分析、导电与磁场分析、流体动力学分析、多物理场耦合分析、客户化定制应用分析、试验探索与拓扑优化分析等内容，共 16 章，44 个典型工程实例。作为一本工程应用实例教程，包含了问题与重难点描述、实例详细解析过程及结果分析点评。

本书内容适合机械工程、土木工程、水利水电、能源动力、电子通信、工程力学、航空航天等领域。既可以作为理工科各专业的本科生、广大研究生和教师的教学用书及参考书，也可供相关领域从事产品设计、仿真和优化的工程技术人员及广大 CAE 爱好者参考。

图书在版编目（CIP）数据

ANSYS Workbench18.0 高阶应用与实例解析/买买提明·艾尼，陈华磊编著.—北京：机械工业出版社，2018.8（2020.8 重印）
（带你玩转 ANSYS Workbench 18.0 工程应用系列）
ISBN 978-7-111-60594-2

Ⅰ.①A… Ⅱ.①买… ②陈… Ⅲ.①有限元分析－应用软件 Ⅳ.①O241.82-39

中国版本图书馆 CIP 数据核字（2018）第 171140 号

机械工业出版社（北京市百万庄大街 22 号 邮政编码 100037）
策划编辑：黄丽梅 责任编辑：黄丽梅
责任校对：肖 琳 封面设计：路恩中
责任印制：常天培
北京虎彩文化传播有限公司印刷
2020 年 8 月第 1 版第 2 次印刷
184mm×260mm · 19.5 印张 · 479 千字
3001—4001 册
标准书号：ISBN 978-7-111-60594-2
ISBN 978-7-89386-188-8（光盘）
定价:59.00 元（含 1DVD）

凡购本书，如有缺页、倒页、脱页，由本社发行部调换

电话服务
服务咨询热线：010-88361066
读者购书热线：010-68326294
010-88379203

网络服务
机 工 官 网：www.cmpbook.com
机 工 官 博：weibo.com/cmp1952
金 书 网：www.golden-book.com
教育服务网：www.cmpedu.com

封底无防伪标均为盗版

前　　言

ANSYS Workbench 作为行业翘楚，在驱动新产品研发，缩短研发周期方面的优势，被越来越多的行业所认可。本书作为 ANSYS Workbench18.0 系列图书的第三本，继承了系列第一本《ANSYS Workbench18.0 有限元分析入门与应用》与第二本《ANSYS Workbench18.0 工程应用与实例解析》中实例的写作风格，集结的44 个典型工程应用实例，以常见工程应用问题为章节标题，介绍了接触与摩擦分析、结构对称分析、子模型应用分析、塑性分析、结构振动分析、机构刚柔耦合分析、碰撞分析、瞬态热分析、裂纹扩展与寿命分析、蠕变与松弛分析、复合材料分析、导电与磁场分析、流体动力学分析、多物理场耦合分析、客户化定制应用分析、试验探索与拓扑优化分析等内容，既是对第一本和第二本实例内容的扩展，衔接新技术应用者的需求，又是对 ANSYS Workbench 相关工程应用领域分析能力的进一步展现。

本书工程实例全部来源于实际工程应用，反映了工程应用中的实际情况及 ANSYS Workbench 通用、易用的特点，帮助读者解决实际分析中可能遇到的问题。本书在编写过程中力求做到通俗易懂，每一个实例分析后都有结果分析与点评，但使用前如果对 ANSYS Workbench 没有一定基础，还是建议先学习一下本系列的前两本，循序渐进，学习效果会比较好。

本书以 ANSYS Workbench18.0 为基础，顺应趋势、自成体系、突出重点、注意细节、正误明确，通过44 个典型工程实例对 ANSYS Workbench 平台中的相应模块应用进行介绍。全书共分16 章，具体各章所涉及的内容如下：

第1 章　接触与摩擦分析：主要介绍4 个结构分析中常见的关于接触与摩擦分析的工程应用实例，包括问题与重难点描述、材料创建、模型处理、网格划分、边界施加、求解及后处理、结果分析与点评等内容。

第2 章　结构对称分析：主要介绍两个结构分析中常见的关于对称结构分析的工程应用实例，包括问题与重难点描述、材料创建、模型处理、网格划分、边界施加、求解及后处理、结果分析与点评等内容。

第3 章　子模型应用分析：主要介绍两个结构分析中常见的关于子模型应用分析的工程应用实例，包括问题与重难点描述、材料创建、模型处理、网格划分、边界施加、求解及后处理、结果分析与点评等内容。

第4 章　塑性分析：主要介绍两个结构分析中常见的关于塑性分析的工程应用实例，包括问题与重难点描述、材料创建、模型处理、网格划分、边界施加、求解及后处理、结果分析与点评等内容。

第5 章　结构振动分析：主要介绍4 个结构分析中常见的振动分析的工程应用实例，包括问题与重难点描述、材料创建、模型处理、网格划分、边界施加、求解及后处理、结果分析与点评等内容。

第6章 机构刚柔耦合分析：主要介绍两个机构分析中常见的刚柔耦合分析的工程应用实例，包括问题与重难点描述、材料创建、模型处理、网格划分、边界施加、求解及后处理、结果分析与点评等内容。

第7章 碰撞分析：主要介绍两个结构分析中常见的关于碰撞问题分析的工程应用实例，包括问题与重难点描述、材料创建、模型处理、网格划分、边界施加、求解及后处理、结果分析与点评等内容。

第8章 瞬态热分析：主要介绍两个结构热分析中常见的关于瞬态热分析的工程应用实例，包括问题与重难点描述、材料创建、模型处理、网格划分、边界施加、求解及后处理、结果分析与点评等内容。

第9章 裂纹扩展与寿命分析：主要介绍5个结构分析中常见的关于裂纹扩展与寿命分析的工程应用实例，包括问题与重难点描述、材料创建、模型处理、断裂网格创建、边界施加、nCode联合应用、求解及后处理、结果分析与点评等内容。

第10章 蠕变与松弛分析：主要介绍两个结构分析中常见的关于蠕变与松弛分析的工程应用实例，包括问题与重难点描述、材料创建、模型处理、网格划分、边界施加、求解及后处理、结果分析与点评等内容。

第11章 复合材料分析：主要介绍两个常见的关于复合材料分析的工程应用实例，实例包括问题与重难点描述、材料创建、网格划分、实体模型创建、层创建、边界施加、求解及后处理、结果分析与点评等内容。

第12章 导电与磁场分析：主要介绍两个常见的关于导电与磁场分析工程应用实例，包括问题描述、材料创建、网格划分、边界施加、求解及后处理、结果分析与点评等内容。

第13章 流体动力学分析：主要介绍4个流体动力学分析工程应用实例，包括Fluent、CFX流体单场应用，问题与重难点描述、材料创建、网格划分、边界施加、求解及后处理、结果分析与点评等内容。

第14章 多物理场耦合分析：主要介绍3个常见的关于多物理场耦合分析的工程应用实例，包括Fluent、CFX流体多物理场耦合应用，单向顺序耦合、热流固耦合和双向耦合多场应用的问题与重难点描述、材料创建、网格划分、边界施加、求解及后处理、结果分析与点评等内容。

第15章 客户化定制应用分析：主要介绍4个结构分析中常见的关于蠕变与松弛分析的工程应用实例，包括问题与重难点描述、材料创建、模型处理、网格划分、边界施加、求解及后处理、结果分析与点评等内容。

第16章 试验探索与拓扑优化分析：主要介绍两个优化分析中常见的关于实验探索与拓扑优化分析的工程应用实例，包括参数化优化、拓扑优化应用的问题描述、材料创建、网格划分、边界施加、优化设置、求解及优化模型的后处理、分析点评等内容。

本书特色：

1）本书工程实例全部来源于实际工程应用，以解决实际问题为出发点。

2）本书以常见重难点问题为章节标题，通过实例解析介绍问题的解决技巧。

3）语言平实，说明为主，对关键步骤，在图中用粗线方框标注提示。

4）重在软件和实际问题的解决，并对实例应用给予结果分析与点评。

5）突出新技术应用和使用技巧讲解，介绍新方法应用时兼顾新老读者。

作者在本书的编写过程中追求准确性、完整性和应用性。但是，由于作者水平有限，书中欠妥、错误之处在所难免，希望读者和同仁能够及时指出，期待共同提高。读者在学习过程中遇到难以解答的问题，可以直接发邮件到作者邮箱 hkd985@163.com（书中模型索取）或加入 QQ 群 590703758 进行技术交流，作者会尽快给予解答。

另外，本书配有光盘 1 张，内含书中实例配套的相关模型及分析源文件。

买买提明·艾尼　陈华磊

目　录

第 1 章　接触与摩擦分析

1.1　自动送料小车轮轨非线性接触分析

1.1.1　问题与重难点描述

1. 问题描述

冶金、锻造等重工业工厂的自动送料小车常采用轮轨，其中轮对由一根车轴和两个相同的车轮组成，车轮为踏面型。轮对一般应满足有足够的强度，不仅满足直行，还要能够顺利通过曲线和岔道，抗脱轨，并且具备阻力好和耐磨性好等优点。本例对轮对和钢轨详细设计尺寸不做说明，重在分析轮对与钢轨之间的接触。假设轮轨材料参数使用结构钢加双线性各向同性硬化，其中屈服强度为 2.5×10^{8}Pa，切线模量为 2×10^{10}Pa；单轮承受 10000N 轴承力，钢轨底端面固定，如图 1-1 所示。试求轮轨在轴承力作用下的钢轨变形、应力状态以及接触压力。

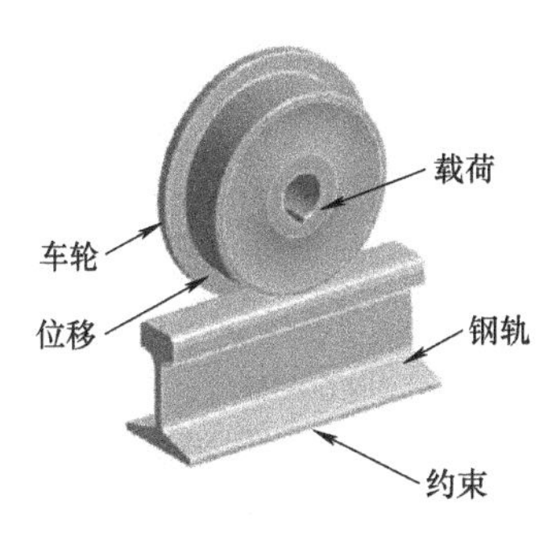

图 1-1　轮轨模型

2. 重难点提示

本实例重难点在于对轮轨摩擦接触非线性的设置，以及对收敛性的处理。

1.1.2　实例详细解析过程

1. 启动 Workbench18.0

在“开始”菜单中执行 ANSYS18.0→Workbench18.0 命令。

2. 创建结构静力分析

（1）在工具箱【Toolbox】的【Analysis Systems】中双击或拖动结构静力分析【Static Structural】到项目分析流程图，如图 1-2 所示。

（2）在 Workbench 的工具栏中单击【Save】，保存项目实例名为 Wheel rail.wbpj。如工程实例文件保存在 D：\ AWB \ Chapter01 文件夹中。

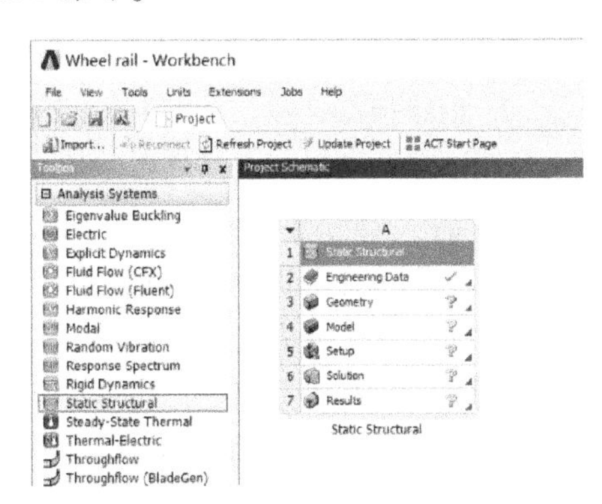

图 1-2　创建结构静力分析

3. 创建材料参数

（1）编辑工程数据单元，右键单击【Engineering Data】→【Edit】。

（2）在工程数据属性中右键单击【Outline of Schematic A2：Engineering Data】→【Structural Steel】→【Duplicate】，得到【Structural Steel2】。

（3）在左侧单击【Plasticity】展开，双击【Bilinear Isotropic Hardening】→【Properties of Outline Row 4：Structural Steel2】→【Bilinear Isotropic Hardening】，设置【Yield Strength】=2.5E+08Pa，【Tangent Modulus】=2E+10Pa，其他默认，如图 1-3 所示。

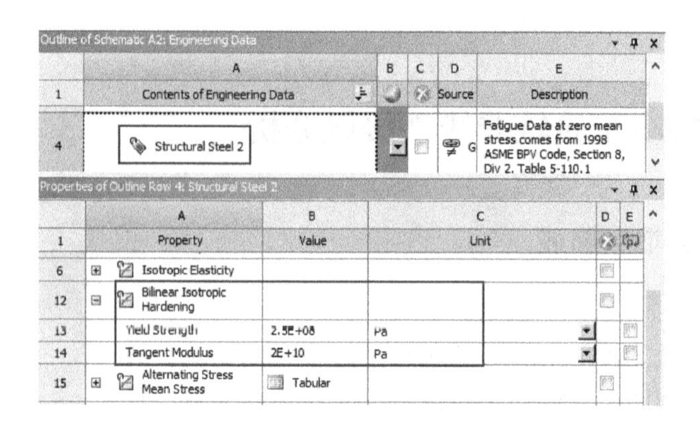

图 1-3　创建材料

（4）单击工具栏中的【A2：Engineering Data】关闭按钮，返回到 Workbench 主界面，新材料创建完毕。

4. 导入几何模型

在结构静力分析上，右键单击【Geometry】→【Import Geometry】→【Browse】，找到模型文件 Wheel rail. agdb，打开导入几何模型。如模型文件在 D：\ AWB \ Chapter01 文件夹中。

5. 进入 Mechanical 分析环境

（1）在结构静力分析上，右键单击【Model】→【Edit】，进入 Mechanical 分析环境。

（2）在 Mechanical 的主菜单【Units】中设置单位为 Metric（mm，kg，N，s，mV，mA）。

6. 为几何模型分配材料

在导航树上单击【Geometry】展开，选择【Rail，Wheel】→【Details of "Multiple Selection"】→【Material】→【Assignment】=Structural Steel2，其他默认。

7. 创建接触连接

（1）在导航树上展开【Connections】→【Contacts】，单击【Contact Region】，默认程序自动识别的钢轨面为接触面，与其相邻的轮轨面为目标面。右键单击【Contact Region】，从弹出的快捷菜单中选择【Rename Based On Definition】，重新命名目标面与接触面，然后右键单击接触对，从弹出的快捷菜单中选择 Flip Contact/Target。

（2）接触设置，如图 1-4 所示，单击

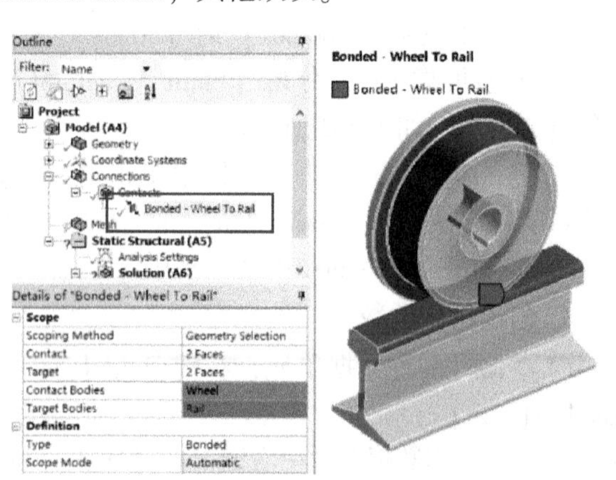

图 1-4　创建接触连接

【Bonded-Wheel To Rail】→【Details of "Bonded-Wheel To Rail"】→【Definition】，设置【Type】=Frictional，【Friction Coefficient】=0.3，【Behavior】=Symmetric；【Advanced】→【Formulation】=Augmented Lagrange；【Geometric Modification】→【Interface Treatment】=Add Offset，Ramped Effects，其他默认，如图 1-5 所示。

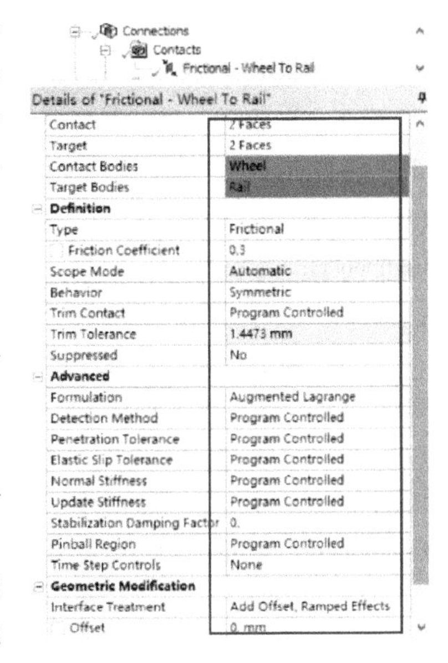

图 1-5　接触设置

8. 划分网格

(1) 在导航树上单击【Mesh】→【Details of "Mesh"】→【Sizing】，设置【Relevance Center】=Medium，其他默认。

(2) 在导航树上选择所有体，然后右键单击【Mesh】，从弹出的菜单中选择【Insert】→【Sizing】→【Body Sizing】→【Details of "Body Sizing"】，设置【Element Size】=5mm。

(3) 选择所有体，然后右键单击【Mesh】，从弹出的菜单中选择【Insert】→【Method】→【Hex Dominant】，其他默认。

(4) 生成网格，右键单击【Mesh】→【Generate Mesh】，图形区域显示程序生成的网格模型，如图 1-6 所示。

(5) 网格质量检查，在导航树上单击【Mesh】→【Details of "Mesh"】→【Quality】，设置【Display Style】=Element Quality，显示 Element Quality 规则下网格质量状态，如图 1-7 所示；【Mesh Metric】=Element Quality，显示 Element Quality 规则下网格质量详细信息，平均值处在好水平范围内，展开【Statistics】显示网格和节点数量。

图 1-6　划分网格

图 1-7　网格质量显示

9. 接触初始检测

(1) 在导航树上右键单击【Connections】→【Insert】→【Contact Tool】。

(2) 右键单击【Contact Tool】，从弹出的快捷菜单中选择【Generate Initial Contact Results】，经过初始运算，得到接触状态信息，如图 1-8 所示。

Name	Contact Side	Type	Status	Number Contacting	Penetration (mm)	Gap (mm)	Geometric Penetration (mm)	Geometric Gap (mm)	Resulting Pinball (mm)	Real Constant
Frictional - Wheel To Rail	Contact	Frictional	Closed	5.	1.1803e-002	0.	1.1803e-002	N/A	8.418	5.
Frictional - Wheel To Rail	Target	Frictional	Closed	2.	8.9949e-003	0.	8.9949e-003	N/A	9.3266	6.

图 1-8　接触初始检测

10. 施加边界条件

（1）单击【Static Structural（A5）】。

（2）施加轴承力，在标准工具栏上单击，然后选择轴承座内表面，在环境工具栏上单击【Loads】→【Bearing Load】→【Details of "Bearing Load"】→【Definition】，设置【Define By】= Components，【X Component】=0N，【Y Component】= -100000N，【Z Component】=0N，如图 1-9 所示。

图 1-9　施加载荷

（3）施加位移，首先在标准工具栏上单击，然后选择轮轨端面，在环境工具栏单击【Supports】→【Displacement】→【Details of "Displacement"】→【Definition】，设置【Define By】= Components，【X Component】=0mm，【Y Component】=free，【Z Component】=0mm，如图 1-10 所示。

（4）施加约束，首先在标准工具栏上单击，然后选择钢轨底端面，在环境工具栏单击【Supports】→【Fixed Support】，如图 1-11 所示。

图 1-10　施加载荷

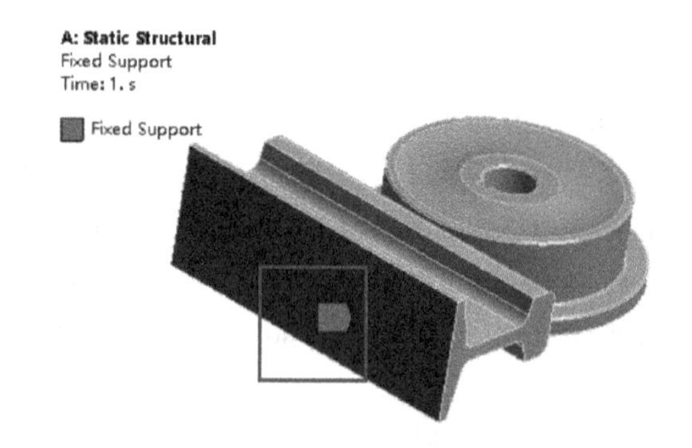

图 1-11　施加约束

（5）分析设置，单击【Analysis Settings】→【Details of "Analysis Settings"】→【Step Controls】，设置【Auto Time Stepping】= On，【Define By】= Substeps，【Initial Substeps】= 20，【Minimum Substeps】= 10，【Maximum Substeps】= 50，其他默认，如图 1-12 所示。

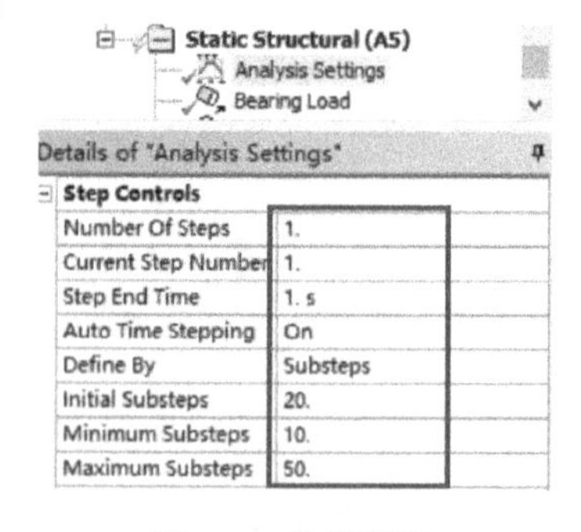

图1-12　分析设置

11. 设置需要的结果

（1）在导航树上单击【Solution（A6）】。

（2）在求解工具栏上单击【Deformation】→【Directiona】→【Details of "Directional Deformation"】→【Definition】→【Orientation】= Y Axis。

（3）在标准工具栏上单击，选择钢轨表面，然后在求解工具栏上单击【Stress】→【Equivalent（von-Mises）】。

12. 求解与结果显示

（1）在 Mechanical 标准工具栏上单击 Solve 进行求解运算。

（2）运算结束后，单击【Solution（A6）】→【Directional Deformation】，图形区域显示分析得到的钢轨 Y 方向变形分布云图，如图 1-13 所示；单击【Solution（A6）】→【Equivalent Stress】，显示钢轨等效应力分布云图，如图 1-14 所示。

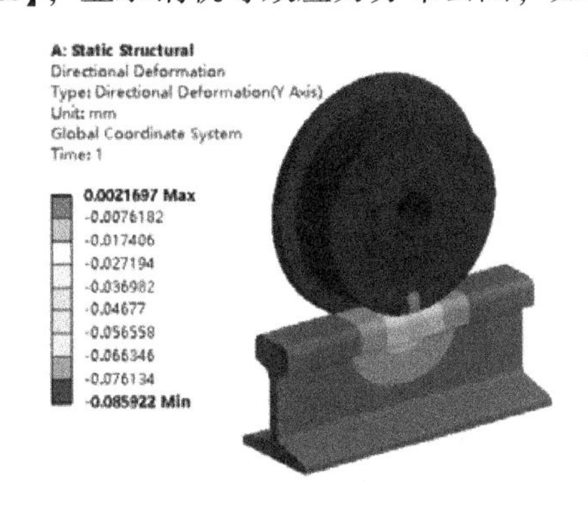

图 1-13　轮轨 Y 方向变形云图

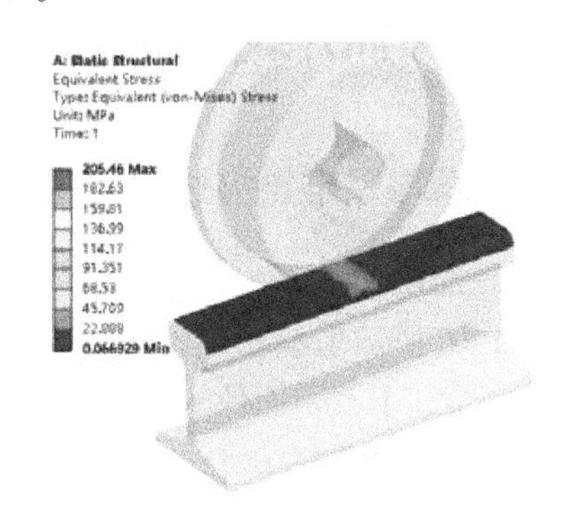

图 1-14　轮轨等效应力分布云图

13. 接触评估

（1）在导航树上单击【Solution（A6）】。

（2）在求解工具栏上单击【Tools】→【Contact Tool】。

（3）单击【Contact Tool】→【Status】→【Details of "Status"】→【Definition】→【Type】= Pressure，其他默认。

（4）右键单击【Contact Tool】，从弹出的快捷菜单中选择【Evaluate All Results】，运算后，单击【Contact Tool】→【Pressure】查看接触压力结果，如图 1-15 所示。

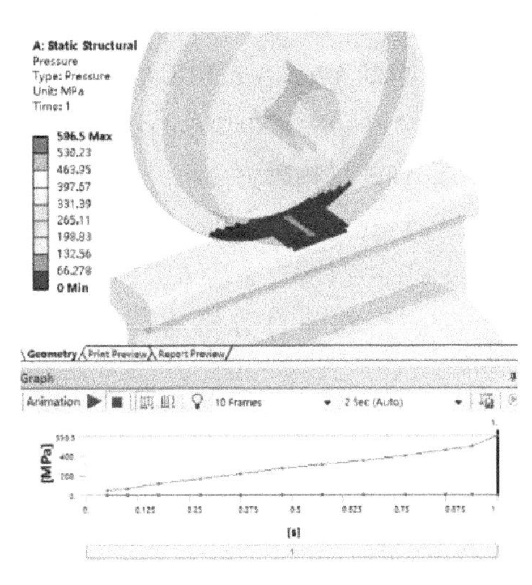

图 1-15　接触压力

14. 保存与退出

（1）退出 Mechanical 分析环境，单击 Mechanical 主界面的菜单【File】→【Close Mechanical】退出环境，返回到 Workbench 主界面，此时主界面的分析流程图中显示的分析已完成。

（2）单击 Workbench 主界面上的【Save】按钮，保存所有分析结果文件。

（3）退出 Workbench 环境，单击 Workbench 主界面的菜单【File】→【Exit】退出主界面，完成分析。

1.1.3　结果分析与点评

本实例是自动送料小车轮轨非线性接触分析，从分析结果来看，尽管接触对的接触位置和目标位置选择都是面，但轮轨接触实为线接触，因此在接触位置呈现线状形式的等效应力和接触压力都较大，接触压力呈非线性增长，而接触处的变形相对小。本例仅考虑静止状态下的一种工况，在本例中如何使求解快速收敛是关键，这牵涉到非线性接触设置与接触初始检测、求解过程中子步设置，以及对应的边界条件设置。Mechanical 在求解非线性时有强大的处理方法，求解前即可通过初始检测来判定接触设置是否正确，求解后可通过查看收敛图、接触追踪、接触评估及 Newton-Raphson 余量来判定是否收敛及解决方法。

1.2 卡箍紧固件螺栓预紧非线性接触分析

1.2.1 问题与重难点描述

1. 问题描述

如图 1-16 所示卡箍紧固件用于夹紧圆管，圆管的材料为铜合金，卡箍紧固件的材料为结构钢。紧固件与圆管之间的摩擦因数为 0.15，工作时紧固件的夹紧力为 1000N。试求圆管被卡箍紧固件夹紧时的 Z 方向变形以及卡箍紧固件最大的应力与变形。

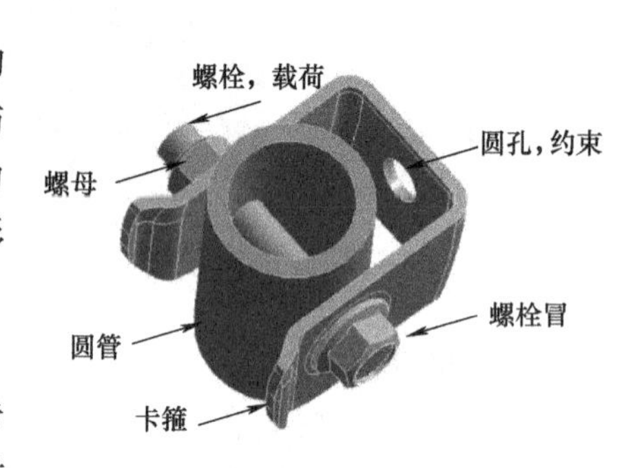

图 1-16 卡箍紧固件螺栓模型

2. 重难点提示

本实例重难点在于多接触对，对带有螺栓预紧的卡箍紧固件这样的模型怎样进行非线性接触设置，以及对收敛性处理。

1.2.2 实例详细解析过程

1. 启动 Workbench18.0

在“开始”菜单中执行 ANSYS18.0→Workbench18.0 命令。

2. 创建结构静力分析

(1) 在工具箱【Toolbox】的【Analysis Systems】中双击或拖动结构静力分析【Static Structural】到项目分析流程图，如图 1-17 所示。

(2) 在 Workbench 的工具栏中单击【Save】，保存项目实例名为 Clamp.wbpj。如工程实例文件保存在 D:\AWB\Chapter01 文件夹中。

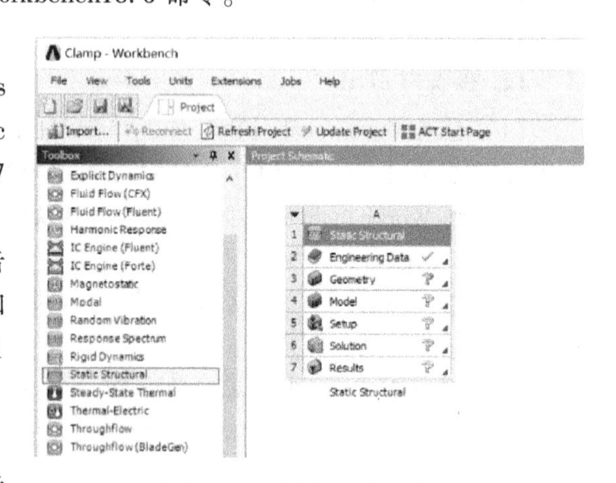

图 1-17 创建结构静力分析

3. 创建材料参数

(1) 编辑工程数据单元，右键单击【Engineering Data】→【Edit】。

(2) 在工程数据属性中增加材料，在 Workbench 的工具栏上单击工程材料源库，此时的界面主显示【Engineering Data Sources】和【Outline of Favorites】。选择 A3 栏【General materials】，从【Outline of General materials】里查找铜合金【Copper Alloy】材料，然后单击【Outline of General Material】表中的添加按钮，此时在 C6 栏中显示标示，表明材料添加成功，如图 1-18 所示。

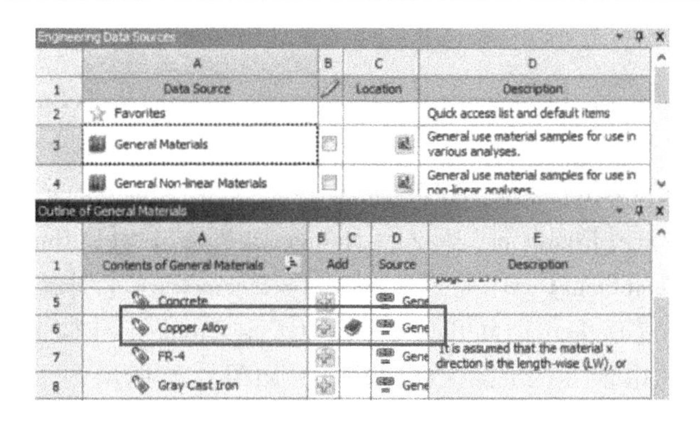

图 1-18　创建材料

(3) 单击工具栏中的【A2：Engineering Data】关闭按钮，返回到 Workbench 主界面，新材料创建完毕。

4. 导入几何模型

在结构静力分析上，右键单击【Geometry】→【Import Geometry】→【Browse】，找到模型文件 Clamp. x_t 打开导入几何模型。如模型文件在 D：\ AWB \ Chapter01 文件夹中。

5. 进入 Mechanical 分析环境

(1) 在结构静力分析上，右键单击【Model】→【Edit】进入 Mechanical 分析环境。

(2) 在 Mechanical 的主菜单【Units】中设置单位为 Metric（mm，kg，N，s，mV，mA）。

6. 为几何模型分配材料

(1) 为圆管分配材料，在导航树上单击【Geometry】展开，选择【Pipe】→【Details of "Pipe"】→【Material】→【Assignment】= Copper Alloy。

(2) 卡箍、螺栓和螺母的材料默认为结构钢。

7. 定义局部坐标

在 Mechanical 标准工具栏单击，选择螺栓外表面；在导航树上右键单击【Coordinate Systems】，从弹出的快捷菜单中选择【Insert】→【Coordinate Systems】→【Details of "Coordinate System"】→【Principal Axis】→【Axis】= Z，其他默认，如图 1-19 所示。

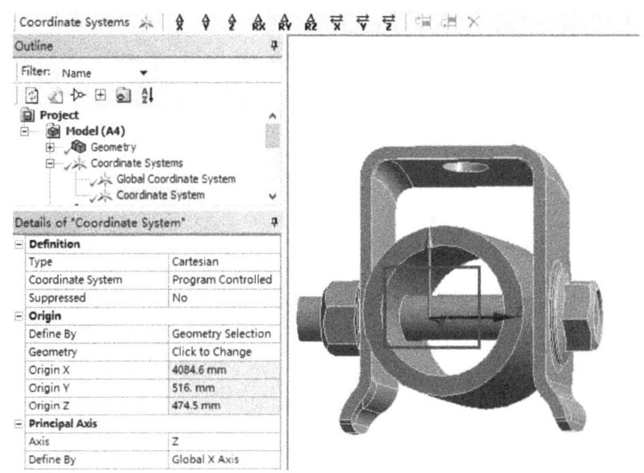

图 1-19　局部坐标设置

8. 接触设置

(1) 导航树上右键单击【Connections】→【Rename Based On Definition】，重新命名目标面与接触面。

(2) 设置圆管与卡箍的接触，在导航树上展开【Connections】→【Contacts】，单击【Bonded-Holder To Pipe】→【Details of “Bonded-Holder To Pipe”】→【Definition】，设置【Type】= Frictional，【Frictional Coefficient】=0.15，【Behavior】=Symmetric；【Advanced】→【Formulation】= Augmented Lagrange，【Detection Method】= On Gauss Point；【Geometric Modification】→【Interface Treatment】= Adjust to Touch，其他默认，如图 1-20 所示。

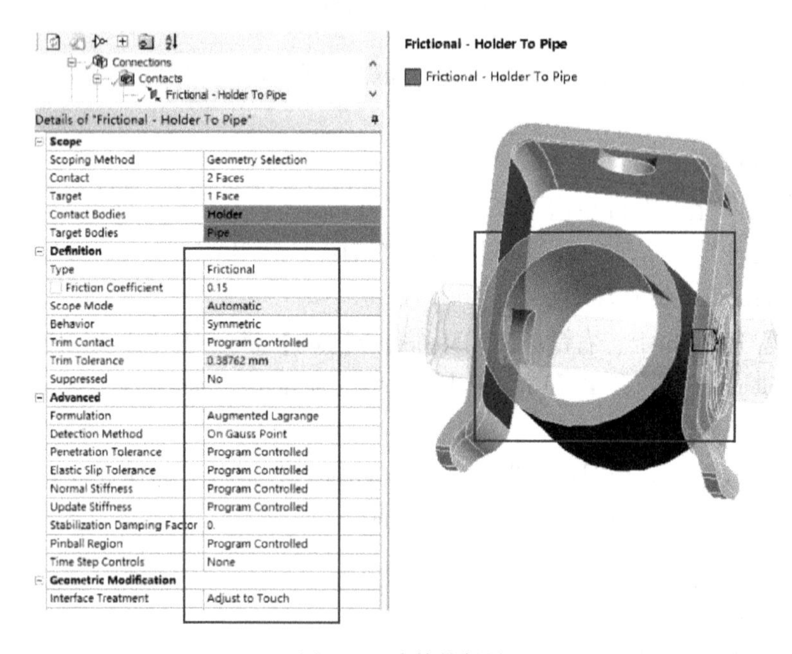

图 1-20 摩擦接触设置

(3) 设置螺栓头与卡箍表面的接触，单击【Bonded-Holder To Bolt】→【Details of “Bonded-Holder To Bolt”】→【Scope】→【Contact】，单击3Faces，在空白处单击，单击选择卡箍侧面圆区域，然后 Apply 确定，如图 1-21 所示。隐藏整个卡箍，选择目标面 Target，单击 4Faces，在空白处单击，单击选择卡箍侧面圆区域对应的螺栓头表面，然后 Apply 确定，如图 1-22 所示。设置【Definition】→【Type】= Frictional，【Frictional Coefficient】=0.15，【Behavior】= Symmetric；【Advanced】→【Formulation】= Augmented Lagrange，【Detection Method】= On Gauss Point，【Geometric Modification】→【Interface Treatment】= Add Offset，Ramped Effects，其他默认，如图 1-23 所示。

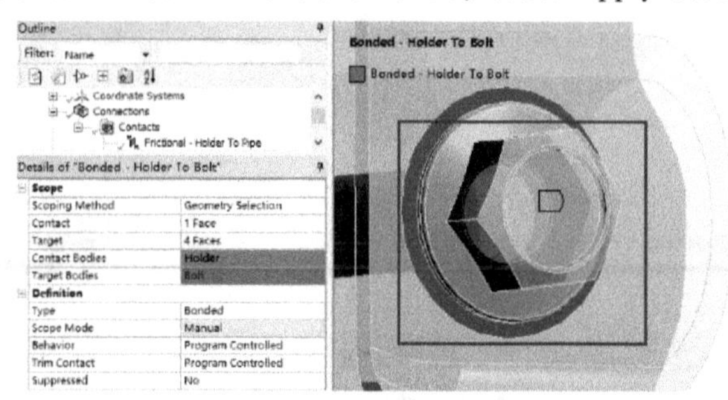

图 1-21 设置摩擦接触面

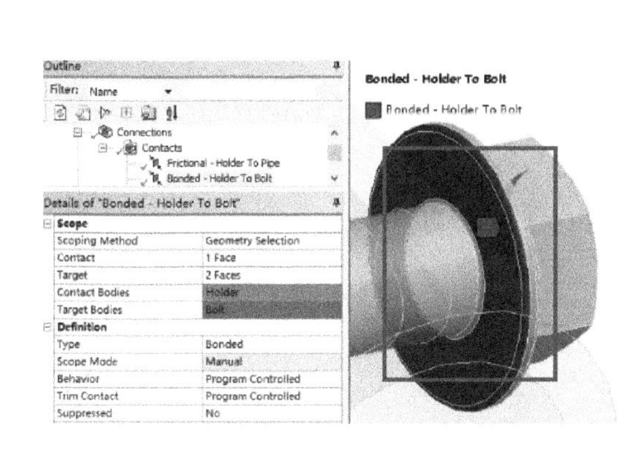

图 1-22　设置摩擦接触目标面

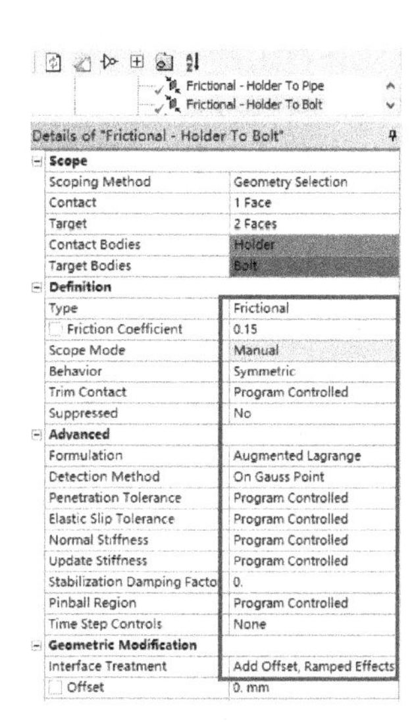

图 1-23　摩擦接触设置

（4）螺母与卡箍表面的接触，单击【Bonded-Holder To Nut】→【Details of "Bonded-Holder To Nut"】→【Definition】→【Type】= Frictional，设置【Frictional Coefficient】= 0. 15，【Behavior】= Symmetric；【Advanced】→【Formulation】= Augmented Lagrange，【Detection Method】= On Gauss Point，【Geometric Modification】→【Interface Treatment】= Add Offset，Ramped Effects，其他默认，如图 1-24 所示。

（5）螺栓杆与圆管的接触，单击【Bonded-Pipe To Bolt】→【Details of "Bonded-Pipe To Bolt"】→【Definition】→【Type】= Frictionless，【Behavior】= Symmetric；【Advanced】→【Formulation】= Augmented Lagrange，【Detection Method】= On Gauss Point；【Geometric Modification】→【Interface Treatment】= Adjust to Touch，其他默认，如图 1-25 所示。

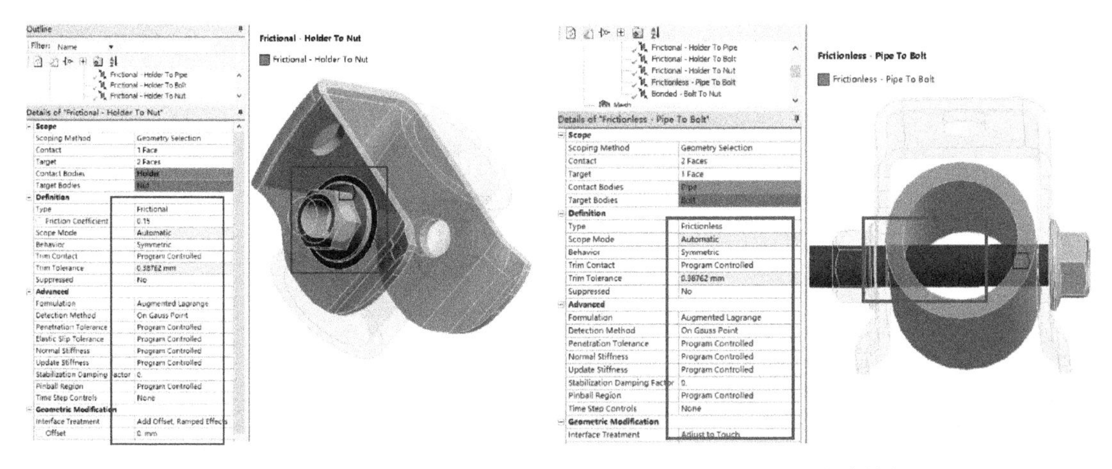

图 1-24　摩擦接触设置　　图 1-25　无摩擦接触设置

（6）螺栓杆与螺母的接触，单击【Bonded-Bolt To Nut】→【Details of "Bonded-Bolt To Nut"】→【Definition】→【Behavior】= Symmetric；【Advanced】→【Formulation】= Pure Penalty，【Detection Method】= On Gauss Point，其他默认，如图 1-26 所示。

（7）螺栓杆与卡箍的接触，在导航树上单击【Contacts】，在连接工具栏中单击【Contact】→【Frictionless】，单击【Frictionless-No Selection To No Selection】→【Details of “Frictionless-No Selection To No Selection”】→【Contact】，隐藏螺栓杆和圆管，单击选择卡箍两侧孔内表面，单击【Contact】右方的【No Selection】，然后【Apply】确定，如图 1-27 所示。单击【Target】，显示隐藏的螺栓柱和圆管，单击选择螺栓杆表面，单击【Target】右方的【No Selection】，然后【Apply】确定，如图 1-28 所示。单击【Frictionless-Holder To Bolt】→【Details of “Frictionless-Holder To Bolt”】→【Definition】→【Behavior】=Symmetric；【Advanced】→【Formulation】=Augmented Lagrange，【Detection Method】=On Gauss Point；【Geometric Modification】→【Interface Treatment】=Add Offset，No Ramping，其他默认，如图 1-29 所示。

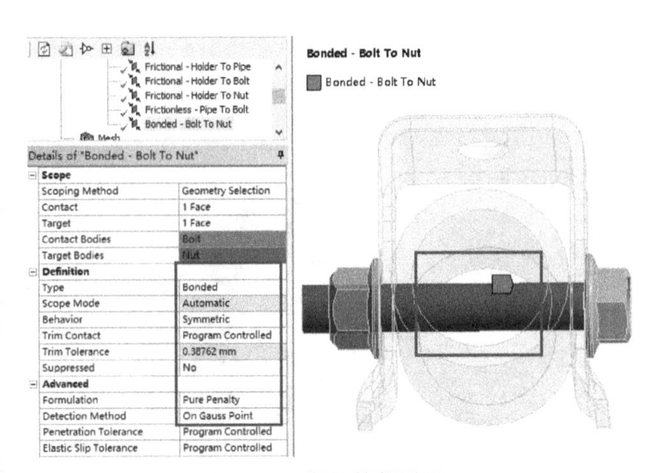

图 1-26 螺母接触设置

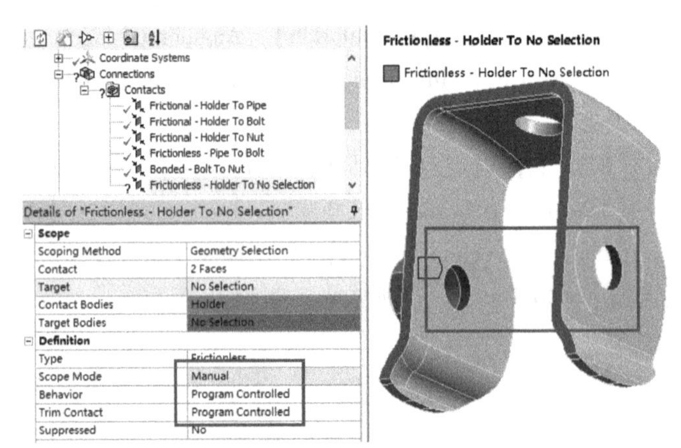

图 1-27 设置无摩擦接触面

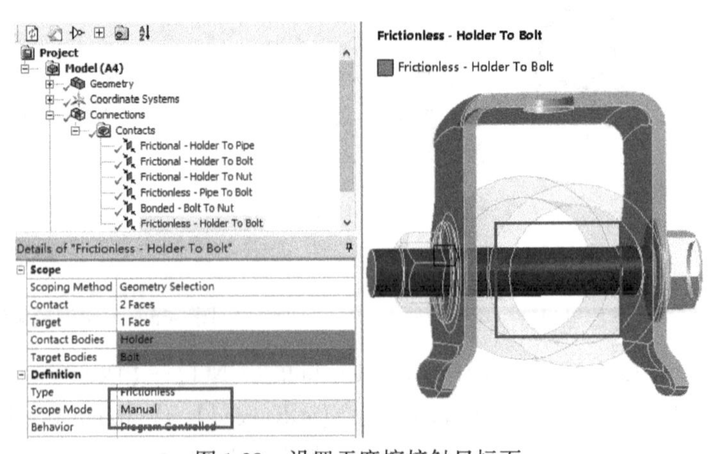

图 1-28 设置无摩擦接触目标面

9. 划分网格

（1）在导航树上单击【Mesh】→【Details of “Mesh”】→【Defaults】→【Physics Preference】= Mechanical，【Relevance】= 80；【Sizing】→【Size Function】= Curvature，【Relevance Center】= Medium，【Span Angle Center】= Medium，其他默认。

（2）在标准工具栏上单击▣，选择所有几何模型，然后在导航树上右键单击【Mesh】，从弹出的菜单中选择【Insert】→【Sizing】→【Details of “Body Sizing” -Sizing】→【Definition】→【Element Size】=2mm，其他默认。

（3）生成网格，右键单击【Mesh】→【Generate Mesh】，图形区域显示程序生成的网格模型，如图 1-30 所示。

（4）网格质量检查，在导航树上单击【Mesh】→【Details of “Mesh”】→【Quality】→【Mesh Metric】= Element Quality，显示 Element Quality 规则下网格质量详细信息，平均值处在好水平范围内，展开【Statistics】显示网格和节点数量。

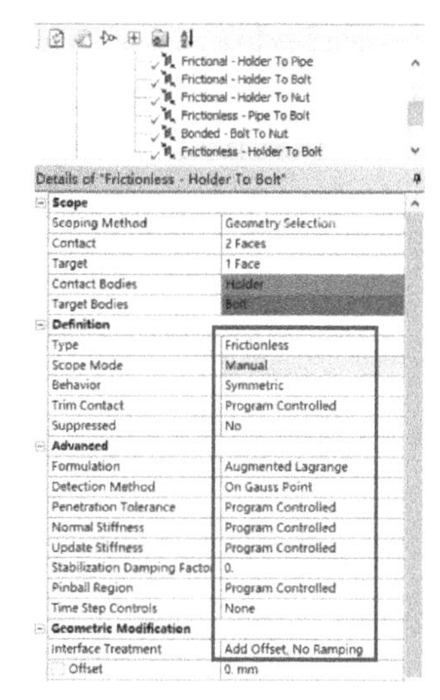

图 1-29　无摩擦接触设置

图 1-30　划分网格

10. 接触初始状态检测

（1）在导航树上右键单击【Connections】→【Insert】→【Contact Tool】。

（2）右键单击【Contact Tool】，从弹出的快捷菜单中选择【Generate Initial Contact Results】，经过初始运算，得到初始接触信息，如图 1-31 所示。

Name	Contact Side	Type	Status	Number Contacting	Penetration (mm)	Gap (mm)	Geometric Penetration (mm)	Geometric Gap (mm)	Resulting Pinball (mm)	Real Constant
Frictional - Holder To Pipe	Contact	Frictional	Closed	1.	0.	0.	0.	0.	1.4528	5.
Frictional - Holder To Pipe	Target	Frictional	Closed	1.	9.0949e-013	0.	0.	0.	1.5243	6.
Frictional - Holder To Bolt	Contact	Frictional	Closed	312.	1.819e-012	0.	0.	N/A	2.7466	7.
Frictional - Holder To Bolt	Target	Frictional	Closed	261.	9.0949e-013	0.	0.	N/A	2.8443	8.
Frictional - Holder To Nut	Contact	Frictional	Closed	261.	1.895e-005	0.	1.895e-005	N/A	2.8165	9.
Frictional - Holder To Nut	Target	Frictional	Closed	281.	2.2737e-012	0.	2.2737e-012	N/A	2.6618	10.
Frictionless - Pipe To Bolt	Contact	Frictionless	Closed	364.	2.8451e-013	0.	0.	0.135	1.4957	11.
Frictionless - Pipe To Bolt	Target	Frictionless	Closed	380.	3.9101e-013	0.	0.	0.135	1.5848	12.
Bonded - Bolt To Nut	Contact	Bonded	Closed	438.	3.4274e-013	0.	1.4164e-004	1.4904e-004	0.39688	13.
Bonded - Bolt To Nut	Target	Bonded	Closed	396.	2.9909e-013	0.	1.887e-004	1.3541e-004	0.37001	14.
Frictionless - Holder To Bolt	Contact	Frictionless	Closed	153.	5.1804e-005	0.	5.1804e-005	8.757e-009	1.3765	15.
Frictionless - Holder To Bolt	Target	Frictionless	Closed	131.	5.9127e-005	0.	5.9127e-005	8.7559e-008	1.5848	16.

图 1-31　接触初始状态检测

11. 施加边界条件

（1）单击【Static Structural（A5）】。

（2）非线性设置，单击【Analysis Settings】→【Details of “Analysis Settings”】→【Step Controls】→【Number Of Steps】=2，【Current Step Number】=2，【Step End Time】=2；【Solver Controls】→【Solver Type】= Direct，【Weak Spring】= Off，其他默认，如图 1-32 所示。

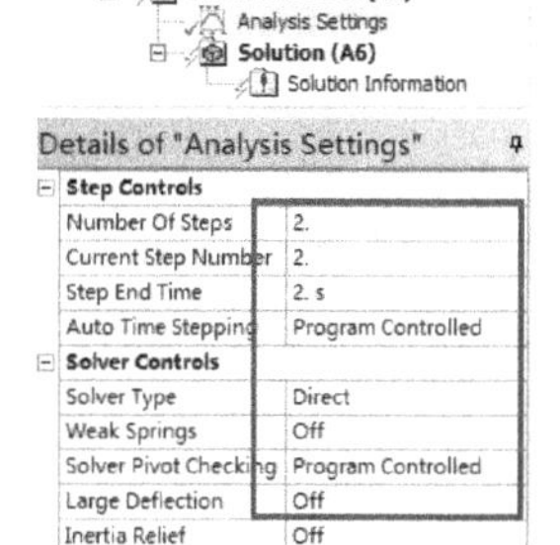

图 1-32　非线性设置

（3）施加螺栓载荷，施加第一载荷步力，首先在标准工具栏上单击▣，然后选择螺栓杆面，在环境工具栏单击【Loads】→【Plot

Pretension】→【Details of “Plot Pretension”】→【Definition】→【Define By】= Load，【Preload】= 1000N，如图 1-33 所示。施加第二载荷步力，首先单击【Plot Pretension】，其次在【Graph】里，单击黑色分界线往右边拖到 2 处，最后，单击【Plot Pretension】→【Details of “Plot Pretension”】→【Definition】→【Define By】= Lock，如图 1-34 所示。

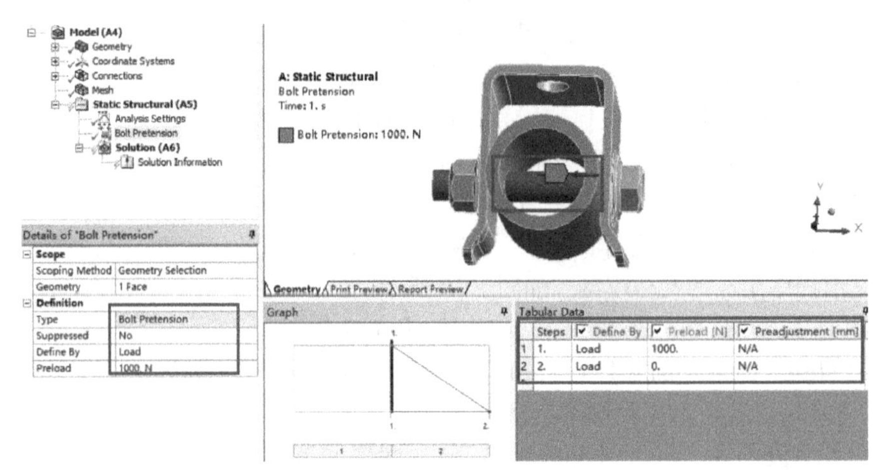

图 1-33　施加预紧第一载荷步

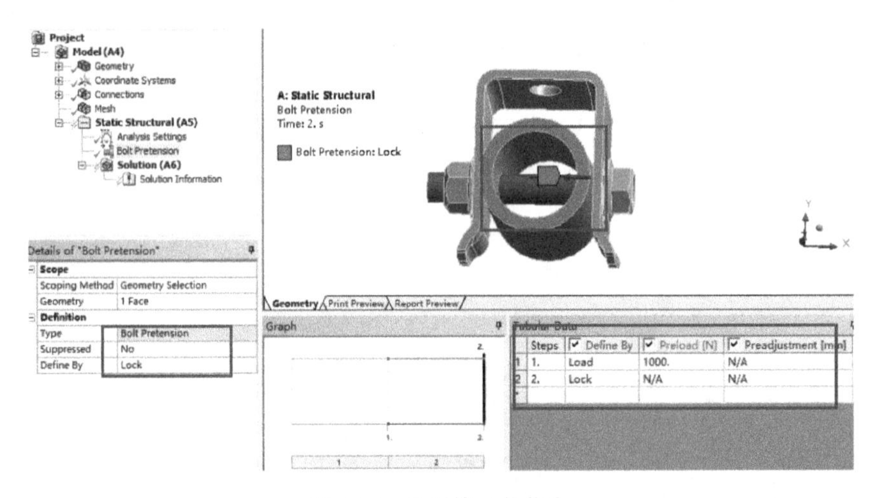

图 1-34　设置第二载荷步

（4）施加约束，首先在标准工具栏上单击，然后选择卡箍上后面圆孔，在环境工具栏单击【Supports】→【Fixed Support】，如图 1-35 所示。

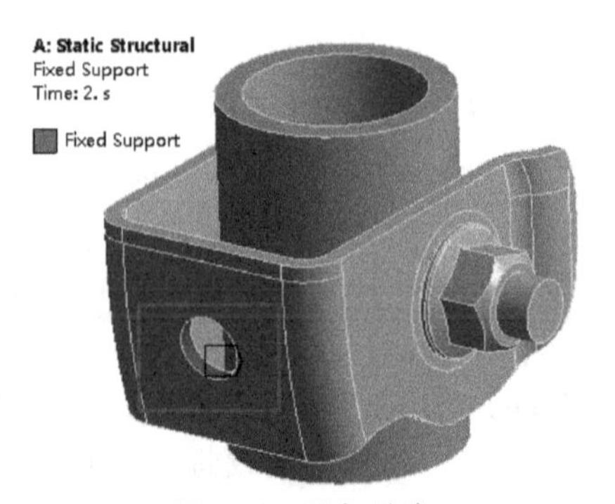

图 1-35　施加约束

12. 设置需要的结果

（1）在导航树上单击【Solution（A6）】。

（2）在标准工具栏上单击选择圆管，在求解工具栏上单击【Deformation】→【Directional】，【Directional Deformation】→【Details of “Directional Deformation”】→

【Definition】→【Orientation】= Z Axis，【Coordinate System】= Coordinate System，如图 1-36 所示。

（3）在求解工具栏上单击【Deformation】→【Total】。

（4）在求解工具栏上单击【Stress】→【Equivalent (von-Mise)】。

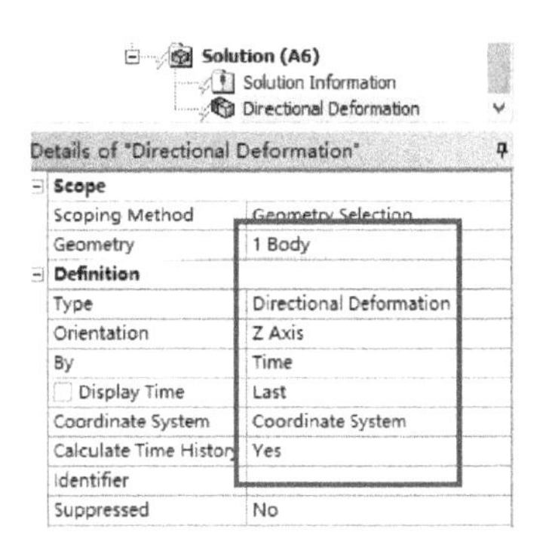

图 1-36　方向变形设置

13. 求解与结果显示

（1）在 Mechanical 标准工具栏上单击 Solve 进行求解运算。

（2）运算结束后，单击【Solution（A6）】→【Directional Deformation】，显示圆管 Z 方向的变形分布云图，如图 1-37 所示。单击【Solution（A6）】→【Total Deformation】，图形区域显示分析得到的圆管变形分布云图，如图 1-38 所示；单击【Solution（A6）】→【Equivalent Stress】，显示圆管等效应力分布云图，如图 1-39 所示。

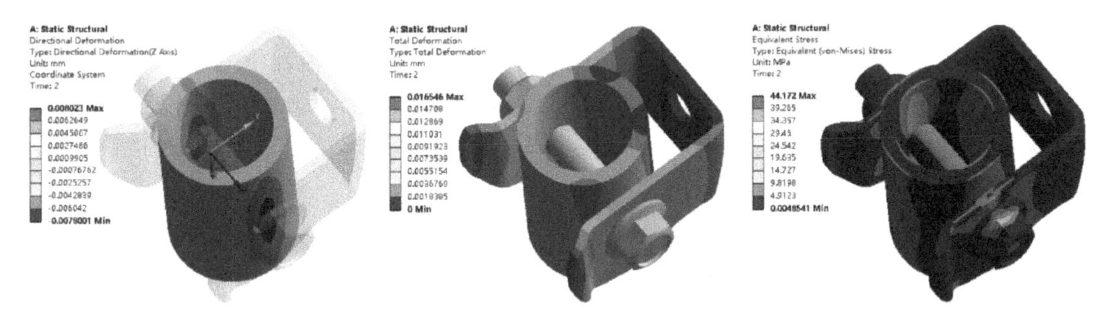

图 1-37　Z 方向的变形云图　　图 1-38　圆管变形分布云图　　图 1-39　圆管等效应力分布云图

（3）查看力收敛，在导航树上单击【Solution Information】→【Details of “Solution Information”】→【Solution Output】= Force Convergence，可以查看收敛曲线图，如图 1-40 所示。

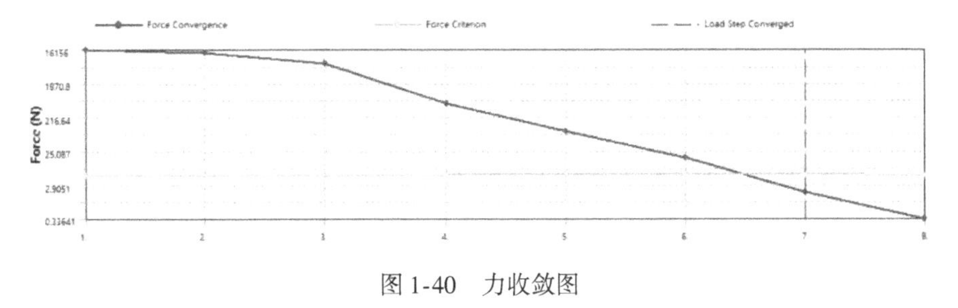

图 1-40　力收敛图

14. 保存与退出

（1）退出 Mechanical 分析环境，单击 Mechanical 主界面的菜单【File】→【Close Mechanical】退出环境，返回到 Workbench 主界面，此时主界面的分析流程图中显示的分析已完成。

（2）单击 Workbench 主界面上的【Save】按钮，保存所有分析结果文件。

（3）退出 Workbench 环境，单击 Workbench 主界面的菜单【File】→【Exit】退出主界面，完成分析。

1.2.3 结果分析与点评

本实例是卡箍紧固件螺栓预紧非线性接触分析，从分析结果来看，反映了螺栓载荷的作用以及各部件间的相互作用。本实例为稍微复杂的接触非线性分析，包含了两个重要知识点，接触非线性分析和螺栓预紧力分析。在本例中如何使求解快速收敛是关键，这牵涉到非线性网格划分、接触设置与接触初始检测、螺栓预紧设置、求解过程中子步与预紧力载荷步设置，以及对应的边界条件设置。该实例重点是各部件间的接触处理方法。

1.3 心血管支架接触分析

1.3.1 问题与重难点描述

1. 问题描述

血管球囊扩张术是在经皮穿刺血管后将可扩张的球囊导管置于狭窄血管段，通过球囊的物理性扩张“打通”血管。用于治疗除心脏、颅脑血管外全身其他部位的血管病变，尤其是四肢血管、肝脏血管及肾动脉狭窄等血管病变。这种扩张也会导致金属支架的塑性变形以及摩擦状况，这些特征可能传统的机械测试方法不易获得，因此采用有限元是个很好的方法。支架材料为金属，并考虑材料的双线性各向同性强化特点，屈服强度和切线模量分别为 2.07×10^{8}Pa、6.92×10^{8}Pa，血管材料采用 Mooney-Rivlin 2 本构模型，其材料常数 C10、C01 和不可压缩参数分别为 1.06×10^{6}Pa、1.14×10^{5}Pa、0。假设血管壁有 0.3mm 位移，支架存在 3 个方向约束，试求支架整体变形、应力分布及接触摩擦情况。支架模型如图 1-41 所示。

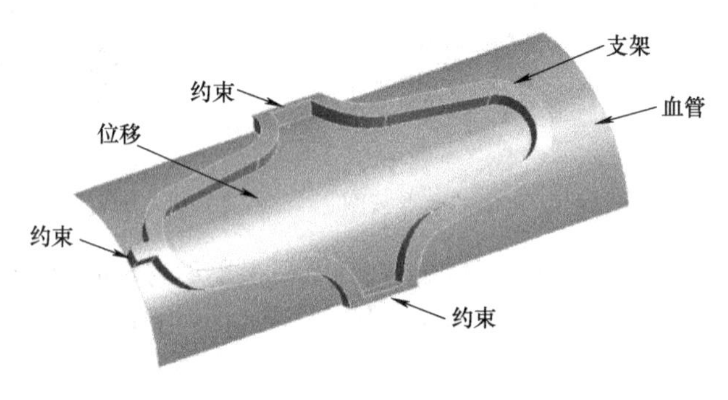

图 1-41 支架模型

2. 重难点提示

本实例重难点在于支架与血管之间的接触力学关系，以及对材料非线性、接触非线性、几何非线性收敛性处理。

1.3.2 实例详细解析过程

1. 启动 Workbench18.0

在“开始”菜单中执行 ANSYS18.0→Workbench18.0 命令。

2. 创建结构静力分析

(1) 在工具箱【Toolbox】的【Analysis Systems】中双击或拖动结构静力分析【Static Structural】到项目分析流程图，如图 1-42 所示。

(2) 在 Workbench 的工具栏中单击【Save】，保存项目实例名为 Cardiovascular

stent. wbpj。如工程实例文件保存在 D:\ AWB \ Chapter01 文件夹中。

3. 创建材料参数

（1）编辑工程数据单元，右键单击【Engineering Data】→【Edit】。

（2）在工程数据属性中右键单击【Outline of Schematic A2：Engineering Data】→【Structural Steel】→【Duplicate】，得到【Structural Steel2】。

（3）在左侧单击【Plasticity】展开，双击【Bilinear Isotropic Hardening】→【Properties of Outline Row 4：Structural Steel2】→【Bilinear Isotropic Hardening】→【Yield Strength】=2.07E+08Pa，【Tangent Modulus】=6.92E+08Pa，其他默认。

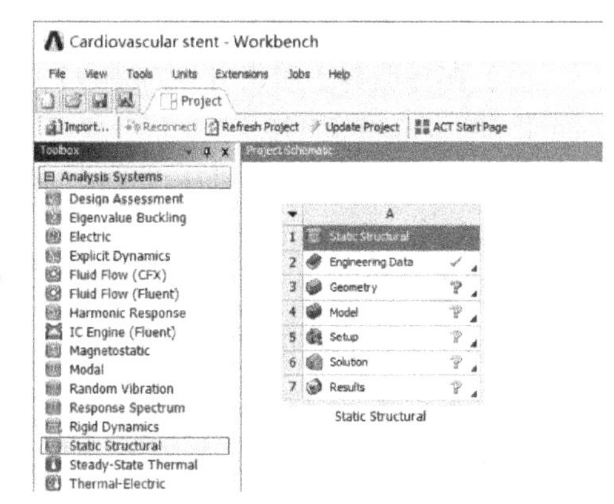

图 1-42　创建结构静力分析

（4）在工程数据属性中增加新材料：【Outline of Schematic A2：Engineering Data】→【Click here to add a new material】，输入新材料名称 Balloon。

（5）在左侧单击【Hyperelastic】展开→双击【Mooney-Rivlin 2 Parameter】→【Properties of Outline Row 5：Balloon】→【Mooney-Rivlin 2 Parameter】→【Material Constant C10】=1.06E+06Pa，【Material Constant C01】=1.14E+05Pa，【Incompressibility Parameter D1】=0，其他默认，如图 1-43 所示。

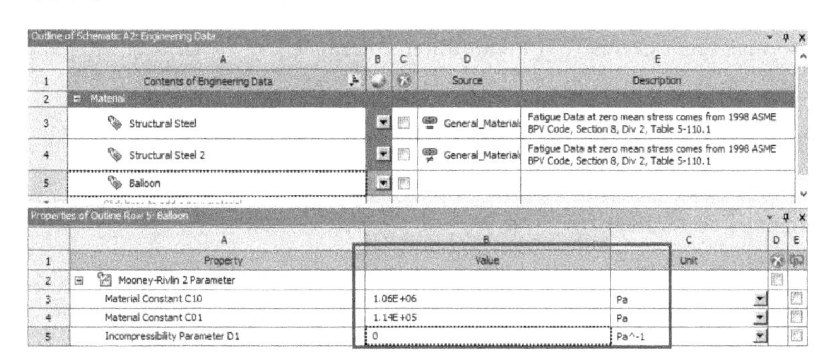

图 1-43　创建材料

（6）单击工具栏中的【A2：Engineering Data】关闭按钮，返回到 Workbench 主界面，新材料创建完毕。

4. 导入几何

在结构静力分析上，右键单击【Geometry】→【Import Geometry】→【Browse】，找到模型文件 Cardiovascular stent. agdb，打开导入几何模型。如模型文件在 D：\ AWB \ Chapter01 文件夹中。

5. 进入 Mechanical 分析环境

（1）在结构静力分析上，右键单击【Model】→【Edit】进入 Mechanical 分析环境。

（2）在 Mechanical 的主菜单【Units】中设置单位为 Metric（mm，kg，N，s，mV，mA）。

6. 为几何模型分配材料

（1）在导航树上单击【Geometry】→【Stent】→【Details of “Stent”】→【Material】→【Assignment】= Structural Steel2。

（2）单击【Balloon】→【Details of “Balloon”】→【Material】→【Assignment】= Balloon。

7. 创建局部坐标

在 Mechanical 标准工具栏单击，选择 Balloon 表面；在导航树上右键单击【Coordinate Systems】，从弹出的快捷菜单中选择【Insert】→【Coordinate Systems】，【Coordinate System】→【Details of “Coordinate System”】→【Definition】→【Type】= Cylindrical，其他默认，如图 1-44 所示。

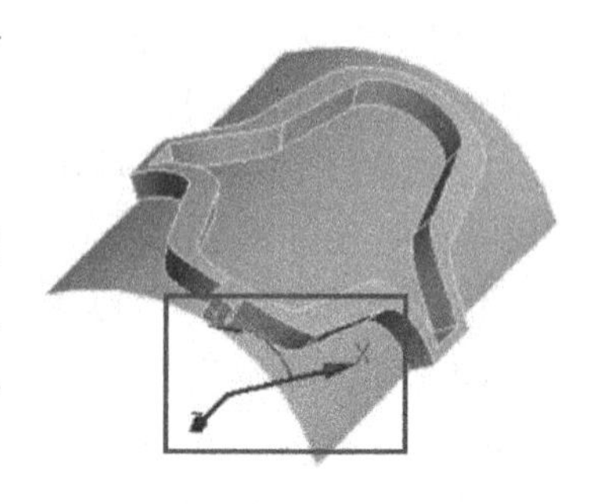

图 1-44 局部坐标设置

8. 创建接触连接

（1）在导航树上展开【Connections】→【Contacts】，单击【Contact Region】，默认程序自动识别接触面与目标面。右键单击【Contact Region】，从弹出的快捷菜单中选择【Rename Based On Definition】，重新命名目标面与接触面。

（2）接触设置，单击【Bonded-Stent To Balloon】→【Details of “Bonded-Stent To Balloon”】→【Definition】→【Type】= Frictionless；【Behavior】= Asymmetric；【Advanced】→【Formulation】= Augmented Lagrange；【Detection Method】= Nodal-Projected Normal From Contact，【Penetration Tolerance】= Value，【Penetration Tolerance Value】= 0.001mm，【Normal Stiffness】= Manual，【Normal Stiffness Factor】= 0.0001，【Update Stiffness】= Each Iteration；【Geometric Modification】→【Interface Treatment】= Adjust to Touch，其他默认，如图 1-45 所示。

Contacts
Frictionless - Stent To Balloon

Details of "Frictionless - Stent To Balloon"	
Scope	
Scoping Method	Geometry Selection
Contact	1 Face
Target	1 Face
Contact Bodies	Stent
Target Bodies	Balloon
Definition	
Type	Frictionless
Scope Mode	Manual
Behavior	Asymmetric
Trim Contact	Program Controlled
Suppressed	No
Advanced	
Formulation	Augmented Lagrange
Detection Method	Nodal-Projected Normal From Contact
Penetration Tolerance	Value
Penetration Tolerance Valu	1.e-003 mm
Normal Stiffness	Manual
Normal Stiffness Factor	1.e-004
Update Stiffness	Each Iteration
Stabilization Damping Fact	0.
Pinball Region	Program Controlled
Time Step Controls	None
Geometric Modification	
Interface Treatment	Adjust to Touch

图 1-45 接触设置

9. 划分网格

（1）在导航树上单击【Mesh】→【Details of “Mesh”】→【Sizing】→【Size Function】= Curvature，【Relevance Center】= Medium，其他默认。

（2）在标准工具栏上单击，选择 Stent 模型，在导航树上右键单击【Mesh】，从弹出的菜单中选择【Insert】→【Sizing】，【Body Sizing】→【Details of “Body Sizing” -Sizing】→【Element Size】= 0.05mm。

（3）在标准工具栏上单击，选择 Balloon 模型，在导航树上右键单击【Mesh】，从弹出的菜单中选择【Insert】→【Sizing】，【Body Sizing】→【Details of “Body Sizing” – Sizing】→【Element Size】= 0.04mm。

（4）生成网格，右键单击【Mesh】→【Generate Mesh】，图形区域显示程序生成的网格模型，如图 1-46 所示。

（5）网格质量检查，在导航树上单击【Mesh】→【Details of “Mesh”】→【Quality】→

【Mesh Metric】= Element Quality，显示 Element Quality 规则下网格质量详细信息，平均值处在好水平范围内，展开【Statistics】显示网格和节点数量。

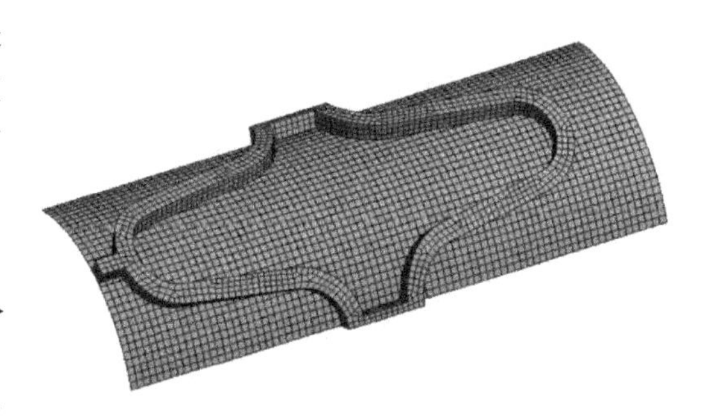

图 1-46　网格划分

10. 接触初始检测

（1）在导航树上右键单击【Connections】→【Insert】→【Contact Tool】。

（2）右键单击【Contact Tool】，从弹出的快捷菜单中选择【Generate Initial Contact Results】，经过初始运算，得到接触状态信息，如图 1-47 所示。注意图示接触状态值是按照网格设置后的状态，也可先不设置网格，查看接触初始状态。

Name	Contact Side	Type	Status	Number Contacting	Penetration (mm)	Gap (mm)	Geometric Penetration (mm)	Geometric Gap (mm)	Resulting Pinball (mm)	Real Constant
Frictionless - Stent To Balloon	Contact	Frictionless	Closed	5.	0.	0.	0.	2.322e-003	4.0804e-002	3.
Frictionless - Stent To Balloon	Target	Frictionless	Inactive	N/A	N/A	N/A	N/A	N/A	N/A	0.

图 1-47　接触初始检测

11. 施加边界条件

（1）选择【Static Structural（A5）】。

（2）施加位移，首先在标准工具栏上单击，然后选择 Balloon 表面，在环境工具栏单击【Supports】→【Displacement】→【Details of "Displacement"】→【Definition】→【Coordinate System】= Coordinate System，【X Component】= 0.3mm，【Y Component】= 0mm，【Z Component】= 0mm，右边【Tabular Data】X 列依次 0、0.3、0，如图 1-48 所示。

（3）施加约束，首先在标准工具栏上单击，然后选择 Stent 3 个面，在环境工具栏单击【Supports】→【Frictionless Support】，如图 1-49 所示。

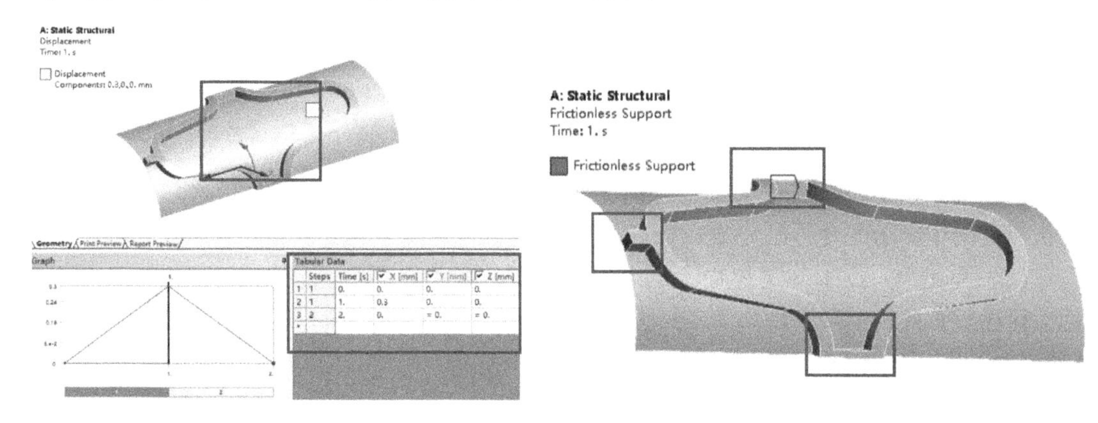

图 1-48　施加位移　　　　图 1-49　施加约束

（4）非线性设置，单击【Analysis Settings】→【Details of "Analysis Settings"】→【Step Controls】→【Number of Steps】= 2，【Auto Time Stepping】= On，【Define By】= Substeps，【Initial Substeps】= 200，【Minimum Substeps】= 20，【Maximum Substeps】= 100000，【Solver

Controls】→【Large Deflection】= On，其他默认，如图 1-50 所示。

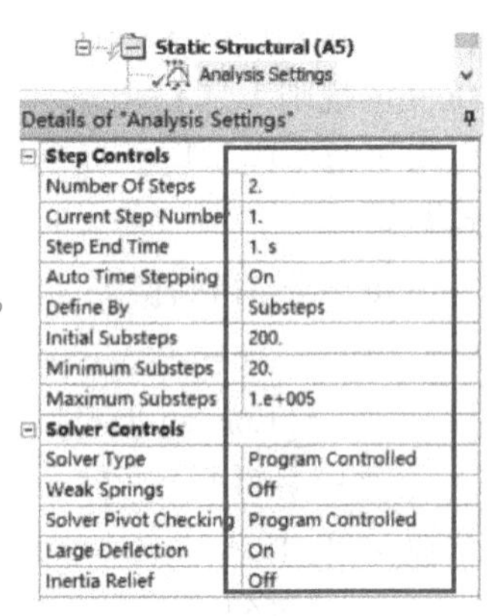

图 1-50　非线性设置

12. 设置需要的结果

（1）选择【Solution（A6）】。

（2）在求解工具栏上单击【Deformation】→【Total】。

（3）在求解工具栏上单击【Stress】→【Equivalent（von-Mises）】。

（4）在求解工具栏上单击【Tools】→【Contact Tool】。

13. 求解与结果显示

（1）在 Mechanical 标准工具栏上单击 Solve 进行求解运算。

（2）导航树上选择【Solution（A6）】→【Total Deformation】，图形区域显示支架变形情况及数据分布，如图 1-51 所示；选择【Solution（A6）】→【Equivalent Stress】，图形区域显示支架等效应力分布及数据，如图 1-52 所示；选择【Solution（A6）】→【Contact Tool】→【Status】，图形区域显示在第 1 步时的接触状态分布及数据，如图 1-53 所示。

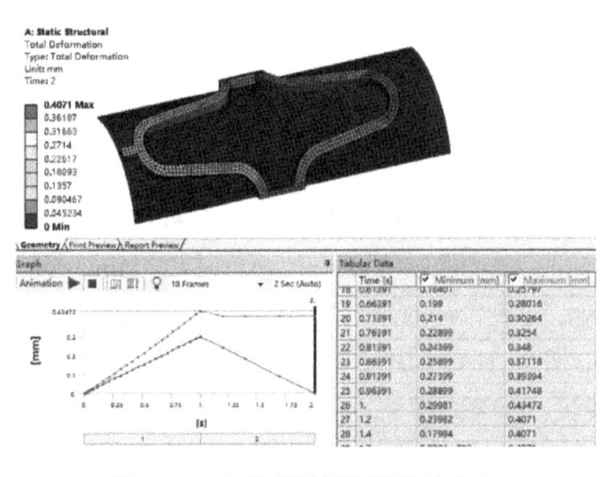

图 1-51　支架变形情况及数据分布

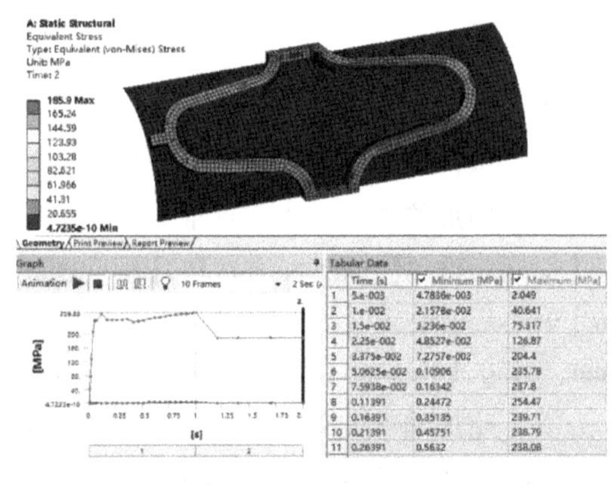

图 1-52　支架等效应力分布及数据

14. 保存与退出

（1）退出 Mechanical 分析环境，单击 Mechanical 主界面的菜单【File】→【Close Mechanical】退出环境，返回到 Workbench 主界面，此时主界面的分析流程图中显示的分析已完成。

（2）单击 Workbench 主界面上的【Save】按钮，保存所有分析结果文件。

（3）退出 Workbench 环境，单击 Workbench 主界面的菜单【File】→【Exit】退出主界面，完成分析。

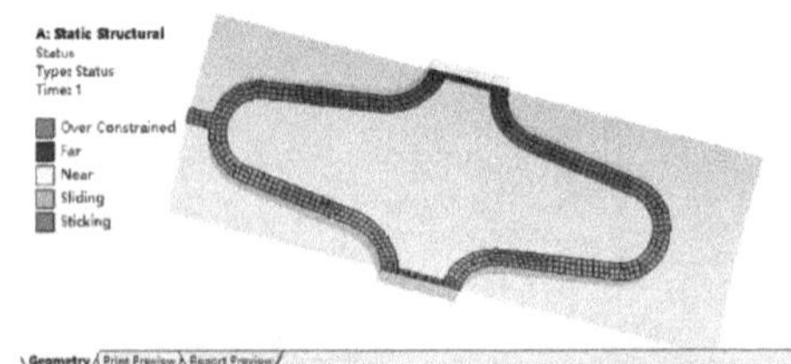

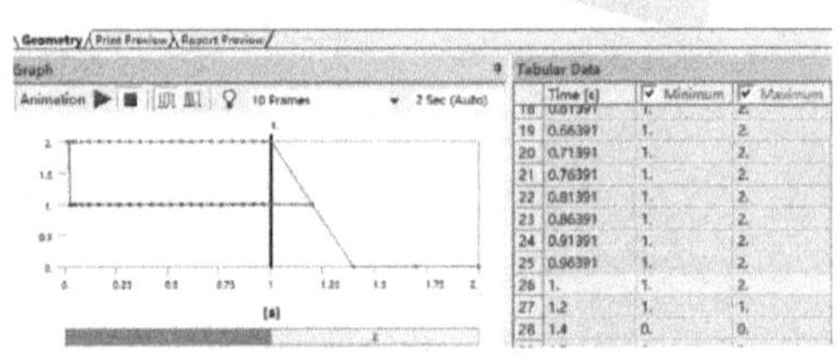

图 1-53　第 1 步时的接触状态分布及数据

1.3.3　结果分析与点评

本实例是心血管支架接触分析，从分析结果来看，支架随着血管一起膨胀变形，也即支架支撑血管扩张“打通”血液流通。当膨胀变形最大时，应力也达到最大，也就是第 1 载荷步后，支架与血管开始收缩；由于血管材料弹性好于支架金属材料，所以血管可迅速恢复到原位，而支架有一定迟滞，最终也回到原位，可以从曲线图看出。而两者的接触状态也经历着从黏着、滑移、近端开放急剧远端开放的过程。本实例是典型的集材料非线性、接触非线性、几何非线性于一体的非线性求解案例，如何使求解快速收敛是关键，这牵涉到非线性网格划分、接触设置与接触初始检测、材料定义、边界设置、求解过程中子步设置等。本例在某些方面可能还不够完善，但在临床血管支架设计分析方面有一定的参考价值。

1.4　滑块摩擦生热分析

1.4.1　问题与重难点描述

1. 问题描述

如图 1-54 所示等效的摩擦生热模型长板和滑块，长板尺寸长 × 宽 × 高为 80mm × 6mm × 2mm，滑块尺寸长 × 宽 × 高为 10mm × 6mm × 2mm，模型材料为结构钢，假设滑块在承受 1MPa 压力作用下平行于长板保持以 5mm/s 的速度滑行，试求滑块从一端滑行到另一端所产生的温度分布、应力及接触情况。

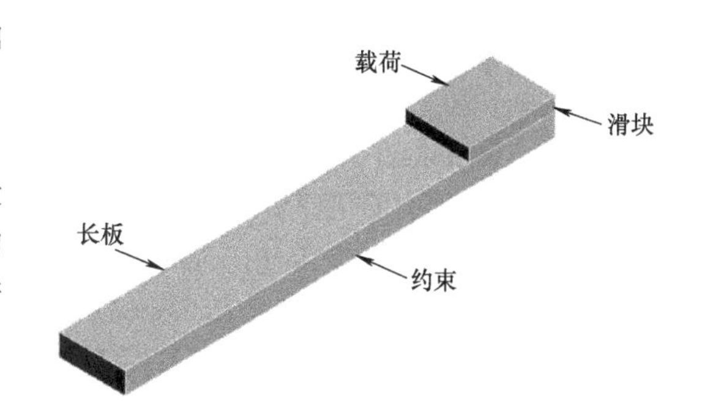

图 1-54　钢筋混凝土块模型

2. 重难点提示

本实例重难点在于滑块滑行时发生摩擦并产生热，以及利用命令流形式来辅助实现分析。

1.4.2　实例详细解析过程

1. 启动 Workbench18. 0

在“开始”菜单中执行 ANSYS18. 0→Workbench18. 0 命令。

2. 创建瞬态结构分析

（1）在工具箱【Toolbox】的【Analysis Systems】中双击或拖动瞬态结构分析【Transient Structural】到项目分析流程图，如图 1-55 所示。

（2）在 Workbench 的工具栏中单击【Save】，保存项目实例名为 Friction heat. wbpj。如工程实例文件保存在 D：\ AWB \ Chapter01 文件夹中。

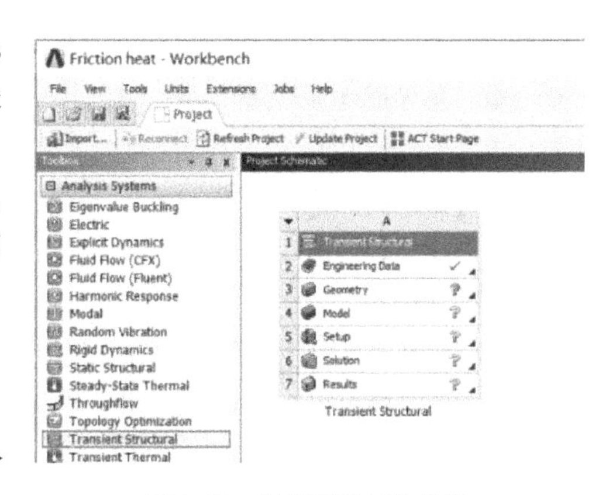

图 1-55　创建瞬态结构分析

3. 创建材料参数，默认结构钢。

4. 导入几何

在结构静力分析上，右键单击【Geometry】→【Import Geometry】→【Browse】，找到模型文件

Friction heat. agdb，打开导入几何模型。如模型文件在 D:\AWB\Chapter01 文件夹中。

5. 进入 Mechanical 分析环境

(1) 在结构静力分析上，右键单击【Model】→【Edit】进入 Mechanical 分析环境。

(2) 在 Mechanical 的主菜单【Units】中设置单位为 Metric (mm，kg，N，s，mV，mA)。

6. 为几何模型确定单元类型

(1) 板【Slab】单元类型，单击【Model】→【Geometry】→【Slab】，右键单击【Slab】→【Insert】→【Commands】，然后在 Commands 窗口插入如下命令流：

```
et,matid,226,11        ! 定义 226 单元
```

(2) 滑块【Brick】单元类型，单击【Model】→【Geometry】→【Slab】，右键单击【Slab】→【Insert】→【Commands】，然后在 Commands 窗口插入如下命令流：

```
et,matid,226,11        ! 定义 226 单元
```

7. 创建接触连接

(1) 在导航树上展开【Connections】→【Contacts】，单击【Contact Region】，默认程序自动识别接触面与目标面。右键单击【Contact Region】，从弹出的快捷菜单中选择【Rename Based On Definition】，重新命名目标面与接触面，然后右键单击接触对，从弹出的快捷菜单中选择 Flip Contact/Target。

(2) 接触设置，单击【Bonded-Brick To Slab】→【Details of "Bonded-Brick To Slab"】→【Definition】→【Type】= Frictional，设置【Friction Coefficient】= 0.2；【Behavior】= Asymmetric；【Advanced】→【Formulation】= Augmented Lagrange；【Normal Stiffness】= Manual，【Normal Stiffness Factor】= 0.1，【Update Stiffness】= Each Iteration，其他默认，如图 1-56 所示。

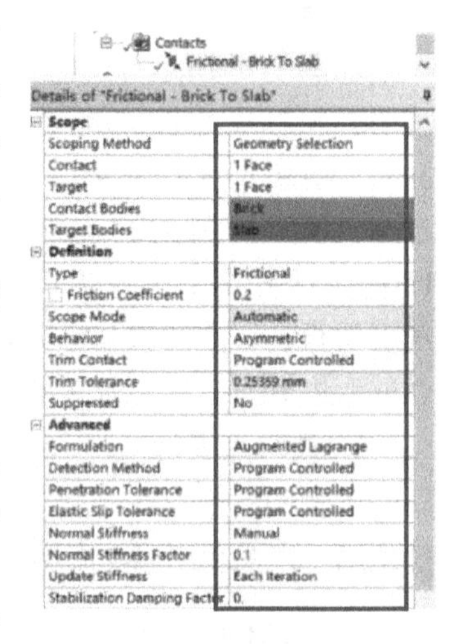

图 1-56 接触设置

(3) 右键单击【Frictional-Brick To Slab】→【Insert】→【Commands】，然后在 Commands 窗口插入如下命令流：

```
kepopt,cid,1,1       ! 使 temp 能够作为自定义函数一部分应用于分析
rmodif,cid,15,1      ! 定义实常数 15，FHTG，指定摩擦耗散能量转化为热量的分数
rmodif,cid,18,0.5 ! 定义实常数 18，FWTG，指定热接触的接触面和目标面之间
                      热量分布的权重因子 0.5
```

(4) 在导航树上右键单击【Joints】→【Insert】→【Joint】，在标准工具栏单击，单击【Translational-No Selection To No Selection】→【Details of "Translational-No Selection To No Selection"】→【Definition】，设置【Connection Type】= Body-Body，【Type】= Translational；单击【Reference】→【Scope】，选择厚板表面，单击【Mobile】→【Scope】，选择滑块表面，如图 1-57 所示。

(5) 调整参考坐标方向，在详细栏，单击参考坐标系【Reference Coordinate System】，坐标圆心会出现黄色小球，可以单击坐标轴调整坐标轴方向，结果如图 1-58 所示。

8. 划分网格

(1) 在导航树上单击【Mesh】→【Details of "Mesh"】→【Defaults】，设置【Physics Pref-

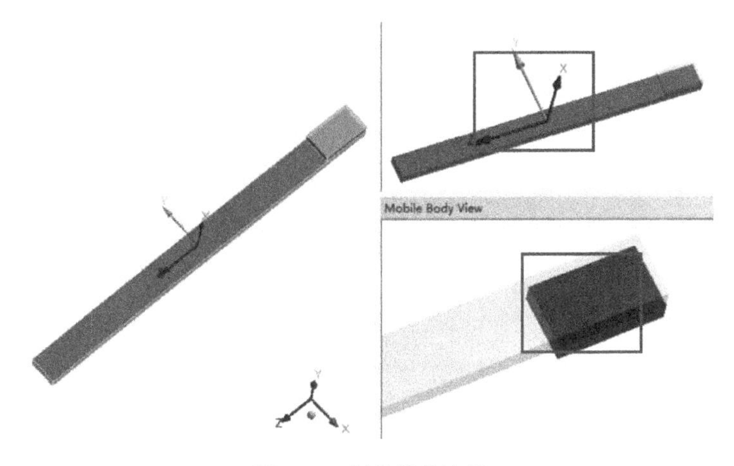

图 1-57　创建关节连接

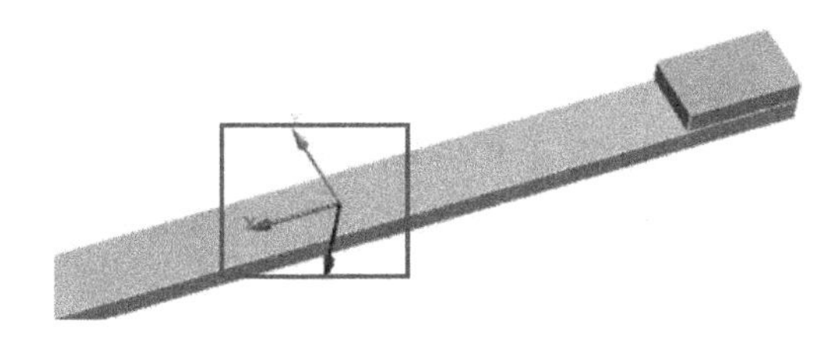

图 1-58　调整参考坐标方向

erence】= Mechanical；【Sizing】→【Size Function】= Adaptive，【Relevance Center】= Medium，【Element Size】= 1mm，其他默认。

（2）生成网格，右键单击【Mesh】→【Generate Mesh】，图形区域显示程序生成的网格模型，如图 1-59 所示。

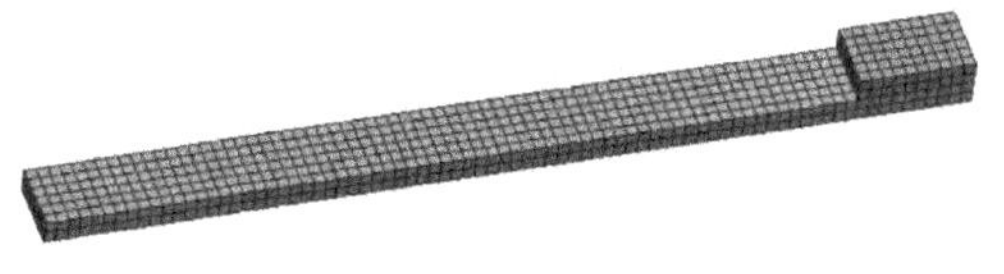

图 1-59　网格划分

（3）网格质量检查，在导航树上单击【Mesh】→【Details of “Mesh”】→【Quality】→【Mesh Metric】= Skewness，显示 Skewness 规则下网格质量详细信息，平均值处在好水平范围内，展开【Statistics】显示网格和节点数量。

9. 接触初始检测

（1）在导航树上右键单击【Connections】→【Insert】→【Contact Tool】。

（2）右键单击【Contact Tool】，从弹出的快捷菜单中选择【Generate Initial Contact Results】，经过初始运算，得到接触状态信息，如图 1-60 所示。

Name	Contact Side	Type	Status	Number Contacting	Penetration (mm)	Gap (mm)	Geometric Penetration (mm)	Geometric Gap (mm)	Resulting Pinball (mm)	Real Constan
Frictional - Slab To Brick	Contact	Frictional	Closed	60.	4.4409e-016	0.	4.4409e-016	4.4409e-016	1.	3.
Frictional - Slab To Brick	Target	Frictional	Inactive	N/A	N/A	N/A	N/A	N/A	N/A	0.

图 1-60　接触初始检测

10. 创建名称选择

在 Mechanical 标准工具栏单击，选择厚板表面，在图形窗口单击右键，从弹出的快捷菜单中选择【Create Name Selection（N）…】，弹出【Selection Name】窗口，然后输入temp，单击【OK】关闭，如图1-61所示。

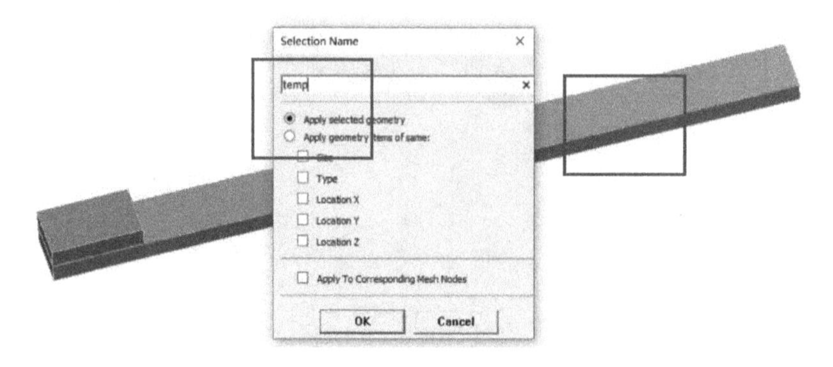

图1-61 创建temp选择

11. 施加边界条件

（1）选择【Static Structural（A5）】。

（2）施加压力，在Mechanical标准工具栏单击，选择滑块表面，然后在环境工具栏单击【Loads】→【Pressure】→【Details of "Pressure"】→【Definition】，设置【Magnitude】=1MPa，如图1-62所示。

（3）在环境工具栏单击【Loads】→【Joints Load】→【Details of "Joint Load"】→【Definition】，设置【Type】=Velocity，【Magnitude】=5mm/s，其他默认，如图1-63所示。

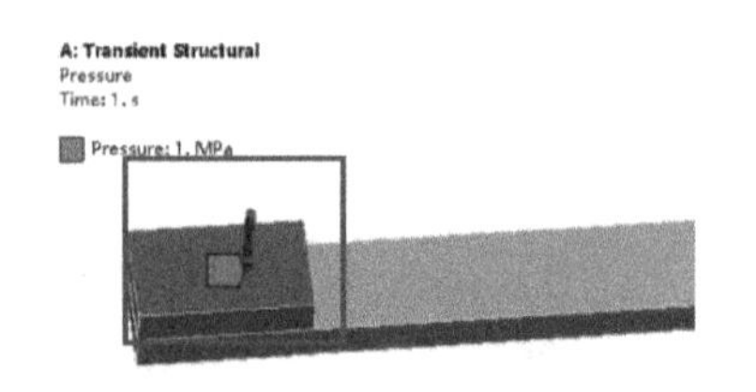

图1-62 施加压力

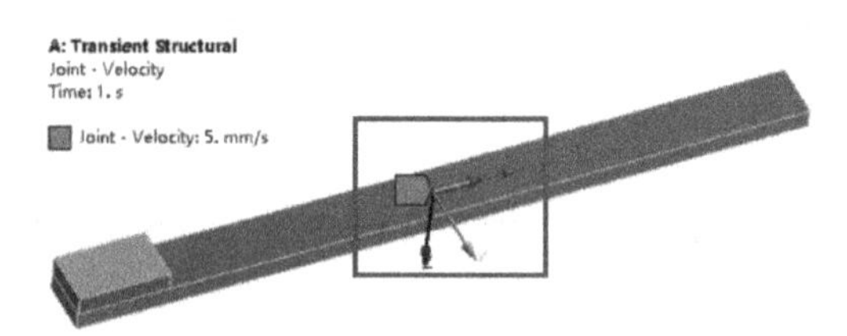

图1-63 施加关节载荷

（4）右键单击【Transient（A5）】→【Insert】→【Commands】，然后在Commands窗口插入如下命令流：

```
tref,22              ! 定义一个参考温度
cmsel,s,temp         ! 选择一个节点定义名称选择“temp”，前面已定义
d,all,temp,22        ! 向节点上分配初始值
allsel,all           ! 选择面上的所有，以备计算
```

（5）施加约束，首先在标准工具栏上单击，然后选择厚板底面，在环境工具栏单击【Supports】→【Fixed Support】，如图1-64所示。

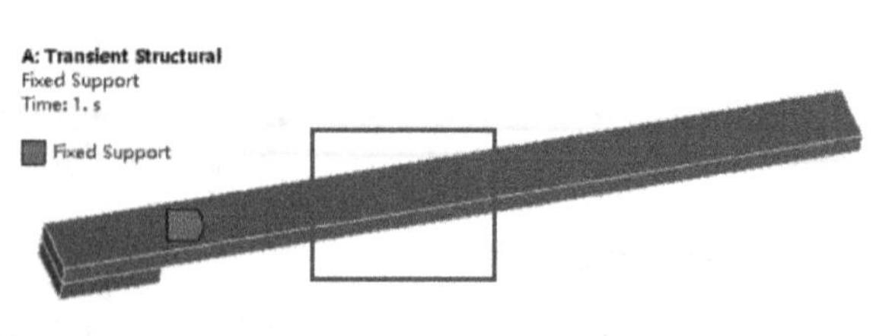

图1-64 施加约束

（6）分析设置，单击【Analysis Settings】→【Details of "Analysis Settings"】→

【Step Controls】，设置【Number of Steps】=10，【Auto Time Stepping】=On，【Define By】=Time，【Initial Time step】=0.2，【Minimum Time step】=0.1，【Maximum Time step】=0.3，其他默认；然后，在右侧单击【Graph】，按住 Ctrl 键，依次选择 1～10，最后确保【Initial Time step】=0.2，【Minimum Time step】=0.1，【Maximum Time step】=0.3，如图 1-65 所示。

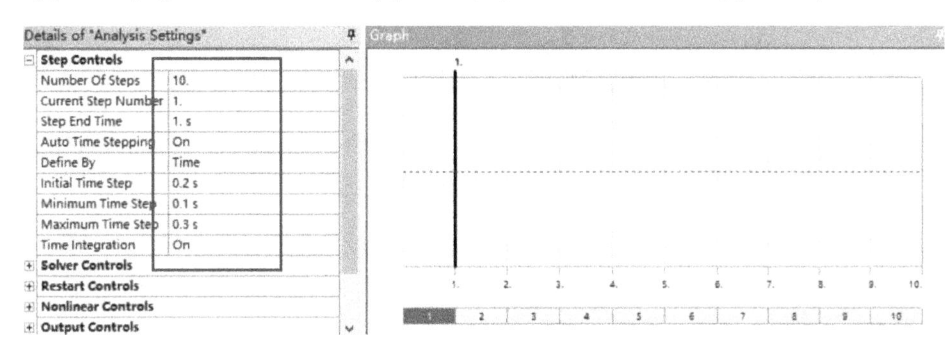

图 1-65　分析设置

12. 设置需要的结果

（1）选择【Solution（A6）】。

（2）在求解工具栏上单击【Stress】→【Equivalent（von-Mises）】。

（3）在求解工具栏上单击【Tools】→【Contact Tool】。

（4）在求解工具栏上单击【User Defined Result】→【Details of "User Defined Result"】→【Geometry】，选择名称选择的面，【Definition】→【Expression】=TEMP，【Output Unit】=temperature。

13. 求解与结果显示

（1）在 Mechanical 标准工具栏上单击 Solve 进行求解运算。

（2）导航树上选择【Solution（A6）】→【Equivalent Stress】，图形区域显示板等效应力分布，如图 1-66 所示；选择【Solution（A6）】→【Contact Tool】→【Status】，如图 1-67 所示；选择【Solution（A6）】→【User Defined Result】，如图 1-68 所示。

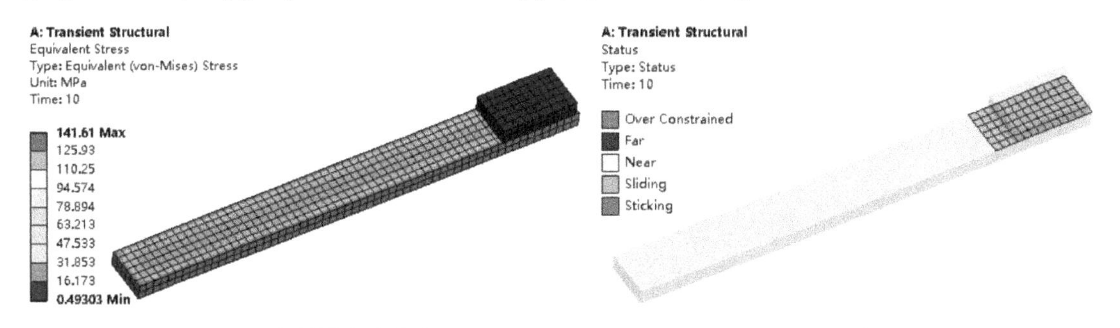

图 1-66　板等效应力分布　　图 1-67　摩擦接触状态

14. 保存与退出

（1）退出 Mechanical 分析环境，单击 Mechanical 主界面的菜单【File】→【Close Mechanical】退出环境，返回到 Workbench 主界面，此时主界面的分析流程图中显示的分析已完成。

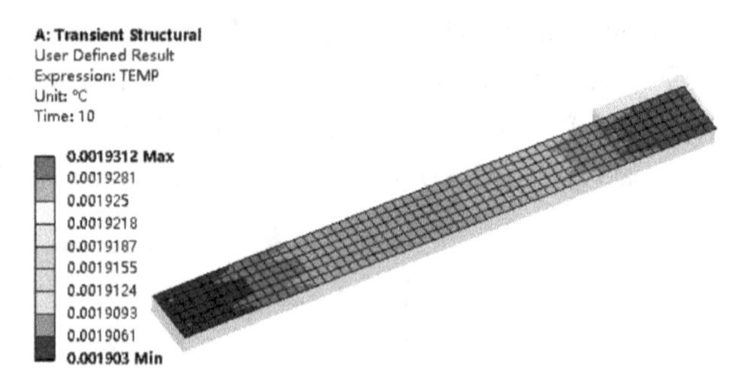

图 1-68　自定义摩擦温度分布

（2）单击 Workbench 主界面上的【Save】按钮，保存所有分析结果文件。

（3）退出 Workbench 环境，单击 Workbench 主界面的菜单【File】→【Exit】退出主界面，完成分析。

1.4.3　结果分析与点评

本实例是滑块摩擦生热分析，为稍微复杂的热-结构耦合接触非线性分析。由摩擦耗散率 $q = \mathrm{FHGT} \times \tau \times V$，其中 τ 为摩擦应力，V 为滑移速率；以及在接触面与目标面摩擦耗散量 $q = \mathrm{FWGT} \times \mathrm{FHGT} \times \tau \times V$ 来看，结果是满足这些基本条件的。包含了两个重要知识点，热 - 结构耦合接触非线性分析和自定义函数用命令流方式辅助分析求解。在本例中三处用到了自定义函数用命令流方式，第一处为改变单元类型，第二处为连接摩擦设置，第三处为施加边界条件，在使用的同时，也运用了新定义名称选择 temp，来实现变量作用，在最后结果显示又用到了该名称选择，当然求解收敛也是重要的，如何使求解快速收敛是关键，这牵涉到非线性接触设置与接触初始检测、求解过程中求解设置，以及对应的边界条件设置等。

第 2 章　结构对称分析

2.1　狗骨形试件拉伸对称分析

2.1.1　问题与重难点描述

1. 问题描述

如图 2-1 所示用于拉伸试验的狗骨形试件模型尺寸长 × 宽 × 高为 250mm × 15mm × 1mm。试件承受 760N 拉力，并在拉伸过程以每分钟 40N 的拉力增长，试件材料为结构钢，试求狗骨形试件在拉力作用下的最大变形、最大应力。

图 2-1　狗骨形试件模型

2. 重难点提示

本实例重难点是如何运用对称的方法分析对称模型，以及后处理显示。

2.1.2　实例详细解析过程

1. 启动 Workbench18. 0

在“开始”菜单中执行 ANSYS18. 0→Workbench18. 0 命令。

2. 创建结构静力分析

（1）在工具箱【Toolbox】的【Analysis Systems】中双击或拖动结构静力分析【Static Structural】到项目分析流程图，如图 2-2 所示。

（2）在 Workbench 的工具栏中单击【Save】，保存项目实例名为 Dog-bone shape. wbpj。如工程实例文件保存在 D：\ AWB \ Chapter02 文件夹中。

3. 创建材料参数，材料默认。

4. 导入几何模型

（1）在结构静力分析上，右键单击【Geometry】→【Import Geometry】→【Browse】，找到模型文件 Dog-bone shape. x_t，打开导入几何模型。如模型文件在 D：\ AWB \ Chapter02 文件夹中。

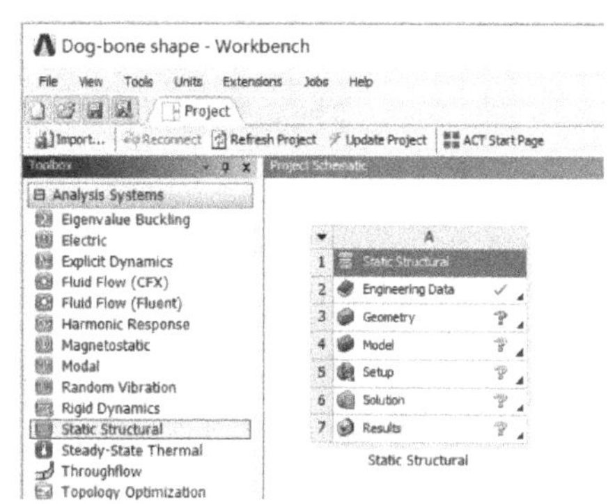

图 2-2　创建结构静力分析

（2）在结构静力分析上，右键单击【Geometry】→【Edit Geometry in DesignModeler…】进入 DesignModeler 环境。

（3）在模型详细栏里，单击【Detail View】→【Operation】选取【Add Frozen→Add Material】。在工具栏单击【Generate】完成导入显示。

5. 模型对称处理

（1）单击【Tools】→【Symmetry】，选择【Symmetry1】→【Detail View】→【Symmetry Plane1】= 选取 ZXPlane，其他默认；在工具栏单击【Generate】完成模型对称处理，如图 2-3 所示。

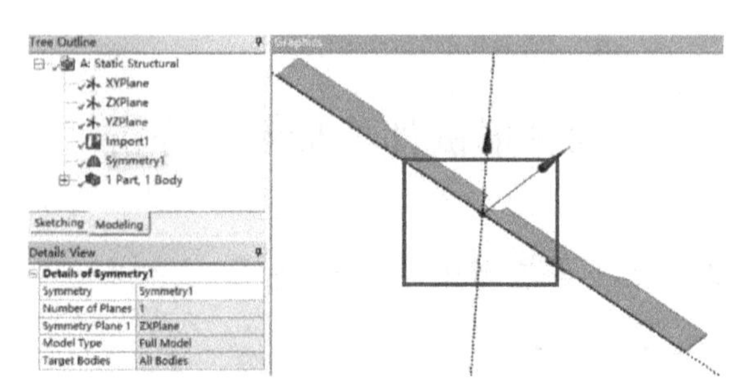

图 2-3 模型对称处理

（2）单击 DesignModeler 主界面的菜单【File】→【Close DesignModeler】退出几何建模环境。

（3）返回 Workbench 主界面，单击 Workbench 主界面上的【Save】按钮保存。

6. 进入 Mechanical 分析环境

（1）在结构静力分析上，右键单击【Model】→【Edit】进入 Mechanical 分析环境。

（2）在 Mechanical 的主菜单【Units】中设置单位为 Metric（mm，kg，N，s，mV，mA）。

7. 为几何模型分配材料，材料默认

8. 划分网格

（1）在导航树上单击【Mesh】→【Details of "Mesh"】→【Sizing】→【Relevance Center】= Medium，其他默认。

（2）在导航树上选择模型，然后右键单击【Mesh】，从弹出的菜单中选择【Insert】→【Sizing】，选择【Body Sizing】→【Details of "Body Sizing"】→【Element Size】= 0.5mm。

（3）生成网格，右键单击【Mesh】→【Generate Mesh】，图形区域显示程序生成的网格模型，如图 2-4 所示。

图 2-4 划分网格

（4）网格质量检查，在导航树上单击【Mesh】→【Details of "Mesh"】→【Quality】→【Mesh Metric】= Element Quality，显示 Element Quality 规则下网格质量详细信息，平均值处在好水平范围内，展开【Statistics】显示网格和节点数量。

9. 施加边界条件

（1）单击【Static Structural（A5）】。

（2）分析设置，单击【Analysis Settings】→【Details of "Analysis Settings"】→【Step

Controls】，设置【Number Of Steps】= 19，【Step End Time】= 1140s，其他默认，然后在右侧 Tabular Data 输入如图 2-5 所示的数据。

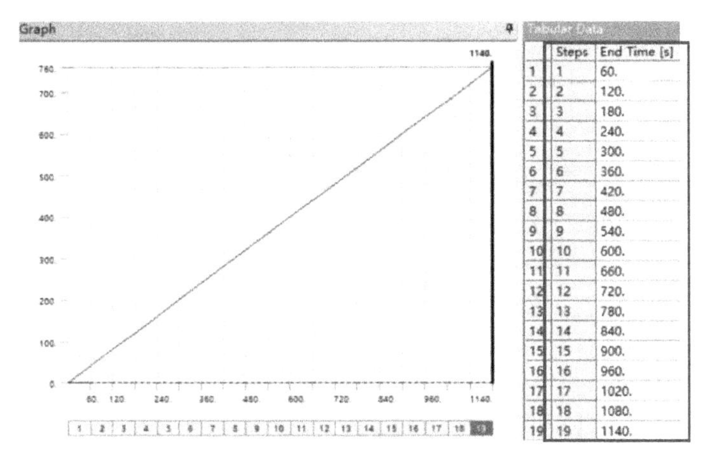

图 2-5　分析设置

（3）施加拉伸力，在标准工具栏上单击，然后选择狗骨形试件端面，在环境工具栏上单击【Loads】→【Force】→【Details of "Force"】→【Definition】→【Define By】= Components，【X Component】= Tabular Data，输入如图 2-6 及图 2-7 所示的数据，【Y Component】= ON，【Z Component】= ON。

图 2-6　施加载荷

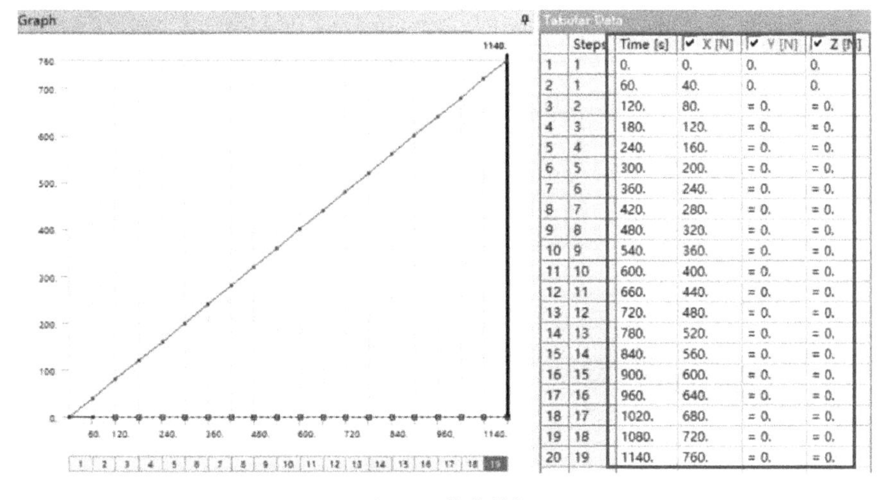

图 2-7　载荷数据

（4）施加约束，首先在标准工具栏上单击，然后选择狗骨形试件对应的另一个端面，在环境工具栏单击【Supports】→【Fixed Support】，如图 2-8 所示。

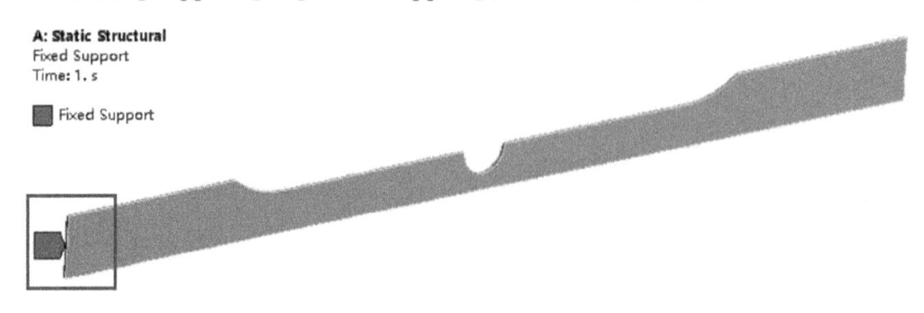

图 2-8 施加约束

10. 设置需要的结果

（1）在导航树上单击【Solution（A6）】。

（2）在求解工具栏上单击【Deformation】→【Total】。

（3）在标准工具栏上单击【Stress】→【Equivalent（von-Mises）】。

11. 求解与结果显示

（1）在 Mechanical 标准工具栏上单击 Solve 进行求解运算。

（2）运算结束后，单击【Solution（A6）】→【Total Deformation】，图形区域显示分析得到的整体变形分布云图，如图 2-9 所示；单击【Solution（A6）】→【Equivalent Stress】，显示整体等效应力分布云图，如图 2-10 所示。

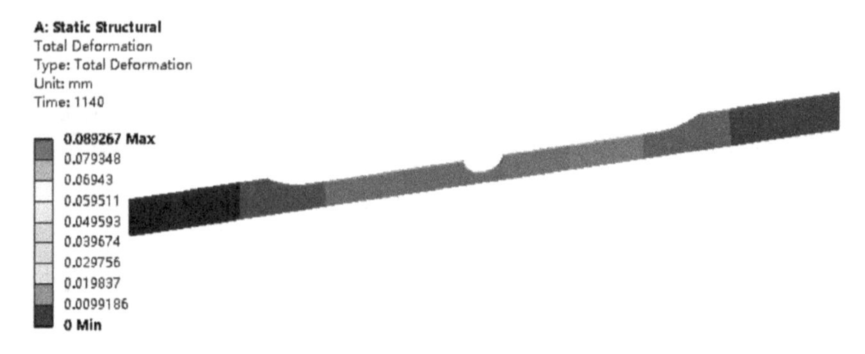

图 2-9 整体变形分布云图

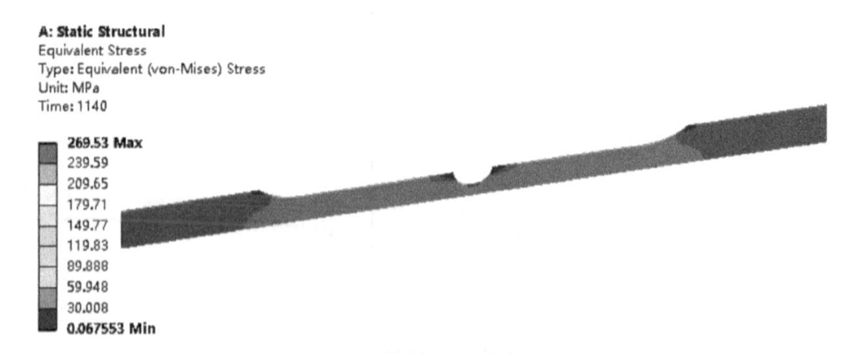

图 2-10 等效应力分布云图

12. 开启 Beta 项及对称设置

（1）在 Workbench 主界面，单击 Workbench 主界面上的菜单【Tools】→【Options…】→【Appearance】，选择【Beta Options】，然后单击【OK】关闭窗口。

（2）在 Mechanical 分析环境，在导航树上单击【Symmetry】→【Details of "Symmetry"】→【Graphical Expansion1 (Beta)】，设置【Num Repeat】=2，【Method】=Half，【ΔY】=1.e−003mm，其他默认，如图 2-11 所示；结果完整图形显示如图 2-12～图 2-14 所示。

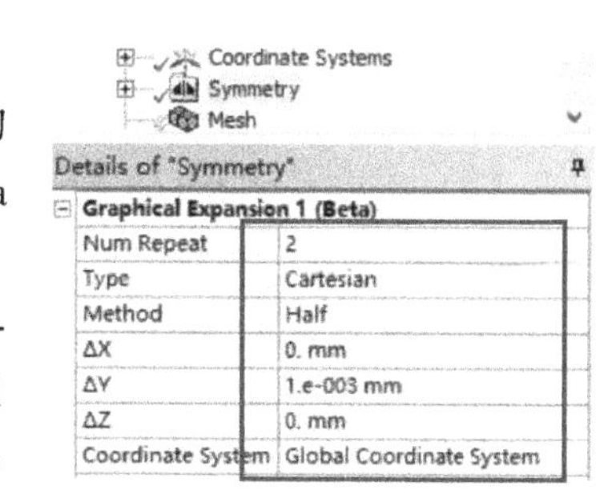

图 2-11　对称显示设置

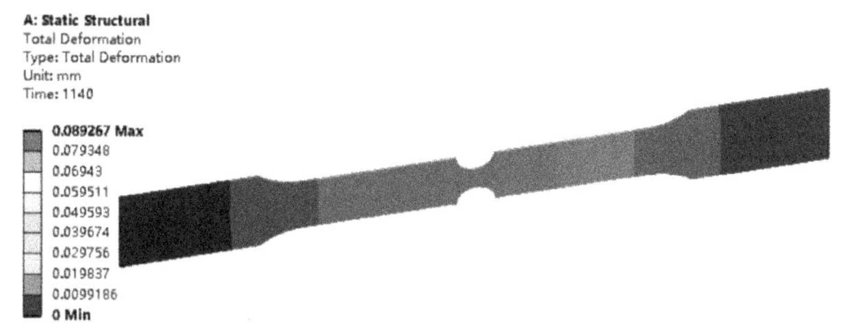

图 2-12　结果变形完整图形云图

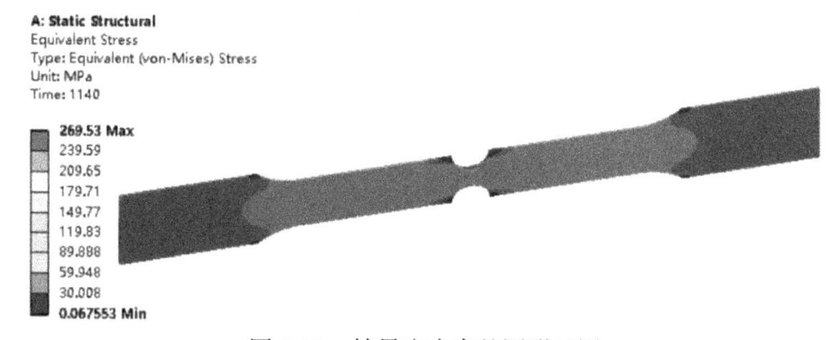

图 2-13　结果应力完整图形云图

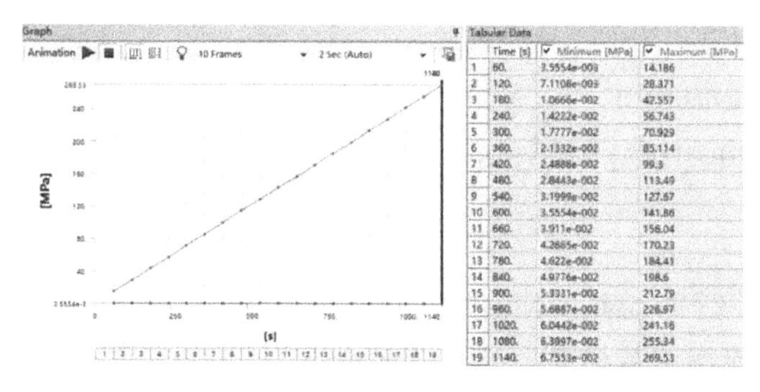

	Time [s]	Minimum [MPa]	Maximum [MPa]
1	60.	3.5554e-003	14.186
2	120.	7.1108e-003	28.371
3	180.	1.0666e-002	42.557
4	240.	1.4222e-002	56.743
5	300.	1.7777e-002	70.929
6	360.	2.1332e-002	85.114
7	420.	2.4888e-002	99.3
8	480.	2.8443e-002	113.49
9	540.	3.1999e-002	127.67
10	600.	3.5554e-002	141.86
11	660.	3.911e-002	156.04
12	720.	4.2665e-002	170.23
13	780.	4.622e-002	184.41
14	840.	4.9776e-002	198.6
15	900.	5.3331e-002	212.79
16	960.	5.6887e-002	226.97
17	1020.	6.0442e-002	241.16
18	1080.	6.3997e-002	255.34
19	1140.	6.7553e-002	269.53

图 2-14　结果应力数据

13. 保存与退出

（1）退出 Mechanical 分析环境，单击 Mechanical 主界面的菜单【File】→【Close Mechanical】

退出环境，返回到 Workbench 主界面，此时主界面的分析流程图中显示的分析已完成。

（2）单击 Workbench 主界面上的【Save】按钮，保存所有分析结果文件。

（3）退出 Workbench 环境，单击 Workbench 主界面的菜单【File】→【Exit】退出主界面，完成分析。

2.1.3 结果分析与点评

本实例是狗骨形试件拉伸对称分析，从分析结果来看，最大等效应力处超出材料本身强度 250MPa，该处有被拉断的可能。本实例的重要知识点，是利用对称的方法来进行分析，在分析过程中体现了模型对称处理方法，对对称设置（采用了自动设置）以及结果对称模型显示的处理等。虽然模型结构单一，但所采用的分析方法包括时步设置等，值得借鉴。

2.2 制动轮循环对称分析

2.2.1 问题与重难点描述

1. 问题描述

带有碟刹装置的制动车轮，制动的一般原理是在机器的高速轴上固定一个轮或盘，在机座上安装与之相适应的闸瓦、带或盘，在外力作用下使之产生制动力矩，本例简化了制动轮模型，如图 2-15 所示。制动轮材料为结构钢，假设制动时轮缘受力 5831N，试求制动轮变形、应力分布情况，以及在 APDL 环境显示的情况。

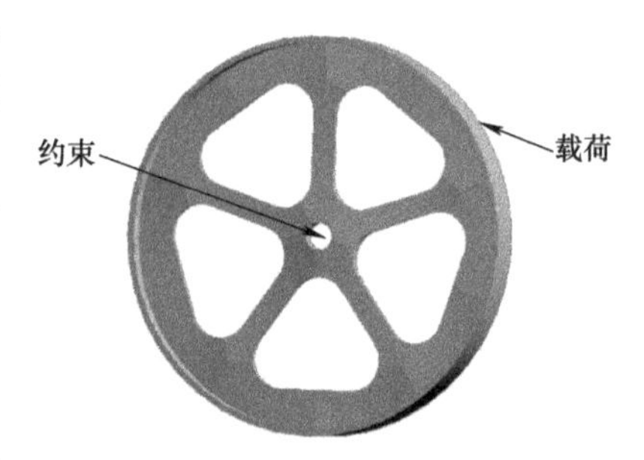

图 2-15 制动轮模型

2. 重难点提示

本实例重难点是如何运用对称的方法分析旋转对称模型，以及后处理。

2.2.2 实例详细解析过程

1. 启动 Workbench18.0

在“开始”菜单中执行 ANSYS18.0→Workbench18.0 命令。

2. 创建结构静力分析

（1）在工具箱【Toolbox】的【Analysis Systems】中双击或拖动结构静力分析【Static Structural】到项目分析流程图，如图 2-16 所示。

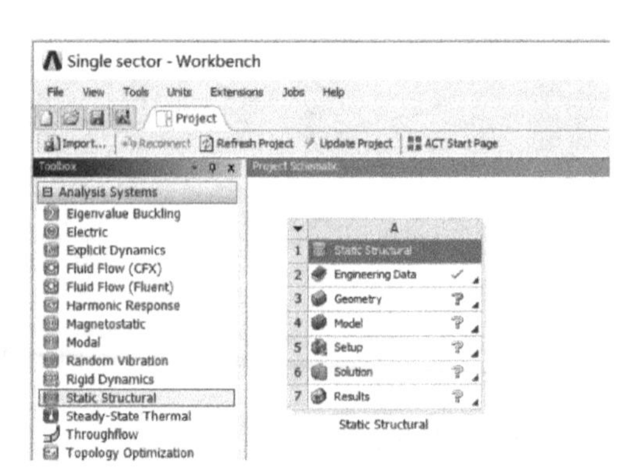

图 2-16 创建结构静力分析

（2）在 Workbench 的工具栏中单击【Save】，保存项目实例名为 Single sector. wbpj。如工程实例文件保存在 D：\ AWB \ Chapter02 文件夹中。

3. 创建材料参数，材料默认

4. 导入几何模型

在结构静力分析上，右键单击【Geometry】→【Import Geometry】→【Browse】，找到模型文件 Single sector. agdb，打开导入几何模型。如模型文件在 D：\ AWB \ Chapter02 文件夹中。

5. 进入 Mechanical 分析环境

（1）在结构静力分析上，右键单击【Model】→【Edit】进入 Mechanical 分析环境。

（2）在 Mechanical 的主菜单【Units】中设置单位为 Metric（mm，kg，N，s，mV，mA）。

6. 为几何模型分配材料，材料默认。

7. 定义局部坐标

在导航树上右键单击【Coordinate Systems】，从弹出的快捷菜单中选择【Insert】→【Coordinate System】→【Details of “Coordinate System”】→【Definition】，选择【Type】= Cylindrical，【Coordinate System】= Manual；【Origin】→【Define By】= Global Coordinates，其他默认，如图 2-17 所示。

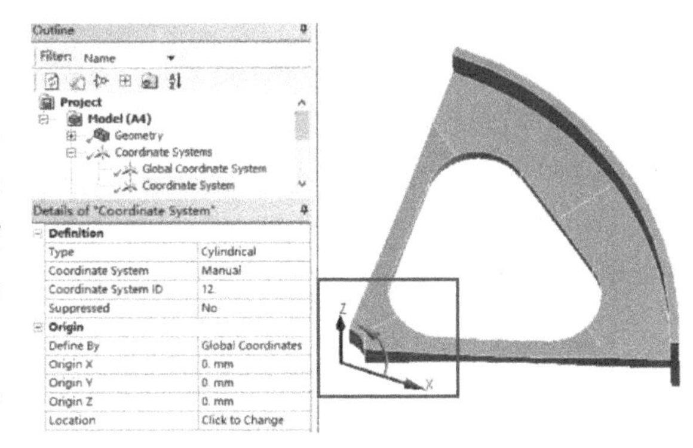

图 2-17　创建局部坐标

8. 对称设置

在标准工具栏上单击，在导航树上右键单击【Model（A4）】，从弹出的快捷菜单中选择【Insert】→【Symmetry】，右键单击【Symmetry】→【Insert】→【Cyclic Region】，【Low Boundary】选择靠近 X 方向侧面，【High Boundary】选择另外一个侧面；坐标系为创建的圆柱坐标系，其他默认，如图 2-18 所示。

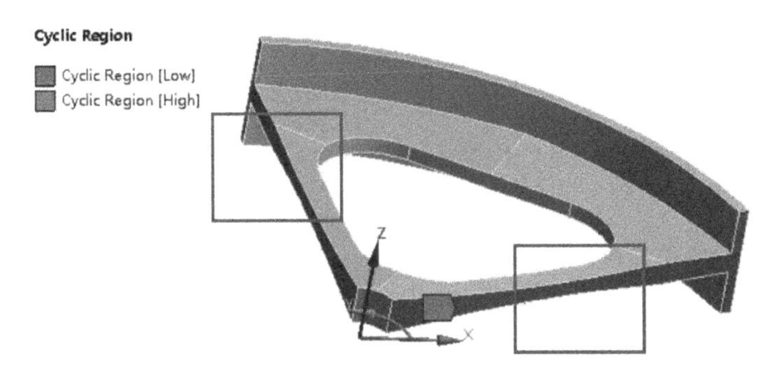

图 2-18　对称设置

9. 划分网格

（1）在导航树上单击【Mesh】→【Details of “Mesh”】→【Sizing】→【Relevance Center】= Medium，其他默认。

（2）在导航树上选择模型，然后右键单击【Mesh】，从弹出的菜单中选择【Insert】→【Sizing】，【Body Sizing】→【Details of “Body Sizing”】→【Element Size】= 5mm。

（3）选择模型，然后右键单击【Mesh】，从弹出的菜单中选择【Insert】→【Method】→【MultiZone】，其他默认。

（4）生成网格，右键单击【Mesh】→【Generate Mesh】，图形区域显示程序生成的网格模型，如图 2-19 所示。

（5）网格质量检查，在导航树上单击【Mesh】→【Details of "Mesh"】→【Quality】→【Mesh Metric】= Skewness，显示 Skewness 规则下网格质量详细信息，平均值处在好水平范围内，展开【Statistics】显示网格和节点数量。

图 2-19 划分网格

10. 施加边界条件

（1）单击【Static Structural（A5）】。

（2）施加力载荷，在标准工具栏上单击，然后选择制动轮外圆表面，在环境工具栏上单击【Loads】→【Force】→【Details of "Force"】→【Definition】，设置【Define By】= Components，【X Component】= -5000N，【Y Component】= 3000N，【Z Component】= 0N，如图 2-20 所示。

（3）施加约束，首先在标准工具栏上单击，然后选择圆心面，在环境工具栏单击【Supports】→【Fixed Support】，如图 2-21 所示。

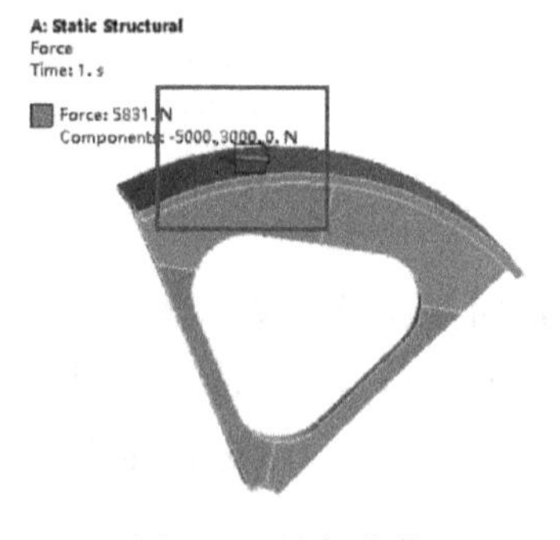

图 2-20 施加载荷

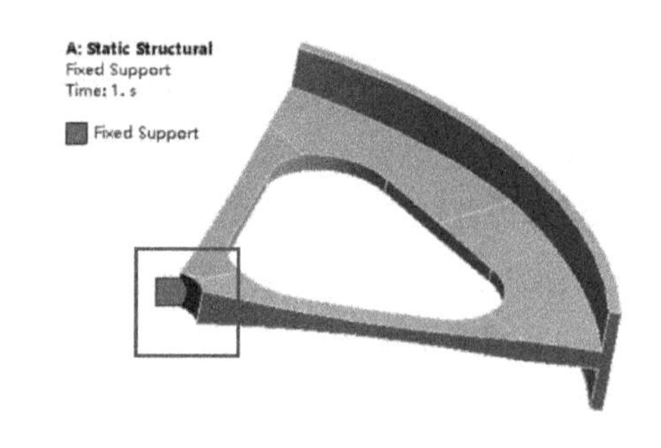

图 2-21 施加约束

（4）右键单击【Static Structural（A5）】→【Insert】→【Commands】，然后在 Commands 窗口插入如下命令流：

```
cpcyc,all,,12,,45,,0     ！循环对称耦合
```

11. 设置需要的结果

（1）在导航树上单击【Solution（A6）】。

（2）在求解工具栏上单击【Deformation】→【Total】。

（3）在标准工具栏上单击【Stress】→【Equivalent（von-Mises）】。

（4）右键单击【Solution（A6）】→【Insert】→【Commands】，然后在 Commands 窗口插入如下命令流：

```
set,last     ！后处理命令
/show,png
/view,1,1,1,1
plnsol,s,eqv
plesol,s,eqv
```

```
/pbc,cp,,1
eplo
/view,1,0,0,1
eplo
/show,close
```

12. 求解与结果显示

（1）在 Mechanical 标准工具栏上单击 Solve 进行求解运算。

（2）运算结束后，单击【Solution（A6）】→【Total Deformation】，图形区域显示分析得到整体变形分布云图，如图 2-22 所示；单击【Solution（A6）】→【Equivalent Stress】，显示整体等效应力分布云图，如图 2-23 所示；单击【Solution（A6）】→【Commands（APDL）】→【Post Output】，显示局部等效应力分布云图，如图 2-24 所示。

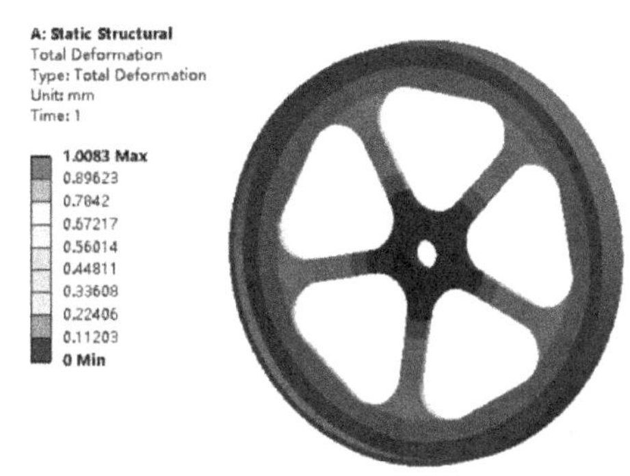

图 2-22　整体变形分布云图

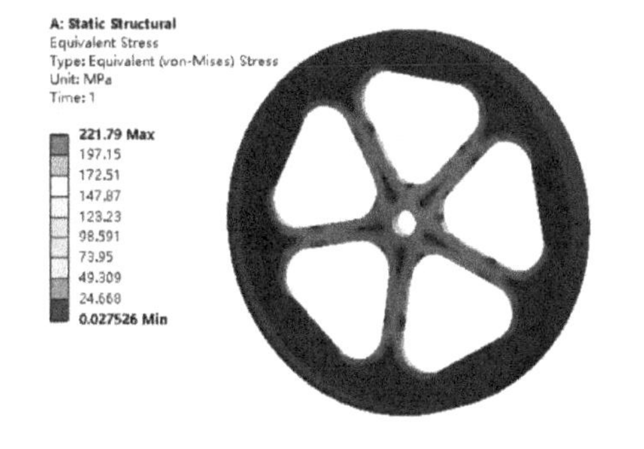

图 2-23　整体等效应力分布云图

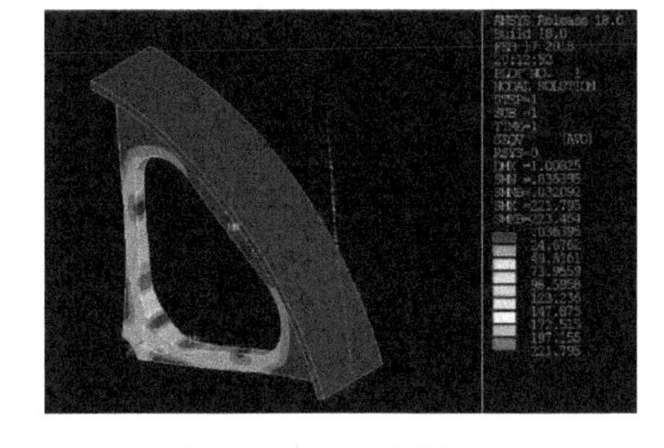

图 2-24　APDL 结果显示

13. 保存与退出

（1）退出 Mechanical 分析环境，单击 Mechanical 主界面的菜单【File】→【Close Mechanical】退出环境，返回到 Workbench 主界面，此时主界面的分析流程图中显示的分析已完成。

（2）单击 Workbench 主界面上的【Save】按钮，保存所有分析结果文件。

（3）退出 Workbench 环境，单击 Workbench 主界面的菜单【File】→【Exit】退出主界面，完成分析。

2.2.3　结果分析与点评

本实例是制动轮循环对称分析，从分析结果看，制动轮在制动时的结构强度满足了结构钢材料强度要求，在最大制外圈受到制动力载荷作用下，制动轮可以承受施加的载荷，当然这是在静态条件下的分析，在动载荷及冲击的情况下如何还有待观察。本实例的重要知识点，是利用旋转对称的方法来进行分析，在分析过程中体现了对旋转对称设置以及结果对称模型显示处理等。虽然模型结构进行了简化处理，但所采用的分析方法包括后处理等值得借鉴。对具有旋转对称或周期性对称结构，都可以采用该方法，可以加快分析速度，省时省力。

第 3 章　子模型应用分析

3.1　直角焊缝子模型分析

3.1.1　问题与重难点描述

1. 问题描述

L 形结构梁的直角焊接模型包括基材和焊缝区，其中焊缝区包含了焊接区、熔合区和热影响区，如图 3-1 所示。基材与焊缝区都为结构钢，假设短平行梁端面受 500N 载荷，长竖直梁侧面约束，由于需对焊接区域细分网格，限于软硬件条件，试用子模型法求焊接区域情况。

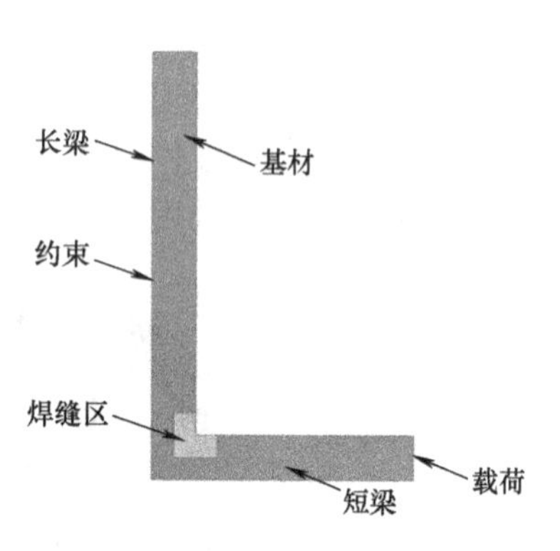

图 3-1　直角焊缝子模型

2. 重难点提示

本实例重难点是如何运用实体-实体（Solid-Solid）单元子模型方法分析直角焊缝存在奇异性问题，以及子模型的创建、验证。

3.1.2　实例详细解析过程

1. 启动 Workbench18.0

在“开始”菜单中执行 ANSYS18.0→Workbench18.0 命令。

2. 创建结构静力分析

（1）在工具箱【Toolbox】的【Analysis Systems】中双击或拖动结构静力分析【Static Structural】到项目分析流程图，如图 3-2 所示。

（2）在 Workbench 的工具栏中单击【Save】，保存项目实例名为 Weld submodel. wbpj。如工程实例文件保存在 D：\ AWB \ Chapter03 文件夹中。

3. 创建材料参数，材料默认

4. 导入几何模型

在结构静力分析上，右键单击【Geometry】→【Import Geometry】→【Browse】，找到模型文件 Weld submodel. agdb，打开导入几何模型。如模型文件在 D：\ AWB \ Chapter03 文件夹中。

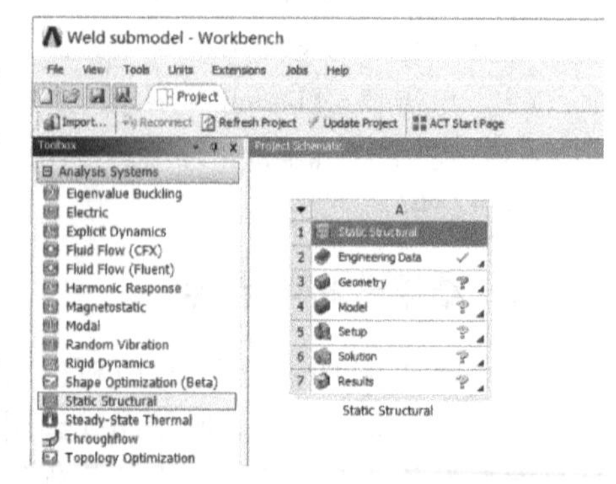

图 3-2　创建结构静力分析

5. 进入 Mechanical 分析环境

（1）在结构静力分析上，右键单击【Model】→【Edit】进入 Mechanical 分析环境。

（2）在 Mechanical 的主菜单【Units】中设置单位为 Metric（mm，kg，N，s，mV，mA）。

6. 为几何模型分配材料，材料默认

7. 划分网格

（1）在导航树上单击【Mesh】→【Details of “Mesh”】→【Defaults】→【Relevance】= 100；【Sizing】→【Relevance Center】= Fine，其他默认。

（2）生成网格，右键单击【Mesh】→【Generate Mesh】，图形区域显示程序生成的六面体网格模型，如图 3-3 所示。

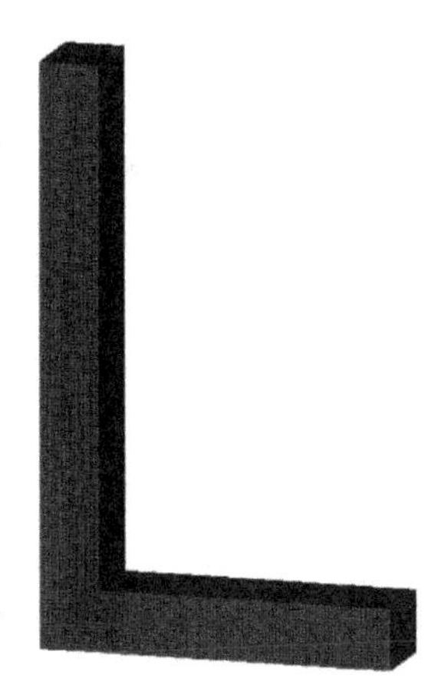

图 3-3　划分网格

（3）网格质量检查，在导航树上单击【Mesh】→【Details of “Mesh”】→【Quality】→【Mesh Metric】= Skewness，显示 Skewness 规则下网格质量详细信息，平均值处在好水平范围内，展开【Statistics】显示网格和节点数量。

8. 施加边界条件

（1）单击【Static Structural（A5）】。

（2）施加力载荷，在标准工具栏上单击，然后选择水平方向端面，在环境工具栏上单击【Loads】→【Force】→【Details of “Force”】→【Definition】→【Define By】= Components，【X Component】= 0N，【Y Component】= －500N，【Z Component】= 0N，如图 3-4所示。

（3）施加约束，首先在标准工具栏上单击，然后选择竖直方向对应的侧面，在环境工具栏单击【Supports】→【Fixed Support】，如图 3-5 所示。

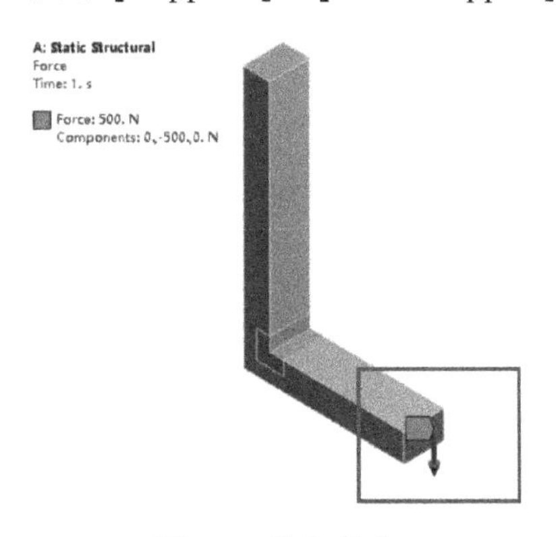

图 3-4　施加载荷

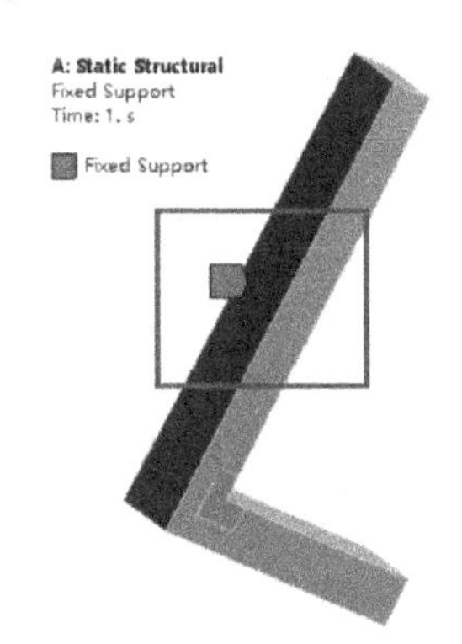

图 3-5　施加约束

9. 设置需要的结果

（1）在导航树上单击【Solution（A6）】。

（2）在求解工具栏上单击【Deformation】→【Total】。

（3）在标准工具栏上单击【Stress】→【Equivalent（von-Mises）】。

10. 求解与结果显示

（1）在 Mechanical 标准工具栏上单击 Solve 进行求解运算。

（2）运算结束后，单击【Solution（A6）】→【Total Deformation】，图形区域显示分析得到的整体变形分布云图，如图3-6所示；单击【Solution（A6）】→【Equivalent Stress】，显示整体等效应力分布云图，如图3-7所示。

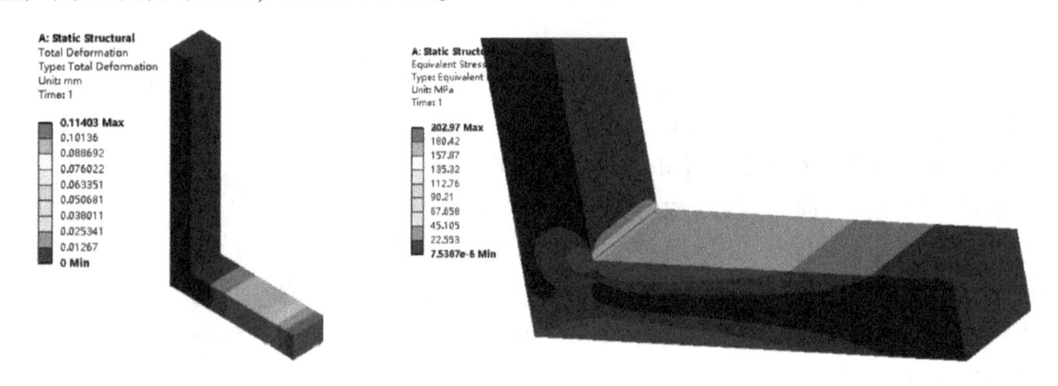

图3-6 整体变形分布云图　　　图3-7 整体等效应力分布云图

11. 子模型处理

（1）在结构静力学分析A单元上右键单击【Static Structural】标签，在弹出的菜单中选择【Duplicate】，即一个新的Static Structural分析被创建，同时把结构静力学分析B单元命名为“Submodeling”；然后把A单元上的【Solution】拖拽至B单元【Setup】，完成子模型建立流程，如图3-8所示。

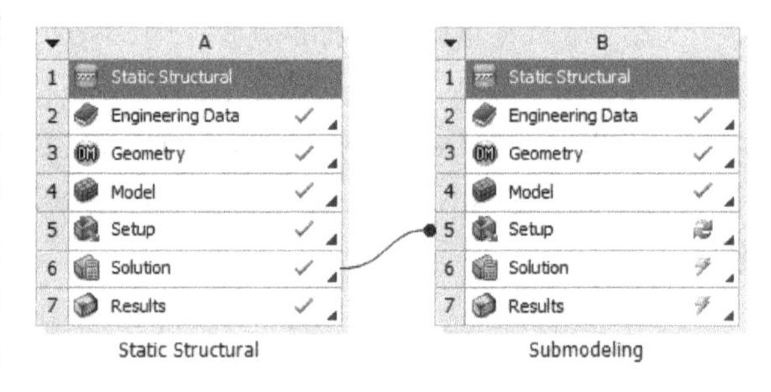

图3-8 创建子模型

（2）在结构静力分析上，右键单击【Geometry】→【Edit Geometry in DesignModeler…】进入DesignModeler环境。

（3）在标准工具栏上单击，选择基材，然后右键单击从弹出的快捷菜单中选择【Suppress Body】。

（4）单击工具栏的【Blend】→【Fixed Radius】，选择【FBlend1】→【Detail View】→【Geometry】，选取焊接区域直角边线，其他默认；工具栏单击【Generate】完成模型倒圆角处理，如图3-9所示。

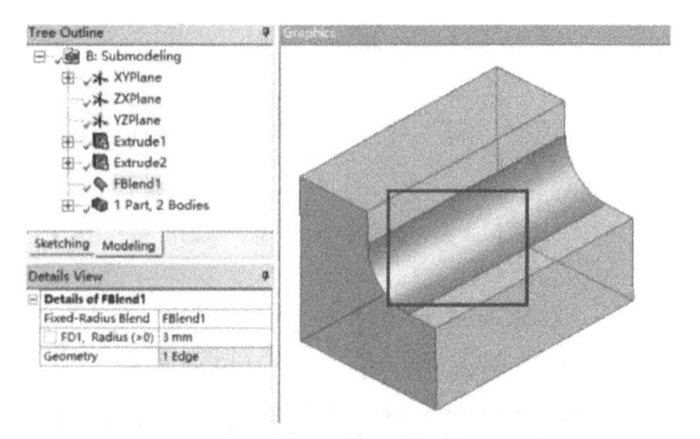

图3-9 焊缝模型倒圆角处理

（5）单击DesignModeler主界面的菜单【File】→【Close DesignModeler】退出几何建模环境。

（6）返回Workbench主界面，在B分析上右键单击【Model】，从弹出的快捷菜单中选择【Refresh】刷新，在B分析上右键单击【Setup】，从弹出的快捷菜单中选择【Refresh】刷新；单击Workbench主界面上的

【Save】按钮保存。

12. 进入 Mechanical 分析环境

（1）在结构静力分析 B 上，右键单击【Model】→【Edit…】进入 Mechanical 分析环境。

（2）在 Mechanical 的主菜单【Units】中设置单位为 Metric（mm，kg，N，s，mV，mA）。

13. 为几何模型分配材料，材料默认

14. 划分网格

（1）保持在 A 分析中的默认设置，右键单击【Mesh】→【Generate Mesh】，图形区域显示程序生成的网格模型，如图 3-10 所示。

（2）网格质量检查，在导航树上单击【Mesh】→【Details of "Mesh"】→【Quality】→【Mesh Metric】= Element Quality，显示 Element Quality 规则下网格质量详细信息，平均值处在好水平范围内，展开【Statistics】显示网格和节点数量。

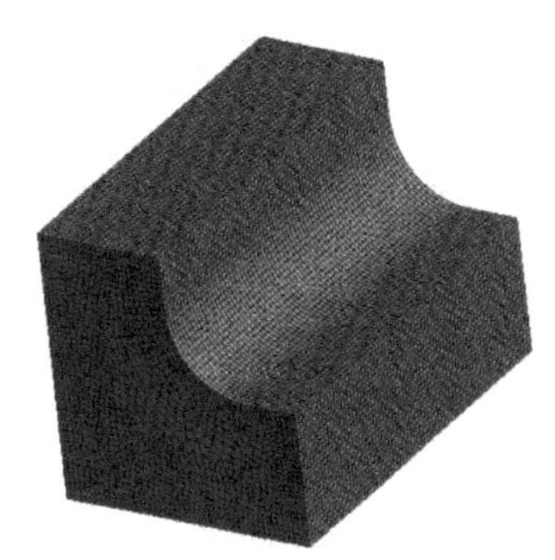

图 3-10　划分网格

15. 施加边界条件

（1）单击【Static Structural（B5）】。

（2）右键单击【Force、Fixed Support】→【Delete】。

（3）右键单击【Submodeling（B6）】→【Cut Boundary Constraint】，单击【Imported Cut Boundary Constraint】→【Details of "Imported Cut Boundary Constraint"】→【Geometry】，选择焊接区域与基材相邻对应的 4 个侧面，如图 3-11 所示。

（4）右键单击【Imported Cut Boundary Constraint】→【Import Load】，导入载荷，如图 3-12 所示。

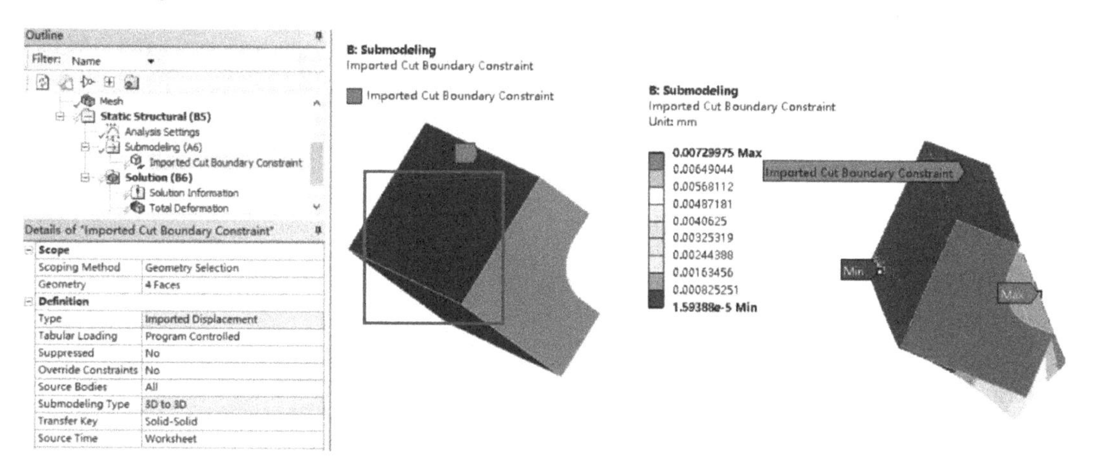

图 3-11　子模型边界施加　　图 3-12　子模型载荷显示

16. 求解子模型与结果显示

（1）在 Mechanical 标准工具栏上单击 Solve 进行求解运算。

（2）运算结束后，单击【Solution（B6）】→【Total Deformation】，图形区域显示分析得到的整体变形分布云图，如图 3-13 所示；单击【Solution（B6）】→【Equivalent Stress】，显示整

体等效应力分布云图，如图 3-14 所示。

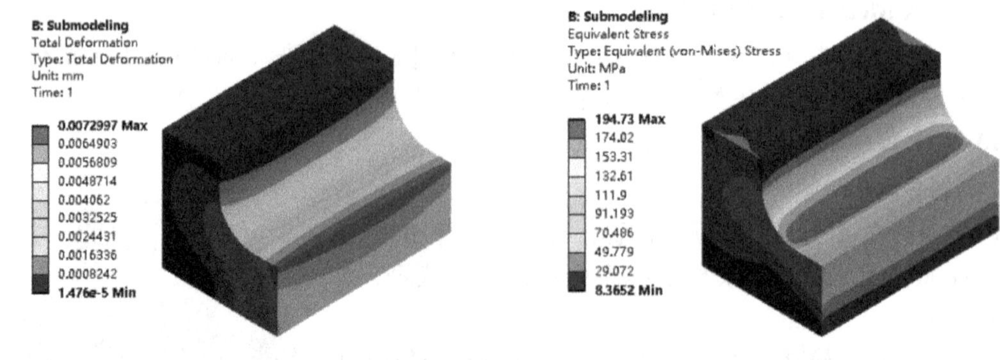

图 3-13　整体变形分布云图　　　图 3-14　整体等效应力分布云图

17. 保存与退出

(1) 退出 Mechanical 分析环境，单击 Mechanical 主界面的菜单【File】→【Close Mechanical】退出环境，返回到 Workbench 主界面，此时主界面的分析流程图中显示的分析已完成。

(2) 单击 Workbench 主界面上的【Save】按钮，保存所有分析结果文件。

(3) 退出 Workbench 环境，单击 Workbench 主界面的菜单【File】→【Exit】退出主界面，完成分析。

3.1.3　结果分析与点评

本实例是直角焊缝子模型分析，为实体-实体（Solid-Solid）单元子模型分析过程，从结果分析来看，原来整体模型直角处的应力奇异现象消失。不过，对于这类分析，子模型的创建很重要。因为是基于圣维南原理，所以子模型的创建边界必须远离应力集中区，要通过比较子模型创建边界上的结果与整体模型相应的位置的结果的一致性来判断子模型的边界创建是否合理，如不合理，需要重新创建与计算。常用的方法是利用 Construction Geometry 工具来创建路径比较。

3.2　焊接 T 形管子模型分析

3.2.1　问题与重难点描述

1. 问题描述

如图 3-15 所示 T 形管子，焊接模型包括基材和焊缝区，其中焊缝区包含了焊接区、熔合区和热影响区。基材与焊缝区都为结构钢，假设 T 形管平行端线远端约束，竖直端线受 500N 的向上载荷，而整个管内壁受 0.1MPa 的压力载荷，由于需对焊接区域细分网格，限于软硬件条件，试用子模型法求焊接区域

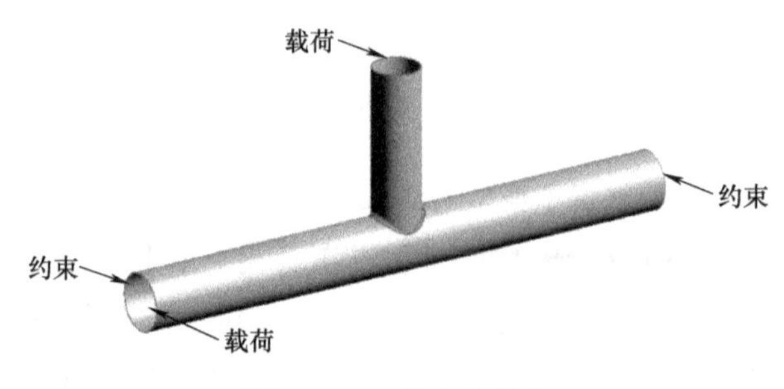

图 3-15　T 形管子模型

情况。

2. 重难点提示

本实例重难点是如何运用壳体-实体（Shell-Solid）单元子模型方法分析直角焊缝存在奇异性问题，以及子模型边界的创建、验证。

3.2.2 实例详细解析过程

1. 启动 Workbench18.0

在“开始”菜单中执行 ANSYS18.0→Workbench18.0 命令。

2. 创建结构静力分析

（1）在工具箱【Toolbox】的【Analysis Systems】中双击或拖动结构静力分析【Static Structural】到项目分析流程图，如图3-16所示。

（2）在 Workbench 的工具栏中单击【Save】，保存项目实例名为 Weld pipe.wbpj。如工程实例文件保存在 D：\ AWB \ Chapter03 文件夹中。

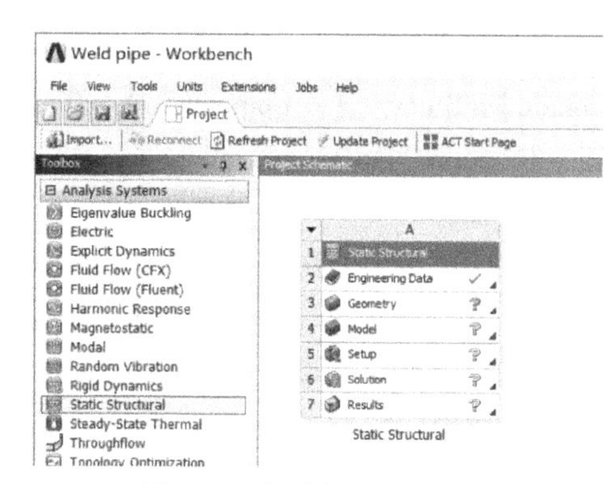

图3-16 创建结构静力分析

3. 创建材料参数，材料默认。

4. 导入几何模型

（1）在结构静力分析上，右键单击【Geometry】→【Import Geometry】→【Browse】，找到模型文件 Weld pipe.agdb，打开导入几何模型。如模型文件在 D：\ AWB \ Chapter03 文件夹中。

5. 进入 Mechanical 分析环境

（1）在结构静力分析上，右键单击【Model】→【Edit】进入 Mechanical 分析环境。

（2）在 Mechanical 的主菜单【Units】中设置单位为 Metric（mm，kg，N，s，mV，mA）。

6. 为几何模型分配材料，材料默认。

7. 划分网格

（1）在导航树上单击【Mesh】→【Details of “Mesh”】→【Sizing】→【Relevance Center】= Fine，其他默认。

（2）在导航树上选择模型，右键单击【Mesh】，从弹出的菜单中选择【Insert】→【Sizing】，【Body Sizing】→【Details of “Body Sizing”】→【Element Size】=5mm，其他默认。

（3）生成网格，右键单击【Mesh】→【Generate Mesh】，图形区域显示程序生成的网格模型，如图3-17所示。

（4）网格质量检查，在导航树上单击【Mesh】→【Details of “Mesh”】→【Quality】→【Mesh Metric】= Element Quality，显示 Element Quality 规则下网格质量详细信息，平均值处在好水平范围内，展开【Statistics】显示网格和节点数量。

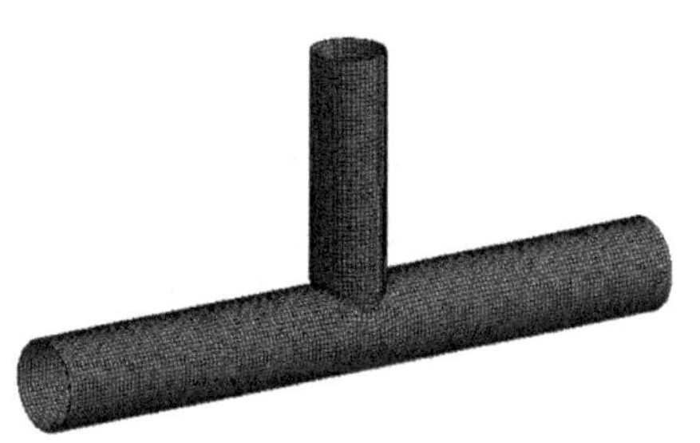

图3-17 划分网格

8. 施加边界条件

（1）单击【Static Structural（A5）】。

（2）在标准工具栏上单击选择边线图标，管水平Z方向端线，然后在环境工具栏上单击【Supports】→【Remote Displacement】，【Remote Displacement】→【Details of “Remote Displacement”】→【Scope】→【Definition】，设置【X Component】=0 mm，【Y Component】=0mm，【Z Component】=0mm，Rotation X = 0°，Rotation Y = 0°，Rotation Z = 0°，其他默认，如图3-18所示。

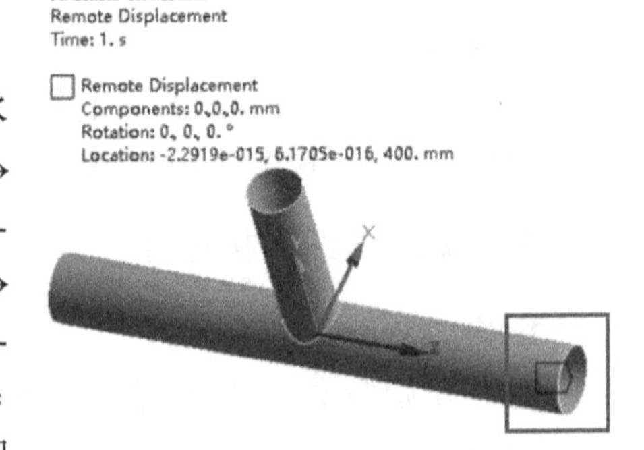

图3-18　Z方向端线远端位移

（3）在标准工具栏上单击选择边线图标，管水平负Z方向端线，然后在环境工具栏上单击【Supports】→【Remote Displacement】，【Remote Displacement】→【Details of “Remote Displacement”】→【Scope】→【Definition】，设置【X Component】=0 mm，【Y Component】=0mm，【Z Component】=Free，Rotation X =0°，Rotation Y =0°，Rotation Z =0°，其他默认，如图3-19所示。

（4）施加压力载荷，在标准工具栏单击，选择筒体内表面，然后在环境工具栏单击【Loads】→【Pressure】→【Details of “Pressure”】→【Definition】→【Magnitude】=0.1MPa，如图3-20所示。

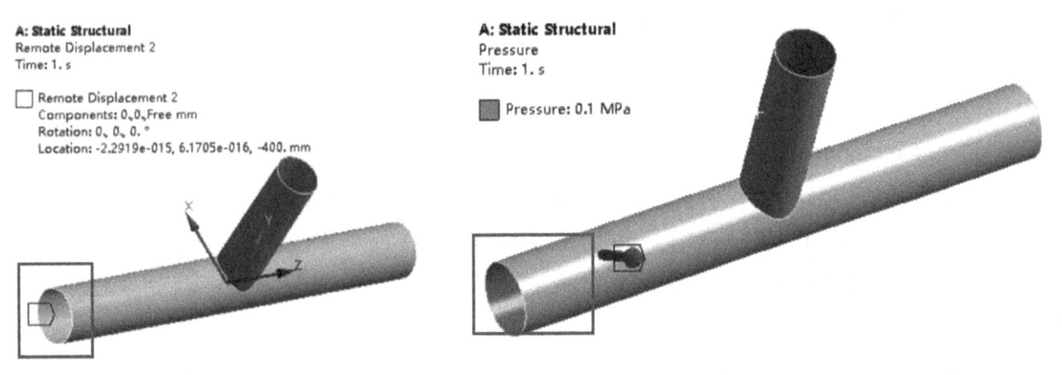

图3-19　负Z方向端线远端位移

图3-20　施加压力载荷

（5）施加拉力，在标准工具栏上单击选择边线图标，然后选择竖直方向端线，在环境工具栏上单击【Loads】→【Force】→【Details of “Force”】→【Definition】→【Define By】= Vector，设置【Magnitude】=500N，如图3-21所示。

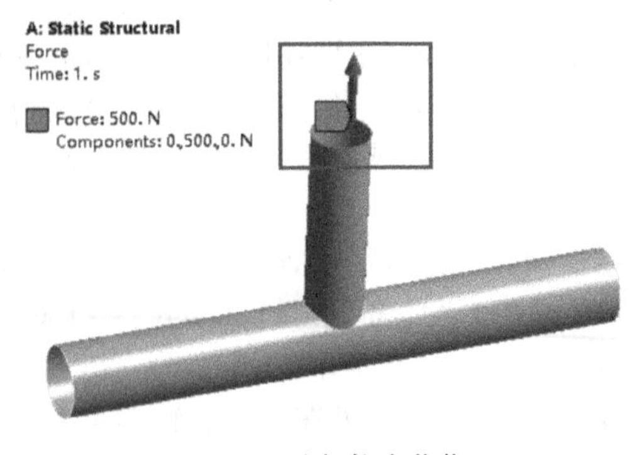

图3-21　施加拉力载荷

9. 设置需要的结果

（1）在导航树上单击【Solution（A6）】。

（2）在求解工具栏上单击【Deformation】→【Total】。

（3）在标准工具栏上单击【Stress】→【Equivalent（von-Mises）】。

10. 求解与结果显示

（1）在 Mechanical 标准工具栏上单击 Solve 进行求解运算。

（2）运算结束后，单击【Solution（A6）】→【Total Deformation】，图形区域显示分析得到的整体变形分布云图，如图 3-22 所示；单击【Solution（A6）】→【Equivalent Stress】，显示整体等效应力分布云图，如图 3-23 所示。

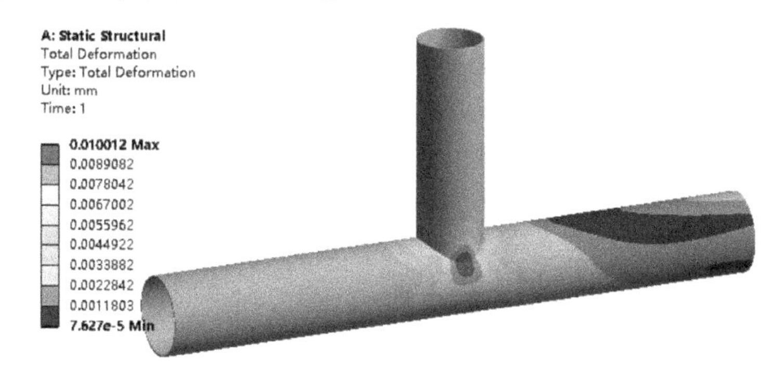

图 3-22　整体变形分布云图

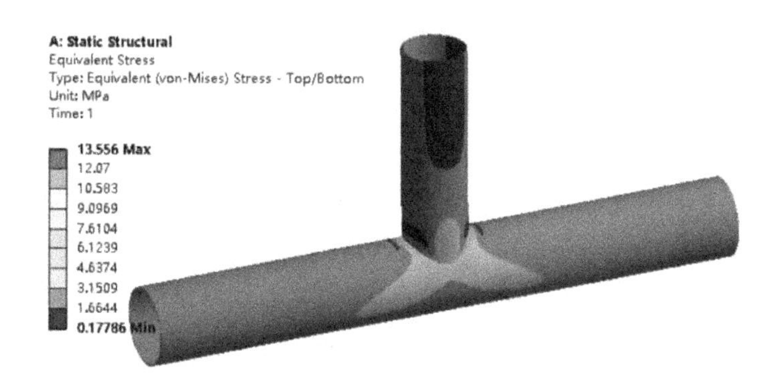

图 3-23　整体等效应力分布云图

11. 子模型处理

（1）在工具箱【Toolbox】的【Analysis Systems】中双击或拖动结构静力分析【Static Structural】到项目分析流程图，即一个新的 Static Structural 分析被创建，同时把结构静力学分析 B 单元命名为“Submodeling”；然后把 A 单元上的【Solution】拖拽至 B 单元的【Setup】，完成子模型建立流程，如图 3-24 所示。

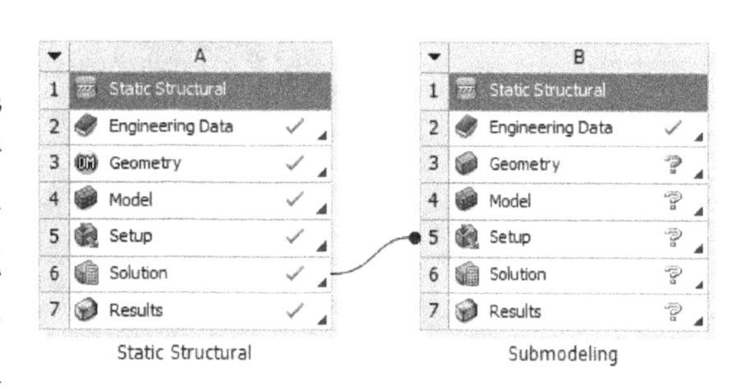

图 3-24　创建子模型

（2）在结构静力分析上，右键单击【Geometry】→【Import Geometry】→【Browse】，找到模型文件 Solid pipe. agdb，打开导入几何模型。模型文件在 D：\ AWB \ Chapter03 文件

夹中。

(3) 在结构静力分析上，右键单击【Geometry】→【Edit Geometry in DesignModeler…】进入 DesignModeler 环境。

(4) 在标准工具栏上单击，选择【Weld pipe】，然后右键单击从弹出的快捷菜单中选择【Suppress Body】，保留【Cut pipe】，如图 3-25 所示。

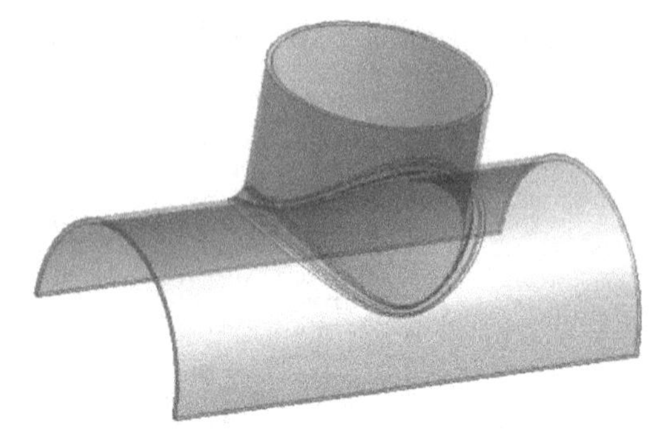

图 3-25 模型倒圆角处理

(5) 单击 DesignModeler 主界面菜单的【File】→【Close DesignModeler】退出几何建模环境。

(6) 返回 Workbench 主界面，在 B 分析上右键单击【Model】，从弹出的快捷菜单中选择【Refresh】刷新，在 B 分析上右键单击【Setup】，从弹出的快捷菜单中选择【Refresh】刷新；单击 Workbench 主界面上的【Save】按钮保存。

12. 进入 Mechanical 分析环境

(1) 在结构静力分析 B 上，右键单击【Model】→【Edit…】进入 Mechanical 分析环境。

(2) 在 Mechanical 的主菜单【Units】中设置单位为 Metric (mm, kg, N, s, mV, mA)。

13. 为几何模型分配材料，材料默认。

14. 划分网格

(1) 在导航树上单击【Mesh】→【Details of "Mesh"】→【Defaults】→【Relevance】=80；【Sizing】→【Relevance Center】=Medium，其他默认。

(2) 在标准工具栏上单击，选择如图 3-26 所示的位置模型，然后在导航树上右键单击【Mesh】，从弹出的菜单中选择【Insert】→【Sizing】，【Face Sizing】→【Details of "Face Sizing"】→【Element Size】=0.5mm。，其他默认。

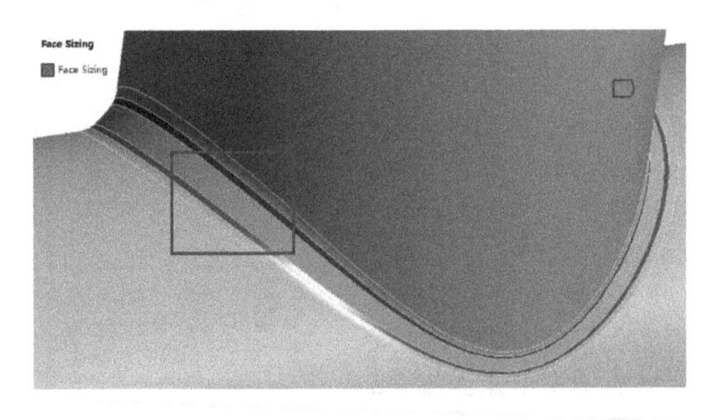

图 3-26 0.5mm 面网格划分

(3) 在标准工具栏上单击，选择如图 3-27 所示的位置模型，然后在导航树上右键单击【Mesh】，从弹出的菜单中选择【Insert】→【Sizing】，【Face Sizing】→【Details of “Face Sizing”】→【Element Size】= 1mm，其他默认。

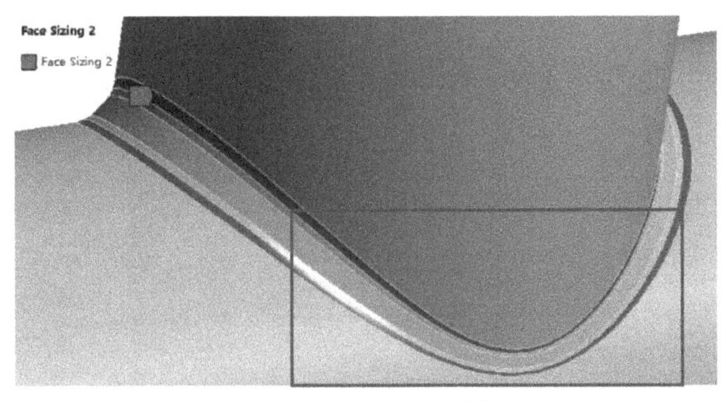

图 3-27　1mm 面网格划分

（4）保持在 A 分析中的默认设置，右键单击【Mesh】→【Generate Mesh】，图形区域显示程序生成的网格模型，如图 3-28 所示。

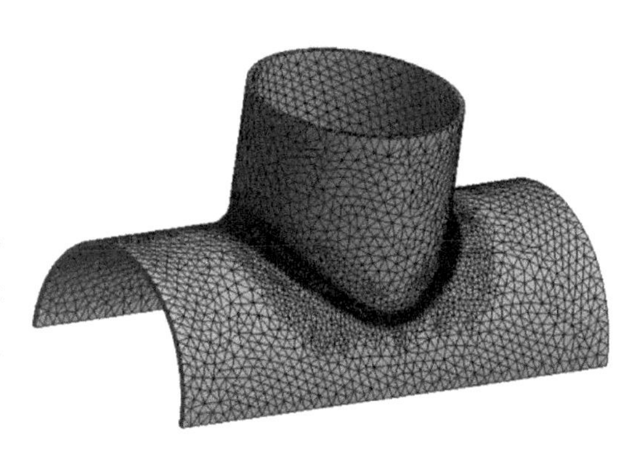

图 3-28　划分网格

（5）网格质量检查，在导航树上单击【Mesh】→【Details of “Mesh”】→【Quality】→【Mesh Metric】= Element Quality，显示 Element Quality 规则下网格质量详细信息，平均值处在好水平范围内，展开【Statistics】显示网格和节点数量。

15. 施加边界条件

（1）单击【Static Structural（B5）】。

（2）右键单击【Submodeling（B6）】→【Cut Boundary Constraint】，单击【Imported Cut Boundary Constraint】→【Details of “Imported Cut Boundary Constraint”】→【Geometry】，选择被剪切下对应的 5 个面，【Transfer Key】= Shell-Solid，如图 3-29 所示。

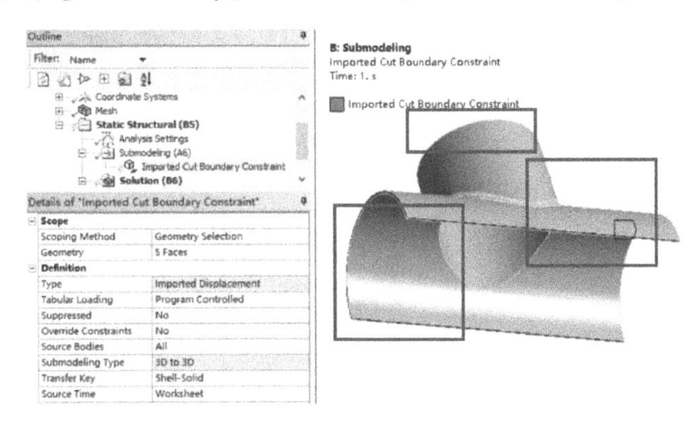

图 3-29　Shell-Solid

（3）右键单击【Imported Cut Boundary Constraint】→【Import Load】，导入载荷，如图 3-30 所示。

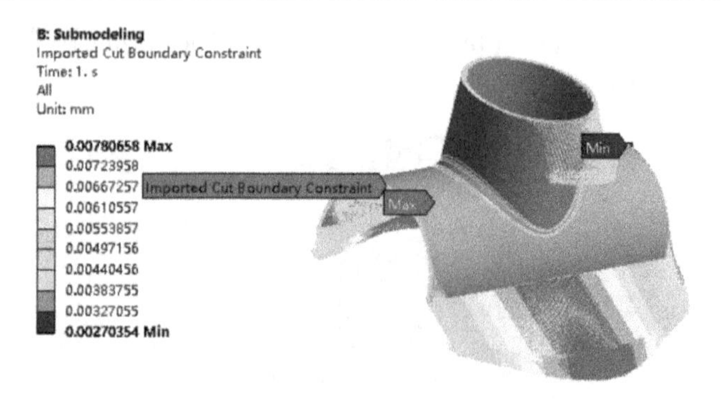

图 3-30 导入载荷

（4）施加压力载荷，在标准工具栏单击，选择筒体内表面，然后在环境工具栏单击【Loads】→【Pressure】→【Details of “Pressure”】→【Definition】→【Magnitude】=0.1MPa，如图 3-31 所示。

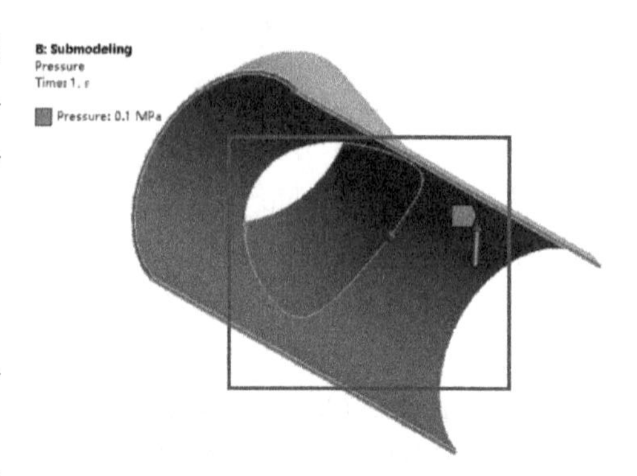

图 3-31 施加载荷

16. 设置需要的结果

（1）在导航树上单击【Solution（B6）】。

（2）在求解工具栏上单击【Deformation】→【Total】。

（3）在标准工具栏上单击【Stress】→【Equivalent（von-Mises）】。

（4）在标准工具栏上单击，选择如图 3-32 所示的位置，在标准工具栏上单击【Stress】→【Maximum Principal】。

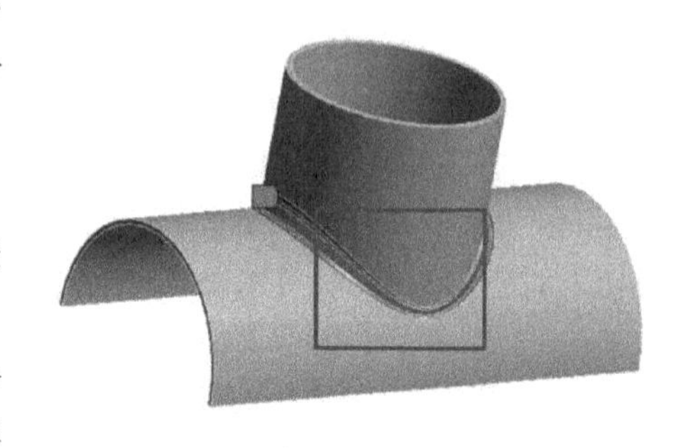

图 3-32 查看最大主应力位置

17. 求解子模型与结果显示

（1）在 Mechanical 标准工具栏上单击 Solve 进行求解运算。

（2）运算结束后，单击【Solution（B6）】→【Total Deformation】，图形区域显示分析得到的整体变形分布云图，如图 3-33 所示；单击【Solution

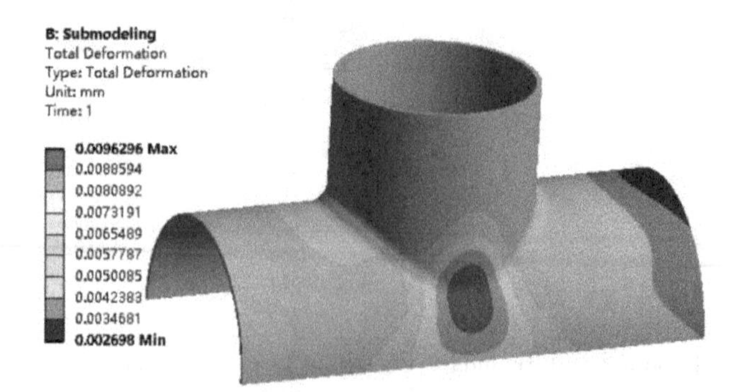

图 3-33 整体变形分布云图

(B6)】→【Equivalent Stress】，显示整体等效应力分布云图，如图3-34所示。单击【Solution (B6)】→【Maximum Principal Stress】，显示局部最大主应力分布云图，如图3-35所示。

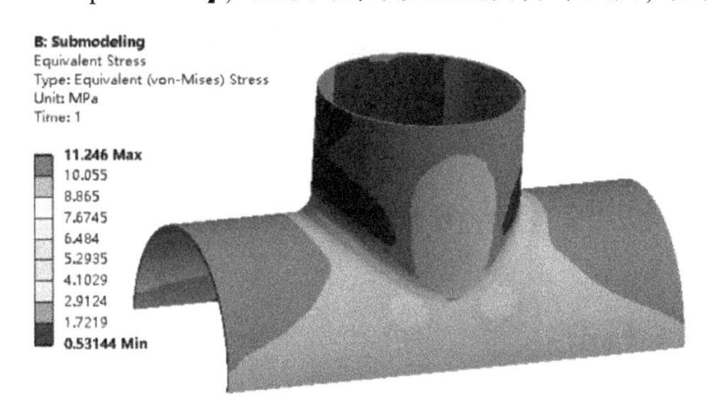

图3-34　整体等效应力分布云图

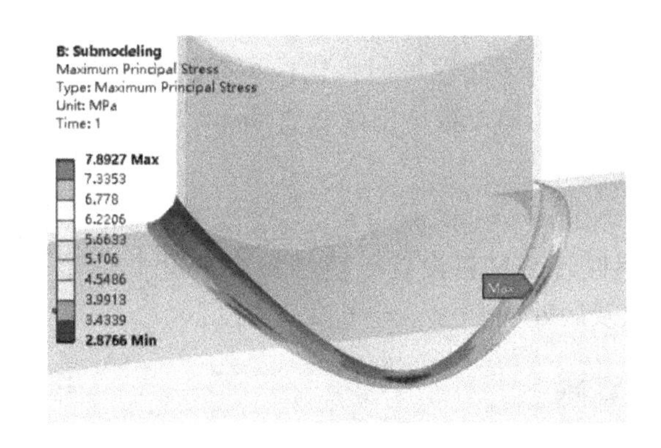

图3-35　局部最大主应力云图

18. 保存与退出

(1) 退出Mechanical分析环境，单击Mechanical主界面的菜单【File】→【Close Mechanical】退出环境，返回到Workbench主界面，此时主界面的分析流程图中显示的分析已完成。

(2) 单击Workbench主界面上的【Save】按钮，保存所有分析结果文件。

(3) 退出Workbench环境，单击Workbench主界面的菜单【File】→【Exit】退出主界面，完成分析。

3.2.3　结果分析与点评

本实例是焊接T形管子模型分析，为壳体-实体（Shell- Solid）单元子模型分析过程。从结果分析来看，原来T形管子整体模型直角处的应力集中现象消失，而最大处出现在内壁棱角处，通过倒圆角设计可以改变这一状况。不过需要强调的是，对于这类分析，子模型边界的创建很重要。子模型是利用了位移有限元、位移边界的低敏感性特点，采用切割边界的位移解插值得到结果。采用子模型法有许多优点，但在使用时应注意，子模型对实体单元和壳单元有效，切割边界应远离应力集中区域，必须验证是否满足这个要求。本例未有进一步验证评估，后续感兴趣的读者可用上例提到的方法验证。

第4章　塑性分析

4.1　材料塑性变形回弹效应分析

4.1.1　问题与重难点描述

1. 问题描述

如图4-1所示回弹效应分析模型，已知方板材料为金属，弹性模量为2E+9Pa，其他参数与Structural Steel相同，圆柱管的材料为聚乙烯，并考虑材料多线性等向强化性，参数在分析中体现。圆柱管底端约束，如方板压向圆柱管8mm，试求圆柱管变形及回弹效应。

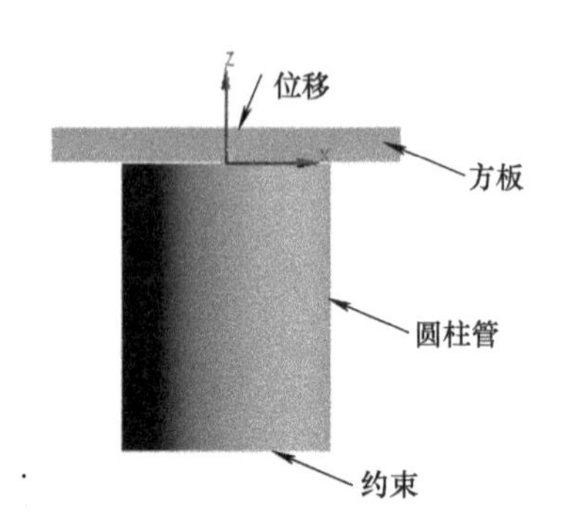

图4-1　回弹效应分析模型

2. 重难点提示

本实例重难点在于圆柱管的材料设置、接触关系设置、分析设置，收敛性处理以及后处理。

4.1.2　实例详细解析过程

1. 启动Workbench18.0

在“开始”菜单中执行ANSYS18.0→Workbench18.0命令。

2. 创建结构静力分析

(1) 在工具箱【Toolbox】的【Analysis Systems】中双击或拖动结构静力分析【Static Structural】到项目分析流程图，如图4-2所示。

(2) 在Workbench的工具栏中单击【Save】，保存项目实例名为Smash.wbpj。如工程实例文件保存在D:\AWB\Chapter04文件夹中。

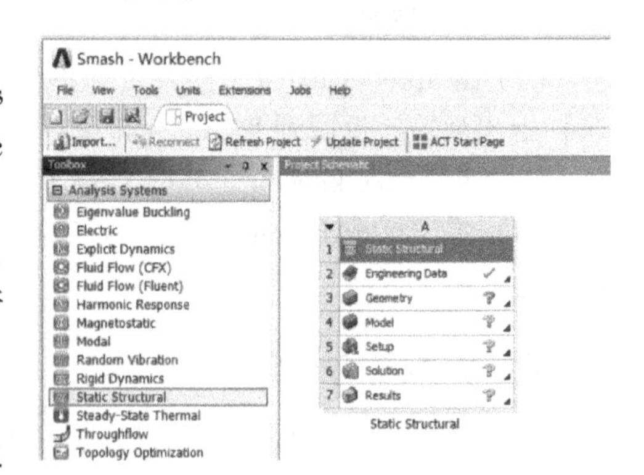

图4-2　创建结构静力分析

3. 创建材料参数

(1) 编辑工程数据单元，右键单击【Engineering Data】→【Edit】。

(2) 在工程数据属性中增加材料，在Workbench的工具栏上单击工程材料源库，此时的界面主显示【Engineering Data Sources】和【Outline of Favorites】。选择A3栏【General materials】，从【Outline of General materials】里查找聚乙烯【Polyethylene】材料，然后单击【Outline of General Material】表中的添加按钮，此时在C10栏中显示标示，表明材料添加成功，然后，在Workbench的工具栏上单击工程材料源库。

（3）在工程数据属性中右键单击【Outline of Schematic A2：Engineering Data】→【Polyethylene】→【Duplicate】，得到【Polyethylene 2】。

（4）在左侧单击【Plasticity】展开，双击【Multilinear Isotropic Hardening】→【Properties of Outline Row 5：Polyethylene 2】→【Multilinear Isotropic Hardening】→【Table of Properties Row 12：Multilinear Isotropic Hardening】→【Plasticity Stain（mm^-1)】=0，【Stress（Pa)】=1.8E+07Pa，然后继续输入，如图4-3所示的数据。

Table of Properties Row 12: Multilinear Isotropic Hardening

	Plastic Strain (m m^-1)	Stress (Pa)
2	0	1.8E+07
3	1E-05	3.8E+07
4	2E-05	3.9E+07
5	3E-05	4E+07
6	4E-05	4.1E+07

Chart of Properties Row 12: Multilinear Isotropic Hardening

图4-3 创建材料

（5）在工程数据属性中右键单击【Outline of Schematic A2：Engineering Data】→【Structural Steel】→【Duplicate】，得到【Structural Steel2】。

（6）单击【Structural Steel2】→【Properties of Outline Row 6：Structural Steel2】→【Isotropic Elasticity】→【Young's Modulus】=2E+9Pa，其他默认。

（7）单击工具栏中的【A2：Engineering Data】关闭按钮，返回到Workbench主界面，新材料创建完毕。

4. 导入几何模型

在结构静力分析上，右键单击【Geometry】→【Import Geometry】→【Browse】，找到模型文件Smash.agdb，打开导入几何模型。如模型文件在D：\AWB\Chapter04文件夹中。

5. 进入Mechanical分析环境

（1）在结构静力分析上，右键单击【Model】→【Edit】进入Mechanical分析环境。

（2）在Mechanical的主菜单【Units】中设置单位为Metric（mm，kg，N，s，mV，mA）。

6. 为几何模型分配材料

（1）在导航树上单击【Geometry】展开，选择【Cylinder】→【Details of "Cylinder"】→【Material】→【Assignment】=Polyethylene 2，其他默认。

（2）在导航树上单击【Geometry】展开，选择【Plate】→【Details of "Plate"】→【Material】→【Assignment】=Structural Steel2，其他默认。

7. 创建接触连接

（1）在导航树上展开【Connections】→【Contacts】，单击【Contact Region】，默认程序自动识别的圆筒面为接触面，与其相邻的平板面为目标面。

（2）接触设置，单击【Contact Region】→【Details of "Contact Region"】→【Definition】→【Type】=Frictionless，【Behavior】=Asymmetric；【Advanced】→【Formulation】=Augmented Lagrange，【Detection Method】=Nodal-Normal To Target；【Normal Stiffness】=Manual，【Normal Stiffness Factor】=0.1，【Update Stiffness】=Each Iteration，其他默认，如图4-4所示。

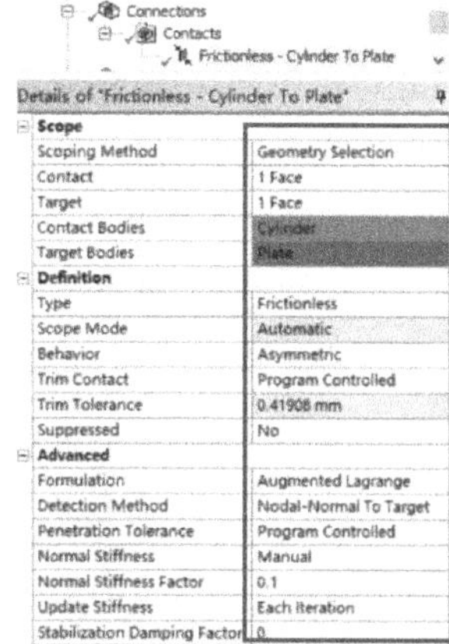
Details of "Frictionless - Cylinder To Plate"

Scope	
Scoping Method	Geometry Selection
Contact	1 Face
Target	1 Face
Contact Bodies	Cylinder
Target Bodies	Plate
Definition	
Type	Frictionless
Scope Mode	Automatic
Behavior	Asymmetric
Trim Contact	Program Controlled
Trim Tolerance	0.41908 mm
Suppressed	No
Advanced	
Formulation	Augmented Lagrange
Detection Method	Nodal-Normal To Target
Penetration Tolerance	Program Controlled
Normal Stiffness	Manual
Normal Stiffness Factor	0.1
Update Stiffness	Each Iteration
Stabilization Damping Factor	0

图4-4 接触设置

8. 划分网格

（1）在导航树上单击【Mesh】→【Details of "Mesh"】→【Sizing】→【Relevance Center】=

Fine，其他默认。

（2）在标准工具栏上单击，选择模型所有外表面，然后右键单击【Mesh】→【Insert】→【Method】→【Face Meshing】，其他默认。

（3）生成网格，右键单击【Mesh】→【Generate Mesh】，图形区域显示程序生成的六面体网格模型，如图 4-5 所示。

（4）网格质量检查，在导航树上单击【Mesh】→【Details of“Mesh”】→【Quality】→【Mesh Metric】= Skewness，显示 Skewness 规则下网格质量详细信息，平均值处在好水平范围内，展开【Statistics】显示网格和节点数量。

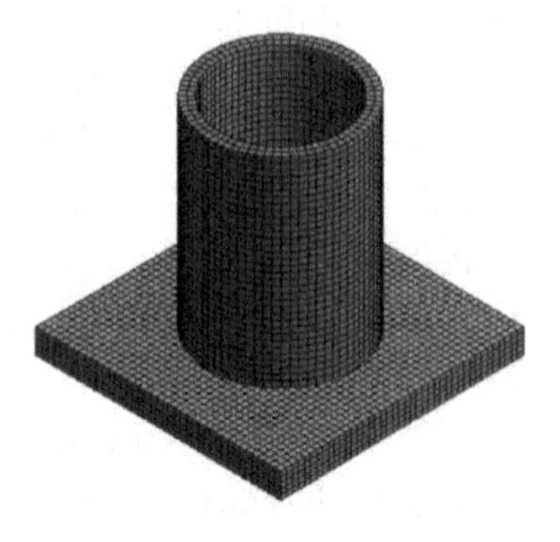

图 4-5 划分网格

9. 接触初始检测

（1）在导航树上右键单击【Connections】→【Insert】→【Contact Tool】。

（2）右键单击【Contact Tool】，从弹出的快捷菜单中选择【Generate Initial Contact Results】，经过初始运算，得到接触状态信息，如图 4-6 所示。注意图示接触状态值是按照网格设置后的状态，也可先不设置网格，查看接触初始状态。

Name	Contact Side	Type	Status	Number Contacting	Penetration (mm)	Gap (mm)	Geometric Penetration (mm)	Geometric Gap (mm)	Resulting Pinball (mm)	Real Constant
Frictionless - Cylinder To Plate	Contact	Frictionless	Closed	144.	0.	0.	0.	0.	2.3529	3.
Frictionless - Cylinder To Plate	Target	Frictionless	Inactive	N/A	N/A	N/A	N/A	N/A	N/A	0.

图 4-6 接触初始检测

10. 施加边界条件

（1）单击【Static Structural（A5）】。

（2）分析设置，单击【Analysis Settings】→【Details of“Analysis Settings”】→【Step Controls】，设置【Number of Steps】=3，【Current Step Number】=1，【Step End Time】=1，【Auto Time Stepping】=Program Controlled；【Number of Steps】=3，【Current Step Number】=2，【Step End Time】=2，【Auto Time Stepping】=On，【Define By】=Substeps，【Initial Substeps】=30，【Minimum Substeps】=20，【Maximum Substeps】=50；【Number of Steps】=3，【Current Step Number】=3，【Step End Time】=3，【Auto Time Stepping】=On，【Define By】=Substeps，【Initial Substeps】=30，【Minimum Substeps】=20，【Maximum Substeps】=50，其他默认，如图 4-7 所示。

（3）施加约束，首先在标准工具栏上单击，然后选择弹簧的直长侧端面，在环境工具栏单击【Supports】→【Fixed Support】，如图 4-8 所示。

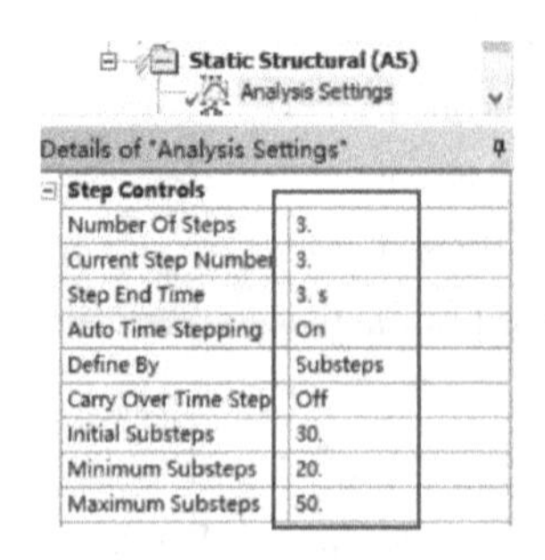

Static Structural (A5)
Analysis Settings

Details of "Analysis Settings"

Step Controls	
Number Of Steps	3.
Current Step Number	3.
Step End Time	3. s
Auto Time Stepping	On
Define By	Substeps
Carry Over Time Step	Off
Initial Substeps	30.
Minimum Substeps	20.
Maximum Substeps	50.

图 4-7 分析设置

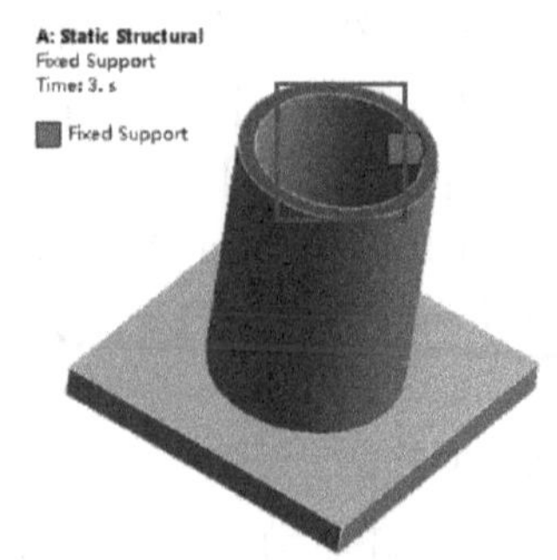

图 4-8 施加约束

(4) 施加平板片位移，首先在标准工具栏上单击，然后选择平板面，在环境工具栏单击【Supports】→【Displacement】→【Details of "Displacement"】→【Definition】，设置【Define By】=Components，【X Component】=0mm，【Y Component】=free，【Z Component】=-8mm，如图4-9所示。

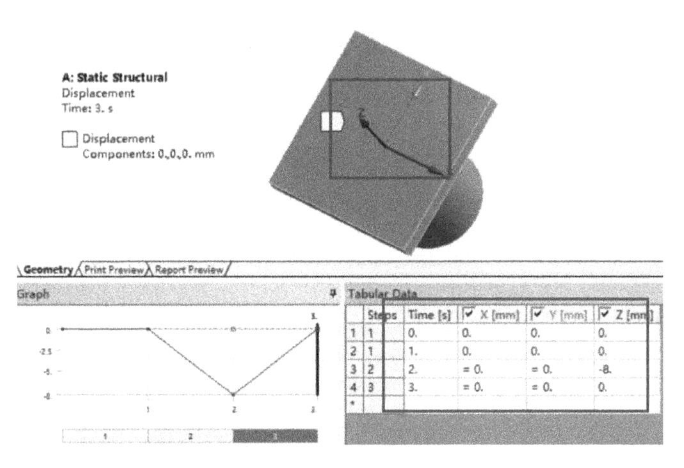

图4-9　施加载荷

11. 设置需要的结果

(1) 在导航树上单击【Solution (A6)】。

(2) 在求解工具栏上单击【Deformation】→【Total】。

(3) 在标准工具栏上单击，选择圆筒，在求解工具栏上单击【User Defined Result】→【Details of "User Defined Result"】→【Definition】→【Expression】= abs (uz)；然后 User Defined Result 重名为 UZ。

(4) 在求解工具栏上单击【User Defined Result】→【Details of "User Defined Result2"】→【Definition】→【Expression】= abs (fz)；然后 User Defined Result2 重名为 FZ。

12. 求解与结果显示

(1) 在 Mechanical 标准工具栏上单击 Solve 进行求解运算。

(2) 运算结束后，单击【Solution (A6)】→【Total Deformation】，图形区域显示分析得到的塑性变形分布云图，如图4-10所示。

(3) 插入图表【Chart】，在工具栏上单击图表【New Chart and Table】按钮，导航树上选择【UZ】和【FZ】两个对象，在【Chart】详细窗口中，设置【Definition】→【Outline Selection】= 2 Objects；【Chart Controls】→【X Axis】= UZ (Max)，

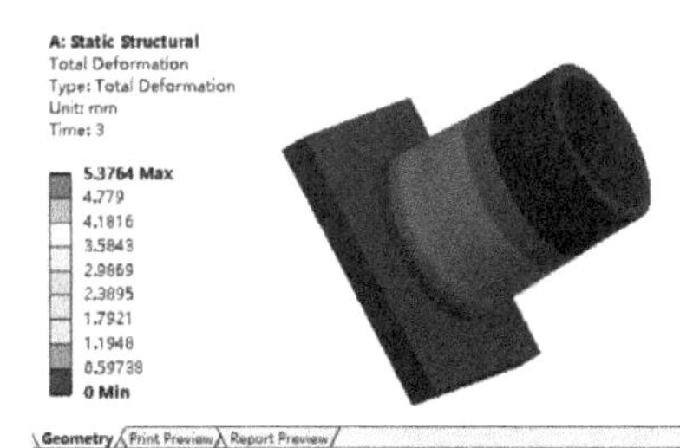

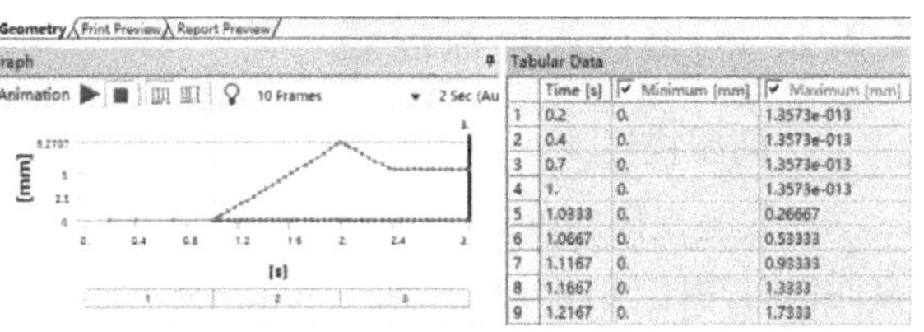

图4-10　塑性变形分布云图

【Plot Style】= Both，【Scale】= Linear；【Report】→【Content】= Chart Data；【Input Quantities】→【Time】= Omit；【Output Quantities】→【［A］UZ（Min）】= Omit，【［B］FZ（Min）】= Omit，如图 4-11 所示。

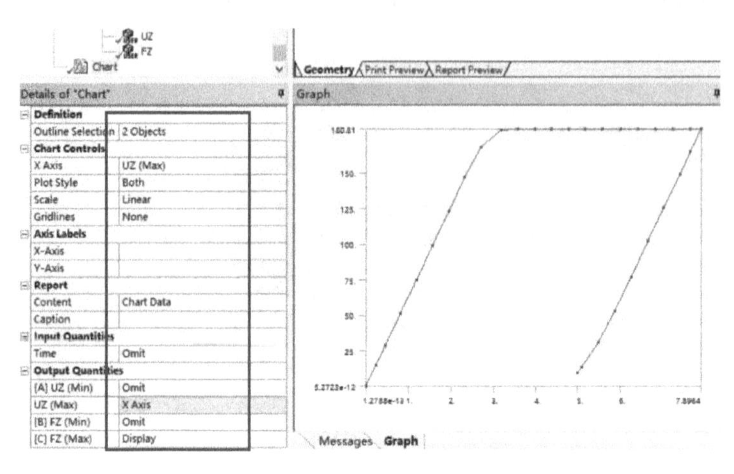

图 4-11　载荷随总变形设置与变化图表

13. 保存与退出

（1）退出 Mechanical 分析环境，单击 Mechanical 主界面的菜单【File】→【Close Mechanical】退出环境，返回到 Workbench 主界面，此时主界面的分析流程图中显示的分析已完成。

（2）单击 Workbench 主界面上的【Save】按钮，保存所有分析结果文件。

（3）退出 Workbench 环境，单击 Workbench 主界面的菜单【File】→【Exit】退出主界面，完成分析。

4.1.3　结果分析与点评

本实例是材料塑性变形回弹效应分析，从分析结果来看，真实反映了圆筒材料在载荷作用撤销后所具有的回弹性能，从图 4-11 所示的图表，也很好地反映了这一点。从分析过程来看，板与圆柱筒非线性接触设置、载荷步及子步设置是本实例的关键点，这牵涉到分析目标以及是否可快速收敛，除此之外结果后处理插图也是常用方法，可通过曲线图来反映相应的关系。

4.2　卧式压力容器非线性屈曲分析

4.2.1　问题与重难点描述

1. 问题描述

双鞍座支撑的卧式压力容器由筒体、封头、加强圈、法兰等组成，本实例为便于说明，容器仅对筒体进行分析，如图 4-12 所示。其中筒体直径 1600mm，筒体壁厚 12mm，长度 4900mm，材料为 Q345R，其中密度为 7.85g/cm^3，弹性模量为 2.09 × 10^{11} pa，泊松比为 0.3，筒体两端固定，承受 1MPa 压力。试对压力容器进行屈曲分析，求临界压力、屈曲模态等。

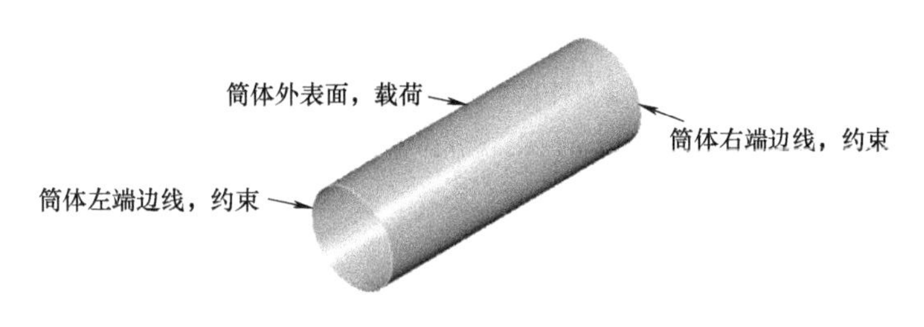

图4-12 压力容器筒体模型

2. 重难点提示

本实例重难点在于压力容器结构的简化，屈曲和后屈曲分析的分析设置，收敛性处理以及后处理。

4.2.2 实例详细解析过程

1. 启动 Workbench18.0

在“开始”菜单中执行 ANSYS18.0→Workbench18.0 命令。

2. 创建结构静力分析

(1) 在工具箱【Toolbox】的【Analysis Systems】中双击或拖动结构静力分析【Static Structural】到项目分析流程图，如图4-13所示。

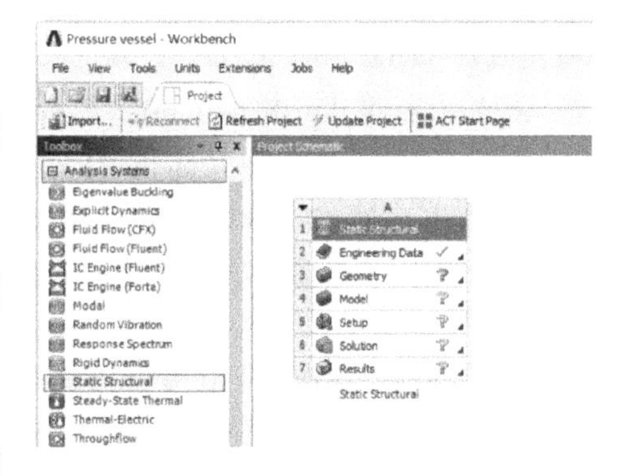

图4-13 创建屈曲分析

(2) 在 Workbench 的工具栏上单击【Save】，保存项目实例名为 Pressure vessel.wbpj。如工程实例文件保存在 D:\AWB\Chapter04 文件夹中。

3. 创建材料参数

(1) 编辑工程数据单元，右键单击【Engineering Data】→【Edit】。

(2) 在工程数据属性中增加新材料：【Outline of Schematic A2: Engineering Data】→【Click here to add a new material】，输入新材料名称 Q345R。

(3) 在左侧单击【Physical Properties】展开，双击【Density】→【Properties of Outline Row 4: Q345R】→【Density】=7850 kg m^-3。

(4) 在左侧单击【Linear Elastic】展开，双击【Isotropic Elasticity】→【Properties of Outline Row 4: Q345R】→【Young's Modulus】=2.09E+11Pa。

(5) 设置【Properties of Outline Row 4: Q345R】→【Poisson's Ratio】=0.3，如图4-14所示。

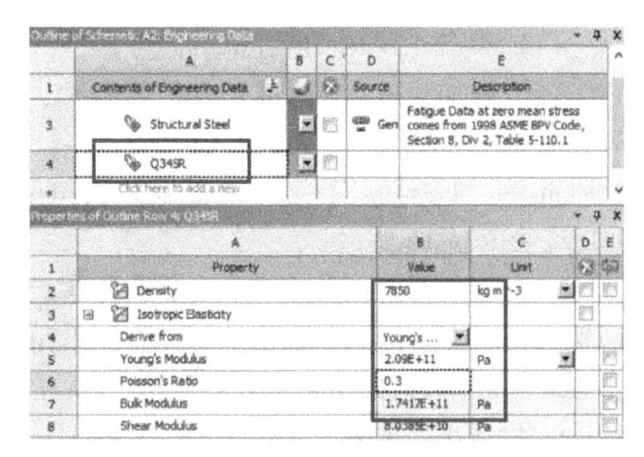

图4-14 创建材料

(6) 单击工具栏中的【A2: Engineering

Data】关闭按钮，返回到 Workbench 主界面，新材料创建完毕。

4. 导入几何模型

在结构静力分析上，右键单击【Geometry】→【Import Geometry】→【Browse】，找到模型文件 Pressure vessel. x_t，打开导入几何模型。如模型文件在 D：\ AWB \ Chapter04 文件夹中。

5. 进入 Mechanical 分析环境

（1）在结构静力分析上，右键单击【Model】→【Edit】进入 Mechanical 分析环境。

（2）在 Mechanical 的主菜单【Units】中设置单位为 Metric（mm，kg，N，s，mV，mA）。

6. 为几何模型分配壁厚值及材料

为压力容器分配壁厚，在导航树上单击【Geometry】展开，设置【Pressure vessel】→【Details of "Pressure vessel"】→【Definition】→【Thickness】=12mm，【Material】→【Assignment】=Q345R，其他默认。

7. 划分网格

（1）在导航树上单击【Mesh】→【Details of "Mesh"】→【Defaults】，设置【Relevance】=100；【Sizing】→【Size Function】=Adaptive，【Sizing】→【Relevance Center】=Medium，【Sizing】→【Element Size】=30mm，其他均默认。

（2）在标准工具栏单击，选择筒体模型的外表面，右键单击【Mesh】→【Insert】→【Mapped Face Meshing】→【Method】=Quadrilaterals，其他默认。

（3）生成网格，右键单击【Mesh】→【Generate Mesh】，图形区域显示程序生成的网格模型，如图 4-15 所示。

（4）网格质量检查，在导航树上单击【Mesh】→【Details of "Mesh"】→【Quality】→【Mesh Metric】=Element Quality，显示 Element Quality 规则下网格质量详细信息，平均值处在好水平范围内，展开【Statistics】显示网格和节点数量。

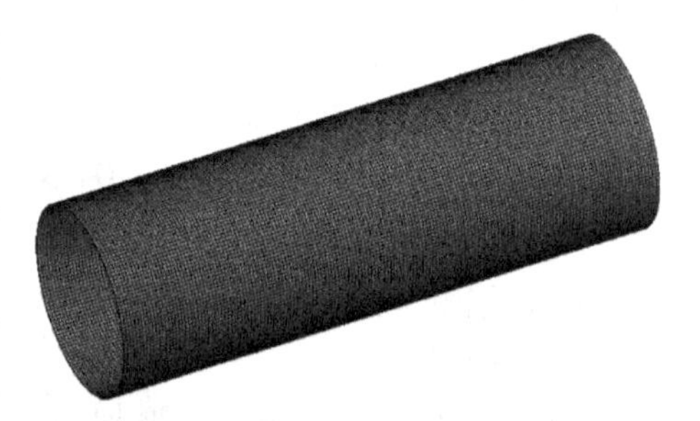

图 4-15 网格划分

8. 施加边界条件

（1）单击【Static Structural（A5）】。

（2）施加载荷，在标准工具栏单击，选择筒体外表面，然后在环境工具栏单击【Loads】→【Pressure】→【Details of "Pressure"】→【Definition】→【Magnitude】=1MPa，如图 4-16 所示。

（3）施加约束，在标准工具栏单击，选择筒体两端边线，然后在环境工具栏单击【Supports】→【Fixed Support】，如图 4-17 所示。

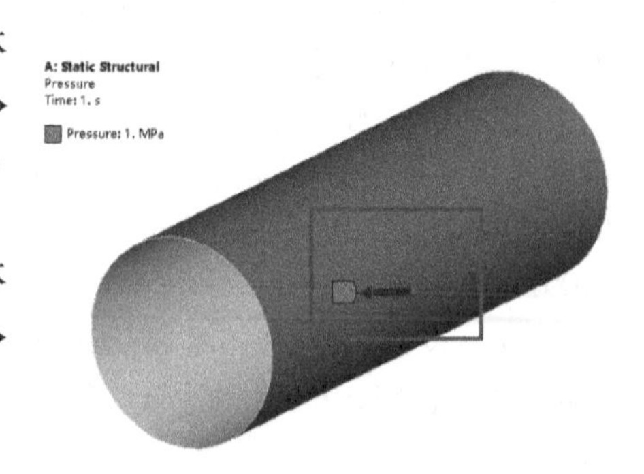

图 4-16 施加载荷

9. 设置需要结果

（1）在导航树上单击【Solution（A6）】。

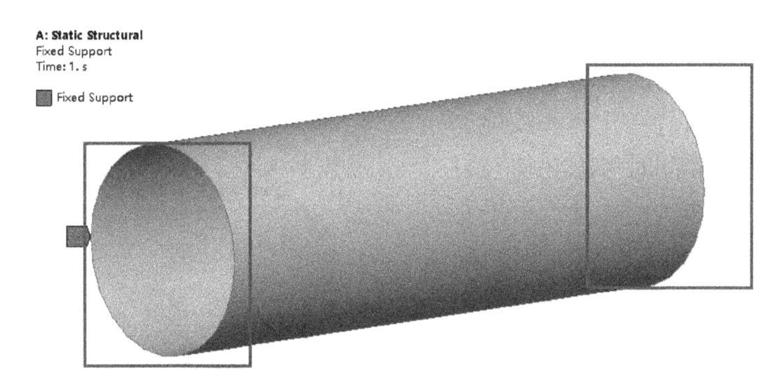

图 4-17 施加约束

(2) 在求解工具栏上单击【Deformation】→【Total】，选择【Stress】→【Equivalent Stress】。

(3) 在 Mechanical 标准工具栏上单击 Solve 进行求解运算，求解结束后，如图 4-18、图 4-19 所示。

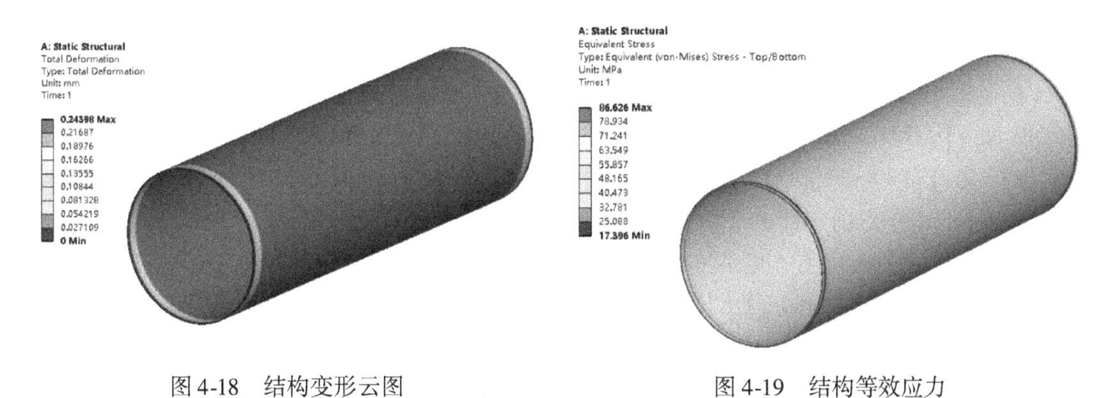

图 4-18 结构变形云图　　图 4-19 结构等效应力

10. 创建屈曲分析

(1) 返回到 Workbench 主界面，右键单击结构静力分析项目单元格的【Solution】→【Transfer Data To New】→【Eigenvalue Buckling】，自动导入结构静力分析为预应力。

(2) 返回 Mechanical 分析窗口，可见【Eigenvalue Buckling】自动放在【Static Structural】下面，且初始条件为【Pre-Stress (Static Structural)】，其他设置默认。

11. 设置需要结果

(1) 在导航树上单击【Solution (B6)】。

(2) 在求解工具栏上单击【Deformation】→【Total】。

12. 求解与结果显示

(1) 在 Mechanical 标准工具栏上单击 Solve 进行求解运算。

(2) 运算结束后，单击【Solution (B6)】→【Total Deformation】，图形区域显示 1 阶屈曲分析得到压力容器的屈曲载荷因子和屈曲模态，【Load Multiplier】= 1.2489，如图 4-20 所示。临界线性屈曲载荷为载荷因子乘以实际载荷，即 1.2489MPa × 1 = 1.2489MPa。

13. 创建几何非线性屈曲分析

一般来说，非线性屈曲分析较为接近工程实际。非线性屈曲包括几何非线性屈曲、材料非线性屈曲和同时考虑几何与材料的非线性屈曲，具体采用哪种需根据具体情况。本实例采取给几何施加初始缺陷，改变几何结构的初始形状的方法，即几何非线性屈曲。

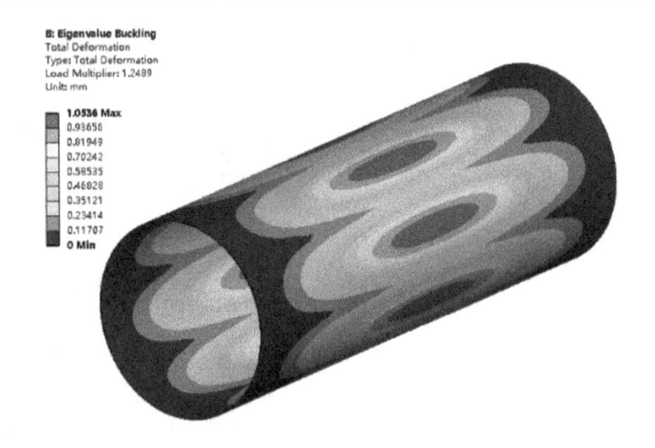

图 4-20　屈曲载荷因子和屈曲模态

首先新建一个 TXT 文本，在文本里写入以下几串语句：

```
/prep7                         ! 前处理
upgeom,0.15,1,1,file,rst       ! 调入结果文件,根据特征值屈曲模态的 15% 设置初始缺陷,更新几何模型
cdwrite,db,file,cdb;
/solu;
```

然后保存并命名为 Upgeom，放入本实例工作目录下。

（1）返回到 Workbench 主界面，右键单击屈曲分析项目单元格的【Solution】→【Transfer Data To New】→【Mechanical APDL】，【Mechanical APDL】出现在窗口中。

（2）在【Mechanical APDL】分析项中，右键单击【Analysis】→【Add Input File】→【Browse…】，选择先前创建的 TXT 文件 Upgeom 导入。

（3）在 Workbench 主界面，右键单击【Mechanical APDL】分析项目单元格的【Analysis】→【Finite Element Modeler】，【Finite Element Modeler】出现在窗口中。

（4）在 Workbench 主界面，右键单击【Finite Element Modeler】单元转换项目单元格的【Model】→【Static Structural】，结构静力分析项出现在窗口中，断开单元转换项与结构静力分析项之间的自动连接线，重新连接单元转换项目单元格的【Model】与结构静力分析项目单元格的【Model】。

（5）在 Workbench 主界面，选择第一次创建的结构分析项目单元格的【Engineering Data】，并拖动与第（4）步创建的结构分析项目单元格的【Engineering Data】相连接，最终各个分析项连接如图 4-21 所示。

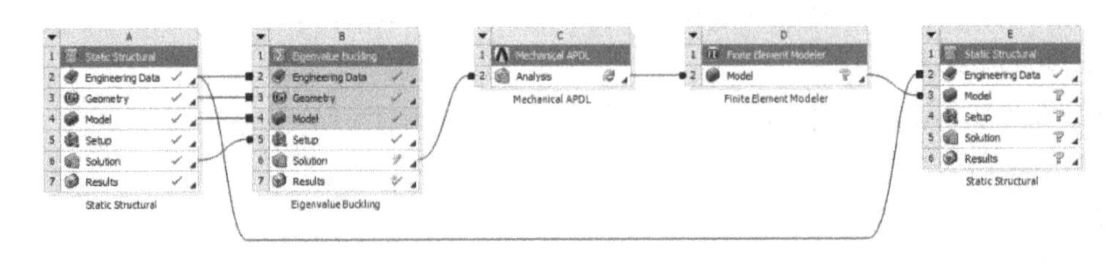

图 4-21　创建几何非线性屈曲分析

（6）数据传递，在 Workbench 主界面，右键单击线性屈曲分析单元格的【Solution】→【Update】使线屈曲分析数据传递到【Mechanical APDL】，右键单击【Mechanical APDL】分

析单元格的【Analysis】→【Update】，使有缺陷模型数据传递到【Finite Element Modeler】，右键单击【Finite Element Modeler】分析单元格的【Model】→【Update】，使有缺陷模型网格传递到结构静力分析项中。

14. 创建几何非线性屈曲分析设置

（1）重新为压力容器筒体施加材料，这与前几步相同，参看上步。

（2）重新施加约束，这与前几步相同，参看上步。

（3）重新施加载荷，这里设置外压力大于特征值计算的15%，取【Pressure】=1.44Mpa。

（4）分析设置，单击【Analysis Settings】→【Details of“Analysis Settings”】→【Step Controls】，设置【Step End Time】=1440s，【Auto Time Stepping】=On，【Define By】=Substeps，【Initial Substeps】=100，【Minimum Substeps】=100，【Maximum Substeps】=1e+006；【Solver Controls】→【Large Deflection】=On；【Nonlinear Controls】→【Stabilization】=Reduce，【Activation For First Substep】=On Nonconvergence，【Stabilization Force Limit】=0.1，其他默认，如图4-22所示。

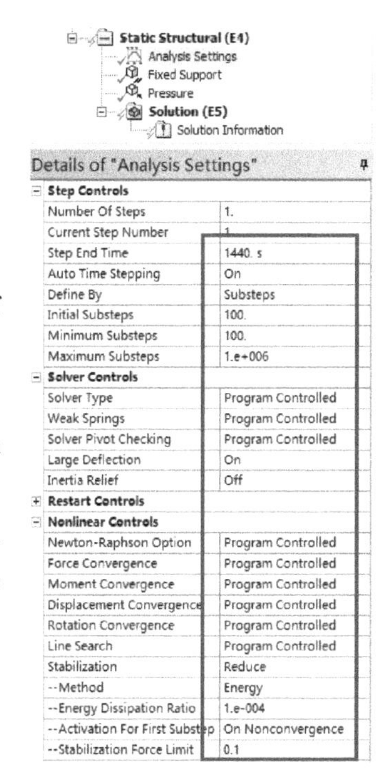

图4-22 非线性屈曲分析设置

15. 设置需要结果

（1）在导航树上单击【Solution（E5）】。

（2）在求解工具栏上单击【Deformation】→【Total】。

16. 求解与结果显示

（1）在Mechanical标准工具栏上单击 Solve 进行求解运算。

（2）运算结束后，单击【Solution（E5）】→【Total Deformation】，查看屈曲变化结果。图形区域显示变形随载荷历程的变化，可以看出，外载荷在0~1.2096MPa时为线性变化，大于1.224MPa时，进入几何非线性变形，并迅速增加，到达1.2528MPa时达到峰值18.078mm，随后丧失承载能力，位移骤减，如图4-23、图4-24所示。

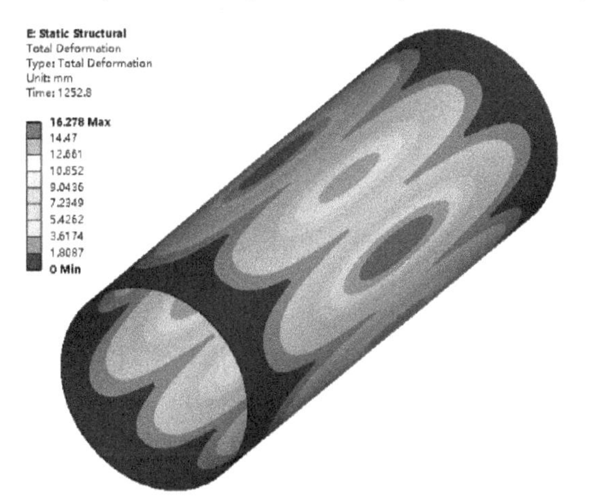

图4-23 非线性屈曲变形

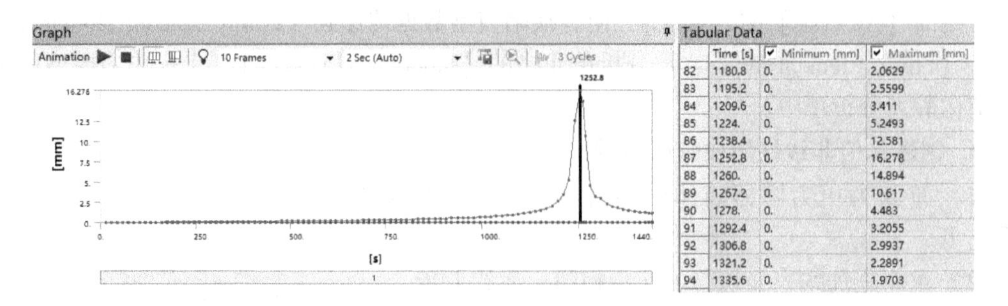

图 4-24　变形随载荷历程的变化曲线及数据

(3) 插入稳定能，单击【Solution（E5）】→【Stabilization】→【Stabilization Energy】，查看稳定能变化结果，如图 4-25、图 4-26 所示。载荷超过 1.2384MPa 时，稳定能骤然上升，到结构失效前达到峰值 52.994mj。

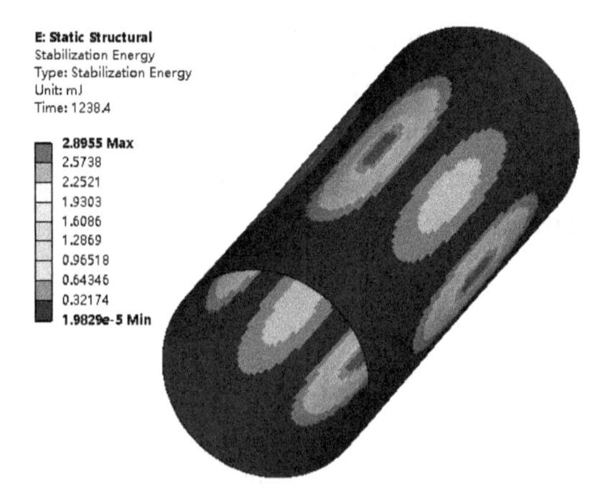

图 4-25　非线性屈曲分析稳定能

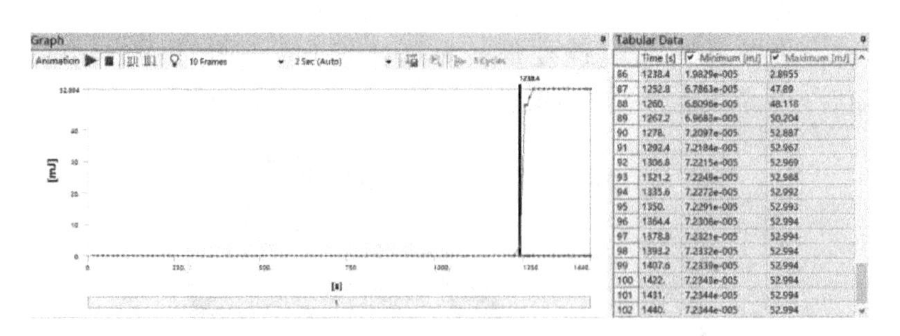

图 4-26　非线性屈曲分析稳定能变化曲线及数据

17. 创建后屈曲分析

(1) 返回到 Workbench 主界面，右键单击结构静力分析【Static Structural】，从弹出的菜单中选择【Duplicate】，新的结构静力分析出现。

(2) 在新结构静力分析上，右键单击【Model】→【Edit】进入 Mechanical 分析环境。

(3) 为模拟压力容器筒体屈曲后的后屈曲行为，增加压力到 1.5MPa，分析时间调整到 1500s，调整非线性控制中的稳定能选项，设置稳定能【Stabilization】= Constant，【Activation

For First Substep】= Yes，其他设置不变，重新求解，如图4-27所示。

（4）选择【Total Deformation】→【Graph】，图形区下显示变形随载荷历程的变化，可以看到外载荷到1.245MPa屈曲后，继续承载到1.5MPa，如图4-28、图4-29所示。

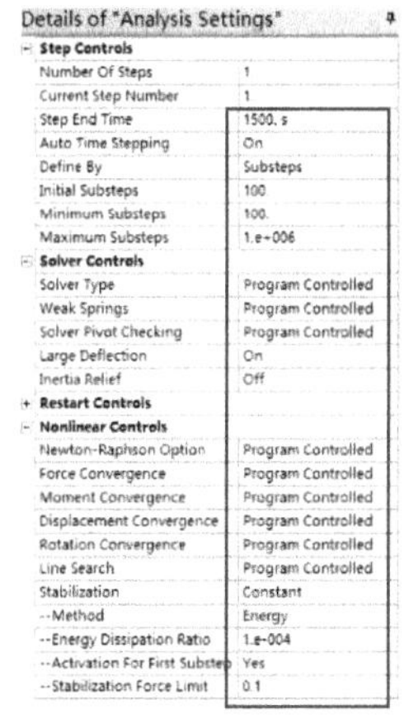
Details of "Analysis Settings"

Step Controls	
Number Of Steps	1
Current Step Number	1
Step End Time	1500. s
Auto Time Stepping	On
Define By	Substeps
Initial Substeps	100
Minimum Substeps	100.
Maximum Substeps	1.e+006
Solver Controls	
Solver Type	Program Controlled
Weak Springs	Program Controlled
Solver Pivot Checking	Program Controlled
Large Deflection	On
Inertia Relief	Off
Restart Controls	
Nonlinear Controls	
Newton-Raphson Option	Program Controlled
Force Convergence	Program Controlled
Moment Convergence	Program Controlled
Displacement Convergence	Program Controlled
Rotation Convergence	Program Controlled
Line Search	Program Controlled
Stabilization	Constant
--Method	Energy
--Energy Dissipation Ratio	1.e-004
--Activation For First Substep	Yes
--Stabilization Force Limit	0.1

图4-27 后屈曲分析设置

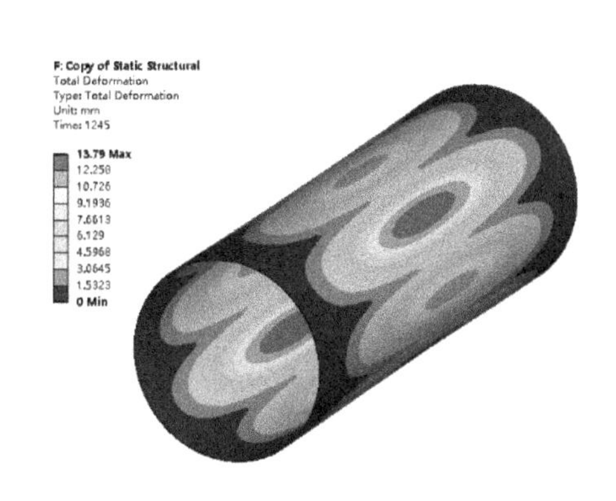

图4-28 后屈曲变形

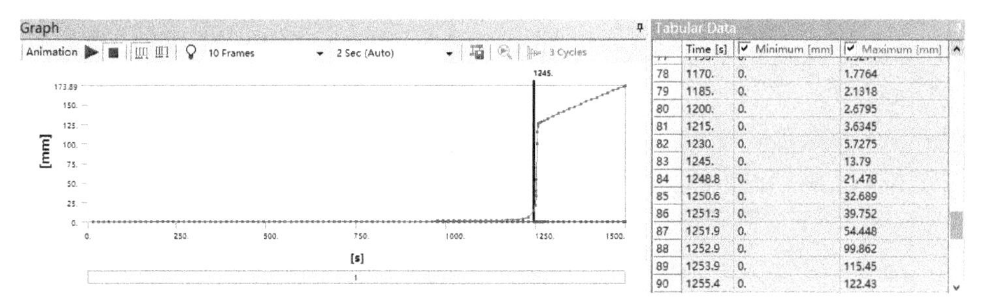

	Time [s]	Minimum [mm]	Maximum [mm]
78	1170.	0.	1.7764
79	1185.	0.	2.1318
80	1200.	0.	2.6795
81	1215.	0.	3.6345
82	1230.	0.	5.7275
83	1245.	0.	13.79
84	1248.8	0.	21.478
85	1250.6	0.	32.689
86	1251.3	0.	39.752
87	1251.9	0.	54.448
88	1252.9	0.	99.862
89	1253.9	0.	115.45
90	1255.4	0.	122.43

图4-29 后屈曲变形随载荷历程的变化曲线及数据

（5）插入图表【Chart】查看压力随总变形的变化图表，工具栏中单击图表【New Chart and Table】按钮，导航树上选择【Pressure】和【Total Deformation】两个对象，在【Chart】详细窗口中，选择【Definition】→【Outline Selection】= 2 Objects；【Chart Controls】→【X Axis】= Total Deformation（Max）；【Axis Labels】→【X-Axis】= Displacement，【Y-Axis】= Pressure；【Input Quantities】→【Time】= Omit，【［A］Pressure】= Display；【Output Quantities】→【［B］Total Deformation（Min）】= Omit，【Total Deformation（Max）】= X Axis，如图4-30所示。

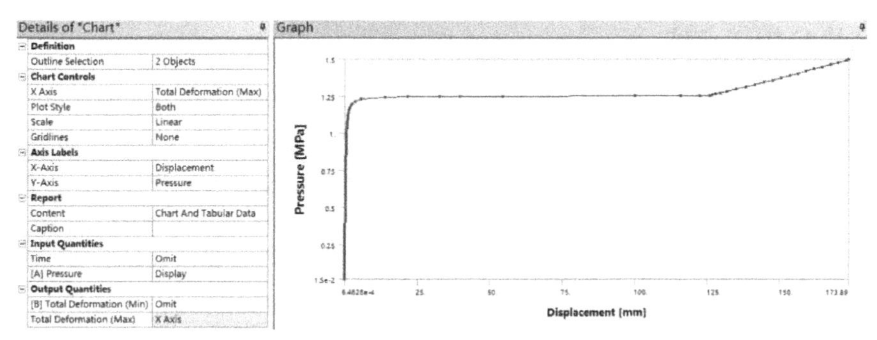
Details of "Chart"

Definition	
Outline Selection	2 Objects
Chart Controls	
X Axis	Total Deformation (Max)
Plot Style	Both
Scale	Linear
Gridlines	None
Axis Labels	
X-Axis	Displacement
Y-Axis	Pressure
Report	
Content	Chart And Tabular Data
Caption	
Input Quantities	
Time	Omit
[A] Pressure	Display
Output Quantities	
[B] Total Deformation (Min)	Omit
Total Deformation (Max)	X Axis

图4-30 载荷随总变形设置与变化图表

（6）插入等效应力结果，判别是否进行塑性分析。获取 1245s 时刻的结果，如图 4-31、图 4-32 所示，该结果对应 1.245MPa 的压力，显示最大应力为 456.95MPa，已超出材料屈服应力 345MPa，说明应进行塑性分析。若读者有兴趣，可自行展开分析。

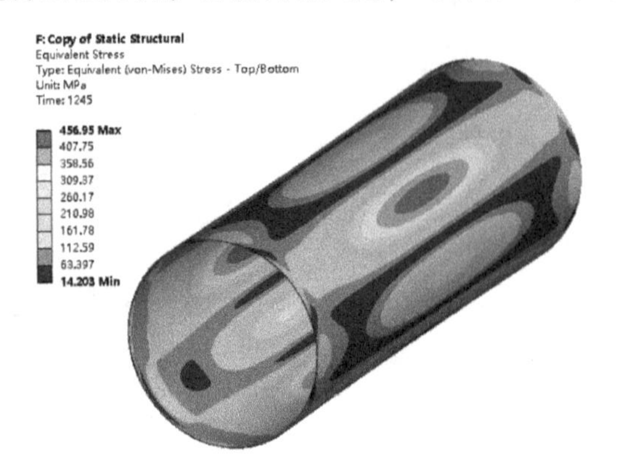

图 4-31　失效载荷的等效应力

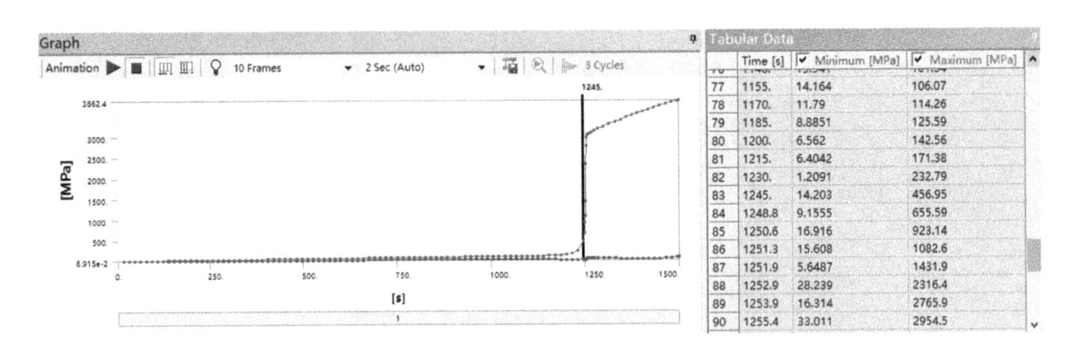

	Time [s]	Minimum [MPa]	Maximum [MPa]
77	1155.	14.164	106.07
78	1170.	11.79	114.26
79	1185.	8.8851	125.59
80	1200.	6.562	142.56
81	1215.	6.4042	171.38
82	1230.	1.2091	232.79
83	1245.	14.203	456.95
84	1248.8	9.1555	655.59
85	1250.6	16.916	923.14
86	1251.3	15.608	1082.6
87	1251.9	5.6487	1431.9
88	1252.9	28.239	2316.4
89	1253.9	16.314	2765.9
90	1255.4	33.011	2954.5

图 4-32　失效载荷的等效应力随载荷历程的变化曲线及数据

18. 保存与退出

（1）退出 Mechanical 分析环境，单击 Mechanical 主界面的菜单【File】→【Close Mechanical】退出环境，返回到 Workbench 主界面，此时主界面的分析流程图中显示的分析已完成。

（2）单击 Workbench 主界面上的【Save】按钮，保存所有分析结果文件。

（3）退出 Workbench 环境，单击 Workbench 主界面的菜单【File】→【Exit】退出主界面，完成分析。

4.2.3　结果分析与点评

本实例是关于卧式压力容器非线性屈曲分析，从分析结果来看，压力容器的筒体产生了失稳现象，需要进行塑性分析。压力容器除了一般的结构静力分析，通常还要考虑疲劳性，及本实例考虑的屈曲稳定性。尽管本例对压力容器结构做了大量的简化，但分析过程中涉及的分析方法仍值得借鉴。在本例中，涉及了 Workbench Mechanical 与 Mechanical APDL 联合应用，变形随载荷历程的非线性变化曲线处理、稳定性设置、载荷随总变形处理和材料屈服时的应力判断。限于篇幅，未对材料屈服后进行塑性分析阐述，但感兴趣的读者，可根据相关标准继续展开分析。

第 5 章　结构振动分析

5.1　椅子模态分析

5.1.1　问题与重难点描述

1. 问题描述

如图 5-1 所示一体成型聚乙烯塑料椅子，椅子底部固定，材料参数从材料库中选取，试求塑料椅子前 8 阶模态。

2. 重难点提示

本实例重难点在于边界与模态设置，求解结果分析及后处理。

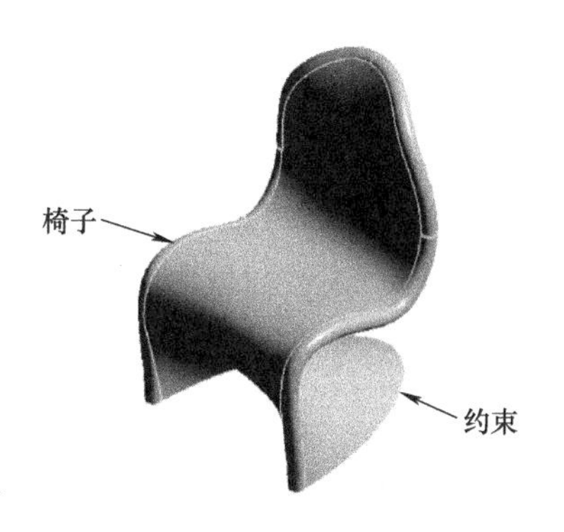

图 5-1　椅子模型

5.1.2　实例详细解析过程

1. 启动 Workbench

在“开始”菜单中执行 ANSYS18.0→Workbench18.0 命令。

2. 创建模态分析

（1）在工具箱【Toolbox】的【Analysis Systems】中双击或拖动模态分析【Modal】到项目分析流程图，如图 5-2 所示。

（2）在 Workbench 的工具栏中单击【Save】，保存项目实例名为 Chair. Wbpj。如工程实例文件保存在 D：\ AWB \ Chapter05 文件夹中。

3. 创建材料参数

（1）编辑工程数据单元，右键单击【Engineering Data】→【Edit】。

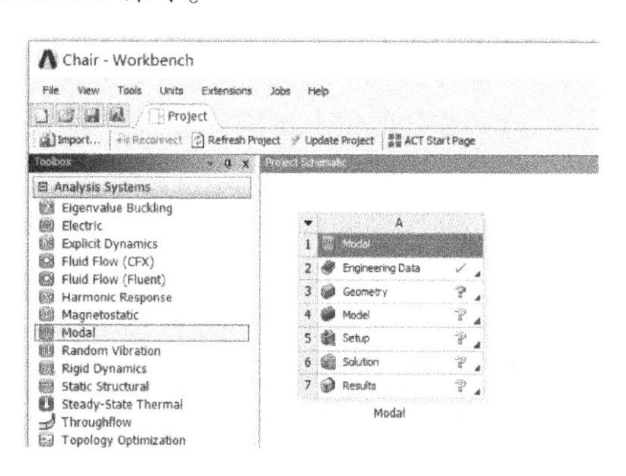

图 5-2　创建模态分析

（2）在工程数据属性中增加材料，在 Workbench 的工具栏上单击工程材料源库，此时的界面主显示【Engineering Data Sources】和【Outline of Favorites】。选择 A3 栏【General materials】，从【Outline of General materials】里查找聚乙烯【Polyethylene】材料，然后单击【Outline of General Material】表中的添加按钮，此时在 C10 栏中显示标示，表明材料添加成功，如图 5-3 所示。

（3）单击工具栏中的【A2：Engineering Data】关闭按钮，返回到 Workbench 主界面，新材料创建完毕。

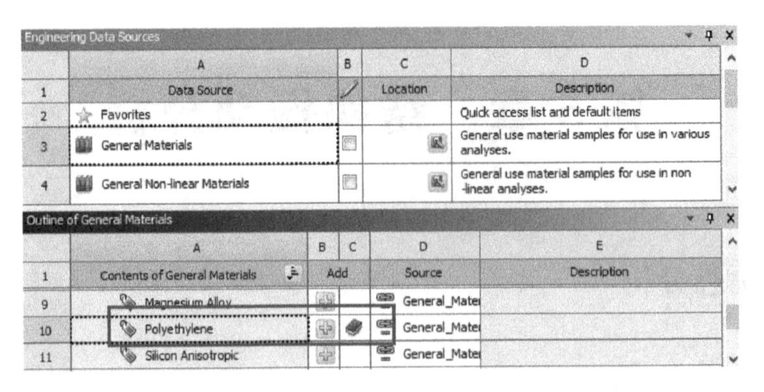

图 5-3 创建材料

4. 导入几何模型

在模态分析上，右键单击【Geometry】→【Import Geometry】→【Browse】，找到模型文件 Chair. stp，打开导入几何模型。如模型文件在 D：\ AWB \ Chapter05 文件夹中。

5. 进入 Mechanical 分析环境

（1）在模态分析上，右键单击【Model】→【Edit】进入 Mechanical 分析环境。

（2）在 Workbench 的主菜单【Units】中设置单位为 Metric（kg，mm，s，℃，mA，N，mV）。

6. 为几何模型分配材料

为椅子分配材料，在导航树上单击【Geometry】展开，选择【Chair】→【Details of "Chair"】→【Material】→【Assignment】= Polyethylene，其他默认。

7. 划分网格

（1）在导航树上单击【Mesh】→【Details of "Mesh"】→【Sizing】→【Relevance Center】= Medium，其他默认。

（2）在导航树上选择模型，然后右键单击【Mesh】，从弹出的菜单中选择【Insert】→【Sizing】，【Body Sizing】→【Details of "Body Sizing"】→【Element Size】= 15mm。

（3）生成网格，右键单击【Mesh】→【Generate Mesh】，图形区域显示程序生成的网格模型，如图 5-4 所示。

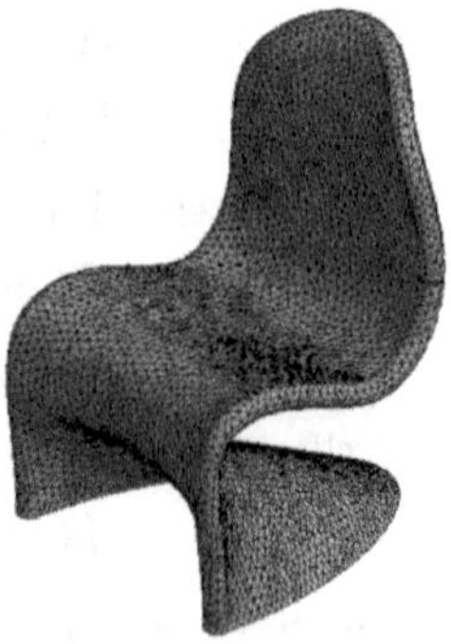

（4）网格质量检查，在导航树上单击【Mesh】→【Details of "Mesh"】→【Quality】→【Mesh Metric】= Skewness，显示 Skewness 规则下网格质量详细信息，平均值处在好水平范围内，展开【Statistics】显示网格和节点数量。

图 5-4 划分网格

8. 施加边界条件

（1）在导航树上单击【Modal（A5）】。

（2）施加约束，在标准工具栏上单击，然后选择椅子底边，在环境工具栏上单击【Supports】→【Fixed Support】，如图 5-5 所示。

（3）在导航树上单击【Analysis Settings】→【Details of "Analysis Settings"】→【Options】，设置【Max Modes to Find】= 8，其他默认，如图 5-6 所示。

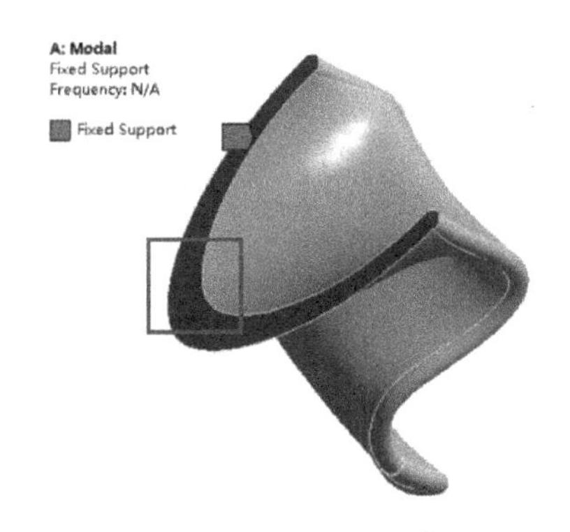

图 5-5　施加固定约束

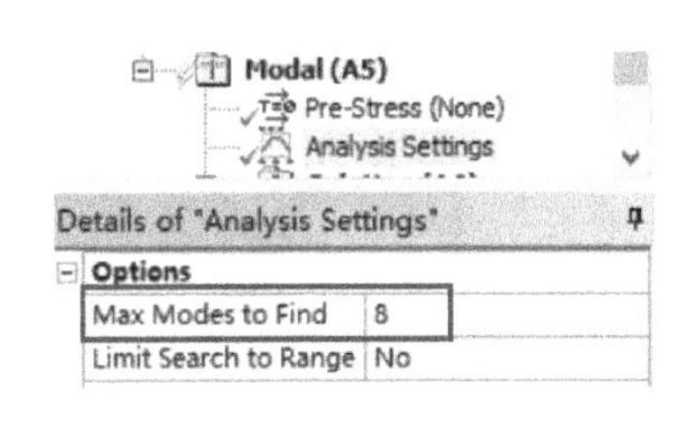

图 5-6　模态个数设置

9. 求解与结果显示

（1）在 Mechanical 标准工具栏上单击 Solve 进行求解运算。

（2）运算结束后，单击【Solution（A6）】可以查看图形区域显示模态分析得到的椅子变形分布云图。在图形区域显示下方的【Graph】的频率图空白处右键单击，从弹出的菜单中选择【Select All】，再次右键单击，选择【Create Mode Shape Results】创建其他模态阶数的变形云图，如图 5-7 所示；然后在导航树上选择创建的变形结果，右键单击选择 Evaluate All Results，最后可以查看所有模态阶数的椅子变形云图，如图 5-8 ~ 图 5-15 所示。也可激活动画显示椅子的振动过程。振动过程有助于理解结构的振动，但变形值并不代表真实的位移。

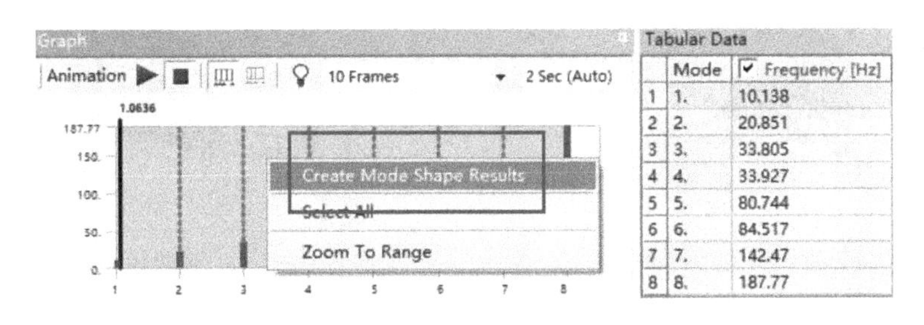

	Mode	Frequency [Hz]
1	1.	10.138
2	2.	20.851
3	3.	33.805
4	4.	33.927
5	5.	80.744
6	6.	84.517
7	7.	142.47
8	8.	187.77

图 5-7　创建模态结果

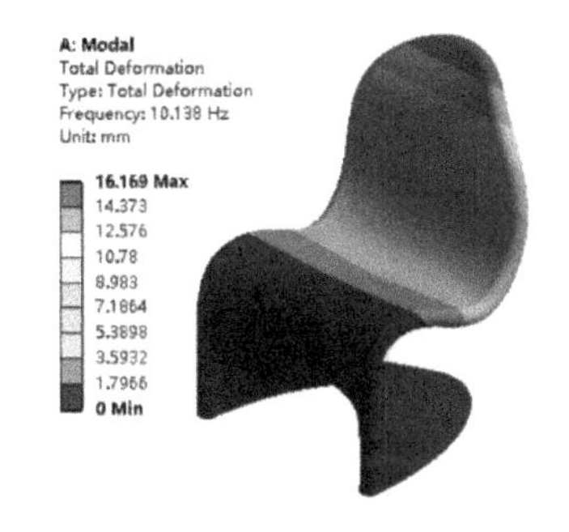

图 5-8　1 阶模态变形结果

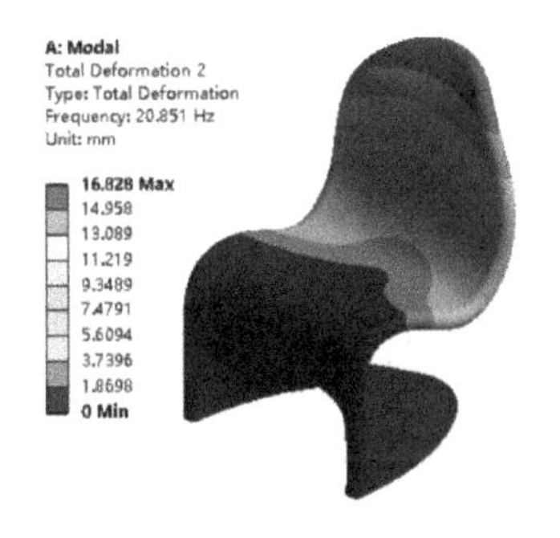

图 5-9　2 阶模态变形结果

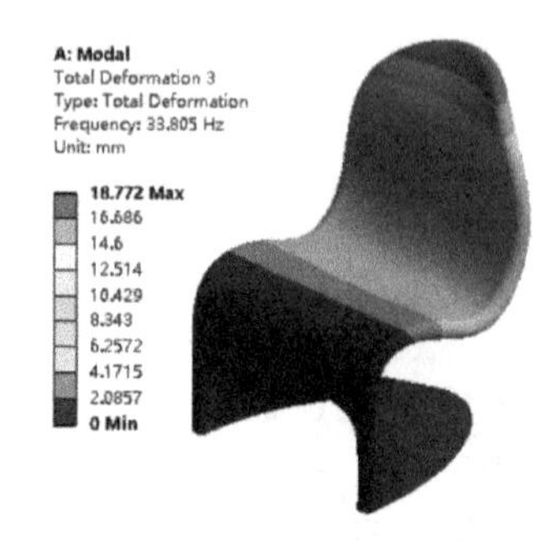

图 5-10 3 阶模态变形结果

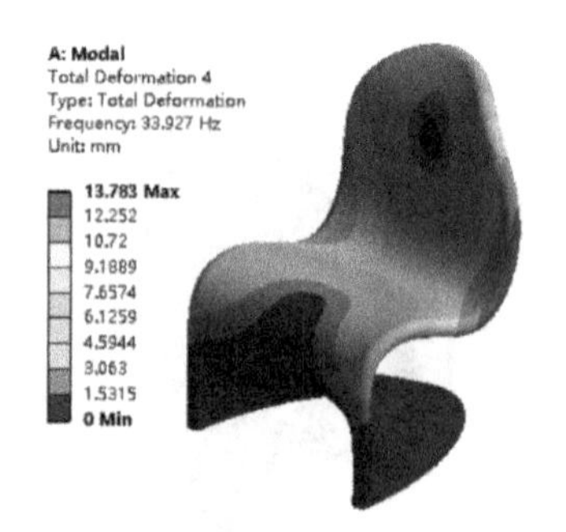

图 5-11 4 阶模态变形结果

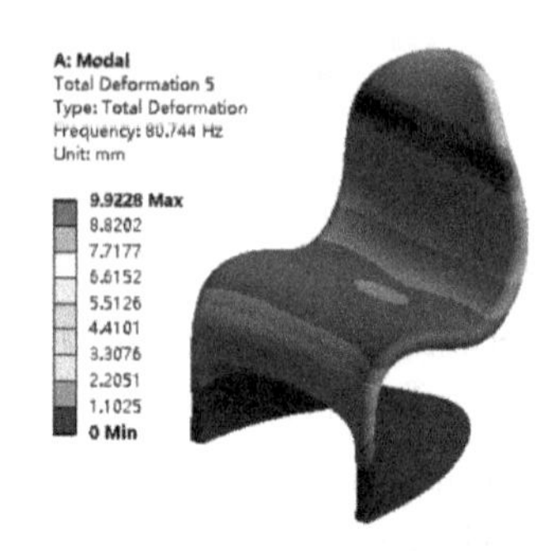

图 5-12 5 阶模态变形结果图

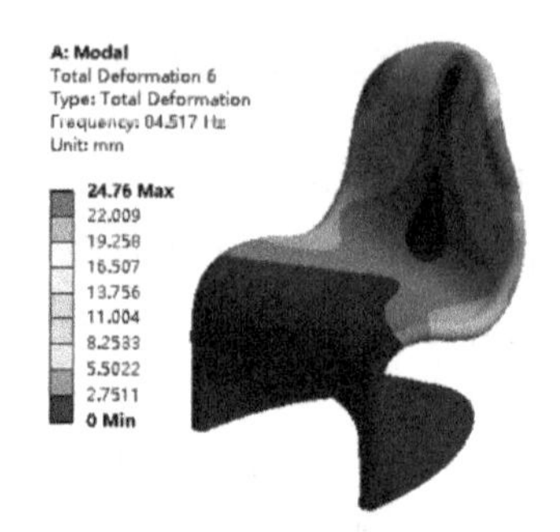

图 5-13 6 阶模态变形结果

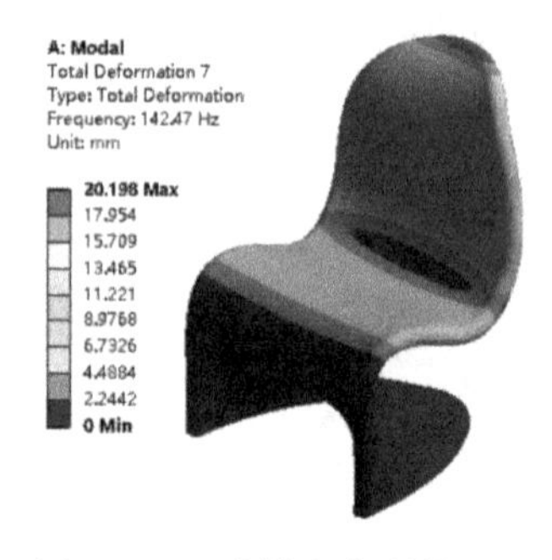

图 5-14 7 阶模态变形结果图

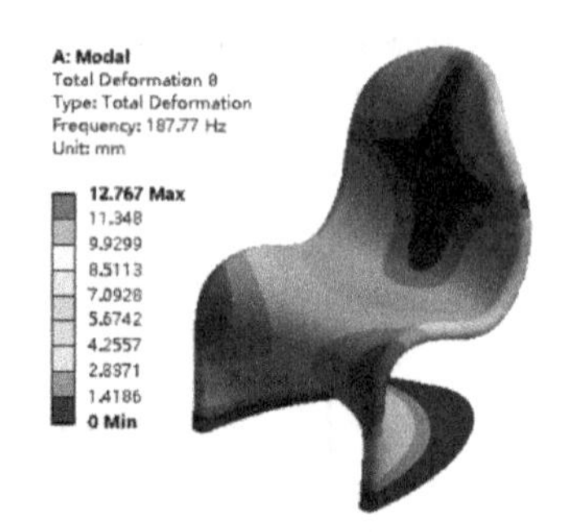

图 5-15 8 阶模态变形结果

10. 保存与退出

(1) 退出 Mechanical 分析环境，单击 Mechanical 主界面的菜单【File】→【Close Mechanical】退出环境，返回到 Workbench 主界面，此时主界面的分析流程图中显示的分析已完成。

(2) 单击 Workbench 主界面上的【Save】按钮，保存所有分析结果文件。

(3) 退出 Workbench 环境，单击 Workbench 主界面的菜单【File】→【Exit】退出主界面，完成分析。

5.1.3 结果分析与点评

本实例是椅子模态分析，分析过程相对简单。但从分析结果来看，显然后面两阶模态超过低阶频率振型范围，即 1 ~ 100Hz；因为工程中能够对结构安全造成影响的往往是低阶频率振型，因此在设计时应避开低阶共振区。模态分析是基本的振动分析，不仅可以评价现有结构系统的动态特性，还可以评估结构静力分析时是否有刚体位移。

5.2　水平轴风机叶片预应力模态分析

5.2.1　问题与重难点描述

1. 问题描述

如图5-16所示风机叶片，长42.3m，叶片为非均匀厚度，内有翼梁作支撑，根部为圆柱形，材料为铝合金。假设叶片叶尖受到0.001MPa的压力，根部固定，试对风机叶片进行预应力模态分析。

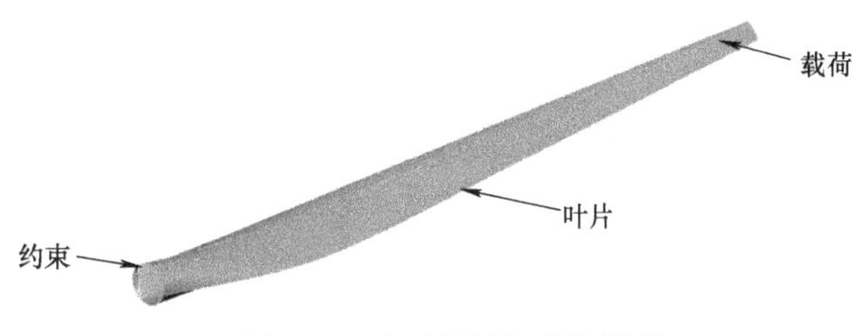

图5-16　水平轴风机叶片模型

2. 重难点提示

本实例重难点在于第一步的预应力求解、边界与模态设置和求解结果分析及后处理。

5.2.2　实例详细解析过程

1. 启动 Workbench

在“开始”菜单中执行 ANSYS18.0→Workbench18.0 命令。

2. 创建预应力模态分析

（1）在工具箱【Toolbox】的【Analysis Systems】中双击或拖动结构静力分析【Static Structural】到项目分析流程图，然后右键单击结构静力的【Solution】单元，从弹出的菜单中选择【Transfer Data To New】→【Modal】，即创建模态分析，此时相关联的数据共享如图5-17所示。

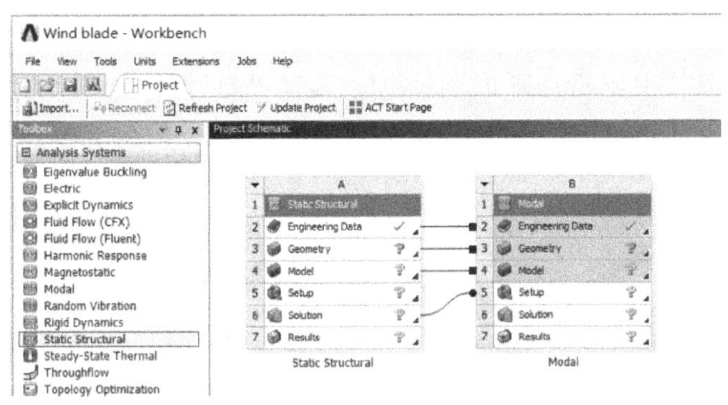

图5-17　创建预应力模态分析

（2）在Workbench的工具栏中单击【Save】，保存项目实例名为Wind blade. Wbpj。如工程实例文件保存在D：\ AWB \ Chapter05 文件夹中。

3. 创建材料参数

（1）编辑工程数据单元，右键单击【Engineering Data】→【Edit】。

（2）在工程数据属性中增加材料，在Workbench的工具栏上单击工程材料源库，此时的界面主显示【Engineering Data Sources】和【Outline of Favorites】。选择A3栏【General materials】，从【Outline of General materials】里查找铜合金【Aluminum Alloy】材料，然后单击【Outline of General Material】表中的添加按钮，此时在C4栏中显示标示，表明材料添加成功，如图5-18所示。

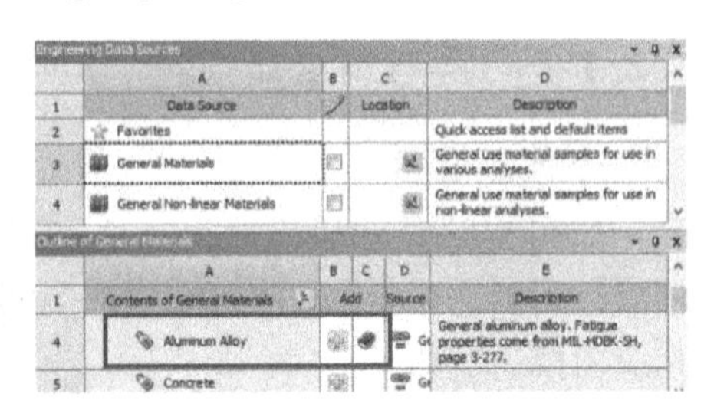

图5-18 创建材料

（3）单击工具栏中的【A2，B2：Engineering Data】关闭按钮，返回到Workbench主界面，新材料创建完毕。

4. 导入几何模型

在结构静力分析上，右键单击【Geometry】→【Import Geometry】→【Browse】，找到模型文件Wind blade. agdb，打开导入几何模型。如模型文件在D：\ AWB \ Chapter05 文件夹中。

5. 进入Mechanical分析环境

（1）在结构静力分析上，右键单击【Model】→【Edit】进入Mechanical分析环境。

（2）在Mechanical的主菜单【Units】中设置单位为Metric（mm，kg，N，s，mV，mA）。

6. 为几何模型分配材料

为风机叶片配材料，在导航树上单击【Geometry】展开，设置【Part1】→【Rib、Blade】→【Details of "Multiple Selection"】→【Definition】→【Thickness】= 10mm，【Material】→【Assignment】= Aluminum Alloy。

7. 划分网格

（1）在导航树上单击【Mesh】→【Details of "Mesh"】→【Sizing】→【Size Function】= Adaptive，【Relevance Center】= Medium，【Element Size】= 50mm，其他默认。

（2）在标准工具栏上单击选择面图标，选择风机叶片所有外表面，然后右键单击【Mesh】→【Insert】→【Method】→【Face Meshing】，其他默认，如图5-19所示。

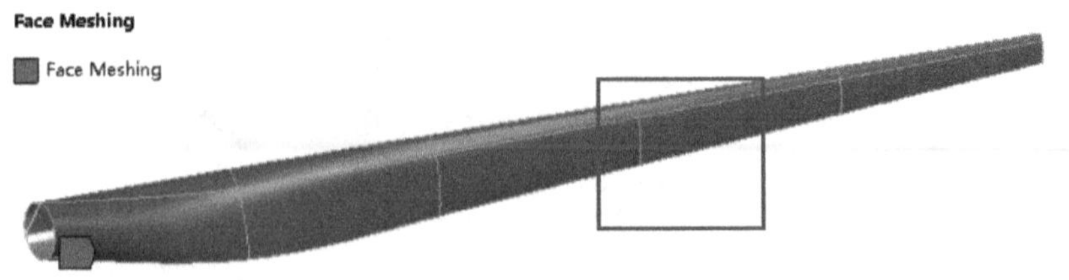

图5-19 选择叶片外表面

（3）生成网格，右键单击【Mesh】→【Generate Mesh】，图形区域显示程序生成的网格模型，如图 5-20 所示。

图 5-20　划分网格

（4）网格质量检查，在导航树上单击【Mesh】→【Details of“Mesh”】→【Quality】，选择【Mesh Metric】= Element Quality，显示 Element Quality 规则下网格质量详细信息，平均值处在好水平范围内，展开【Statistics】显示网格和节点数量。

8. 施加边界条件

（1）在导航树上单击【Structural（A5）】。

（2）施加压力，在标准工具栏上单击选择面图标，选择叶片前端部，然后在环境工具栏上单击【Loads】→【Pressure】→【Details of“Pressure”】→【Definition】，设置【Magnitude】= 0.001MPa，如图 5-21 所示。

图 5-21　施加压力载荷

（3）施加约束，单击选择面图标，选择风机根部端线，然后在环境工具栏上单击【Supports】→【Fixed Support】，如图 5-22 所示。

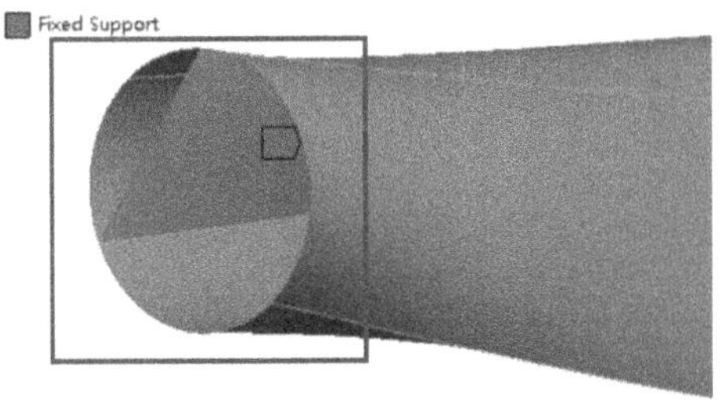

图 5-22　施加根部固定约束

（4）非线性设置，单击【Analysis Settings】→【Details of“Analysis Settings”】→【Solver Controls】→【Large Deflection】= On，其他默认。

9. 模态边界条件

（1）在导航树上单击【Modal（B5）】。

（2）在导航树上单击【Analysis Settings】→【Details of“Analysis Settings”】→【Options】，设置【Max Modes to Find】= 8，其他默认。

10. 求解与结果显示

（1）在 Mechanical 标准工具栏上单击 Solve 进行求解运算。

（2）运算结束后，单击【Solution（B6）】可以查看图形区域显示模态分析得到的风机叶片变形分布云图。在图形区域显示下方的【Graph】的频率图空白处右键单击，从弹出的菜单中选择【Select All】，再次右键单击，然后选择【Create Mode Shape Results】创建其他模态阶数的变形云图，如图 5-23 所示；接着在导航树上选择创建的变形结果，右键单击选择 Evaluate All Results ，最后可以查看所有模态阶数的风机叶片变形云图，如图 5-24 ~ 图 5-31 所示。也可激活动画显示风机叶片的振动过程。振动过程有助于理解结构的振动，但变形值并不代表真实的位移。

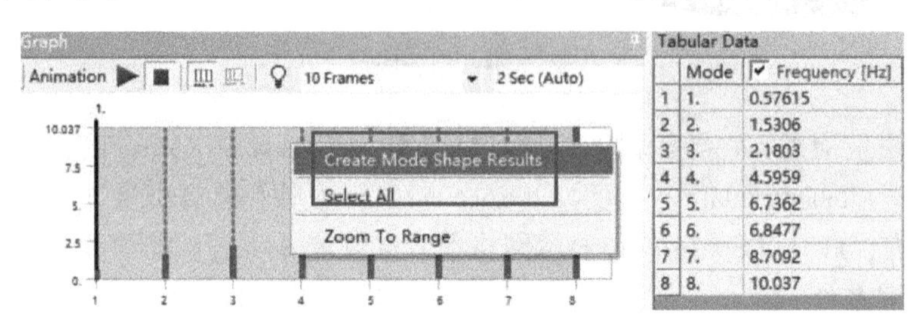

图 5-23 创建模态结果

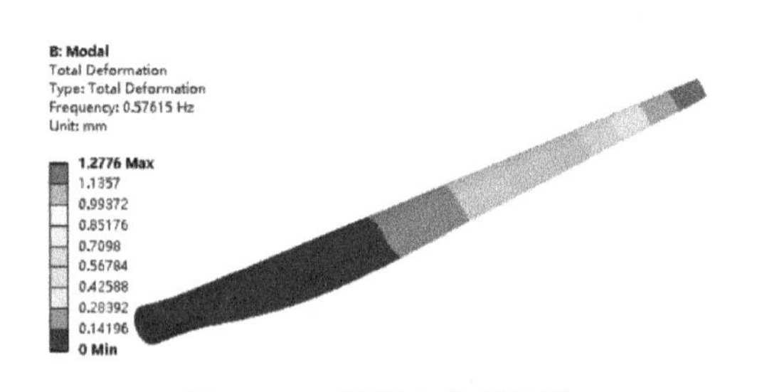

图 5-24 1 阶模态变形结果

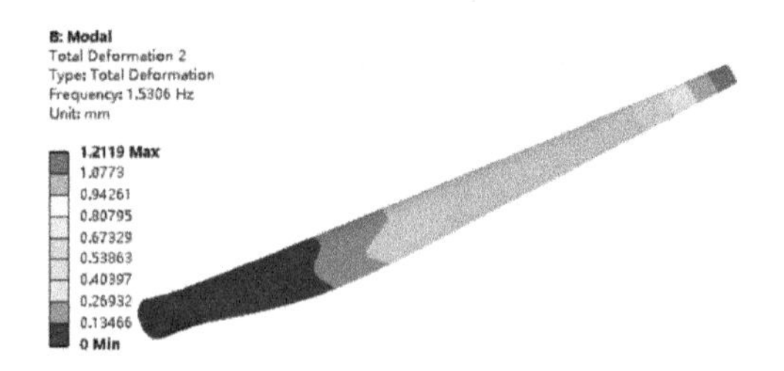

图 5-25 2 阶模态变形结果

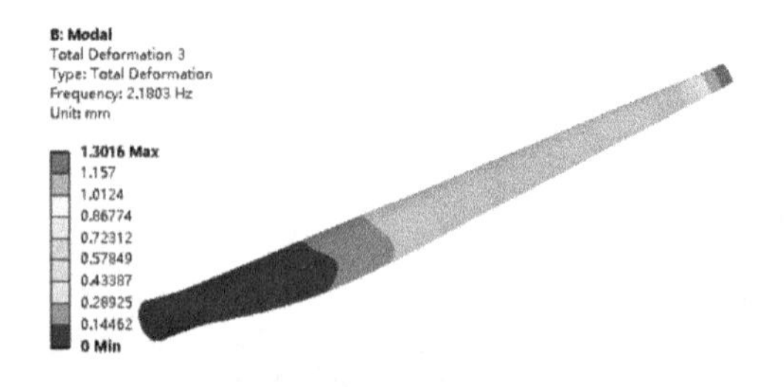

图 5-26 3 阶模态变形结果

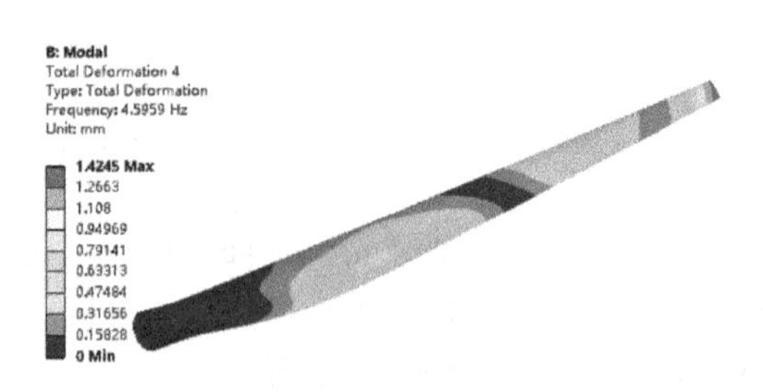

图 5-27 4 阶模态变形结果

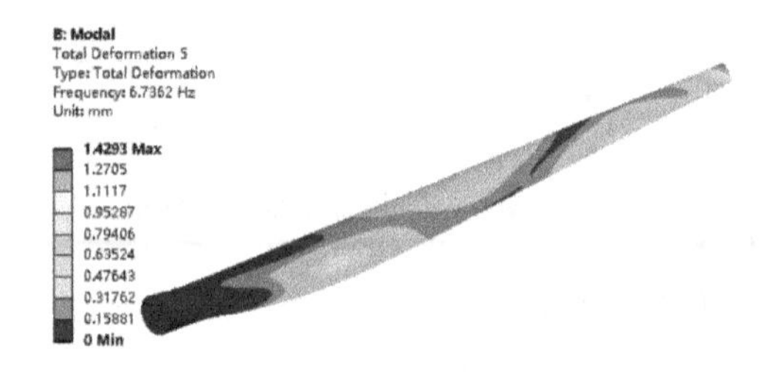

图 5-28 5 阶模态变形结果

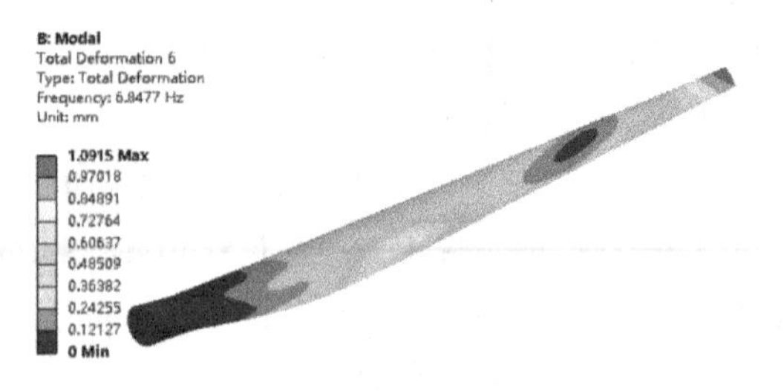

图 5-29 6 阶模态变形结果

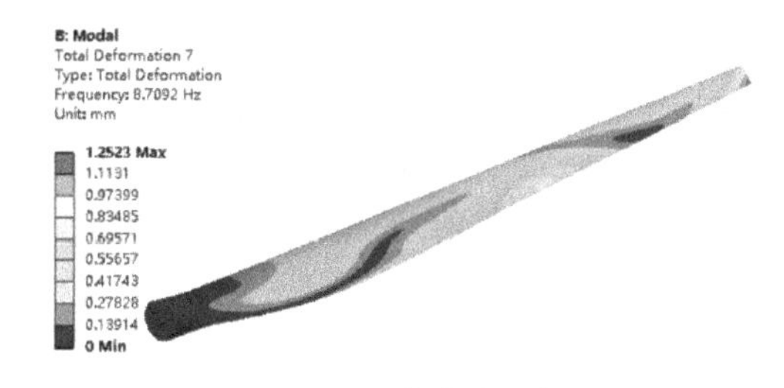

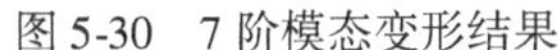
图 5-30　7 阶模态变形结果

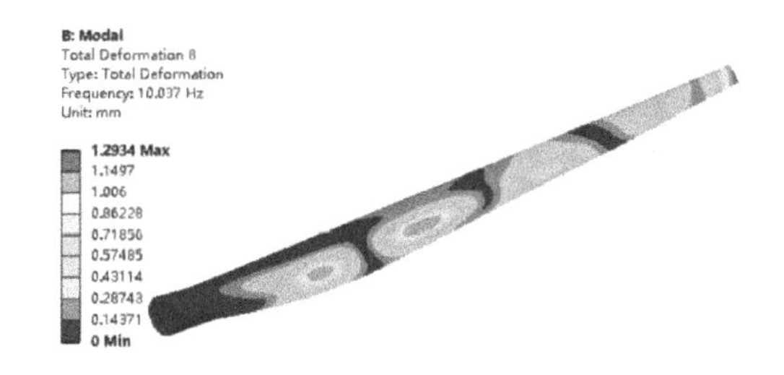

图 5-31　8 阶模态变形结果

11. 保存与退出

(1) 退出 Mechanical 分析环境，单击 Mechanical 主界面的菜单【File】→【Close Mechanical】退出环境，返回到 Workbench 主界面，此时主界面的分析流程图中显示的分析已完成。

(2) 单击 Workbench 主界面上的【Save】按钮，保存所有分析结果文件。

(3) 退出 Workbench 环境，单击 Workbench 主界面的菜单【File】→【Exit】退出主界面，完成分析。

5.2.3　结果分析与点评

本实例是水平轴风机叶片预应力模态分析，从分析结果来看，叶片工作的能量主要集中在前几阶模态，叶片的振型形式以挥舞和摆振为主，叶片最大变形在叶尖处，叶片最小频率为自然频率中第一阶挥舞频率 0.57651Hz。该频率对应转速远大于叶片工作时的转速，因此此种状况在启动和正常工作时不会出现共振现象，符合结构要求。从分析流程来看，预应力模态分析基本流程即先线性静力分析，后模态分析。对本例来说，预应力分析是基础、关键。

5.3　垂直轴风机叶片振动谐响应分析

5.3.1　问题与重难点描述

1. 问题描述

如图 5-32 所示为垂直轴风机发电机的叶片，叶片与连接件的材料分别为 Al 6061-T6 和结构钢，Al 6061-T6 材料的弹性模量为 6.8941×10^{10}Pa，泊松比为 0.33，密度为 2700kg/m^3，作用于风机叶片的载荷具有交变性和随机性，因而发生振动是必然的，试对叶片进行谐响应分析。

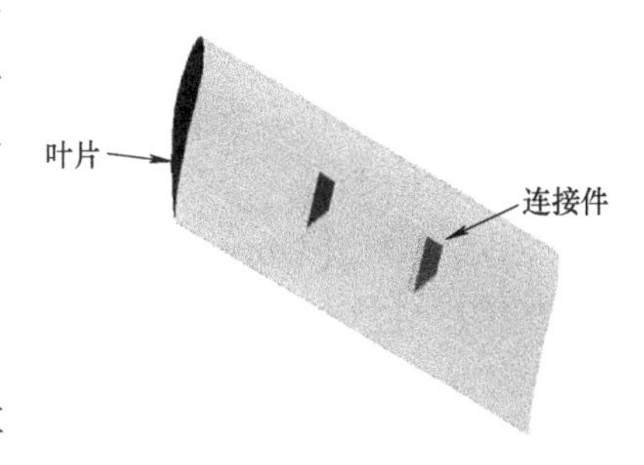

图 5-32　垂直轴风机叶片模型

2. 重难点提示

本实例重难点在于基于模态分析确定谐响应分析设置时的频率范围，边界与模态设置，求解结果分析及后处理。

5.3.2　实例详细解析过程

1. 启动 Workbench18.0

在“开始”菜单中执行 ANSYS18.0→Workbench18.0 命令。

2. 创建谐响应分析

(1) 在工具箱【Toolbox】的【Analysis Systems】中双击或拖动模态分析【Modal】到项目分析流程图，然后右键单击模态分析的【Solution】单元，从弹出的菜单中选择【Transfer Data To New】→【Harmaonic Response】，即创建谐响应分析，此时相关联的数据共享，如图 5-33 所示。

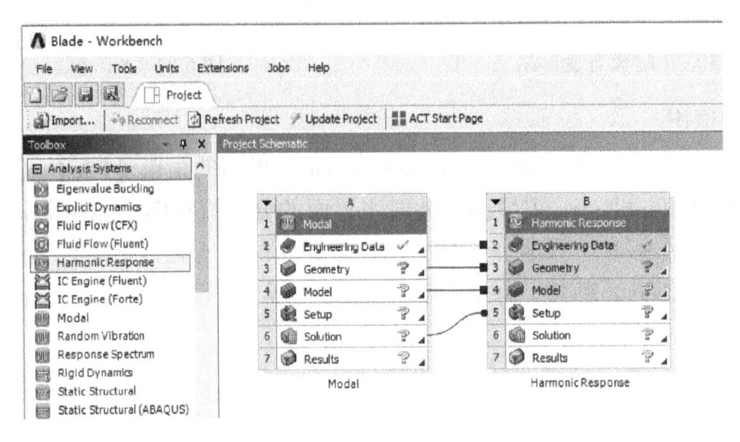

图 5-33 创建谐响应分析

(2) 在 Workbench 的工具栏中单击【Save】，保存项目实例名为 Blade. Wbpj。如工程实例文件保存在 D：\ AWB \ Chapter05 文件夹中。

3. 创建材料参数

(1) 编辑工程数据单元，右键单击【Engineering Data】→【Edit】。

(2) 在工程数据属性中增加新材料：【Outline of Schematic A2，B2：Engineering Data】→【Click here to add a new material】输入新材料名称 Al 6061-T6。

(3) 在左侧单击【Physical Properties】展开，双击【Density】→【Properties of Outline Row 4：Al 6061-T6】→【Density】=2700 kg m^-3。

(4) 在左侧单击【Linear Elastic】展开，双击【Isotropic Elasticity】→【Properties of Outline Row 4：Al 6061-T6】→【Young's Modulus】=6.8941E+10 Pa。

(5) 设置【Properties of Outline Row 4：Al 6061-T6】→【Poisson's Ratio】=0.33，如图 5-34 所示。

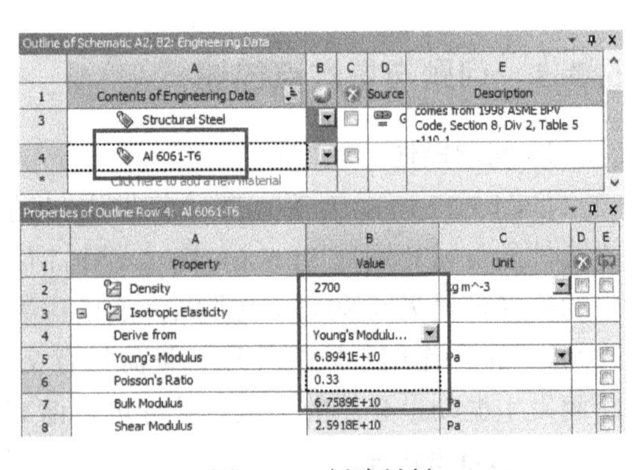

图 5-34 创建材料

(6) 单击工具栏中的【A2，B2：Engineering Data】关闭按钮，返回到 Workbench 主界面，新材料创建完毕。

4. 导入几何模型

在模态分析上，右键单击【Geometry】→【Import Geometry】→【Browse】，找到模型文件 Blade. x_t，打开导入几何模型。如模型文件在 D：\ AWB \ Chapter05 文件夹中。

5. 进入 Mechanical 分析环境

（1）在模态分析上，右键单击【Model】→【Edit】进入 Mechanical 分析环境。

（2）在 Mechanical 的主菜单【Units】中设置单位为 Metric（mm，kg，N，s，mV，mA）。

6. 为几何模型分配厚度及材料

（1）为风机叶片分配厚度及材料，在导航树上单击【Geometry】展开，设置【Blade】→【Details of “Blade”】→【Definition】→【Thickness】= 2mm；【Material】→【Assignment】= Al 6061-T6，其他默认。

（2）为连接件分配材料：Connecting parts 为默认材料结构钢。

7. 创建接触连接

接触连接为默认的程序自动探测接触连接。

8. 划分网格

（1）在导航树上单击【Mesh】→【Details of “Mesh”】→【Defaults】，设置【Relevance】= 80，【Sizing】→【Size Function】= Adaptive，【Sizing】→【Relevance Center】= Medium，其他默认。

（2）选择两个连接件，右键单击【Mesh】→【Insert】→【Sizing】，设置【Element Size】=5mm。

（3）选择叶片模型的外表面，右键单击【Mesh】→【Insert】→【Mapped Face Meshing】→【Method】= Quadrilaterals。

（4）选择两个连接件，右键单击【Mesh】→【Insert】→【Method】，单击【Automatic Method】→【Details of “Automatic Method”】→【Definition】→【Method】= Hex Dominant。

（5）选择叶片模型，右键单击【Mesh】→【Insert】→【Sizing】→【Element Size】= 10mm。

（6）生成网格，右键单击【Mesh】→【Generate Mesh】，图形区域显示程序生成的网格模型，如图 5-35 所示。

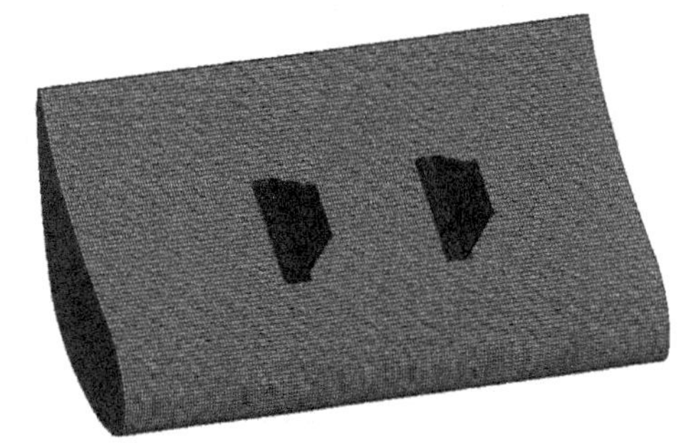

图 5-35 划分网格

（7）网格质量检查，在导航树上单击【Mesh】→【Details of “Mesh”】→【Quality】→【Mesh Metric】= Skewness，显示 Skewness 规则下网格质量详细信息，平均值处在好水平范围内，展开【Statistics】显示网格和节点数量。

9. 施加边界条件

（1）在导航树上单击【Modal（A5）】。

（2）单击【Analysis Settings】→【Details of “Analysis Settings”】→【Options】→【Max Modes to Find】= 10，其他默认。

（3）施加约束，在标准工具栏上单击，选择两个连接件端面，然后在环境工具栏上单击【Supports】→【Fixed Support】，如图 5-36 所示。

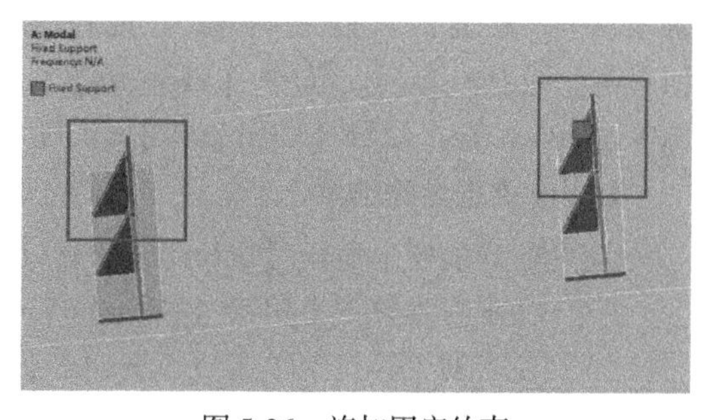

图 5-36 施加固定约束

10. 设置需要的结果

（1）在导航树上单击【Solution（A6）】。

（2）在求解工具栏上单击【Deformation】→【Total】。

11. 求解与结果显示

（1）在 Mechanical 标准工具栏上单击 Solve 进行求解运算。

（2）运算结束后，单击【Solution（A6）】→【Total Deformation】，可以查看图形区域显示模态分析得到的叶片变形分布云图。在图形区域显示下方的【Graph】的频率图空白处右键单击从弹出的菜单中选择【Select All】，再次右键单击，选择【Create Mode Shape Results】创建其他模态振型的变形云图，如图 5-37 所示；然后在导航树上选择创建的变形结果，右键选择 Evaluate All Results ，最后可以查看前 10 阶模态振型的叶片变形云图，其中第 1 阶模态振型如图 5-38 所示。也可激活动画显示叶片的振动过程。振动过程有助于理解结构的振动，但变形值并不代表真实的位移。

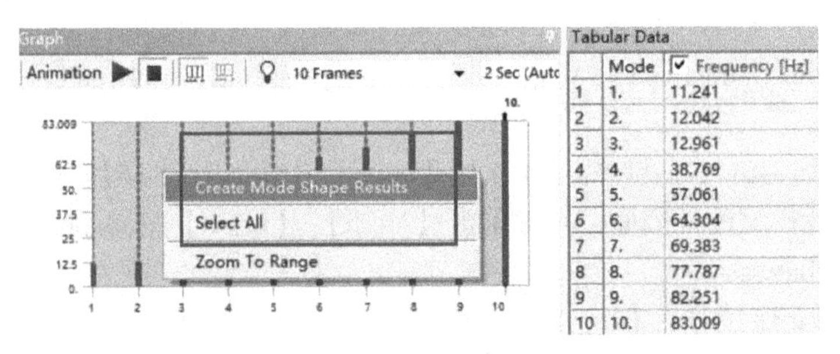

图 5-37 模型固有振型

12. 谐响应分析设置

（1）在导航树上单击【Harmonic Response（B5）】。

（2）单击【Analysis Settings】→【Details of “Analysis Settings”】→【Options】→【Frequency Spacing】= Linear，设置【Range Minimum】= 10，【Range Maximum】= 100，【Solution Intervals】= 50，其他默认。

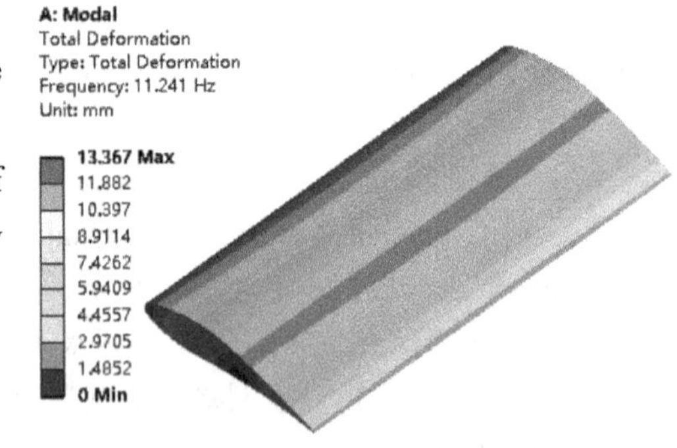

图 5-38 1 阶模态振型图

（3）施加载荷，在标准工具栏上单击，选择叶片表面，然后在环境工具栏上单击【Loads】→【Pressure】，选择【Pressure】→【Details of “Pressure”】→【Definitions】→【Define By】= Normal To，设置【Magnitude】= 0.0015MPa，【Phase Angle】= 0°，如图 5-39 所示。

13. 设置需要的结果

（1）在导航树上单击【Solution（B6）】。

（2）在求解工具栏上单击【Deformation】→【Total】。

（3）在求解工具栏上单击【Stress】→【Equivalent（von-Mises）】。

（4）在标准工具栏上单击，选择载荷施加叶片位置上的面，然后在求解工具栏上单击【Frequency Response】→【Deformation】，如图 5-40 所示。

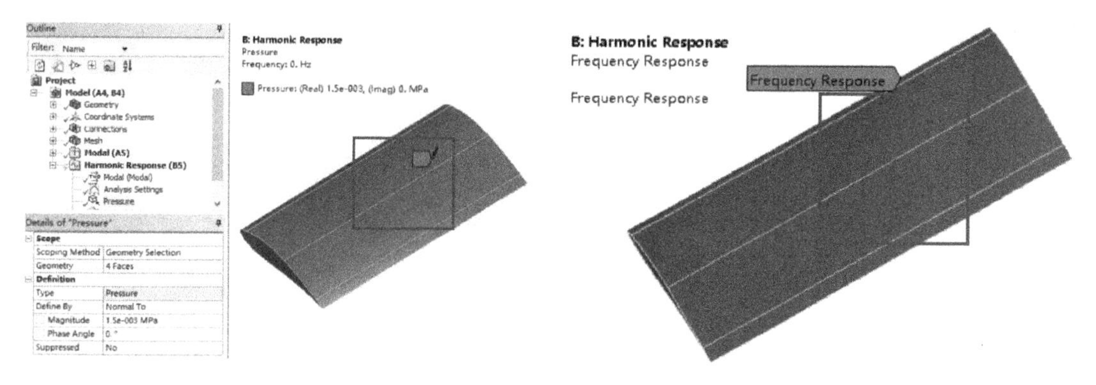

图 5-39　施加压力载荷

图 5-40　频率响应位置设置

（5）在标准工具栏上单击，选择载荷施加叶片位置上的面，与【Frequency Response】选择的位置相同，然后在求解工具栏上单击【Phase Response】→【Deformation】，【Phase Response】→【Details of “Phase Response”】→【Options】→【Frequency】= 12.7Hz，其他默认。

14. 求解与结果显示

（1）在 Mechanical 标准工具栏上单击 Solve 进行求解运算。

（2）运算结束后，单击【Solution（B6）】→【Total Deformation】，图形区域显示谐响应分析得到的叶片在 55Hz 下的变形分布云图，如图 5-41 所示。也可根据图 4-42 所示，调整查看其他频率下的变形分布云图。

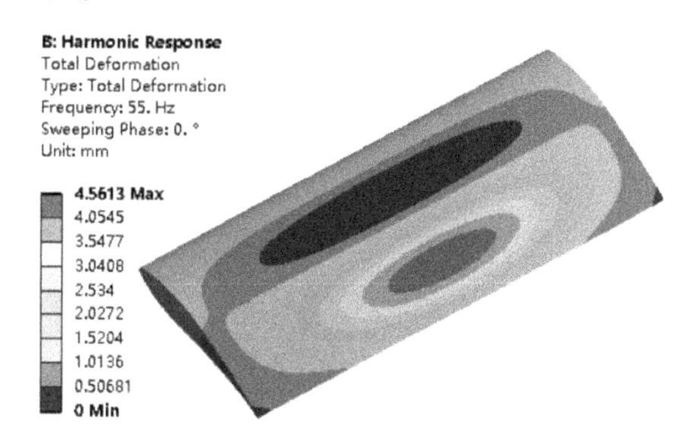

图 5-41　结果变形分布云图

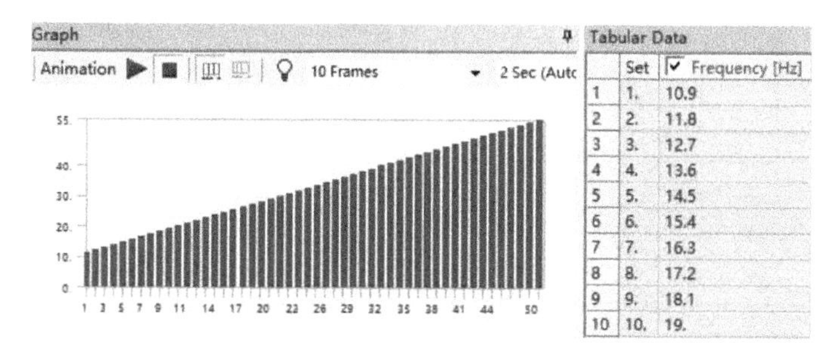

图 5-42　频率响应图表

（3）单击【Solution（B6）】→【Equivalent Stress】，图形区域显示谐响应分析得到的叶片在 55Hz 下的等效应力分布云图，如图 5-43 所示。

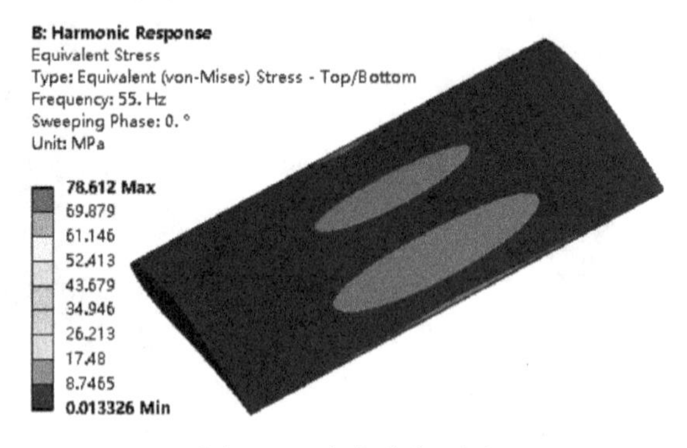

图 5-43　应力分布云图

（4）单击【Solution（B6）】→【Frequency Response】，图形区域显示谐响应分析得到的叶片变形频率响应，如图 5-44～图 5-46 所示。

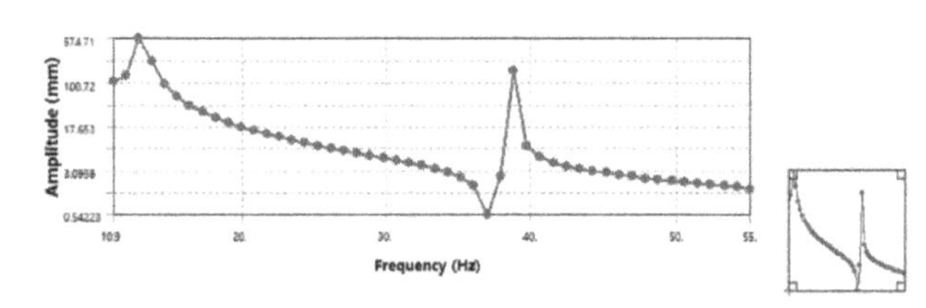

图 5-44　幅值变形频率响应

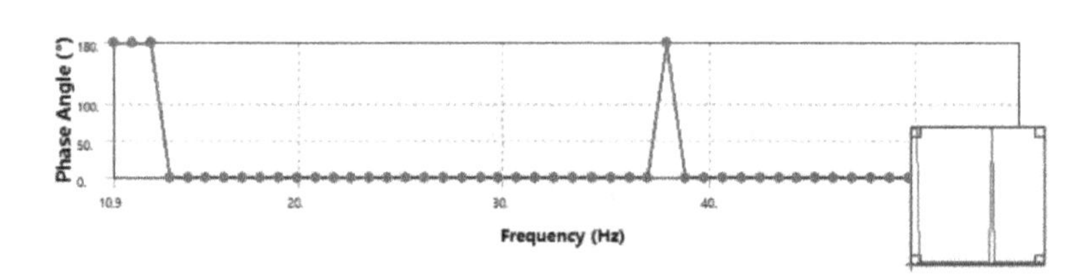

图 5-45　相位角变形频率响应

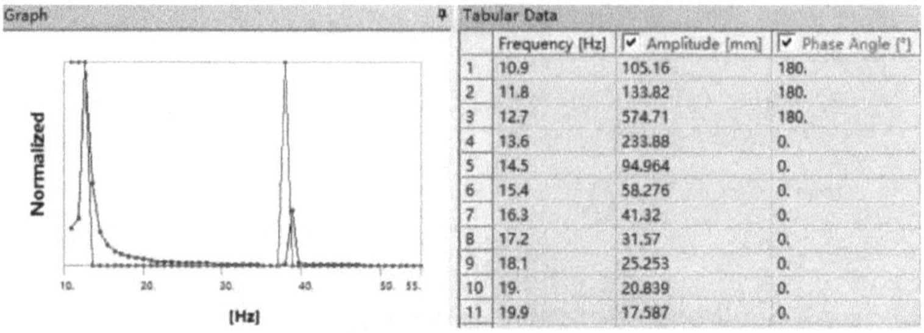

Graph

Normalized

10. 20. 30. 40. 50. 55.

[Hz]

Tabular Data

	Frequency [Hz]	Amplitude [mm]	Phase Angle [°]
1	10.9	105.16	180.
2	11.8	133.82	180.
3	12.7	574.71	180.
4	13.6	233.88	0.
5	14.5	94.964	0.
6	15.4	58.276	0.
7	16.3	41.32	0.
8	17.2	31.57	0.
9	18.1	25.253	0.
10	19.	20.839	0.
11	19.9	17.587	0.

图 5-46　变形频率响应图表

（5）单击【Solution（B6）】→【Phase Response】，图形区域显示谐响应分析得到的叶片变形相位响应，如图 5-47、图 5-48 所示。

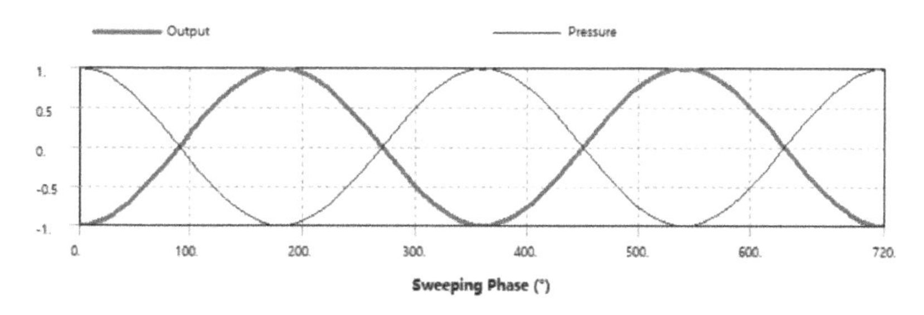

图 5-47　相位变形曲线

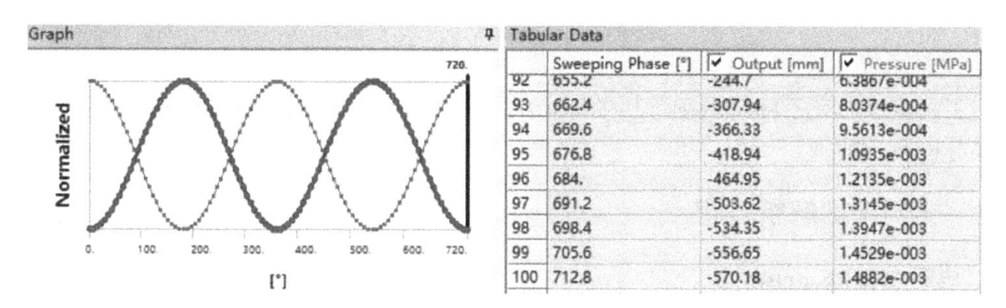

	Sweeping Phase [°]	Output [mm]	Pressure [MPa]
92	655.2	-244.7	6.3867e-004
93	662.4	-307.94	8.0374e-004
94	669.6	-366.33	9.5613e-004
95	676.8	-418.94	1.0935e-003
96	684.	-464.95	1.2135e-003
97	691.2	-503.62	1.3145e-003
98	698.4	-534.35	1.3947e-003
99	705.6	-556.65	1.4529e-003
100	712.8	-570.18	1.4882e-003

图 5-48　相位变形图表

15. 保存与退出

（1）退出 Mechanical 分析环境，单击 Mechanical 主界面的菜单【File】→【Close Mechanical】退出环境，返回到 Workbench 主界面，此时主界面的分析流程图中显示的分析已完成。

（2）单击 Workbench 主界面上的【Save】按钮，保存所有分析结果文件。

（3）退出 Workbench 环境，单击 Workbench 主界面的菜单【File】→【Exit】退出主界面，完成分析。

5.3.3　结果分析与点评

本实例是垂直轴风机叶片振动谐响应分析，从分析结果来看，叶片在压力载荷作用下响应位移最大值为 4.5613mm，最大应力为 78.612MPa，远低于 Al 6061-T6 和结构钢的许用应力，说明叶片强度符合工作要求。从分析流程来看，谐响应分析基本流程即为先模态分析，后谐响应分析。本例的关键点是基于模态分析确定谐响应分析设置时的频率范围及求解后处理。

5.4　活塞发动机凸轮轴随机振动分析

5.4.1　问题与重难点描述

1. 问题描述

凸轮轴（见图 5-49）是活塞发动机里的一个部件，它的作用是控制气门的开启和闭合动作。通常它承受大扭矩在高转速下工作，假设其材质为结构钢，试求凸轮轴的随机振动情况。

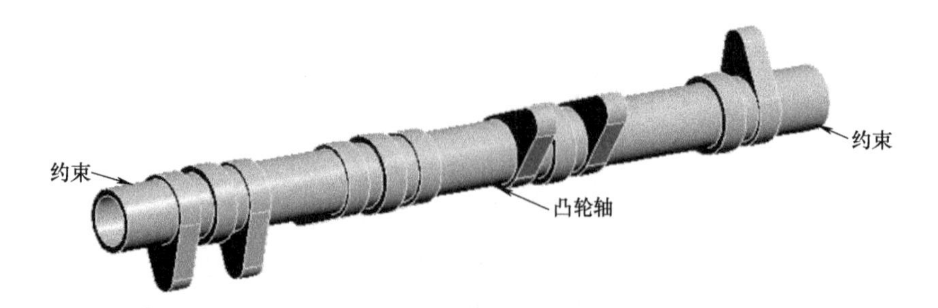

图 5-49 发动机凸轮轴模型

2. 重难点提示

本实例重难点在于随机振动分析的载荷类型设置，载荷数据处理，边界与模态设置，求解结果分析及后处理。

5.4.2 实例详细解析过程

1. 启动 Workbench18.0

在“开始”菜单中执行 ANSYS18.0→Workbench18.0 命令。

2. 创建随机振动分析

(1) 在工具箱【Toolbox】的【Analysis Systems】中双击或拖动模态分析【Modal】到项目分析流程图，然后右键单击模态分析的【Solution】单元，从弹出的菜单中选择【Transfer-Data To New】→【Random Vibration】，即创建随机振动分析，此时相关联的数据共享，如图 5-50 所示。

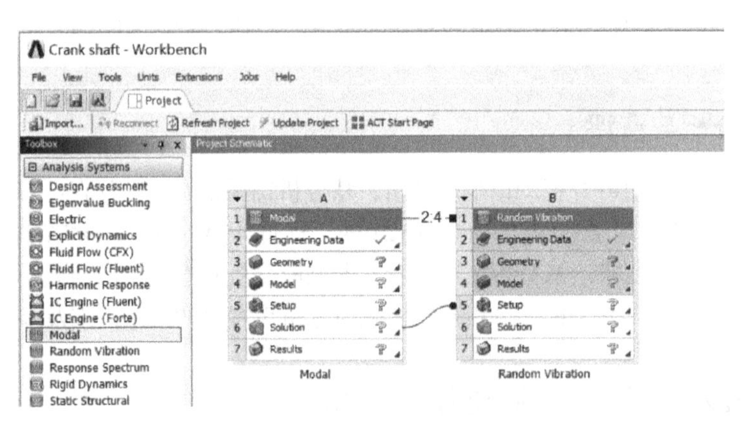

图 5-50 创建随机振动分析

(2) 在 Workbench 的工具栏中单击【Save】，保存项目实例名为 Cam shaft. wbpj。如工程实例文件保存在 D：\ AWB \ Chapter05 文件夹中。

3. 创建材料参数，材料默认为结构钢。

4. 导入几何模型

在模态分析上，右键单击【Geometry】→【Import Geometry】→【Browse】，找到模型文件

Cam shaft. scdoc，打开导入几何模型。如模型文件在 D：\ AWB \ Chapter05 文件夹中。

5. 进入 Mechanical 分析环境

（1）在模态分析上，右键单击【Model】→【Edit】进入 Mechanical 分析环境。

（2）在 Mechanical 的主菜单【Units】中设置单位为 Metric（mm，kg，N，s，mV，mA）。

6. 为几何模型分配材料，材料默认为结构钢。

7. 划分网格

（1）在导航树上单击【Mesh】→【Details of "Mesh"】→【Sizing】→【Relevance Center】= Medium，其他默认。

（2）在导航树上选择模型，然后右键单击【Mesh】，从弹出的菜单中选择【Insert】→【Sizing】，【Body Sizing】→【Details of "Body Sizing"】→【Element Size】=2.5mm。

（3）生成网格，右键单击【Mesh】→【Generate Mesh】，图形区域显示程序生成的网格模型，如图 5-51 所示。

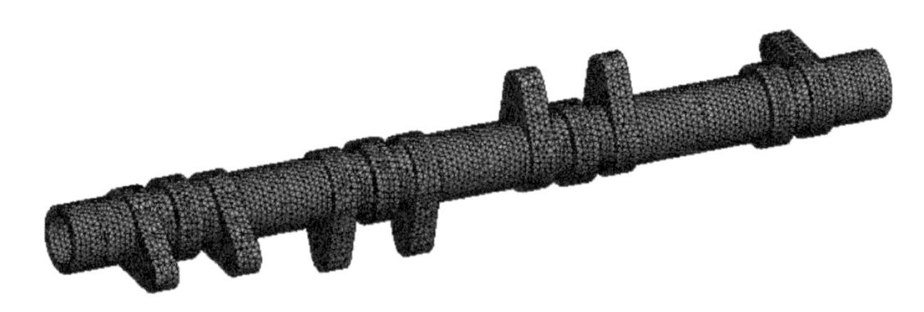

图 5-51　网格划分

（4）网格质量检查，在导航树上单击【Mesh】→【Details of "Mesh"】→【Quality】→【Mesh Metric】= Skewness，显示 Skewness 规则下网格质量详细信息，平均值处在好水平范围内，展开【Statistics】显示网格和节点数量。

8. 施加边界条件

（1）在导航树上单击【Modal（A5）】。

（2）施加约束，在标准工具栏上单击，选择曲轴的一个端面，在环境工具栏上单击【Supports】→【Fixed Support】，如图 5-52 所示；然后选择曲轴的另一个端面，在环境工具栏上单击【Supports】→【Fixed Support】，如图 5-53 所示。

图 5-52　施加曲轴一端约束

（3）设置模态数，在导航树 Modal 下单击【Analysis Settings】→【Details of “Analysis Settings”】→【Options】→【Max Modes to Find】=6，其他默认。

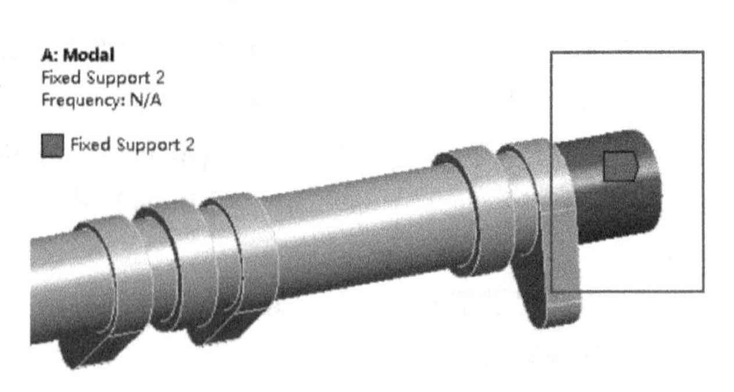

图 5-53 施加曲轴另一端约束

9. 求解与结果显示

（1）在 Mechanical 标准工具栏上单击 Solve 进行求解运算。

（2）运算结束后，单击【Solution (B6)】可以查看图形区域显示模态分析得到的凸轮轴变形分布云图。在图形区域显示下方的【Graph】的频率图空白处右键单击，从弹出的菜单中选择【Select All】，再次右键单击，选择【Create Mode Shape Results】创建其他模态阶数的变形云图，如图 5-54 所示；然后在导航树上选择创建的变形结果，右键选择 Evaluate All Results，最后可以查看所有模态阶数的凸轮轴变形云图，如图 5-55 ~ 图 5-60 所示。也可激活动画显示凸轮轴的振动过程。振动过程有助于理解结构的振动，但变形值并不代表真实的位移。

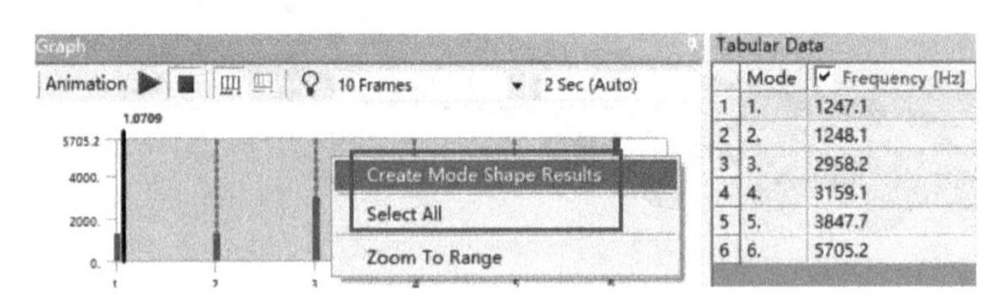

图 5-54 创建模态结果

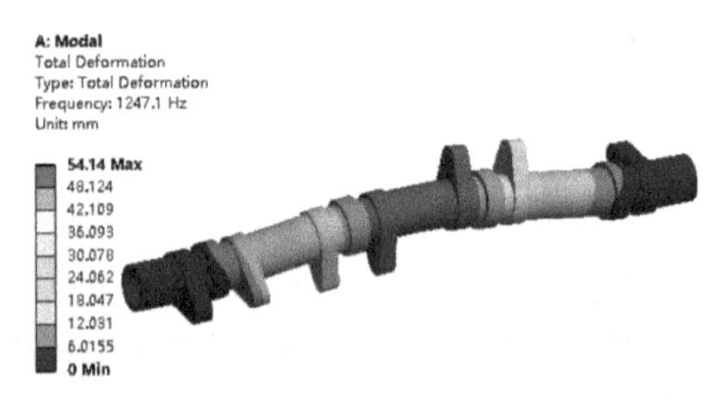

图 5-55 1 阶模态变形结果

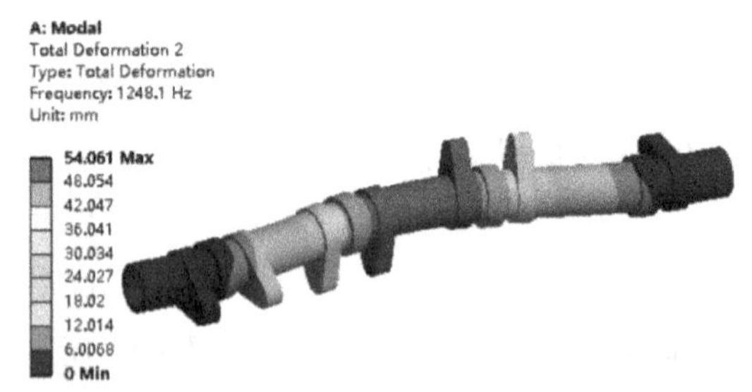

图 5-56 2 阶模态变形结果

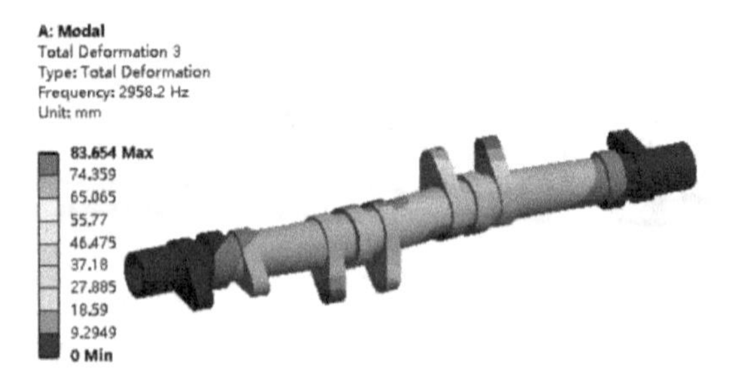

图 5-57 3 阶模态变形结果

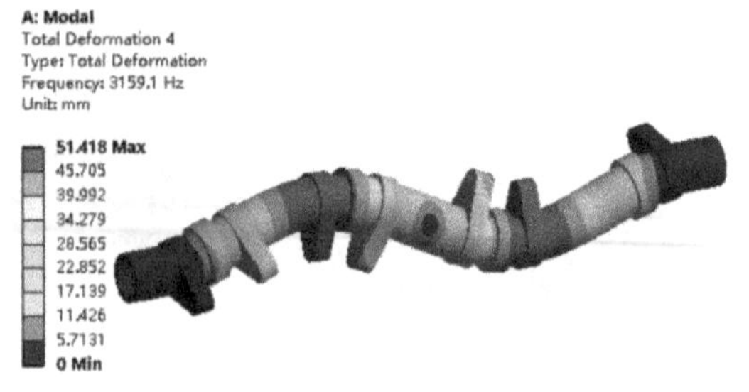

图 5-58 4 阶模态变形结果

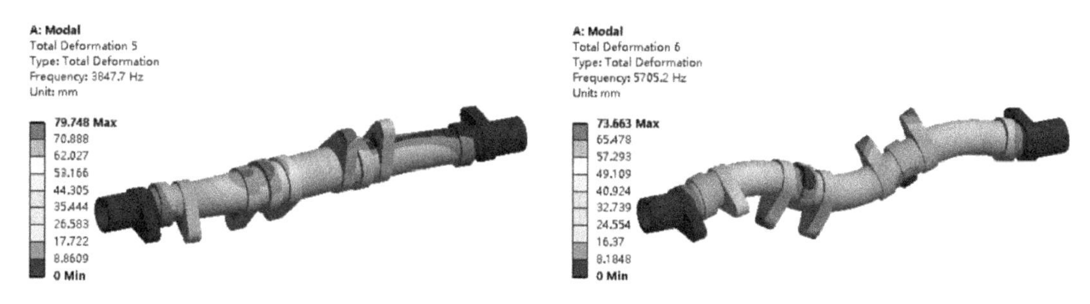

图 5-59　5 阶模态变形结果　　　　图 5-60　6 阶模态变形结果

10. 模态结果数据处理

（1）回到桌面，创建一个空白 Excel，然后打开。

（2）右键单击【Tabular Data】→【Select All】，然后再次右键单击选择【Copy Cell】，最后把数据粘贴到刚才打开的空白 Excel。

（3）单击【Total Deformation】，查看各个模态阶个数对应的最大变形数值，并把数值对应输入到刚才创建的 Excel 数表中 C 列，如图 5-61 所示。

（4）对刚才输入的最大变形数据进行平方，在 D 列输入函数 = C2^2，得到 D 列第一行数据，然后拖拉，即可得到完整 D 列数据，如图 5-62 所示。

A	B	C	D
1	1247.1	54.14	
2	1248.1	54.061	
3	2958.2	83.654	
4	3159.1	51.418	
5	3847.7	79.748	
6	5705.2	73.663	

图 5-61　各个模态阶对应的最大变形数值

A	B	C	D	E
1	1247.1	54.14	2931.14	
2	1248.1	54.061	2922.592	
3	2958.2	83.654	6997.992	
4	3159.1	51.418	2643.811	
5	3847.7	79.748	6359.744	
6	5705.2	73.663	5426.238	

图 5-62　数值平方

11. 随机振动设置

（1）在导航树上单击【Random Vibration（B5）】。

（2）在环境工具栏上单击【PSD Base Excitation】→【PSD Displacement】，【PSD Displacement】→【Details of "PSD Displacement"】→【Scope】→【Boundary Condition】= All Fixed Supports，【Direction】= Z Axis，【Definition】→【Load Data】，把刚才 Excel 数表频率数值与 D 列数值分别输入对应的 Frequency 和 Displacement 里，如图 5-63 所示。

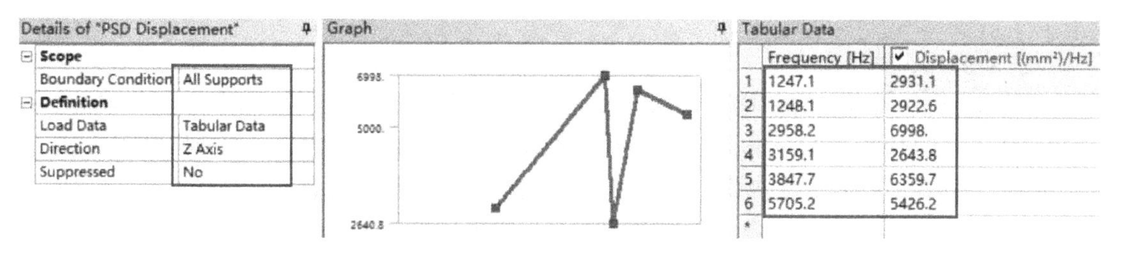

图 5-63　PSD Displacement 设置

12. 设置需要的结果

（1）在导航树上单击【Solution（B6）】。

（2）在求解工具栏上单击【Deformation】→【Directional】。【Directional Deformation】→【Details of "Directional Deformation"】→【Definition】→【Orientation】= Y Axis，【Scale Factor】= 1Sigma。

（3）在求解工具栏上单击【Stress】→【Equivalent（von-Mises）】。

13. 求解与结果显示

（1）右键单击【Directional Deformation】，从弹出的菜单上单击 Solve 进行求解运算。

（2）运算结束后，单击【Solution（B6）】→【Directional Deformation】，可以查看图形区域显示随机振动分析得到的凸轮轴变形分布云图，如图 5-64 所示；单击【Solution（B6）】→【Equivalent Stress】，显示凸轮轴等效应力分布云图，图 5-65 所示。

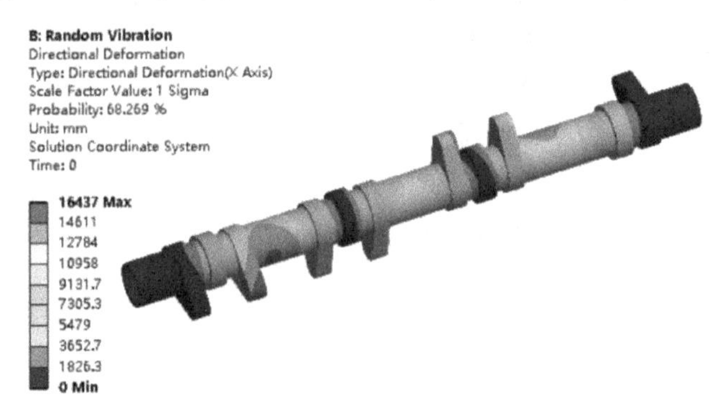

图 5-64 凸轮轴随机振动变形分布云图

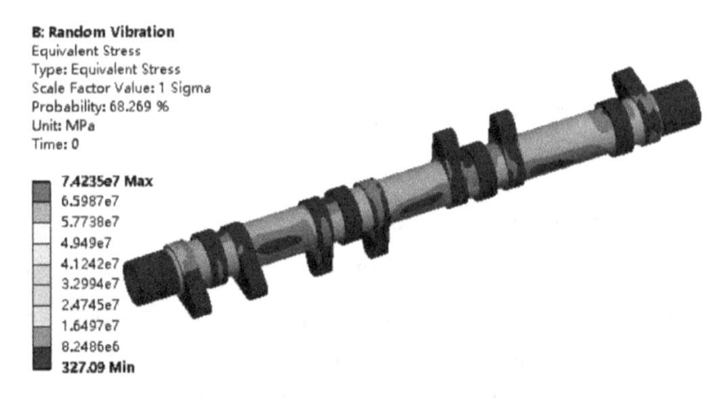

图 5-65 凸轮轴随机振动等效应力分布云图

14. 保存与退出

（1）退出 Mechanical 分析环境，单击 Mechanical 主界面的菜单【File】→【Close Mechanical】退出环境，返回到 Wo6rkbench 主界面，此时主界面的分析流程图中显示的分析已完成。

（2）单击 Workbench 主界面上的【Save】按钮，保存所有分析结果文件。

（3）退出 Workbench 环境，单击 Workbench 主界面的菜单【File】→【Exit】退出主界面，完成分析。

5.4.3　结果分析与点评

本实例是活塞发动机凸轮轴随机振动分析，从结果分析来看，凸轮轴的振动主要是弯曲振动，结果与振型和固有频率有很大关系。在本例中利用了凸轮轴固有频率和振型作为随机振动的位移激励，处理方法值得借鉴。从分析流程来看，随机振动分析基本流程即为先模态分析，后随机振动分析。本例的关键点是随机振动分析的载荷类型设置、载荷数据处理及求解后处理。

第6章　机构刚柔耦合分析

6.1　回转臂刚柔耦合分析

6.1.1　问题与重难点描述

1. 问题描述

如图6-1所示的回转臂，由回转臂、连杆、连架杆、机架组成，材料为结构钢，若连杆以2mm/s的速度移动，其他相关参数在分析过程中体现。试求连杆所受的力、回转臂变形及应力。

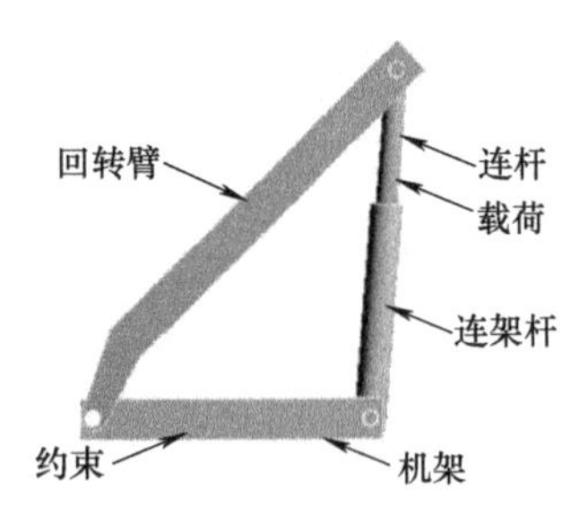

图6-1　回转臂模型

2. 重难点提示

本实例重难点在于回转臂与其他构件间的刚柔耦合关系，运动关节选择创建、边界设置、时间步设置和后处理。

6.1.2　实例详细解析过程

1. 启动 Workbench18.0

（1）在“开始”菜单中执行 ANSYS18.0→Workbench18.0 命令。

2. 创建刚体动力分析项目

（1）在工具箱【Toolbox】的【Analysis Systems】中双击或拖动刚体动力分析项目【Rigid Dynamics】到项目分析流程图，如图6-2所示。

（2）在 Workbench 的工具栏中单击【Save】，保存项目工程名为 Pivot arm. wbpj。如工程实例文件保存在 D：\ AWB \ Chapter06 文件夹中。

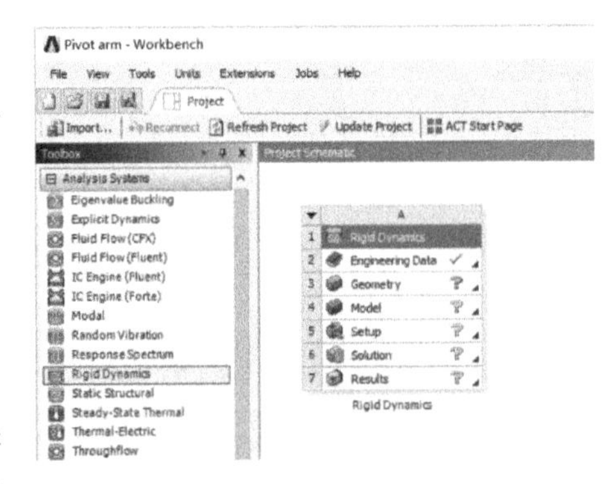

图6-2　创建回转臂刚体动力分析项目

3. 确定材料参数，回转臂的材料为结构钢，采用默认数据。

4. 导入几何模型

在刚体动力分析项目上，右键单击【Geometry】→【Import Geometry】→【Browse】，找到模型文件 Pivot arm. agdb，打开导入几何模型。如模型文件在 D：\ AWB \ Chapter06 文件夹中。

5. 进入 Mechanical 分析环境

（1）在刚体动力分析项目上，右键单击【Model】→【Edit…】进入 Mechanical 分析环境。

（2）在 Mechanical 的主菜单【Units】中设置单位为 Metric（mm，kg，N，s，mV，mA）。

6. 为几何模型分配材料属性，回转臂的材料为结构钢，自动分配。

7. 创建关节连接

（1）在导航树上单击【Connections】并展开，删除【Contacts】，打开【Body Views】。

（2）创建 cylbase 与 Slider slot 连接，在标准工具栏上单击，单击【Connections】，在连接工具栏单击【Body-Body】→【Revolute】，参考体选择 cylbase 销轴外表面，运动体选择 Slider slot 一端孔内表面，如图 6-3 所示，其他默认。

（3）创建 Slider slot 与 Pivot arm 连接，在标准工具栏上单击，单击【Connections】→【Joints】→【Body-Body】→【Revolute】，参考体选择 Slider slot 另一端孔内表面，运动体选择 Pivot arm 一端孔内表面，如图 6-4 所示，其他默认。

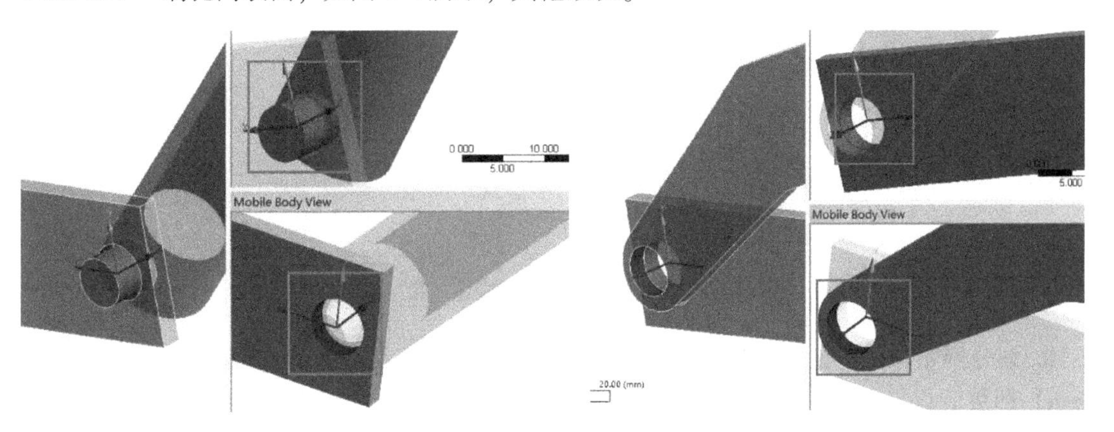

图 6-3　创建 cylbase 与 Slider slot 连接　　图 6-4　创建 Slider slot 与 Pivot arm 连接

（4）创建 rod 与 Pivot arm 连接，在标准工具栏上单击，单击【Connections】→【Joints】→【Body-Body】→【Revolute】，参考体选择 rod 销轴外表面，运动体选择 Pivot arm 另一端孔内表面，如图 6-5 所示，其他默认。

（5）创建 cylbase 与 rod 连接，在标准工具栏上单击，单击【Connections】→【Joints】→【Body-Body】→【Translational】，参考体选择 cylbase 圆柱内圆表面，运动体选择 rod 圆柱外表面，如图 6-6 所示，其他默认。

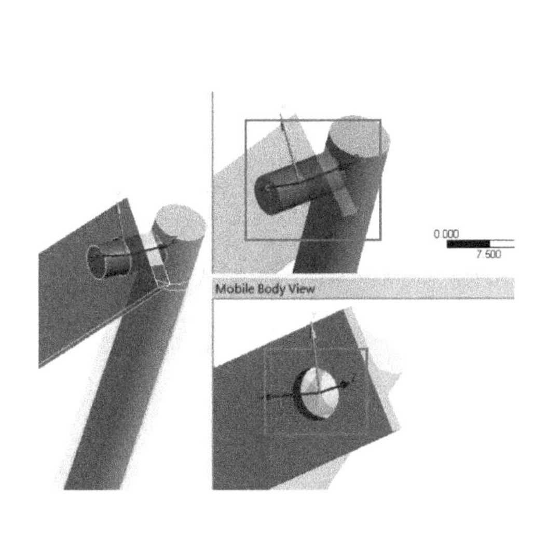

图 6-5　创建 rod 与 Pivot arm 连接

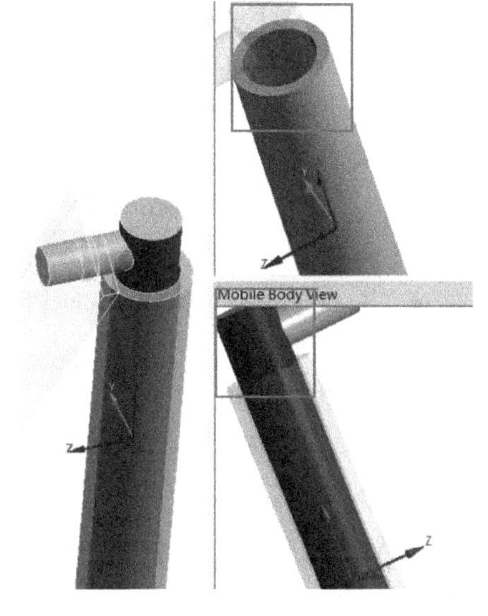

图 6-6　创建 cylbase 与 rod 连接

（6）创建 Slider slot 接地连接，在标准工具栏上单击，单击【Connections】→【Joints】→【Body-Ground】→【Fixed】，参考体默认，运动体选择 Slider slot 底面表面，如图 6-7 所示，其他默认。

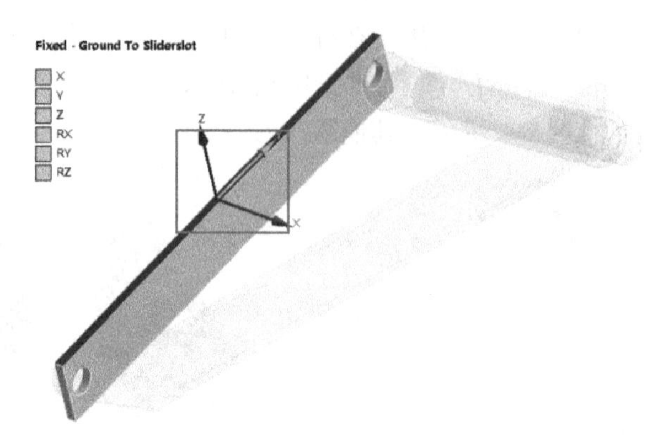

图 6-7　创建 Slider slot 接地连接

8. 划分网格，由于各部件为刚体，不会产生网格，直接右键单击【Mesh】→【Generate Mesh】即可。

9. 施加边界条件

（1）设置时间步，单击【Transient（A5）】→【Analysis Settings】→【Details of "Analysis Settings"】→【Step Controls】→【Step End Time】=30s，其他默认。

（2）设置加速度，单击【Transient（A5）】→【Inertial】→【Acceleration】→【Details of "Acceleration"】→【Definition】→【Define By】= Component，Y Component = 9806.6 mm/s^2。

（3）设置移动速度，单击【Connections】→【Joints】→【Translational-cylbase To rod】，按着不放直接拖动到【Transient（A5）】下，【Joints】→【Details of "Joint Load"】→【Definition】→【Type】= Velocity，【Magnitude】= 2mm/s，其他默认，如图 6-8 所示。

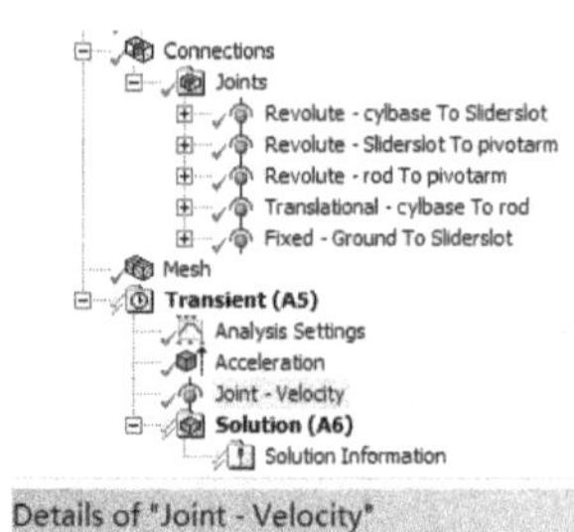

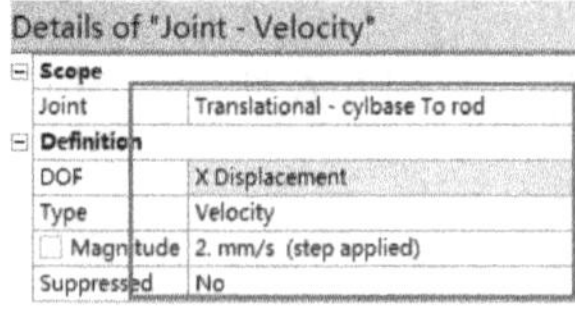
Details of "Joint - Velocity"

Scope	
Joint	Translational - cylbase To rod
Definition	
DOF	X Displacement
Type	Velocity
Magnitude	2. mm/s (step applied)
Suppressed	No

图 6-8　施加边界

10. 设置需要结果

在导航树上单击【Connections】→【Joints】→【Translational-cylbase To rod】，按着不放直接拖动到【Solution（A6）】下，选择【Joint Probe】→【Details of "Joint Probe"】→【Options】→【Result Selection】= X Axis，其他默认。

11. 求解与结果显示

（1）在 Mechanical 标准工具栏上单击 Solve 进行求解运算。

（2）求解结束后，单击【Joint Probe】，可以看到相应结果，如图 6-9、图 6-10 所示。也可进行动画设置，显示机构运动。

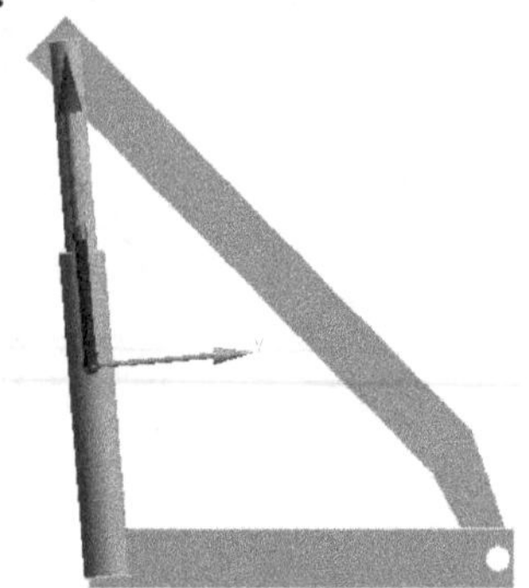

图 6-9　位移

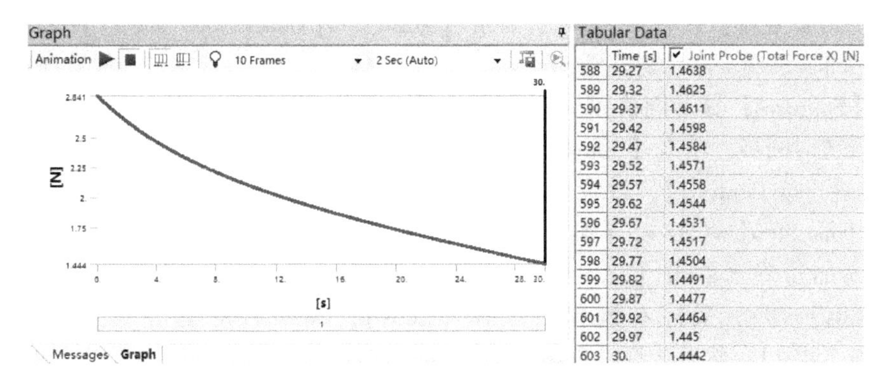

	Time [s]	Joint Probe (Total Force X) [N]
588	29.27	1.4638
589	29.32	1.4625
590	29.37	1.4611
591	29.42	1.4598
592	29.47	1.4584
593	29.52	1.4571
594	29.57	1.4558
595	29.62	1.4544
596	29.67	1.4531
597	29.72	1.4517
598	29.77	1.4504
599	29.82	1.4491
600	29.87	1.4477
601	29.92	1.4464
602	29.97	1.445
603	30.	1.4442

图 6-10　运动轨迹及数据

12. 创建刚柔耦合分析

（1）创建分析项目，返回到 Workbench 主界面，在工具箱【Toolbox】的【Analysis Systems】中拖动多柔性系统动力分析项目【Transient Structural】到项目分析流程图，并与刚体动力分析项目连接共享【Engineering Data】、【Geometry】、【Model】三项，如图 6-11 所示。

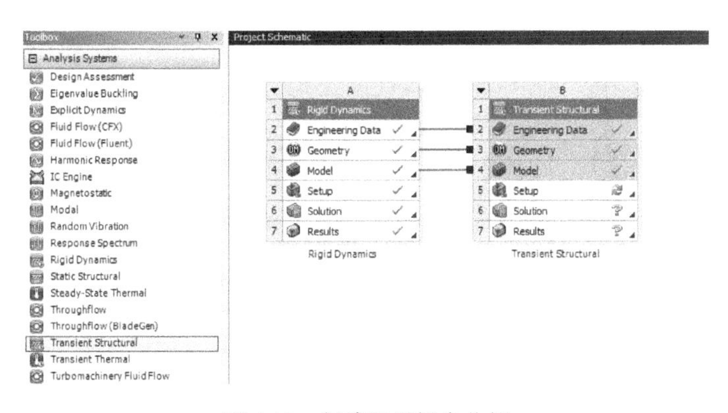

图 6-11　创建刚柔耦合分析

（2）进入 Mechanical 分析环境，在多系统动力分析项目上，右键单击【Setup】→【Edit】进入 Mechanical 分析环境。

（3）转换回转臂刚性行为，在导航树上单击【Geometry】并展开，单击【pivot arm】→【Details of “pivot arm”】→【Definition】→【Stiffness Behavior】= Flexible，其他默认。

（4）划分网格，在标准工具栏上单击 ，选择实体然后选择【pivot arm】，单击【Mesh】→【Insert】→【Sizing】→【Body Sizing】→【Details of “Body Sizing” -Sizing】→【Sizing】→【Element Size】= 2mm；右键单击【Mesh】→【Generate Mesh】，图形区域显示程序生成的六面体单元为主体网格模型，如图 6-12 所示。

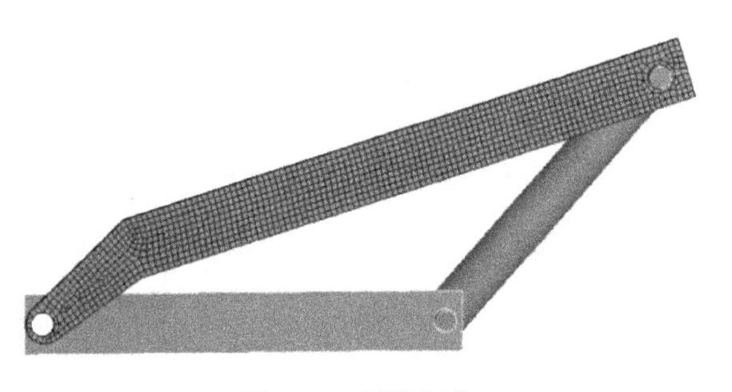

图 6-12　网格划分

（5）网格质量检查，在导航树上单击【Mesh】→【Details of“Mesh”】→【Quality】→【Mesh Metric】= Skewness，显示 Skewness 规则下网格质量详细信息，平均值处在好水平范围内，展开【Statistics】显示网格和节点数量。

（6）设置时间步，单击【Transient 2（B5）】→【Analysis Settings】→【Details of“Analysis Settings”】→【Step Controls】，设置【Step End Time】= 30s，【Initial Time Step】= 0.01s，【Minimum Time Step】= 0.01s，【Maximum Time Step】= 0.05s，其他默认。

（7）施加边界，单击【Transient（A5）】，选择【Acceleration】、【Joint-Velocity】，然后鼠标右键单击选择【Copy】，鼠标右键单击【Transient 2（B5）】，然后选择【Paste】，结果如图 6-13 所示。

（8）设置所需结果，在导航树上单击【Solution（B6）】，在求解工具栏上单击【Deformation】→【Total】；【Stress】→【Equivalent Stress】。

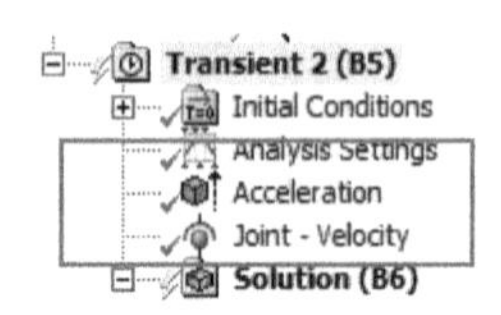

图 6-13 施加边界

13. 求解与结果显示

（1）在 Mechanical 标准工具栏上单击 Solve 进行求解运算。

（2）运算结束后，单击【Total Deformation】、【Equivalent Stress】，可以查看回转臂的变形和应力云图，如图 6-14 ~ 图 6-17 所示。

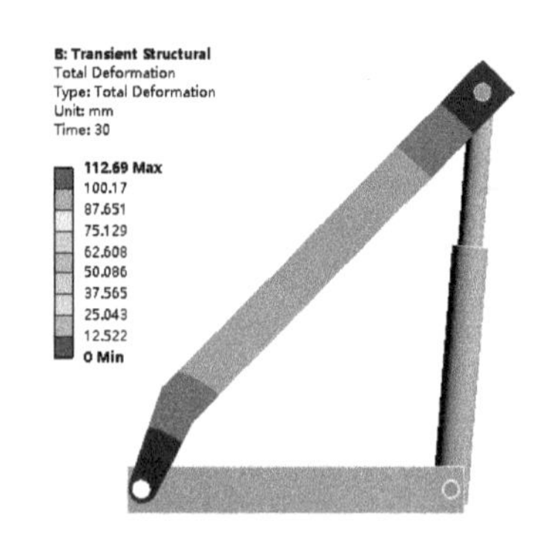

图 6-14 位移云图

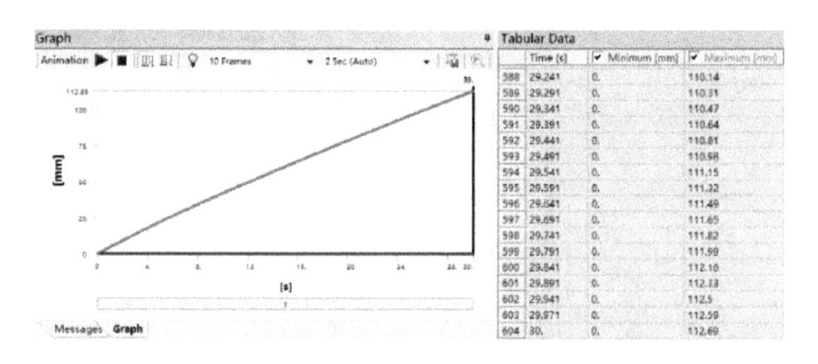

	Time [s]	Minimum [mm]	Maximum [mm]
588	29.241	0.	110.14
589	29.291	0.	110.31
590	29.341	0.	110.47
591	29.391	0.	110.64
592	29.441	0.	110.81
593	29.491	0.	110.98
594	29.541	0.	111.15
595	29.591	0.	111.32
596	29.641	0.	111.49
597	29.691	0.	111.65
598	29.741	0.	111.82
599	29.791	0.	111.99
600	29.841	0.	112.16
601	29.891	0.	112.33
602	29.941	0.	112.5
603	29.971	0.	112.59
604	30.	0.	112.69

图 6-15 位移轨迹及数据

B: Transient Structural
Equivalent Stress
Type: Equivalent (von-Mises) Stress
Unit: MPa
Time: 30
0.1033 Max
0.091822
0.080347
0.068871
0.057395
0.045919
0.034443
0.022967
0.011491
1.5616e-5 Min

图 6-16 应力云图

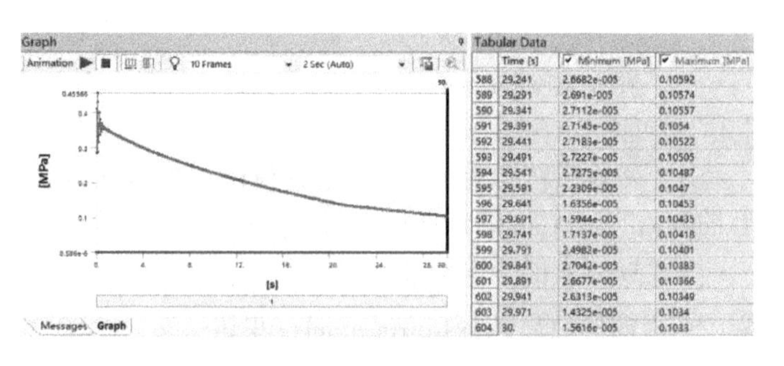

	Time [s]	Minimum [MPa]	Maximum [MPa]
588	29.241	2.6682e-005	0.10592
589	29.291	2.691e-005	0.10574
590	29.341	2.7112e-005	0.10557
591	29.391	2.7145e-005	0.1054
592	29.441	2.7183e-005	0.10522
593	29.491	2.7227e-005	0.10505
594	29.541	2.7275e-005	0.10487
595	29.591	2.2309e-005	0.1047
596	29.641	1.6356e-005	0.10453
597	29.691	1.5944e-005	0.10435
598	29.741	1.7137e-005	0.10418
599	29.791	2.4982e-005	0.10401
600	29.841	2.7042e-005	0.10383
601	29.891	2.6677e-005	0.10366
602	29.941	2.6313e-005	0.10349
603	29.971	1.4325e-005	0.1034
604	30.	1.5616e-005	0.1033

图 6-17 应力变化规律及数据

14. 保存与退出

（1）退出 Mechanical 分析环境，单击 Mechanical 主界面的菜单【File】→【Close Mechanical】退出环境，返回到 Workbench 主界面，此时主界面的分析流程图中显示的分析已完成。

（2）单击 Workbench 主界面上的【Save】按钮，保存所有分析结果文件。

（3）退出 Workbench 环境，单击 Workbench 主界面的菜单【File】→【Exit】退出主界面，完成项目分析。

6.1.3　结果分析与点评

本例是回转臂刚柔耦合分析，从分析结果来看，较好地模拟了机构动力学的刚柔耦合问题，对机构中某个构件需要看为柔性体，分析其强度和疲劳破坏性能时，这种方法较为适用。从分析过程来看，本实例实际包含了两种分析问题和方法，第一种是刚体动力学分析，充分运用独有显式的时间积分快捷求解技术。第二种刚柔耦合分析，采用刚体与柔体结合的刚柔耦合分析。关键点是运动关节选择创建、设置边界、设置时间步和后处理。

6.2　活塞式压气机曲柄连杆机构刚柔耦合分析

6.2.1　问题与重难点描述

1. 问题描述

如图6-18所示简易活塞式压气机曲柄连杆机构，由活塞、连杆、曲柄、活塞销、机座组成。若活塞式压气机曲柄连杆机构材料为结构钢，曲柄以215rad/s的速度转动，试求曲柄在连续转动过程中连杆所受的变形及应力。

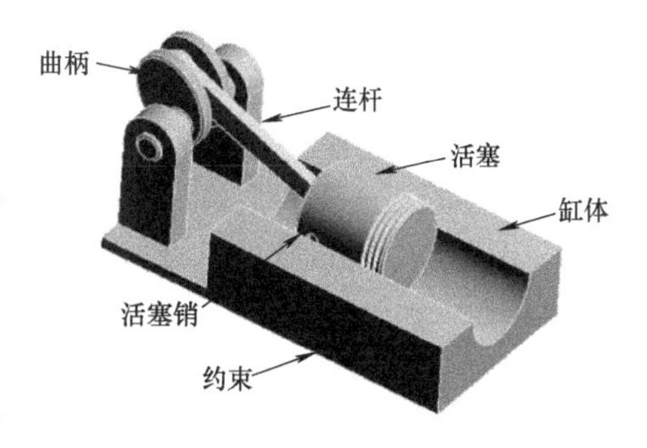

图6-18　发动机曲柄连杆机构模型

2. 重难点提示

本实例重难点在于连杆与其他构件间的刚柔耦合关系，运动关节选择创建、边界设置、时间步设置和后处理。

6.2.2　实例详细解析过程

1. 启动 Workbench18.0

在“开始”菜单中执行 ANSYS18.0→Workbench18.0 命令。

2. 创建刚体动力分析

（1）在工具箱【Toolbox】的【Analysis Systems】中双击或拖动结构瞬态分析【Transient Structural】到项目分析流程图，如图6-19所示。

（2）在 Workbench 的工具栏中单击【Save】，保存项目实例名为 Compressor.wbpj。如工程实例文件保存在 D：\ AWB \ Chapter06 文件夹中。

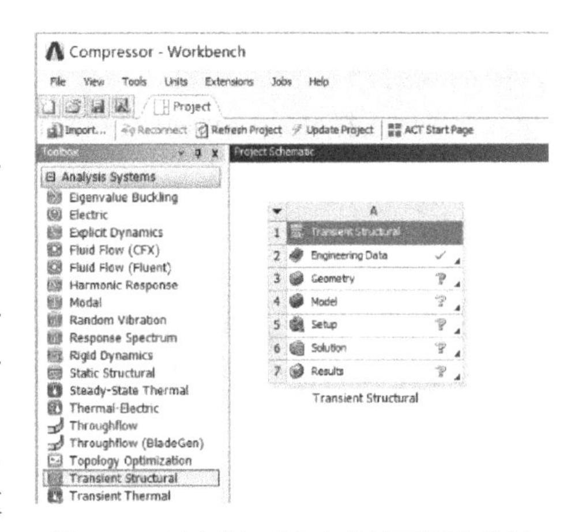

图6-19　创建曲柄连杆机构刚柔耦合分析

3. 创建材料参数，活塞式压气机曲柄连杆机构材料为结构钢，采用默认数据。

4. 导入几何模型

在结构瞬态分析上，右键单击【Geometry】→【Import Geometry】→【Browse】，找到模型

文件 Compressor. agdb，打开导入几何模型。如模型文件在 D：\ AWB \ Chapter06 文件夹中。

5. 进入 Mechanical 分析环境

（1）在结构瞬态分析上，右键单击【Model】→【Edit…】进入 Mechanical 分析环境。

（2）在 Mechanical 的主菜单【Units】中设置单位为 Metric（mm，kg，N，s，mV，mA）。

6. 为几何模型分配材料及模型体转换

（1）为几何模型分配材料，曲柄连杆机构材料为结构钢，自动分配。

（2）转换连杆刚性行为，在导航树上单击【Geometry】并展开，分别单击【Base、Crank】、【Piston、Piston pin】→【Details of "Multiple Selection"】→【Definition】→【Stiffness Behavior】= Rigid，如图 6-20 所示，其他默认。

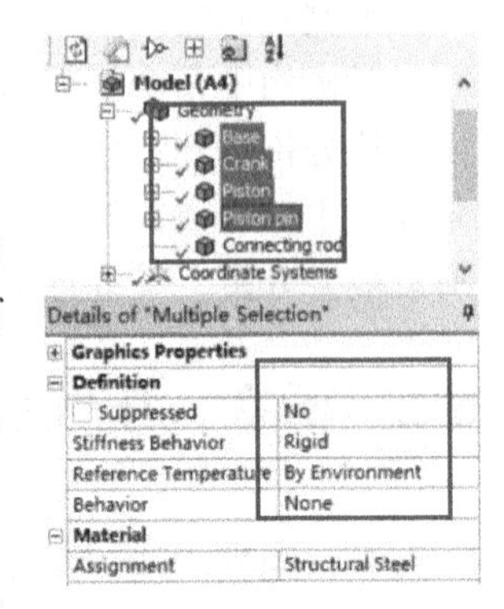

图 6-20　模型体转换

7. 创建关节连接

（1）在导航树上单击【Connections】并展开，删除【Contacts】，打开【Body Views】。

（2）创建 Crank 与 Connecting rod 连接，单击【Connections】，在连接工具栏上单击【Body-Body】→【Cylindrical】，在标准工具栏单击▣，参考体选择 Crank 外表面，运动体选择 Connecting rod 大端孔内表面，如图 6-21 所示，其他默认。

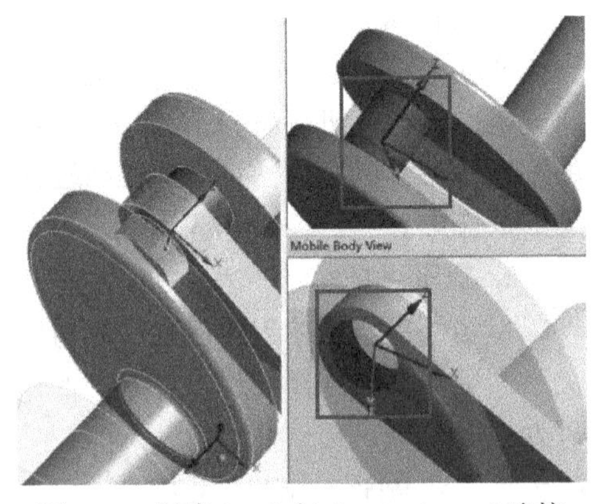

图 6-21　创建 Crank 与 Connecting rod 连接

（3）创建 Base 与 Crank 连接，单击【Connections】→【Joints】→【Body-Body】→【Cylindrical】，在标准工具栏单击▣，参考体选择 Base 支撑曲轴一侧孔内表面，运动体选择 Crank 一侧圆柱外表面，如图 6-22 所示。单击【Connections】→【Joints】→【Body-Body】→【Cylindrical】，在标准工具栏单击▣，参考体选择 Base 支撑曲轴另外一侧孔内表面，运动体选择 Crank 另外一侧圆柱外表面，如图 6-23 所示。其他默认。

图 6-22　创建一侧 Base 与一侧 Crank 连接

图 6-23　创建另一侧 Base 与另一侧 Crank 连接

（4）创建 Piston pin 与 Connecting rod 连接，单击【Connections】→【Joints】→【Body-Body】→【Cylindrical】，在标准工具栏单击，参考体选择 Connecting rod 小端孔内表面，运动体选择 Piston pin 外表面（中间长段），如图 6-24 所示，其他默认。

（5）创建 Piston pin 与 Piston 连接，单击【Connections】→【Joints】→【Body-Body】→【Cylindrical】，在标准工具栏单击，参考体选择 Piston 两端孔内表面，运动体选择 Piston pin 外表面（两侧短段），如图 6-25 所示，其他默认。

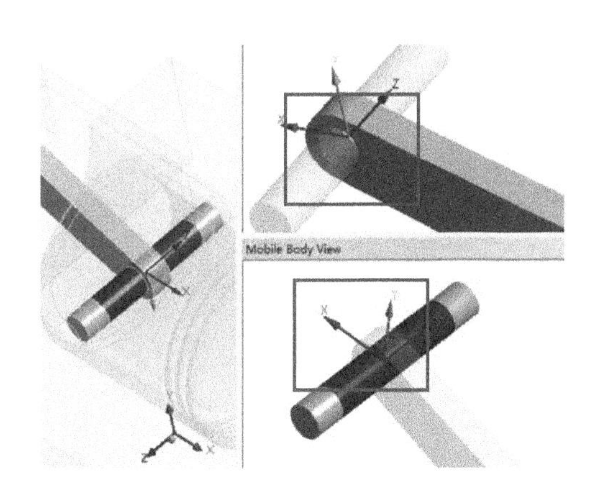

图 6-24　创建 Piston pin 与 Connecting rod 连接

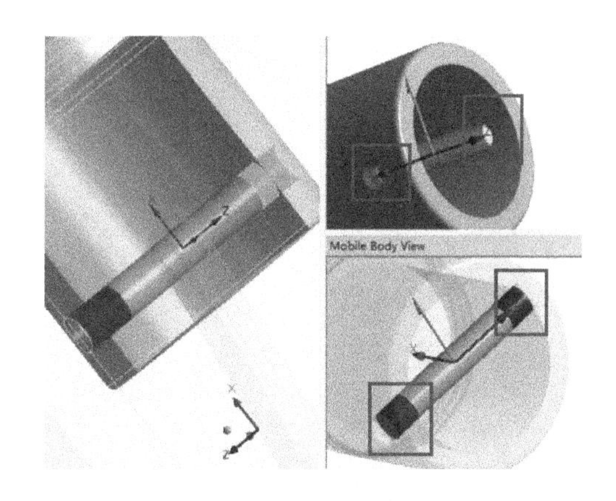

图 6-25　创建 Piston pin 与 Piston 连接

（6）创建 Base 与 Piston 连接，单击【Connections】→【Joints】→【Body-Body】→【Cylindrical】，在标准工具栏单击，参考体选择 Base 半内圆柱表面，运动体选择 Piston 圆柱外表面，如图 6-26 所示，其他默认。

（7）创建 Base 接地连接，单击【Connections】→【Joints】→【Body-Ground】→【Fixed】，在标准工具栏单击，参考体默认，运动体选择 Base 底面，如图 6-27 所示，其他默认。

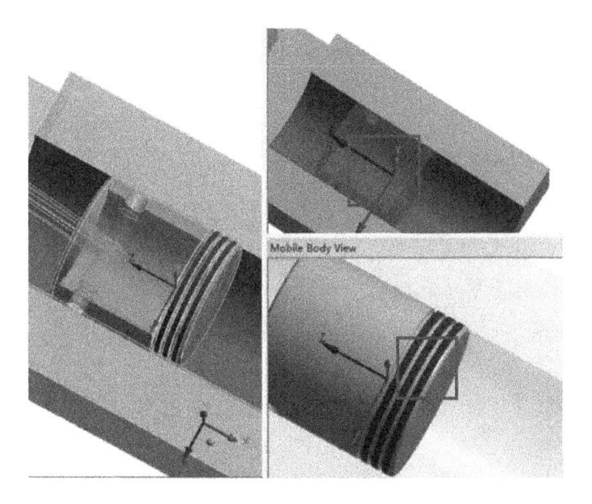

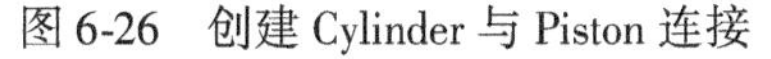

图 6-26　创建 Cylinder 与 Piston 连接

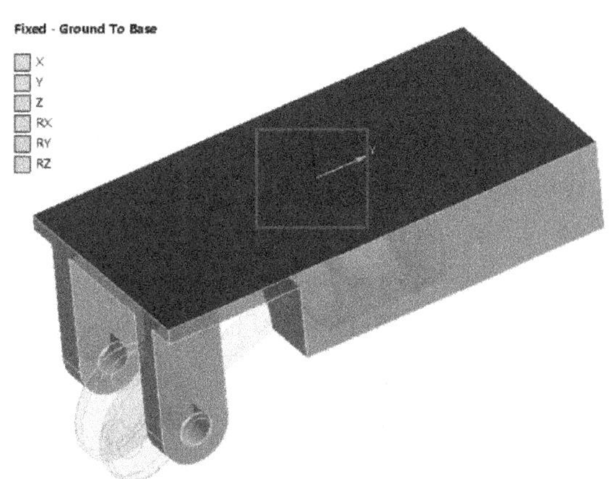

图 6-27　创建 Base 接地连接

8. 划分网格

（1）在导航树上单击【Mesh】→【Details of “Mesh”】→【Sizing】→【Size Function】= Curvature，【Relevance Center】= Medium，【Span Angle Center】= Medium，其他默认。

(2) 在标准工具栏上单击▣，选择连杆模型，在导航树上右键单击【Mesh】，从弹出的菜单中选择【Insert】→【Sizing】→【Details of“Body Sizing” -Sizing】→【Definition】→【Element Size】=4mm，其他默认。

(3) 生成网格，右键单击【Mesh】→【Generate Mesh】，图形区域显示程序生成的网格模型，如图6-28所示。

图6-28 网格划分

(4) 网格质量检查，在导航树上单击【Mesh】→【Details of“Mesh”】→【Quality】→【Mesh Metric】=Skewness，显示Skewness规则下网格质量详细信息，平均值处在好水平范围内，展开【Statistics】显示网格和节点数量。

9. 施加边界条件

(1) 设置时间步，单击【Transient (A5)】→【Analysis Settings】→【Details of“Analysis Settings”】→【Step Controls】→【Step End Time】=0.058s，【Auto Time Stepping】=On，【Initial Time Step】=1e-3s，【Minimum Time Step】=1e-5s，【Maximum Time Step】=1e-2s；【Solver Controls】→【Large Deflection】=On，其他默认。

(2) 施加转动速度，单击【Connections】→【Joints】→【Cylindrical-Base To Crank】，按着不放直接拖动到【Transient (A5)】下，选择【Joints Load】→【Details of“Joint Load”】→【Definition】→【DOF】=Rotation Z，【Type】=Rotational Velocity，【Magnitude】=215rad/s，其他默认，如图6-29所示。

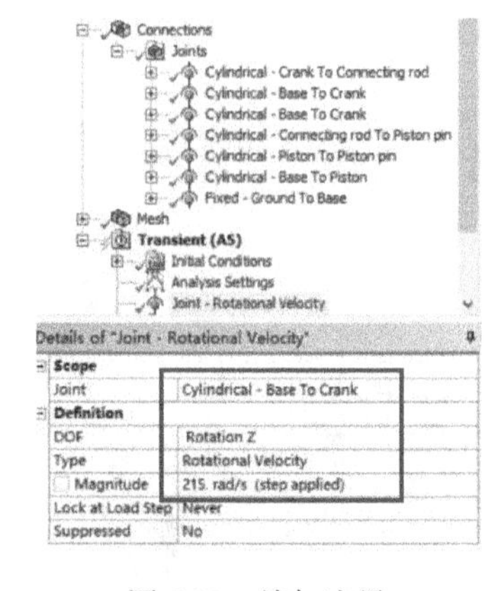

图6-29 施加边界

10. 设置需要结果

(1) 在导航树上单击，【Solution (A6)】。

(2) 在求解工具栏上单击【Deformation】→【Total】。

(3) 在求解工具栏上单击【Stress】→【Equivalent Stress】。

11. 求解与结果显示

(1) 在Mechanical标准工具栏上单击 Solve 进行求解运算。

(2) 求解结束后，单击【Solution (A6)】→【Total Deformation】，可以查看连杆的变形

结果，如图6-30、6-31所示。单击【Solution（A6）】→【Equivalent Stress】，可以查看连杆的应力云图，如图6-32、6-33所示。

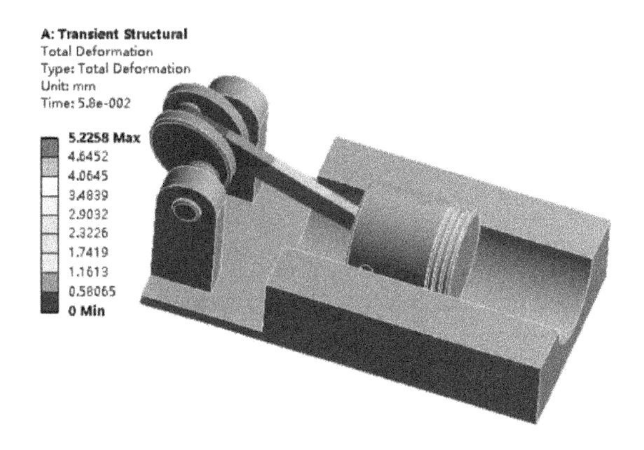

图6-30　连杆变形云图

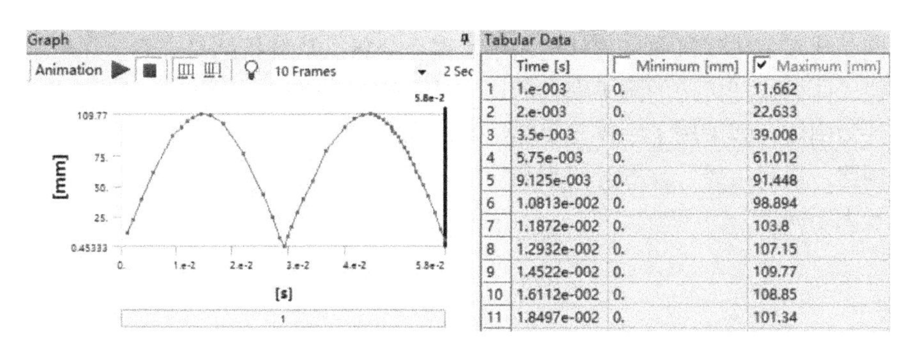

	Time [s]	Minimum [mm]	Maximum [mm]
1	1.e-003	0.	11.662
2	2.e-003	0.	22.633
3	3.5e-003	0.	39.008
4	5.75e-003	0.	61.012
5	9.125e-003	0.	91.448
6	1.0813e-002	0.	98.894
7	1.1872e-002	0.	103.8
8	1.2932e-002	0.	107.15
9	1.4522e-002	0.	109.77
10	1.6112e-002	0.	108.85
11	1.8497e-002	0.	101.34

图6-31　连杆运动变形轨迹及数据

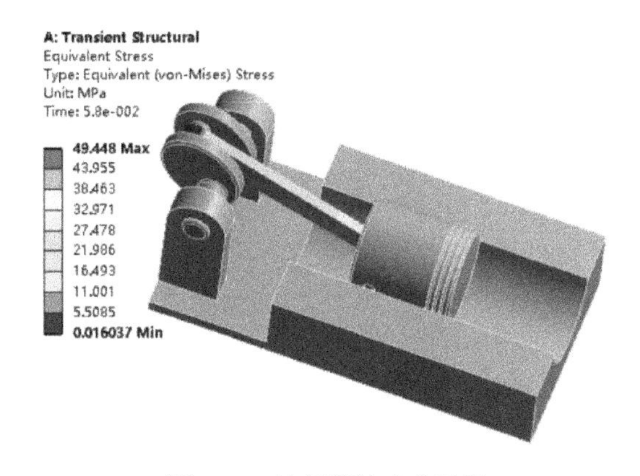

图6-32　连杆等效应力云图

12. 保存与退出

（1）退出Mechanical分析环境，单击Mechanical主界面的菜单【File】→【Close Mechanical】退出环境，返回到Workbench主界面，此时主界面的分析流程图中显示的分析已完成。

（2）单击Workbench主界面上的【Save】按钮，保存所有分析结果文件。

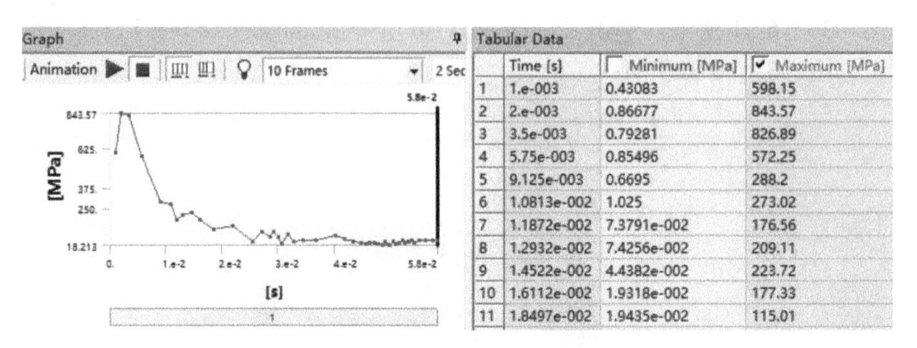

	Time [s]	Minimum [MPa]	Maximum [MPa]
1	1.e-003	0.43083	598.15
2	2.e-003	0.86677	843.57
3	3.5e-003	0.79281	826.89
4	5.75e-003	0.85496	572.25
5	9.125e-003	0.6695	288.2
6	1.0813e-002	1.025	273.02
7	1.1872e-002	7.3791e-002	176.56
8	1.2932e-002	7.4256e-002	209.11
9	1.4522e-002	4.4382e-002	223.72
10	1.6112e-002	1.9318e-002	177.33
11	1.8497e-002	1.9435e-002	115.01

图 6-33　连杆运动等效应力轨迹及数据

（3）退出 Workbench 环境，单击 Workbench 主界面的菜单【File】→【Exit】退出主界面，完成分析。

6.2.3　结果分析与点评

本实例是活塞式压气机曲柄连杆机构刚柔耦合分析，从分析结果来看，在给定的条件下较好地模拟了曲柄连杆机构的刚柔耦合问题，从分析过程来看，直接指定了连杆为柔性体，而其他构件为刚体，即采用了刚体与柔体结合的刚柔耦合分析求连杆的应力。关键点是运动关节选择创建、设置边界、设置时间步和后处理。注意本例开启了大变形选项，求解时间与收敛性有较大不同。

第 7 章　碰 撞 分 析

7.1　两车相向碰撞显式动力学分析

7.1.1　问题与重难点描述

1. 问题描述

两辆相同的小汽车分别以初速度 50000mm/s 的水平速度相向撞击，小汽车简化为车身及蒙皮，其材料均为铝合金，如图 7-1 所示。试分析两辆小汽车相向碰撞情况。

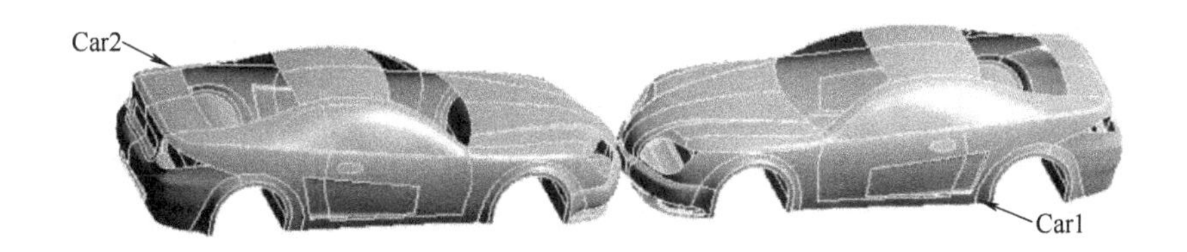

图 7-1　两车相向碰撞模型

2. 重难点提示

本实例重难点在于两车相向撞击时的接触关系、边界设置以及收敛性。

7.1.2　实例详细解析过程

1. 启动 Workbench18. 0

在“开始”菜单中执行 ANSYS 18. 0→Workbench18. 0 命令。

2. 创建显式动力分析

（1）在工具箱【Toolbox】的【Analysis Systems】中双击或拖动显式动力分析【Explicit Dynamics】到项目分析流程图，如图 7-2 所示。

（2）在 Workbench 的工具栏中单击【Save】，保存项目实例名为 Car. wbpj。如工程实例文件保存在 D：\ AWB \ Chapter07 文件夹中。

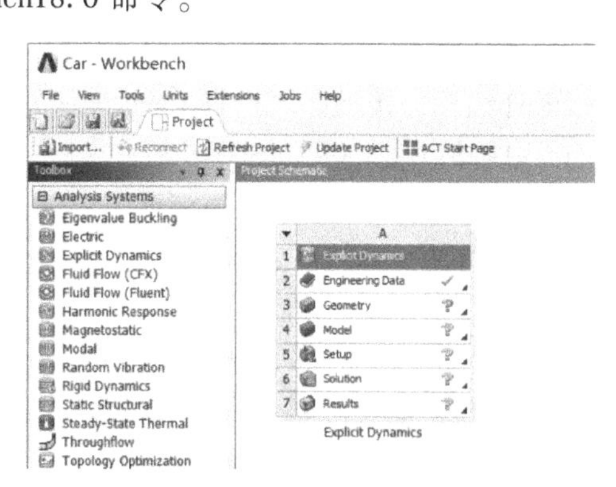

图 7-2　创建显式动力分析

3. 创建材料参数

（1）编辑工程数据单元，右键单击【Engineering Data】→【Edit】。

（2）在工程数据属性中增加材料，在 Workbench 的工具栏上单击▦工程材料源库，此时的界面主显示【Engineering Data Sources】和【Outline of Favorites】。单击【General materials】，

从【Outline of General materials】里查找【Aluminum Ally】材料，然后单击【Outline of General materials】表中的添加按钮，此时在C栏中显示标示，表明材料添加成功，如图7-3所示。

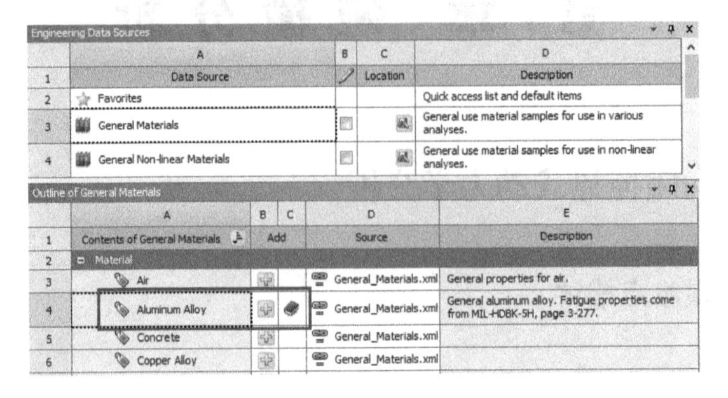

图7-3 材料设置

（3）单击工具栏中的【A2：Engineering Data】关闭按钮，返回到Workbench主界面，新材料创建完毕。

4. 导入几何模型

在显式力分析上，右键单击【Geometry】→【Import Geometry】→【Browse】，找到模型文件Car. agdb，打开导入几何模型。如模型文件在D：\ AWB \ Chapter07文件夹中。

5. 进入Mechanical分析环境

（1）在显式力分析上，右键单击【Model】→【Edit】进入Mechanical分析环境。

（2）在Mechanical的主菜单【Units】中设置单位为Metric（mm，kg，N，s，mV，mA）。

6. 为几何模型分配厚度及材料

为小汽车分配厚度及材料，在导航树上单击【Geometry】展开，选择【Car1、Car2】→【Details of "Multiple Selection"】→【Definition】→【Thickness】=2mm；【Material】→【Assignment】=Aluminum Ally，其他默认。

7. 接触设置

（1）在导航树上单击【Connections】，选择【Connections】→【Contact】→【Bonded】，在接触详细栏，接触区域选择Car1车牌处平面，如图7-4所示，目标区域选择Car2车牌处平面，其他默认，如图7-5所示。

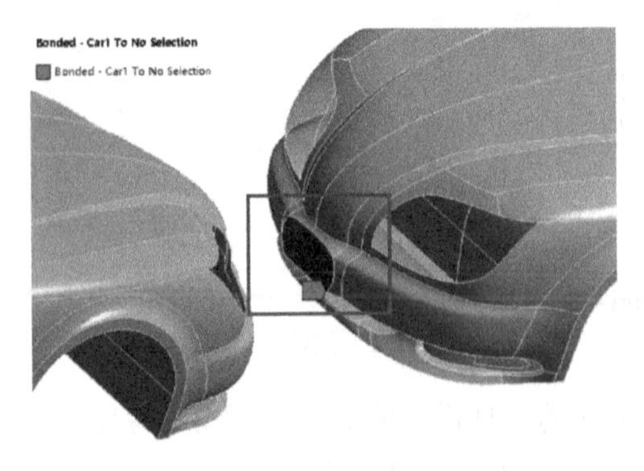

图7-4 Car1接触区域

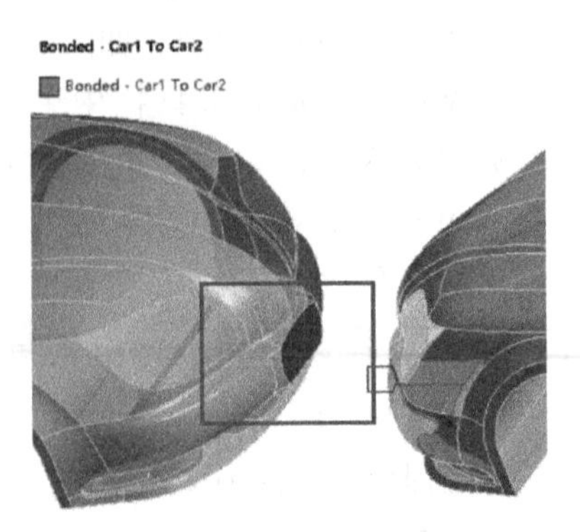

图7-5 Car2目标区域

（2）在导航树上单击【Connections】，选择【Connections】→【Contact】→【Bonded】，在接触详细栏，接触区域选择 Car2 车牌处平面，如图 7-6 所示，目标区域选择 Car1 车牌处平面，其他默认，如图 7-7 所示。

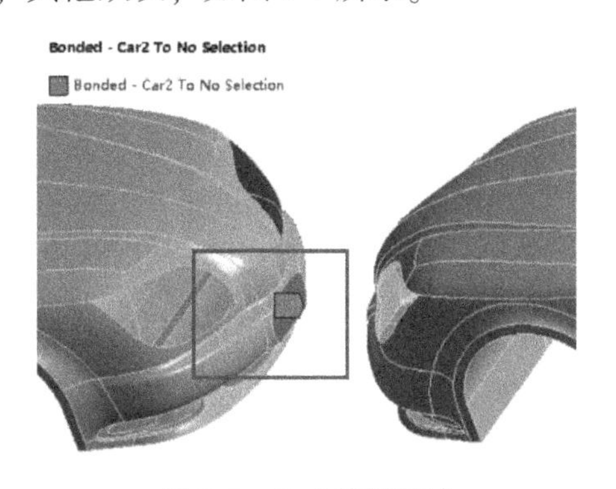

图 7-6　Car2 接触区域

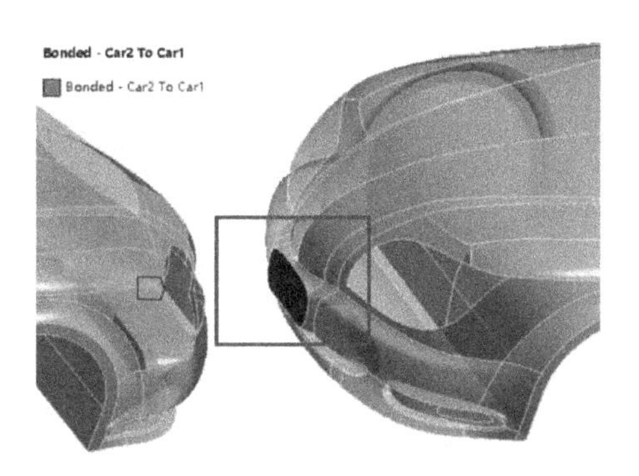

图 7-7　Car1 目标区域

8. 划分网格

（1）在导航树上单击【Mesh】→【Details of "Mesh"】→【Sizing】→【Size Function】= Curvature，【Relevance Center】= Medium，【Span Angle Center】= Medium，【Min】= 3.0mm，【Max Face Size】= 15mm，其他默认。

（2）生成网格，右键单击【Mesh】→【Generate Mesh】，图形区域显示程序生成的网格模型，如图 7-8 所示。

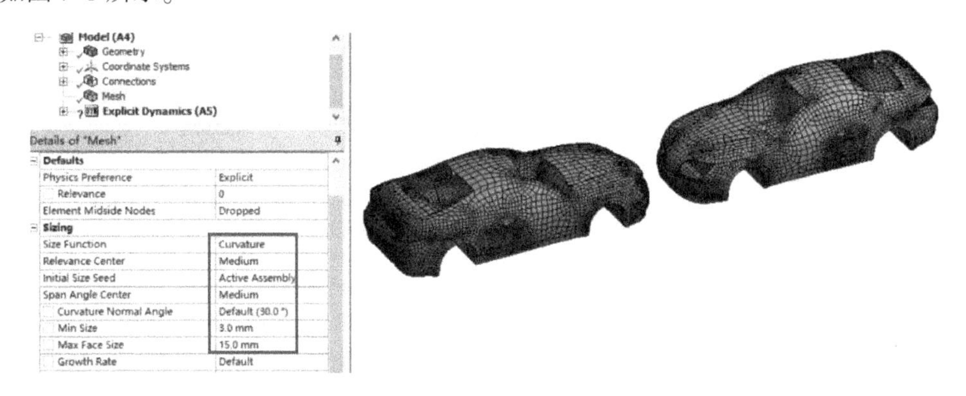

图 7-8　网格划分

（3）网格质量检查，在导航树上单击【Mesh】→【Details of "Mesh"】→【Quality】→【Mesh Metric】= Element Quality，显示 Element Quality 规则下网格质量详细信息，平均值处在好水平范围内，展开【Statistics】显示网格和节点数量。

9. 施加边界条件

（1）单击【Explicit Dynamics（A5）】。

（2）时间设置，单击【Analysis Settings】→【Details of "Analysis Settings"】→【Step Controls】，设置【Maximum Number of Cycles】= 10000，【End Time】= 2s，其他默认。

（3）在标准工具栏上单击选择 Car1，在导航树上右键单击【Initial Conditions】，从弹出的快捷菜单中选择【Velocity】；然后依次选择【Velocity】→【Details of "Velocity"】→

【Definition】→【Define By】= Components，【X Component】= -50000mm/s，如图 7-9 所示。

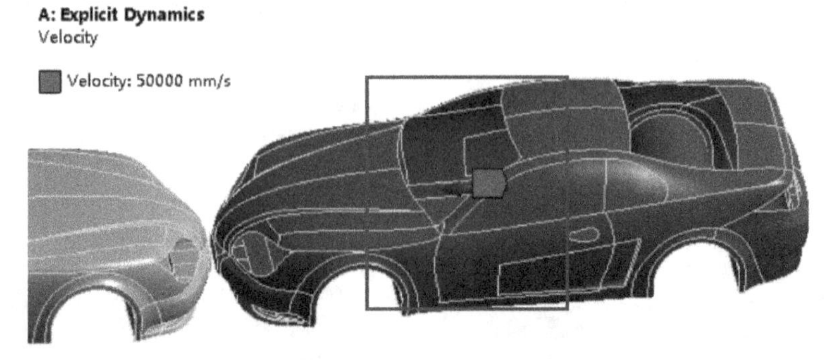

图 7-9 设置 Car1 初始条件

（4）在标准工具栏上单击选择 Car2，在导航树上右键单击【Initial Conditions】，从弹出的快捷菜单中选择【Velocity】；然后依次选择【Velocity】→【Details of "Velocity"】→【Definition】→【Define By】= Components，【X Component】= 50000mm/s，如图 7-10 所示。

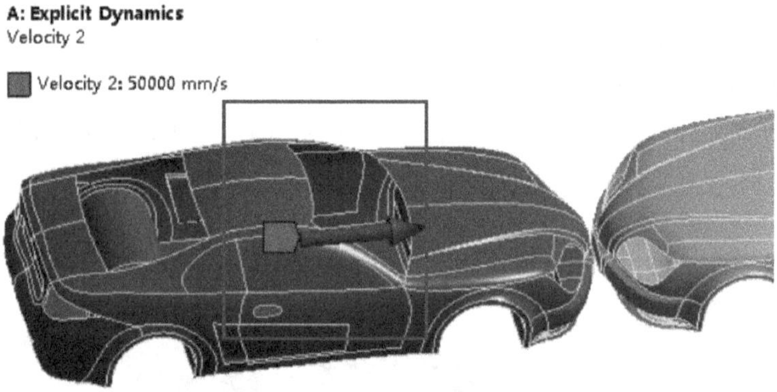

图 7-10 设置 Car2 初始条件

（5）施加 Car1 底部边 Y 向位移约束，首先在标准工具栏上单击，然后选择 Car1 底部边，在环境工具栏单击【Supports】→【Displacement】→【Details of "Displacement"】→【Definition】→【Define By】= Components，【Y Component】= 0mm，【X Component】= Free，【Z Component】= Free，如图 7-11 所示。

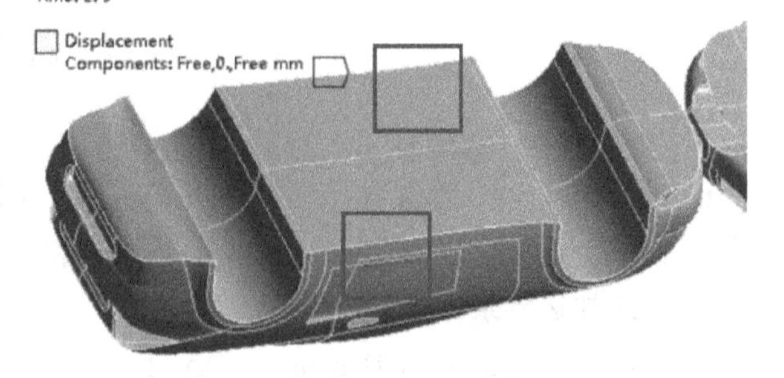

图 7-11 施加 Car1 位移约束

（6）施加 Car2 底部边 Y 向位移约束，首先在标准工具栏上单击，然后选择 Car2 底部边，在环境工具栏单击【Supports】→【Displacement】→【Details of "Displacement2"】→【Definition】→【Define By】= Components，【Y Component】= 0mm，【X Component】= Free，【Z Component】= Free，如图 7-12 所示。

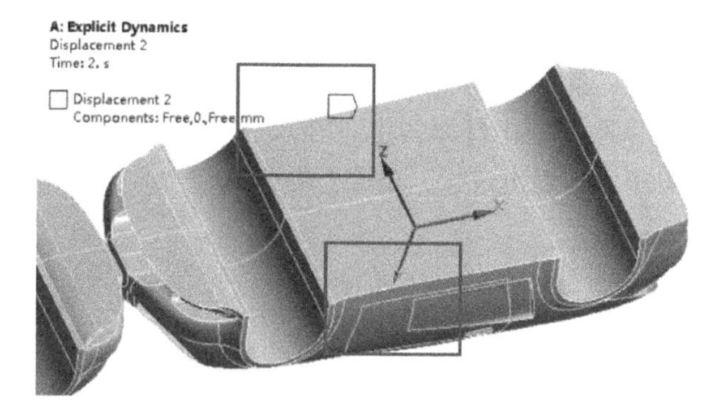

图7-12 施加Car2位移约束

10. 设置需要的结果

（1）在导航树上单击【Solution（A6）】。

（2）在求解工具栏上单击【Deformation】→【Total】。

（3）在求解工具栏上单击【Strain】→【Equivalent（von-Mises）】。

（4）在求解工具栏上单击【Stress】→【Shear】。

11. 求解与结果显示

（1）在Mechanical标准工具栏上单击 Solve 进行求解运算。

（2）运算结束后，单击【Solution（A6）】→【Total Deformation】，图形区域显示显式动力分析得到的变形分布云图，如图7-13所示；单击【Solution（A6）】→【Equivalent Elastic Strain】，显示等效应变分布云图，如图7-14所示；单击【Solution（A6）】→【Shear Stress】，

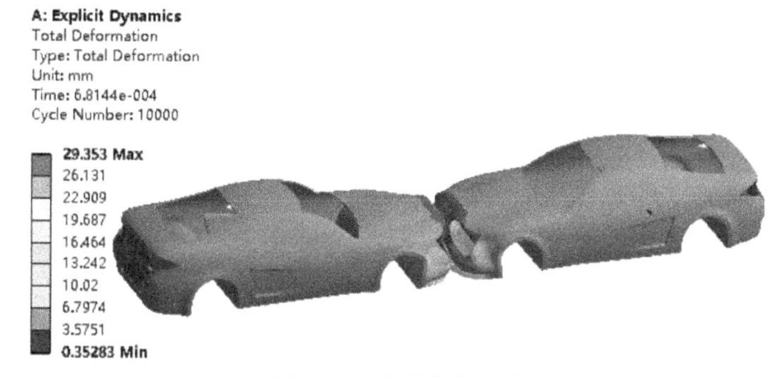

图7-13 变形分布云图

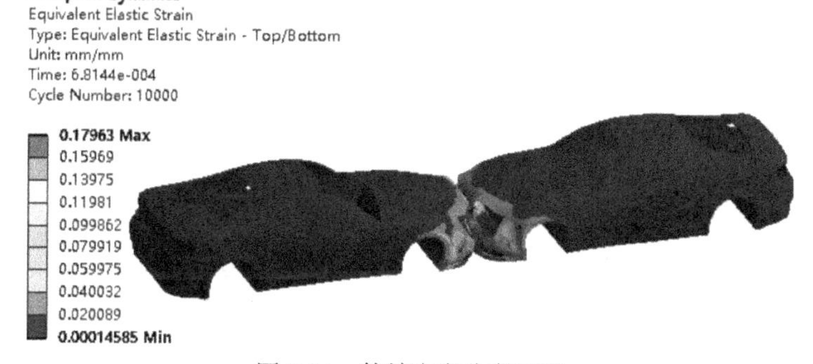

图7-14 等效应变分布云图

显示剪切应力分布云图，如图 7-15 所示；单击【Solution（A6）】→【Solution Information】→【Details of“Solution Information”】→【Solution Information】→【Solution Output】= Energy 1Summary，查看各个能量曲线变化概要，也可在求解过程中查看实时的变化趋势。此外，读者也可通过动画观看小汽车撞击过程，在这不再展示。

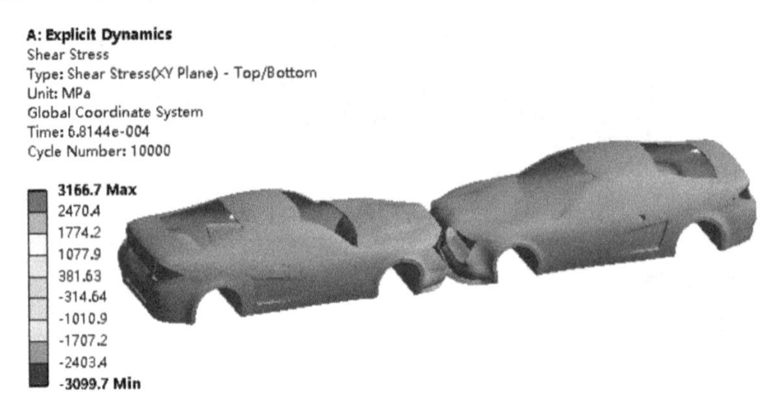

图 7-15 剪切应力分布云图

12. 保存与退出

（1）退出 Mechanical 分析环境，单击 Mechanical 主界面的菜单【File】→【Close Mechanical】退出环境，返回到 Workbench 主界面，此时主界面的分析流程图中显示的分析已完成。

（2）单击 Workbench 主界面上的【Save】按钮，保存所有分析结果文件。

（3）退出 Workbench 环境，单击 Workbench 主界面的菜单【File】→【Exit】退出主界面，完成分析。

7.1.3 结果分析与点评

本实例是两车相向碰撞显式动力学分析，从分析结果来看，在给定的条件下，两车相向碰撞后显然是会破坏的，最大剪切应力高达 3166.7MPa。本例在碰撞初期，动能快速下降，内能快速上升，动能转化为内能；当内能与动能达到交叉点后，动能继续下降，内能仍上升，直至结束。本例中对两车模型处理及两车间关系的处理、求解时间、边界设置是关键点。汽车正式投产前为检测汽车性能而进行的碰撞试验，可以检验驾驶人和乘客的安全性，可用本实例方法进行类似的碰撞试验分析。

7.2 子弹冲击带铝板内衬的陶瓷装甲分析

7.2.1 问题与重难点描述

1. 问题描述

陶瓷材料具有硬度高、重量轻的优点，其对动能弹和弹药破片的防御能力极强，目前已经广泛用于防弹衣、车辆和飞机等装备的防护装甲。这类陶瓷复合装甲具有良好的常规弹药、子弹和反坦克导弹的攻击性能。本例简化模型如图 7-16 所示，子弹横截面直径为

12mm，长度为26mm，陶瓷层厚度为6mm，铝板厚度为6mm，装甲长度为100mm，子弹以初速度900m/s的水平速度冲击带铝板内衬的陶瓷装甲，试对陶瓷装甲在遭受冲击作用下的性能进行分析。

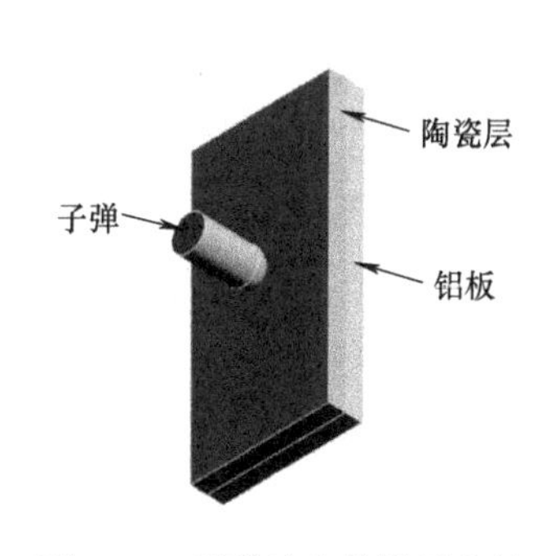

图7-16 子弹冲击带铝板内衬的陶瓷装甲模型

2. 重难点提示

本实例重难点在于Explicit Dynamics与Autodyn联合分析，边界设置，收敛性设置，以及后处理设置。

7.2.2 实例详细解析过程

1. 启动Workbench18.0

在“开始”菜单中执行ANSYS18.0→Workbench18.0命令。

2. 创建显式动力分析

（1）在工具箱【Toolbox】的【Analysis Systems】中双击或拖动显式动力分析【Explicit Dynamics】到项目分析流程图，如图7-17所示。

（2）在Workbench的工具栏中单击【Save】，保存项目实例名为Bullet.wbpj。如工程实例文件保存在D：\AWB\Chapter07文件夹中。

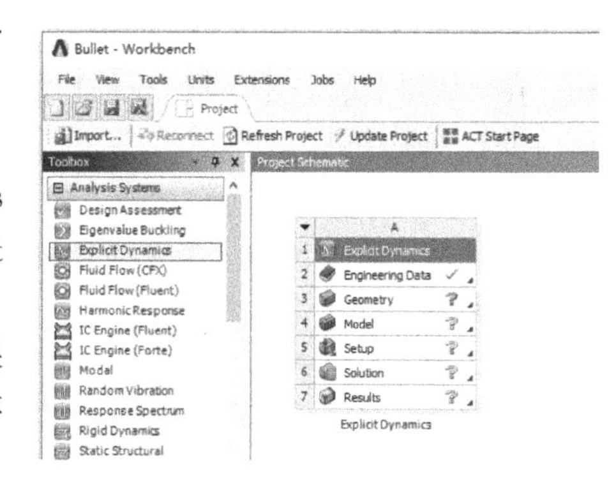

图7-17 创建子弹冲击带铝板内衬的陶瓷装甲显式分析

3. 创建材料参数

（1）编辑工程数据单元，右键单击【Engineering Data】→【Edit】。

（2）在工程数据属性中增加材料，在Workbench的工具栏上单击工程材料源库，此时的界面主显示【Engineering Data Sources】和【Outline of Favorites】。单击【Explicit materials】，从【Outline of Explicit materials】里分别查找【AL6061-T6、STEEL4340、AL2O3CERA】材料，然后分别单击【Outline of Explicit Material】表中的添加按钮，此时在C栏中显示标示，表明材料添加成功，如图7-18所示。

（3）单击工具栏中的【A2：Engineering Data】关闭按钮，返回到Workbench主界面，新材料创建完毕。

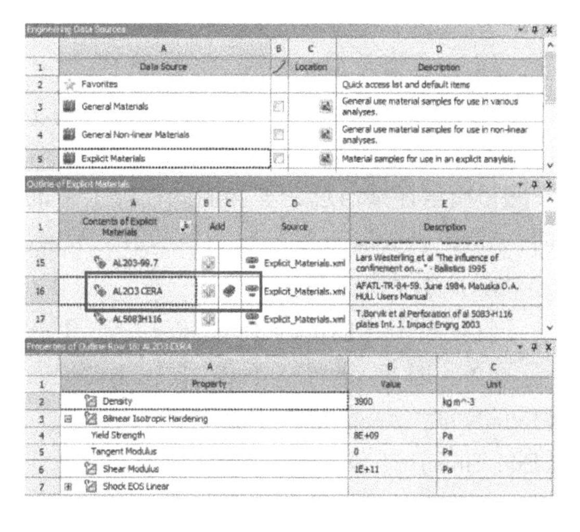

图7-18 材料设置

4. 导入几何模型

在显式力分析上，右键单击【Geometry】→【Import Geometry】→【Browse】，找到模型文件Bullet.agdb，打开导入几何模型。如模型文件在D：\AWB\Chapter07文件夹中。

5. 进入 Mechanical 分析环境

（1）在显式力分析上，右键单击【Model】→【Edit】进入 Mechanical 分析环境。

（2）在 Mechanical 的主菜单【Units】中设置单位为 Metric（m，kg，N，s，V，A）。

6. 为几何模型分配材料

（1）为子弹分配材料，在导航树上单击【Geometry】展开，选择【Bullet】→【Details of "Bullet"】→【Material】→【Assignment】= STEEL4340。

（2）为陶瓷板分配材料，在导航树上单击【Geometry】展开，选择【Ceramic】→【Details of "Ceramic"】→【Material】→【Assignment】= AL2O3CERA。

（3）为铝板分配材料，在导航树上单击【Geometry】展开，选择【Aluminum plate】→【Details of "Aluminum plate"】→【Material】→【Assignment】= AL6061-T6。

7. 接触设置

在导航树上单击【Connections】展开，右键单击【Contacts】，从弹出的快捷菜单中单击【Delete】删除接触。

8. 划分网格

（1）在导航树上单击【Mesh】→【Details of "Mesh"】→【Defaults】→【Relevance】= 100，其他默认。

（2）工具栏上单击选择子弹头半圆面，然后在导航树上右键单击【Mesh】，从弹出的菜单中选择【Insert】→【Sizing】，设置【Face Sizing】→【Details of "Face Sizing"】→【Element Size】= 0.001m。

（3）生成网格，右键单击【Mesh】→【Generate Mesh】，图形区域显示程序生成的网格模型，如图 7-19 所示。

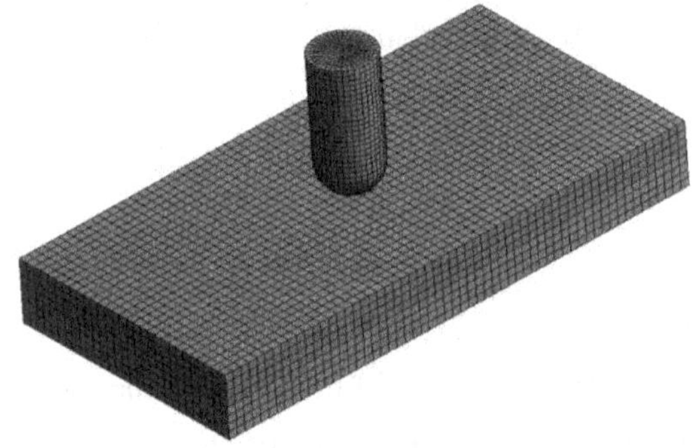

图7-19 网格划分

（4）网格质量检查，在导航树上单击【Mesh】→【Details of "Mesh"】→【Quality】→【Mesh Metric】= Skewness，显示 Skewness 规则下网格质量详细信息，平均值处在好水平范围内，展开【Statistics】显示网格和节点数量。

9. 施加边界条件

（1）单击【Explicit Dynamics（A5）】。

（2）时间设置，单击【Analysis Settings】→【Details of "Analysis Settings"】→【Step Controls】→【End Time】= 5.0e-3，其他默认。

（3）在标准工具栏上单击选择子弹，在导航树上右键单击【Initial Conditions】，从弹出的快捷菜单中选择【Velocity】；然后依次选择【Velocity】→【Details of "Velocity"】→【Definition】→【Define By】= Components，【Y Component】= -900m/s，如图 7-20

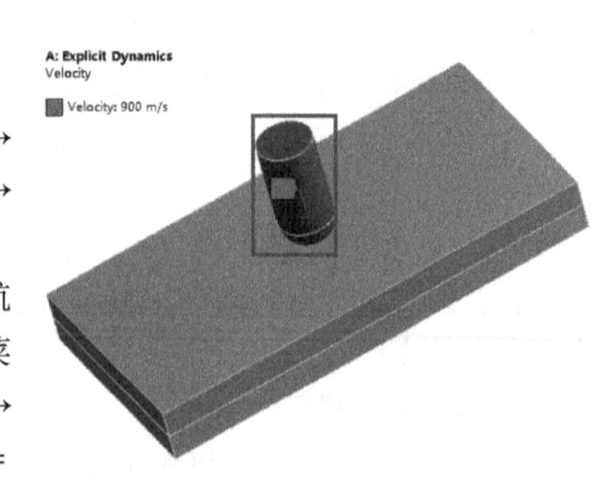

图 7-20 设置初始条件

所示。

(4) 施加约束，在标准工具栏上单击 ，分别选择陶瓷板和铝板两端面，然后在环境工具栏上单击【Supports】→【Fixed Support】，如图7-21所示。

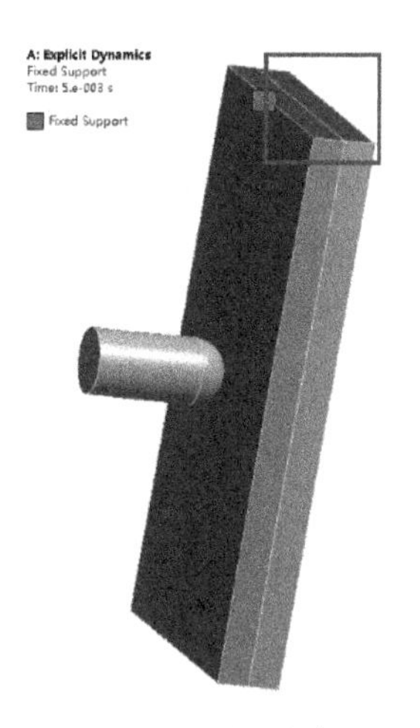

图7-21 设置约束

10. 保存设置

(1) 退出 Mechanical 分析环境，单击 Mechanical 主界面的菜单【File】→【Close Mechanical】退出环境，返回到 Workbench 主界面。

(2) 单击 Workbench 主界面上的【Save】按钮，保存所有分析结果文件。

11. 进入 Autodyn 环境

(1) 创建 Explicit Dynamics 与 Autodyn 共享环境，在左边的组件系统中选择【Autodyn】，并将其直接拖至显式动力分析单元格【Setup】处，如图7-22所示。

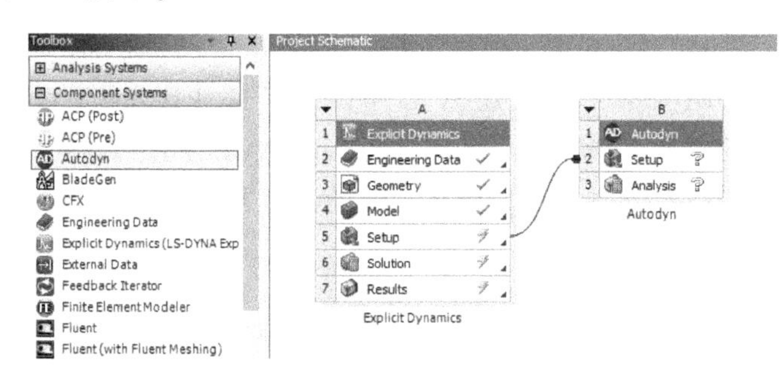

图7-22 创建 Autodyn 分析

(2) 在A分析上右键单击【Setup】，从弹出的快捷菜单中选择【Update】升级，此时数据传出；之后在B分析上右键单击【Setup】，从弹出的快捷菜单中选择【Edit Model…】，进入 Autodyn 工作环境，如图7-23所示。

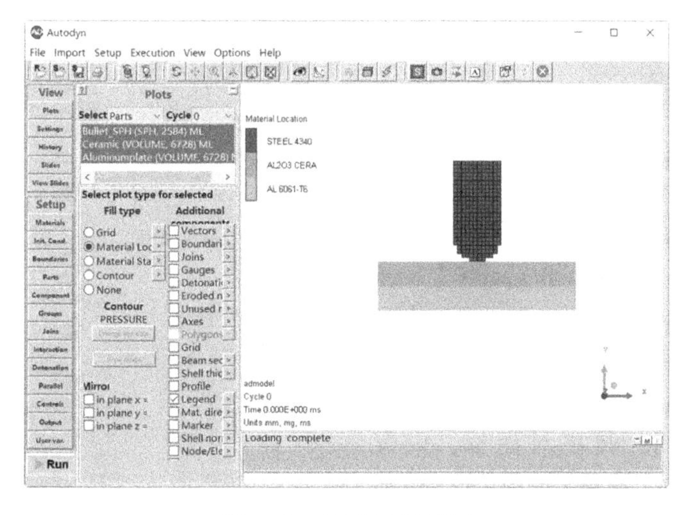

图7-23 AUTODYN 窗口

12. 定义边界条件

在导航树上单击【Boundaries】，在任务面板上单击【New】，弹出如图 7-24 所示的对话框进入边界条件的设置，定义 Y 方向的速度边界条件。【Name】= Rigid，【Type】= Velocity，【Sub option】= Y-velocity Constant，【Constant Y velocity】= 0.00000，单击 ✓ 确定。

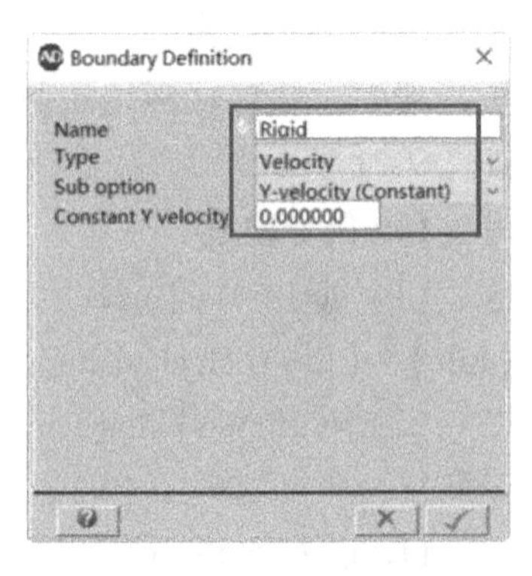

图 7-24 定义边界条件

13. 算法选择及模型建立

（1）在导航树上单击【Parts】，在任务面板上单击【New】，弹出如图 7-25 所示的对话框进入算法的设置，设置 SPH 法。【Part Name】= Bullet_SPH，Solver = SPH，单击 ✓ 确定。

（2）选择【Bullet_SPH（SPH，0）】→【Geometry（Zoning）】→【Import Objects】→【Part】，弹出如图 7-26 所示对话框，选择【Bullet】，【New object】= SPH_Bullet，单击 ✓ 确定。

（3）删除 Explicit Dynamics 中创建的子弹体，选择【Bullet（VOLUME，6006）】→【Delete】，弹出如图 7-27 所示对话框，选择【Bullet（VOLUME，6006）】单击 ✓ 确定，弹出【Confirm】确认信息，单击【是】确认，结果如图 7-28 所示。

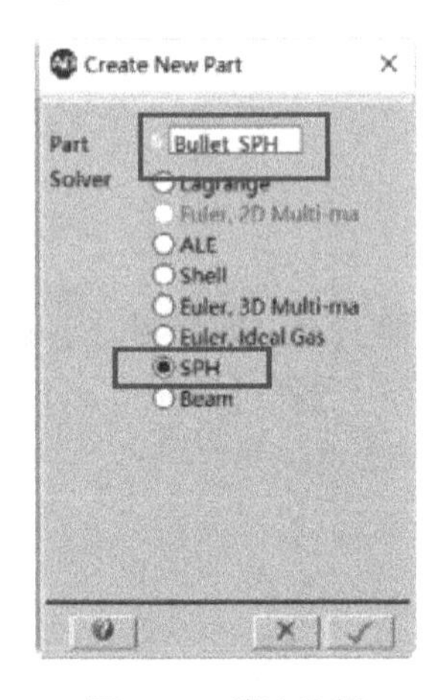

图 7-25 算法选择

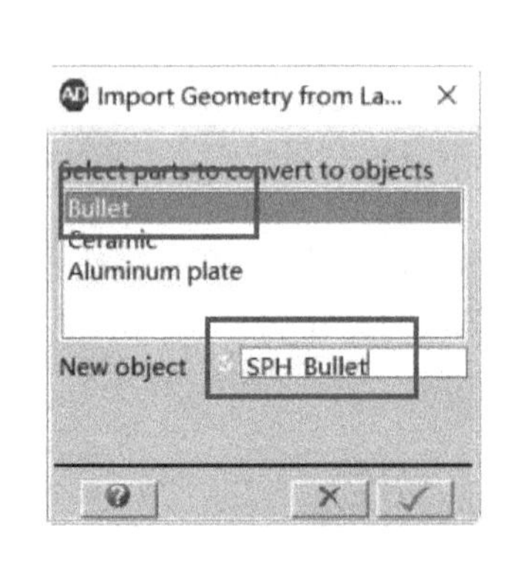

图 7-26 导入几何

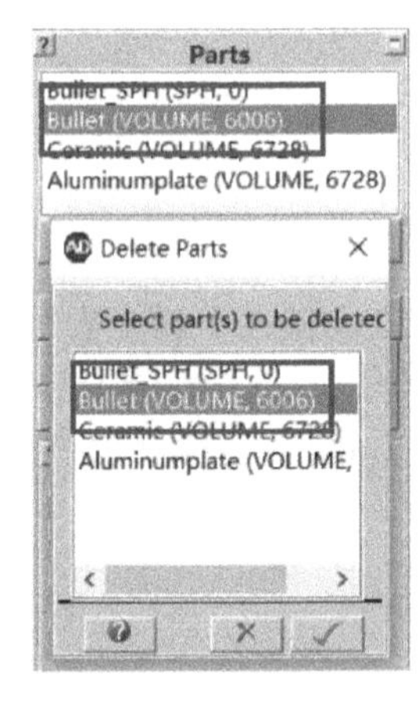

图 7-27 删除 Part

（4）用 SPH 粒子填充 SPH_Bullet，选择【Bullet_SPH（SPH，0）】→【Pack（Fill）】→【SPH_Bullet（0 sph nodes）】→【Pack Selected Object（s）】，弹出如图 7-29 所示对话框，选择【Fill with Initial Condition Set】，单击【Next】，弹出对话框，设置【Partide size】= 1mm，单击 ✓ 确定，子弹头中填充的粒子如图 7-30 所示。

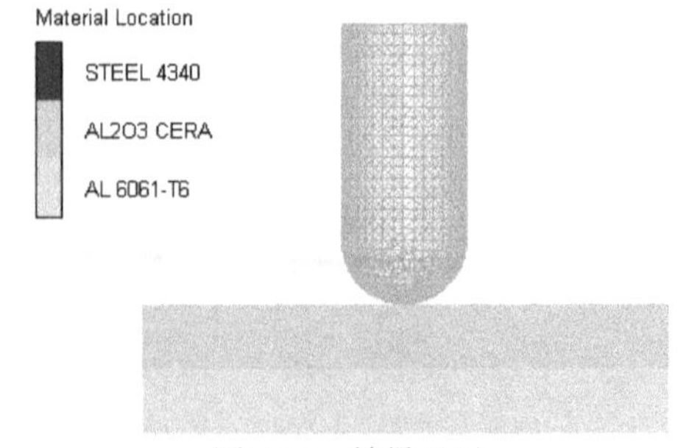

图 7-28 结果显示

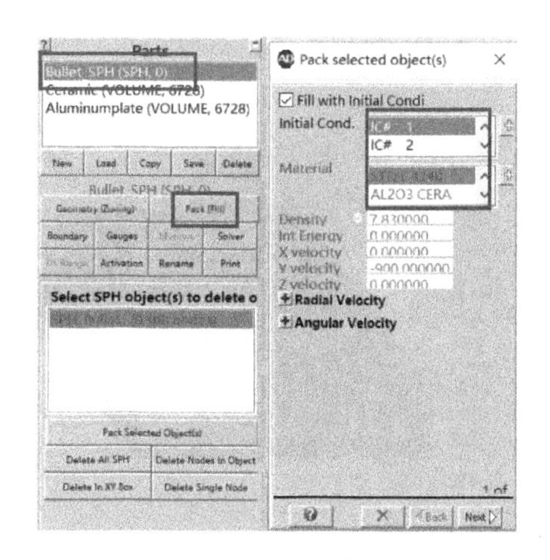

图 7-29 粒子填充

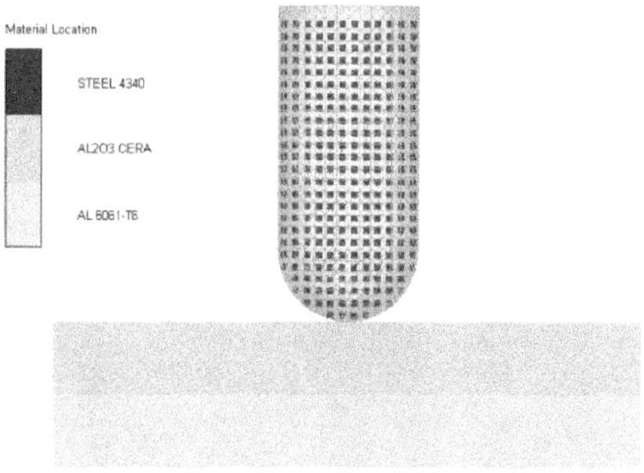

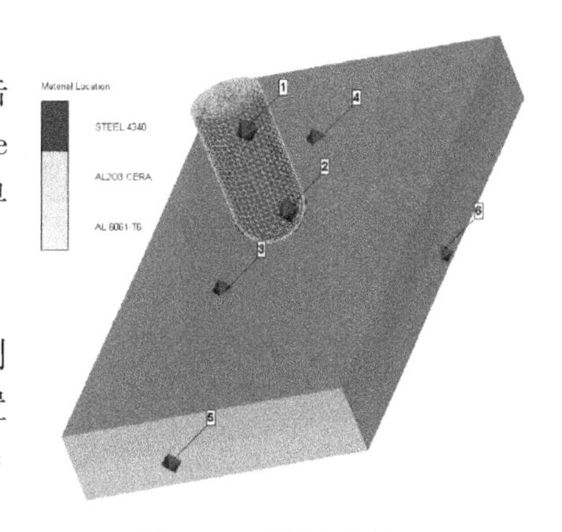

图 7-30 子弹头粒子

14. 选择输出单元

在导航树上单击【Part】，然后在对话面板中单击【Gauges】，在【Define Gauge Points】中选择【Interactive Selection】，用 Alt + Left Mouse 选择需要的节点，之后单击【Node】，如图 7-31 所示。

图 7-31 选择输出单元

15. 求解控制

在导航树上单击【Controls】，进入求解控制【Define solution Controls】选项，如图 7-32 所示，设置【Cycle limit】= 10000，【Time limit】= 0.5，【Energy】= 0.005，【Energy ref cycle】= 100000。

16. 输出控制

在导航树上单击【Output】，进入输出设置【Define Output】选项，如图 7-33 所示。设置【Save】= Time，【Start time】= 0.022，【End time】= 0.5，【Increment】= 0.001。展开 History，选择【History】= Times，【Start time】= 0.022，【End time】= 0.5，【Increment】= 0.001，如图 7-34 所示。

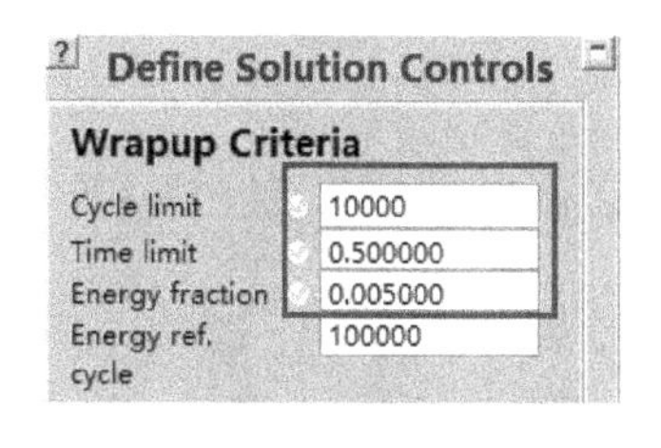

图 7-32 求解控制

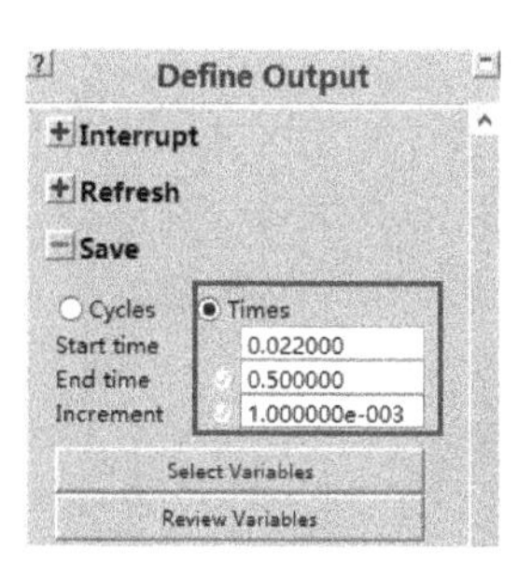

图 7-33 输出控制

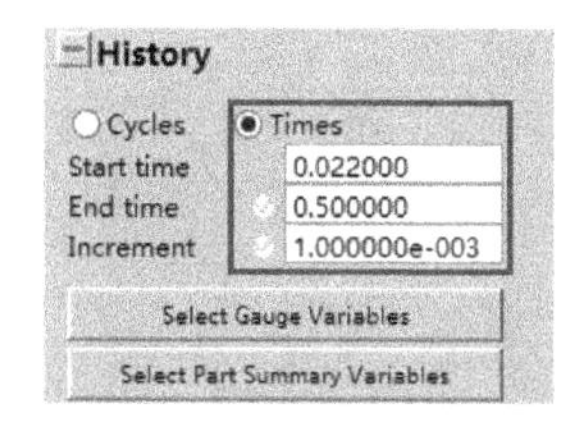

图 7-34 输出 History 控制

17. 显示控制

在导航树上单击【Plots】，进入显示设置 Plots 选项，在【Fill type】中选择【Contour】，单击 >，弹出图 7-35 所示的对话框，将【Number of contours】中设置为 20，单击 ✓ 确定，更改图像显示方式。完成后计算模型在视图面板中的图像如图 7-35、图 7-36 所示。

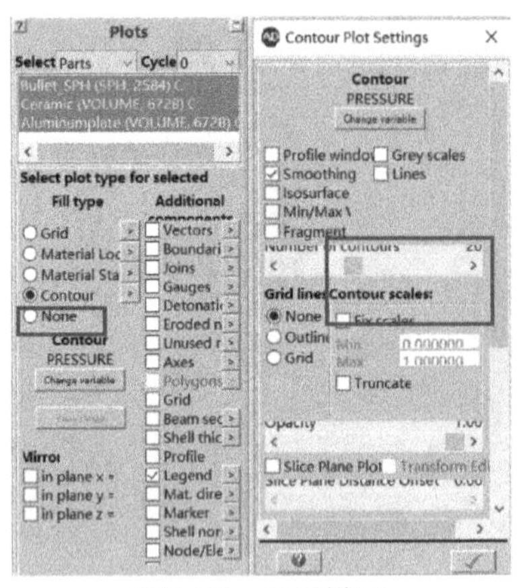

图 7-35　显示设置

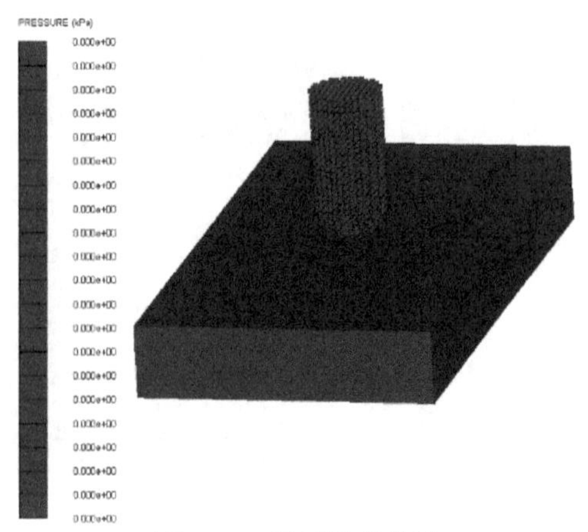

图 7-36　显示设置效果

18. 求解计算

在导航树上单击【Run】，程序即开始运算，在计算中每隔 0.01ms 对数据进行一次保存。计算过程中可以随时单击【Stop】停止运行，来观测子弹对复合结构的撞击过程及对数据进行读取，观测相关的计算曲线。计算过程中冲击带铝板内衬的陶瓷装甲的过程图像如图 7-37～图 7-44 所示。

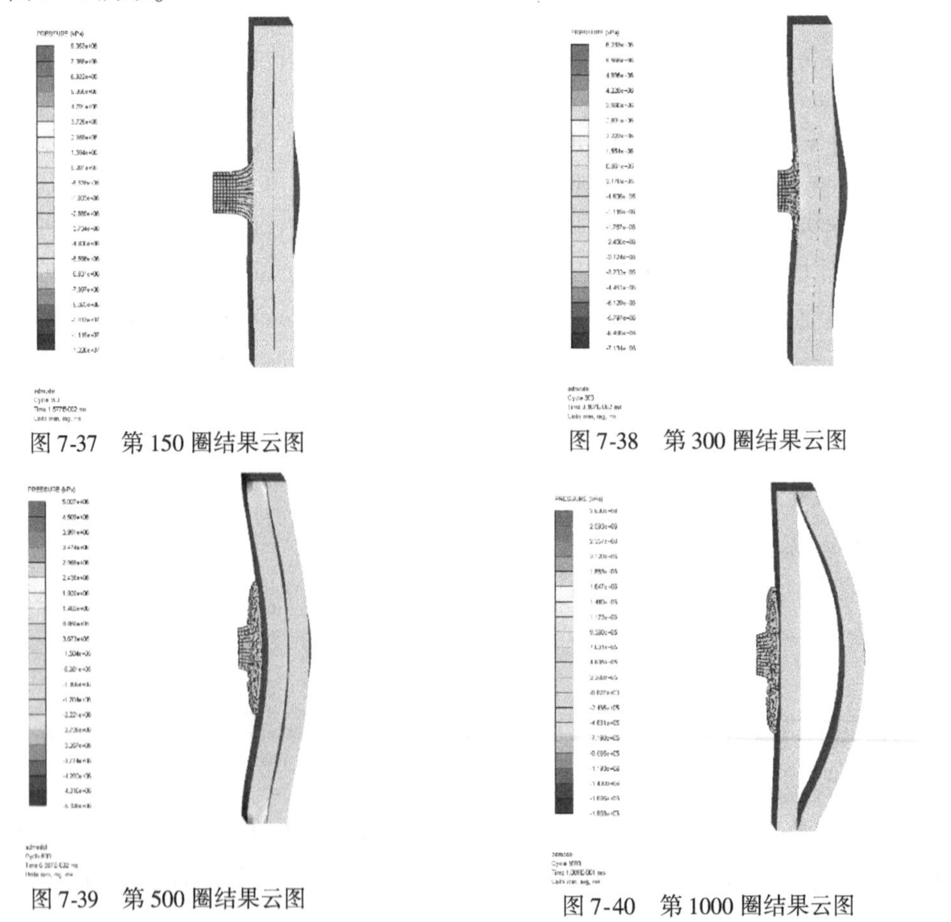

图 7-37　第 150 圈结果云图

图 7-38　第 300 圈结果云图

图 7-39　第 500 圈结果云图

图 7-40　第 1000 圈结果云图

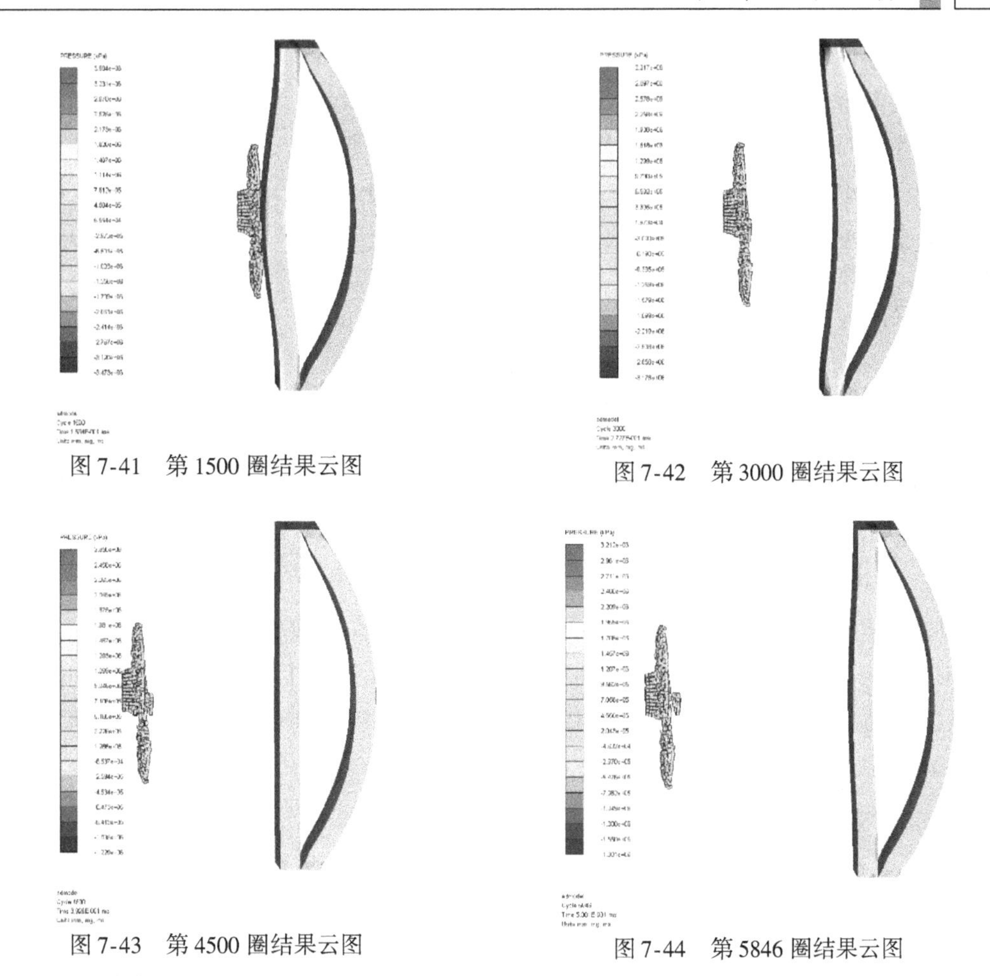

图7-41 第1500圈结果云图

图7-42 第3000圈结果云图

图7-43 第4500圈结果云图

图7-44 第5846圈结果云图

19. 结果输出

(1) 计算完毕后，在导航树上单击【Plots】，在对应的对话面板中的【Fill type】栏内选择【Material Location】，如图7-45所示。单击其后的 > ，弹出如图7-46所示的【Material Plot Settings】对话框，在【Material visibility】中选择AL2O3CERA，单击 ✓ 确定。之后在对话框的【Fill type】栏内选择【Contour】，在【Contour variable】中单击【Change variable】，弹出如图7-47所示的对话框，在【Variable】中选择【MIS. STRESS】，单击 ✓ 确定，可得到陶瓷在子弹冲击作用下的应力分布云图，如图7-48所示。

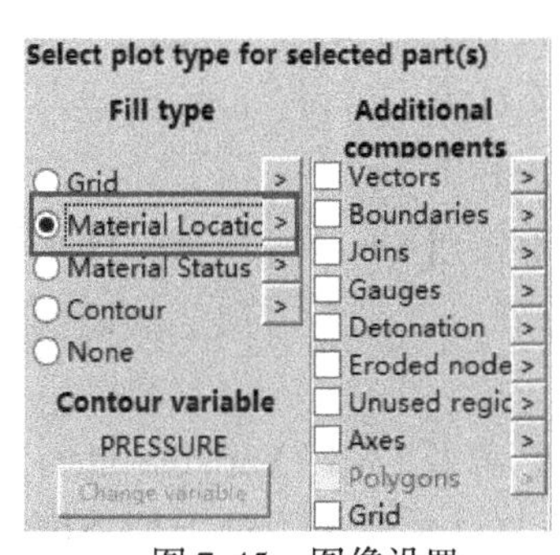

图7-45 图像设置

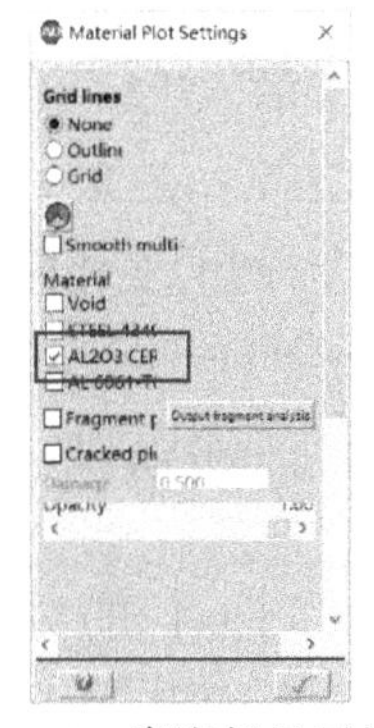

图7-46 陶瓷板显示设置

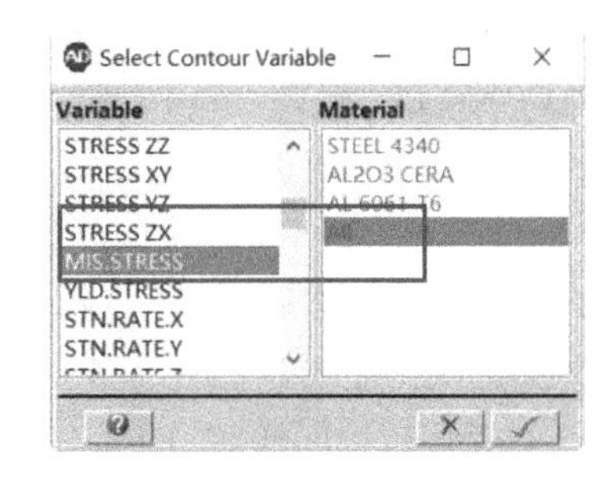

图7-47 陶瓷板应力云图设置

（2）采用同上的方法，在对应的对话框的【Fill type】栏内选择【Material Location】，单击其后的，在弹出的【Material Plot Settings】对话框的【Material visibility】中选择AL6065-T6，单击确定。之后在对话框的【Fill type】栏内选择【Contour】，可得到铝板在子弹冲击作用下的应力分布云图，如图7-49所示。

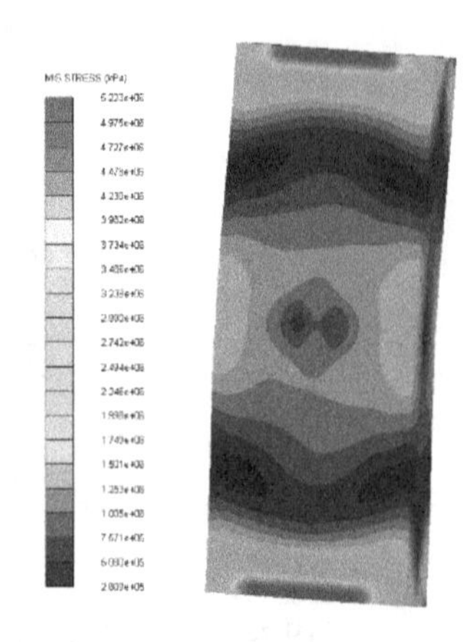

图7-48 陶瓷板应力分布云图

（3）采用同上的方法，在对应的对话框的【Fill type】栏内选择【Material Location】，单击其后的，在弹出的【Material Plot Settings】对话框的【Material visibility】中选择STEEL－4340，单击确定。之后在对话框的【Fill type】栏内选择【Contour】，可得到子弹冲击作用下的应力分布云图，如图7-50所示。

（4）采用同样的方法，在对应的对话框的【Fill type】栏内选择【Material Location】，单击其后的，在弹出的【Material Plot Settings】对话框的【Material visibility】中选择AL2O3CERA、AL6065-T6、STEEL-4340，单击确定。之后在对话框的【Fill type】栏内选择【Contour】，可得到子弹冲击作用下的带铝板内衬的陶瓷装甲应力分布云图，如图7-51所示。

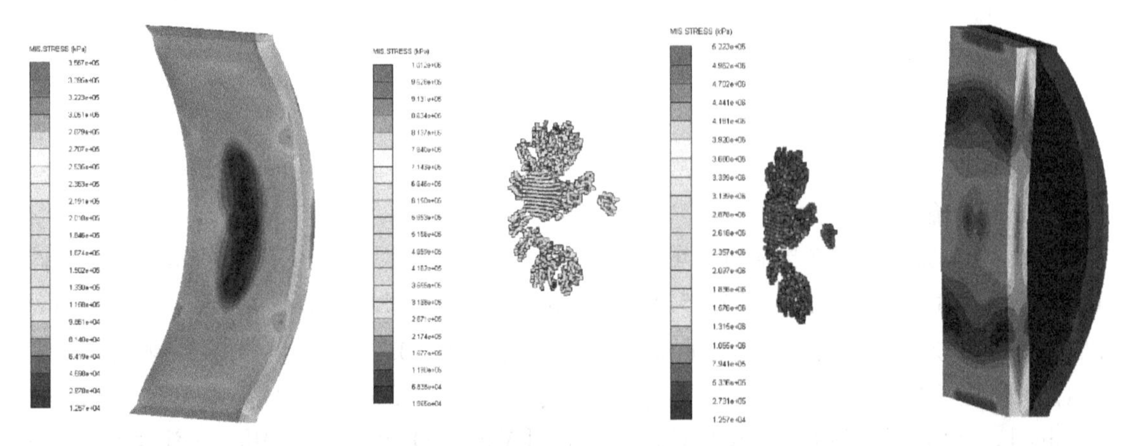

图7-49 铝板应力分布云图　　图7-50 子弹应力分布云图　　图7-51 总体应力分布云图

（5）单击导航树上的【History】，在【History Plots】的对话框中选择【Gauge Points】，然后单击【Single Variable Plots】，弹出如图7-52所示的对话框。在对话框的左边选择Gauge #1，在右边Y Var栏内选择Y－VELOCITY，在X Var栏内选择TIME，单击确定，得到弹头上的节点1在Y方向上的速度随时间的变化曲线，如图7-53所示。

（6）按照同样的方法，在【History Plots】的对话框中，单击【Single Variable Plots】，在对话框的左边选择Gauge# 2，单击确定，得到弹头上的节点2在Y方向上的速度随时间的变化曲线，如图7-54所示。

（7）按照同样的方法，在【History Plots】的对话框中，单击【Single Variable Plots】，在对话框的左边选择Gauge# 3，单击确定，得到陶瓷上的节点3在Y方向上的速度随时间的变化曲线，如图7-55所示。

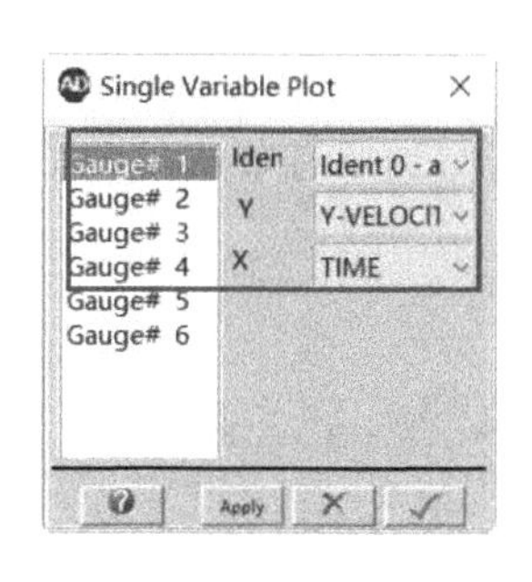

图7-52 第1节点显示设置

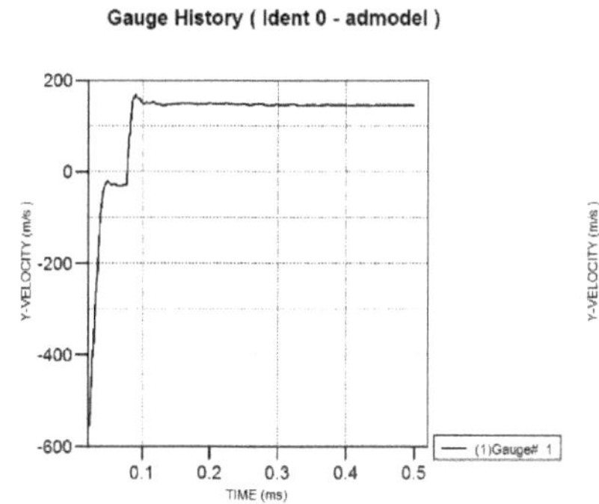

图7-53 第1节点显示设置效果

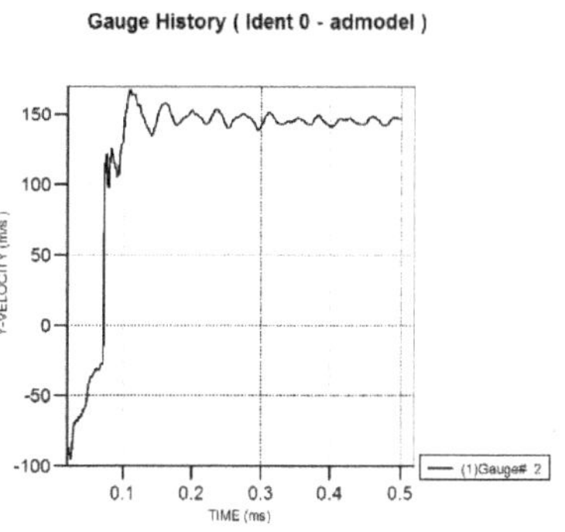

图7-54 第2节点显示设置

（8）按照同样的方法，在【History Plots】的对话框中，单击【Single Variable Plots】，在对话框的左边选择Gauge# 4，单击 确定，得到陶瓷上的节点4在Y方向上的速度随时间的变化曲线，如图7-56所示。

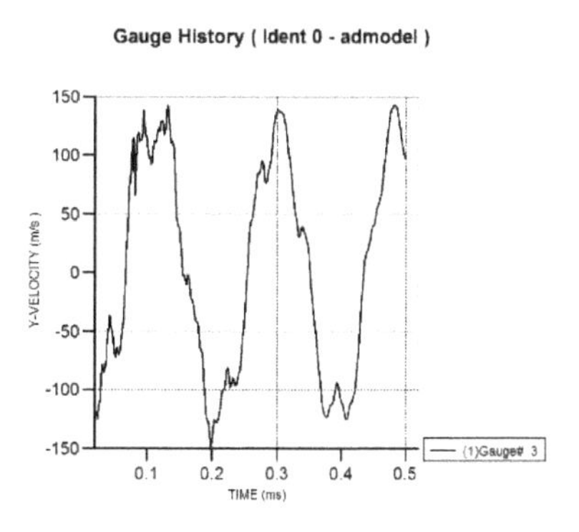

图7-55 第3节点显示设置效果

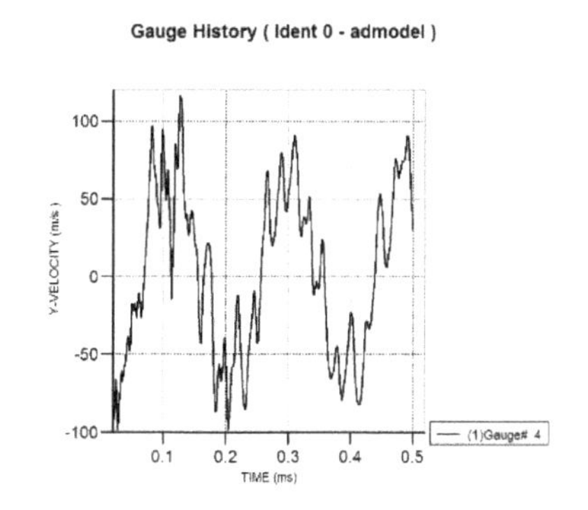

图7-56 第4节点显示设置

（9）按照同样的方法，在【History Plots】的对话框中，单击【Single Variable Plots】，在对话框的左边选择Gauge# 5，单击 确定，得到铝板上的节点5在Y方向上的速度随时间的变化曲线，如图7-57所示。

（10）按照同样的方法，在【History Plots】的对话框中，单击【Single Variable Plots】。在对话框的左边选择Gauge# 6，单击 确定，得到铝板上的节点6在Y方向上的速度随时间的变化曲线，如图7-58所示。

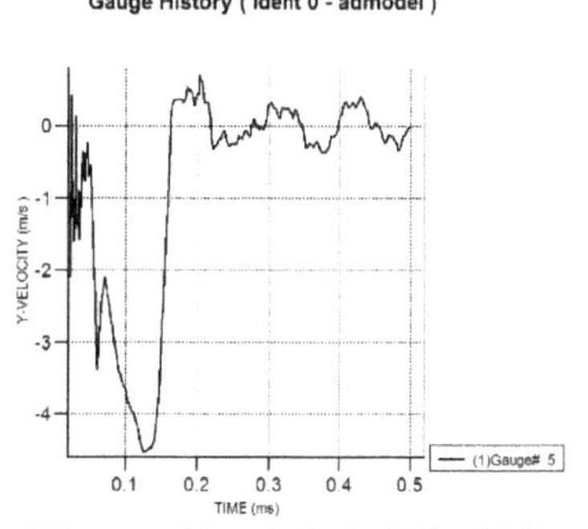

图7-57 第5节点显示设置效果

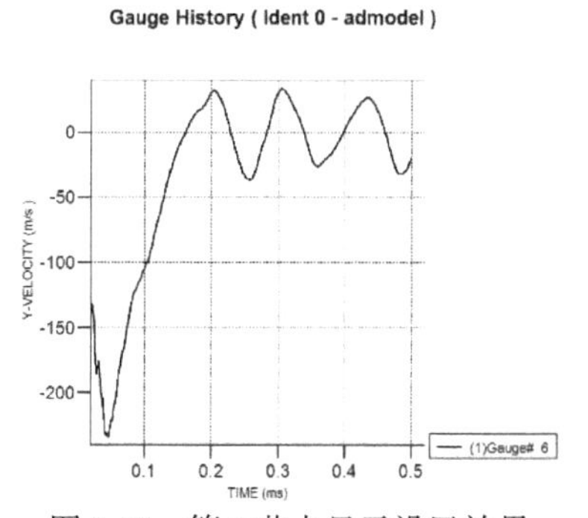

图7-58 第6节点显示设置效果

（11）在【History Plots】的对话框中，单击【Multiple Variable Plots】，弹出如图 7-59 所示的对话框。单击【Select】，从弹出的对话框中选中 Gauge# 1、Gauge# 2、Gauge# 3，Gauge # 4、Gauge# 5、Gauge# 6，Y-VELOCITY，TIME，单击 ✓ 确定，如图 7-60 所示；返回【Multiple Variable Plots】对话框，如图 7-61 所示，单击 ✓ 确定，得到所有节点在 Y 方向上的速度随时间的变化曲线，如图 7-62 所示。

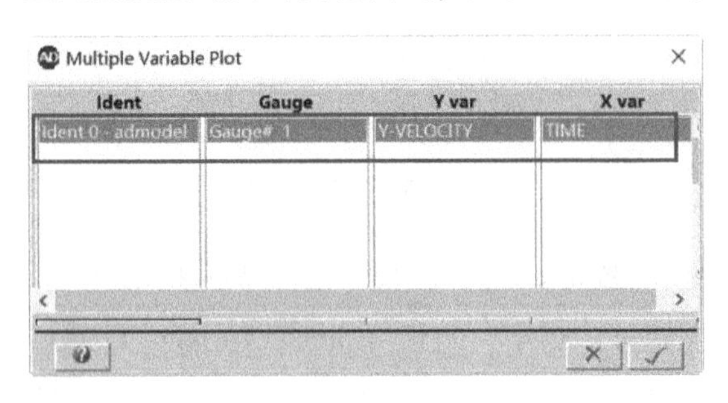

图 7-59　多变量绘图对话框

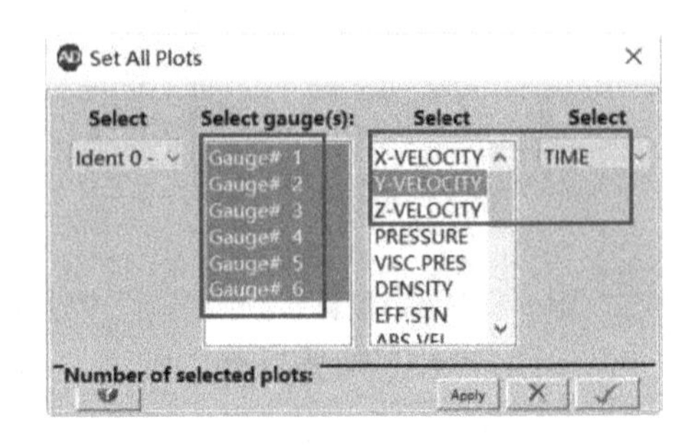

图 7-60　选择所有节点对话框

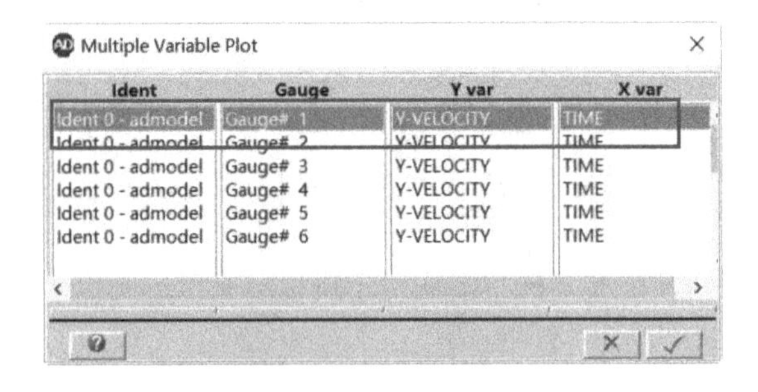

图 7-61　多变量绘图对话框

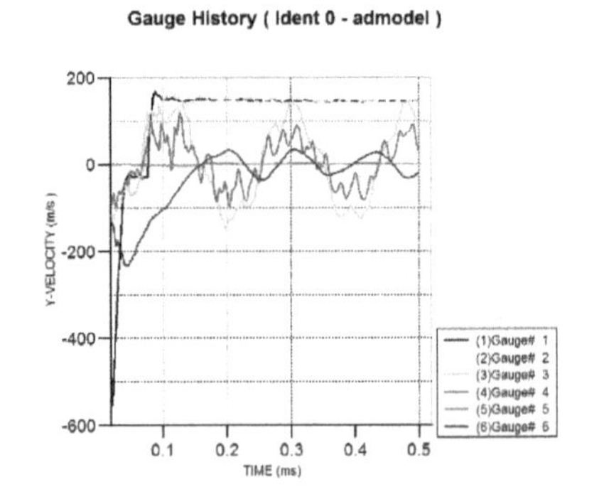

图 7-62　所有节点在 Y 方向上的速度随时间的变化曲线

20. 保存与退出

（1）退出显式动力分析环境，单击 Autodyn 主界面的菜单【File】→【Close Autodyn】退出环境，返回到 Workbench 主界面，此时主界面的分析流程图中显示的分析已完成。

（2）单击 Workbench 主界面上的【Save】按钮，保存所有分析结果文件。

（3）退出 Workbench 环境，单击 Workbench 主界面的菜单【File】→【Exit】退出主界面，完成分析。

7.2.3　结果分析与点评

本实例是子弹冲击带铝板内衬的陶瓷装甲显式动力学分析，从分析结果来看，在给定条件下，完整地模拟了子弹冲击复合装甲的过程，可以看到子弹未能击穿装甲而被弹了回来。本实例为 Explicit Dynamics 与 Autodyn 联合分析。在 Explicit Dynamics 分析中进行了前处理设置，子弹冲击过程中，子弹和陶瓷层、铝板都会发生较大变形，Autodyn 分析中采用了能适应大变形物体计算的 SPH 算法。可以看出，Autodyn 前后处理丰富，求解效率高。

第 8 章　瞬态热分析

8.1　直齿轮水冷淬火瞬态热分析

8.1.1　问题与重难点描述

1. 问题描述

直齿轮放置在方形水槽淬火处理，以提高齿轮强度、硬度等性能，如图 8-1 所示。已知直齿轮材料为结构钢，淬火温度为 780℃，水槽中水温度为 40℃，水的密度为 1000 kg/m^3，导热系数为 0.61W/m・℃，比热容为 4178J/kg・℃，水槽外为空气有对流作用，对流换热系数为 5W/m^2・℃；试求 120s 后，直齿轮温度场分布。

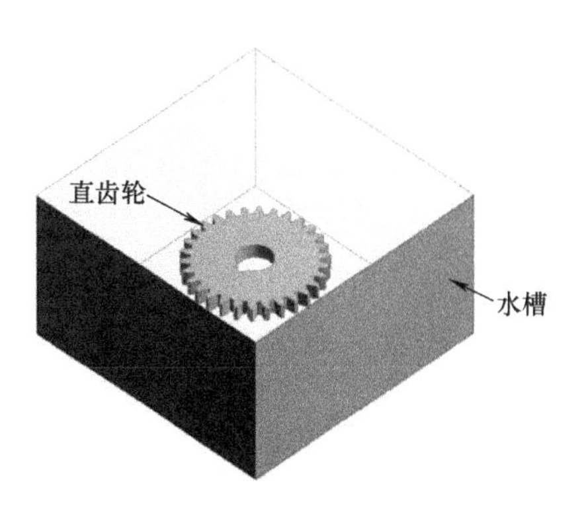

图 8-1　散热模型

2. 重难点提示

本实例重难点在于直齿轮放置在方形水槽瞬态热分析淬火过程，包括水域模型创建、边界设置和收敛性设置。

8.1.2　实例详细解析过程

1. 启动 Workbench18.0

在“开始”菜单中执行 ANSYS18.0→Workbench18.0 命令。

2. 创建稳态热分析

（1）在工具箱【Toolbox】的【Analysis Systems】中拖动稳态热分析【Steady-State Thermal】到项目分析流程，如图 8-2 所示。

（2）在 Workbench 的工具栏中单击【Save】，保存项目实例名为 Spur gear. wbpj。如工程实例文件保存在 D：\ AWB \ Chapter08 文件夹中。

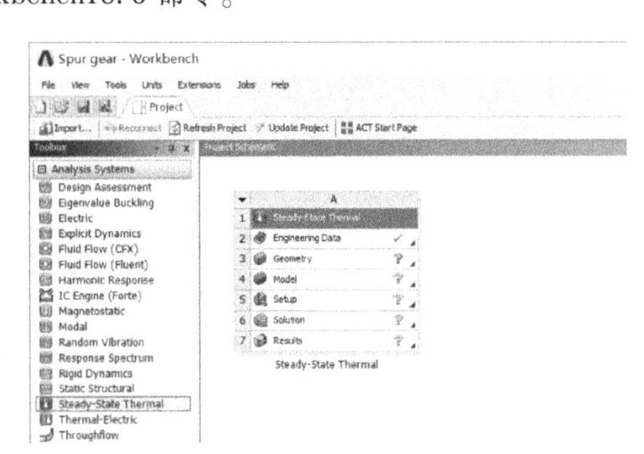

图 8-2　创建稳态热分析

3. 创建材料参数

（1）编辑工程数据单元，右键单击【Engineering Data】→【Edit】。

（2）在工程数据属性中增加新材料：选择【Outline of Schematic A2：Engineering Data】→【Click here to add a new material】，输入材料名称 Water。

（3）输入密度参数，单击工具栏【Filter Engineering Data】，在左侧单击【Physical Properties】展开，双击【Density】→【Properties of Outline Row 4：Water】→【Density】=1000 kg m^-3。

（4）输入导热系数参数，在左侧单击【Thermal】展开，双击【Isotropic thermal Conductivity】→【Properties of Outline Row 4：Water】→【Isotropic thermal Conductivity】=0.61W/m·℃。

（5）输入比热容参数，在左侧单击【Thermal】展开，双击【Specific Heat】→【Properties of Outline Row 4：Water】→【Specific Heat】=4178J/kg·℃。

（6）单击工具栏中的【A2：Engineering Data】关闭按钮，返回到 Workbench 主界面，新材料创建完毕，如图 8-3 所示。

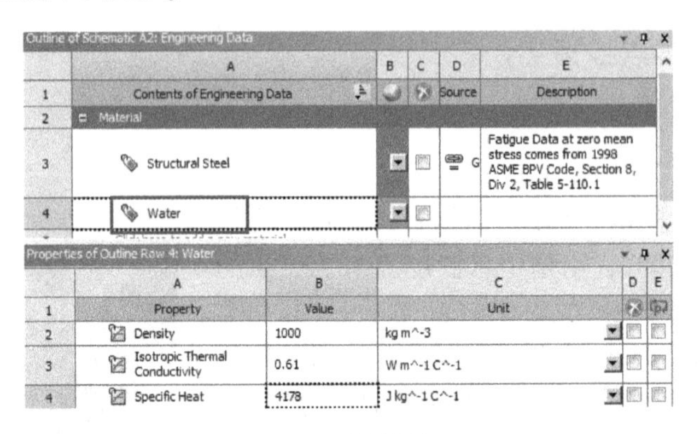

图 8-3　材料属性

4. 导入几何

在稳态热分析上，右键单击【Geometry】→【Import Geometry】→【Browse】，找到模型文件 Spur gear. agdb，打开导入几何模型。如模型文件在 D：\ AWB \ Chapter08 文件夹中。

5. 进入 Mechanical 分析环境

（1）在稳态热分析上，右键单击【Model】→【Edit】进入 Mechanical 分析环境。

（2）在 Mechanical 的主菜单【Units】中设置单位为 Metric（mm，kg，N，s，mV，mA）。

6. 为几何模型分配材料

（1）为水分配材料，单击【Model】→【Geometry】→【Water】→【Detail of “Water”】→【Material】→【Assignment】= Water。

（2）为直齿轮分配材料，直齿轮材料为默认结构钢。

7. 几何模型划分网格

（1）在导航树上单击【Mesh】→【Details of “Mesh”】→【Defaults】→【Physics Preference】= Mechanical，【Relevance】=40；【Sizing】→【Size Function】= Curvature，【Relevance Center】= Medium，【Span Angle Center】= Medium，其他默认。

（2）在标准工具栏上单击，先选择水槽水模型隐藏，然后选择直齿轮模型，在导航树上右键单击【Mesh】，从弹出的菜单中选择【Insert】→【Sizing】→【Details of “Body Sizing” -Sizing】→【Definition】→【Element Size】= 1mm，其他默认。

（3）生成网格，右键单击【Mesh】→【Generate Mesh】，图形区域显示程序生成的网格模型，如图 8-4 所示。

（4）网格质量检查，在导航树上单击【Mesh】→【Details of“Mesh”】→【Quality】→【Mesh Metric】= Element Quality，显示 Element Quality 规则下网格质量详细信息，平均值处在好水平范围内，展开【Statistics】显示网格和节点数量。

图 8-4　网格划分

8. 施加边界条件

（1）选择【Steady – State Thermal（A5）】。

（2）为直齿轮施加温度，在标准工具栏里单击，选择直齿轮模型，然后在环境工具栏单击【Temperature】。单击【Temperature】→【Details of“Temperature”】→【Definition】→【Magnitude】=780℃，其他默认，如图 8-5 所示。

（3）为水槽水施加温度，在标准工具栏里单击，空白处右键单击选择【Show All Bodies】，然后选择水槽水模型，在环境工具栏单击【Temperature】。单击【Temperature】→【Details of“Temperature”】→【Definition】→【Magnitude】=40℃，其他默认，如图 8-6 所示。

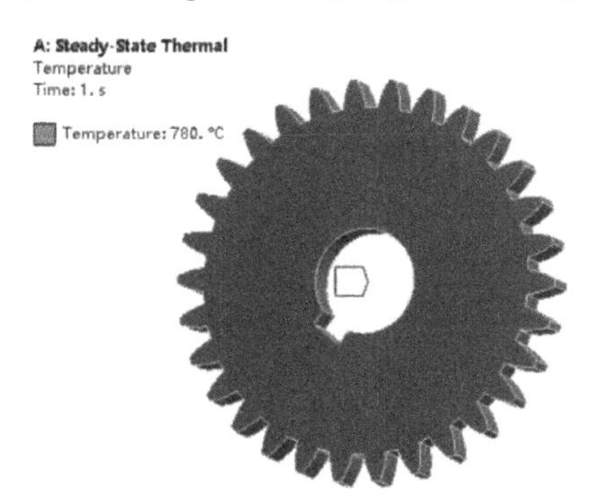

图 8-5　直齿轮施加温度

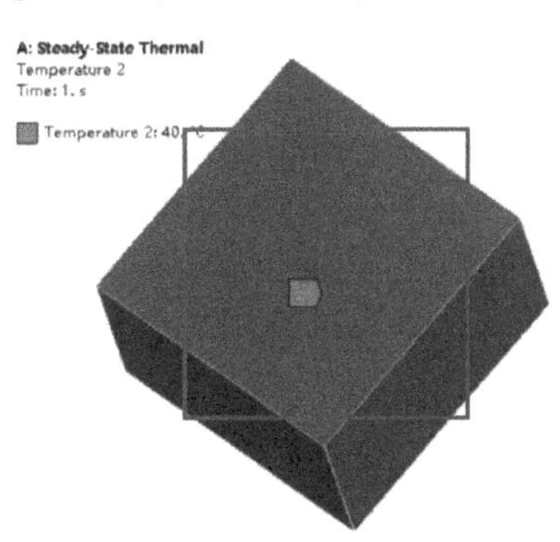

图 8-6　水槽水施加温度

9. 设置需要的结果

（1）选择【Solution（A6）】。

（2）在工具栏上选择【Thermal】→【Temperature】。

10. 求解与结果显示

（1）在 Mechanical 标准工具栏上单击 Solve 进行求解运算。

（2）导航树上选择【Solution（A6）】→【Temperature】，图形区域显示稳态热传导计算得到的温度变化，如图 8-7 所示。

图 8-7　稳态下温度场分布

11. 创建瞬态热分析系统

返回到 Workbench 窗口，右键单击稳态热分析单元格的【Solution】→【Transfer Data To New】→【Transient Thermal】创建瞬态热分析，如图 8-8 所示。

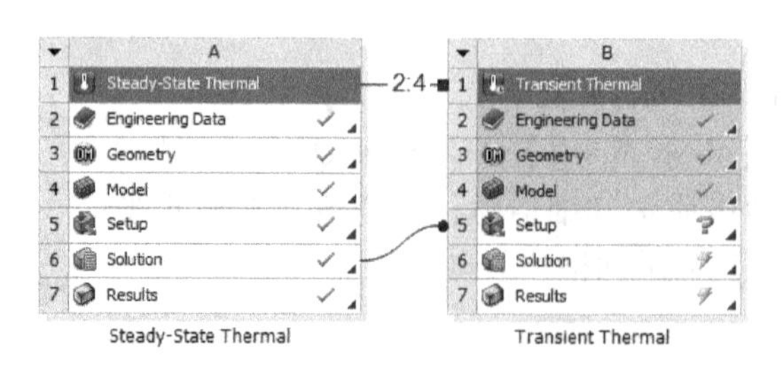

图 8-8　创建瞬态热分析

12. 施加边界条件

（1）返回到【Mechanical】分析环境。

（2）选择【Transient Thermal（B5）】。

（3）为水槽外施加对流，在标准工具栏里单击，选择水槽表面（Named Selections 下选择 Wall，选择 Wall 面以外的一个面），共 1 个面，然后在环境工具栏单击【Convection】。单击【Convection】→【Details of “Convection”】→【Definition】→【Film Coefficient】= 5W/m^2·℃，【Definition】→【Ambient Temperature】= 40℃，其他默认，如图 8-9 所示。由于水槽除底部之外均可与空气发生传热，因此需要在水槽表面施加对流边界条件。

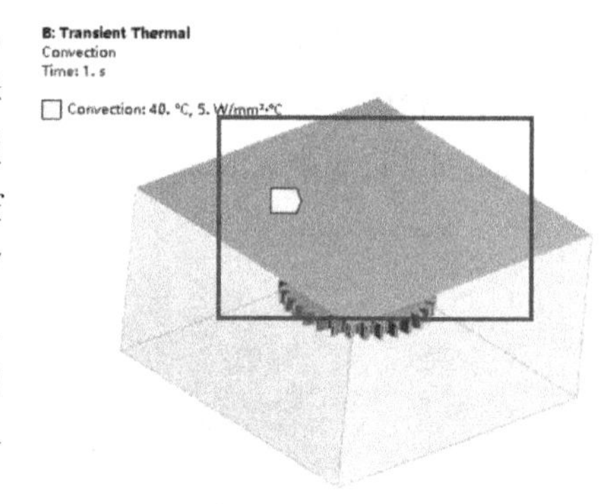

图 8-9　施加对流

13. 分析设置

（1）在导航树上单击【Transient Thermal（B5）】

（2）单击【Analysis Settings】→【Details of “Analysis Settings”】→【Step Controls】，设置【Number Of Steps】= 1，【Current Step Number】= 1，【Step End Time】= 120s，【Auto Time Stepping】= Off，【Define By】= Time，【Time Step】= 5s，【Time Integration】= On，如图 8-10 所示。

Details of "Analysis Settings"

Step Controls	
Number Of Steps	1.
Current Step Number	1.
Step End Time	120. s
Auto Time Stepping	Off
Define By	Time
Time Step	5. s
Time Integration	On

图 8-10　瞬态分析设置

14. 设置需要的结果

（1）选择【Solution（B6）】。

（2）在标准工具栏里单击，选择直齿轮模型，然后在环境工具栏单击【Thermal】→【Temperature】。

15. 求解与结果显示

（1）在 Mechanical 标准工具栏上单击 Solve 进行求解运算。

（2）在导航树上选择【Solution（B6）】→【Temperature】，图形区域显示瞬态热传导计算得到的温度变化，如图 8-11、图 8-12 所示。

16. 保存与退出

（1）退出 Mechanical 分析环境，单击 Mechanical 主界面的菜单【File】→【Close Mechanical】退出环境，返回到 Workbench 主界面，此时主界面的分析流程图中显示的分析已完成。

图 8-11　瞬态下温度场分布

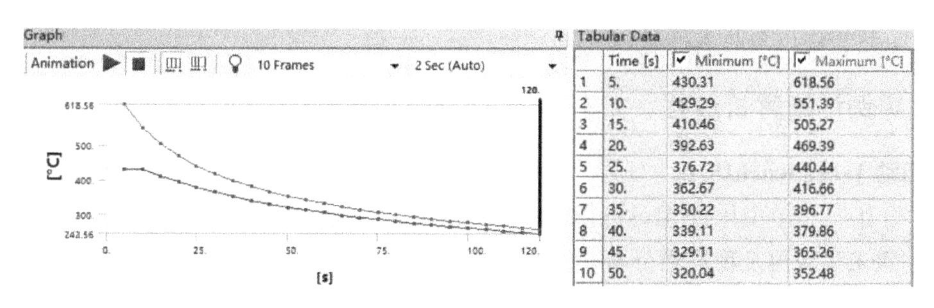

	Time [s]	Minimum [°C]	Maximum [°C]
1	5.	430.31	618.56
2	10.	429.29	551.39
3	15.	410.46	505.27
4	20.	392.63	469.39
5	25.	376.72	440.44
6	30.	362.67	416.66
7	35.	350.22	396.77
8	40.	339.11	379.86
9	45.	329.11	365.26
10	50.	320.04	352.48

图 8-12　瞬态下温度变化趋势及数据

（2）单击 Workbench 主界面上的【Save】按钮，保存所有分析结果文件。

（3）退出 Workbench 环境，单击 Workbench 主界面的菜单【File】→【Exit】退出主界面，完成分析。

8.1.3　结果分析与点评

本实例是直齿轮水冷淬火瞬态热分析，从结果分析来看，齿轮加热到 780℃后放入 20℃的水槽中开始冷却，各个时段的温度最高点均集中在齿轮的中心，中心温度下降速度较慢，降温 60s 之后，齿轮中心温度降到 331.03℃，逐步进入马氏体的转变温度区，意味着金相组织转换还未完成，随着水温持续上升，这一过程将会放缓。由此可见，淬火过程中，如果降温速率过慢，组织一部分可能会转变为贝氏体，直接影响齿轮淬火后的整体机械性能。本实例包含两步，前一步是稳态热分析，后一步是瞬态热分析。除了创建导热材料和热载荷施加，对于这类热分析还要注意创建流体域。

8.2　晶体管瞬态热分析

8.2.1　问题与重难点描述

1. 问题描述

某型晶体管合金放置在铜基板上，该铜基板上放置铝制散热器，而且系统接收附近部件的辐射能，整个系统通过风吹冷却，如图 8-13 所示。假设晶体管热耗散为 15W，其他设备辐射的等效热流为 1500W/m^2，内部产生的热为 1×10^7W/m^3，对流系数为 51W/m^2·℃，周围空气温度为 40℃。已知铝材料密度为 2700 kg/m^3，导热系数为 156W/m·℃，比热容为 963J/kg·℃；铜材料密度为 8900 kg/m^3，导热系数为 393W/m·℃，比热容为 385J/kg·℃；合金材料密度为 3500kg/m^3，导热系数为 50W/m·℃，比热容为 500J/kg·℃；试求 3s 后，温度场分布及能否达到稳态。

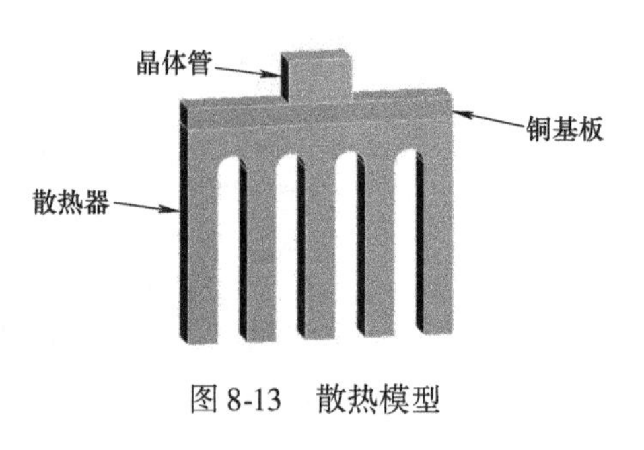

图 8-13 散热模型

2. 重难点提示

本实例重难点在于晶体管瞬态传热过程，包括边界设置、采用命令行使精度和稳定性之间平衡、分析设置以及收敛性处理。

8.2.2 实例详细解析过程

1. 启动 Workbench18.0

在“开始”菜单中执行 ANSYS18.0→Workbench18.0 命令。

2. 创建工程数据及稳态热分析

（1）在工具箱【Toolbox】的【Component Systems】中调入工程数据【Engineering Data】到项目分析流程图。

（2）在工具箱【Toolbox】的【Analysis Systems】中拖动稳态热分析【Steady-State Thermal】到项目分析流程图并与工程数据【Engineering Data】相连接，如图 8-14 所示。

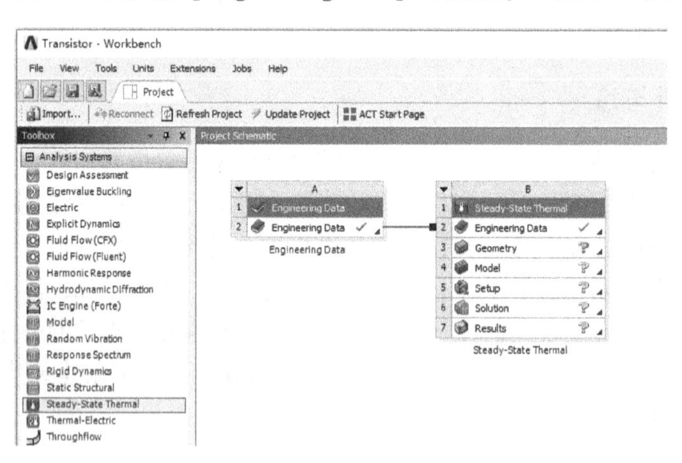

图 8-14 创建工程数据及稳态热分析

（3）在 Workbench 的工具栏中单击【Save】，保存项目实例名为 Transistor. wbpj。如工程实例文件保存在 D：\ AWB \ Chapter08 文件夹中。

3. 创建材料参数

（1）编辑工程数据单元，右键单击【Engineering Data】→【Edit】。

（2）在工程数据属性中增加新材料：【Outline of Schematic A2，B2：Engineering Data】→

【Click here to add a new material】输入材料名称 Aluminum。

（3）输入密度参数，在左侧单击【Physical Properties】展开，双击【Density】→【Properties of Outline Row 4：Metal】→【Density】=2700 kg m^-3。

（4）输入导热系数参数，在左侧单击【Thermal】展开，双击【Isotropic thermal Conductivity】→【Properties of Outline Row 4：Metal】→【Isotropic thermal Conductivity】=156W/m·℃。

（5）输入比热容参数，在左侧单击【Thermal】展开，双击【Specific Heat】→【Properties of Outline Row 4：Metal】→【Specific Heat】=963J/kg·℃。

（6）输入铜（Copper）材料的属性，过程同（2）～（5）步一样。

（7）输入合金（Metal）材料的属性，过程同（2）～（5）步一样，如图8-15所示。

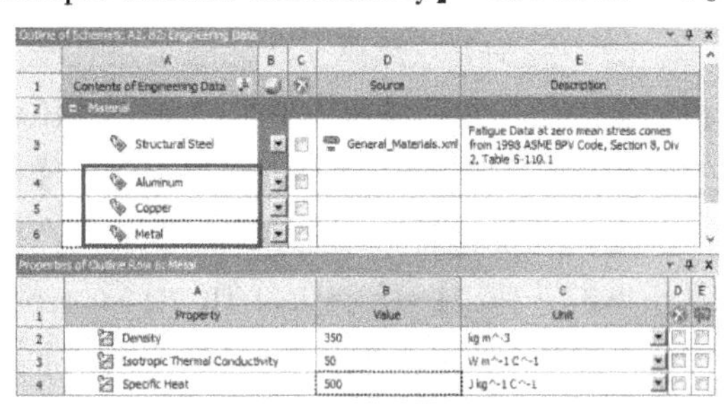

图8-15　材料属性

（8）单击工具栏中的【A2，B2：Engineering Data】关闭按钮，返回到 Workbench 主界面，新材料创建完毕。

4. 导入几何

在稳态热分析上，右键单击【Geometry】→【Import Geometry】→【Browse】，找到模型文件 Transistor. agdb，打开导入几何模型。如模型文件在 D：\ AWB \ Chapter08 文件夹中。

5. 进入 Mechanical 分析环境

（1）在稳态热分析上，右键单击【Model】→【Edit】进入 Mechanical 分析环境。

（2）在 Mechanical 的主菜单【Units】中设置单位为 Metric（m，kg，N，s，V，A）。

6. 为几何模型分配材料

（1）为铝制散热器分配材料，单击【Model】→【Geometry】→【Part】→【Radiator】→【Detail of “Radiator”】→【Material】→【Assignment】= Aluminum。

（2）为隔热器分配材料，单击【Interlayer】→【Detail of “Heat insulator”】→【Material】→【Assignment】= Copper。

（3）为晶体管分配材料，单击【Transistor】→【Detail of “Transistor”】→【Material】→【Assignment】= Metal。

7. 几何模型划分网格

（1）选择【Mesh】→【Detail of “Mesh”】→【Defaults】→【Relevance】= 100，【Sizing】→【Relevance Center】= Fine，【Sizing】→【Element Size】=0. 001m，其他默认。

（2）在标准工具栏上单击▣，然后选择整个模型，在操作树上右键单击【Mesh】，从弹出的菜单中选择【Insert】→【Method】；选择【Automatic Method】→【Detail of “Automatic Method” - Method】→【Definition】→【Method】= Hex Dominant，其他默认。

（3）生成网格，选择【Mesh】→【Generate Mesh】，图形区域显示程序生成的网格模型，如图8-16所示。

图8-16　网格划分

（4）网格质量检查，在导航树上单击【Mesh】→【Details of "Mesh"】→【Quality】→【Mesh Metric】= Element Quality，显示 Element Quality 规则下网格质量详细信息，平均值处在好水平范围内，展开【Statistics】显示网格和节点数量。

8. 施加边界条件

（1）选择【Steady－State Thermal（B5）】。

（2）施加等效热流，在标准工具栏里单击，分别选择晶体管的两侧面，顶面和隔热板的上表面，然后在环境工具栏单击【Heat】→【Heat Flux】。设置【Heat Flux】→【Details of "Heat Flux"】→【Definition】→【Magnitude】= 1500W/m²，其他默认，如图 8-17 所示。

（3）为晶体管施加全功率热生成，在标准工具栏里单击选择晶体管，然后在环境工具栏单击【Heat】→【Internal Heat Generation】。设置【Internal Heat Generation】→【Details of "Internal Heat Generation"】→【Definition】→【Magnitude】= 1e7W/m³，其他默认，如图 8-18 所示。

（4）为散热器施加对流负载，在标准工具栏里单击选择散热器侧面，共 14 个面，然后在环境工具栏单击【Convection】。设置【Convection】→【Details of "Convection"】→【Definition】→【Film Coefficient】= 51W/m²·℃，【Definition】→【Ambient Temperature】= 40℃，其他默认，如图 8-19 所示。

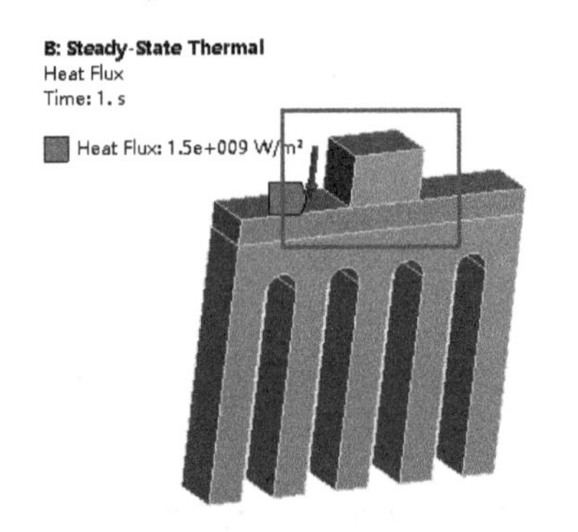

图 8-17　施加等效热流

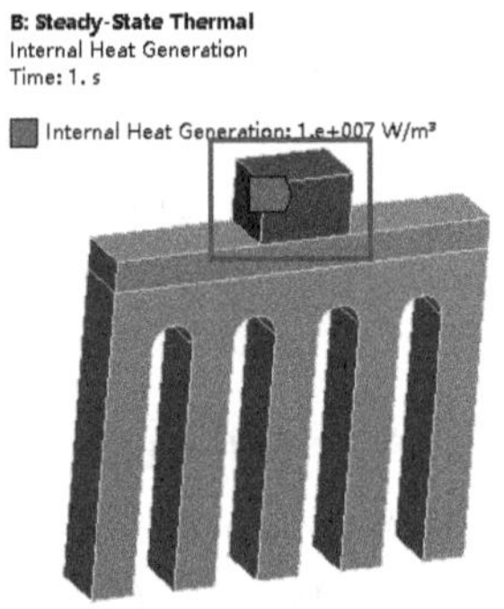

图 8-18　施加热生成

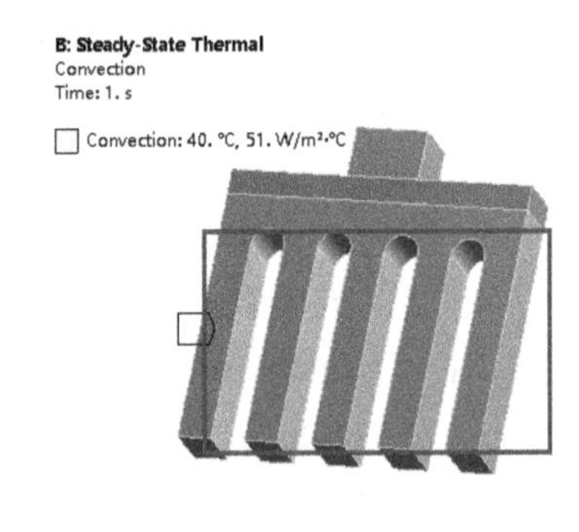

图 8-19　施加对流

9. 设置需要的结果

（1）选择【Solution（B6）】。

（2）在工具栏上选择【Thermal】→【Temperature】。

10. 求解与结果显示

（1）在 Mechanical 标准工具栏上单击 Solve 进行求解运算。

（2）导航树上选择【Solution（B6）】→【Temperature】，图形区域显示稳态热传导计算得到的温度变化，如图 8-20 所示。

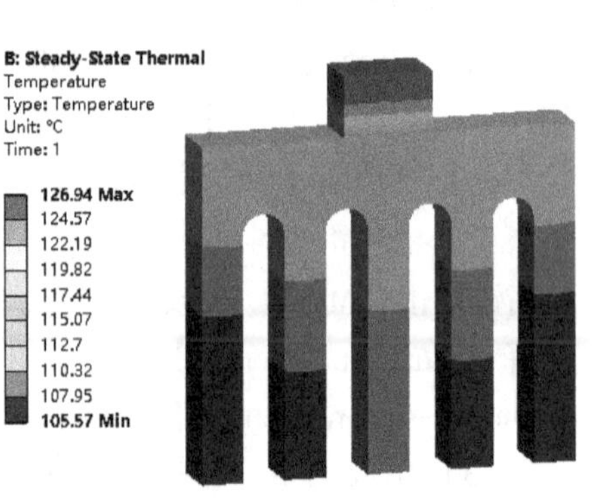

图 8-20　稳态下温度场分布

11. 创建瞬态热分析系统

返回到 Workbench 窗口，右键单击稳态热分析单元格的【Solution】→【Transfer Data To New】→【Transient

Thermal】创建瞬态热分析，如图 8-21 所示。

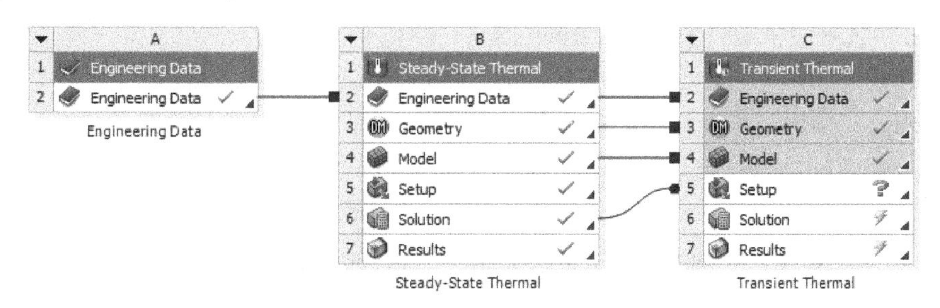

图 8-21 创建瞬态热分析

12. 施加边界条件

(1) 返回到【Mechanical】分析环境。

(2) 选择【Transient Thermal (C5)】。

(3) 复制边界条件，首先选择稳态热分析系统中的三个边界条件右键单击选择复制，然后选择瞬态热系统，右键单击选择粘贴，如图 8-22、图 8-23 所示。

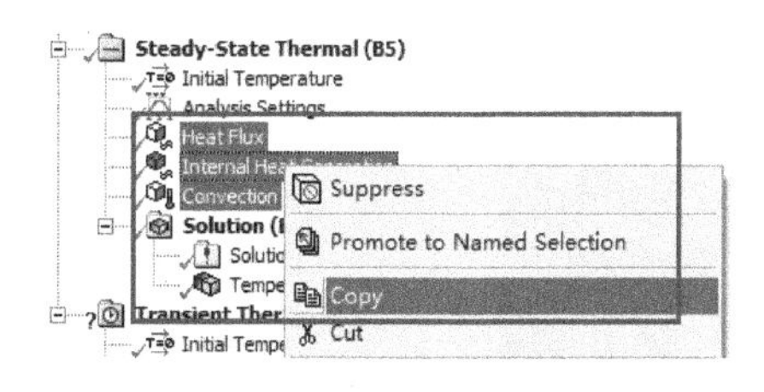

图 8-22 复制边界条件

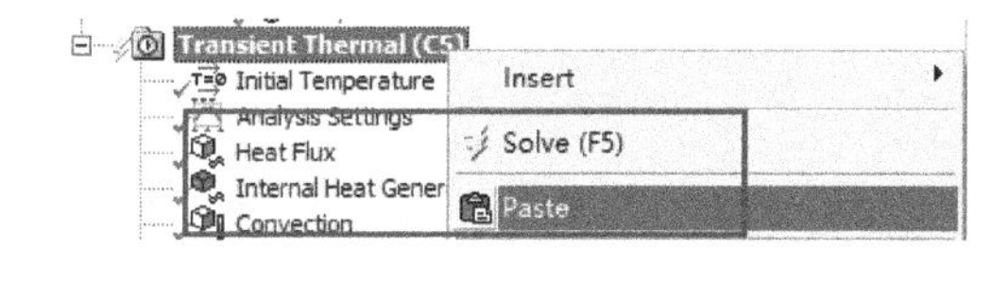

图 8-23 粘贴边界条件

(4) 输入热通量函数，单击【Transient Thermal (C5)】→【Heat Flux】→【Details of "Heat Flux"】→【Definition】→【Magnitude】→【Function】=0.05 +0.055 * sin (2 * 3.14 * time/120)，如图 8-24 所示。

(5) 采用命令行使精度和稳定性之间平衡，在导航树上右键单击【Transient Thermal (C5)】→【Insert】→【Commends】；单击【Commends (APDL)】，在右侧的命令窗口中输入 tintp,,,,.75,.5,.1；一阶瞬态积分为 0.75，振荡极限为 0.5 和 0.1，如图 8-25 所示。

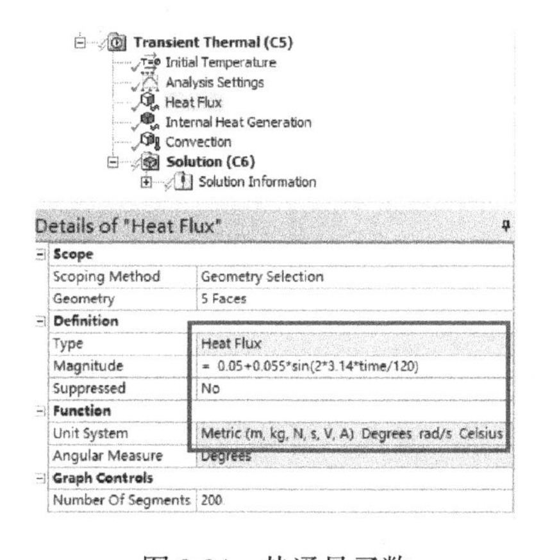

图 8-24 热通量函数

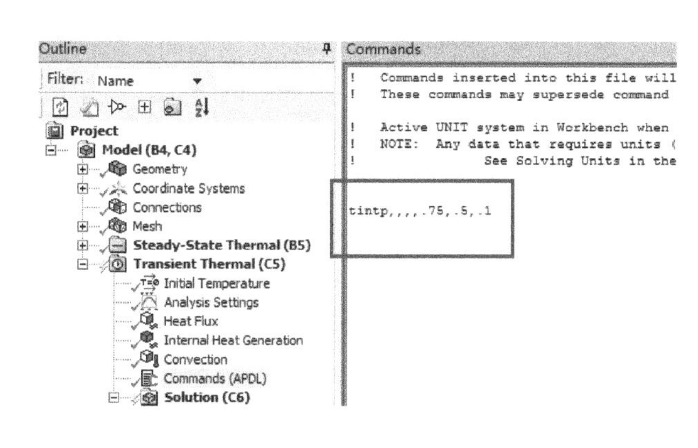

图 8-25 设置命令

13. 分析设置

（1）在导航树上单击【Transient Thermal（C5）】。

（2）单击【Analysis Settings】→【Details of “Analysis Settings”】→【Step Controls】，设置【Number Of Steps】=1，【Current Step Number】=1，【Step End Time】=3s，【Auto Time Stepping】=On，【Define By】=Time，【Initial Time Step】=4.3e-004，【Minimum Time Step】=4.3e-004，【Maximum】=0.5s，【Time Integration】=On，如图8-26所示。

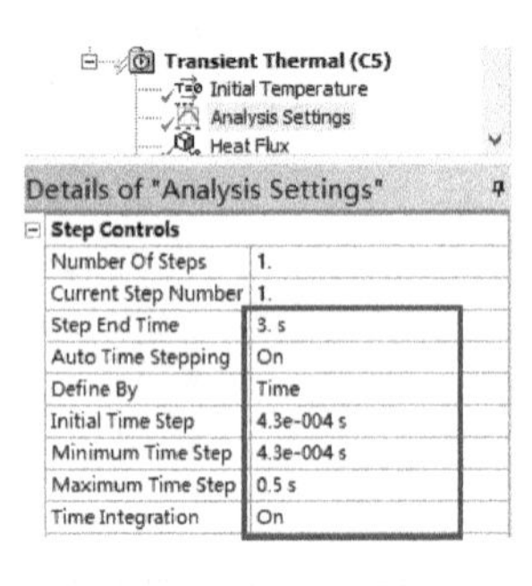

图8-26 瞬态分析设置

14. 设置需要的结果

（1）选择【Solution（C6）】。

（2）工具栏选择【Thermal】→【Temperature】。

15. 求解与结果显示

（1）在Mechanical标准工具栏上单击 Solve 进行求解运算。

（2）导航树上选择【Solution（C6）】→【Temperature】，图形区域显示瞬态热传导计算得到的温度变化，如图8-27所示。

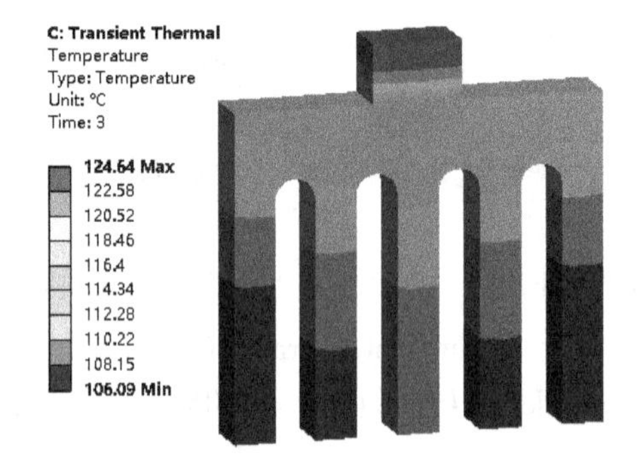

图8-27 瞬态下温度场分布

16. 保存与退出

（1）退出Mechanical分析环境，单击Mechanical主界面的菜单【File】→【Close Mechanical】退出环境，返回到Workbench主界面，此时主界面的分析流程图中显示的分析已完成。

（2）单击Workbench主界面上的【Save】按钮，保存所有分析结果文件。

（3）退出Workbench环境，单击Workbench主界面的菜单【File】→【Exit】退出主界面，完成分析。

8.2.3 结果分析与点评

本实例是晶体管瞬态热分析，从分析结果来看，在给定条件下很好地模拟了各个器件间的传热过程，本实例包含两方面，一方面是稳态热分析，另一方面是瞬态热分析；除了创建导热材料和热载荷施加，还涉及了Workbench Mechanical与Mechanical APDL联合应用。瞬态热分析与稳态热分析比相对复杂，方法值得借鉴。

第9章　裂纹扩展与寿命分析

9.1　钢筋混凝土开裂分析

9.1.1　问题与重难点描述

1. 问题描述

如图9-1所示长方形钢筋混凝土块，混凝土尺寸长×宽×高为3000mm×500mm×250mm，混凝土块的内部均匀配筋36根，每根间距50mm，钢筋截面半径为6mm。边界条件施加按照《钢筋混凝土正截面实验》标准，两端均保持端部转动且水平方向可以有位移，其他方向约束。在实验过程中，若混凝土块受到14MPa压力冲击，试求在冲击下混凝土块的开裂情况。

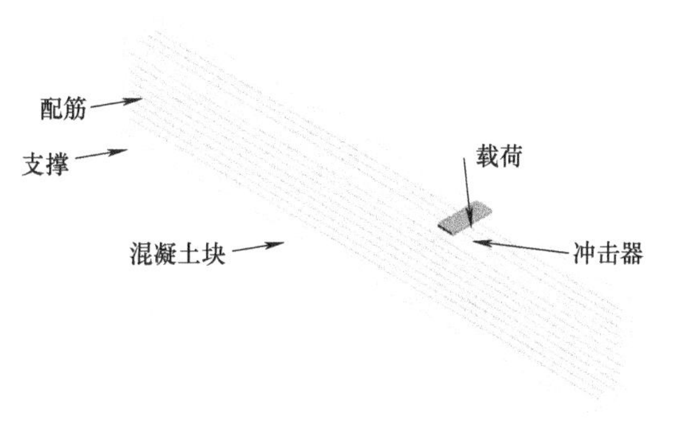

图9-1　钢筋混凝土块模型

2. 重难点提示

本实例重难点在于混凝土Solid65单元模型和钢筋Link80单元，以及利用命令流实现两单元材料的耦合、求解及后处理。

9.1.2　实例详细解析过程

1. 启动Workbench18.0

在“开始”菜单中执行ANSYS18.0→Workbench18.0命令。

2. 创建结构静力分析

（1）在工具箱【Toolbox】的【Analysis Systems】中双击或拖动结构静力分析【Static Structural】到项目分析流程图，如图9-2所示。

（2）在Workbench的工具栏中单击【Save】，保存项目实例名为Reinforced concrete.wbpj。如工程实例文件保存在D：\AWB\Chapter09文件夹中。

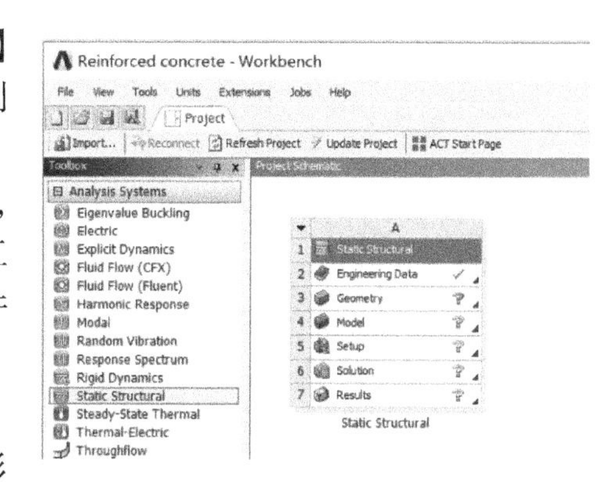

图9-2　创建结构静力分析

3. 创建材料参数

冲击器材料默认结构钢，钢筋材料以命令流形式体现，混凝土材料也以命令流形式体现，且混凝土应力与应变曲线图为 30MPa。

4. 导入几何

在结构静力分析上，右键单击【Geometry】→【Import Geometry】→【Browse】，找到模型文件 Reinforced concrete. agdb，打开导入几何模型。如模型文件在 D：\ AWB \ Chapter09 文件夹中。

5. 进入 Mechanical 分析环境

（1）在结构静力分析上，右键单击【Model】→【Edit】进入 Mechanical 分析环境。

（2）在 Mechanical 的主菜单【Units】中设置单位为 Metric（mm，kg，N，s，mV，mA）。

6. 为几何模型确定单元类型及材料

（1）确定混凝土单元类型及材料，单击【Model】→【Geometry】→【Concrete】，右键单击【Concrete】→【Insert】→【Commands】，然后在 Commands 窗口插入如下命令流：

```
ET,MATID,SOLID65          ！定义混凝土 Solid65 单元
R,MATID,0,0,0,0,0,0       ！定义实常数,分别表示配筋的材料、体积和角度
RMORE,0,0,0,0,0;

MP,EX,MATID,29250         ！定义混凝土杨氏模量
MP,PRXY,MATID,0.2         ！定义混凝土泊松比
MPTEMP,MATID,0;           ！定义混凝土材料参数,开裂的剪力传递系数为 0.3 ~
                            0.5，闭合的剪力传递系数为 1.0
TB,CONCR,MATID,1,9
TBTEMP,22
TBDATA,1,0.3,0.8,1.5,25

TB,MISO,MATID,1,35,0
TBTEMP,22
TBPT,,0.0001,2.925
TBPT,,0.0002,5.7
TBPT,,0.0003,8.325
TBPT,,0.0004,10.8
TBPT,,0.0005,13.125
TBPT,,0.0006,15.3
TBPT,,0.0007,17.325
TBPT,,0.0008,19.2
TBPT,,0.0009,20.925
TBPT,,0.001,22.5
TBPT,,0.0011,23.925
TBPT,,0.0012,25.2
TBPT,,0.0013,26.325
TBPT,,0.0014,27.3
```

```
TBPT,,0.0015,28.125
TBPT,,0.0016,28.8
TBPT,,0.0017,29.325
TBPT,,0.0018,29.7
TBPT,,0.0019,29.925
TBPT,,0.002,30
TBPT,,0.0021,30
TBPT,,0.0022,30
TBPT,,0.0023,30
TBPT,,0.0024,30
TBPT,,0.0025,30
TBPT,,0.0026,30
TBPT,,0.0027,30
TBPT,,0.0028,30
TBPT,,0.0029,30
TBPT,,0.003,30
TBPT,,0.0031,30
TBPT,,0.0032,30
TBPT,,0.0033,30
TBPT,,0.0034,30
TBPT,,0.0035,30;
```

（2）确定冲击器【Impactor】材料，冲击器材料默认为结构钢。

（3）确定钢筋单元类型及材料，单击【Model】→【Geometry】→【Rebar】→【Line Body】，右键单击【Line Body】→【Insert】→【Commands】，然后在 Commands 窗口插入如下命令流，其他余下 35 个 Line Body 下也插入如下命令流：

```
ET,MATID,LINK180              ! 定义钢筋单元 LINK180 单元
MPDATA,EX,MATID,,2e5          ! 定义钢筋杨氏模量
MPDATA,PRXY,MATID,,0.3        ! 定义钢筋泊松比
TB,BISO,MATID,1,2
TBDATA,,460,2100
R,MATID,12,,0
```

7. 创建对称

（1）在标准工具栏上单击，选择混凝土截面，如图 9-3 所示；然后右键单击【Model（A4）】→【Insert】→【Symmetry】，再右键单击【Symmetry】→【Insert】→【Symmetry Region】。

（2）选择【Symmetry Normal】= X Axis。

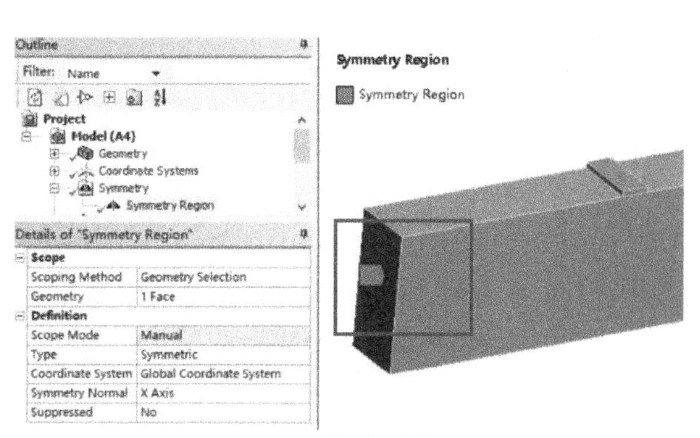

图 9-3　创建对称面

8. 创建接触连接

（1）在导航树上展开【Connections】→【Contacts】，单击【Contact Region】，默认程序自动识别的接触面与目标面。右键单击【Contact Region】，从弹出的快捷菜单中选择【Rename Based On Definition】，重新命名目标面与接触面。

（2）接触设置，单击【Bonded-Concrete To Impactor】→【Details of "Bonded-Concrete To Impactor"】→【Definition】→【Type】= No Separation；【Advanced】→【Formulation】= MPC，其他默认，如图 9-4 所示。

Symmetry
Connections
Contacts
No Separation - Concrete To Impactor

Details of "No Separation - Concrete To Impactor"

Scope	
Scoping Method	Geometry Selection
Contact	1 Face
Target	1 Face
Contact Bodies	Concrete
Target Bodies	Impactor
Definition	
Type	No Separation
Scope Mode	Automatic
Behavior	Program Controlled
Trim Contact	Program Controlled
Trim Tolerance	7.6374 mm
Suppressed	No
Advanced	
Formulation	MPC
Detection Method	Program Controlled
Pinball Region	Program Controlled

图 9-4 接触设置

9. 划分网格

（1）在导航树上单击【Mesh】→【Details of "Mesh"】→【Defaults】→【Physics Preference】= Mechanical；【Sizing】→【Size Function】= Adaptive，【Relevance Center】= Medium，【Element Size】= 50mm，其他默认。

（2）生成网格，右键单击【Mesh】→【Generate Mesh】，图形区域显示程序生成的网格模型，如图 9-5 所示。

（3）网格质量检查，在导航树上单击【Mesh】→【Details of "Mesh"】→【Quality】→【Mesh Metric】= Skewness，显示 Skewness 规则下网格质量详细信息，平均值处在好水平范围内，展开【Statistics】显示网格和节点数量。

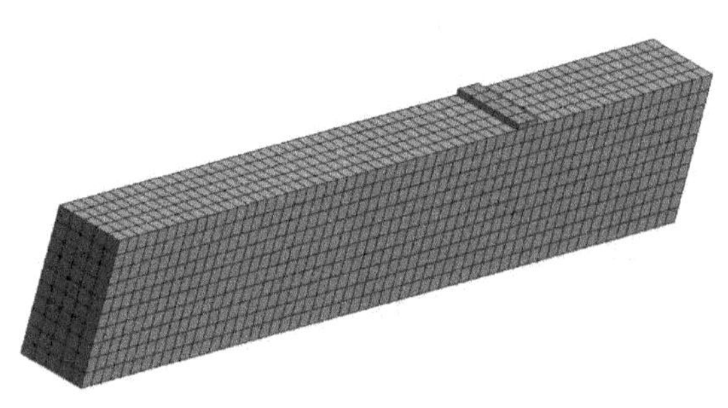

图 9-5 网格划分

10. 接触初始检测

（1）在导航树上右键单击【Connections】→【Insert】→【Contact Tool】。

（2）右键单击【Contact Tool】，从弹出的快捷菜单中选择【Generate Initial Contact Results】，经过初始运算，得到接触状态信息，如图 9-6 所示。

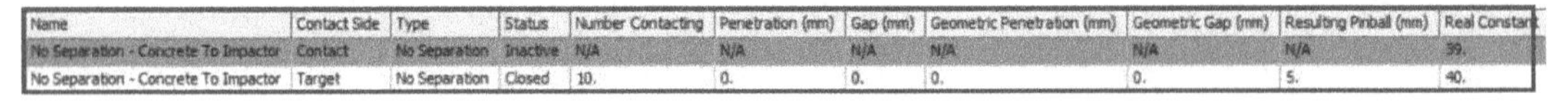

Name	Contact Side	Type	Status	Number Contacting	Penetration (mm)	Gap (mm)	Geometric Penetration (mm)	Geometric Gap (mm)	Resulting Pinball (mm)	Real Constant
No Separation - Concrete To Impactor	Contact	No Separation	Inactive	N/A	N/A	N/A	N/A	N/A	N/A	39.
No Separation - Concrete To Impactor	Target	No Separation	Closed	10.	0.	0.	0.	0.	5.	40.

图 9-6 接触初始检测

11. 创建支撑节点

（1）工具栏单击，图形窗口显示坐标系图标，然后在工具栏单击节点选择图标，依次选择坐标位置，Z 轴方向 6 个节点。

（2）在图形窗口右键单击，从弹出的快捷菜单中选择【Create Name Selection（N）…】，弹出【Selection Name】窗口，然后输入 Support，单击【OK】关闭，如图 9-7 所示。

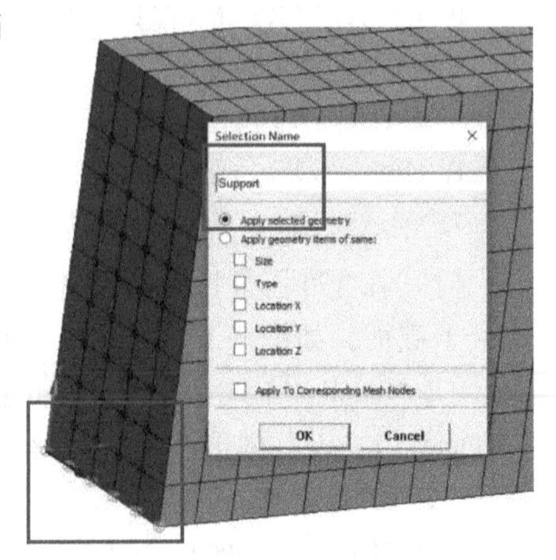

图 9-7 创建支撑节点

12. 施加边界条件

（1）选择【Static Structural（A5）】。

（2）施加冲击力，在 Mechanical 标准工具栏单击，选择冲击器表面，然后在环境工具栏单击【Loads】→【Pressure】→【Details of "Pressure"】→【Definition】→【Magnitude】= 14MPa，如图 9-8 所示。

（3）施加节点支撑，在环境工具栏单击【Direct FE】→【Nodal Displacement】→【Details of "Nodal Displacement"】→【Scope】→【Name Selection】= Support；设置【Definition】→【X Component】= Free，【Y Component】=0mm，【Z Component】=0mm，如图 9-9 所示。

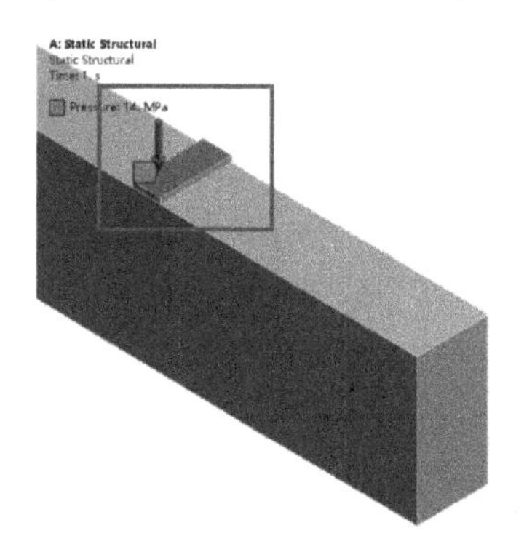

图 9-8　施加冲击力

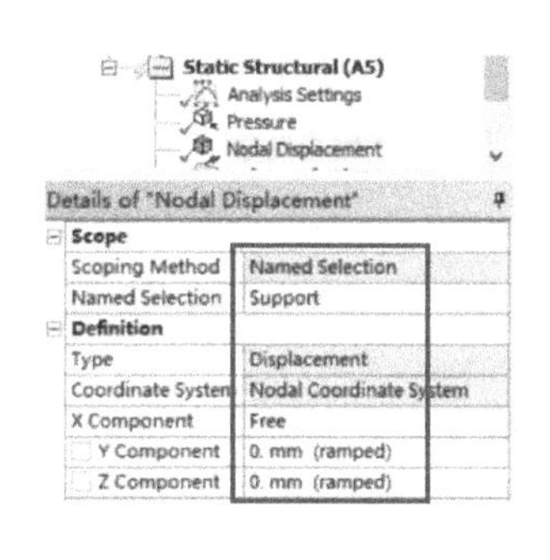

图 9-9　施加节点支撑

（4）右键单击【Static Structural（A5）】→【Insert】→【Commands】，然后在 Commands 窗口插入如下命令流：

```
/PREP7                  ！进入前处理
ESEL,S,ENAME,,65        ！选择所有单元类型 Solid65
ESEL,A,ENAME,,180       ！选择所有单元类型 Link180
ALLSEL,BELOW,ELEM       ！选择所有实体和有限元要素
CEINTF,0.001,           ！将连个不相容网格形式的区域连接起来生成约束,在两者
                          界面的节点处设立约束方程,0.001 表示为约束方程公差
ALLSEL,ALL              ！一个在 Workbench Commands 中必输项
/SOLU
OUTRES,ALL,ALL          ！输出所有求解选项,载荷步的每一步结果都写入
```

13. 设置需要的结果

（1）选择【Solution（A6）】。

（2）在求解工具栏上单击【Strain】→【Equivalent（von-Mises）】。

（3）在标准工具栏上单击，然后在求解工具栏上单击【Stress】→【Equivalent（von-Mises）】。

（4）右键单击【Solution（A6）】→【Insert】→【Commands】，然后在 Commands 窗口插入如下命令流：

```
/SHOW,png               ！显示结果方式
/ANG,1,1
/VIEW,1,0,0,0           ！设置视角
SET,1,1
```

```
/DEVICE,VECTOR,ON          ! 云图为等值线图
! PLNSOL,s,eqv
! SET,lstep,1
SET,last
PLCRACK                    ! Solid65 单元后处理显示拉裂压碎状态
```

14. 求解与结果显示

（1）在 Mechanical 标准工具栏上单击 Solve 进行求解运算。

（2）在导航树上选择【Solution（A6）】→【Equivalent Elastic Strain】，图形区域显示混凝土块应变分布，如图 9-10 所示；选择【Solution（A6）】→【Equivalent Stress】，图形区域显示混凝土块等效应力分布，如图 9-11 所示；选择【Solution（A6）】→【Commands（APDL）】→【Post Output】，Worksheet 显示混凝土块裂纹开裂结果，如图 9-12 所示。

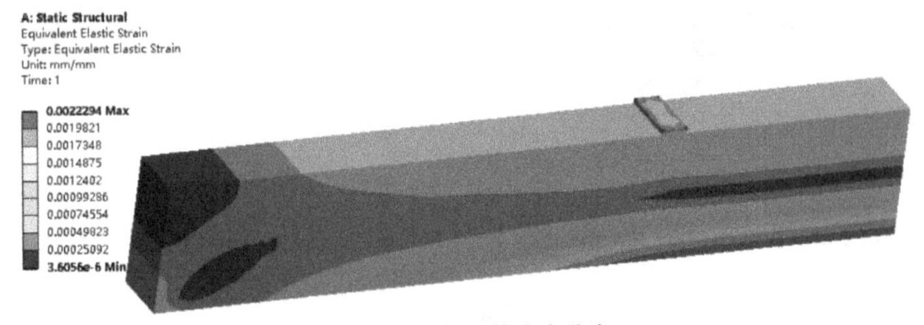

图 9-10　混凝土块应变分布

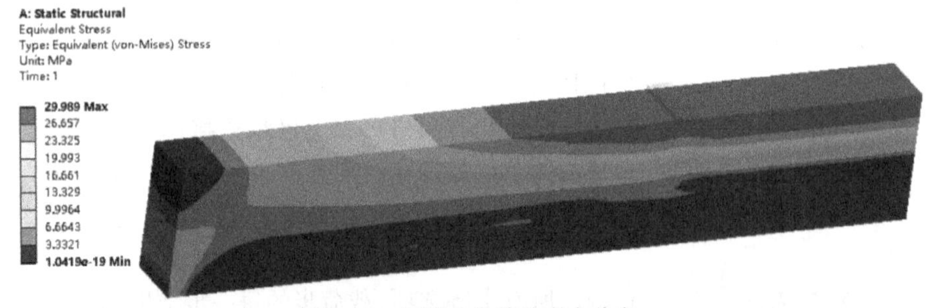

图 9-11　混凝土块等效应力分布

图 9-12　混凝土块裂纹开裂结果

15. 保存与退出

(1) 退出 Mechanical 分析环境，单击 Mechanical 主界面的菜单【File】→【Close Mechanical】退出环境，返回到 Workbench 主界面，此时主界面的分析流程图中显示的分析已完成。

(2) 单击 Workbench 主界面上的【Save】按钮，保存所有分析结果文件。

(3) 退出 Workbench 环境，单击 Workbench 主界面的菜单【File】→【Exit】退出主界面，完成分析。

9.1.3 结果分析与点评

本实例是钢筋混凝土开裂分析，从结果分析来看，根据本例问题描述给出的条件，基本模拟出了钢筋混凝土开裂的状况，由于真实开裂是个复杂过程，其结果有待具体实验来检验，不过其中的方法值得借鉴。本例中，使用了混凝土 Solid65 单元，Solid65 是种无中间节点的 8 节点空间实体单元，包含了混凝土三维强度准则，可以定义弥散钢筋单元组成的钢筋模型，在空间方向设置不同的钢筋位置、配筋率、角度等参数，而钢筋采用 Link180 单元，如本例模型分配了 36 根钢筋。在本例中，使用了各种有效的方法，如采用对称方法、命令流辅助完成求解，以及为避免约束端应力集中而先破坏，采用节点位移约束，采用六面体网格便于求解收敛等。

9.2 球形压力容器裂纹分析

9.2.1 问题与重难点描述

1. 问题描述

如图 9-13 所示圆柱形接管球形压力容器，容器结构参数：球内径 180mm，球外径 200mm，圆柱形接管尺寸，内径 30mm，外径 50mm，长 70mm，接管外伸长度 150mm，焊缝外侧过渡圆角半径 5mm，不考虑温度影响。球形压力容器工作压力为 1MPa，假设容器焊缝外侧过渡圆角有半椭圆形裂纹，材料为结构钢，试用预裂纹法求容器壁厚的线性化等效应力、I 型应力强度因子及变化情况。

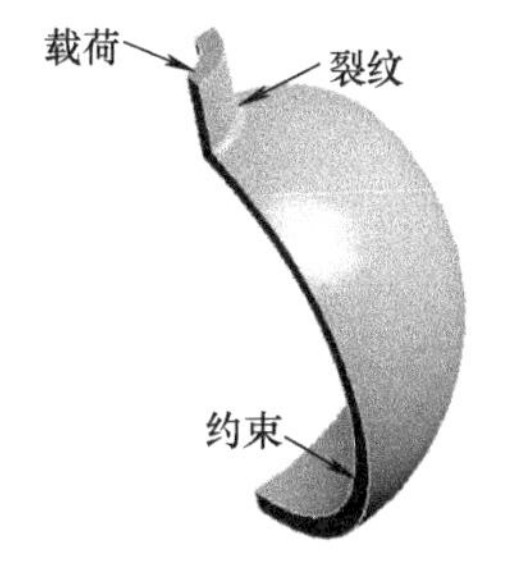

图 9-13 压力容器模型

2. 重难点提示

本实例重难点在于球形压力容器预裂纹创建，对称边界施加，利用命令流求解及后处理。

9.2.2 实例详细解析过程

1. 启动 Workbench18.0

在“开始”菜单中执行 ANSYS18.0→Workbench18.0 命令。

2. 创建结构静力分析

(1) 在工具箱【Toolbox】的【Analysis Systems】中双击或拖动结构静力分析【Static Structural】到项目分析流程图，如图 9-14 所示。

（2）在 Workbench 的工具栏中单击【Save】，保存项目实例名为 Spherical vessel. wbpj。如工程实例文件保存在 D：\ AWB \ Chapter09 文件夹中。

3. 创建材料参数，默认结构钢。

4. 导入几何模型

在结构静力分析上，右键单击【Geometry】→【Import Geometry】→【Browse】，找到模型文件 Spherical vessel. agdb，打开导入几何模型。如模型文件在 D：\ AWB \ Chapter09 文件夹中。

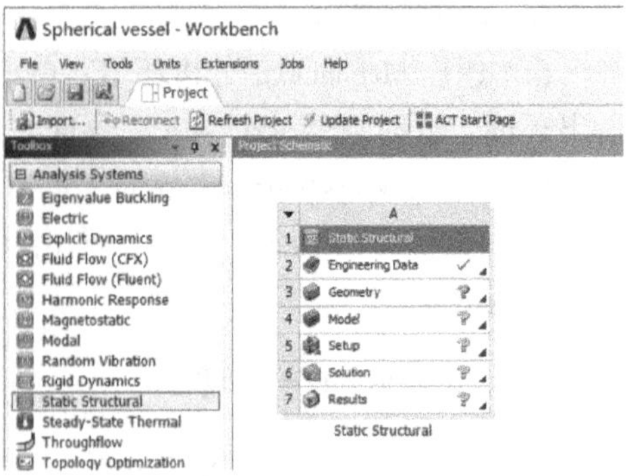

图 9-14 创建压力容器疲劳分析

5. 进入 Mechanical 分析环境

（1）在结构静力分析上，右键单击【Model】→【Edit】进入 Mechanical 分析环境。

（2）在 Mechanical 的主菜单【Units】中设置单位为 Metric（mm，kg，N，s，mV，mA）。

6. 为几何模型分配材料。

7. 创建构造线

在导航树上单击【Model（A4）】→【Construction Geometry】，选择【Construction Geometry】→【Path】→【Details of "Path"】→【Definition】→【Path Type】= Edge；工具栏单击，然后选择容器厚度方向底边线，在路径详细栏确认选择，如图 9-15 所示。

8. 定义局部坐标

（1）在 Mechanical 标准工具栏单击，选择容器接头管圆角表面上的合适点；然后右键单击，从弹出的快捷菜单中选择【Create Coordinate System Aligned With Hit Point】。

（2）单击【Coordinate Systems】→【Details of "Coordinate Systems"】→【Orientation About Principal Axis】→【Axis】= Y，设置【Define By】= Global Y Axis，如图 9-16 所示。

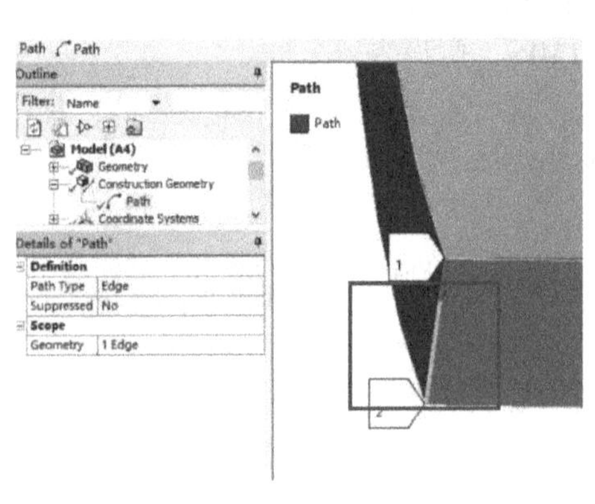

图 9-15 创建构造线

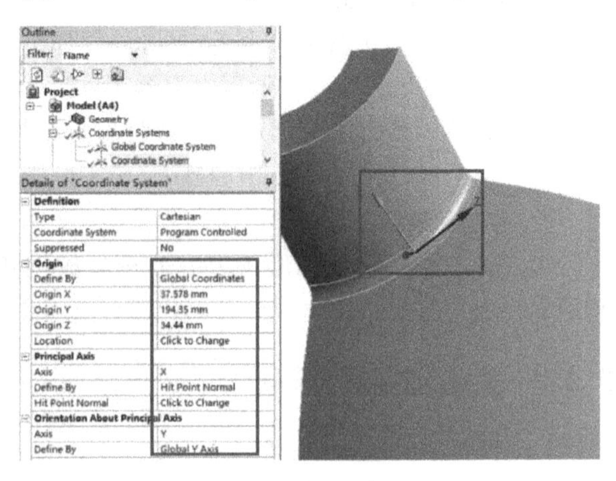

图 9-16 创建局部坐标

9. 划分网格

（1）在导航树上单击【Mesh】→【Details of "Mesh"】→【Sizing】→【Size Function】= Curvature，设置【Relevance Center】= Medium，其他默认。

（2）在标准工具栏单击 ，选择球形容器模型，然后右键单击【Mesh】，从弹出的菜单中选择【Insert】→【Method】→【Details of “Automatic Method”】→【Definition】→【Method】= Tetrahedrons，【Algorithm】= Patch Conforming，其他默认。

（3）在标准工具栏单击 ，选择球形容器模型，右键单击【Mesh】→【Insert】→【Sizing】，【Body Sizing】→【Details of “Body Sizing” -Sizing】→【Element Size】= 6mm。

（4）生成网格，右键单击【Mesh】→【Generate Mesh】，图形区域显示程序生成的四面体网格模型，如图 9-17 所示。

（5）网格质量检查，在导航树上单击【Mesh】→【Details of “Mesh”】→【Quality】→【Mesh Metric】= Skewness，显示 Skewness 规则下网格质量详细信息，平均值处在好水平范围内，展开【Statistics】显示网格和节点数量。

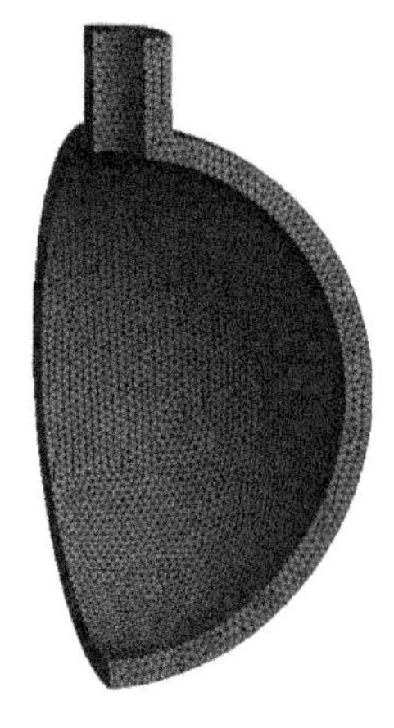

图 9-17　网格划分

10. 定义裂纹

（1）在导航树上右键单击【Model（A4）】→【Insert】→【Fracture】插入断裂工具。

（2）选择三通接头管模型，右键单击【Fracture】→【Insert】→【Semi-Elliptical Crack】，单击【Semi-Elliptical Crack】→【Details of “Semi-Elliptical Crack”】→【Definition】→【Coordinate System】= Coordinate System，设置【Major Radius】= 4，【Minor Radius】= 3，【Largest Contour Radius】= 1，【Crack Front Divisions】= 50，【Circumferential Divisions】= 16，【Mesh Contours】= 20，其他默认，如图 9-18 所示。

（3）产生裂纹，右键单击【Fracture】→【Generate All Crack Meshes】产生裂纹网格，如图 9-19 所示。

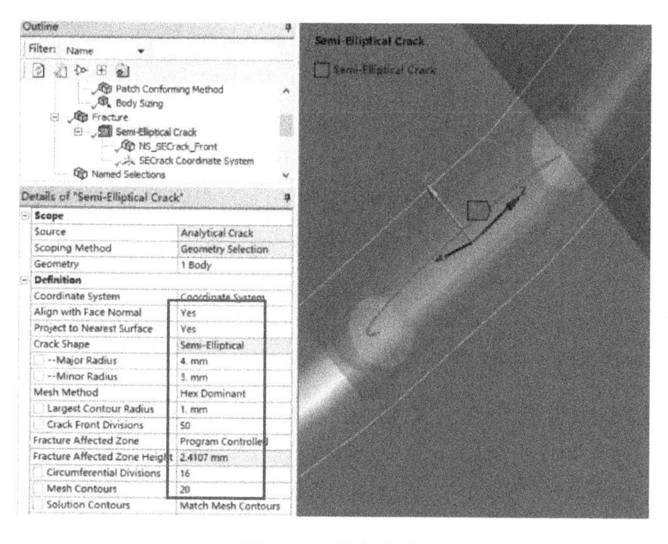

图 9-18　定义裂纹

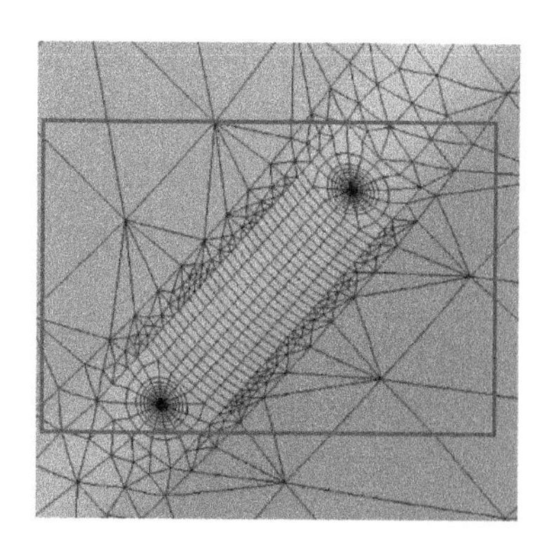

图 9-19　裂纹网格

11. 施加边界条件

（1）单击【Static Structural（A5）】。

（2）施加内压力载荷，在标准工具栏单击[图标]，选择容器内径表面及接管内表面，然后在环境工具栏单击【Loads】→【Pressure】→【Details of “Pressure”】→【Definition】→【Define By】=Normal To，【Magnitude】=1MPa，如图 9-20 所示。

（3）施加约束，在标准工具栏单击[图标]，选择侧面及接头端面，然后在环境工具栏单击【Supports】→【Frictionless Support】，如图 9-21 所示。

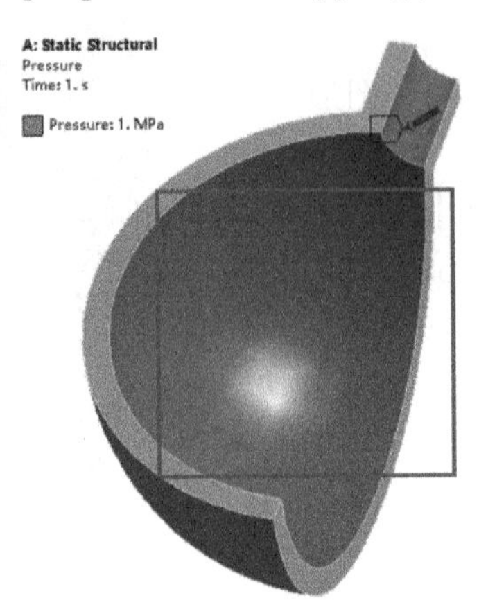

图 9-20 施加内压力载荷

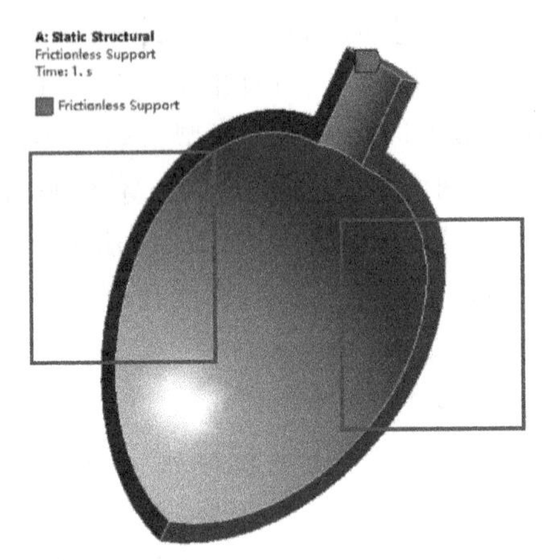

图 9-21 施加约束

（4）【Analysis Settings】→【Details of “Analysis Settings”】→【Solver Controls】→【Solver Type】=Direct。

12. 设置需要的结果

（1）在导航树上单击【Solution（A6）】。

（2）在求解工具栏上单击【Deformation】→【Total】。

（3）在求解工具栏上单击【Linearized Stress】→【Equivalent（Von-Mises）】，单击【Linearized Equivalent Stress】→【Details of “Linearized Equivalent Stress”】→【Scope】→【Scope Method】=Path，【Path】=Path，其他默认。

（4）在求解工具栏上单击【Tools】→【Fracture Tool】→【Details of “Fracture Tool”】→【Crack Selection】=Semi-Elliptical Crack。

（5）单击【Fracture Tool】→【SIFS（K1）】→【Details of “SIFS（K1）”】→【By】=Result Set，其他默认，如图 9-22 所示。

Solution (A6)
- Solution Information
- Total Deformation
- Linearized Equivalent Stress
- Fracture Tool
  - SIFS (K1)

Details of "SIFS (K1)"

Definition	
Type	SIFS
Subtype	K1
Contour Start	1
Contour End	6
Active Contour	Last
By	Result Set

图 9-22 结果设置

（6）右键单击【Solution（A6）】→【Insert】→【Commands】，然后在 Commands 窗口插入如下命令流：

```
/SOLU

CINT,NEW,1
CINT,TYPE,TSTR                    ! CALCULATE T - STRESS
CINT,CTNC,NS_SECrack_Front        ! CRACK ID
```

```
CINT, NCON, 10                                ! NUMBER OF COUNTOURS

CINT, LIST



ALLSEL, ALL


/Show, png                                    ! OUTPUT TO PNG FORMAT
/POST1
/OUT,
PLCINT,,, TSTRESS
```

（7）单击【Commands】，然后在工具栏单击【New Figure or Image】图标，再单击【Image】图标。

13. 求解与结果显示

（1）在 Mechanical 标准工具栏上单击 Solve 进行求解运算。

（2）运算结束后，单击【Solution（A6）】→【Total Deformation】，图形区域显示球形压力容器变形分布云图，如图 9-23 所示；单击【Solution（A6）】→【Linearized Equivalent Stress】，结果如图 9-24、图 9-25 所示；单击【Fracture Tool】→【SIFS（K1）】，结果如图 9-26、图 9-27 所示；单击【Solution（A6）】→【Image】，结果如图 9-28 所示。

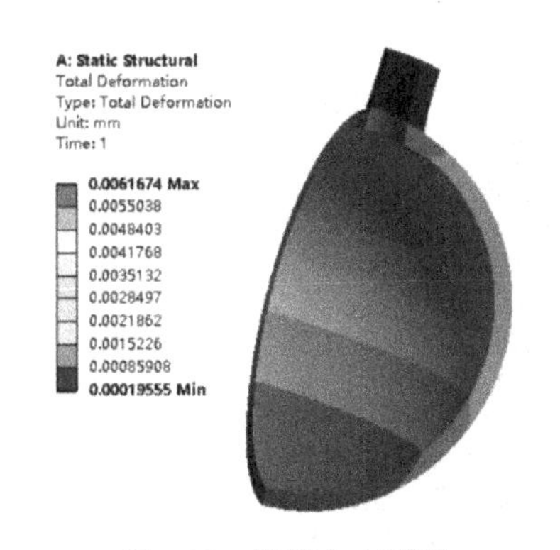

图 9-23　变形分布云图

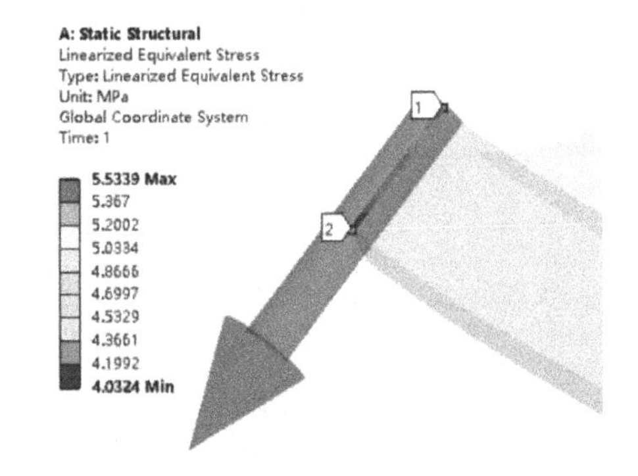

图 9-24　线性化等效应力云图

Tabular Data

	Length [mm]	Membrane [MPa]	Bending [MPa]	Membrane+Bending [MPa]	Peak [MPa]	Total [MPa]
1	0.	4.7369	0.74787	5.4848	4.908e-002	5.5339
2	0.41667	4.7369	0.7167	5.4536	4.439e-002	5.498
3	0.83333	4.7369	0.68554	5.4225	3.97e-002	5.4622
4	1.25	4.7369	0.65438	5.3913	3.501e-002	5.4263
5	1.6667	4.7369	0.62322	5.3602	3.0321e-002	5.3905
6	2.0833	4.7369	0.59206	5.329	2.5631e-002	5.3546
7	2.5	4.7369	0.5609	5.2978	2.0942e-002	5.3188
8	2.9167	4.7369	0.52974	5.2667	1.6253e-002	5.2829
9	3.3333	4.7369	0.49858	5.2355	1.1565e-002	5.2471
10	3.75	4.7369	0.46742	5.2043	6.8813e-003	5.2112
11	4.1667	4.7369	0.43626	5.1732	2.2231e-003	5.1754
12	4.5833	4.7369	0.40509	5.142	2.555e-003	5.1395

图 9-25　线性化等效应力数据

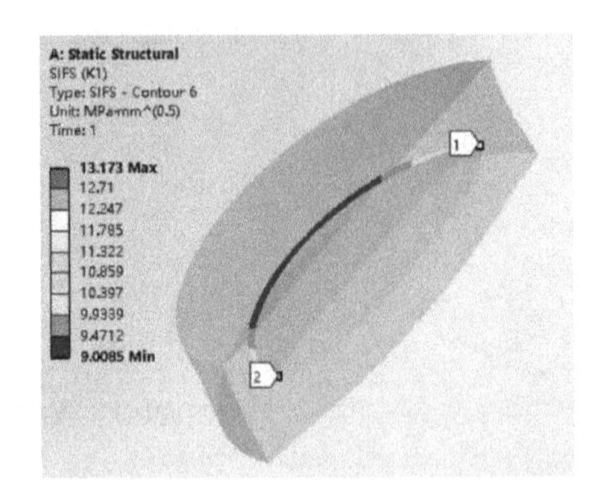

图 9-26　I 型应力强度因子结果云图

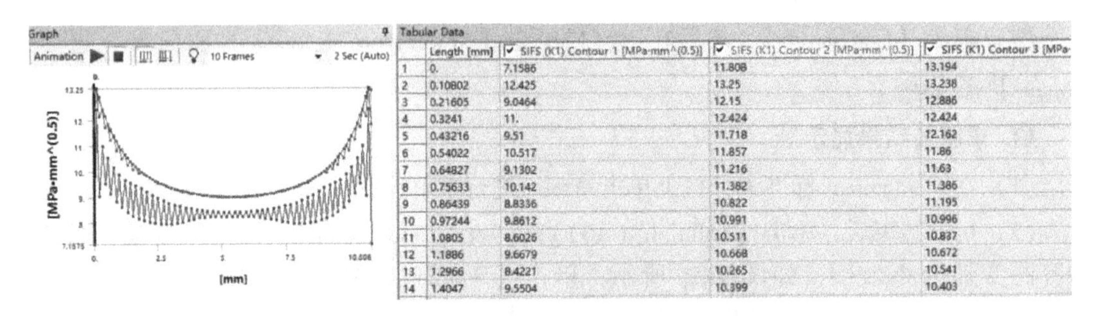

Tabular Data

	Length [mm]	SIFS (K1) Contour 1 [MPa·mm^(0.5)]	SIFS (K1) Contour 2 [MPa·mm^(0.5)]	SIFS (K1) Contour 3 [MPa·
1	0.	7.1586	11.808	13.194
2	0.10802	12.425	13.25	13.238
3	0.21605	9.0464	12.15	12.886
4	0.3241	11.	12.424	12.424
5	0.43216	9.51	11.718	12.162
6	0.54022	10.517	11.857	11.86
7	0.64827	9.1302	11.216	11.63
8	0.75633	10.142	11.382	11.386
9	0.86439	8.8336	10.822	11.195
10	0.97244	9.8612	10.991	10.996
11	1.0805	8.6026	10.511	10.837
12	1.1886	9.6679	10.668	10.672
13	1.2966	8.4221	10.265	10.541
14	1.4047	9.5504	10.399	10.403

图 9-27　I 型应力强度因子结果视图与数据

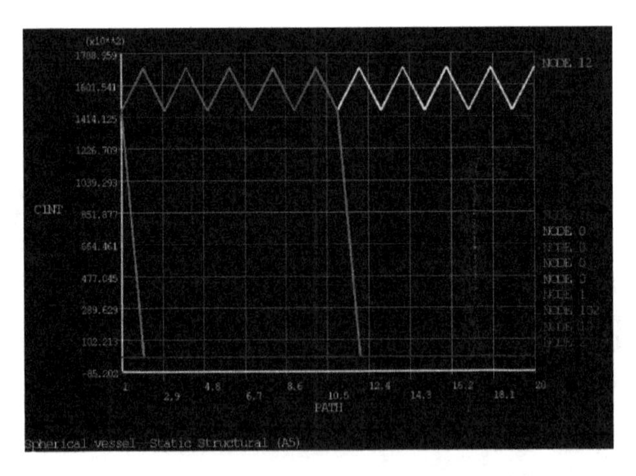

图 9-28　II 型应力强度因子结果视图与数据

14. 保存与退出

(1) 退出 Mechanical 分析环境，单击 Mechanical 主界面的菜单【File】→【Close Mechanical】退出环境，返回到 Workbench 主界面，此时主界面的分析流程图中显示的分析已完成。

(2) 单击 Workbench 主界面上的【Save】按钮，保存所有分析结果文件。

(3) 退出 Workbench 环境，单击 Workbench 主界面的菜单【File】→【Exit】退出主界面，完成分析。

9.2.3　结果分析与点评

本实例是球形压力容器裂纹分析，从分析结果来看，包含了两个重要知识点，预裂纹创建和断裂工具应用。在本例中如何创建预裂纹、采用何种裂纹扩展分析方法是关键，这牵涉到实例模型及裂纹创建、裂纹扩展方法选择、对应的边界条件设置、断裂裂纹求解及后处理。实际上，裂纹扩展分析，在裂纹扩展分析方法可选的情况下，主要任务是根据实际情况创建合适的裂纹，目前可以创建任意形状裂纹，这为裂纹创建带来了便利。

9.3　股骨柄疲劳分析

9.3.1　问题与重难点描述

1. 问题描述

包含有金属股骨头的生物型植入物钛合金股骨柄，柄颈部常为薄弱位置，如图9-29所示。金属股骨柄长时间植入人体除了本身强度要有保证外，疲劳强度也是考虑的重要因素，因此对股骨柄进行疲劳寿命分析是必要的。由于股骨柄植入人体运动复杂，本实例只考虑全逆疲劳载荷，假设股骨柄远端固定，并承受2300N的力载荷，*S-N*曲线根据表9-1确定。试求钛合金股骨柄总体变形、应力，颈部应力及疲劳情况。

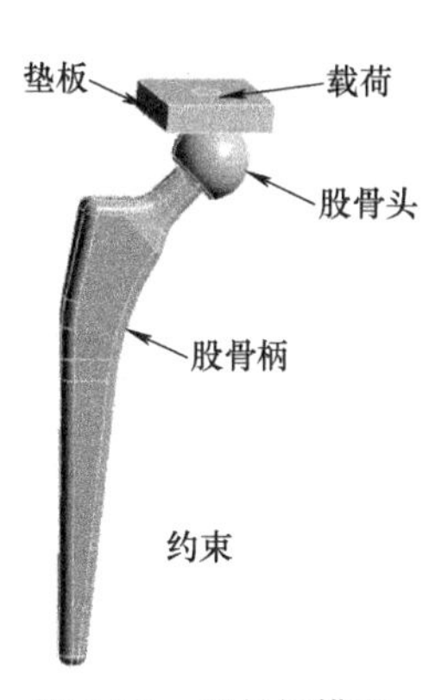

图9-29　股骨柄模型

表9-1　钛合金材料的疲劳数据（*S-N*数据）

循环次数 *N*	1E1	2E1	5E1	1E2	2E2	5E2	1E3	2E3
交变应力 *S*/MPa	4000	2828	1897	1414	1069	724	572	441
循环次数 *N*	5E3	1E4	2E4	5E4	1E5	2E5	5E5	1E6
交变应力 *S*/MPa	331	262	214	159	138	114	93.1	86.2

2. 重难点提示

本实例重难点在于股骨柄载荷边界设置，疲劳载荷、疲劳平均应力修正选择、疲劳求解及后处理。

9.3.2　实例详细解析过程

1. 启动Workbench18.0

在“开始”菜单中执行ANSYS18.0→Workbench18.0命令。

2. 创建结构静力分析项目

（1）在工具箱【Toolbox】的【Analysis Systems】中双击或拖动结构静力分析项目【Static Structural】到项目分析流程图，如图9-30所示。

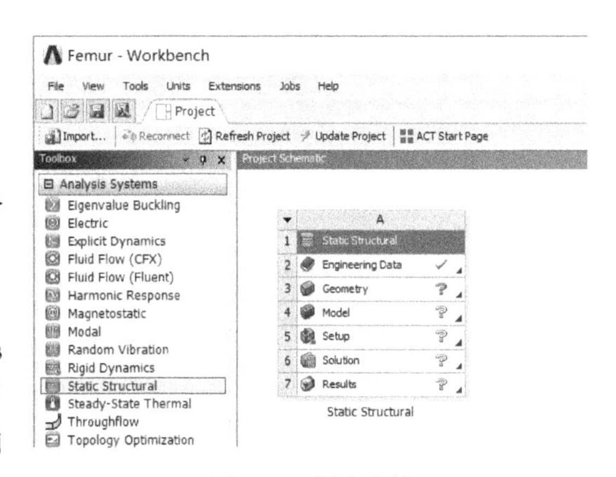

图9-30　创建分析

（2）在 Workbench 的工具栏中单击【Save】，保存项目工程名为 Femur. wbpj。如工程实例文件保存在 D：\ AWB \ Chapter09 文件夹中。

3. 创建材料参数

（1）编辑工程数据单元，右键单击【Engineering Data】→【Edit】。

（2）在工程数据属性中增加材料，在 Workbench 的工具栏上单击工程材料源库，此时的界面主显示【Engineering Data Sources】和【Outline of Favorites】。选择 A3 栏【General materials】，从【Outline of General materials】里查找钛合金【Titanium Alloy】材料，然后单击【Outline of General Material】表中的添加按钮，此时在 C14 栏中显示标示，表明材料添加成功，如图 9-31 所示。

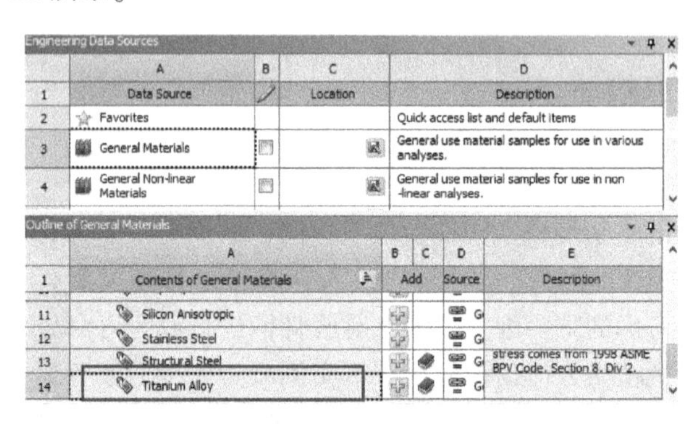

图 9-31　创建钛合金材料

（3）为钛合金材料创建交变应力。在 Workbench 的工具栏上单击工程材料源库，返回主界面；在左侧单击【Life】展开，双击【Alternating Stress Mean Stress】→【Properties of Outline Row 4：Titanium Alloy】→【Alternating Stress Mean Stress】→【Interpolation】= Log-Log；设置【Table of Properties Row 9：Alternating Stress Mean Stress】→【Mean Stress（pa）】=0，然后对应表把数据输入 B 列 Cycles 和 C 列 Alternating Stress（Pa）中，输入完毕后可得钛合金材料的 S-N 曲线，如图 9-32 所示。

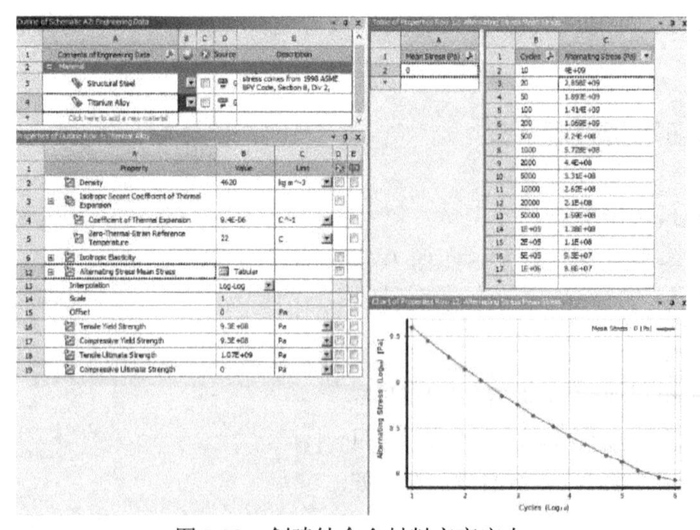

图 9-32　创建钛合金材料交变应力

（4）单击工具栏中的【A2：Engineering Data】关闭按钮，返回到 Workbench 主界面，新材料创建完毕。

4. 导入几何模型

在结构静力分析项目上，右键单击【Geometry】→【Import Geometry】→【Browse】，找到模型文件 Femur. adgb，打开导入几何模型。如模型文件在 D：\ AWB \ Chapter09 文件夹中。

5. 进入 Mechanical 分析环境

（1）在结构静力分析项目上，右键单击【Model】→【Edit】进入 Mechanical 分析环境。

（2）在 Mechanical 的主菜单【Units】中设置单位为 Metric（mm，kg，N，s，mV，mA）。

6. 为几何模型分配厚度及材料

（1）为股骨柄与股骨头分配材料，在导航树上单击【Geometry】，展开，选择【Hip、Head】→【Details of "Multiple Selection"】→【Definition】→【Material】→【Assignment】= Titanium Alloy，其他默认。

（2）垫板材料为结构钢，自动分配。

7. 接触设置

在导航树上展开【Connections】→【Contacts】，单击【Contact Region】，默认程序自动识别的接触面与目标面。右键单击【Contact Region】，从弹出的快捷菜单中选择【Rename Based On Definition】，重新命名目标面与接触面。

8. 划分网格

（1）在导航树上单击【Mesh】→【Details of "Mesh"】→【Sizing】→【Relevance Center】= Medium，【Element Size】= 1.5mm，其他默认。

（2）在标准工具栏上单击▣，选择垫板，右键单击【Mesh】→【Insert】→【Method】，单击【Automatic Method】→【Details of "Automatic Method" -Method】→【Method】= Hex Dominant。

（3）在标准工具栏上单击▣，选择所有体，然后右键单击【Mesh】，从弹出的菜单中选择【Insert】→【Sizing】，【Body Sizing】→【Details of "Body Sizing"】→【Element Size】= 2mm。

（4）生成网格，右键单击【Mesh】→【Generate Mesh】，图形区域显示程序生成的四面体网格模型，如图 9-33 所示。

（5）网格质量检查，在导航树上单击【Mesh】→【Details of "Mesh"】→【Quality】→【Mesh Metric】= Skewness，显示 Skewness 规则下网格质量详细信息，平均值处在好水平范围内，展开【Statistics】显示网格和节点数量。

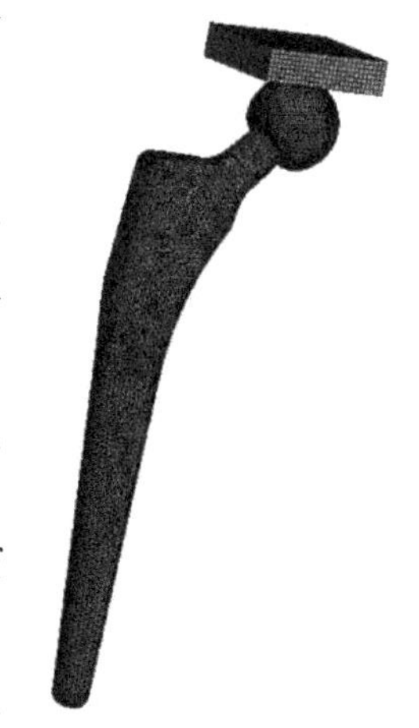

图 9-33　网格划分

9. 施加边界条件

（1）单击【Static Structural（A5）】。

（2）施加力载荷，在标准工具栏上单击▣，首先选择垫板端面的中心圆面，然后在环境工具栏单击【Loads】→【Force】→【Details of "Force"】→【Definition】→【Define By】=

Components，【Coordinate System】→【Coordinate System】，设置【Y Component】= -2300N，【X Component】=0N，【Z Component】=0N，如图 9-34 所示。

（3）施加约束，在标准工具栏上单击，选择股骨柄远端表面（共 17 个面），然后在环境工具栏单击【Supports】→【Fixed Support】，如图 9-35 所示。

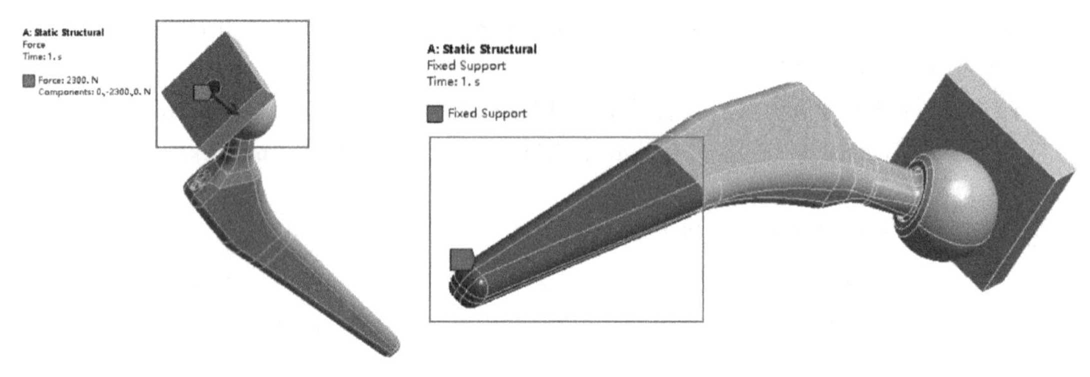

图 9-34 施加载荷

图 9-35 施加固定约束

10. 设置需要结果

（1）在导航树上单击【Solution（A6）】。

（2）在求解工具栏上单击【Deformation】→【Total】。

（3）在标准工具栏上单击，选择所有股骨柄，然后在求解工具栏上单击【Stress】→【Equivalent Stress】。

（4）在标准工具栏上单击，选择所有股骨柄颈，然后在求解工具栏上单击【Stress】→【Equivalent Stress】。

（5）在 Mechanical 标准工具栏上单击 Solve 进行求解运算，求解结束后，如图 9-36～图 9-38 所示。

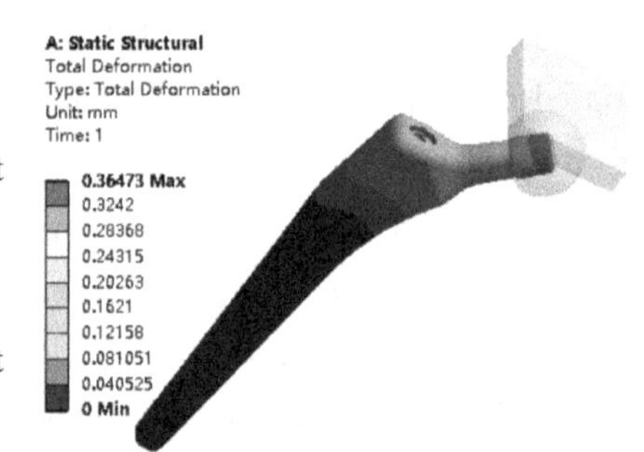

图 9-36 股骨柄变形云图

图 9-37 股骨柄等效应力云图

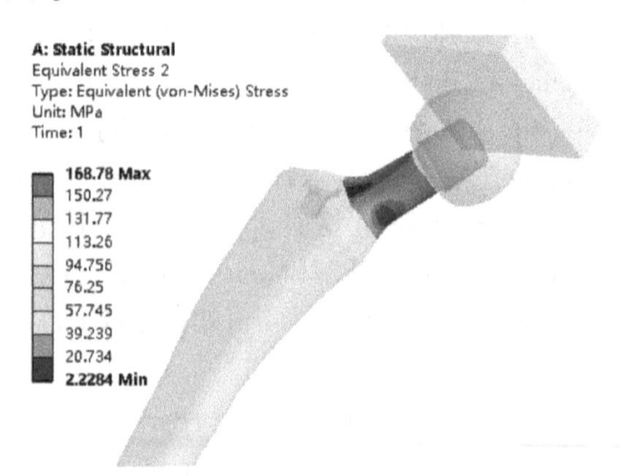

图 9-38 股骨颈局部应力

11. 创建疲劳分析

（1）在导航树上单击【Solution（A6）】。

（2）在求解工具栏上单击【Tools】→【Fatigue Tool】。

（3）设置【Fatigue Tool】→【Fatigue Strength Factor（Kf）】=0.8；【Loading】→【Type】=Full Reversed，【Scale Factor】=2；【Options】→【Analysis Type】=Stress Life，【Mean Stress Theory】=Goodman，【Stress Component】=Equivalent（Von Mises），【Life Units】→【Units Name】=cycles；其他默认，如图 9-39 所示。

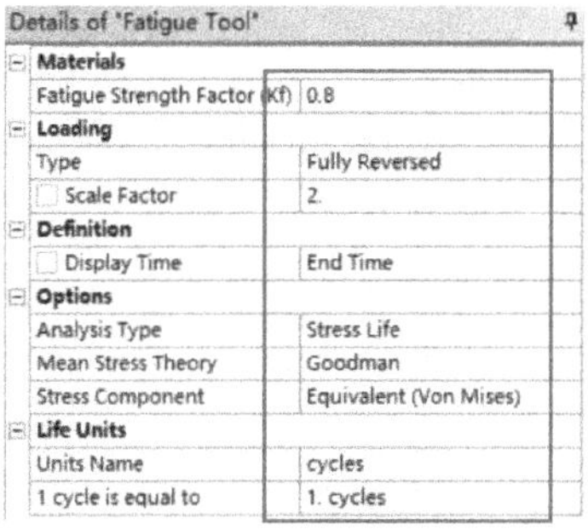

Details of 'Fatigue Tool'	
Materials	
Fatigue Strength Factor (Kf)	0.8
Loading	
Type	Fully Reversed
Scale Factor	2.
Definition	
Display Time	End Time
Options	
Analysis Type	Stress Life
Mean Stress Theory	Goodman
Stress Component	Equivalent (Von Mises)
Life Units	
Units Name	cycles
1 cycle is equal to	1. cycles

图 9-39　创建疲劳分析设置

（4）设置所需结果，在疲劳求解工具栏上单击【Contour Results】→【Life】，选择【Equivalent Alternating Stress】；单击【Graph Results】→【Fatigue Sensitivity】。

12. 求解与结果显示

（1）在 Mechanical 标准工具栏上单击 Solve 进行求解运算。

（2）运算结束后，单击【Fatigue Tool】→【Life】，图形区域显示股骨柄寿命分布云图，如图 9-40 所示。单击【Fatigue Tool】→【Equivalent Alternating Stress】，结果如图 9-41 所示；单击【Fatigue Tool】→【Fatigue Sensitivity】，图形区域显示股骨柄疲劳敏感性图，如图 9-42 所示。

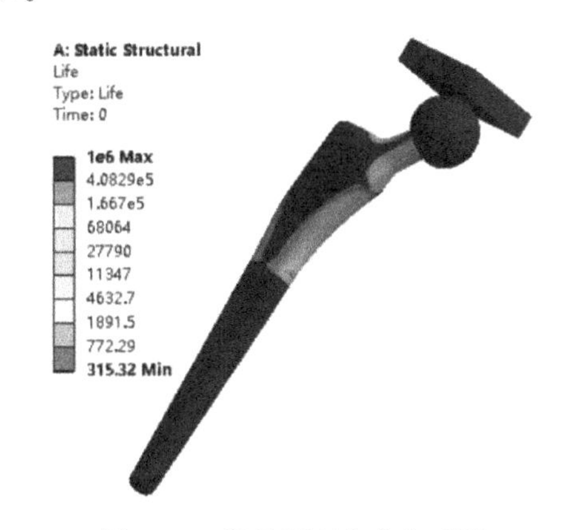

图 9-40　股骨柄寿命分布云图

A: Static Structural
Equivalent Alternating Stress
Type: Equivalent Alternating Stress
Unit: MPa
Time: 0
880.82 Max
782.95
685.08
587.21
489.34
391.48
293.61
195.74
97.869
4.0692e-8 Min

图 9-41　股骨柄交变应力云图

13. 保存与退出

（1）退出 Mechanical 分析环境，单击 Mechanical 主界面的菜单【File】→【Close Mechanical】退出环境，返回到 Workbench 主界面，此时主界面的分析流程图中显示的分析已完成。

（2）单击 Workbench 主界面上的【Save】按钮，保存所有分析结果文件。

（3）退出 Workbench 环境，单击 Workbench 主界面的菜单【File】→【Exit】退出主界面，完成项目分析。

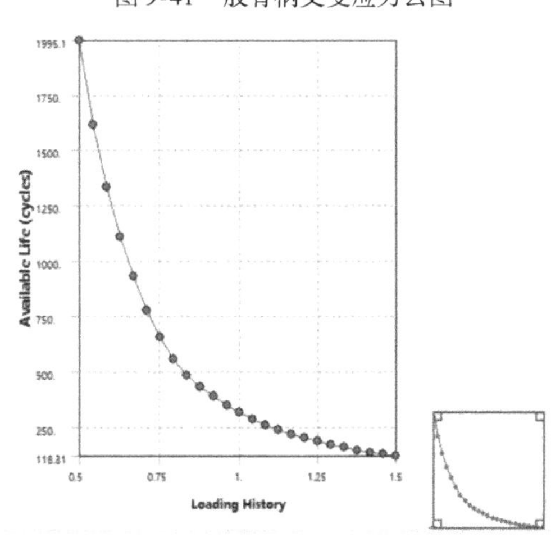

图 9-42　股骨柄疲劳敏感性图

9.3.3 结果分析与点评

本实例是股骨柄疲劳分析，从分析结果来看，股骨柄颈部是整个股骨柄的最薄弱处，应力大，同时该处也易疲劳，交变应力大，也是易断裂处，因此对此处的设计及制造应特别注意。本实例涉及了疲劳工具应用及随机疲劳载荷处理。在本例中采用何种疲劳分析方法及疲劳载荷求解是关键，这牵涉到股骨柄实际工作过程及疲劳载荷、疲劳平均应力修正选择、对应的边界条件设置、疲劳求解及后处理。实际上，本例疲劳分析是把瞬态结构动力分析转化为静态的疲劳分析，这样处理与瞬态结构分析结果相比，差距可忽略，但大大节省了计算成本，推荐使用。

9.4 自行车前叉疲劳分析

9.4.1 问题与重难点描述

1. 问题描述

如图9-43所示自行车前叉部件，在自行车结构中处于前方部位，它的上端与车把部件相连，车架部件与前管配合，下端与前轴部件配合，组成自行车的导向系统。自行车前叉的作用主要在于减少车架震动幅度，使行驶更平稳，提升可控性。前叉部件的受力情况属悬臂梁性质，故前叉部件必须具有足够的强度、耐疲劳等性质。本实例自行车前叉材料为铝合金，假设前叉受500N力载荷，全逆疲劳载荷，试求自行车前叉最大应力、变形、疲劳安全因子分布及交变应力情况。

2. 重难点提示

本实例重难点在于前叉载荷边界设置，网格处理、疲劳载荷、疲劳平均应力修正选择、疲劳求解及后处理。

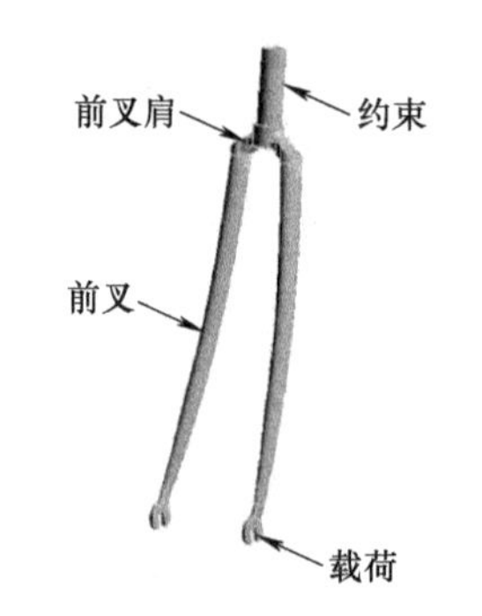

图9-43 自行车前叉模型

9.4.2 实例详细解析过程

1. 启动 Workbench18.0

在“开始”菜单中执行 ANSYS18.0→Workbench18.0 命令。

2. 创建结构静力分析项目

（1）在工具箱【Toolbox】的【Analysis Systems】中双击或拖动结构静力分析项目【Static Structural】到项目分析流程图，如图9-44所示。

（2）在 Workbench 的工具栏中单击【Save】，保存项目工程名为 Bicycle fork. wbpj。如工程实例文件保存在 D：\ AWB \ Chapter09 文件夹中。

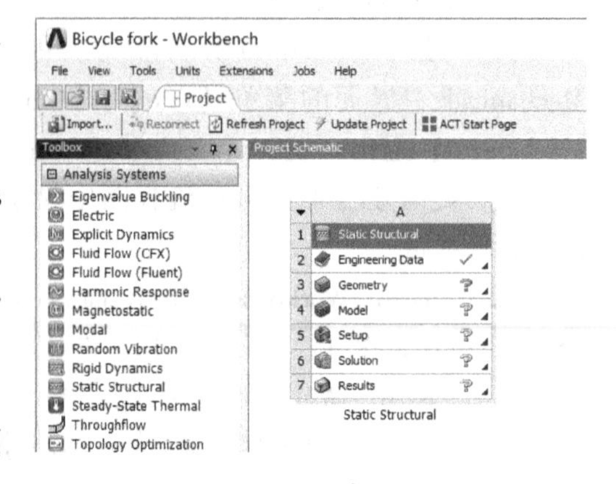

图9-44 创建分析

3. 创建材料参数

（1）编辑工程数据单元，右键单击【Engineering Data】→【Edit】。

（2）在工程数据属性中增加材料，在 Workbench 的工具栏上单击工程材料源库，此时的界面主显示【Engineering Data Sources】和【Outlinc of Favorites】。选择 A3 栏【General materials】，从【Outline of General materials】里查找铝合金【Aluminum Alloy】材料，然后单击【Outline of General Material】表中的添加按钮，此时在 C14 栏中显示标示，表明材料添加成功，如图 9-45 所示。

Engineering Data Sources

	A	B	C	D
1	Data Source		Location	Description
2	Favorites			Quick access list and default items
3	General Materials			General use material samples for use in various analyses.
4	General Non-linear Materials			General use material samples for use in non -linear analyses.

Outline of General Materials

	A	B	C	D	E
1	Contents of General Materials	Add		Source	Description
4	Aluminum Alloy			G	Fatigue properties come from MIL-HDBK-5H, page 3
5	Concrete			G	
6	Copper Alloy			G	

图 9-45　创建材料

（3）单击工具栏中的【A2：Engineering Data】关闭按钮，返回到 Workbench 主界面，新材料创建完毕。

4. 导入几何模型

在结构静力分析项目上，右键单击【Geometry】→【Import Geometry】→【Browse】，找到模型文件 Bicycle fork. adgb，打开导入几何模型。如模型文件在 D：\ AWB \ Chapter09 文件夹中。

5. 进入 Mechanical 分析环境

（1）在结构静力分析项目上，右键单击【Model】→【Edit】进入 Mechanical 分析环境。

（2）在 Mechanical 的主菜单【Units】中设置单位为 Metric（mm，kg，N，s，mV，mA）。

6. 为几何模型分配厚度及材料

为模型分配材料，在导航树上单击【Geometry】展开，设置【Bicycle fork】→【Details of "Bicycle fork"】→【Definition】→【Material】→【Assignment】= Aluminum Alloy，其他默认。

7. 虚拟拓扑设置

在导航树上单击【Model（B4）】→【Virtual Topology】，右键单击【Virtual Topology】→【Generate Virtual Cell】，产生虚拟拓扑，如图 9-46 所示。

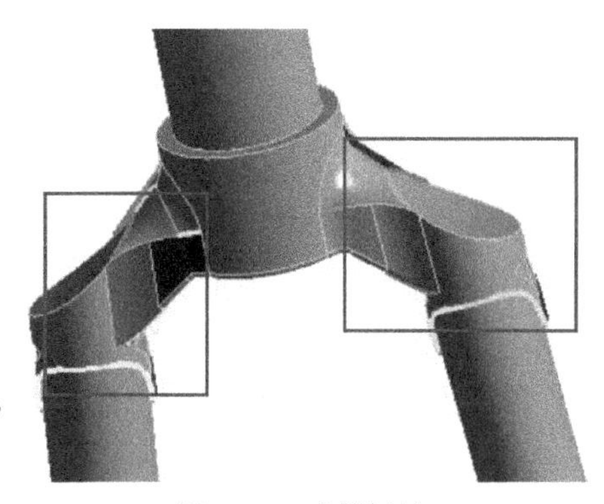

图 9-46　虚拟拓扑

8. 划分网格

（1）在导航树上单击【Mesh】→【Details of "Mesh"】→【Sizing】→【Relevance Center】= Medium，其他默认。

（2）在标准工具栏上单击，选择所有体，然后右键单击【Mesh】，从弹出的菜单中选择【Insert】→【Sizing】，设置【Body Sizing】→【Details of "Body Sizing"】→【Element Size】=2mm。

（3）生成网格，右键单击【Mesh】→【Generate Mesh】，图形区域显示程序生成的四面体网格模型，如图9-47所示。

（4）网格质量检查，在导航树上单击【Mesh】→【Details of "Mesh"】→【Quality】→【Mesh Metric】= Skewness，显示Skewness规则下网格质量详细信息，平均值处在好水平范围内，展开【Statistics】显示网格和节点数量。

图9-47 网格划分

9. 施加边界条件

（1）单击【Static Structural（A5）】。

（2）施加力载荷，在标准工具栏上单击，首先选择前轮轴孔（共6个面），然后在环境工具栏单击【Loads】→【Remote Force】→【Details of "Remote Force"】→【Definition】→【Define By】= Components，选择【Coordinate System】→【Coordinate System】，设置【X Component】=500N，【Y Component】=0N，【Z Component】=0N，如图9-48所示。

（3）施加约束，在标准工具栏上单击，选择上端表面，然后在环境工具栏单击【Supports】→【Fixed Support】，如图9-49所示。

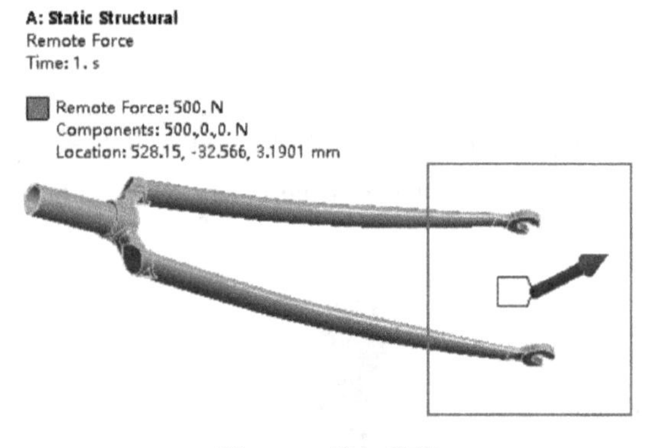

图9-48 施加载荷

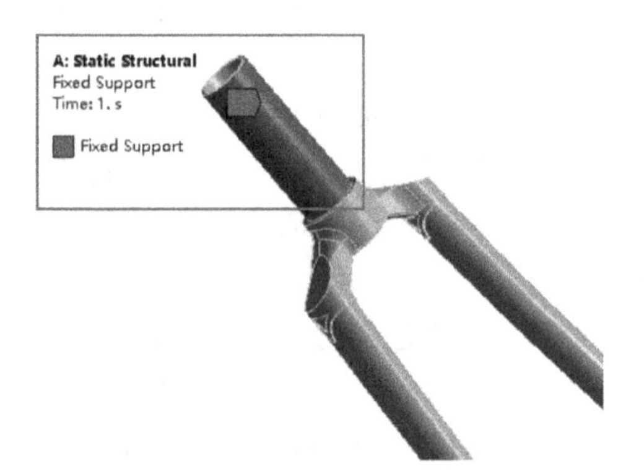

图9-49 施加固定约束

（4）施加重力加速度，单击【Inertial】→【Standard Earth Gravity】→【Details of "Standard Earth Gravity"】→【Definition】→【Direction】= -Y Direction，其他默认。

10. 设置需要结果

（1）在导航树上单击【Solution（A6）】。

（2）在求解工具栏上单击【Deformation】→【Total】。

（3）在求解工具栏上单击【Stress】→【Equivalent Stress】。

（4）在 Mechanical 标准工具栏上单击 Solve 进行求解运算，求解结束后，如图 9-50、图 9-51 所示。

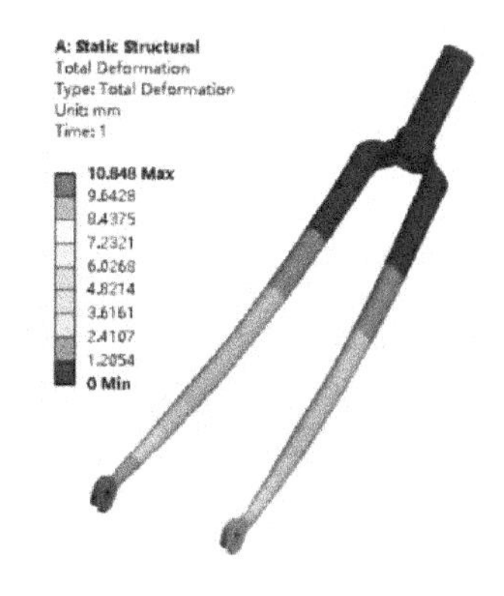

图 9-50　前叉变形云图

图 9-51　前叉等效应力云图

11. 创建疲劳分析

（1）在导航树上单击【Solution（A6）】。

（2）在求解工具栏上单击【Tools】→【Fatigue Tool】。

（3）设置【Fatigue Tool】→【Fatigue Strength Factor（Kf）】= 0.8；【Loading】→【Type】= Full Reversed，【Scale Factor】= 1；【Options】→【Analysis Type】= Stress Life，【Mean Stress Theory】= Goodman，【Stress Component】= Equivalent（Von Mises），【Life Units】→【Units Name】= cycles，【1cycles is equal to】= 1000 cycles；其他默认，如图 9-52 所示。

Details of "Fatigue Tool"

Materials	
Fatigue Strength Factor (Kf)	0.8
Loading	
Type	Fully Reversed
Scale Factor	1.
Definition	
Display Time	End Time
Options	
Analysis Type	Stress Life
Mean Stress Theory	Goodman
Stress Component	Equivalent (Von Mises)
Life Units	
Units Name	cycles
1 cycle is equal to	1000. cycles

图 9-52　创建疲劳分析设置

（4）设置所需结果，在疲劳求解工具上单击【Contour Results】→【Safety Factor】，【Equivalent Alternating Stress】。

12. 求解与结果显示

（1）在 Mechanical 标准工具栏上单击 Solve 进行求解运算。

（2）运算结束后，单击【Fatigue Tool】→【Safety Factor】，图形区域显示前叉安全因子分布云图，如图 9-53 所示。单击【Fatigue Tool】→【Equivalent Alternating Stress】，结果如图 9-54 所示。

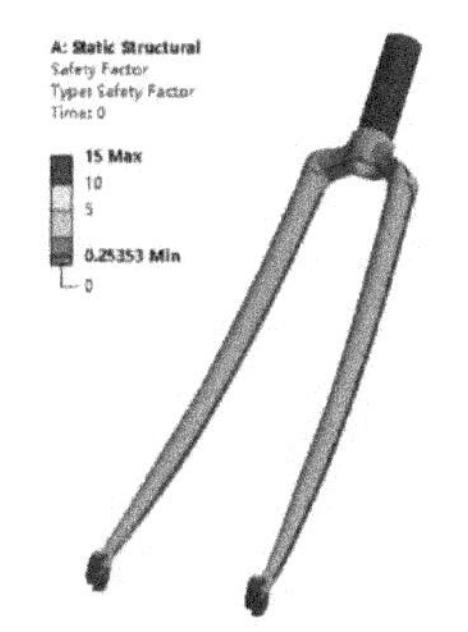

图 9-53　前叉安全因子分布云图

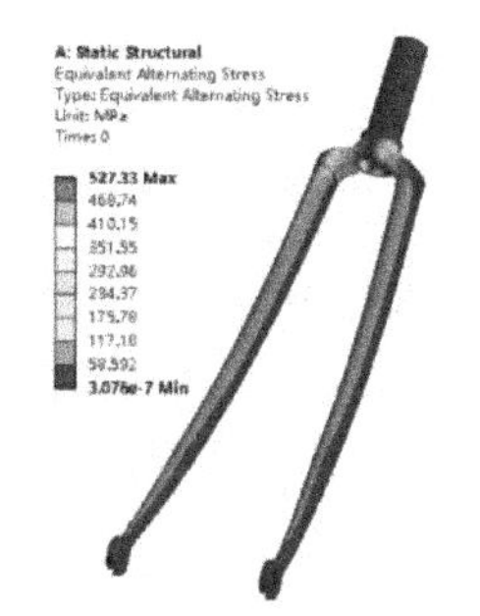

图 9-54　前叉交变应力云图

13. 保存与退出

(1) 退出 Mechanical 分析环境，单击 Mechanical 主界面的菜单【File】→【Close Mechanical】退出环境，返回到 Workbench 主界面，此时主界面的分析流程图中显示的分析已完成。

(2) 单击 Workbench 主界面上的【Save】按钮，保存所有分析结果文件。

(3) 退出 Workbench 环境，单击 Workbench 主界面的菜单【File】→【Exit】退出主界面，完成项目分析。

9.4.3 结果分析与点评

本实例是自行车前叉疲劳分析，从分析结果来看，非安全区与交变应力大的区是一致的，前叉易在前叉肩与前叉腿产生疲劳损坏，这可能主要是因为该区域不平滑、弯折较多，导致应力集中、焊接质量问题等，因此在设计与使用中应加强设计和多关注此处。本实例采用恒幅正弦载荷，有别于不规则的实际载荷，这是由于非恒定随机疲劳载荷需要实际的测量积累，也是这类疲劳分析相对困难确定的参数和需注意的地方，但所采用的疲劳分析方法及给定疲劳载荷求解是可借鉴的。我国《自行车前叉》标准 QB 1881—2008 分别对自行车前叉的疲劳性能和能量吸收性能做了具体规定，可参考。尽管分析求解有局限性，但分析过程完整、特别，对疲劳平均应力修正选择、对应的边界条件设置、疲劳求解及后处理都是重点。

9.5 机床弹簧夹头疲劳分析

9.5.1 问题与重难点描述

1. 问题描述

如图 9-55 所示机床弹簧夹头，工作过程中始终有 0.5mm 的往复位移，疲劳破坏是强度破坏的主要失效形式。弹簧夹头的材料为 BS970。试运用 nCode Design Life 分析方法分析该部件的损伤分布、寿命，疲劳应力。

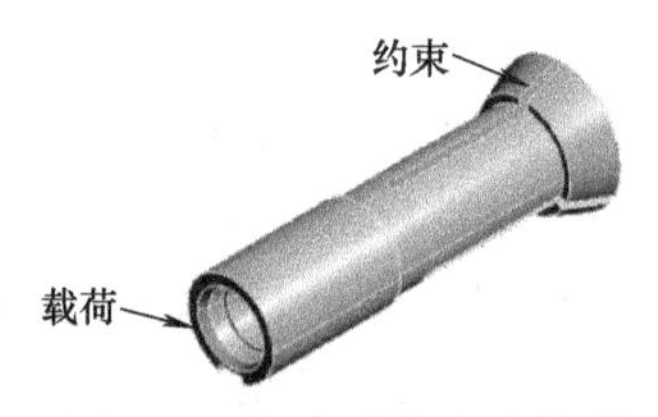

图 9-55 机床弹簧夹头模型

2. 重难点提示

本实例重难点在于 Workbench 和 nCode Design Life 联合应用，边界设置、疲劳载荷、疲劳平均应力修正选择、疲劳求解及后处理。

9.5.2 实例详细解析过程

1. 启动 Workbench18.0

在“开始”菜单中执行 ANSYS18.0→Workbench18.0 命令。

2. 创建结构静力分析

(1) 在工具箱【Toolbox】的【Analysis Systems】中双击或拖动结构静力分析【Static Structural】到项目分析流程图，如图 9-56 所示。

(2) 在 Workbench 的工具栏中单击【Save】，保存项目实例名为 Collet chuck. wbpj。如工程实例文件保存在 D：\ AWB \ Chapter09 文件夹中。

3. 创建材料参数

(1) 编辑工程数据单元，右键单击【Engineering Data】→【Edit】。

(2) 在工程数据属性中增加材料，在Workbench的工具栏上单击工程材料源库，此时的界面主显示【Engineering Data Sources】和【Outline of Favorites】。选择A12栏【nCode_matml】，从【Outline of nCode_matml】里查找奥氏体不锈钢【Austenitic Stainless Steel BS970 Grade 352S52】材料，然后单击【Outline of General Material】表中的添加按钮，此时在C38栏中显示标示，表明材料添加成功，如图9-57所示。

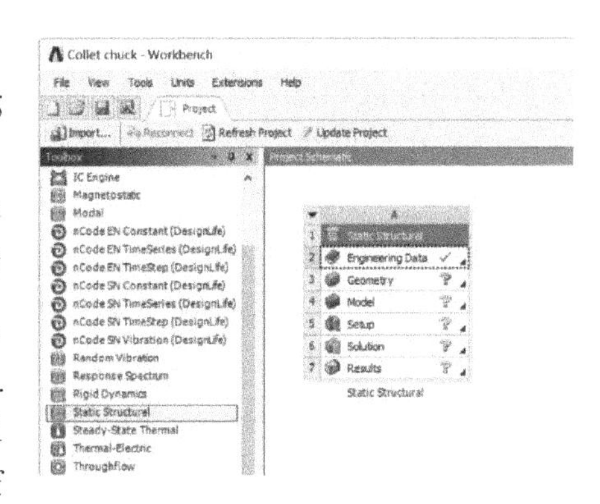

图9-56　创建机床弹簧夹头疲劳分析

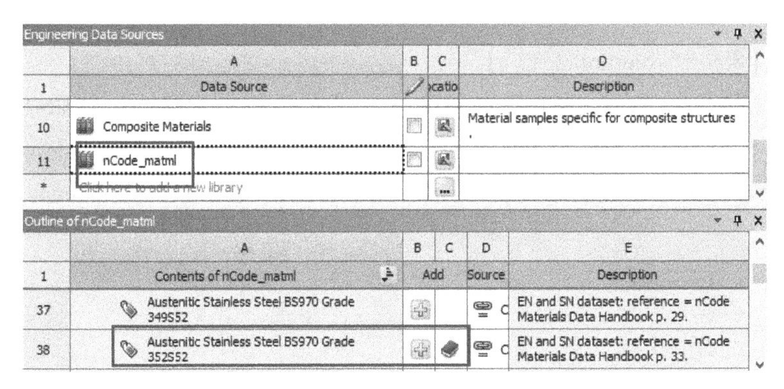

图9-57　创建材料

注：若初次使用nCode材料库，则可通过Click here to add a new library，找到nCode Design Life安装目录\ GlyphWorks \ mats，并选择nCode_matml. xml，添加到工程数据。

(3) 单击工具栏中的【A2：Engineering Data】关闭按钮，返回到Workbench主界面，新材料创建完毕。

4. 导入几何模型

在结构静力分析上，右键单击【Geometry】→【Import Geometry】→【Browse】，找到模型文件Collet chuck. x_t，打开导入几何模型。如模型文件在D：\ AWB \ Chapter09文件夹中。

5. 进入Mechanical分析环境

(1) 在结构静力分析上，右键单击【Model】→【Edit】进入Mechanical分析环境。

(2) 在Mechanical的主菜单【Units】中设置单位为Metric (mm，kg，N，s，mV，mA)。

6. 为几何模型分配材料

为圆管分配材料，在导航树上单击【Geometry】展开，选择【Chuck】→【Details of "Chuck"】→【Material】→【Assignment】= Austenitic Stainless Steel BS970 Grade 352S52。

7. 划分网格

(1) 在导航树上单击【Mesh】→【Details of "Mesh"】→【Sizing】→【Size Function】= Adaptive，其他默认。

（2）选择模型，右键单击【Mesh】→【Insert】→【Sizing】，设置【Body Sizing】→【Details of“Body Sizing” -Sizing】→【Element Size】=0.4mm，其他默认。

（3）生成网格，右键单击【Mesh】→【Generate Mesh】，图形区域显示程序生成的四面体网格模型，如图9-58所示。

（4）网格质量检查，在导航树上单击【Mesh】→【Details of“Mesh”】→【Quality】→【Mesh Metric】=Skewness，显示Skewness规则下网格质量详细信息，平均值处在好水平范围内，展开【Statistics】显示网格和节点数量。参照以前实例说明。

图9-58 网格划分

8. 施加边界条件

（1）单击【Static Structural（A5）】。

（2）施加位移载荷，在标准工具栏单击，选择弹簧夹头端面，然后在环境工具栏单击【Support】→【Displacement】→【Details of“Displacement”】→【Definition】→【Define By】=Components，设置【X Component】=0，【Y Component】=0，【Z Component】=0.5mm，如图9-59所示。

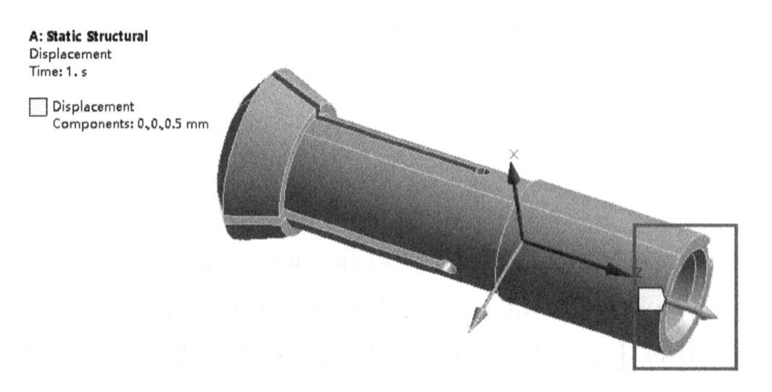

图9-59 施加载荷

（3）施加约束，在标准工具栏单击，选择弹簧夹头的锥形表面，然后在环境工具栏单击【Supports】→【Compression Only Support】→【Details of“Compression Only Support”】→【Scope】→【Geometry】=4 Face，如图9-60所示。施加固定约束，认为施加位置固定。

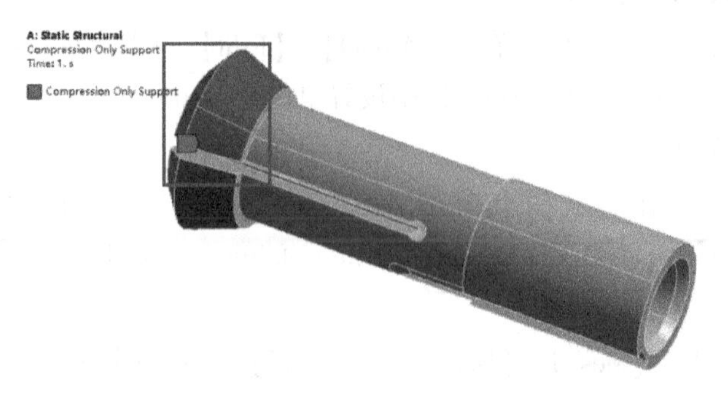

图9-60 施加压缩约束

9. 设置需要结果

（1）在导航树上单击【Solution（A6）】。

（2）在求解工具栏上单击【Deformation】→【Total】；【Stress】→【Equivalent Stress】。

（3）在 Mechanical 标准工具栏上单击 Solve 进行求解运算，求解结束后，如图9-61、图9-62所示。

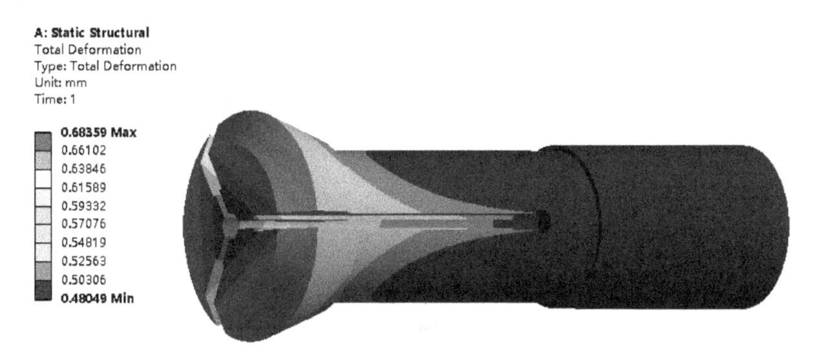

图9-61　弹簧夹头变形云图

图9-62　弹簧夹头等效应力云图

10. 创建疲劳分析项目

（1）单击主菜单【File】→【Close Mechanical】。

（2）返回 Workbench 主界面，然后右键单击结构静力分析【Solution】单元，从弹出的菜单中选择【Transfer Data To New】→【nCode EN Constant（Design Life）】，即创建疲劳分析，此时相关联的数据共享，如图9-63所示。

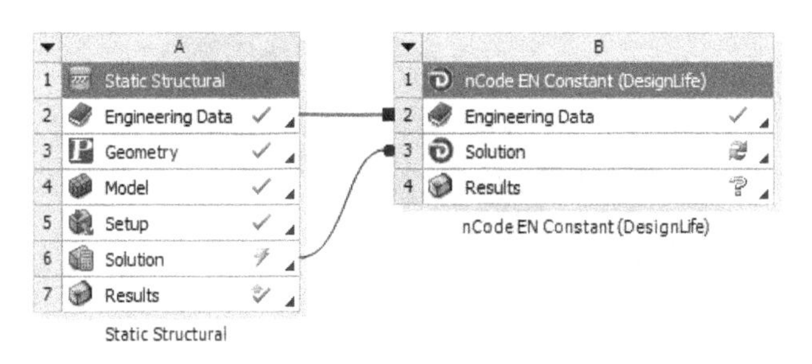

图9-63　创建 nCode EN Constant（Design Life）分析

（3）右键单击结构静力项目【Solution】，从弹出的菜单中选择【Update】升级，把数据传递到下一单元中。

11. 疲劳分析设置

（1）在疲劳分析上右键单击【Solution】→【Edit】进入 nCode Design Life 分析环境。

（2）选择【Simulation_Input】模块上的【Display】显示输入模型。

（3）右键单击【StrainLife_Analysis】模块，从弹出的快捷菜单中选择【Edit Load Mapping】→【Yes】→【Available FE Load Cases】→【选择 1 – Collet chuck-Static Structural （A5）：Time 1】，然后选择 <<，选择 >；选择【Load Cases Assignments】→【Min Factor】=0，其他默认，单击【OK】关闭对话框，如图 9-64 所示。

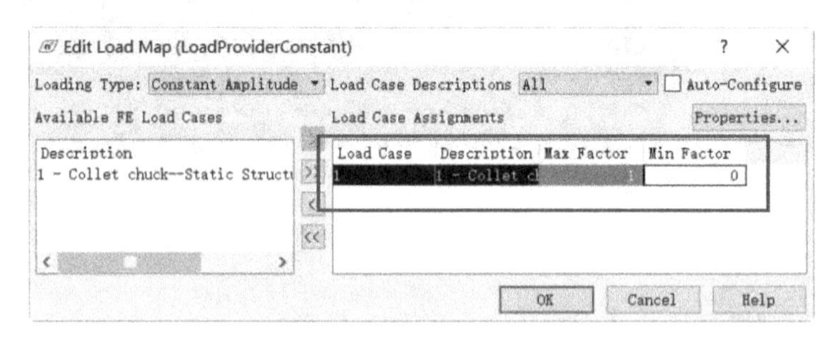

图 9-64 疲劳载荷因子设置

（4）右键单击【StrainLife_Analysis】模块，从弹出的快捷菜单中选择【Advanced Edit…】→【Yes】→【Analysis Runs】→【ENEngine_1】→【Elastic Plastic Correction】= Hoffmann Seeger，其他默认，单击【OK】关闭对话框，如图 9-65 所示。

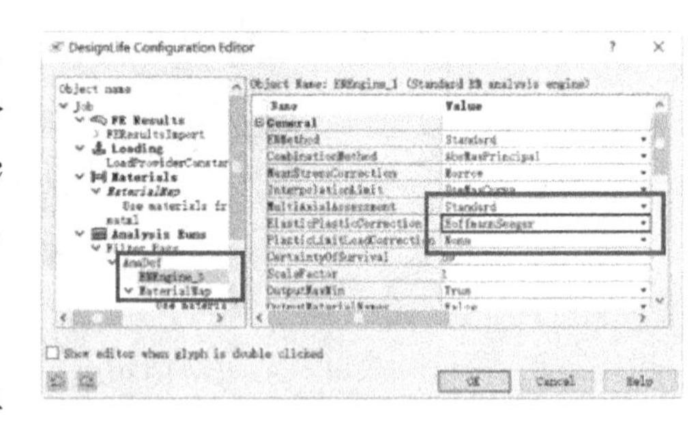

图 9-65 确认 Hoffmann Seeger 准则

12. 求解与结果显示

（1）在 nCode Design Life 标准工具栏上单击 ▶ 进行求解运算。

（2）运算结束后，单击【Fatigue_Result_Display】模块，图形区域显示弹簧夹头损伤分布云图，如图 9-66 所示。

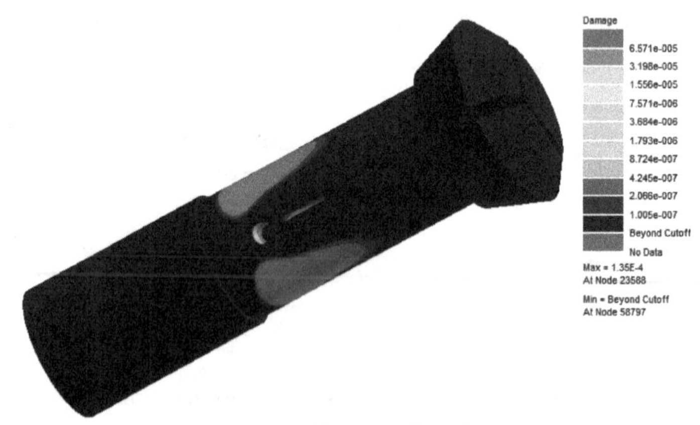

图 9-66 弹簧夹头损伤分布云图

（3）右键单击【Fatigue_Result_Display】模块空白区域，从弹出的快捷菜单中选择【Proper Ties…】，设置【FE Display Properties】→【FE Display】→【Results Legend】→【Result Type】= Life，其他默认，单击【OK】关闭对话框，图形区域显示弹簧夹头寿命分布云图，如图 9-67 所示。

图 9-67　弹簧夹头寿命分布云图

（4）右键单击【Fatigue_Result_Display】模块空白区域，从弹出的快捷菜单中选择【Proper Ties…】，设置【FE Display Properties】→【FE Display】→【Results Legend】→【Result Type】= Max Stress，其他默认，单击【OK】关闭对话框，图形区域显示弹簧夹头应力分布云图，如图 9-68 所示。

图 9-68　弹簧夹头应力分布云图

（5）单击数据值显示窗口缩放，展开弹簧夹头疲劳分析结果数据表格，查看每个节点所对应的数值，如图 9-69 所示。

13. 保存与退出

（1）退出 nCode Design Life 分析环境，单击 nCode 主界面的菜单【File】→【Exit nCode】退出环境，返回到 Workbench 主界面。

（2）右键单击 nCode Design Life 的【Solution】，从弹出的菜单中选择【Update】升级，把数据传递到下一单元中。

DataValuesDisplay1

Export ... Copy

Remove Sort	1	2	3	4	5	6	7	8	9	10	11	12
	Node	Shell layer	Material Group	Property ID	Material ID	Damage	Mean biaxiality	Non-proportion	Dominant stres	Max Stress	Min Stress	Max Strain
									degrees	MPa	MPa	strain
1	1	N/A	MAT_1	1	1	Beyond cutoff	-0.3578	0	26.91	-1.956e-07	-0.391	1.033e-12
2	7	N/A	MAT_1	1	1	Beyond cutoff	-0.378	0	3.651	-7.733e-07	-1.607	4.927e-12
3	6	N/A	MAT_1	1	1	Beyond cutoff	-0.5584	0	0.5424	-6.974e-07	-1.601	5.435e-12
4	3	N/A	MAT_1	1	1	Beyond cutoff	-0.4411	0	72.81	1.216	6.525e-07	7.939e-06
5	5	N/A	MAT_1	1	1	Beyond cutoff	-0.6942	0	-4.053	-6.543e-07	-1.541	5.376e-12
6	9	N/A	MAT_1	1	1	Beyond cutoff	-0.1723	0	1.608	-8.699e-07	-1.523	4.362e-12
7	10	N/A	MAT_1	1	1	Beyond cutoff	-0.2231	0	-1.089	-6.34e-07	-1.462	4.3e-12
8	2	N/A	MAT_1	1	1	Beyond cutoff	-0.5475	0	-17.22	-8.771e-08	-0.198	6.817e-13
9	4	N/A	MAT_1	1	1	Beyond cutoff	-0.9816	0	78.91	1.183	5.557e-07	8.624e-06
10	11	N/A	MAT_1	1	1	Beyond cutoff	-0.2433	0	-3.207	-7.312e-07	-1.55	5.131e-12
11	8	N/A	MAT_1	1	1	Beyond cutoff	-0.2498	0	4.044	-8.325e-07	-1.566	5.121e-12
12	12	N/A	MAT_1	1	1	Beyond cutoff	-0.3912	0	-3.066	-6.634e-07	-1.595	4.089e-12
13	18	N/A	MAT_1	1	1	Beyond cutoff	-0.03215	0	9.275	-2.346e-06	-4.734	1.265e-11
14	13	N/A	MAT_1	1	1	Beyond cutoff	-0.5067	0	-0.4011	-8.977e-07	-1.616	5.623e-12
15	15	N/A	MAT_1	1	1	Beyond cutoff	-0.8954	0	-79.24	1.252	5.807e-07	9.151e-06
16	14	N/A	MAT_1	1	1	Beyond cutoff	-0.7076	0	4.585	-8.022e-07	-1.477	4.452e-12
17	16	N/A	MAT_1	1	1	Beyond cutoff	-0.4663	0	-72.78	1.164	5.512e-07	7.645e-06
18	17	N/A	MAT_1	1	1	Beyond cutoff	-0.2146	0	61.99	-2.548e-06	-4.705	1.207e-11

图 9-69 疲劳结果表格数据

(3) 右键单击 nCode Design Life 项目【Results】，从弹出的菜单中选择【Refresh】刷新，此时主界面的分析流程图中显示的分析已完成。也可右键单击【Results】→【View】查看结果。

(4) 单击 Workbench 主界面上的【Save】按钮，保存所有分析结果文件。

(5) 退出 Workbench 环境，单击 Workbench 主界面的菜单【File】→【Exit】退出主界面，完成分析。

9.5.3 结果分析与点评

本实例是机床弹簧夹头疲劳分析，从分析结果来看，在给定条件下，应力较集中的地方往往也是寿命较脆弱的地方，这些地方应特别注意。本实例涉及了 Workbench 静力分析和 nCode Design Life 疲劳寿命分析两大知识点。nCode Design Life 具有强大的疲劳寿命分析功能，可以 Workbench 联合分析，也可单独分析；包含有丰富的材料，如本例中使用的 Austenitic Stainless Steel BS970 Grade 352S52 材料。在本例中如何采用两者联合分析及在寿命分析中所采用的处理方法是关键，本例与前实例不同，采用的是应变疲劳寿命分析法和 Hoffmann Seeger 修正。本例是初次介绍 Workbench 和 nCode Design Life 联合应用，限于篇幅，过程相对简单。

第 10 章　蠕变与松弛分析

10.1　紧固件高温蠕变松弛分析

10.1.1　问题与重难点描述

1. 问题描述

某型 U 形支架材料为结构钢，螺栓材质为 Q345，如图 10-1 所示。若在 450℃高温环境中使用，在使用一段时间后发生高温蠕变变形，使螺母不能紧固无法继续使用，高温蠕变损伤是螺栓失效的一种主要机理。假设螺栓预紧力与支架之间的摩擦因数为 0.15，工作时预调紧 0.5mm，与 Q345 材质相关的蠕变模型为 Combined Time hardening，弹性模量为 2.09×10^{11}Pa，泊松比为 0.3，7 个相关的蠕变常数分别为：4.38×10^{-5}、13.5、-0.15、33500、1.04×10^{-10}、2.5 和 1400。试求在高温环境下预调紧 U 形支架和螺栓的最大应力与变形及螺栓蠕变情况。

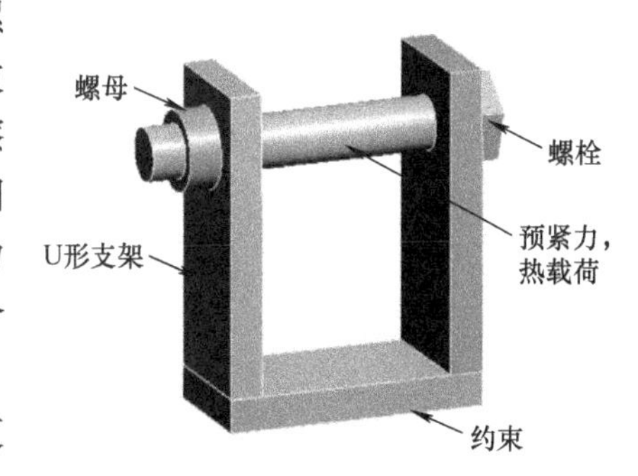

图 10-1　紧固件模型

2. 重难点提示

本实例重难点在于多接触对，对带有螺栓预紧的 U 形支架这样的模型怎样进行非线性接触设置、边界载荷设置、分析设置以及蠕变收敛问题处理。

10.1.2　实例详细解析过程

1. 启动 Workbench18.0

在“开始”菜单中执行 ANSYS18.0→Workbench18.0 命令。

2. 创建结构静力分析项目

（1）在工具箱【Toolbox】的【Analysis Systems】中双击或拖动结构静力分析项目【Static Structural】到项目分析流程图，如图 10-2 所示。

（2）在 Workbench 的工具栏中单击【Save】，保存项目工程名为 Fastener. wbpj。如实例分析文件保存在 D：\ AWB \ Chapter10 文件夹中。

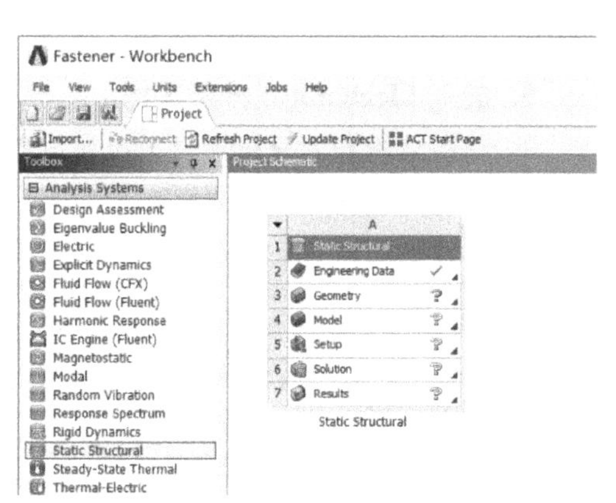

图 10-2　创建结构静力分析项目

3. 创建材料参数

（1）编辑工程数据单元，右键单击【Engineering Data】→【Edit】。

（2）在工程数据属性中增加新材料：【Outline of Schematic A2：Engineering Data】→【Click here to add a new material】，输入新材料名称 Q345。

（3）在左侧单击【Creep】展开，双击【Combined Time hardening】→【Properties of Outline Row 4：Q345】→【Isotropic Elasticity】→【Young's Modulus】=2.09E+11Pa。

（4）设置【Isotropic Elasticity】→【Poisson's Ratio】=0.3。

（5）设置【Combined Time hardening】→【Reference Units】=mm，s，k，tone，mm s^-2，【Creep Constant 1】=4.38E-05，【Creep Constant 2】=13.5，【Creep Constant 3】=-0.15，【Creep Constant 4】=33500，【Creep Constant 5】=1.04E-10，【Creep Constant 6】=2.5，【Creep Constant 7】=1400，如图 10-3 所示。

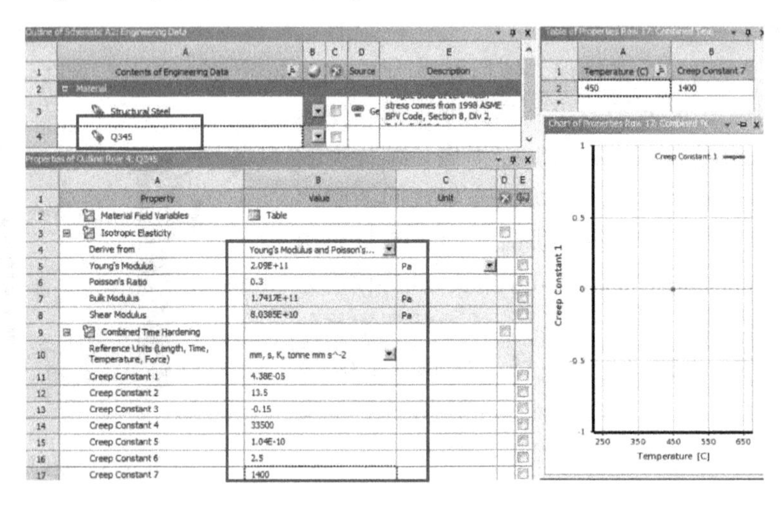

图 10-3 创建材料

（6）单击工具栏中的【A2：Engineering Data】关闭按钮，返回到 Workbench 主界面，新材料创建完毕。

4. 导入几何模型

在结构静力分析项目上，右键单击【Geometry】→【Import Geometry】→【Browse】，找到模型文件 Fastener. agdb，打开导入几何模型。如模型文件在 D：\ AWB \ Chapter10 文件夹中。

5. 进入 Mechanical 分析环境

（1）在结构静力分析项目上，右键单击【Model】→【Edit】进入 Mechanical 分析环境。

（2）在 Mechanical 的主菜单【Units】中设置单位为 Metric（mm，kg，N，s，mV，mA）。

6. 为几何模型分配材料

在导航树上单击【Geometry】展开，选择【Bolt】→【Details of "Bolt"】→【Material】→【Assignment】=Q345，其他几何模型料默认为结构钢。

7. 接触设置

（1）在导航树上右键单击【Connections】→【Rename Based On Definition】，重新命名目标面与接触面。

（2）右键单击接触对【Bonded-U To Bolt】→【Duplicate】，复制并创建新接触对。

（3）设置螺栓柱与螺母的接触，单击【Bonded-Bolt To Nut】→【Details of “Bonded-Bolt To Nut”】→【Definition】→【Behavior】= Symmetric；【Advanced】→【Formulation】= Pure Penalty，【Detection Method】= On Gauss Point，其他默认，如图 10-4 所示。

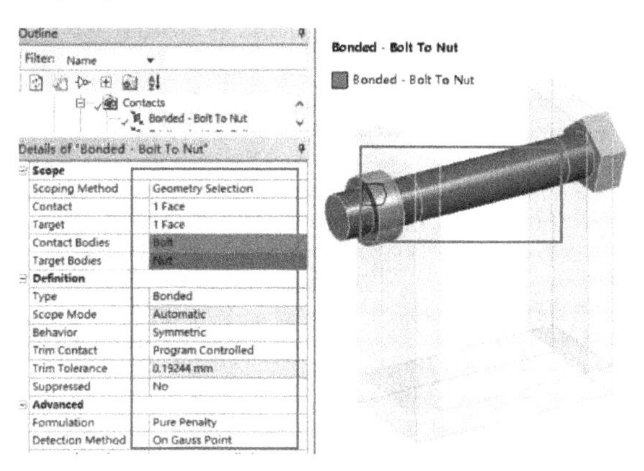

图 10-4　螺母接触设置

（4）设置螺栓头与 U 形支架表面的接触，在标准工具栏上单击，单击【Bonded-Bolt To UL】→【Details of “Bonded-Bolt To UL”】→【Scope】→【Contact】，单击 2Faces，在空白处单击取消预选择 2 个面，单击选择 U 形支架侧面，然后 Apply 确定，如图 10-5 所示；隐藏整个 U 形支架，选择目标面【Target】单击 2Faces，在空白处单击取消预选择 2 个面，单击选择 U 形支架对应的螺栓头平面，然后 Apply 确定，如图 10-6 所示；然后继续设置【Definition】→【Type】= Frictional，【Frictional Coefficient】= 0.15，【Behavior】= Symmetric；【Advanced】→【Formulation】= Augmented Lagrange，【Detection Method】= On Gauss Point，【Geometric Modification】→【Interface Treatment】= Add Offset，Ramped Effects，其他默认，如图 10-7 所示。

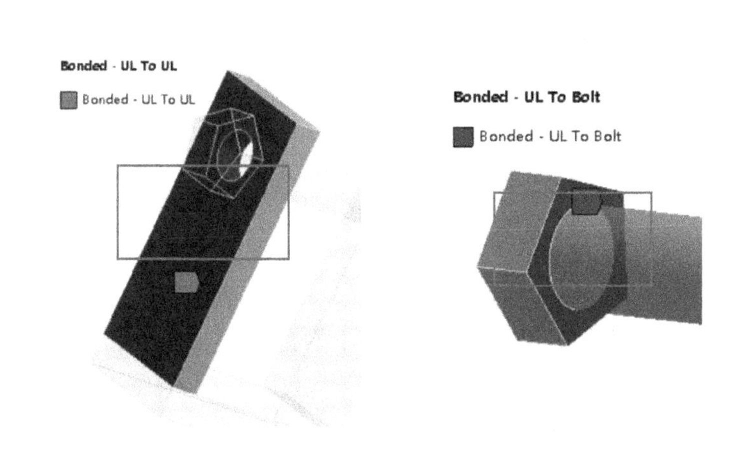

Contacts
Bonded - Bolt To Nut
Frictional - UL To Bolt
Bonded - Bolt To UR

Details of "Frictional - UL To Bolt"

Scope	
Scoping Method	Geometry Selection
Contact	1 Face
Target	1 Face
Contact Bodies	UL
Target Bodies	Bolt
Definition	
Type	Frictional
Friction Coefficient	0.15
Scope Mode	Manual
Behavior	Symmetric
Trim Contact	Program Controlled
Suppressed	No
Advanced	
Formulation	Augmented Lagrange
Detection Method	On Gauss Point
Penetration Tolerance	Program Controlled
Elastic Slip Tolerance	Program Controlled
Normal Stiffness	Program Controlled
Update Stiffness	Program Controlled
Stabilization Damping Factor	0.
Pinball Region	Program Controlled
Time Step Controls	None

图 10-5　设置摩擦接触面　　图 10-6　设置摩擦接触目标面　　图 10-7　摩擦接触设置

（5）设置螺栓柱与 U 形支架的接触，在标准工具栏上单击，单击【Bonded-Bolt To UR】→【Details of “Bonded-Bolt To UR”】→【Scope】→【Target】，隐藏整个螺栓柱，单击 1Faces，在空白处单击取消预选择 1 个面，单击选择两个螺栓孔内面，然后 Apply 确定，如图 10-8 所示；单击【Bonded-Bolt To Multiple】→【Details of “Bonded-Bolt To Multiple”】→【Definition】→【Type】= Frictionless，【Behavior】= Symmetric；设置【Advanced】→【Formulation】= Augmented Lagrange，【Detection Method】= On Gauss Point，【Geometric Modification】→

【Interface Treatment】= Add Offset，No Ramping，右键单击【Frictionless-Bolt To Multiple】→【Flip Contact/Target】，其他默认，如图 10-9 所示。

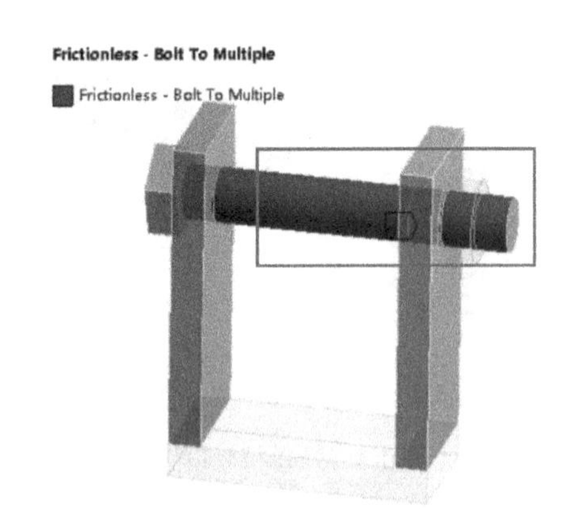

图 10-8 设置无摩擦接触面

Frictional - UL To Bolt
Frictionless - Bolt To Multiple
Bonded - Nut To UR

Details of "Frictionless - Bolt To Multiple"

Scope	
Scoping Method	Geometry Selection
Contact	1 Face
Target	2 Faces
Contact Bodies	Bolt
Target Bodies	Multiple
Definition	
Type	Frictionless
Scope Mode	Manual
Behavior	Symmetric
Trim Contact	Program Controlled
Suppressed	No
Advanced	
Formulation	Augmented Lagrange
Detection Method	On Gauss Point
Penetration Tolerance	Program Controlled
Normal Stiffness	Program Controlled
Update Stiffness	Program Controlled
Stabilization Damping Factor	0.
Pinball Region	Program Controlled
Time Step Controls	None

图 10-9 无摩擦接触设置

（6）设置螺母与 U 形支架表面的接触，单击【Bonded-Nut To UR】→【Details of "Bonded-Nut To UR"】→【Definition】→【Type】= Frictional，设置【Frictional Coefficient】=0.15，【Behavior】= Symmetric；【Advanced】→【Formulation】= Augmented Lagrange，【Detection Method】= On Gauss Point，【Geometric Modification】→【Interface Treatment】= Add Offset，Ramped Effects，右键单击【Frictional-Nut To UR】→【Flip Contact/Target】，其他默认，如图 10-10 所示。

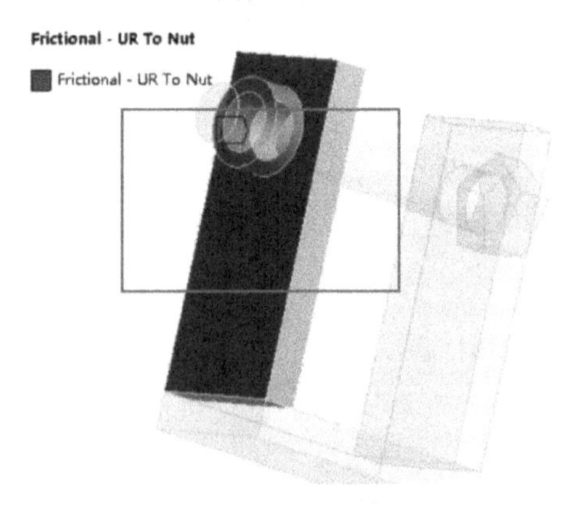

图10-10 摩擦接触设置

8. 划分网格

（1）在导航树上单击【Mesh】→【Details of "Mesh"】→【Sizing】→【Size Function】= Curvature，【Relevance Center】= Medium，【Quality】→【Smoothing】= High；其他默认。

（2）在标准工具栏上单击▣，选择螺栓柱，然后在导航树上右键单击【Mesh】，从弹出的菜单中选择【Insert】→【Method】→【Details of "Automatic Mesh"】→【Definition】→【Method】→【Hex Dominant Method】。

（3）在标准工具栏上单击▣，选择螺栓柱，右键单击【Mesh】，从弹出的菜单中选择【Insert】→【Sizing】→【Details of "Body Sizing" -Sizing】→【Definition】→【Element Size】= 1mm，其他默认。

（4）生成网格，右键单击【Mesh】→【Generate Mesh】，图形区域显示程序生成的单元网格模型，如图 10-11 所示。

（5）网格质量检查，在导航树上单击【Mesh】→【Details of "Mesh"】→【Quality】→【Mesh Metric】= Skewness，显示

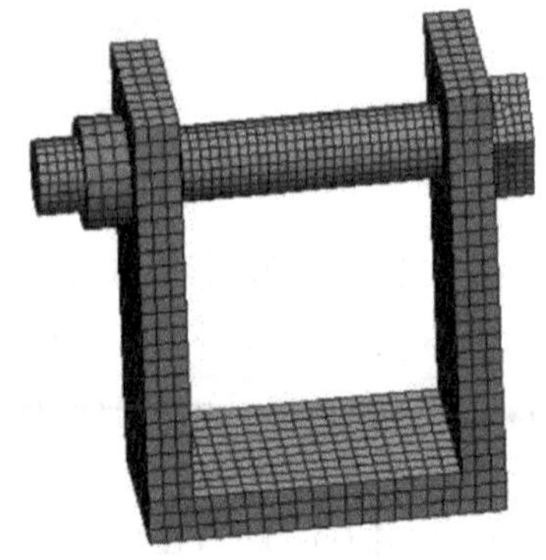

图 10-11 划分网格

Skewness 规则下网格质量详细信息，平均值处在好水平范围内，展开【Statistics】显示网格和节点数量。

9. 接触初始状态检测

（1）在导航树上右键单击【Connections】→【Insert】→【Contact Tool】。

（2）右键单击【Contact Tool】，从弹出的快捷菜单中选择【Generate Initial Contact Results】，经过初始运算，得到初始接触信息，如图 10-12 所示。注意图示接触状态值是按照网格设置后的状态，也可先不设置网格，查看接触初始状态。

Name	Contact Side	Type	Status	Number Contacting	Penetration (mm)	Gap (mm)	Geometric Penetration (mm)	Geometric Gap (mm)	Resulting Pinball (mm)	Real Constant
Bonded - Bolt To Nut	Contact	Bonded	Closed	132.	1.9653e-014	0.	3.9362e-004	4.6206e-005	0.25689	7.
Bonded - Bolt To Nut	Target	Bonded	Closed	39.	1.478e-014	0.	3.9007e-004	0.	0.4518	8.
Frictional - UL To Bolt	Contact	Frictional	Closed	25.	3.5527e-015	0.	3.5527e-015	3.5527e-015	1.6667	9.
Frictional - UL To Bolt	Target	Frictional	Closed	63.	7.1054e-015	0.	7.1054e-015	3.5527e-015	1.0478	10.
Frictionless - Multiple To Bolt	Contact	Frictionless	Closed	78.	9.0081e-004	0.	9.0081e-004	0.	1.4179	11.
Frictionless - Multiple To Bolt	Target	Frictionless	Closed	239.	5.9555e-004	0.	5.9555e-004	1.1062e-006	1.0332	12.
Frictional - UR To Nut	Contact	Frictional	Closed	28.	3.5527e-015	0.	3.5527e-015	3.5527e-015	1.6667	13.
Frictional - UR To Nut	Target	Frictional	Closed	22.	3.5527e-015	0.	0.	0.	1.6667	14.

图 10-12　接触初始状态检测

10. 施加边界条件

（1）单击【Static Structural（A5）】。

（2）分析设置，单击【Analysis Settings】→【Details of "Analysis Settings"】→【Step Controls】，设置【Number Of Steps】=3，【Current Step Number】=1，【Step End Time】=0.1s，【Auto Time Stepping】=Program Controlled，【Creep Controls】→【Creep Effects】=Off；【Current Step Number】=2，【Step End Time】=60s，【Auto Time Stepping】=On，【Initial Time Step】=0.01s，【Minimum Time Step】=0.01s，【Maximum Time Step】=5s，【Creep Controls】→【Creep Effects】=On，【Creep Limit Ratio】=10；【Current Step Number】=3，【Step End Time】=1200s，【Auto Time Stepping】=On，【Initial Time Step】=60s，【Minimum Time Step】=60s，【Maximum Time Step】=100s，【Creep Controls】→【Creep Effects】=On，【Creep Limit Ratio】=10；其他默认。

（3）施加预紧力，在标准工具栏上单击选择螺栓柱面，然后在环境工具栏单击【Loads】→【Plot Pretension】→【Details of "Plot Pretension"】→【Definition】→【Define By】=Adjustment，【Pre adjustment】=0.5mm，另外两步设为 Lock，如图 10-13 所示。

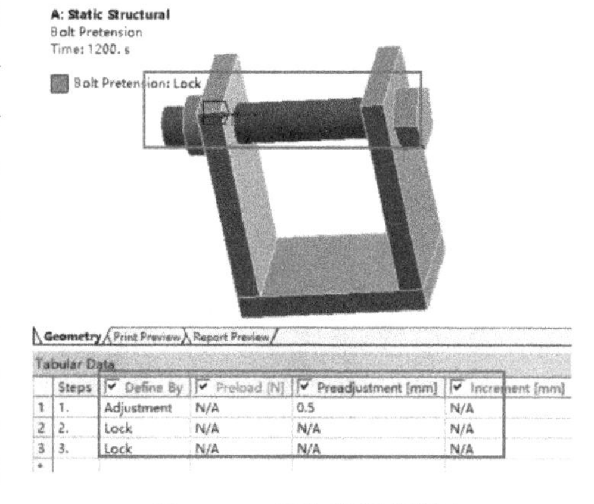

图 10-13　施加预紧载荷步

（4）在标准工具栏上单击，选择螺栓柱，然后在环境工具栏单击【Loads】→【Thermal Condition】→【Details of "Thermal Condition"】→【Definition】→【Magnitude】=Tabular Data，具体设置如图 10-14 所示。

（5）施加约束，在标准工具栏上单击，然后选择 U 形支架底面，然后在环境工具栏单击【Supports】→【Fixed Support】，如图 10-15 所示。

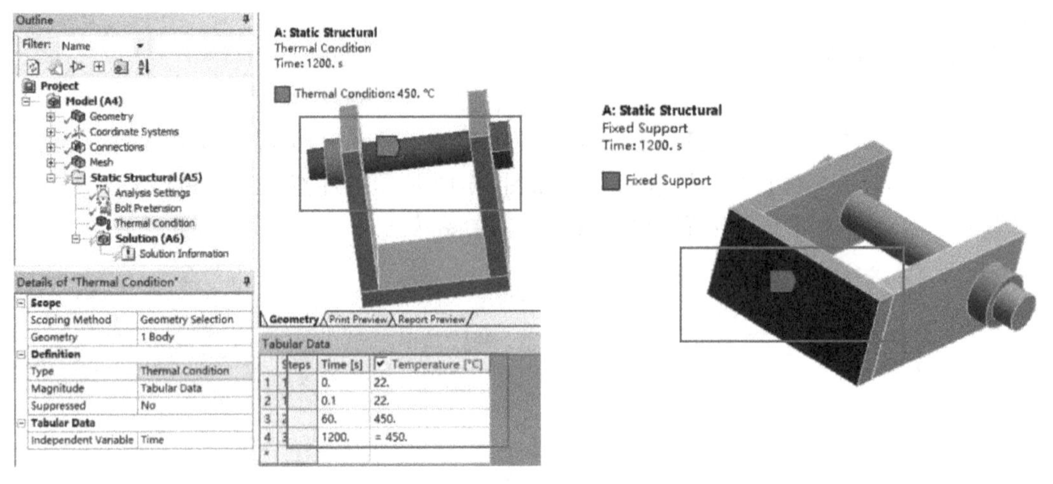

图 10-14　定义热载荷　　　　图 10-15　施加约束

11. 设置需要的结果

（1）在导航树上单击【Solution（A6）】。

（2）在求解工具栏上单击【Deformation】→【Total】。

（3）在求解工具栏上单击【Stress】→【Equivalent（von-Mises）】。

（4）在求解工具栏上单击【Strain】→【Equivalent Creep】。

12. 求解与结果显示

（1）在 Mechanical 标准工具栏上单击 Solve 进行求解运算。

（2）运算结束后，单击【Solution（A6）】→【Total Deformation】，图形区域显示分析得到的整个紧固件变形分布云图，如图 10-16 所示；单击【Solution（A6）】→【Equivalent Stress】，显示整个紧固件等效应力分布云图及松弛变化数据曲线图，如图 10-17、图 10-18 所示，单击【Solution（A6）】→【Equivalent Creep Strain】，显示整个紧固件等效蠕变分布云图及数据曲线图，如图 10-19、图 10-20 所示。

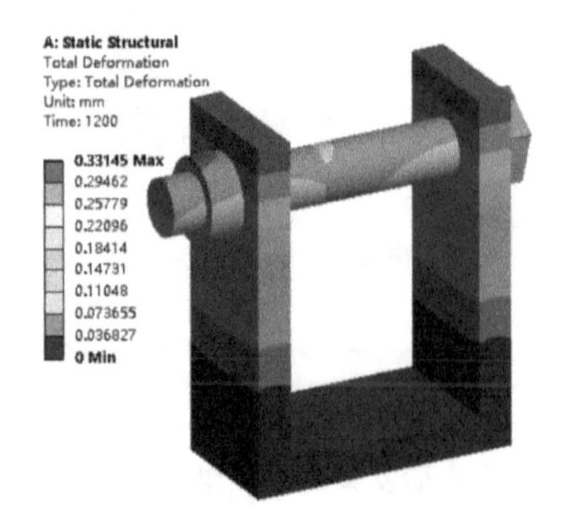

图 10-16　紧固件整体变形分布云图

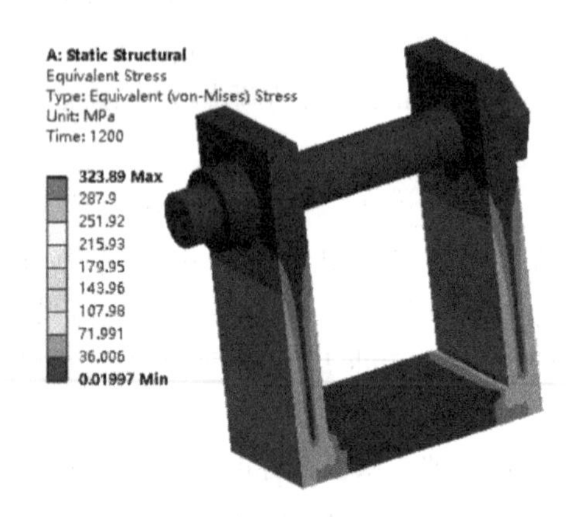

图 10-17　紧固件等效应力云图

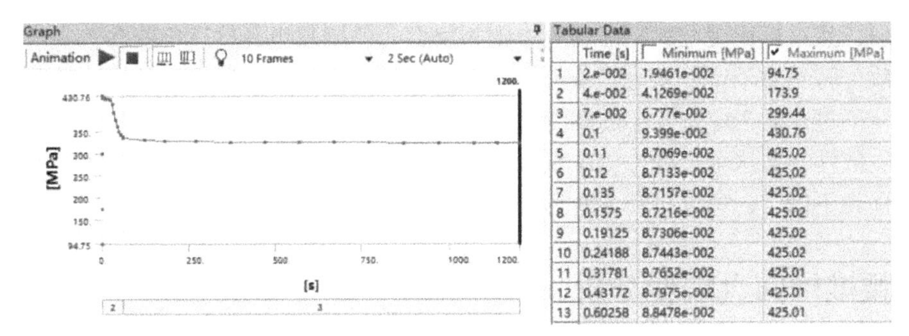

	Time [s]	Minimum [MPa]	Maximum [MPa]
1	2.e-002	1.9461e-002	94.75
2	4.e-002	4.1269e-002	173.9
3	7.e-002	6.777e-002	299.44
4	0.1	9.399e-002	430.76
5	0.11	8.7069e-002	425.02
6	0.12	8.7133e-002	425.02
7	0.135	8.7157e-002	425.02
8	0.1575	8.7216e-002	425.02
9	0.19125	8.7306e-002	425.02
10	0.24188	8.7443e-002	425.02
11	0.31781	8.7652e-002	425.01
12	0.43172	8.7975e-002	425.01
13	0.60258	8.8478e-002	425.01

图 10-18　紧固件等效应力松弛变化曲线及数据

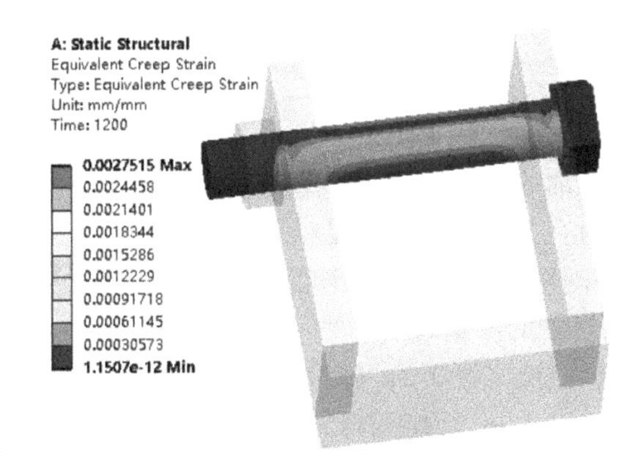

图 10-19　紧固件等效蠕变云图

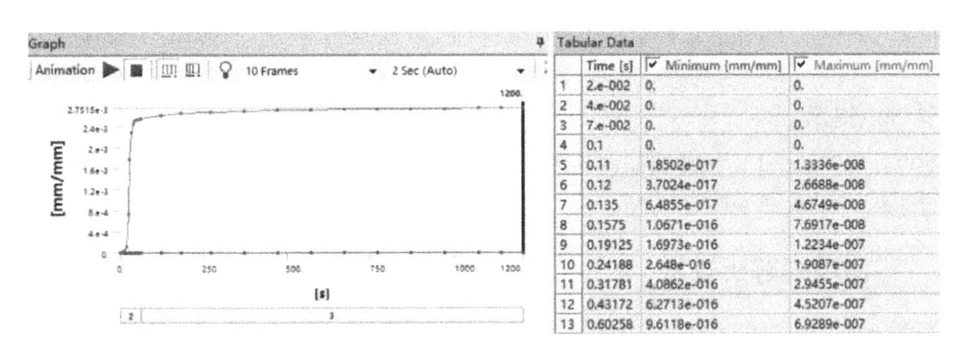

	Time [s]	Minimum [mm/mm]	Maximum [mm/mm]
1	2.e-002	0.	0.
2	4.e-002	0.	0.
3	7.e-002	0.	0.
4	0.1	0.	0.
5	0.11	1.8502e-017	1.3336e-008
6	0.12	3.7024e-017	2.6688e-008
7	0.135	6.4855e-017	4.6749e-008
8	0.1575	1.0671e-016	7.6917e-008
9	0.19125	1.6973e-016	1.2234e-007
10	0.24188	2.648e-016	1.9087e-007
11	0.31781	4.0862e-016	2.9455e-007
12	0.43172	6.2713e-016	4.5207e-007
13	0.60258	9.6118e-016	6.9289e-007

图 10-20　紧固件等效蠕变变化曲线及数据

13. 保存与退出

（1）退出 Mechanical 分析环境，单击 Mechanical 主界面的菜单【File】→【Close Mechanical】退出环境，返回到 Workbench 主界面，此时主界面的分析流程图中显示的分析已完成。

（2）单击 Workbench 主界面上的【Save】按钮，保存所有分析结果文件。

（3）退出 Workbench 环境，单击 Workbench 主界面的菜单【File】→【Exit】退出主界面，完成项目分析。

10.1.3　结果分析与点评

本实例为某型紧固件高温蠕变松弛分析，从分析结果来看，等效蠕变的整体趋势均体现为急速增加，然后再放缓增加；等效应力则相反，先急剧减少，然后再放缓较少。对蠕变本构关系收敛，特别对于这种多边界条件情况，求解收敛不易，要根据问题描述慎重合理蠕变本构关系。不过，对于应变较小的蠕变求解比较易收敛，可通过调整时间步、最大蠕变率数值来调节收敛性，在这个过程中，注意把单位设为一致。当产生大应变时，应打开大变形开关，如果预先不确定，可以打开大变形开关，但会增加求解时间。

10.2 腰椎椎间盘蠕变分析

10.2.1 问题与重难点描述

1. 问题描述

人体脊柱的结构非常复杂，本实例取出其中一段，如图 10-21 所示，包括上下腰椎、椎间盘（中央部的髓核和周围部的纤维环）。临床研究表明下腰疼痛与椎间盘的力学行为有关。基本因素是椎间盘退变，但某些诱发因素可致使椎间隙压力增高，引起髓核突出；退变的椎间盘比正常的椎间盘的渗透性低。假设腰椎材料的弹性模量为 3.5×10^9Pa，泊松比为 0.2；髓核材料的弹性模量为 1.5×10^6Pa，泊松比为 0.1；纤维环材料的弹性模量为 2.5×10^6Pa，泊松比为 0.1；500N 的力作用在上脊椎的上面，下脊椎的下底面固定。试求初始时施加全部的载荷，并保持随后的蠕变时间 5 天，研究腰椎运动段在受压时的蠕变响应。

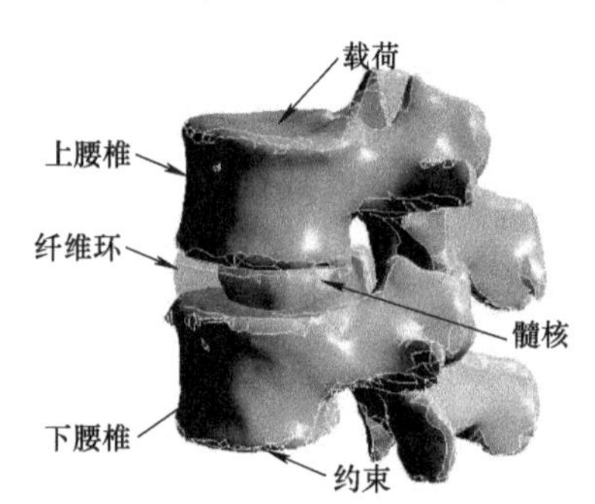

图 10-21 腰椎模型

2. 重难点提示

重难点是椎间盘和上下腰椎如何从 CT 图像提取重建三维模型，采用什么单元建模，组织之间的连接，以及蠕变收敛问题。

10.2.2 实例详细解析过程

1. 启动 Workbench18.0

在“开始”菜单中执行 ANSYS18.0→Workbench18.0 命令。

2. 创建结构静力分析

（1）在工具箱【Toolbox】的【Analysis Systems】中双击或拖动结构静力分析【Static Structural】到项目分析流程图，如图 10-22 所示。

（2）右键单击结构静力分析的单元格【Geometry】→【Transfer Data From New】→【Mechanical Model】，右键单击【Mechanical Model】的单元格【Geometry】→【Transfer Data From New】→【Finite Element Modeler】，然后删除它们三者之间的连接线，重新连接；首先【Finite Element Modeler】的单元格【Model】与【Mechanical Model】的单元格【Model】连接，然后【Mechanical Model】的单元格【Model】与【Static Structural】的单元格【Model】连接。

（3）单击【Finite Element Modeler】左上角黑色倒三角，从弹出的快捷菜单中选择【Duplicate】，复制 3 次；单击【Mechanical Model】左上角黑色倒三角，从弹出的快捷菜单中选择【Duplicate】，复制 3 次。

（4）项目单元格间连接，首先 A【Finite Element Modeler】的单元格【Model】与 B【Mechanical Model】的单元格【Model】连接，然后 B【Mechanical Model】的单元格【Model】与 C【Static Structural】的单元格【Model】连接；接着 D【Finite Element Modeler】的单元格【Model】与 E【Mechanical Model】的单元格【Model】连接，E【Mechanical Model】的单元格【Model】与 C【Static Structural】的单元格【Model】连接；接着 F【Finite Element Modeler】的单元格【Model】与 G【Mechanical Model】的单元格【Model】连接，G【Mechanical Model】的单元格【Model】与 C【Static Structural】的单元格【Model】连接；接着 H【Finite Element Modeler】的单元格【Model】与 I【Mechanical Model】的单元格【Model】连接，I【Mechanical Model】的单元格【Model】与 C【Static Structural】的单元格【Model】连接。

（5）新连接项目重命名，把 A、B 项目重名为 sui he，把 D、E 项目重名为 xian wei，把 F、G 项目重名为 shang zhui，把 H、I 项目重名为 xia zhui，如图 10-22 所示。

（6）在 Workbench 的工具栏中单击【Save】，保存项目实例名为 Lumbar. wbpj。如工程实例文件保存在 D：\ AWB \ Chapter10 文件夹中。

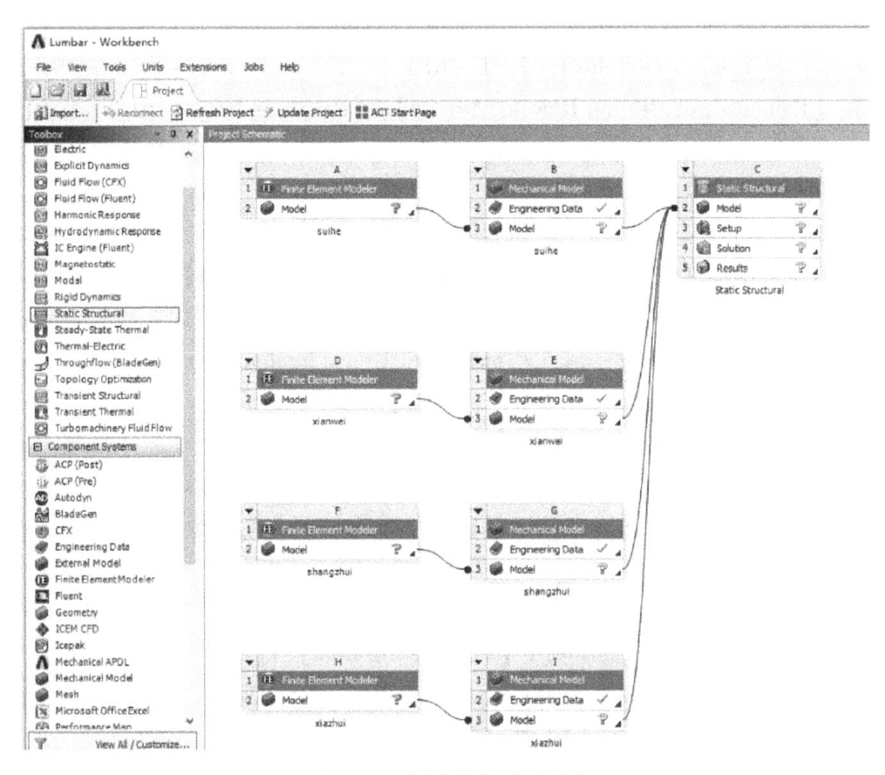

图 10-22　创建分析项目流程

3. 创建材料参数

（1）髓核材料创建

1）编辑工程数据单元，右键单击 B【Engineering Data】→【Edit】。

2）在工程数据属性中增加新材料：【Outline of Schematic B2：Engineering Data】→【Click here to add a new material】输入新材料名称 Pulposus。

3）在左侧单击【Linear Elastic】展开，双击【Isotropic Elasticity】→【Properties of Outline Row 4：Pulposus】→【Young's Modulus】=1.5E+6Pa。

4）设置【Properties of Outline Row 4：Pulposus】→【Poisson's Ratio】=0.1，如图 10-23 所示。

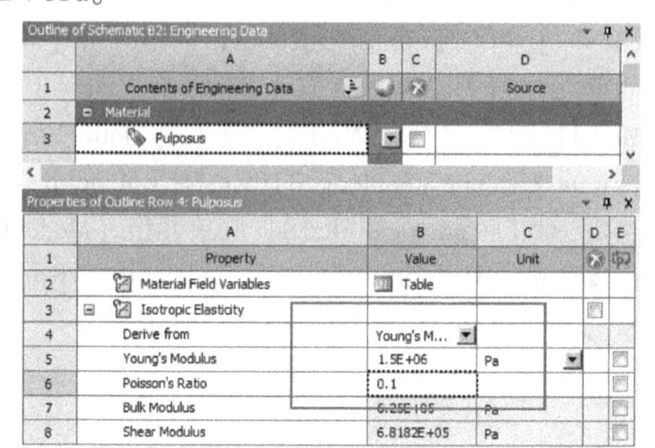

图 10-23 髓核材料

5）单击工具栏中的【B2：Engineering Data】关闭按钮，返回到 Workbench 主界面，髓核材料创建完毕。

（2）纤维环材料创建

1）编辑工程数据单元，右键单击 E【Engineering Data】→【Edit】。

2）在工程数据属性中增加新材料：选择【Outline of Schematic E2：Engineering Data】→【Click here to add a new material】输入新材料名称 Annulu。

3）在左侧单击【Linear Elastic】展开，双击【Isotropic Elasticity】→【Properties of Outline Row 4：Annulu】→【Young's Modulus】=2.5E+6Pa。

4）设置【Properties of Outline Row 4：Annulu】→【Poisson's Ratio】=0.1。

5）单击工具栏中的【E2：Engineering Data】关闭按钮，返回到 Workbench 主界面，纤维环材料创建完毕。

（3）上腰椎材料创建

1）编辑工程数据单元，右键单击 G【Engineering Data】→【Edit】。

2）在工程数据属性中增加新材料：选择【Outline of SchematicG2：Engineering Data】→【Click here to add a new material】输入新材料名称 Upper lumbar。

3）在左侧单击【Linear Elastic】展开，双击【Isotropic Elasticity】→【Properties of Outline Row 4：Upper lumbar】→【Young's Modulus】=3.5E+9Pa。

4）设置【Properties of Outline Row 4：Upper lumbar】→【Poisson's Ratio】=0.2。

5）单击工具栏中的【G2：Engineering Data】关闭按钮，返回到 Workbench 主界面，上腰椎材料创建完毕。

（4）下腰椎材料创建

1）编辑工程数据单元，右键单击 I【Engineering Data】→【Edit】。

2）在工程数据属性中增加新材料：选择【Outline of SchematicI2：Engineering Data】→【Click here to add a new material】输入新材料名称 Lower lumbar。

3）在左侧单击【Linear Elastic】展开，双击【Isotropic Elasticity】→【Properties of Outline Row 4：Lower lumbar】→【Young's Modulus】=3.5E+9Pa。

4）设置【Properties of Outline Row 4：Lower lumbar】→【Poisson's Ratio】=0.2。

5）单击工具栏中的【I2：Engineering Data】关闭按钮，返回到 Workbench 主界面，下腰椎材料创建完毕。

4. 导入网格模型

（1）在 A【Finite Element Modeler】上右键单击【Model】→【Add Input mesh】→【Browse】，找到模型文件 sui he. inp，打开导入网格模型；然后右键单击【Model】→【Update】，如模型文件在 D：\ AWB \ Chapter10 文件夹中。

（2）在 D【Finite Element Modeler】上右键单击【Model】→【Add Input mesh】→【Browse】，找到模型文件 xian wei. inp 打开导入网格模型；然后右键单击【Model】→【Update】，如模型文件在 D：\ AWB \ Chapter10 文件夹中。

（3）在 F【Finite Element Modeler】上右键单击【Model】→【Add Input mesh】→【Browse】，找到模型文件 shang zhui. inp 打开导入网格模型；然后右键单击【Model】→【Update】，如模型文件在 D：\ AWB \ Chapter10 文件夹中。

（4）在 H【Finite Element Modeler】上右键单击【Model】→【Add Input mesh】→【Browse】，找到模型文件 xia zhui. inp 打开导入网格模型；然后右键单击【Model】→【Update】，如模型文件在 D：\ AWB \ Chapter10 文件夹中。

5. 进入 Mechanical 环境并分配材料

（1）进入 Mechanical 环境并分配髓核材料

1）在 B【Mechanical Model】上右键单击【Model】→【Edit】进入 Mechanical 环境。

2）在 Mechanical 的主菜单【Units】中设置单位为 Metric（mm，kg，N，s，mV，mA）。

3）为髓核分配材料，在导航树上单击【Geometry】展开，选择【Solid 1】→【Details of "Solid 1"】→【Material】→【Assignment】= Pulposus；然后右键单击【Model】→【Update】。

（2）进入 Mechanical 环境并分配纤维环材料

1）在 E【Mechanical Model】上右键单击【Model】→【Edit】进入 Mechanical 环境。

2）在 Mechanical 的主菜单【Units】中设置单位为 Metric（mm，kg，N，s，mV，mA）。

3）为纤维环分配材料，在导航树上单击【Geometry】展开，选择【Solid 1】→【Details of "Solid 1"】→【Material】→【Assignment】= Annulu，然后右键单击【Model】→【Update】。

（3）进入 Mechanical 环境并分配上腰椎材料

1）在 E【Mechanical Model】上，右键单击【Model】→【Edit】进入 Mechanical 环境。

2）在 Mechanical 的主菜单【Units】中设置单位为 Metric（mm，kg，N，s，mV，mA）。

3）为上腰椎分配材料，在导航树上单击【Geometry】展开，选择【Solid 1】→【Details of "Solid 1"】→【Material】→【Assignment】= Upper lumbar，然后右键单击【Model】→【Update】。

（4）进入 Mechanical 环境并分配下腰椎材料

1）在 E【Mechanical Model】上右键单击【Model】→【Edit】进入 Mechanical 环境。

2）在 Mechanical 的主菜单【Units】中设置单位为 Metric（mm，kg，N，s，mV，mA）。

3）为下腰椎分配材料，在导航树上单击【Geometry】展开，选择【Solid 1】→【Details of "Solid 1"】→【Material】→【Assignment】= Lower lumbar，然后右键单击【Model】→【Update】。

6. 进入 Mechanical 分析环境并分配单元类型

1）在 C【Static Structural】上右键单击【Model】→【Edit】进入 Mechanical 分析环境。

2）在 Mechanical 的主菜单【Units】中设置单位为 Metric（mm，kg，N，s，mV，mA）。

3）为髓核分配单元，在导航树上单击【Geometry】展开→【Solid 1 （sui he）】→【Insert】→【Commands】，然后在右侧【Commands】窗口输入如下命令：

```
et,matid,217          ! 217 单元
fpx2 =3e-4            ! 流体渗透率
tb,pm,matid,,,perm
tbdata,1,fpx2,fpx2,fpx2
```

4）为纤维环分配单元，在导航树上单击【Geometry】展开，选择【Solid 1 （xian wei）】→【Insert】→【Commands】，然后在右侧【Commands】窗口输入如下命令：

```
et,matid,217                ! 217 单元
fpx1 =3e-4                  ! 流体渗透率
tb,pm,matid,,,perm
tbdata,1,fpx1,fpx1,fpx1
```

7. 接触设置

在导航树上鼠标单击【Connections】展开，右键单击【Contacts】，从弹出的快捷菜单中单击【Delete】删除接触。

8. 节点融合设置

（1）在导航树上右键单击【Mesh】，从弹出的菜单中选择【Insert】→【Node Merge】，设置【Node Merge Group】→【Details of "Node Merge Group"】→【Tolerance Value】=0.5mm。

（2）如图 10-24 所示，在导航树上右键单击【Node Merge Group】，从弹出的菜单中选择【Detect Connections】，自动探测在容差范围下可融合的节点连接。

（3）删除有问号第一个【Node Merge】和第六个【Node Merge】。

（4）右键单击【Node Merge Group】，从弹出的菜单中选择【Generate】，产生融合节点。

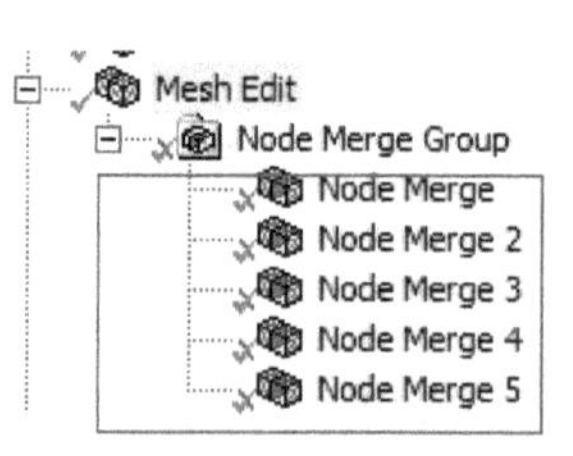

图 10-24　创建节点融合

9. 施加边界条件

（1）单击【Static Structural（C3）】。

（2）分析设置，单击【Analysis Settings】→【Details of "Analysis Settings"】→【Step Controls】，设置【Step End Time】=432000s，【Auto Time Stepping】= Off，【Define By】= Substeps，【Number OfSubsteps】=50，其他默认。

（3）施加载荷，在标准工具栏单击，选择上腰椎端面，然后在环境工具栏单击【Loads】→【Force】→【Details of "Force"】→【Definition】→【DefineBy】= Components，设置【Z Component】= -500N，然后在右侧【TabularData】第一行 Z 列输入 -500，如图 10-25 所示。

（4）施加约束，在标准工具栏单击，选择下腰椎端面，然后在环境工具栏单击【Supports】→【Fixed Support】，如图 10-26 所示。

10. 设置需要结果

（1）在导航树上单击【Solution（C4）】。

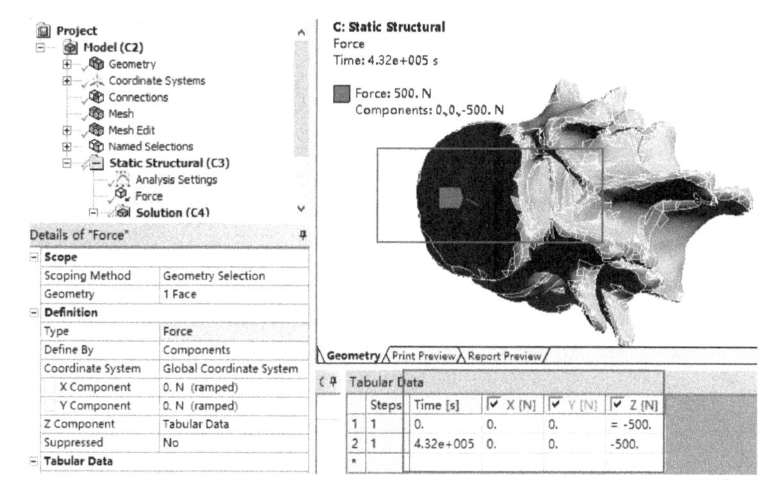

图 10-25　施加载荷

（2）在求解工具栏上单击【Deformation】→【Directional】，【Directional Deformation】→【Details of “Directional Deformation”】→【Definition】→【Orientation】= Z Axis。

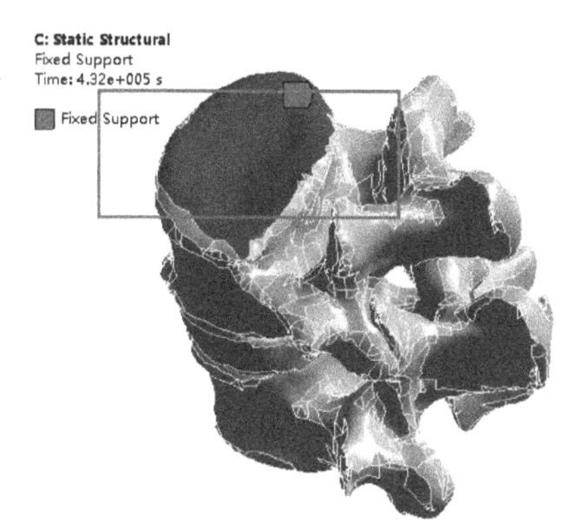

图 10-26　施加约束

（3）在标准工具栏上单击，选择椎间盘（髓核和纤维环），在求解工具栏上单击【Stress】→【Equivalent Stress】。

11. 求解与结果显示

（1）在 Mechanical 标准工具栏上单击 Solve 进行求解运算。

（2）运算结束后，单击【Solution (C4)】→【DirectionalDeformation】，显示腰椎 Z 方向的变形分布云图及数据曲线图，如图 10-27、图 10-28 所示；单击【Solution (C4)】→【EquivalentStress】，显示椎间盘等效应力分布云图及松弛变化数据曲线图，如图 10-29、图 10-30 所示。

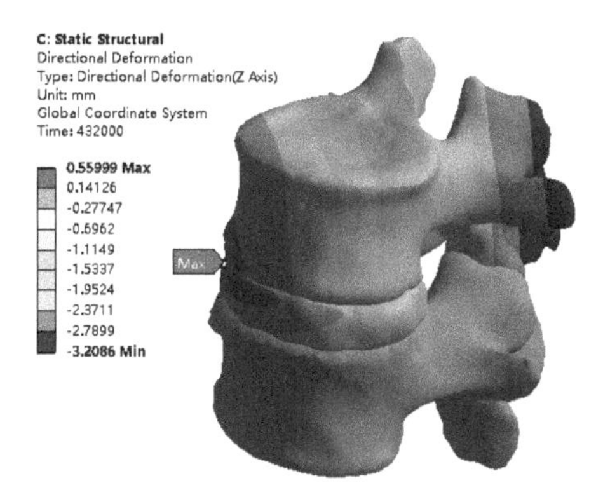

图 10-27　腰椎 Z 方向的变形分布云图

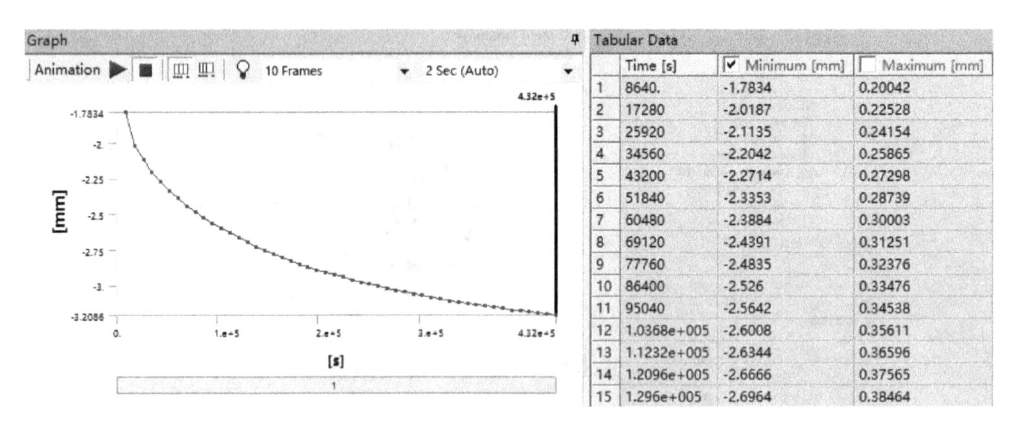

	Time [s]	Minimum [mm]	Maximum [mm]
1	8640.	-1.7834	0.20042
2	17280	-2.0187	0.22528
3	25920	-2.1135	0.24154
4	34560	-2.2042	0.25865
5	43200	-2.2714	0.27298
6	51840	-2.3353	0.28739
7	60480	-2.3884	0.30003
8	69120	-2.4391	0.31251
9	77760	-2.4835	0.32376
10	86400	-2.526	0.33476
11	95040	-2.5642	0.34538
12	1.0368e+005	-2.6008	0.35611
13	1.1232e+005	-2.6344	0.36596
14	1.2096e+005	-2.6666	0.37565
15	1.296e+005	-2.6964	0.38464

图 10-28　腰椎 Z 方向的变形变化及数据

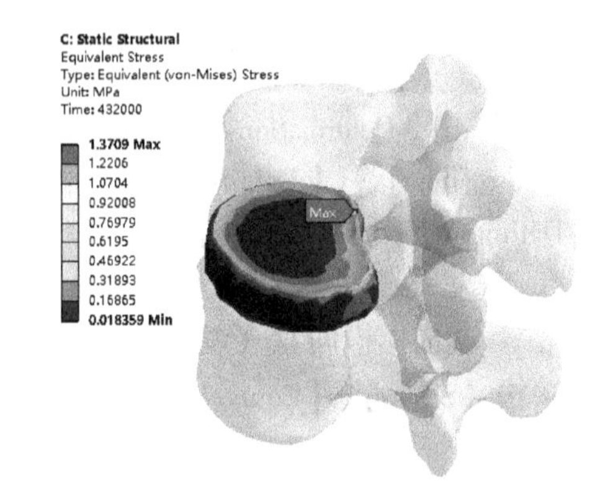

图 10-29　腰椎等效应力分布云图

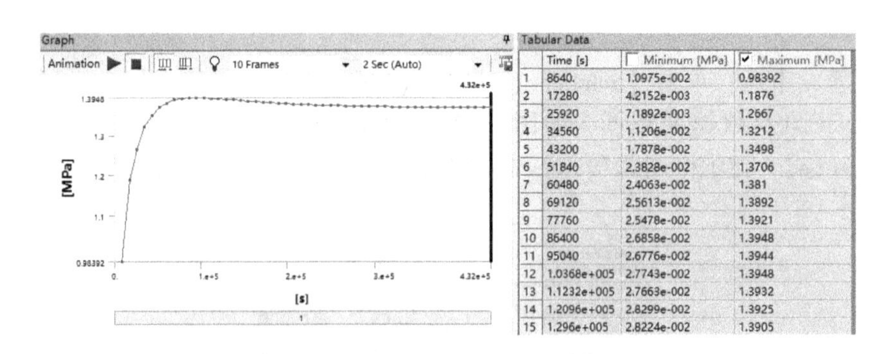

	Time [s]	Minimum [MPa]	Maximum [MPa]
1	8640.	1.0975e-002	0.98392
2	17280	4.2152e-003	1.1876
3	25920	7.1892e-003	1.2667
4	34560	1.1206e-002	1.3212
5	43200	1.7878e-002	1.3498
6	51840	2.3828e-002	1.3706
7	60480	2.4063e-002	1.381
8	69120	2.5613e-002	1.3892
9	77760	2.5478e-002	1.3921
10	86400	2.6858e-002	1.3948
11	95040	2.6776e-002	1.3944
12	1.0368e+005	2.7743e-002	1.3948
13	1.1232e+005	2.7663e-002	1.3932
14	1.2096e+005	2.8299e-002	1.3925
15	1.296e+005	2.8224e-002	1.3905

图 10-30　腰椎等效应力松弛变化曲线及数据

12. 保存与退出

（1）退出 Mechanical 分析环境，单击 Mechanical 主界面的菜单【File】→【Close Mechanical】退出环境，返回到 Workbench 主界面，此时主界面的分析流程图中显示的分析已完成。

（2）单击 Workbench 主界面上的【Save】按钮，保存所有分析结果文件。

（3）退出 Workbench 环境，单击 Workbench 主界面的菜单【File】→【Exit】退出主界面，完成分析。

10.2.3　结果分析与点评

本实例是关于腰椎椎间盘的蠕变分析，从分析结果来看，通过云图及 Graph 中曲线趋势可以看出，随着竖向位移的增加，孔隙压力逐渐消失；通过整体应力云图及 Graph 中曲线趋势可以明显看到应力随着时间缓慢变化，压缩下的蠕变响应证明了软组织中的固体和其间的流体的扩散作用。本实例几何模型从外部导入，椎间盘采用 CPT217 空隙压力单元建模，骨头采用 SOLID187 实体单元。由于在整个加载期间，腰椎椎间盘的侧面可以渗透。因此，采用空隙压力单元来模拟腰椎椎间盘运动段，为退化的椎间盘的临床研究提供了真实的模型。生物医学模拟中的软组织多为率相关的材料非线性，本实例中用命令将已有单元切换为 CPT217 空隙压力单元，并附上特殊材料属性。在非线性后处理中，常需要人为干涉载荷步中子步数量，以获得详细的输出响应。但计算量也相应增加。本实例有一定难度，分析操作过程也相对繁琐，不过也可以看出 ANSYS Workbench 强大的功能和便捷性，如可以把外部模型可以汇聚到一个分析项目中。

第 11 章　复合材料分析

11.1　冲浪板复合材料分析

11.1.1　问题与重难点描述

1. 问题描述

冲浪板是人们用于冲浪动的运动器材，现有冲浪板长 1.8623m、宽约 0.42m、厚 7 ~ 10cm，冲浪板结构轻而平，前后两端稍窄小，后下方有一起稳定作用的尾鳍，如图 11-1 所示。该冲浪板采用复合材料 Epoxy Carbon 和 Core，具体材料数据参看 Engineering Data，试对冲浪板进行复合材料分析。

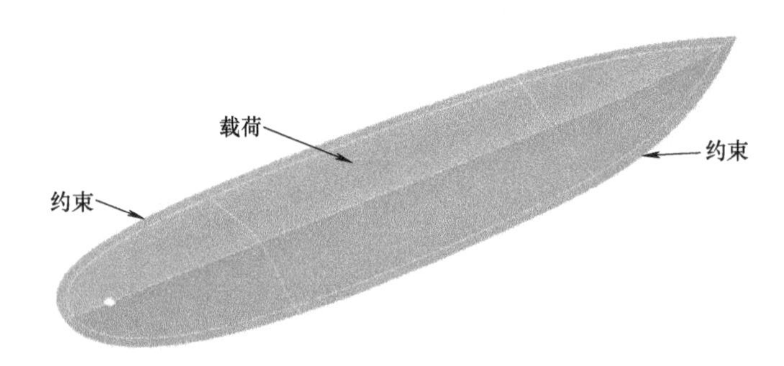

图 11-1　储热管模型

2. 重难点提示

本实例重难点是对冲浪板铺层设置以及复合材料后处理。

11.1.2　实例详细解析过程

1. 启动 Workbench18.0

在"开始"菜单中执行 ANSYS18.0→Workbench18.0 命令。

2. 创建复合材料分析

（1）在工具箱【Toolbox】的【Component Systems】中双击或拖动复合材料前处理【ACP（Pre）】到项目分析流程图，如图 11-2 所示。

（2）在 Workbench 的工具栏中单击【Save】，保存项目实例名为 Surfboard.Wbpj。如工程实例文件保存在 D：\ AWB \ Chapter11 文件夹中。

3. 创建材料参数

（1）编辑工程数据单元，右键单击【Engineering Data】→【Edit】。

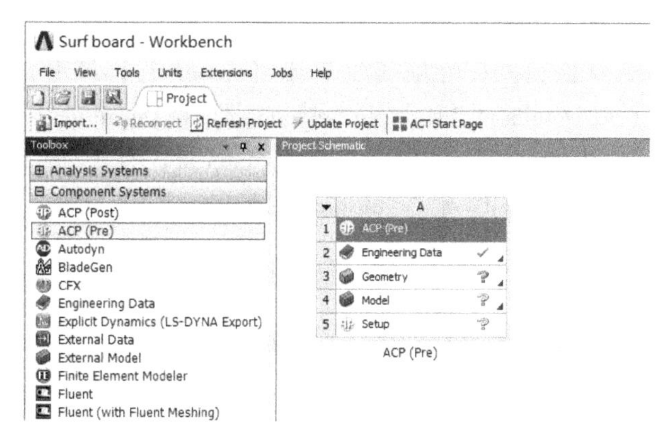

图 11-2　创建储热管复合材料分析

（2）在工程数据属性中增加材料，在 Workbench 的工具栏上单击工程材料源库，此时的界面主显示【Engineering Data Sources】。单击【Click here to add a new library】右侧添加位置图标，找到【Engineering Data】，如该文件存放在 D：\ AWB \ Chapter11 文件夹里，然后，单击【Outline of Engineering Data】表中 Epoxy Carbon 和 Core 的添加按钮，此时在 C3、C4 栏中显示标示，表明材料添加成功，如图 11-3 所示。

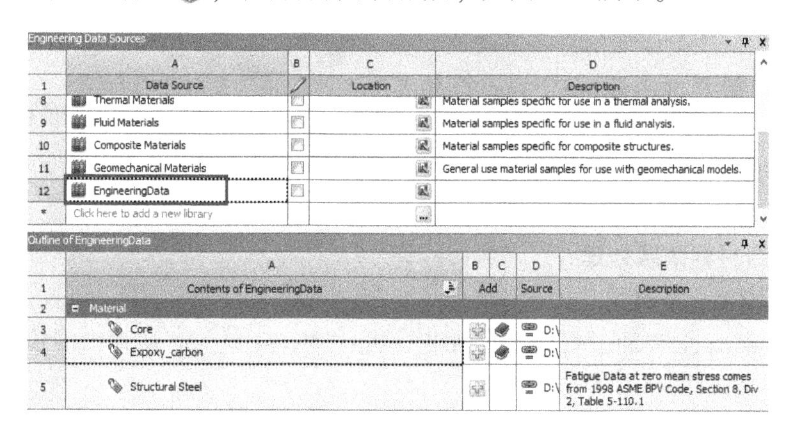

图 11-3　创建材料

（3）单击工具栏中的【A2：Engineering Data】关闭按钮，返回到 Workbench 主界面，新材料创建完毕。

4. 导入几何模型

在复合材料前处理上，右键单击【Geometry】→【Import Geometry】→【Browse】，找到模型文件 Surfboard. agdb，打开导入几何模型。如模型文件在 D：\ AWB \ Chapter11 文件夹中。

5. 进入 Mechanical 分析环境

（1）在复合材料前处理上，右键单击【Model】→【Edit】进入 Mechanical 分析环境。

（2）在 Mechanical 的主菜单【Units】中设置单位为 Metric（mm，kg，N，s，mV，mA）。

6. 为几何模型分配厚度及材料

为冲浪板分配厚度及材料，在导航树上单击【Geometry】展开，设置【Back、Lead、Main back、Main lead】→【Details of “Multiple Selection”】→【Definition】→【Thickness】=1mm；【Back、Lead】→【Details of “Multiple Selection”】→【Material】→【Assignment】=Epoxy Carbon；【Main back、Main lead】→【Details of “Multiple Selection”】→【Material】→【Assignment】=Core，其他默认。

7. 划分网格

（1）在导航树上单击【Mesh】→【Details of “Mesh”】→【Sizing】→【Size Function】=Adaptive，【Relevance Center】=Medium，其他默认。

（2）在标准工具栏单击，选择冲浪板4个表面，右键单击导航树上的【Mesh】→【Insert】→【Sizing】，【Face Sizing】→【Details of “Face Sizing” -Sizing】→【Definition】→【Element Size】=10mm，其他默认。

（3）生成网格，右键单击【Mesh】→【Generate Mesh】，图形区域显示程序生成的网格模型，如图11-4所示。

（4）网格质量检查，在导航树上单击【Mesh】→【Details of “Mesh”】→【Quality】→【Mesh Metric】=Element Quality，显示Element Quality规则下网格质量详细信息，平均值处在好水平范围内，展开【Statistics】显示网格和节点数量。

图11-4 划分网格

（5）退出Mechanical分析环境，单击ACP（Pre）-Mechanical主界面的菜单【File】→【Close Mechanical】退出环境。

8. 进行复合材料铺层处理

（1）进入ACP工作环境

返回到Workbench界面，右键单击ACP（Pre）Model单元，从弹出的快捷菜单中选择【Update】，把网格数据导入ACP（Pre）。

（2）右键单击ACP（Pre）Setup单元，从弹出的快捷菜单中选择【Edit…】进入ACP（Pre）环境。

9. 材料数据

（1）单击并展开【Material Data】，右键单击【Fabrics】，从弹出的快捷菜单中选择【Create Fabric…】，弹出织物属性对话框，Material=Epoxy_carbon，Thickness=3.2，其他默认，单击【OK】关闭对话框，如图11-5所示。

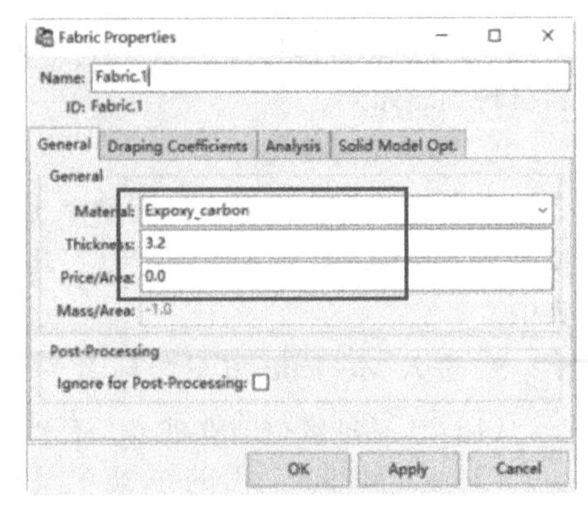

图11-5 织物属性对话框

（2）单击并展开【Material Data】，右键单击【Fabrics】，从弹出的快捷菜单中选择【Create Fabric…】，弹出织物属性对话框，设置Material=Core，Thickness=11.8，其他默认，单击【OK】关闭对话框，如图 11-6 所示。

（3）工具栏单击 数据更新。

（4）右键单击【Stackups】，从弹出的快捷菜单中选择【Create Stackup…】，弹出层叠属性对话框，Fabric = Fabric. 1，Angle = －45. 0、0. 0、45. 0，其他默认，单击【OK】关闭对话框，如图 11-7 所示。

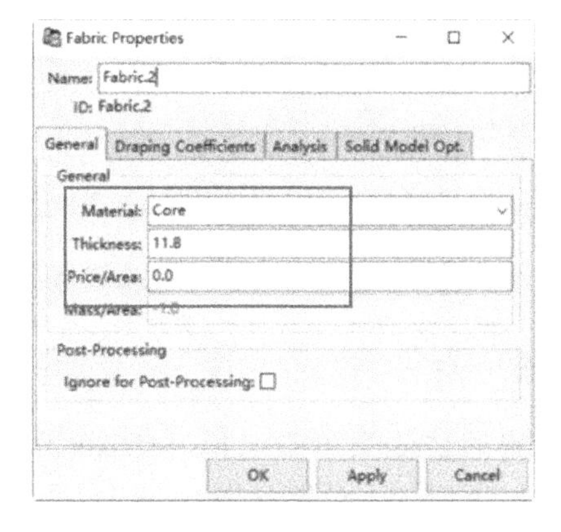

图 11-6 织物属性对话框

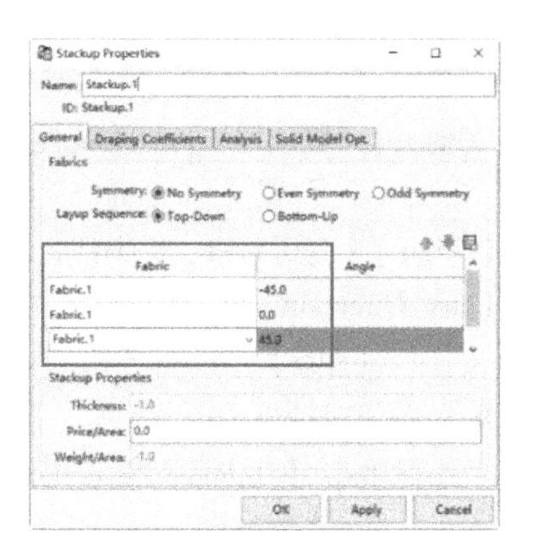

图 11-7 层叠属性对话框

（5）工具栏单击 数据更新。

10. 创建参考坐标

（1）右键单击【Rosettes】，从弹出的快捷菜单中选择【Create Rosette…】，弹出 Rosette 属性对话框，如图 11-8 所示，设置【Type】= Parallel，【Origin】=（－0. 0199，0. 0678，0. 7550），【Direction1】=（1. 0000，0. 0000，0. 0000），【Direction2】=（0. 0000，1. 0000，0. 0000），单击工具栏单元边线显示图标 ，参考视图坐标系确定位置，其他默认，单击【OK】关闭对话框。

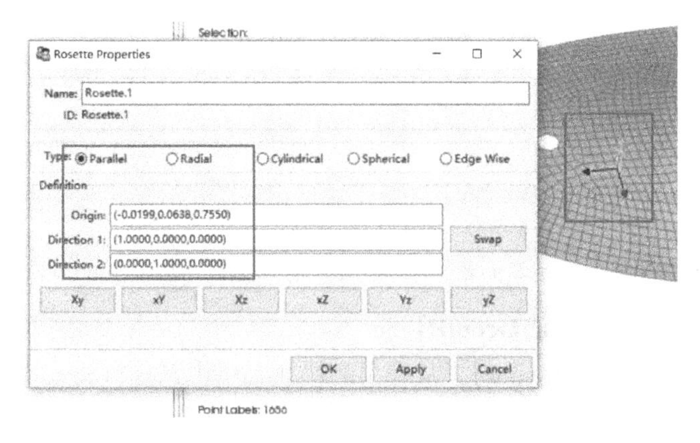

图 11-8 创建 Rosette

（2）在工具栏上单击 数据更新。

11. 创建方向选择集

（1）右键单击【Oriented Selection Sets】，从弹出的快捷菜单中选择【Create Oriented

Selection Sets…】，弹出方向选择属性对话框，如图 11-9 所示，设置【Element Sets】= All_Elements，【Point】=（-0.0412，-0.0536，0.2866），【Direction】=（0.0681，0.9974，0.0255），【Rosettes】= Rosette.1，其他默认，单击【OK】关闭对话框。

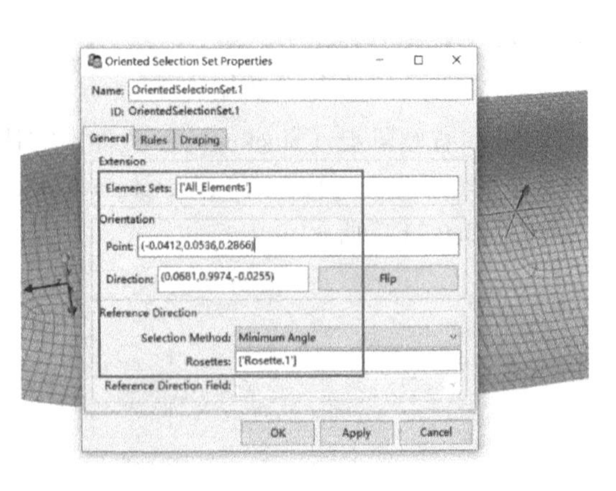

图 11-9 创建方向选择集对话框

（2）右键单击【Oriented Selection Sets】，从弹出的快捷菜单中选择【Create Oriented Selection Sets…】，弹出方向选择属性对话框，如图 11-10 所示，设置【Element Sets】= Lift、Right，【Origin】=（0.1171，0.0315，0.3402），【Orientations Direction】=（0.0621，0.9975，-0.0350），【Rosettes】= Rosette.1，其他默认，单击【OK】关闭对话框。

（3）右键单击【Oriented Selection Sets】，从弹出的快捷菜单中选择【Create Oriented Selection Sets…】，弹出方向选择属性对话框，如图 11-11 所示，设置【Element Sets】= Main back、Main lead，【Origin】=（-0.0409，0.0561，0.3871），【Orientations Direction】=（0.0471，0.9986，-0.0233），【Rosettes】= Rosette.1，其他默认，单击【OK】关闭对话框。

（4）在工具栏上单击 数据更新。

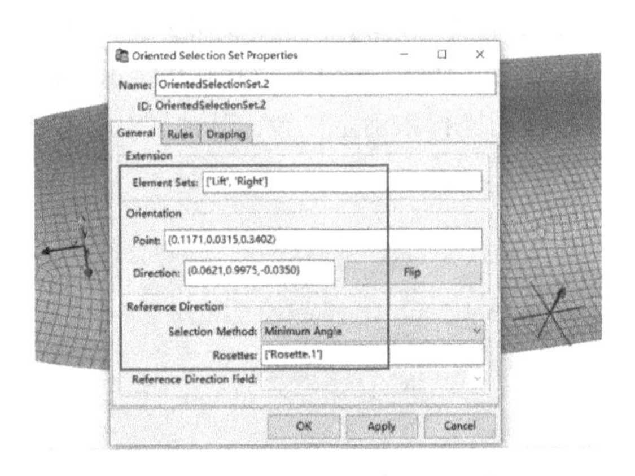

图 11-10 创建 Lift、Right 单元集

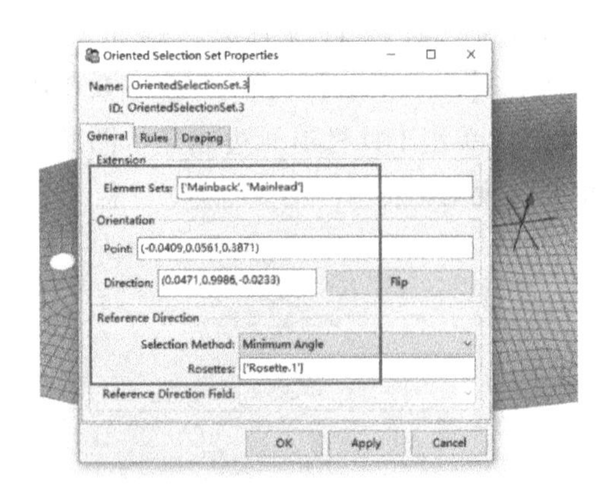

图 11-11 创建 Main back、Main lead 单元集

12. 创建铺层组【Modeling Groups】

（1）右键单击【Modeling Groups】，从弹出的快捷菜单中选择【Create Modeling Groups…】，弹出创建铺层组属性对话框，默认铺层组命名，单击【OK】关闭对话框。

（2）右键单击【Modeling Groups.1】，从弹出的快捷菜单中选择【Create Ply…】，弹出创建铺层属性对话框，如图 11-12 所示，设置【Oriented Selection Sets】= Oriented Selection Sets.1，【Ply Material】= Stackup.1，【Ply Angle】= 0，【Number of Layers】= 1，其他默认，单击【OK】关闭对话框。

（3）右键单击【Modeling Groups.1】，从弹出的快捷菜单中选择【Create Ply…】，弹出

创建铺层属性对话框，如图 11-13 所示，设置【Oriented Selection Sets】= Oriented Selection Sets. 1，【Ply Material】= Fabric. 1，【Ply Angle】= 0. 0，【Number of Layers】= 1，其他默认，单击【OK】关闭对话框。

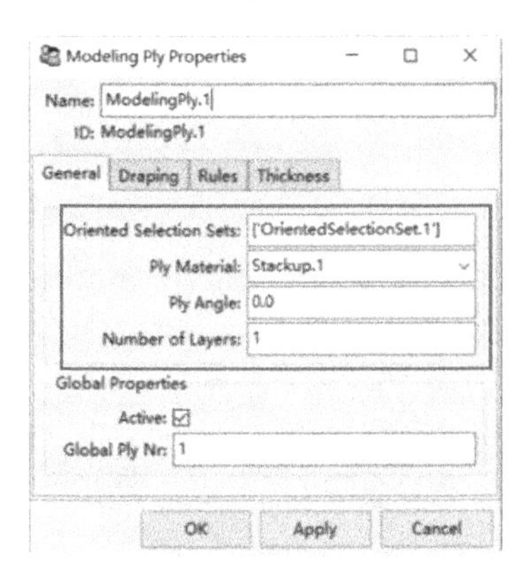

图 11-12　创建 0 度铺层角

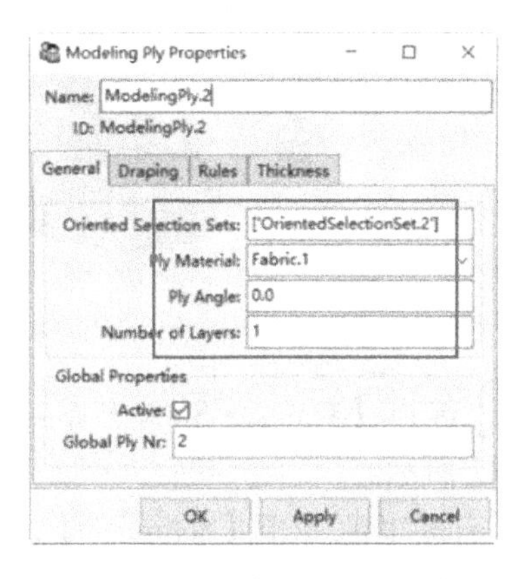

图 11-13　创建 -30 度铺层角

（4）右键单击【Modeling Groups. 1】，从弹出的快捷菜单中选择【Create Ply…】，弹出创建铺层属性对话框，如图 11-14 所示，设置【Oriented Selection Sets】= Oriented Selection Sets. 1，【Ply Material】= Fabric. 2，【Ply Angle】= 0. 0，【Number of Layers】= 1，其他默认，单击【OK】关闭对话框。

（5）在工具栏上单击数据更新。

（6）单击铺层显示工具，查看铺层信息，如图 11-15 所示。

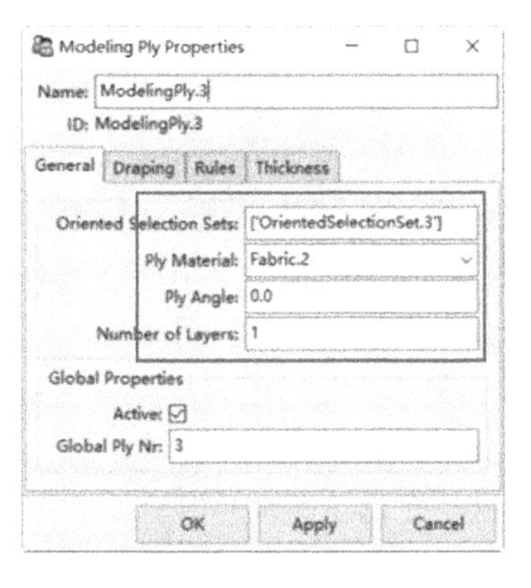

图 11-14　创建 0 度铺层角

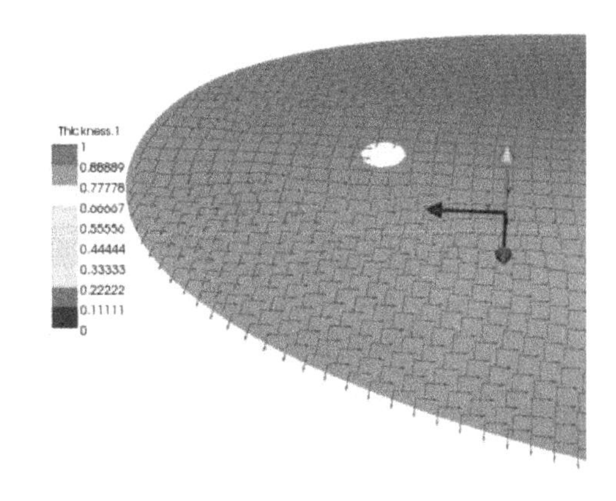

图 11-15　铺层显示

13. 查看铺层厚度显示【Layup Plots】

（1）右键单击【Thickness】，从弹出的快捷菜单中选择【Update】，如图 11-16 所示。

（2）退出 ACP-Pre 环境，【File】→【Exit】。

14. 进入到结构静力分析环境

（1）返回到 Workbench 主界面，在工具箱【Toolbox】的【Analysis Systems】中双击或拖动结构静力分析项目【Static Structural】到项目分析流程图。

（2）单击复合材料前处理项目单元格【Setup】，并拖动到结构静力分析项目单元格

图 11-16 铺层厚度显示

【Model】，选择【Transfer Shell Composite Data】，如图 11-17 所示。

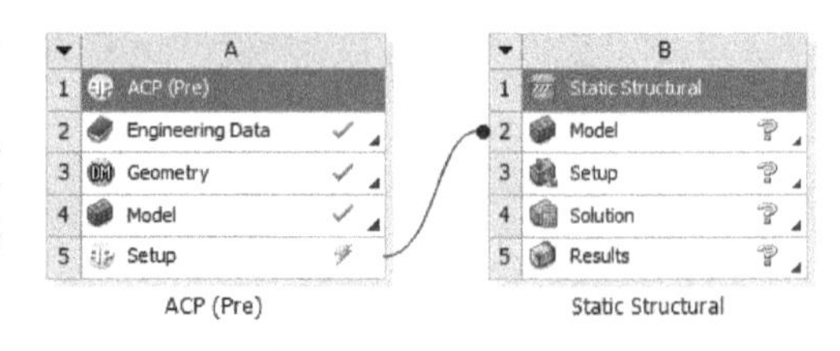

图 11-17 前处理数据导入结构静力环境

(3) 右键单击 ACP【Setup】→【Update】，更新并把数据传递结构静力分析项目单元格【Model】中。

(4) 右键单击结构静力分析单元格【Model】→【Edit…】，进入结构静力分析环境。

15. 施加边界

(1) 在导航树上单击【Static Structural (B3)】。

(2) 施加约束，在标准工具栏上单击，然后选择冲浪板前后边线（共 4 条），在环境工具栏上单击【Supports】→【Fixed Support】，如图 11-18 所示。

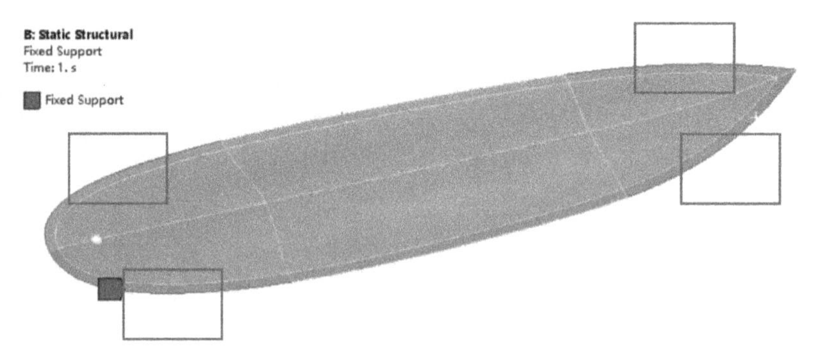

图 11-18 施加固定约束

(3) 施加压力，在标准工具栏上单击，然后选择冲浪板中间位置，在环境工具栏上单击【Loads】→【Force】→【Details of "Force"】→【Definition】→【Magnitude】= -1000N，如图 11-19 所示。

16. 设置需要的结果、求解及显示

(1) 在导航树上单击【Solution (B4)】。

(2) 在求解工具栏上单击【Deformation】→【Total】。

(3) 在 Mechanical 标准工具栏上单击 Solve 进行求解运算。

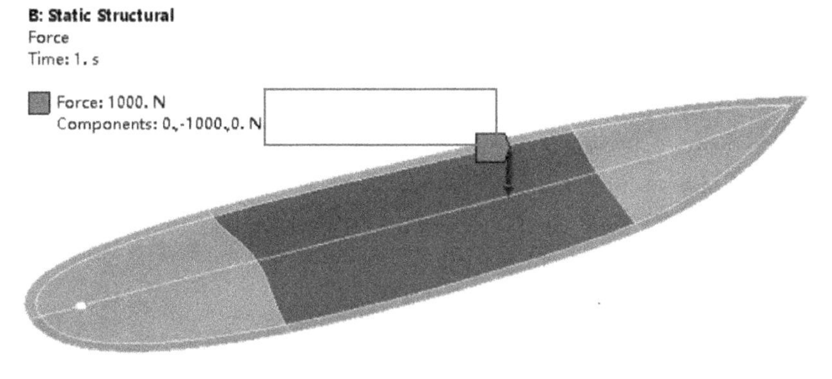

图 11-19　施加力载荷

（4）运算结束后，单击【Solution（B4）】→【Total Deformation】，可以查看方管变形分布云图，如图 11-20 所示。

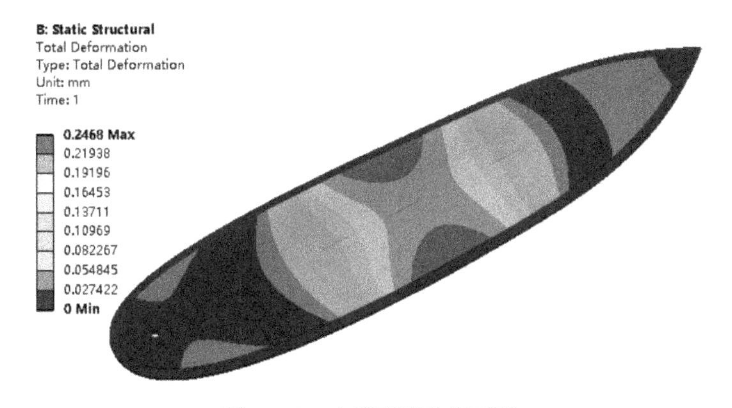

图 11-20　方管变形分布云图

（5）退出结构静力分析环境，单击 Mechanical 主界面的菜单【File】→【Close Mechanical】退出环境。

17. 进入 ACP-Post 环境

（1）返回到 Workbench 主界面，在工具箱【Toolbox】的【Component Systems】中拖动复合材料前处理项目【ACP（Post）】到项目分析流程图，并分别与【ACP（Pre）】的【Engineering Data】、【Geometry】、【Model】相连接。

（2）单击结构静力前处理项目单元格【Solution】，并拖动到复合材料后处理项目单元格【Results】，如图 11-21 所示。

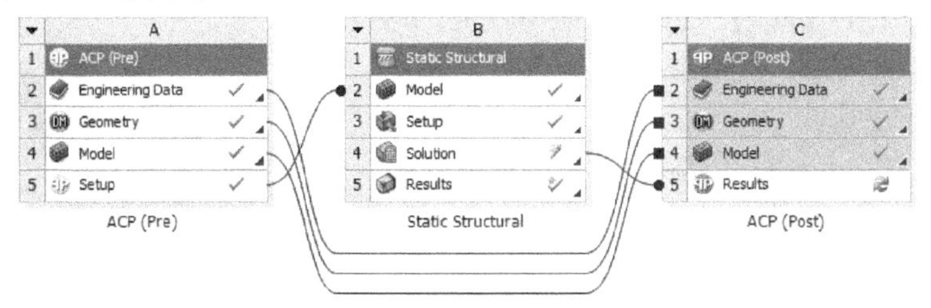

图 11-21　复合材料后处理连接

（3）右键单击结构静力前处理项目单元格【Solution】→【Update】，更新并把数据传递到复合材料后处理项目单元格【Results】中。

（4）右键单击【ACP（Post）Results】→【Edit…】，进入复合材料后处理环境。

18. 定义失效准则

（1）右键单击【Definitions】，从弹出的快捷菜单中选择【Create Failure Criteria…】，弹出创建失效准则属性对话框，选择最大应力失效准则，其他默认，单击【OK】关闭对话框，如图 11-22 所示。

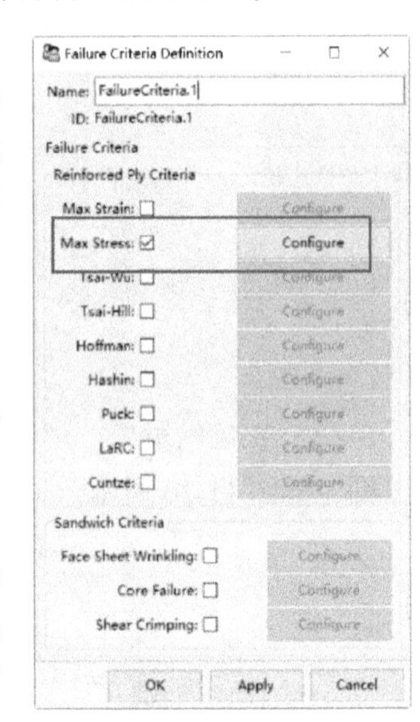

图 11-22　失效准则定义对话框

（2）在工具栏上单击数据更新。

19. 求解后处理

（1）单击并展开【Solutions】→【Solutions.1】，右键单击【Solutions.1】，从弹出的快捷菜单中选择【Create Deformation…】，弹出变形对话框，默认设置，单击【OK】关闭对话框。

（2）右键单击【Solutions.1】，从弹出的快捷菜单中选择【Create Failure…】，弹出失效对话框，选择【Failure Criteria Definition】= FailureCriteria.1，其他默认，单击【OK】关闭对话框。

（3）在工具栏上单击数据更新。

（4）在导航树上右键单击【Deformation.1】→【Show】，显示结果变形云图，如图 11-23 所示。

（5）在导航树上右键单击【Failure.1】→【Show】，显示结果失效云图，如图 11-24、图 11-25 所示，其中 s2t 表示最大应力失效准则 2 方向（纤维的横向）压缩失效关键层是第 1 层。

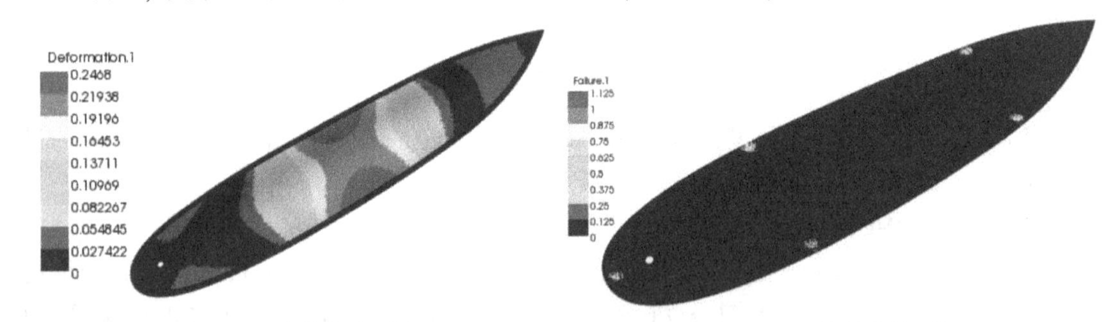

图 11-23　结果变形云图　　　图 11-24　结果失效云图

20. 保存与退出

（1）退出复合材料后处理环境，单击复合材料后处理主界面的菜单【File】→【Exit】退出环境，返回到 Workbench 主界面，此时主界面的分析流程图中显示的分析已完成。

（2）单击 Workbench 主界面上的【Save】按钮，保存所有分析结果文件。

（3）退出 Workbench 环境，单击 Workbench 主界面的菜单【File】→【Exit】退出主界面，完成项目

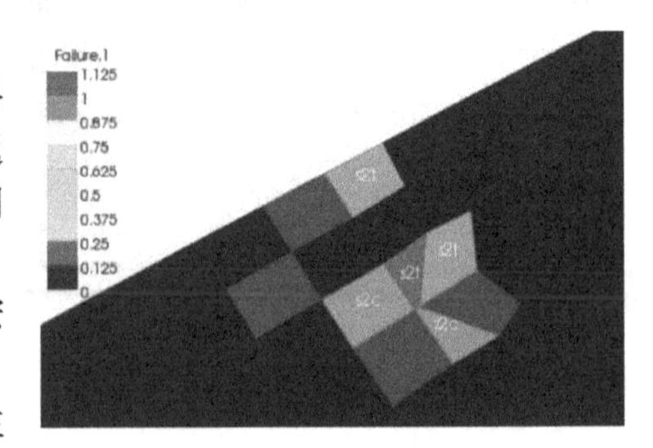

图 11-25　结果失效云图及参数

分析。

11.1.3 结果分析与评价

本实例是冲浪板复合材料分析，从分析结果来看，在给定条件下，创建的冲浪板复合材料的铺层设置，最大应力失效准则 2 方向（纤维的横向）压缩失效关键层是第 1 层。本实例包含了两个重要知识点，一方面是复合材料分析 ACP 前后处理，另一方面是线性静力分析。在本例中如何进行复合材料前处理、后处理是关键，这牵涉到铺层组创建、对应的边界条件设置、失效准则给定、求解及后处理。本例诠释了 ACP 复合材料分析易用性，脉络清晰，过程完整。

11.2 储热管复合材料分析

11.2.1 问题与重难点描述

1. 问题描述

已知用于补偿储热管道的光滑弯管方形补偿管长为 1400mm，管截面半径 30mm，如图 11-26 所示。该管采用复合材料 Epoxy Carbon Woven（235GPa）Wet，材料数据如表 11-1、表 11-2 所示，试对储热管进行复合材料分析。

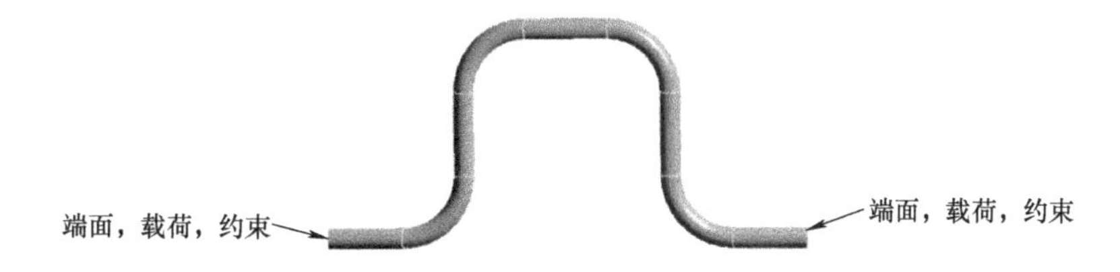

图 11-26 储热管模型

表 11-1 Epoxy Carbon Woven（235GPa）Wet 材料参数

类　型	属　性	数　据	单　位
密度	密度	1.251E-09	tone mm^-3
正交各向异性割线热膨胀系数	X 方向	2.2E-6	C^-1
	Y 方向	2.2E-6	C^-1
	Z 方向	1.0E-5	C^-1
	参考温度	20	C
正交各向异性弹性材料	弹性模量 X 向	见表 7-2	MPa
	弹性模量 Y 向	见表 7-2	MPa
	弹性模量 Z 向	见表 7-2	MPa
	泊松比 XY	见表 7-2	
	泊松比 YZ	见表 7-2	
	泊松比 XZ	见表 7-2	
	剪切模量 XY	见表 7-2	MPa
	剪切模量 YZ	见表 7-2	MPa
	剪切模量 XZ	见表 7-2	MPa

（续）

类型	属性	数据	单位
正交各向异性应力极限	拉伸 X 向	510	MPa
	拉伸 Y 向	510	MPa
	拉伸 Z 向	50	MPa
	压缩 X 向	-437	MPa
	压缩 Y 向	-437	MPa
	压缩 Z 向	-150	MPa
	剪切 XY	120	MPa
	剪切 YZ	55	MPa
	剪切 XZ	55	MPa
正交各向异性导热系数	导热系数 X	0.0003	W mm^-1 C^-1
	导热系数 Y	0.0003	W mm^-1 C^-1
	导热系数 Z	0.0002	W mm^-1 C^-1
层的类型	类型	Woven	

表 11-2 Epoxy Carbon Woven（235GPa）Wet 的正交各向异性弹性材料参数

温度	弹性模量 X 向	弹性模量 Y 向	弹性模量 Z 向	泊松比 XY	泊松比 YZ	泊松比 XZ	剪切模量 XY	剪切模量 YZ	剪切模量 XZ
20	59160	59160	7500	0.04	0.3	0.3	17500	2700	2700
40	39440	39440	5000	0.027	0.2	0.2	11667	1800	1800
60	29580	29580	3750	0.02	0.15	0.15	8750	1050	1050
80	23664	23664	3000	0.016	0.12	0.12	7000	1080	1080
100	19720	19720	2500	0.010	0.1	0.1	5833	900	900
120	16903	16903	2143	0.011	0.08	0.08	5000	771	771
140	14790	14790	1875	0.01	0.075	0.075	4375	675	675
160	10147	10147	1667	0.009	0.067	0.067	3888	600	600
180	11832	11832	1500	0.008	0.06	0.06	3500	540	540

2. 重难点提示

本实例重难点是材料创建，对储热管铺层组创建，对应的边界条件设置，实体复合材料模型处理、求解及后处理。

11.2.2 实例详细解析过程

1. 启动 Workbench18.0

在“开始”菜单中执行 ANSYS18.0→Workbench18.0 命令。

2. 创建复合材料分析

（1）在工具箱【Toolbox】的【Component Systems】中双击或拖动复合材料前处理【ACP（Pre）】到项目分析流程图，如图 11-27 所示。

（2）在 Workbench 的工具栏中单击【Save】，保存项目实例名为 Heat pipe. Wbpj。如工程实例文件保存在 D：\ AWB \ Chapter11 文件夹中。

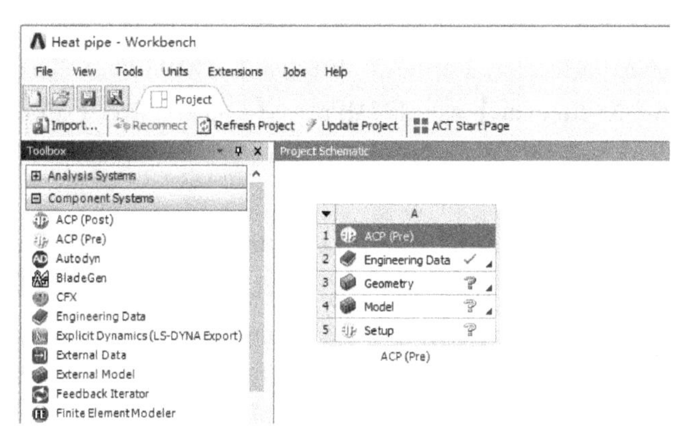

图 11-27　创建储热管复合材料分析

3. 创建材料参数

（1）编辑工程数据单元，右键单击【Engineering Data】→【Edit】。

（2）在工程数据属性中增加新材料：单击【Outline of Schematic A2：Engineering Data】→【Click here to add a new material】，输入新材料名称 Epoxy Carbon Woven（235GPa）Wet。

（3）在左侧单击【Physical Properties】展开，双击【Density】→【Properties of Outline Row 4：Epoxy Carbon Woven（235GPa）Wet】→【Table of Properties Row 2：Density】，设置【Density】=1.251E-09 tone mm^-3。

（4）在左侧单击【Physical Properties】，双击【Orthotropic Secant Coefficient of Thermal Expansion】→【Properties of Outline Row 4：Epoxy Carbon Woven（235GPa）Wet】→【Coefficient of Thermal Expansion】，设置【Coefficient of Thermal Expansion X direction】=2.2e-6 C^-1，【Coefficient of Thermal Expansion Y direction】=2.2E-6 C^-1，【Coefficient of Thermal Expansion Z direction】=1E-5 C^-1，【Reference Temperature】=20C。

（5）在左侧单击【Linear Elastic】展开，双击【Orthotropic Elasticity】→【Properties of Outline Row 4：Epoxy Carbon Woven（235GPa）Wet】→【Orthotropic Elasticity】→【Young's Modulus X direction】→【Table of Properties Row 10：Orthotropic Elasticity】，输入表 11-2 对应的数据，双击【Young's Modulus Y direction：Scale】→【Table of Properties Row 12：Orthotropic Elasticity】，输入表 11-2 对应的数据，双击【Young's Modulus Z direction：Scale】→【Table of Properties Row 14：Orthotropic Elasticity】，输入表 11-2 对应的数据；双击【Poisson's Ratio XY：Scale】→【Table of Properties Row 16：Orthotropic Elasticity】，输入表 11-2 对应的数据，双击【Poisson's Ratio YZ：Scale】→【Table of Properties Row 18：Orthotropic Elasticity】，输入表 11-2 对应的数据，双击【Poisson's Ratio XZ：Scale】→【Table of Properties Row 20：Orthotropic Elasticity】，输入表 11-2 对应的数据；双击【Shear Modulus XY：Scale】→【Table of Properties Row 22：Orthotropic Elasticity】，输入表 11-2 对应的数据，双击【Shear Modulus YZ：Scale】→【Table of Properties Row 24：Orthotropic Elasticity】，输入表 11-2 对应的数据，双击【Shear Modulus XZ：Scale】→【Table of Properties Row 26：Orthotropic Elasticity】，输入表 11-2 对应的数据。

（6）在左侧单击【Strength】展开，双击【Orthotropic Stress Limits】→【Properties of

Outline Row 4：Epoxy Carbon Woven（235GPa）Wet】→【Orthotropic Stress Limits】，设置【Tensile X direction】=510MPa，【Tensile Y direction】=510MPa，【Tensile Z direction】=50MPa；【Compressive X direction】=－437MPa，【Compressive Y direction】=－437MPa，【Compressive Z direction】=－150MPa；【Shear XY】=120MPa，【Shear YZ】=55MPa，【Shear XZ】=55MPa。

（7）在左侧单击【Thermal】展开，双击【Orthotropic Thermal Conductivity】→【Properties of Outline Row 4：Epoxy Carbon Woven（235GPa）Wet】→【Orthotropic Thermal Conductivity】，设置【Thermal Conductivity X direction】=0.0003 W mm^-1 C^-1，【Thermal Conductivity X direction】=0.0003 W mm^-1 C^-1，【Thermal Conductivity X direction】=0.0002 W mm^-1 C^-1。

（8）在左侧单击【Physical Properties】，双击【Ply Type】→【Properties of Outline Row 4：Epoxy Carbon Woven（235GPa）Wet】→【Type】=Woven，如图 11-28 所示。

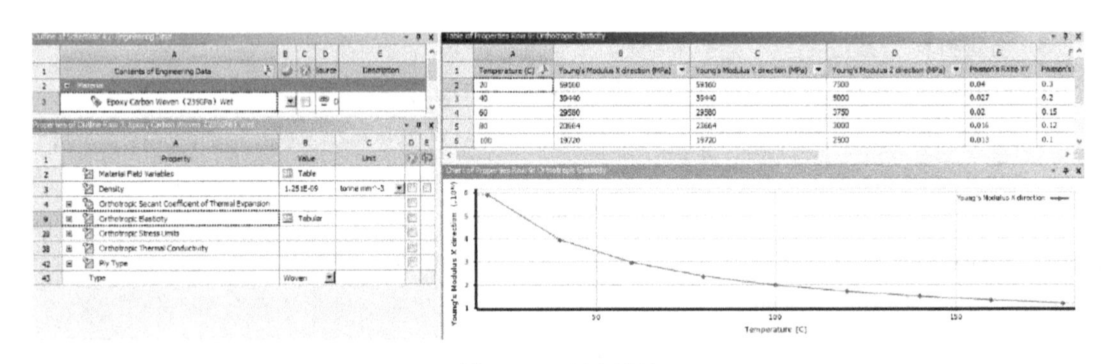

图 11-28　创建材料

（9）单击工具栏中的【A2：Engineering Data】关闭按钮，返回到 Workbench 主界面，新材料创建完毕。

4. 导入几何模型

在复合材料前处理上，右键单击【Geometry】→【Import Geometry】→【Browse】，找到模型文件 Heat Pipe. x_t，打开导入几何模型。如模型文件在 D：\ AWB \ Chapter11 文件夹中。

5. 进入 Mechanical 分析环境

（1）在复合材料前处理上，右键单击【Model】→【Edit】进入 Mechanical 分析环境。

（2）在 Mechanical 的主菜单【Units】中设置单位为 Metric（mm，kg，N，s，mV，mA）。

6. 为几何模型分配厚度及材料

为方管分配厚度及材料，在导航树上单击【Geometry】展开，设置【Compensator】→【Details of“Compensator”】→【Definition】→【Thickness】=0.0000254mm；【Material】→【Assignment】=Epoxy Carbon Woven（235GPa）Wet，其他默认，如图 11-29 所示。

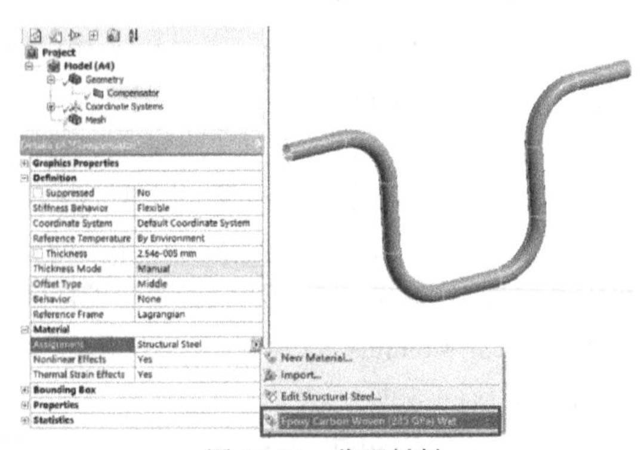

图 11-29　分配材料

7. 划分网格

（1）在导航树上单击【Mesh】→【Details

of “Mesh”】→【Element Midside Nodes】= Kept；设置【Sizing】→【Size Function】= Curvature，其他均默认。

（2）在标准工具栏单击，选择管 18 个表面，右键单击导航树上的【Mesh】→【Insert】→【Sizing】，设置【Face Sizing】→【Details of “Face Sizing” -Sizing】→【Definition】→【Element Size】=10mm；【Advanced】→【Size Function】= Curvature，其他默认。

（3）在标准工具栏单击，选择管 18 个表面，右键单击导航树上的【Mesh】→【Insert】→【Face Meshing】，其他默认。

（4）生成网格，右键单击【Mesh】→【Generate Mesh】，图形区域显示程序生成的网格模型，如图 11-30 所示。

图 11-30　划分网格

（5）网格质量检查，在导航树上单击【Mesh】→【Details of “Mesh”】→【Quality】→【Mesh Metric】= Element Quality，显示 Element Quality 规则下网格质量详细信息，平均值处在好水平范围内，展开【Statistics】显示网格和节点数量。

8. 创建名称选择

（1）在标准工具栏上单击，选择管外边线（9 条），右键单击从弹出的快捷菜单中选择【Create Named Selection】，弹出名称选择，输入 Outer_edge，单击【OK】关闭菜单，如图 11-31 所示。

（2）在标准工具栏上单击，选择管内边线（9 条），右键单击从弹出的快捷菜单中选择【Create Named Selection】，弹出名称选择，输入 Inner_edge，单击【OK】关闭菜单，如图 11-32 所示。

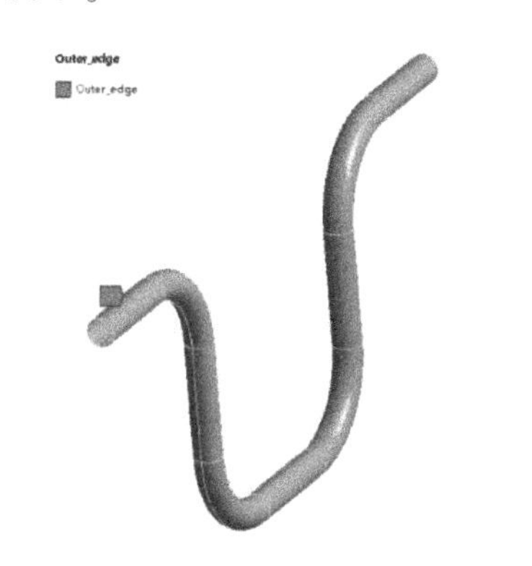

图 11-31　创建 Outer_edge 名称选择

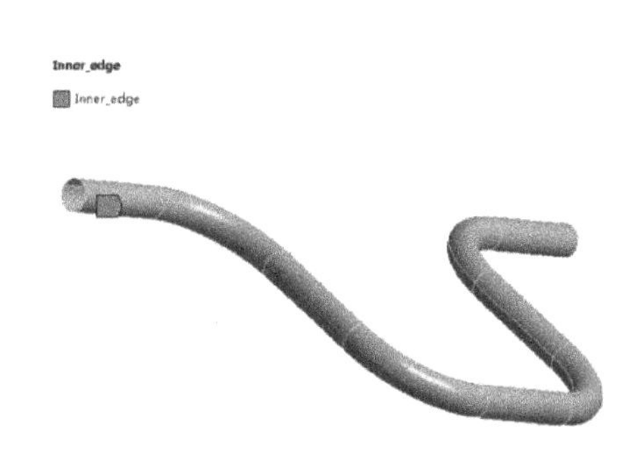

图 11-32　创建 Inner_edge 名称选择

（3）退出 Mechanical 分析环境，单击 Mechanical 主界面的菜单【File】→【Close Mechanical】退出环境。

9. 进行复合材料铺层处理

（1）进入 ACP 工作环境。返回到 Workbench 界面，右键单击 ACP（Pre）Model 单元，从弹出的快捷菜单中选择【Update】把网格数据导入 ACP（Pre）。

（2）右键单击 ACP（Pre）Setup 单元，从弹出的快捷菜单中选择【Edit…】进入 ACP（Pre）环境。

10. 材料数据

（1）单击并展开【Material Data】，右键单击【Fabrics】，从弹出的快捷菜单中选择【Create Fabric…】，弹出织物属性对话框，设置 Material = Epoxy Carbon Woven（235GPa）Wet，Thickness = 0.00101，其他默认，单击 OK 关闭对话框，如图 11-33 所示。

（2）工具栏单击数据更新。

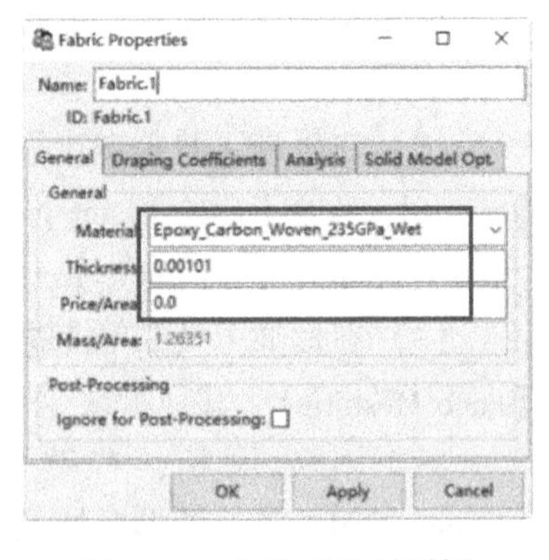

图 11-33　织物属性对话框

11. 创建参考坐标

（1）创建内边参考坐标，右键单击【Rosette】，从弹出的快捷菜单中选择【Create Rosette…】，弹出 Rosette 属性对话框，如图 11-34 所示，设置【Type】= Edge Wise，【Edge Set】= Inner_edge，【Origin】=（0.0000，0.0000，0.0000），【Direction1】=（1.0000，0.0000，0.0000），【Direction2】=（0.0000，1.0000，0.0000），其他默认，单击【OK】关闭对话框。

（2）创建外边参考坐标，右键单击【Rosette】，从弹出的快捷菜单中选择【Create Rosette…】，弹出 Rosette 属性对话框，如图 11-35 所示，设置【Type】= Edge Wise，【Edge Set】= Out_edge，【Origin】=（0.0000，0.0000，0.0000），【Direction1】=（1.0000，0.0000，0.0000），【Direction2】=（0.0000，1.0000，0.0000），其他默认，单击【OK】关闭对话框。

（3）工具栏单击数据更新。

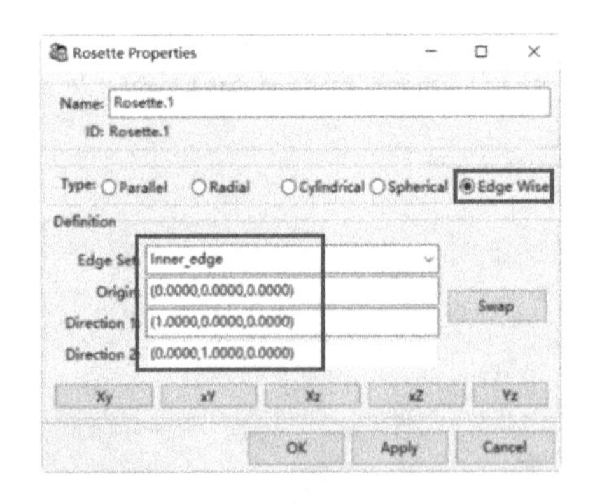

图 11-34　创建 Rosette（Inner_edge）

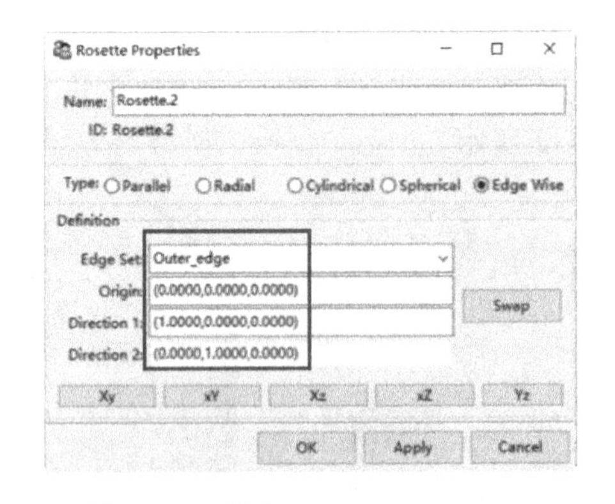

图 11-35　创建 Rosette（Out_edge）

12. 创建方向选择集

（1）右键单击【Oriented Selection Sets】，从弹出的快捷菜单中选择【Create Oriented Selection Sets…】，弹出方向选择属性对话框，如图 11-36 所示，设置【Element Sets】= All_Elements，【Origin】=（0.0191，－0.8100，0.0232），【Orientations Direction】=（0.4916，0.0000，0.8708），【Rosettes】= 3Rosette.1，Rosette.2，其他默认，单击【OK】关闭对话框。

（2）工具栏单击数据更新。

13. 创建铺层组【Modeling Groups】

（1）右键单击【Modeling Groups】，从弹出的快捷菜单中选择【Create Modeling Groups…】，弹出创建铺层组属性对话框，默认铺层组命名，单击【OK】关闭对话框。

（2）右键单击【Modeling Groups. 1】，从弹出的快捷菜单中选择【Create Ply…】，弹出创建铺层属性对话框，如图 11-37 所示，设置【Oriented Selection Sets】= Oriented Selection Sets. 1，【Ply Material】= Fabric. 1，【Ply Angle】=0，【Number of Layers】=1，其他默认，单击【OK】关闭对话框。

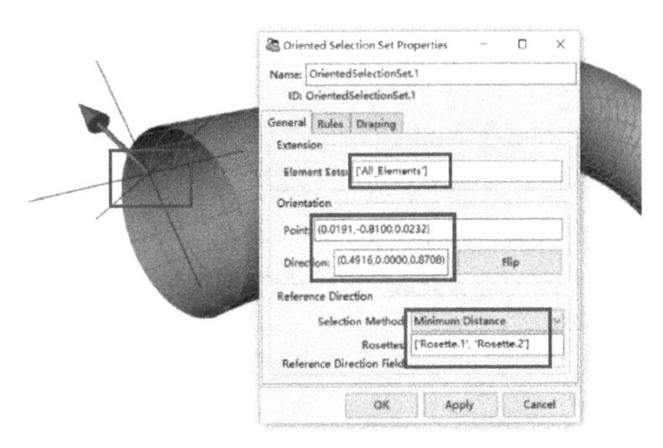

图 11-36　创建方向选择集对话框

（3）右键单击【Modeling Groups. 1】，从弹出的快捷菜单中选择【Create Ply…】，弹出创建铺层属性对话框，如图 11-38 所示，设置【Oriented Selection Sets】= Oriented Selection Sets. 1，【Ply Material】= Fabric. 1，【Ply Angle】= -30. 0，【Number of Layers】=2，其他默认，单击【OK】关闭对话框。

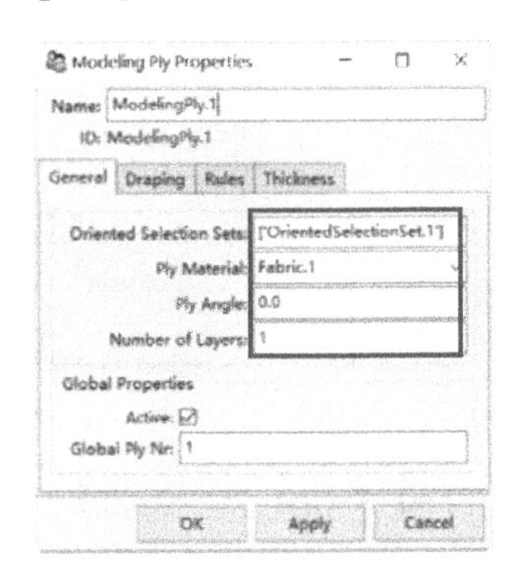

图 11-37　创建 0 度铺层角

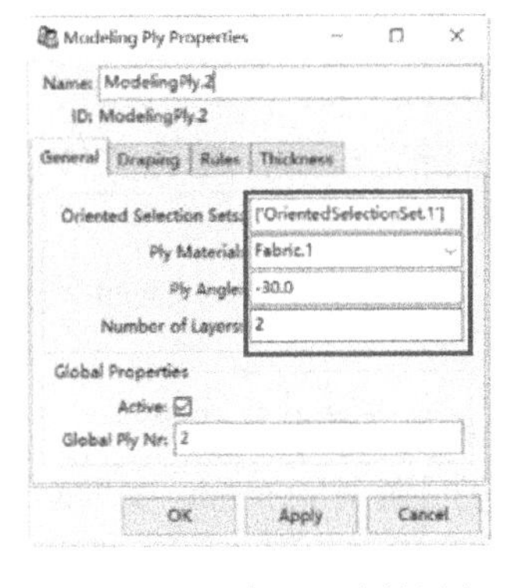

图 11-38　创建 -30 度铺层角

（4）右键单击【Modeling Groups. 1】，从弹出的快捷菜单中选择【Create Ply…】，弹出创建铺层属性对话框，如图 11-39 所示，设置【Oriented Selection Sets】= Oriented Selection Sets. 1，【Ply Material】= Fabric. 1，【Ply Angle】= 30. 0，【Number of Layers】=2，其他默认，单击【OK】关闭对话框。

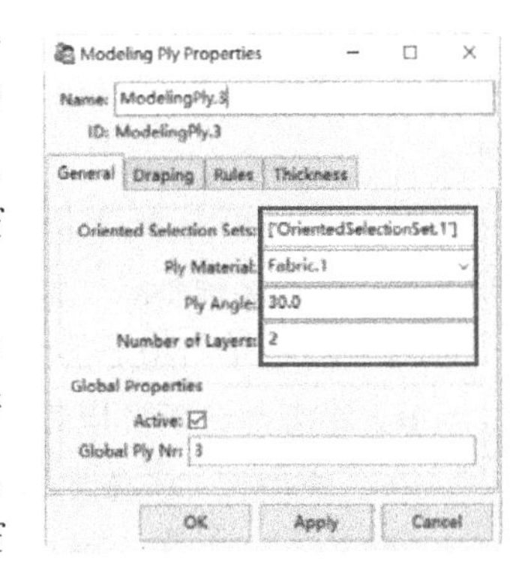

图11-39　创建 30 度铺层角

（5）右键单击【Modeling Groups. 1】，从弹出的快捷菜单中选择【Create Ply…】，弹出创建铺层属性对话框，如图 11-40 所示，设置【Oriented Selection Sets】= Oriented Selection Sets. 1，【Ply Material】= Fabric. 1，【Ply Angle】= 0. 0，【Number of Layers】=1，其他默认，单击【OK】关闭对话框。

（6）工具栏单击 数据更新。

（7）单击铺层显示工具，查看铺层信息，如图 11-41 所示。

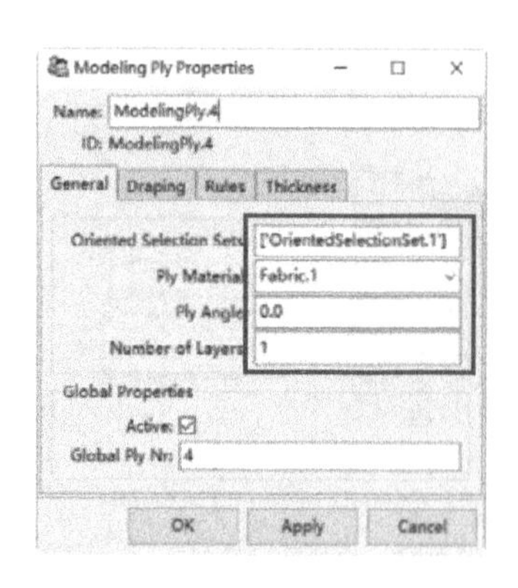

图 11-40　创建 0 度铺层角 顺序号 4

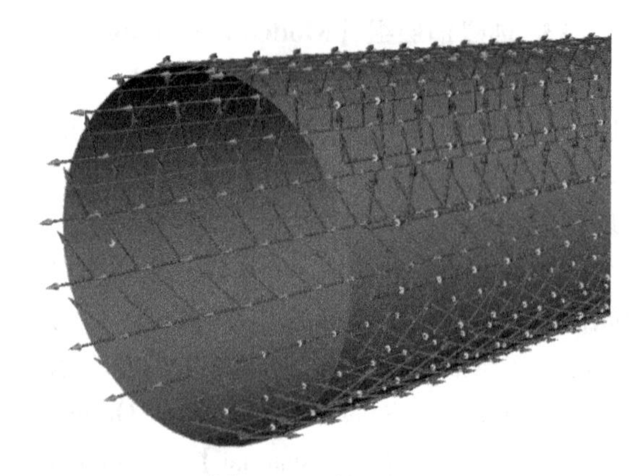

图 11-41　铺层显示

14. 创建实体模型

（1）右键单击【Solid Models】，从弹出的快捷菜单中选择【Create Solid Models…】，弹出实体模型属性对话框，设置【Element Sets】= All_Elements，【Extrusion Method】= Monolithic，其他默认，单击【OK】关闭对话框。

（2）工具栏单击 数据更新。

（3）更新完毕后，查看实体模型单元，如图 11-42 所示。

（4）单击【File】→【Exit】退出 ACP-Pre 环境。

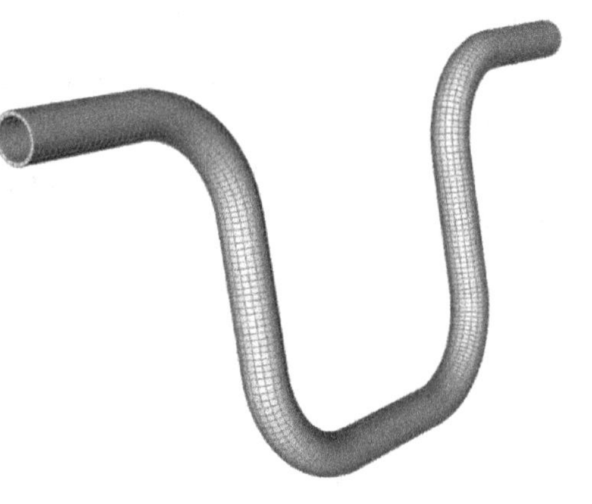

图 11-42　实体模型网格

15. 进入稳态热分析环境

（1）返回到 Workbench 主界面，在工具箱【Toolbox】的【Analysis Systems】中双击或拖动稳态热分析【Steady-State Thermal】到项目分析流程图。

（2）单击复合材料前处理单元格【Setup】，并拖动到稳态热分析单元格【Model】并选择【Transfer Solid Composite Data】，如图 11-43 所示。

（3）右键单击 ACP【Setup】→【Update】，更新并把数据传递稳态热分析单元格【Model】中。

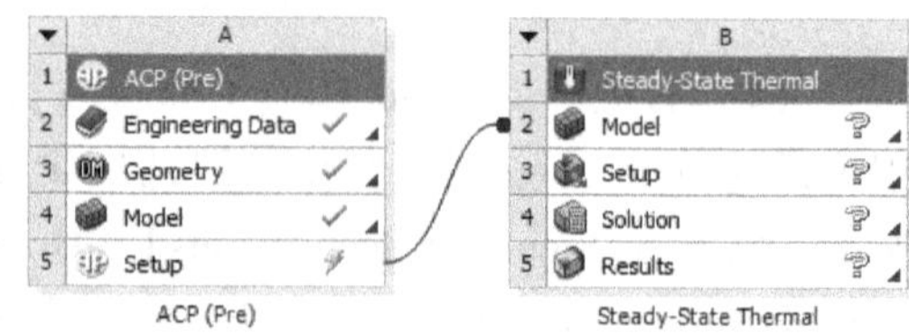

图 11-43　前处理数据导入稳态热分析环境

（4）右键单击稳态热分析单元格【Model】→【Edit…】，进入稳态热分析环境。

16. 稳态热分析环境边界设置

（1）施加管一端施加热边界，在标准工具栏上单击，选择管一端的端面，工具栏上单击【Temperature】，设置【Temperature】→【Details of "Temperature"】→【Definition】→【Magnitude】= 150，如图 11-44 所示。

（2）施加管的另一端施加热边界，在标准工具栏上单击，选择管一端的端面，工具栏上单击【Temperature】，设置【Temperature】→【Details of "Temperature"】→【Definition】→

【Magnitude】=180，如图 11-45 所示。

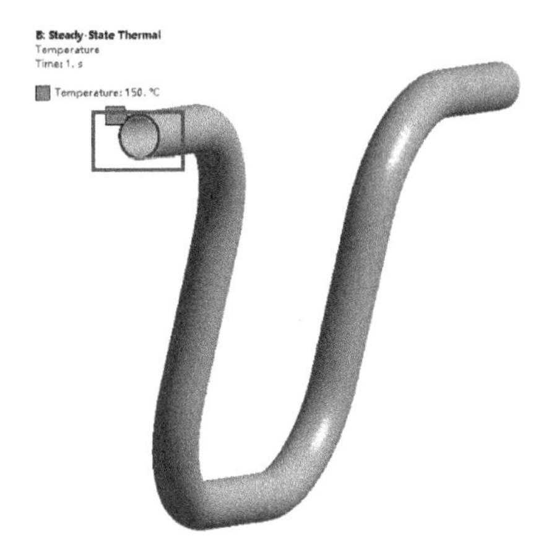

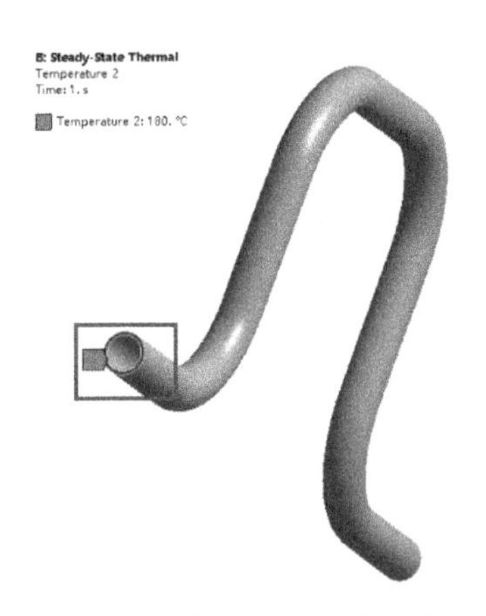

图 11-44　施加管一端施加热边界　　图 11-45　施加管的另一端施加热边界

17. 设置需要的结果、求解及显示

（1）在导航树上单击【Solution（B4）】。

（2）在求解工具栏上单击【Thermal】→【Temperature】。

（3）在 Mechanical 标准工具栏上单击 Solve 进行求解运算。

（4）运算结束后，单击【Solution（B4）】→【Temperature】，可以查看管的温度分布云图，如图 11-46 所示。

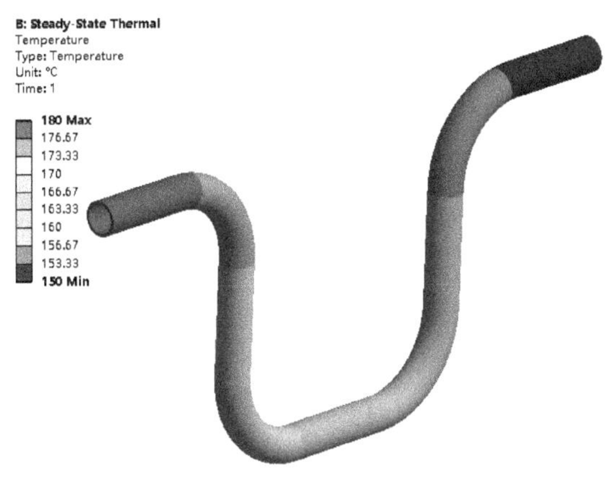

图 11-46　管的温度分布云图

18. 进入到结构静力分析环境

（1）返回到 Workbench 主界面，右键单击稳态热分析单元格的【Solution】→【Transfer Data To New】→【Static Structural】。

（2）返回 Mechanical，【Static Structural（C3）】出现在导航树上。

19. 施加边界

（1）在导航树上单击【Static Structural（C3）】。

（2）施加标准地球重力，在环境工具栏上单击【Inertial】→【Standard Earth Gravity】→【Details of "Standard Earth Gravity"】→【Definition】→【Direction】= －Z Direction。

（3）施加管一端约束，在标准工具栏上单击，然后选择管的端面，在环境工具栏上单击【Supports】→【Remote Displacement】，【Remote Displacement】→【Details of "Remote Displacement"】→【Definition】→【X Component】=0，设置【Y Component】=0，【Z Component】=0，【Rotation X】=0，【Rotation Y】=0，【Rotation Z】=0。

（4）施加管的另一端约束，在标准工具栏上单击，然后选择管的端面，在环境工具栏上单击【Supports】→【Remote Displacement】，【Remote Displacement2】→【Details of "Remote Displacement2"】→【Definition】→【X Component】=0，设置【Y Component】=0，【Z Component】=0，【Rotation X】=0，【Rotation Y】=0，【Rotation Z】=0，如图 11-47 所示。

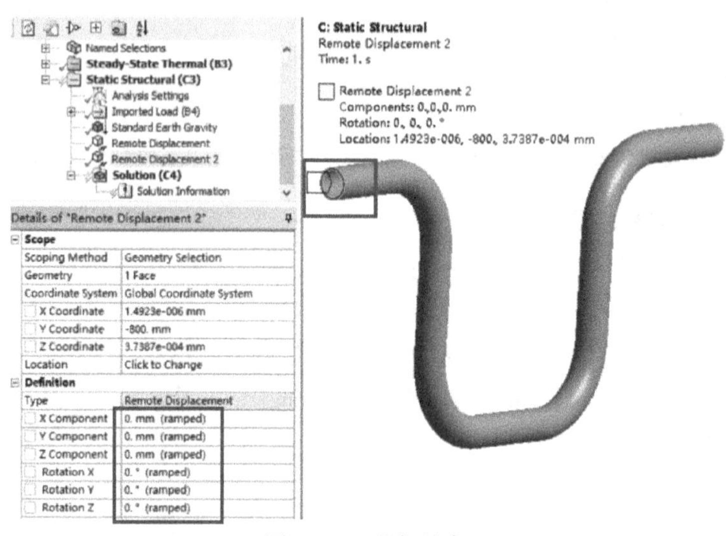

图 11-47 施加约束

20. 设置需要的结果、求解及显示

（1）在导航树上单击【Solution（C4）】。

（2）在求解工具栏上单击【Deformation】→【Total】。

（3）在 Mechanical 标准工具栏上单击 Solve 进行求解运算。

（4）运算结束后，单击【Solution（C4）】→【Total Deformation】，可以查看管的热变形分布云图，如图 11-48 所示。

（5）在导航树上右键单击【Imported Plies】→【Insert for Environment …】→【Static Structural（C3）】→【Stress】→【Intensity】。

（6）右键单击【Solution（C4）】→【Evaluate All Results】。

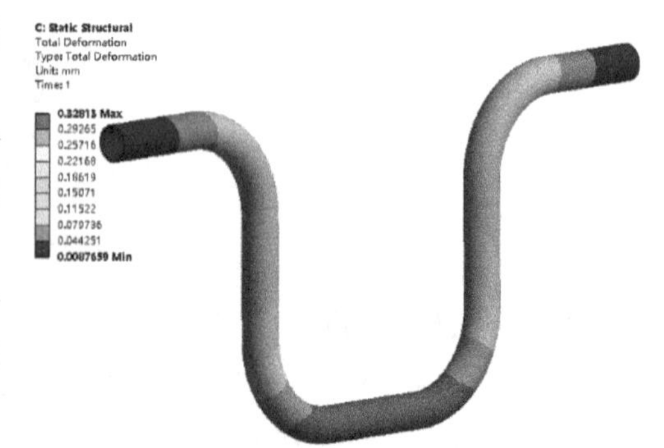

图 11-48 管的热变形分布云图

（7）单击【Solution（C4）】→【Results on Ply Set】，分别点击【Stress Intensity-P1L1_ModelingPly.1（ACP（Pre））】，【Stress Intensity-P1L1_ModelingPly.2（ACP（Pre）】，【Stress Intensity-P2L1_ModelingPly.2（ACP（Pre））】，【Stress Intensity-P1L1_ModelingPly.3（ACP

(Pre))】,【Stress Intensity-P2L1_ModelingPly. 3 (ACP (Pre))】,【Stress Intensity-P1L1_ModelingPly. 4 (ACP (Pre))】，查看各铺层应力信息，如图 11-49 ~ 图 11-54 所示。

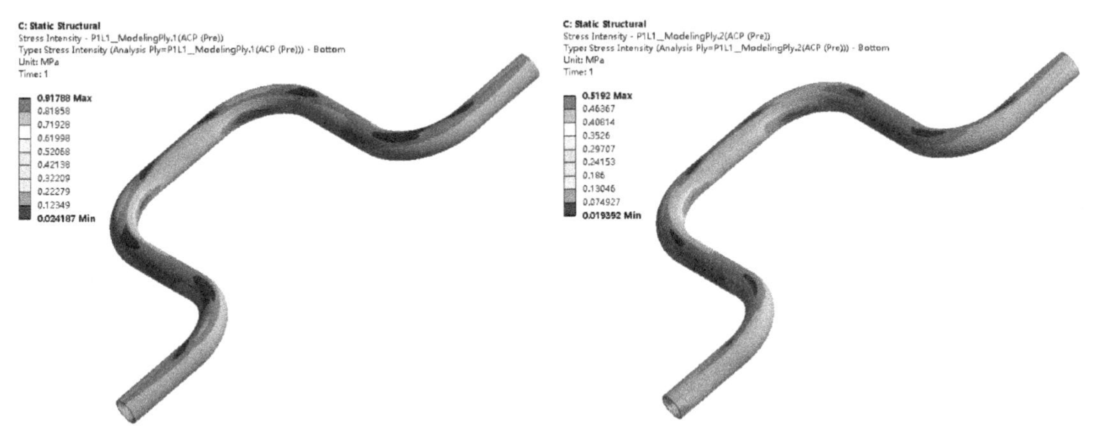

图 11-49　P1L1_ModelingPly. 1 强度云图

图 11-50　P1L1_ModelingPly. 2 强度云图

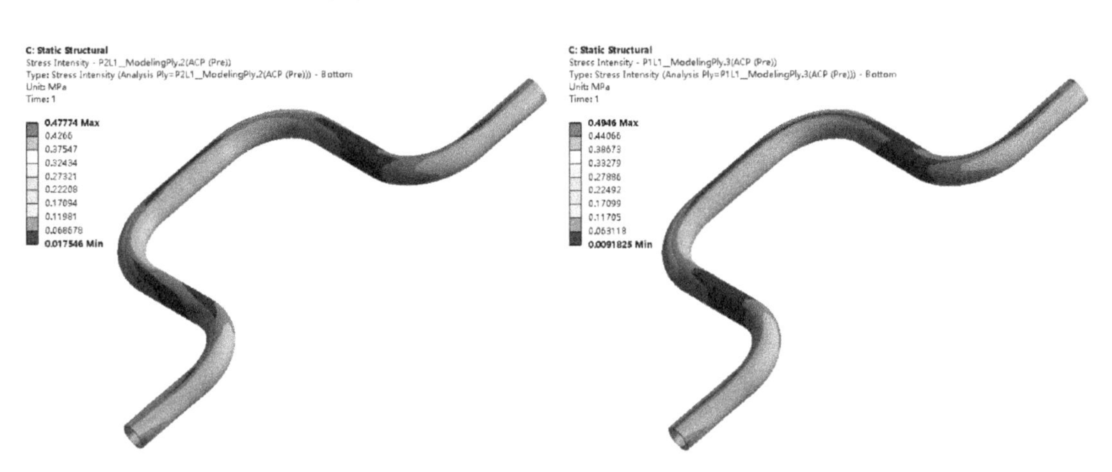

图 11-51　P2L1_ModelingPly. 2 强度云图

图 11-52　P1L1_ModelingPly. 3 强度云图

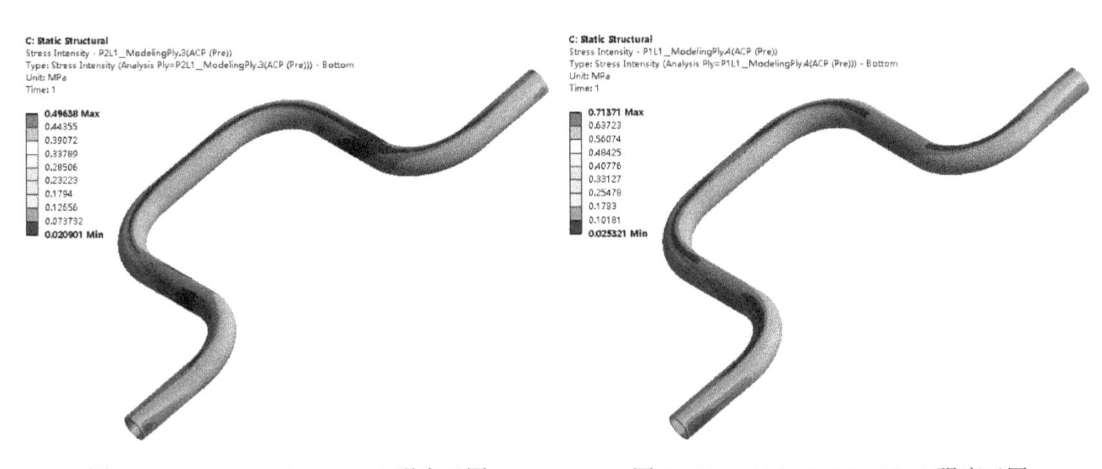

图 11-53　P2L1_ModelingPly. 3 强度云图

图 11-54　P1L1_ModelingPly. 4 强度云图

21. 保存与退出

(1) 退出结构静力分析环境，单击 Mechanical 主界面的菜单【File】→【Close Mechanical】退出环境，返回到 Workbench 主界面，此时主界面的分析流程图中显示的分析已完成。

(2) 单击 Workbench 主界面上的【Save】按钮，保存所有分析结果文件。

(3) 退出 Workbench 环境，单击 Workbench 主界面的菜单【File】→【Exit】退出主界面，完成分析。

11.2.3 结果分析与点评

本实例是关于储热管复合材料分析，从分析结果来看，不同铺层分别受到不同的拉压作用力时，所表现出的应力也各不相同，补偿管弯头应力总体对称分布，铺层应力从内到外依次递减。本实例实际上主要是关于热状态实体复合材料分析处理的问题。牵涉到复合材料数据创建、铺层组创建、对应的边界条件设置、实体复合材料模型处理、求解及后处理。本实例相对复杂，诠释了 ACP 复合材料分析的易用性、全面性，脉络清晰，过程完整。新版本增强了精确仿真纤维的布局、固化过程等，有兴趣的读者可扩展应用。

第 12 章　导电与磁场分析

12.1　直流电电压分析

12.1.1　问题与重难点描述

1. 问题描述

某导电薄板长 100mm，宽 10mm，厚 2mm，材料在分析中体现，如图 12-1 所示。薄板一端激励源电压 0.005V，相角 0°，试求导体薄板电压分布、电阻及功率。

图 12-1　导电薄板模型

2. 重难点提示

本实例重难点是边界施加和电阻求解及后处理。

12.1.2　实例详细解析过程

1. 启动 Workbench18.0

在“开始”菜单中执行 ANSYS18.0→Workbench18.0 命令。

2. 创建导电分析

（1）在工具箱【Toolbox】的【Analysis Systems】中双击或拖动导电分析【Electric】到项目分析流程图，如图 12-2 所示。

图 12-2　创建导电分析

（2）在 Workbench 的工具栏中单击【Save】，保存项目实例名为 DC Electric.wbpj。如工程实例文件保存在 D：\AWB\Chapter12 文件夹中。

3. 创建材料参数

（1）编辑工程数据单元，右键单击【Engineering Data】→【Edit】。

（2）在工程数据属性中增加新材料。单击【Outline of Schematic A2：Engineering Data】→【Click here to add a new material】，输入新材料名称 Heating。

（3）在左侧单击【Electric】展开，双击【Isotropic Resistivity】→【Properties of Outline Row 4：Heating】→【Isotropic Resistivity】→【Table of Properties Row 2：Isotropic Resistivity】，在

AB 列分别输入如下数据：0，0.0003；20，0.0004；100，0.0009，如图 12-3 所示。

Outline of Schematic A2: Engineering Data

	A	B	C	D	E
1	Contents of Engineering Data			Source	Description
					Div 2, Table 5-110.1
4	Heating				

Properties of Outline Row 4: Heating

	A	B	C	D	E
1	Property	Value	Unit		
2	Isotropic Resistivity	Tabula			
3	Scale	1			
4	Offset	0	ohm m		

Table of Properties Row 2: Isotropic Resistivity

	A	B
1	Temperature (C)	Resistivity (ohm m)
2	0	0.0003
3	20	0.0004
4	100	0.0009
*		

图 12-3　创建材料

（4）单击工具栏中的【A2：Engineering Data】关闭按钮，返回到 Workbench 主界面，新材料创建完毕。

4. 导入几何模型

（1）在导电分析上，右键单击【Geometry】→【Import Geometry】→【Browse】，找到模型文件 DC Electric. agdb，打开导入几何模型。如模型文件在 D：\ AWB \ Chapter12 文件夹中。

5. 进入 Mechanical 分析环境

（1）在导电分析上，右键单击【Model】→【Edit】，进入 Electric-Mechanical 分析环境。

（2）在 Mechanical 的主菜单【Units】中设置单位为 Metric（m，kg，N，s，V，A）。

6. 为几何模型分配材料

为导电薄板分配材料，在导航树上单击【Geometry】→【DC Electric】→【Details of "DC Electric"】→【Material】→【Assignment】= Heating。

7. 划分网格

（1）在导航树上单击【Mesh】→【Details of "Mesh"】→【Relevance】=100，其他默认。

（2）生成网格，右键单击【Mesh】→【Generate Mesh】，图形区域显示程序生成的网格模型，如图 12-4 所示。

（3）网格质量检查，在导航树上单击【Mesh】→【Details of "Mesh"】→【Quality】→【Mesh Metric】= Element Quality，显示 Element Quality 规则下网格质量详细信息，平均值处在好水平范围内，展开【Statistics】显示网格和节点数量。

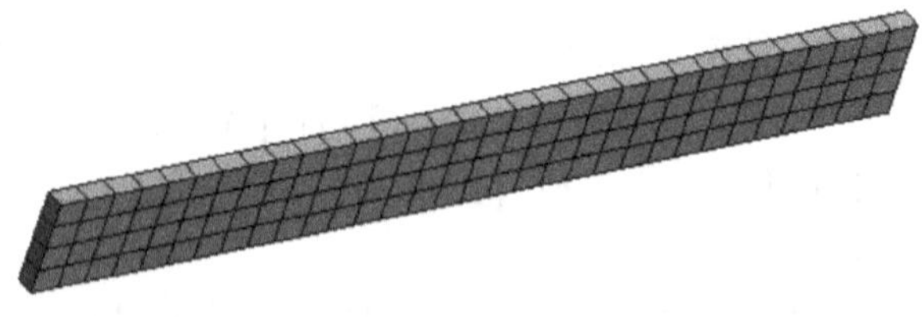

图 12-4　网格划分

8. 施加边界条件

（1）单击【Steady-State Electric Conduction（A5）】→【Details of "Steady – State Electric Conduction（A5）"】→【Options】→【Environment Temperature】=20℃。

（2）施加电压，在标准工具栏上单击，然后参考坐标系选择模型端面，在环境工具栏单击【Voltage】→【Details of "Voltage"】→【Definition】→【Magnitude】=0.005V，【Phase Angle】=0°，如图 12-5 所示。

（3）在导航树上右键单击【Steady-State Electric Conduction（A5）】→【Insert】→【Commends】；单击【Commends（APDL）】，在右侧的命令窗口中输入命令如下，如图 12-6 所示。

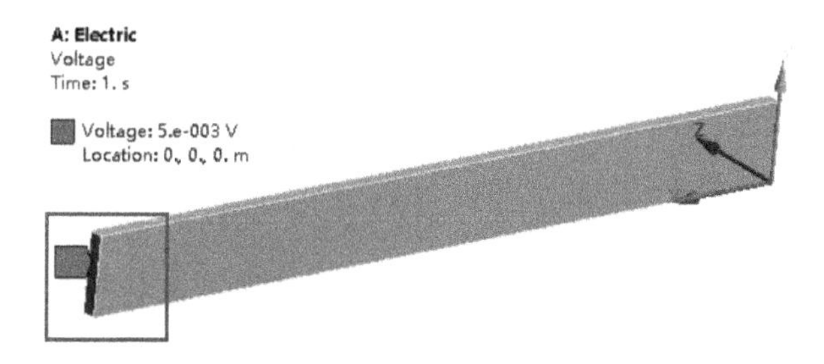

图 12-5　施加激励电压

```
nsel,all
nsel,r,loc,x,0
cp,2,volt,all
n_electrode =ndnext (0)
d, n_electrode, volt, 4
nsel, all
```

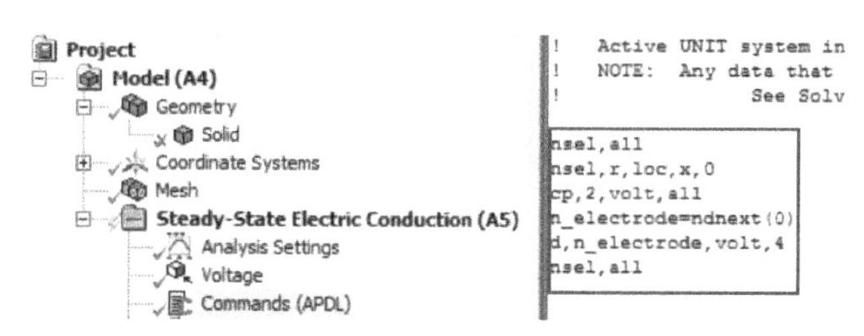

图 12-6　设置命令

9. 设置需要结果

(1) 在导航树上单击【Solution (A6)】。

(2) 在求解工具栏上单击【Electric】→【Electric Voltage】。

(3) 在导航树上右键单击【Solution (A6)】→【Insert】→【Commends】；单击【Commends (APDL)】，在右侧的命令窗口中输入命令如下：

```
/post26
RFORCE,2,  n_electrode, AMPS          ! 得到当前的响应数据

*GET, size, VARI,, NSETS              ! 定义保存数据的数组
*dim, CurrArr, array, size

VGET, CurrArr (1), 2                  ! 当前数据保存在定义的数组
I0 =CurrArr (1)                       ! 保存变量
P0 =I0 *5                             ! 功率
Z0 =5/I0                              ! 计算阻抗

                                      ! 写出数据到文本
```

```
*CFOPEN, results, txt                    ! 数据保存在文本

*VWRITE, Z0                              ! 输出直流电阻数据
DC resistance =% 6.3f ohm;

*VWRITE, P0                              ! 输出功率数据
```

10. 求解与结果显示

(1) 在 Mechanical 标准工具栏上单击 Solve 进行求解运算。

(2) 运算结束后，单击【Solution (A6)】→【Electric Voltage】显示电压分布云图，如图 12-7 所示。

(3) 单击 Workbench 主界面上的【Save】按钮，保存所有分析结果文件。

(4) 找到结果文件 DC Electric_files，如结果文件在 D：\ AWB \ Chapter12，在搜索栏输入“Result”，出现 Result. txt，打开 txt 文件，得到结果 DC resistance = 2.5 ohm，Power (W) = 10。

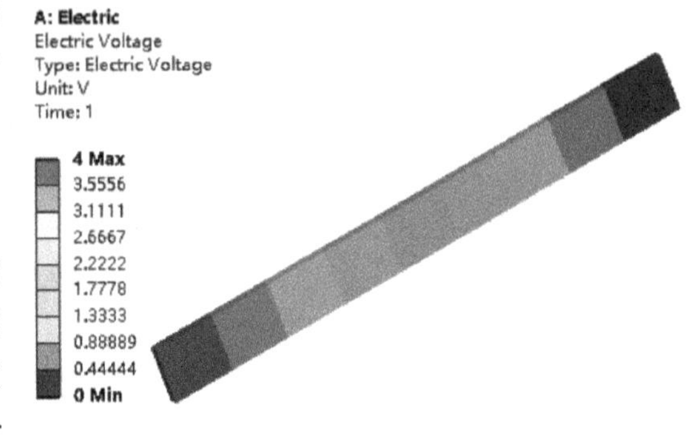

图 12-7　电压分布云图

11. 保存与退出

(1) 退出 Mechanical 分析环境，单击 Mechanical 主界面的菜单【File】→【Close Mechanical】退出环境，返回到 Workbench 主界面，此时主界面的分析流程图中显示的分析已完成。

(2) 单击 Workbench 主界面上的【Save】按钮，保存所有分析结果文件。

(3) 退出 Workbench 环境，单击 Workbench 主界面的菜单【File】→【Exit】退出主界面，完成分析。

12.1.3　结果分析与点评

本实例是直流电电压分析，从分析结果来看，Result. txt 文本数值，电阻 $R = \rho \times L/S = 0.5 \times 10^{-3}$ ohm · m × 100mm/(2mm × 10mm) = 2.5ohm，功率 $W = V\hat{}2/R$ = 25W/2.5 = 10W，计算是吻合的。可见当电阻率一定时，电阻值大小一般与温度，材料，长度，横截面积有关。本实例重点关注边界如何施加，涉及了 Workbench Mechanical 与 Mechanical APDL 联合应用，以及后处理利用 APDL 求电阻和功率。

12.2　三相母线磁场分析

12.2.1　问题与重难点描述

1. 问题描述

已知母线排尺寸长 × 宽 × 高为 1000mm × 50mm × 300mm，且母线电流激励成 120°角，由

机壳和空气包裹而成，如图 12-8 所示。机壳材料为默认结构钢，母线材料为铜合金，包裹体材料为空气。各线圈激励参数在分析中体现，试着了解母线排表面磁场效应、机壳涡流情况及机壳壁面焦耳热。

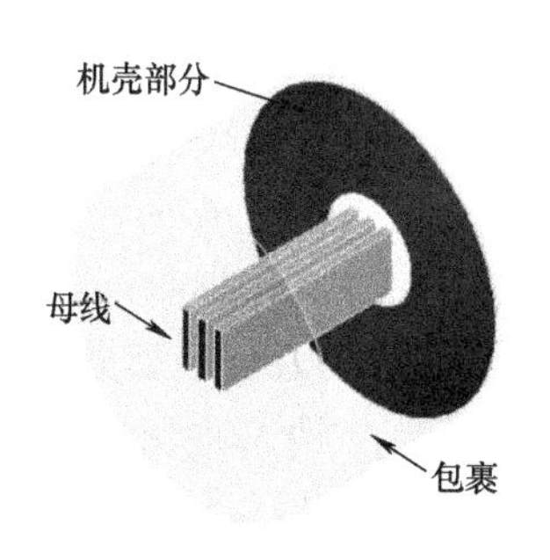

图 12-8　三相变压器模型

2. 重难点提示

本实例重难点在于边界施加、利用命令流的方式施加载荷，以及联合 APDL 界面求解磁场效应、机壳涡流情况及机壳壁面焦耳热等。

12.2.2　实例详细解析过程

1. 启动 Workbench18.0

在“开始”菜单中执行 ANSYS18.0→Workbench18.0 命令。

2. 创建静磁场分析

（1）在工具箱【Toolbox】的【Analysis Systems】中双击或拖动静磁场分析【Magnetostatic】到项目分析流程图，如图 12-9 所示。

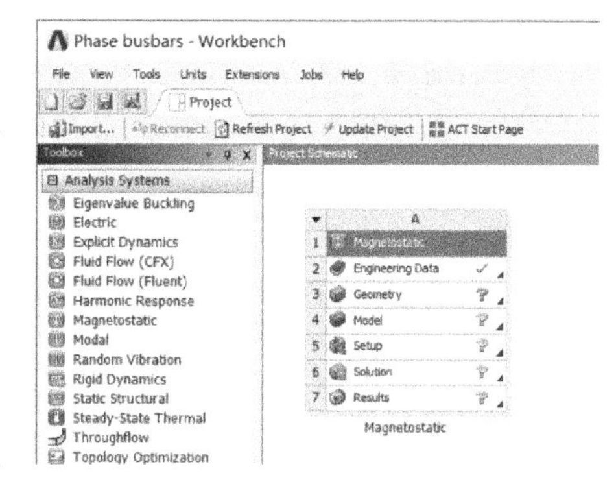

图 12-9　创建三相变压器电磁分析

（2）在 Workbench 的工具栏中单击【Save】，保存项目实例名为 Phase busbars.wbpj。如工程实例文件保存在 D：\ AWB \ Chapter12 文件夹中。

3. 创建材料参数

（1）编辑工程数据单元，右键单击【Engineering Data】→【Edit】。

（2）在工程数据属性中增加材料，在 Workbench 的工具栏上单击工程材料源库，此时的界面主显示【Engineering Data Sources】和【Outline of Favorites】。选择 A3 栏【General materials】，从【Outline of General materials】里查找铜合金【Copper Alloy】材料，然后单击【Outline of General Material】表中的添加按钮，此时在 C6 栏中显示标示，表明材料添加成功，如图 12-10 所示。

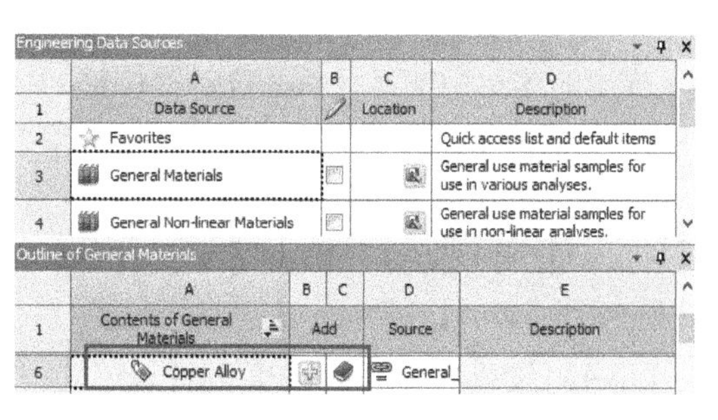

图 12-10　创建材料

（3）单击工具栏中的【A2：Engineering Data】关闭按钮，返回到 Workbench 主界面，新材料创建完毕。

4. 导入几何模型

在静磁场力分析上，右键单击【Geometry】→【Import Geometry】→【Browse】，找到模型文件 Phase busbars.agdb，打开导入几何模型。如模型文件在 D：\ AWB \ Chapter12 文件夹中。

5. 进入 Mechanical 分析环境

(1) 在静磁场分析上，右键单击【Model】→【Edit】进入 Magnetostatic-Mechanical 分析环境。

(2) 在 Mechanical 的主菜单【Units】中设置单位为 Metric (m, kg, N, s, V, A)。

6. 为几何模型分配材料

(1) 在导航树上单击【Geometry】展开，选择【Phase A，Phase B，Phase C】→【Details of "Multiple Selection"】→【Material】→【Assignment】=Copper Alloy，其他默认。

(2) Air domain 材料为 Air。

(3) 右键单击【Cabinets】→【Insert】→【Commands】，然后在 Commands 窗口插入如下命令流：

```
et,matid,236,1,2      ! 定义 236 单元
```

(4) 右键单击【Phase A】→【Insert】→【Commands】，然后在 Commands 窗口插入如下命令流：

```
et,matid,236,1,2      ! 定义 236 单元
```

(5) 右键单击【Phase B】→【Insert】→【Commands】，然后在 Commands 窗口插入如下命令流：

```
et,matid,236,1,2      ! 定义 236 单元
```

(6) 右键单击【Phase C】→【Insert】→【Commands】，然后在 Commands 窗口插入如下命令流：

```
et,matid,236,1,2      ! 定义 236 单元
```

7. 划分网格

(1) 在导航树上单击【Mesh】→【Details of "Mesh"】→【Relevance】=40，其他默认。

(2) 选择包围空气隐藏，然后选择【Phase A，Phase B，Phase C】，右键单击【Mesh】，从弹出的菜单中选择【Insert】→【Method】→【Sizing】；【Sizing】→【Details of "Body Sizing" - Sizing】→【Definition】→【Element Sizing】=25mm。

(3) 选择包围空气外表面，然后右键单击【Mesh】，从弹出的菜单中选择【Insert】→【Method】→【Sizing】；单击【Sizing】→【Details of "Body Sizing" - Sizing】→【Definition】→【Element Sizing】=25mm。

(4) 生成网格，右键单击【Mesh】→【Generate Mesh】，图形区域显示程序生成的网格模型，如图 12-11 所示。

(5) 网格质量检查，在导航树上单击【Mesh】→【Details of "Mesh"】→【Quality】→【Mesh Metric】= Skewness，显示 Skewness 规则下网格质量详细信息，平均值处在好水平范围内，展开【Statistics】显示网格和节点数量。

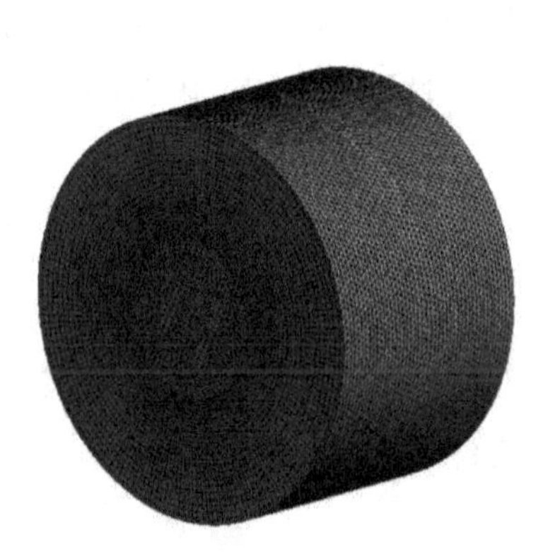

图 12-11　网格划分

8. 施加边界条件

(1) 单击【Magnetostatic (A5)】。

(2) 施加磁通量平行，首先在标准工具栏上单击选择面图标，然后选择模型所有外表面（共 11 个），在环境工具

栏单击【Magnetic Flux Parallel】，如图 12-12 所示。

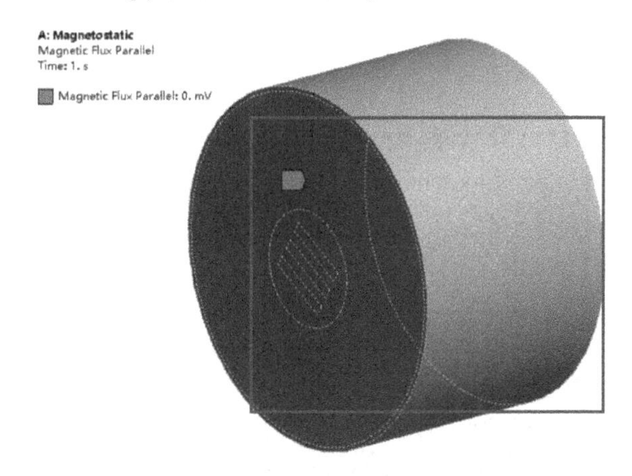

图 12-12　施加磁通量平行

(3) 右键单击【Magnetostatic (A5)】→【Insert】→【Commands】，然后在 Commands 窗口插入如下命令流：

```
* afun,deg
cmse,s,i_A
cp, 1, volt, all
f, ndnext (0), amps, 1000* cos (0), 1000* sin (0)
cmse, s, i_B
cp, 2, volt, all
f, ndnext (0), amps, 1000* cos (120), 1000* sin (120)
cmse, s, i_C
cp, 3, volt, all
f, ndnext (0), amps, 1000* cos (240), 1000* sin (240)
alls
anty, harm
harf, 50
outr, all, all
```

9. 变量与保存设置

(1) 单击工具栏【Tools】→【Variable Manager】，弹出管理窗口，在表格处右键单击在弹出的菜单中选择【Add】，在表格中输入【Variable Name】= ansys230x，【Value】=1，选择激活，最后单击【OK】确定，如图 12-13 所示。

图 12-13　变量设置

(2) 单击【Analysis Settings】→【Details of "Analysis Settings"】→【Analysis Data Management】→【Save MAPDL db】= Yes。

10. 求解与结果显示

在 Mechanical 标准工具栏上单击 Solve 进行求解运算。

11. 启动 APDL 界面

在“开始”菜单中执行 ANSYS18.0→ANSYS Mechanical APDL Product Launcher，弹出启动设置界面，设置【Simulation Environment】= ANSYS，【License】= ANSYS Multiphysics/LS-DYNA，【Working Directory】= D：\ AWB \ Chapter12 \ Phase busbars_files \ dp0 \ SYS \ MECH，然后单击【Run】，如图 12-14 所示。

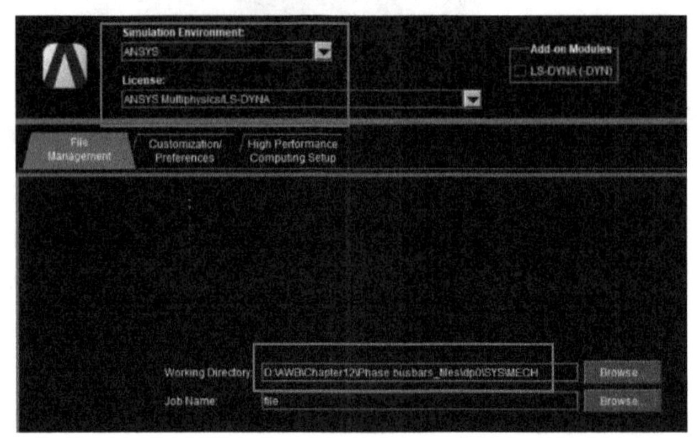

图 12-14　启动设置界面

12. 查看结果

（1）在 APDL 界面，单击工具栏【RESUM_DB】，显示模型。

（2）在 APDL 界面，单击工具图标，弹出【Pan-Zoom-Rotate】窗口，选择【Obliq】，调整模型显示角度，如图 12-15 所示。

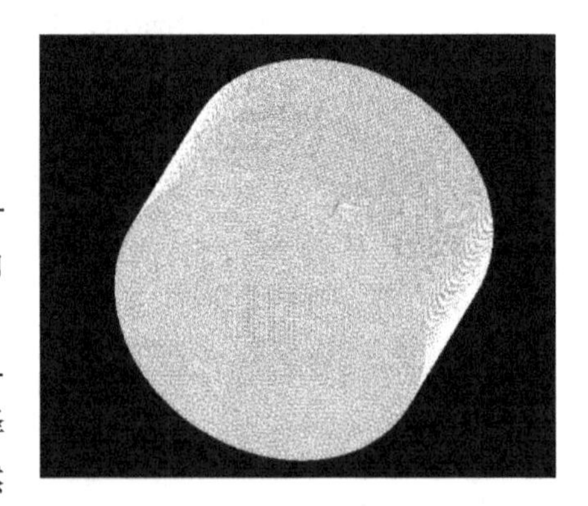

图 12-15　模型 APDL 界面显示

（3）在 APDL 界面，单击菜单【Select】→【Component Manger】，弹出【Component Manger】窗口，选择【PHASE_ A，PHASE _B，PHASE_ C，CABINET】，然后单击显示图标，如图 12-16 所示。最后单击图标，抑制其他部分显示。

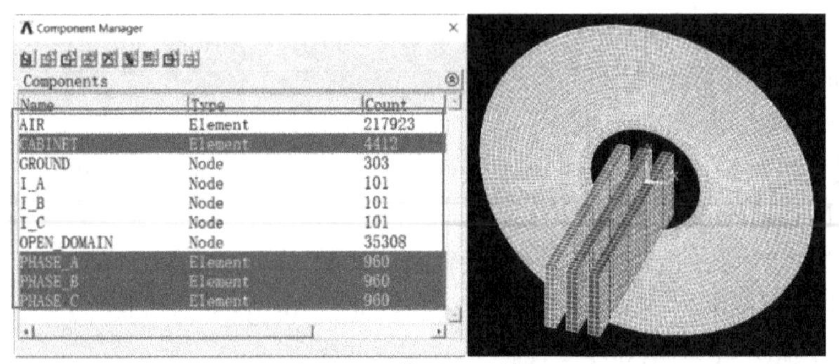

图 12-16　模型显示设置

（4）在 APDL 界面，单击【Main Menu】→【General Postproc】→【Read Results】→【By Pick】，弹出结果文件窗口，依次单击【Set1】→【Read】，【Set2】→【Read】，如图 12-17 所示，单击【Close】关闭。

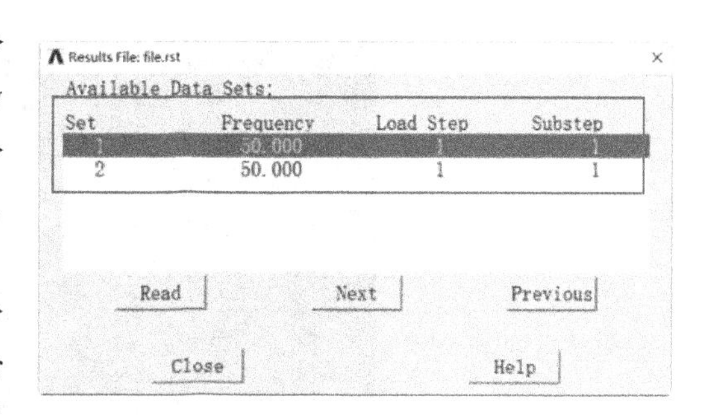

图 12-17　读入结果文件

（5）在 APDL 界面，单击【Main Menu】→【General Postproc】→【Plot Results】→【Vector Plot】→【Predefined】，弹出矢量显示窗口，依次单击【Current Density】→【Cpl'd Source JS】，单击【OK】显示，如图 12-18、图 12-19 所示。

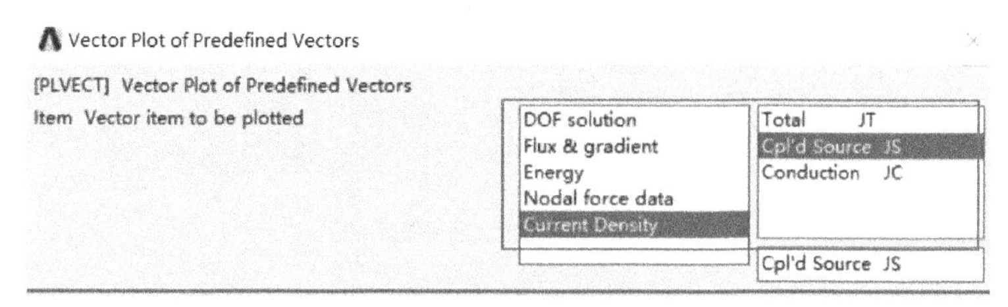

图 12-18　绘制结果设置

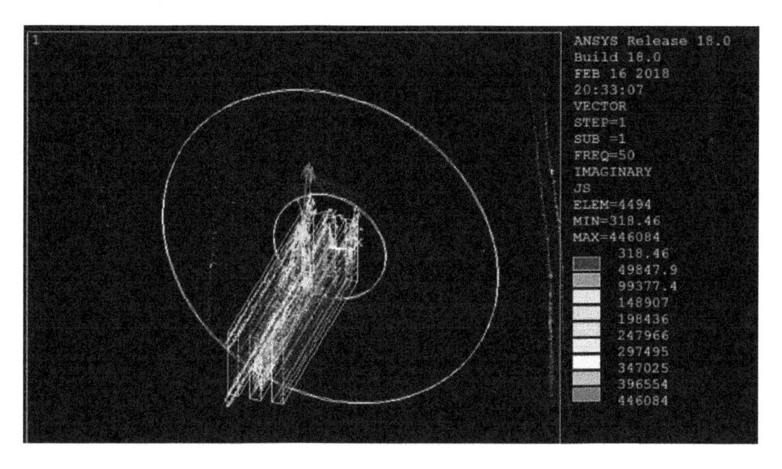

图 12-19　绘制结果显示

（6）在 APDL 界面，单击【Component Manger】窗口，选择【CABINET】，然后单击图标，单击菜单【Plot】→【Replot】，如图 12-20、图 12-21 所示。

（7）在 APDL 界面，单击【Main Menu】→【General Postproc】→【Element Table】→【Define Table】，弹出单元表格数据窗口，单击【Add…】弹出定义增加单元表格数据窗口，单击【Joule Heat】→【OK】显示，然后单击【Close】，如图 12-22 所示。

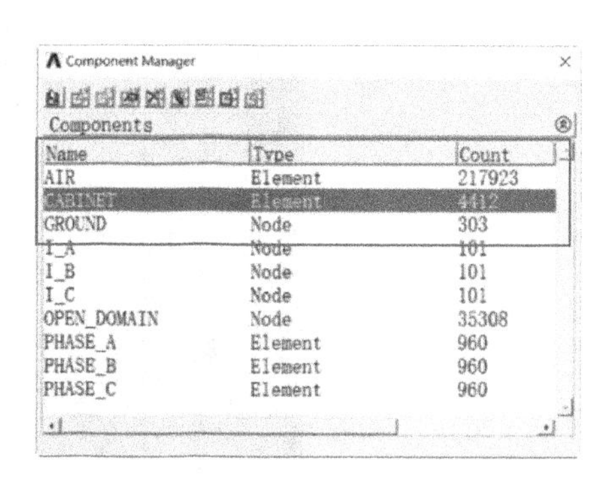

图 12-20　Cabinet 模型显示设置

（8）在 APDL 界面，单击【Main Menu】→【Gener-

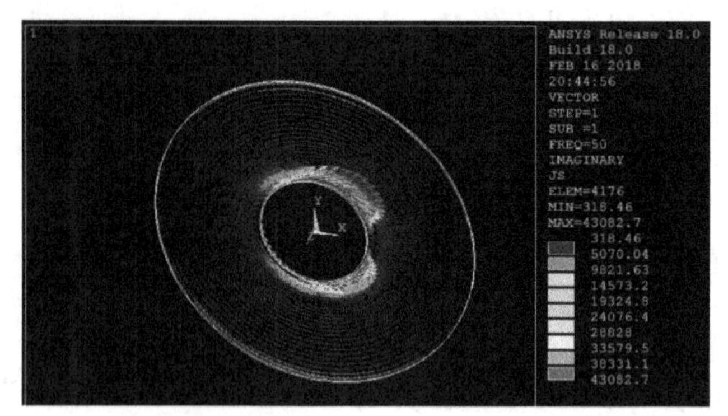

图 12-21 Cabinet 绘制结果显示

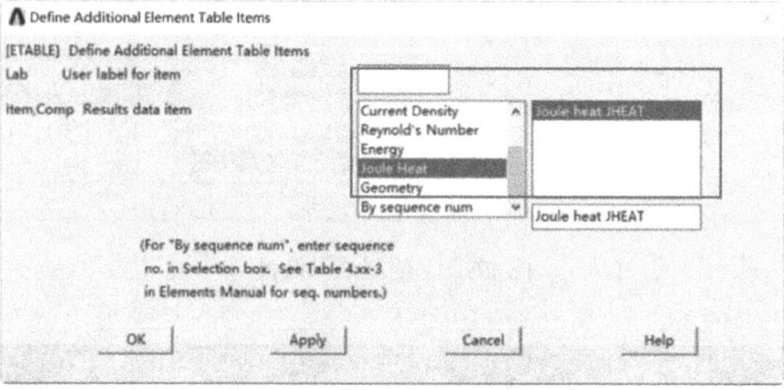

Define Additional Element Table Items
[ETABLE] Define Additional Element Table Items
Lab User label for item
Item,Comp Results data item
Current Density
Reynold's Number
Energy
Joule Heat
Geometry
By sequence num
Joule heat JHEAT
Joule heat JHEAT
(For "By sequence num", enter sequence
no. in Selection box. See Table 4.xx-3
in Elements Manual for seq. numbers.)
OK Apply Cancel Help

图 12-22 单元表格数据设置

al Postproc】→【Element Table】→【Plot ElemTable】，弹出单元表格数据等值线图表窗口，选择【Yes-average】，单击【OK】，如图 12-23、图 12-24 所示。

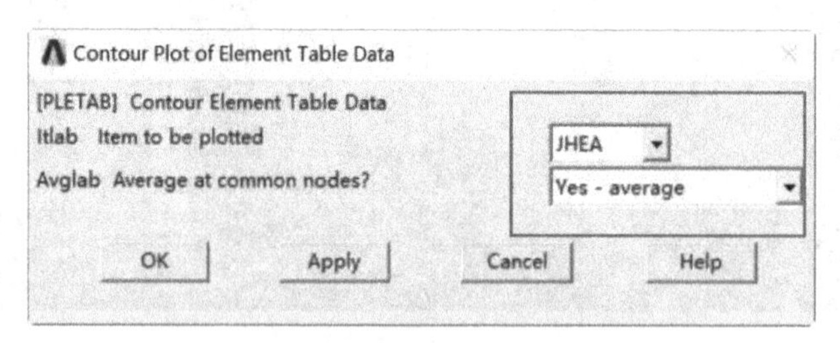

图 12-23 单元表格数据等值线图表设置

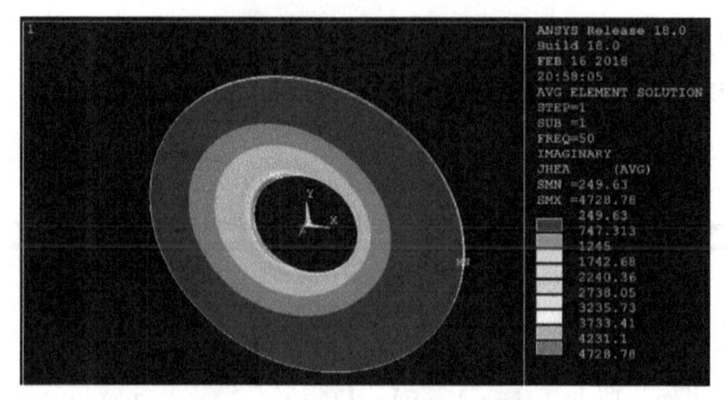

图 12-24 Cabinet 等值线图表显示

（9）在 APDL 界面，单击【File】→【Exit…】→【Save Everything】，单击【OK】退出界面，然后单击 × 退出启动设置界面。

13. 保存与退出

（1）退出 Mechanical 分析环境，单击 Mechanical 主界面的菜单【File】→【Close Mechanical】退出环境，返回到 Workbench 主界面，此时主界面的分析流程图中显示的分析已完成。

（2）单击 Workbench 主界面上的【Save】按钮，保存所有分析结果文件。

（3）退出 Workbench 环境，单击 Workbench 主界面的菜单【File】→【Exit】退出主界面，完成分析。

12.2.3　结果分析与点评

本实例是三相母线磁场分析，从分析结果来看，在给定条件下，利用 APDL 界面后处理功能得出了所求的电流密度、机壳壁面焦耳热结果，可由分布云图进行合理化的优化设计。电磁分析与结构分析不同，本实例除了关注边界如何施加，分析几何模型前处理也很重要，这一步，本实例未体现，可参看几何模型的做法。本实例分析过程相对复杂典型，分别充分利用了 Mechanical 和 APDL 前后处理及求解功能，值得认真学习。

第 13 章　流体动力学分析

13.1　三管式热交换分析

13.1.1　问题与重难点描述

1. 问题描述

已知平行式三管热交换模型长为 1500mm，壁厚为 5mm，外管、中管、内管的直径分别为 75.5mm、50mm、18.5mm，如图 13-1 所示。已知三平行管的材料与流体材料分别采用软件自带的 Steel、water-liquid（h2o <1 >）数据。假设内管入口边界：入口质量流率为 0.1kg/s，总温度为 283K；中间内管入口边界：入口质量流率为 0.048kg/s，总温度为 348K；外管入口边界：入口速度为 0.1m/s，总温度为 291K；出口压力均为 0Pa，试分别从平行式三管的入口、出口和中间界面分析三管间的热交换情况。

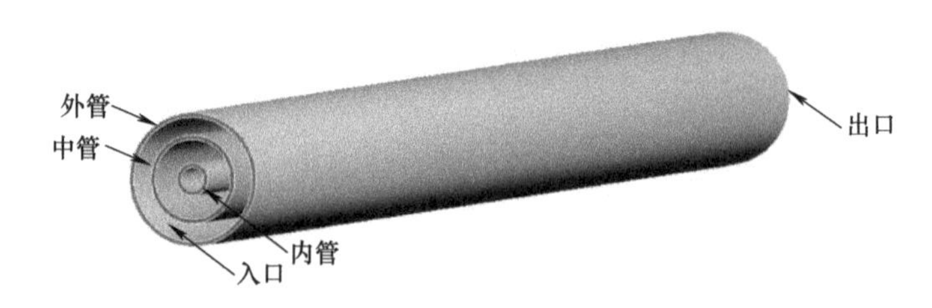

图 13-1　三管热交换模型

2. 重难点提示

本实例重难点在于物理模型确定、边界施加、求解及结果后处理。

13.1.2　实例详细解析过程

1. 启动 Workbench18.0

在"开始"菜单中执行 ANSYS18.0→Workbench18.0 命令。

2. 创建流体动力学分析项目

（1）在工具箱【Toolbox】的【Analysis Systems】中双击或拖动流体动力学分析项目【Fluid Flow（Fluent）】到项目分析流程图，如图 13-2所示。

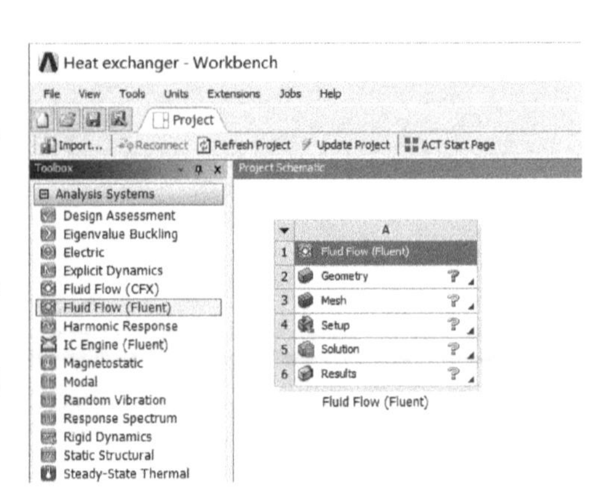

图 13-2　创建 Fluent 项目

（2）在 Workbench 的工具栏中单击【Save】，保存项目工程名为 Heat exchanger. Wbpj。如工程

实例文件保存在 D：\ AWB \ Chapter13 文件夹中。

3. 导入几何模型

在流体动力学分析项目上，右键单击【Geometry】→【Import Geometry】→【Browse】，找到模型文件 Heat exchanger. agdb，打开导入几何模型。如模型文件在 D：\ AWB \ Chapter13 文件夹中。

4. 进入 Meshing 网格划分环境

（1）在流体力学分析项目上，右键单击【Mesh】→【Edit】进入 Meshing 网格划分环境。

（2）在 Meshing 的主菜单【Units】中设置单位为 Metric（mm，kg，N，s，mV，mA）。

5. 划分网格

（1）在导航树上单击【Mesh】→【Details of "Mesh"】→【Sizing】→【Size Function】= Adaptive，【Relevance Center】= Medium，其他默认。

（2）在标准工具栏上单击，选择所有体，然后右键单击【Mesh】，从弹出的菜单中选择【Insert】→【Sizing】，设置【Body Sizing】→【Details of "Body Sizing"】→【Element Size】=2mm。

（3）在标准工具栏上单击，选择 Inner、Intermediate fluid、Intermediate、Outlet fluid、和 Outlet 端面，然后右键单击【Mesh】→【Insert】→【Method】→【Face Meshing】，其他默认，如图 13-3 所示。

（4）在标准工具栏上单击，选择 Inner fluid 端面，然后右键单击【Mesh】→【Insert】→【Method】→【Face Meshing】→【Details of "Face Meshing2"】→【Definition】→【Mapped Mesh】= No，其他默认，如图 13-4 所示。

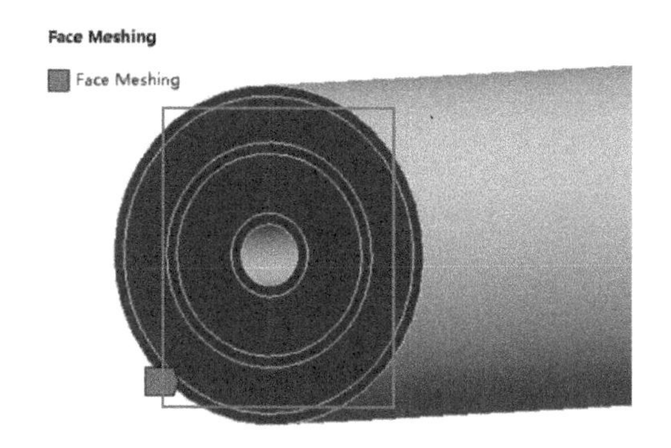

图 13-3　Face Meshing 位置

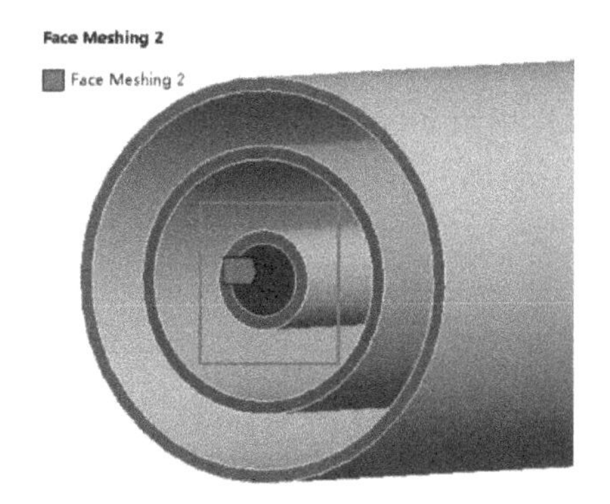

图 13-4　Face Meshing2 位置

（5）生成网格，在导航树上右键单击【Mesh】→【Generate Mesh】，网格划分结果如图 13-5 所示。

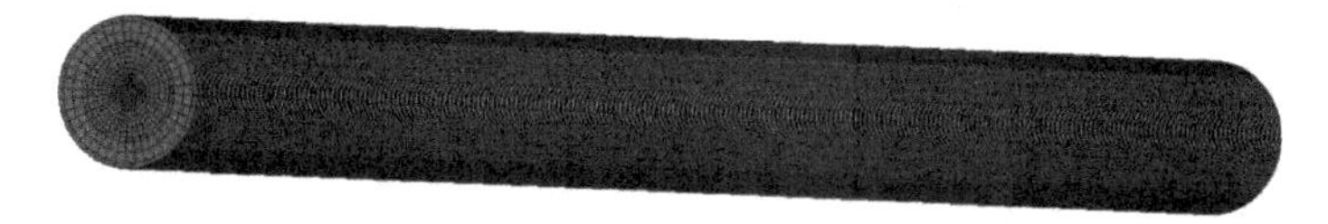

图 13-5　网格划分

（6）网格质量检查，在导航树上单击【Mesh】→【Details of "Mesh"】→【Quality】→【Mesh Metric】= Jacobian Ratio（Gauss Points），显示 Jacobian Ratio（Gauss Points）规则下网

格质量详细信息，平均值处在好水平范围内，展开【Statistics】显示网格和节点数量。

（7）单击主菜单【File】→【Close Meshing】。

（8）返回 Workbench 主界面，右键单击流体系统【Mesh】，从弹出的菜单中选择【Update】升级，把数据传递到下一单元中。

6. 进入 Fluent 环境

右键单击流体系统【Setup】，从弹出的菜单中选择【Edit】，启动 Fluent 界面，设置双精度【Double Precision】，本地并行计算【Parallel（Local Machine）Solver】→【Processes】= 8（根据用户计算机计算能力设置），如图 13-6 所示，然后单击【OK】进入 Fluent 环境。

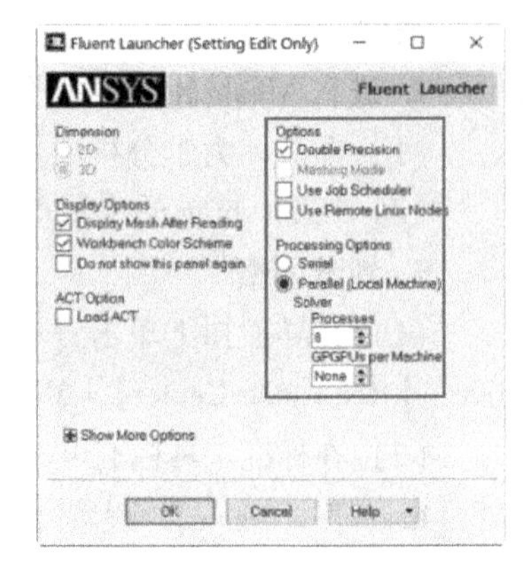

图 13-6　Fluent 启动界面

7. 网格检查

（1）控制面板上单击【General】→【Mesh】→【Check】，命令窗口出现所检测的信息。

（2）控制面板上单击【General】→【Mesh】→【Report Quality】，命令窗口出现所检测的信息，显示网格质量处于较好的水平。

（3）单击 Ribbon 功能区的【Setting Up Domain】→【Info】→【Size】，命令窗口出现所检测的信息，显示网格节点数量为 545648 个。

8. 指定求解类型及重力

（1）单击 Ribbon 功能区的【Setting Up Physics】，选择时间为稳态【Steady】，求解类型为压力基【Pressure-Based】，速度方程为绝对值【Absolute】，如图 13-7 所示。

（2）单击 Ribbon 功能区的【Setting Up Physics】，选择操作条件【Operation Conditions】，选择【Gravity】，设置【Y（m/s2）】= -9.81，如图 13-8 所示。

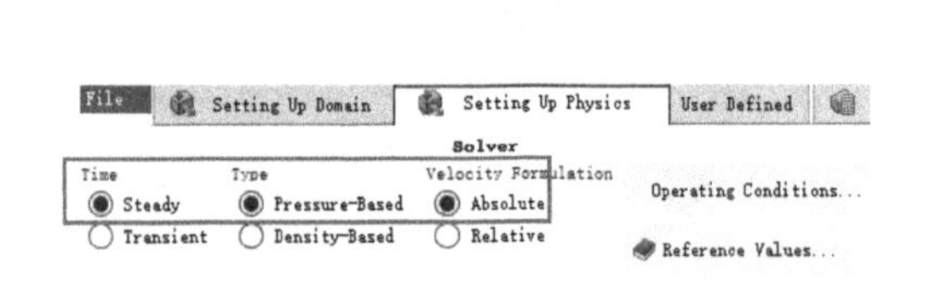

图 13-7　求解算法控制

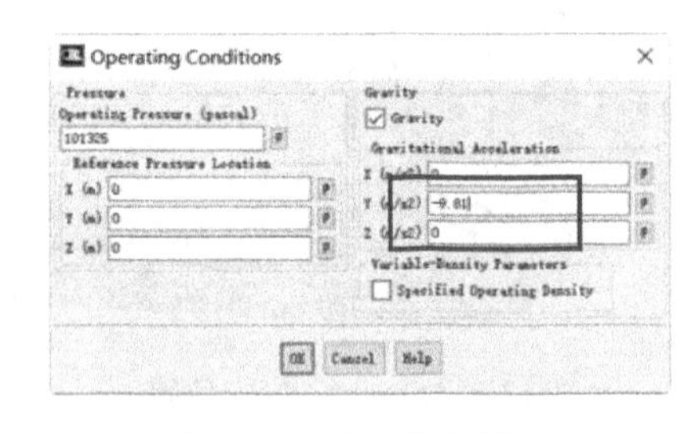

图 13-8　操作条件设置

9. 湍流模型

（1）单击 Ribbon 功能区的【Setting Up Physics】→选择【Energy】。

（2）单击 Ribbon 功能区的【Setting Up Physics】→【Viscous…】→【Viscous Model】→【Laminar】，单击【OK】退出窗口，如图 13-9 所示。

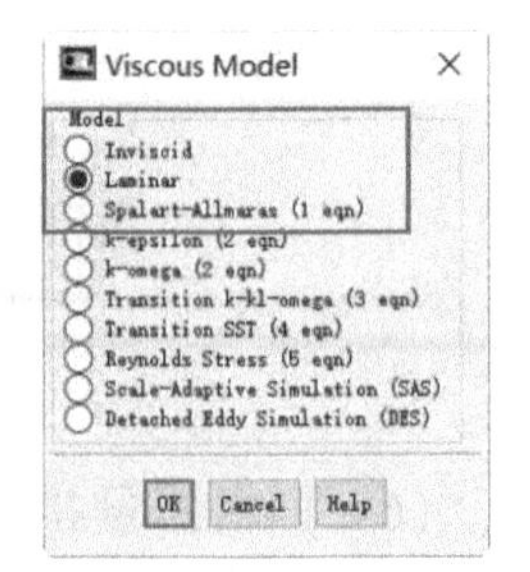

图 13-9　计算模型设置

10. 指定材料属性

（1）设置材料属性，单击 Ribbon 功能区的【Setting Up Physics】→【Materials】→【Create/Edit…】，从弹出的对话框中，单击【Fluent Database…】，从弹出的对话框中选择【water-liquid（h2o <1>)】，之后单击【Copy】，再单击【Close】关闭窗口，如图 13-10 所示。单击【Create/Edit Materials】，再单击【Close】关闭对话框，如图 13-11所示。

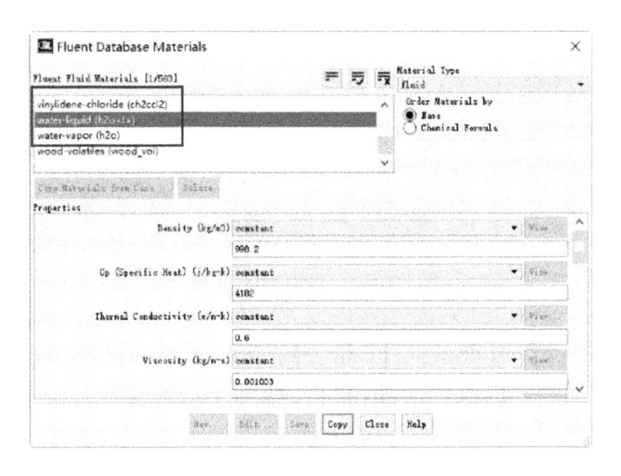

图 13-10　选择流体材料

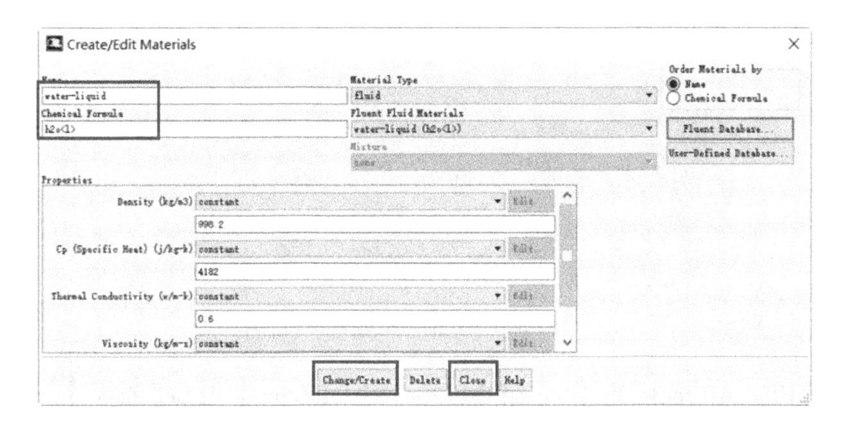

图 13-11　创建流体材料

（2）设置材料属性，单击 Ribbon 功能区的【Setting Up Physics】→【Materials】→【Create/Edit…】，从弹出的对话框中，单击【Fluent Database…】，从弹出的对话框中选择【Material Type】= Solid，选择【Steel】，之后单击【Copy】，再单击【Close】关闭窗口，如图 13-12 所示。单击【Create/Edit Materials】，再单击【Close】关闭对话框，如图 13-13 所示。

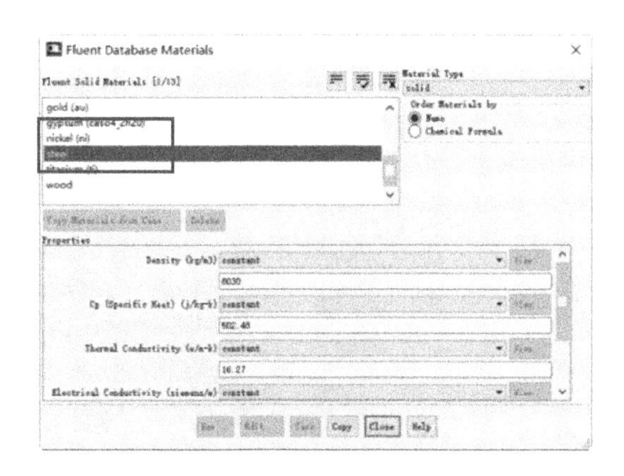

图 13-12　选择实体材料

（3）单击 Ribbon 功能区的【Setting Up Physics】→【Zones】→【Cell Zones】→

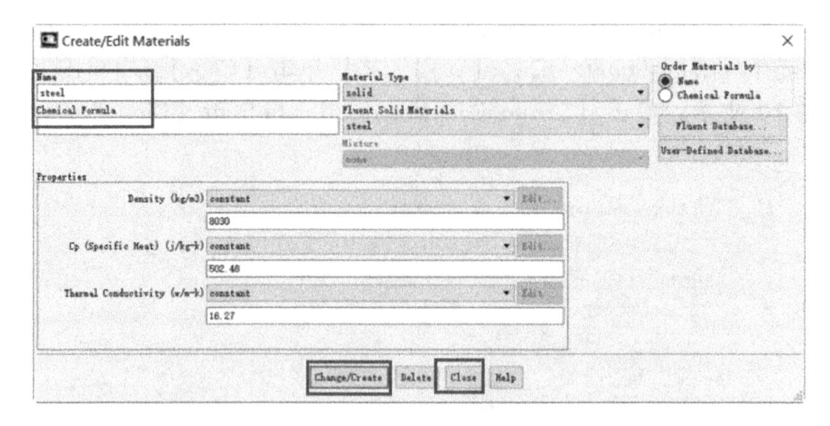

图 13-13　创建实体材料

【fluid domain inner】→【Type】→【fluid】→【Edit…】，在弹出的对话框中选择【Material Name】= water-liquid，其他默认，单击【OK】关闭窗口，如图 13-14 所示。

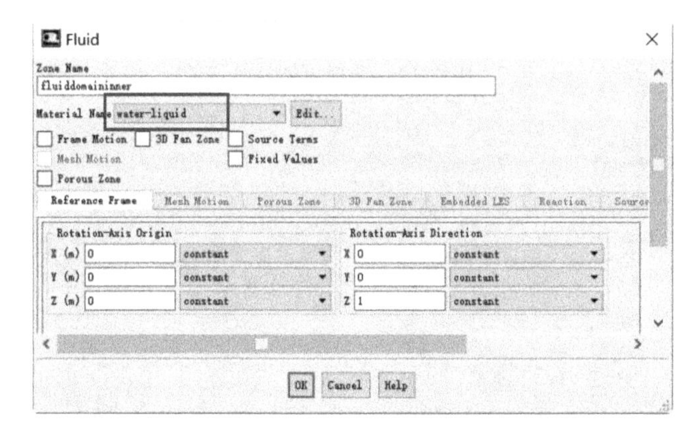

图 13-14　分配内流体域材料

（4）单击 Ribbon 功能区的【Setting Up Physics】→【Zones】→【Cell Zones】→【fluid domain intermediate】→【Type】→【fluid】→【Edit…】，在弹出的对话框中选择【Material Name】= water-liquid，其他默认，单击【OK】关闭窗口，如图 13-15 所示。

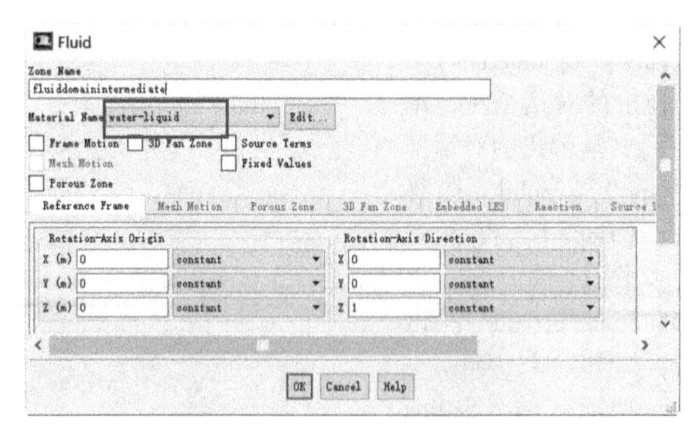

图 13-15　分配中间流体域材料

（5）单击 Ribbon 功能区的【Setting Up Physics】→【Zones】→【Cell Zones】→【fluid domain outlet】→【Type】→【fluid】→【Edit…】，在弹出的对话框中选择【Material Name】= water-liquid，其他默认，单击【OK】关闭窗口，如图 13-16 所示。

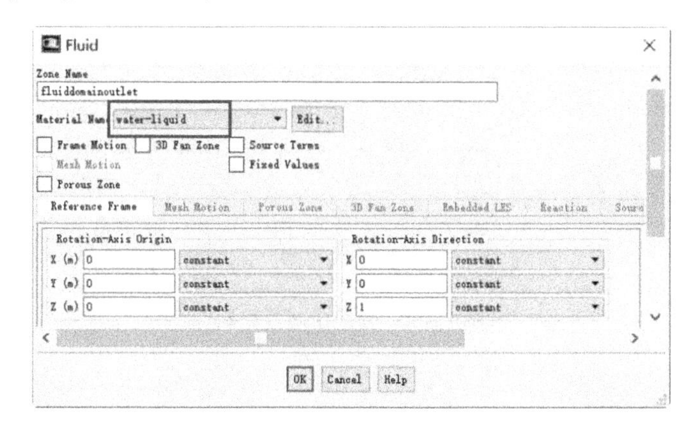

图 13-16　分配外流体域材料

（6）单击 Ribbon 功能区的【Setting Up Physics】→【Zones】→【Cell Zones】→【inner pipe】→【Type】→【fluid】→【Edit…】，在弹出的对话框中选择【Material Name】= steel，其他默认，单击【OK】关闭窗口，如图 13-17 所示。

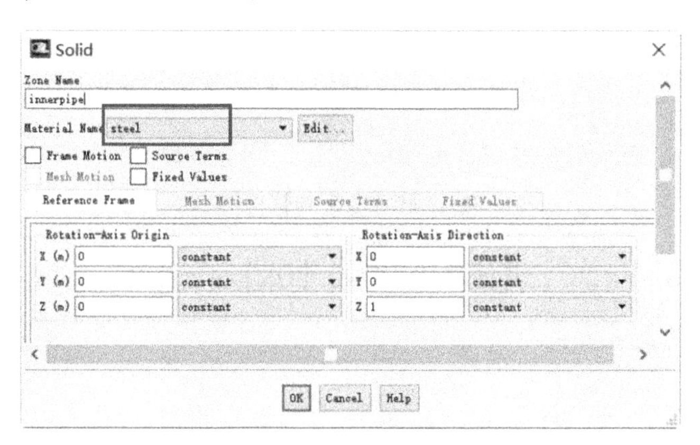

图 13-17　分配内管材料

（7）单击 Ribbon 功能区的【Setting Up Physics】→【Zones】→【Cell Zones】→【intermediate pipe】→【Type】→【fluid】→【Edit…】，在弹出的对话框中选择【Material Name】= steel，其他默认，单击【OK】关闭窗口，如图 13-18 所示。

（8）单击 Ribbon 功能区的【Setting Up Physics】→【Zones】→【Cell Zones】→【outer pipe】→【Type】→【fluid】→【Edit…】，在弹出的对话框中选择【Material Name】= steel，其他默认，单击【OK】关闭窗口，如图 13-19 所示。

11. 边界条件

（1）单击 Ribbon 功能区的【Setting Up Physics】→【Zones】→【Boundaries…】→【inner pipe inlet】→【Type】→【mass - flow - inlet】→【Edit…】，在弹出的对话框中选择【Direction Specification Method】= Normal to Boundary，【Mass Flow Rate（kg/s）】= 0.1，Thermal 标签下

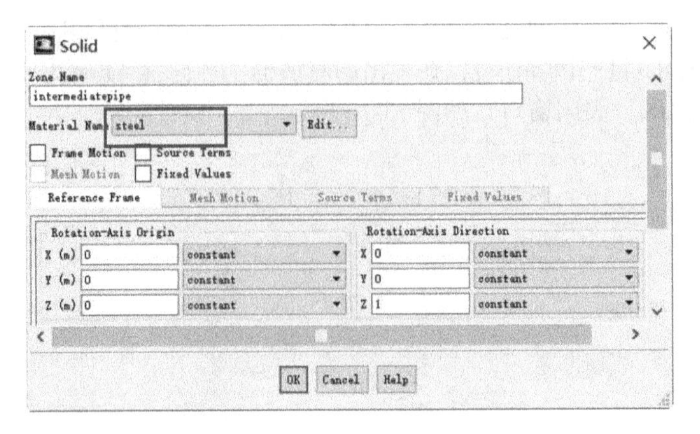

图 13-18　分配中间管材料

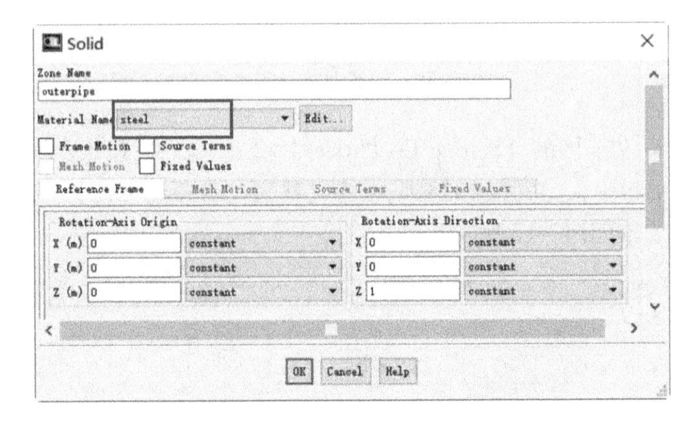

图 13-19　分配外管材料

【Total temperature（k）】=283，其他默认，单击【OK】关闭窗口，如图 13-20 所示。

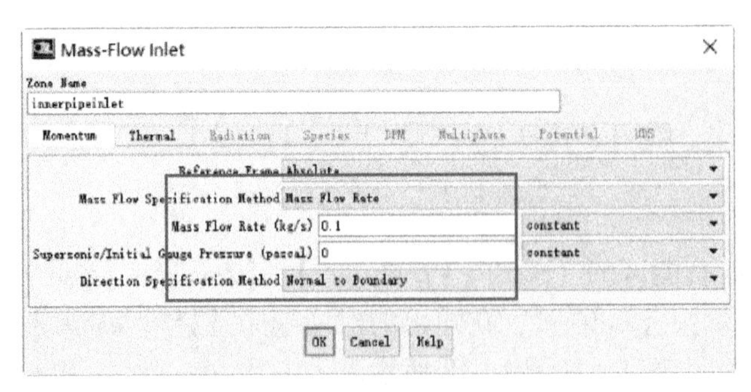

图 13-20　内管入口边界

（2）单击 Ribbon 功能区的【Setting Up Physics】→【Zones】→【Boundaries…】→【inner pipe outlet】→【Type】→【Pressure－outlet】→【Edit…】，在弹出的对话框中选择【Gauge Pressure（Pascal）】为 0，Thermal 标签默认，其他默认，单击【OK】关闭窗口，如图 13-21 所示。

（3）单击 Ribbon 功能区的【Setting Up Physics】→【Zones】→【Boundaries…】→【interme-

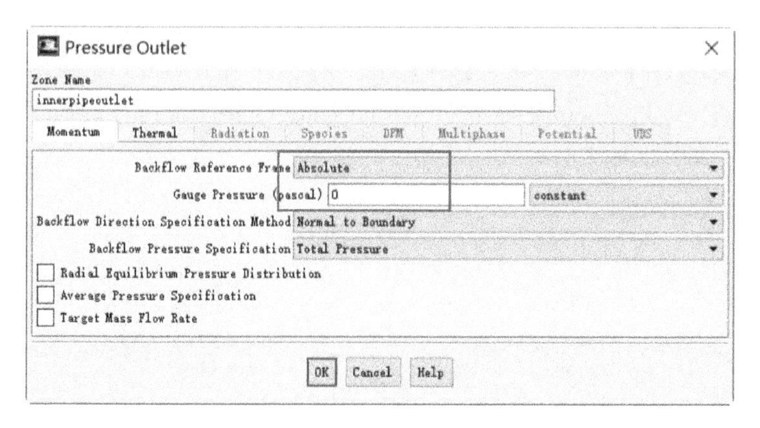

图 13-21　内管出口边界

diate pipe inlet】→【Type】→【mass-flow-inlet】→【Edit…】，在弹出的对话框中选择【Direction Specification Method】=Normal to Boundary，【Mass Flow Rate（kg/s）】=0.048，Thermal 标签下【Total temperature（k）】=343，其他默认，单击【OK】关闭窗口，如图 13-22 所示。

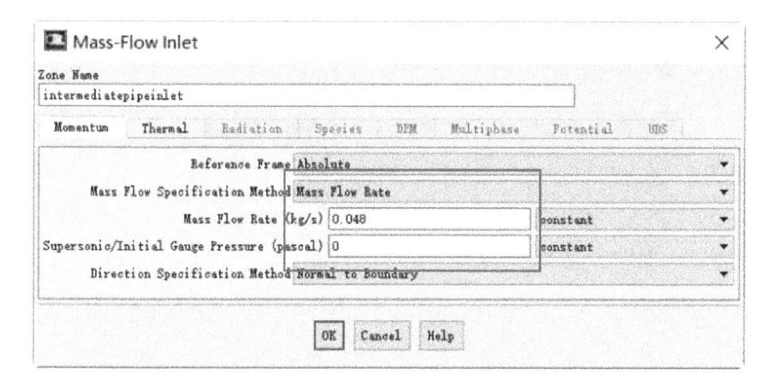

图 13-22　中间内管入口边界

（4）单击 Ribbon 功能区的【Setting Up Physics】→【Zones】→【Boundaries…】→【intermediate pipe outlet】→【Type】→【Pressure－outlet】→【Edit…】，在弹出的对话框中选择【Gauge Pressure（Pascal）】为 0，Thermal 标签默认，其他默认，单击【OK】关闭窗口，如图 13-23 所示。

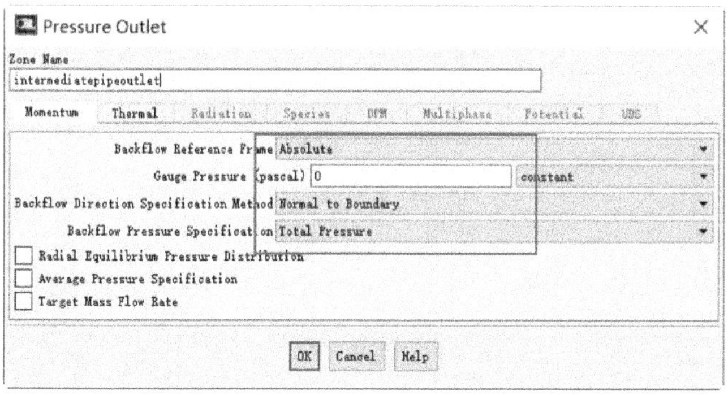

图 13-23　中间内管出口边界

（5）单击 Ribbon 功能区的【Setting Up Physics】→【Zones】→【Boundaries…】→【outlet pipe inlet】→【Type】→【velocity-inlet】→【Edit…】，在弹出的对话框中选择【Velocity Magnitude（m/s）】=0.1，Thermal 标签下【Total temperature（k）】=291，其他默认，单击【OK】关闭窗口，如图 13-24 所示。

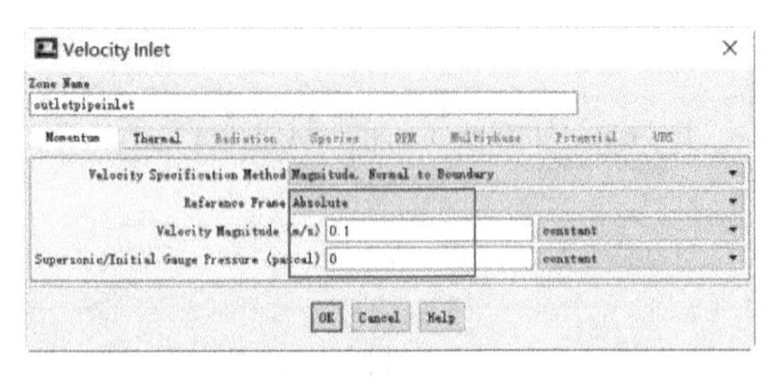

图 13-24　外管入口边界

（6）单击 Ribbon 功能区的【Setting Up Physics】→【Zones】→【Boundaries…】→【outlet pipe outlet】→【Type】→【Pressure-outlet】→【Edit…】，在弹出的对话框中选择【Gauge Pressure（Pascal）】为 0，Thermal 标签默认，其他默认，单击【OK】关闭窗口，如图 13-25 所示。

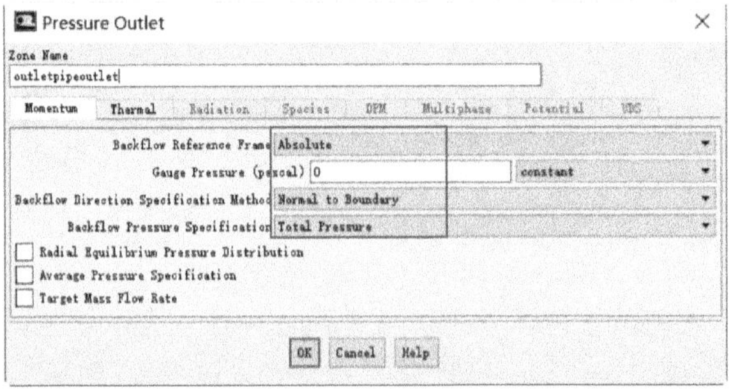

图 13-25　外管出口边界

（7）单击 Ribbon 功能区的【Setting Up Physics】→【Zones】→【Boundaries…】→【wall-fluid domain inner－inner pipe】→【Type】→【wall】→【Edit…】，在弹出的对话框中选择【Material Name】=steel，其他默认，单击【OK】关闭窗口，如图 13-26 所示。

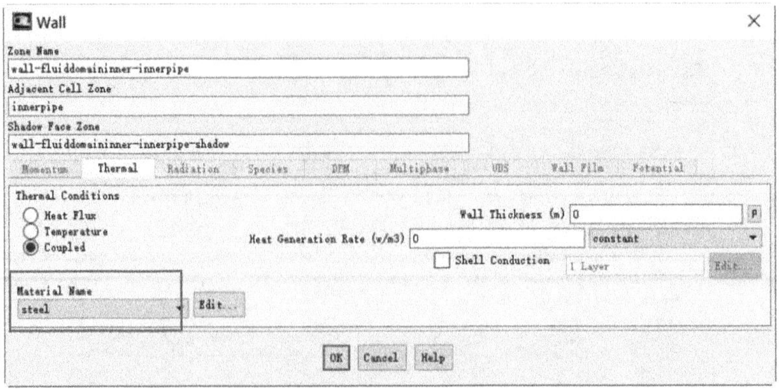

图 13-26　内流体域-内管壁面边界

（8）单击 Ribbon 功能区的【Setting Up Physics】→【Zones】→【Boundaries…】→【wall-fluid domain inner－inner pipe－shadow】→【Type】→【wall】→【Edit…】，在弹出的对话框中选择【Thermal】→【Material Name】= steel，其他默认，单击【OK】关闭窗口，如图 13-27 所示。

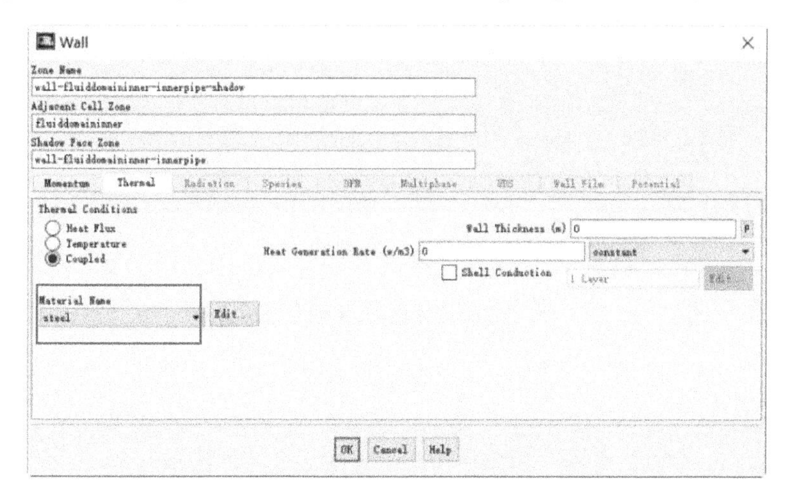

图 13-27　内流体域-内管耦合壁面边界

（9）单击 Ribbon 功能区的【Setting Up Physics】→【Zones】→【Boundaries…】→【wall-fluid domain intermediate－inner pipe】→【Type】→【wall】→【Edit…】，在弹出的对话框中选择【Thermal】→【Material Name】= steel，其他默认，单击【OK】关闭窗口，如图 13-28 所示。

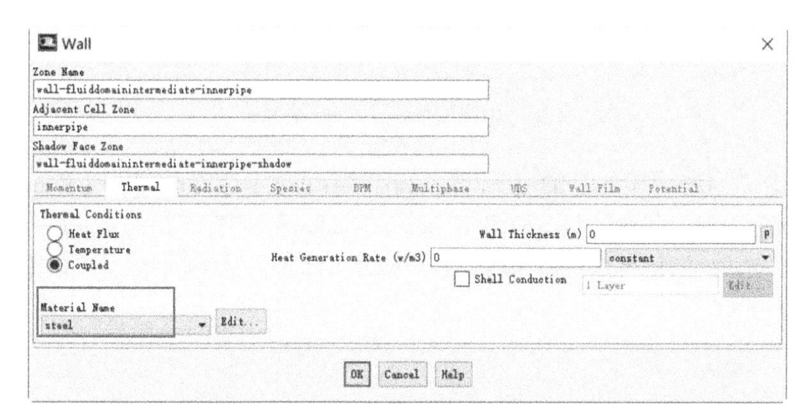

图 13-28　中间流体域-内管壁面边界

（10）单击 Ribbon 功能区的【Setting Up Physics】→【Zones】→【Boundaries…】→【wall-fluid domain intermediate-inner pipe-shadow】→【Type】→【wall】→【Edit…】，在弹出的对话框中选择【Thermal】→【Material Name】= steel，其他默认，单击【OK】关闭窗口，如图 13-29 所示。

（11）单击 Ribbon 功能区的【Setting Up Physics】→【Zones】→【Boundaries…】→【wall-fluid domain intermediate－intermediate pipe】→【Type】→【wall】→【Edit…】，在弹出的对话框中选择【Thermal】→【Material Name】= steel，其他默认，单击【OK】关闭窗口，如图 13-30 所示。

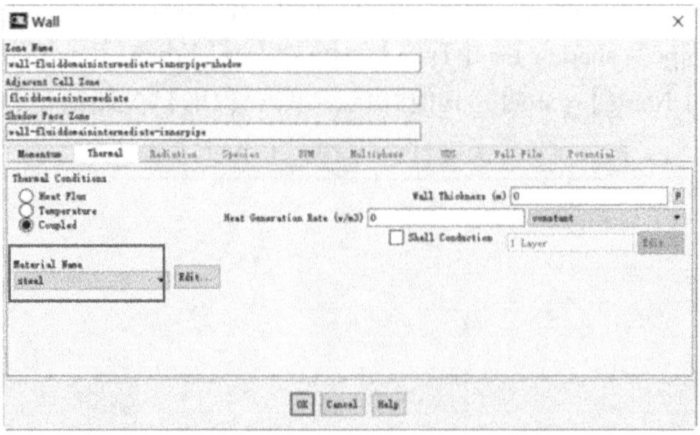

图 13-29　中间流体域-内管耦合壁面边界

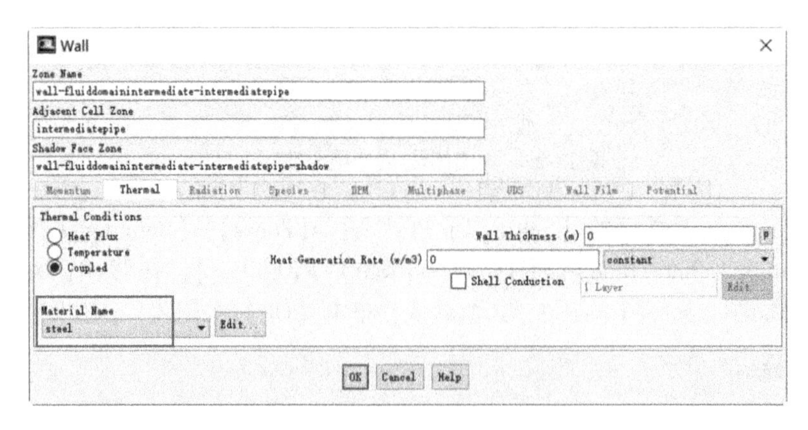

图 13-30　中间流体域-中间管壁面边界

（12）单击 Ribbon 功能区的【Setting Up Physics】→【Zones】→【Boundaries …】→【wall-fluid domain intermediate – intermediate pipe – shadow】→【Type】→【wall】→【Edit…】，在弹出的对话框中选择【Thermal】→【Material Name】= steel，其他默认，单击【OK】关闭窗口，如图 13-31 所示。

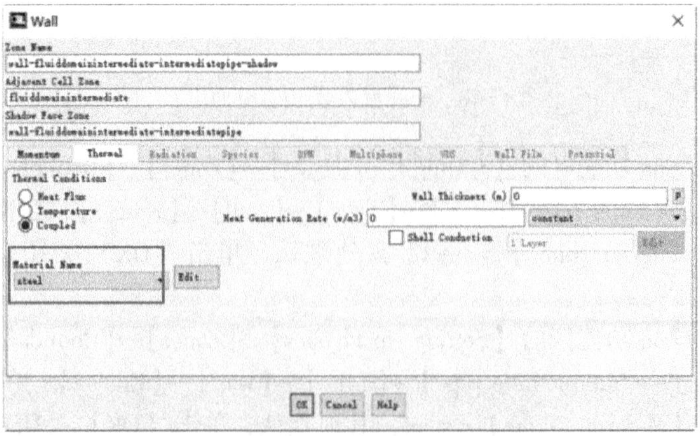

图 13-31　中间流体域-中间管耦合壁面边界

（13）单击 Ribbon 功能区的【Setting Up Physics】→【Zones】→【Boundaries…】→【wall-fluid domain outlet-intermediate pipe】→【Type】→【wall】→【Edit…】，在弹出的对话框中选择【Thermal】→【Material Name】= steel，其他默认，单击【OK】关闭窗口，如图 13-32 所示。

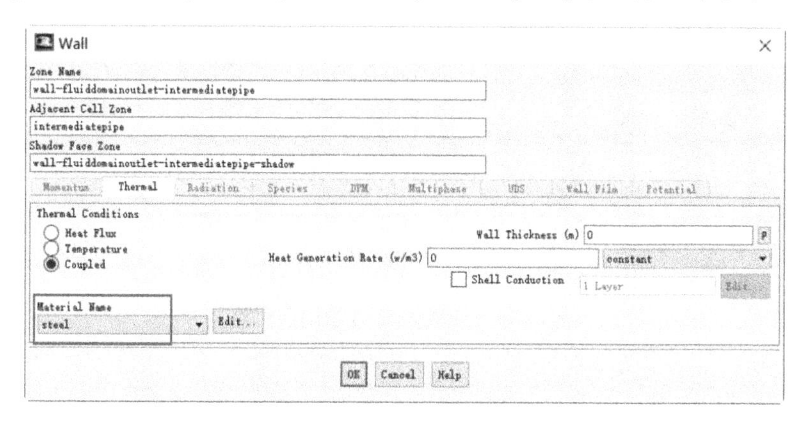

图 13-32　外流体域-中间管壁面边界

（14）单击 Ribbon 功能区的【Setting Up Physics】→【Zones】→【Boundaries…】→【wall-fluid domain outlet-intermediate pipe-shadow】→【Type】→【wall】→【Edit…】，在弹出的对话框中选择【Thermal】→【Material Name】= steel，其他默认，单击【OK】关闭窗口，如图 13-33 所示。

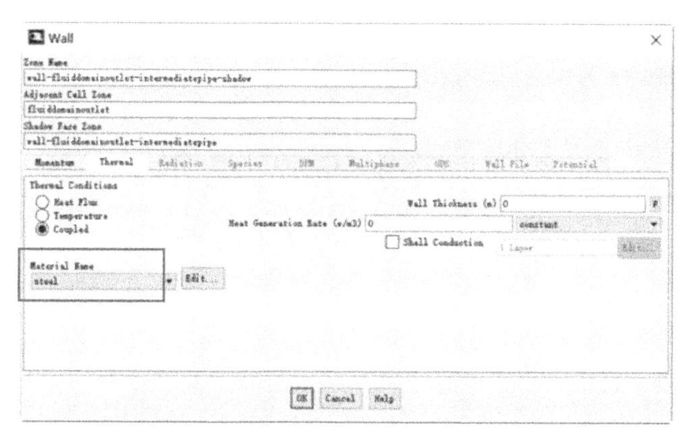

图 13-33　外流体域-中间管耦合壁面边界

（15）单击 Ribbon 功能区的【Setting Up Physics】→【Zones】→【Boundaries…】→【wall-fluid domain outlet-outer pipe】→【Type】→【wall】→【Edit…】，在弹出的对话框中选择【Thermal】→【Material Name】= steel，其他默认，单击【OK】关闭窗口，如图 13-34 所示。

（16）单击 Ribbon 功能区的【Setting Up Physics】→【Zones】→【Boundaries…】→【wall-fluid domain outlet-outer pipe-shadow】→【Type】→【wall】→【Edit…】，在弹出的对话框中选择【Thermal】→【Material Name】= steel，其他默认，单击【OK】关闭窗口，如图 13-35 所示。

（17）单击 Ribbon 功能区的【Setting Up Physics】→【Zones】→【Boundaries…】→【wall-inner pipe】→【Type】→【wall】→【Edit…】，在弹出的对话框中选择【Thermal】→【Material Name】= steel，其他默认，单击【OK】关闭窗口，如图 13-36 所示。

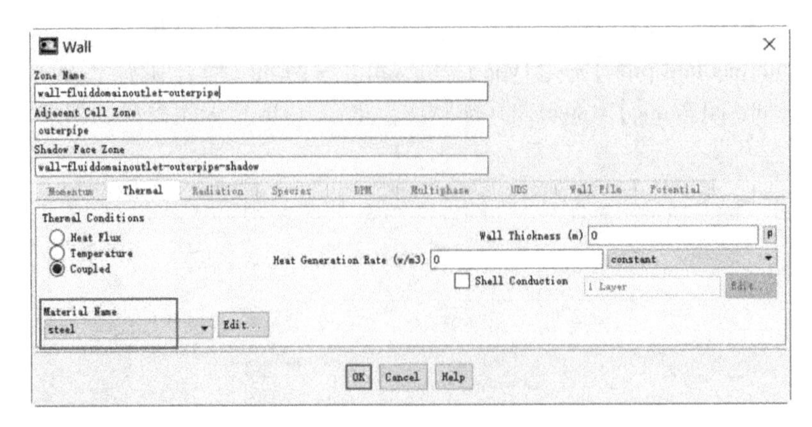

图 13-34　外流体域-外管壁面边界

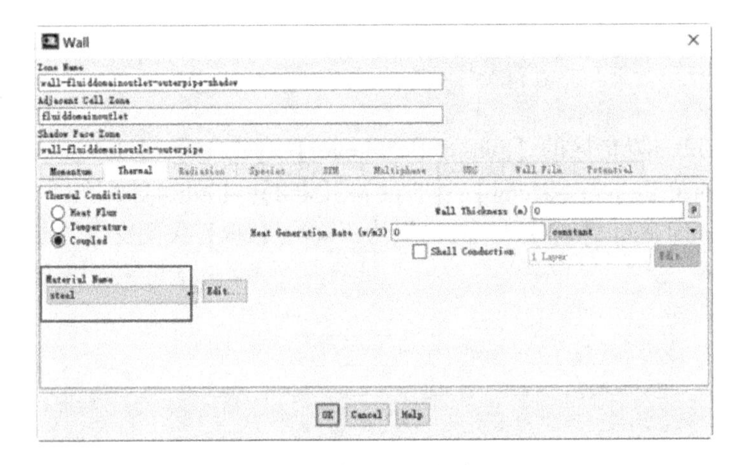

图 13-35　外流体域-外管耦合壁面边界

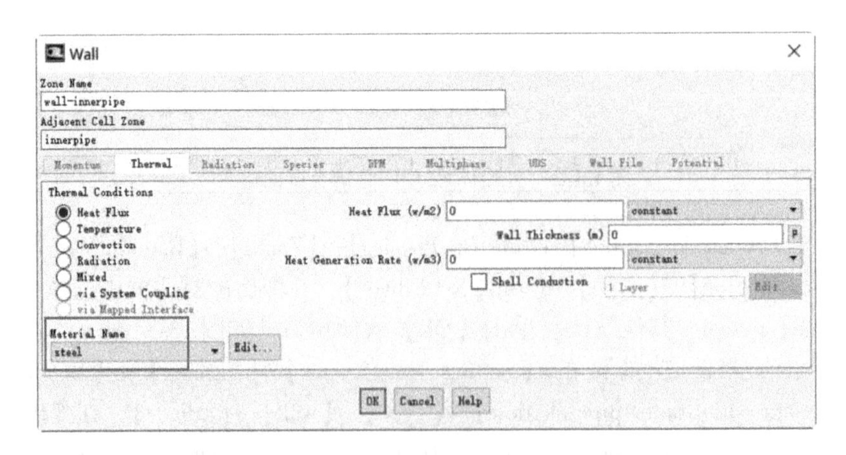

图 13-36　分配内管壁面材料

（18）单击 Ribbon 功能区的【Setting Up Physics】→【Zones】→【Boundaries…】→【wall-intermediate pipe】→【Type】→【wall】→【Edit…】，在弹出的对话框中选择【Thermal】→【Material Name】= steel，其他默认，单击【OK】关闭窗口，如图 13-37 所示。

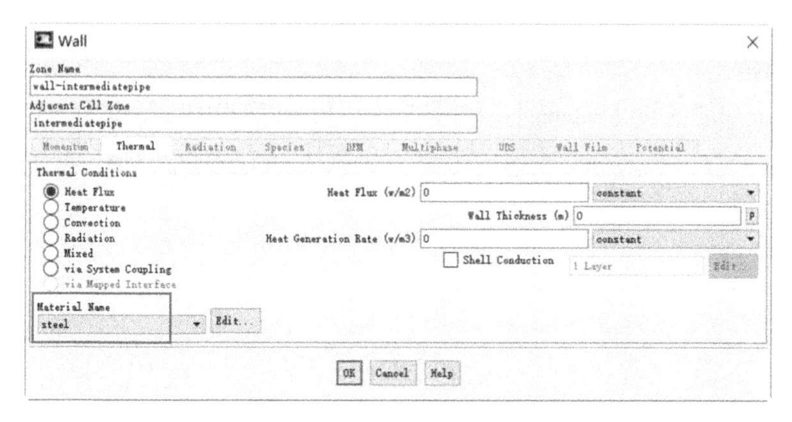

图 13-37　分配中间管壁面材料

（19）单击 Ribbon 功能区的【Setting Up Physics】→【Zones】→【Boundaries…】→【wall-outer pipe】→【Type】→【wall】→【Edit…】，在弹出的对话框中选择【Thermal】→【Material Name】= steel，其他默认，单击【OK】关闭窗口，如图 13-38 所示。

图 13-38　分配外管壁面材料

12. 参考值

（1）单击 Ribbon 功能区的【Setting Up Physics】→【Reference Values…】，单击【Reference Values】→平板【Reference Values】→【Computer from】= inlet，【Density (kg/m^3)】= 1，【Reference Zone】= cylinder，其他默认，如图 13-39 所示。

（2）菜单栏上单击【File】→【Save Project】，保存项目。

13. 求解设置

（1）求解方法，单击 Ribbon 功能区的【Solving】→【Methods…】→【Task Page】→【Scheme】= SIMPLEC，其他默认。

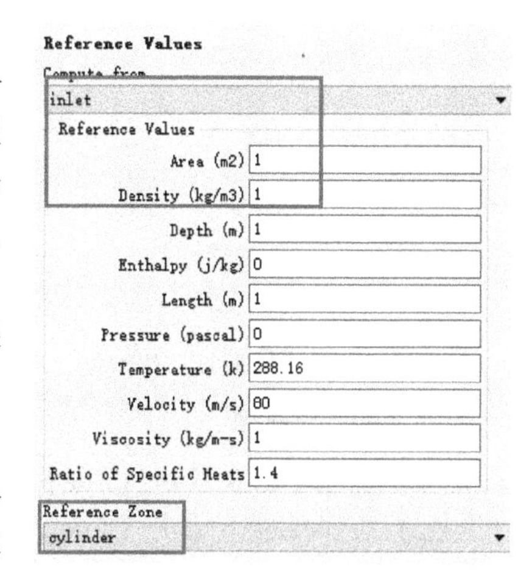

图 13-39　参考值

（2）求解控制，默认设置。

14. 设置监控

单击 Ribbon 功能区的【Solving】→【Residuals…】，在弹出的对话框中分别改变 Continuity、X-Velocity、Y-Velocity、Z-Velocity = 1e-06，单击【OK】关闭，如图 13-40 所示。

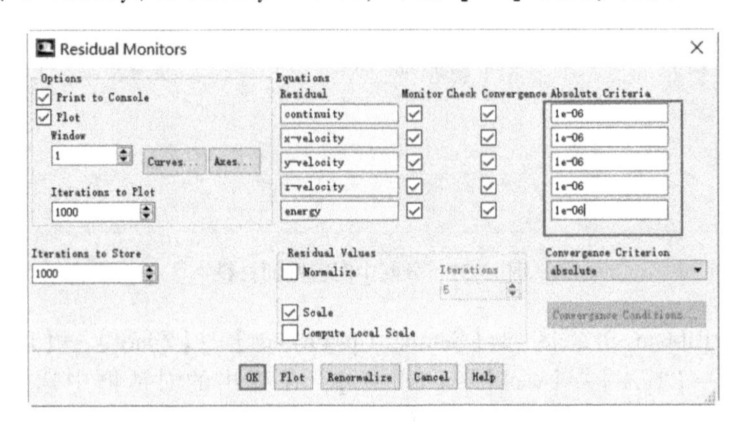

图 13-40　创建 Residuals 监控

15. 初始化

单击 Ribbon 功能区的【Solving】→【Initialization】→【Standard】→【Options…】→【Compute from】= all-zone，其他默认，单击【Initialize】初始化，如图 13-41 所示。

16. 运行求解

单击 Ribbon 功能区的【Solving】→【Run Calculation】→【No. of Iterations】= 1000，其他默认，设置完毕以后，单击【Calculate】进行求解，这需要一段时间，请耐心等待，如图 13-42 所示。

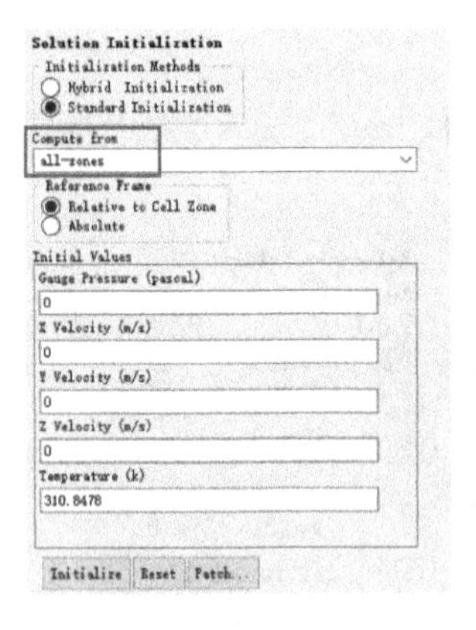

图 13-41　初始化

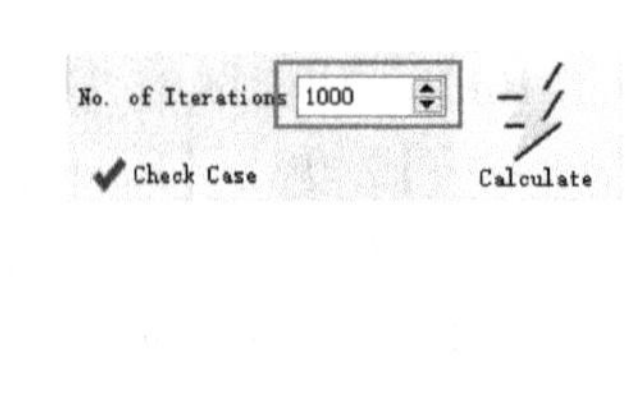

图 13-42　运行求解

17. 创建后处理

（1）在菜单栏上单击【File】→【Save Project】，保存项目。

（2）在菜单栏上单击【File】→【Close Fluent】，退出 Fluent 环境，然后回到 Workbench 主界面。

（3）右键单击【Results】→【Edit…】进入后处理系统。

（4）插入体绘制云图，在工具栏上单击【Volume Rendering】并默认名确定，在几何选项中的域【Domains】选择 All Domains，在变量【Variable】栏后单击…选项，在弹出的变量选择器选择 Temperature 确定，其他默认，单击【Apply】，可以看到体绘制温度分布云图，如图 13-43 所示。

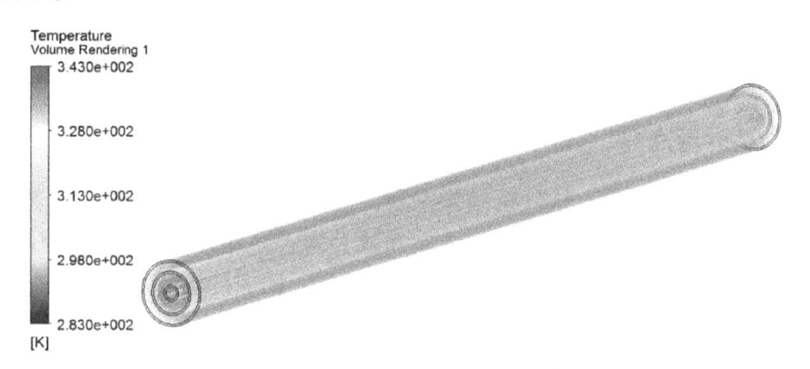

图 13-43　体绘制温度分布云图

（5）插入平面，在工具栏上单击【Location】→【Plane】并默认名确定，在几何选项中的域【Domains】选择 All Domains，方法【Method】栏后选 XY Plane，【Z】为 750mm，单击【Apply】确定。

（6）插入截面云图，在工具栏上单击【Contour】并默认名确定，在几何选项中的域【Domains】选择 All Domains，位置【Locations】栏后单击…选项，在弹出的位置选择器里选择 Plane1 确定。在变量【Variable】栏后单击…选项，在弹出的变量选择器选择 Temperature 确定，设置【Range】= Local，【#of Contours】为 110，其他默认，单击【Apply】，可以看到截面温度分布云图，如图 13-44 所示。

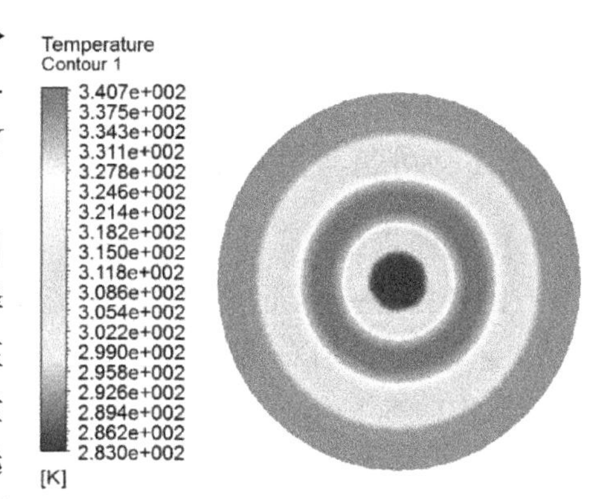

图 13-44　截面温度分布云图

（7）插入云图，在工具栏上单击【Contour】并默认名确定，在几何选项中的域【Domains】选择 All Domains，在位置【Locations】栏后单击…选项，在弹出的位置选择器里选择 Plane1、inner pipe inlet、inner pipe outlet、intermediate pipe inlet、intermediate pipe outlet、outlet pipe inlet、outlet pipe outlet 确定。在变量【Variable】栏后单击…选项，在弹出的变量选择器选择 Temperature 确定，设置【Range】= Global，【#of Contours】为 110，其他默认，单击【Apply】，可以看到三截面位置温度分布云图，如图 13-45所示。

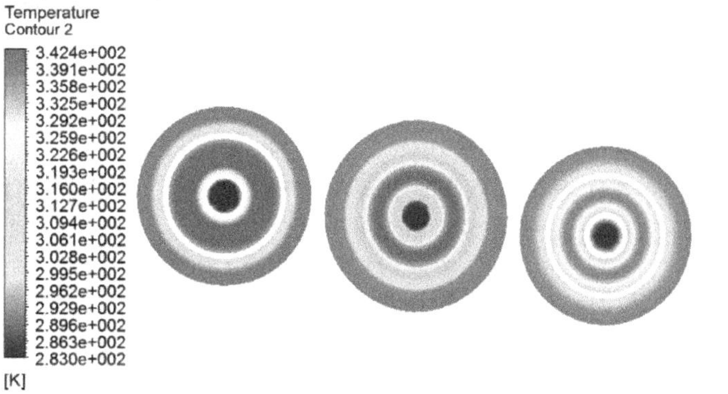

图 13-45　三截面位置温度分布云图

18. 保存与退出

(1) 退出后处理环境，单击 CFD-Post 主界面的菜单【File】→【Close CFD-Post】退出环境返回到 Workbench 主界面，此时主界面的分析流程图中显示的分析已完成。

(2) 单击 Workbench 主界面上的【Save】按钮，保存所有分析结果文件。

(3) 退出 Workbench 环境，单击 Workbench 主界面的菜单【File】→【Exit】退出主界面，完成项目分析。

13.1.3 结果分析与点评

本例是三管式热交换分析，从分析结果来看，在给定条件下，流体从入口到出口在管道流动过程中进行了热传递和热交换，温度依次递减，内管向外管递减，可利用这些规律进行热交换器的设计。实际上，热交换在现实中广泛存在，相应的应用领域也十分广阔，如热电、能源电子等。本实例模型简单，但在分析过程中也运用了多种方法，如网格划分、边界施加、求解及后处理。本例模拟过程完整，前后处理方法值得借鉴。

13.2 棱柱形渠道水流波浪分析

13.2.1 问题与重难点描述

1. 问题描述

如图 13-46 所示的棱柱形渠道流体域，明渠流体域尺寸长×宽×高为 30m×10m×15m。已知空气和水分别采用软件自带的 Air、water-liquid（h2o <1>）数据，假设明渠一侧入口水流自由面水平高度为 11m，波高为 2mm，波长为 21m，明渠另一侧水流出口自由面水平高度为 11m，底面高度为 0m，空气区域压力为 0Pa，其他相关参数，在分析过程中体现。试用 VOF 模型法模拟明渠水流波浪情况。

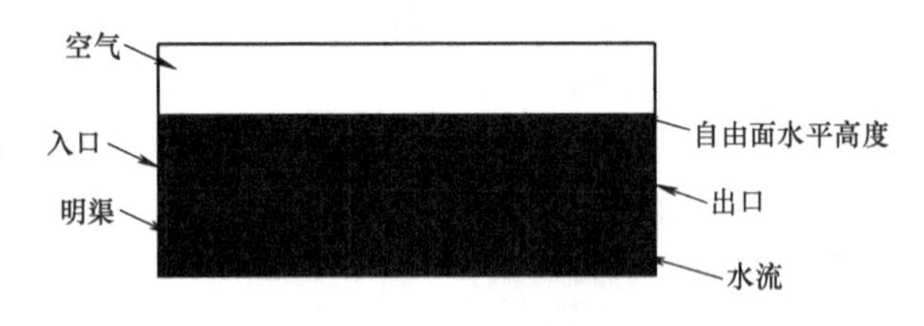

图 13-46 流体域

2. 重难点提示

本实例重难点在于湍流物理模型确定、多相流 VOF 模型、材料参数、边界施加、求解及结果后处理。

13.2.2 实例详细解析过程

1. 启动 Workbench18.0

在“开始”菜单中执行 ANSYS18.0→Workbench18.0 命令。

2. 创建流体动力学分析项目

(1) 在工具箱【Toolbox】的【Analysis Systems】中双击或拖动流体动力学分析项目【Fluid Flow (Fluent)】到项目分析流程图，如图 13-47 所示。

(2) 在 Workbench 的工具栏中单击【Save】，保存项目工程名为 Wave. Wbpj。如工程实例文件保存在 D：\ AWB \ Chapter13 文件夹中。

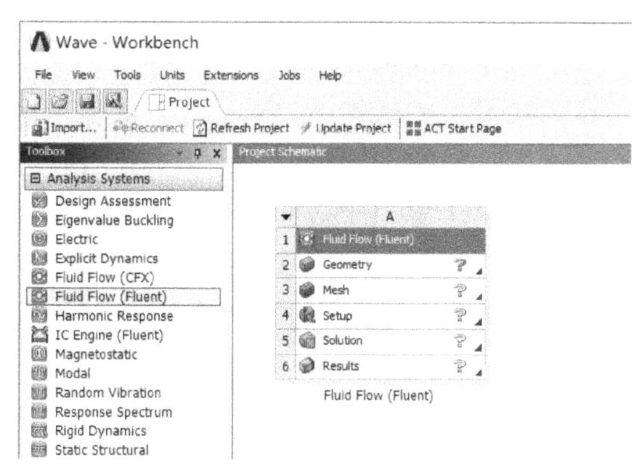

图 13-47　创建 Fluent 项目

3. 导入几何模型

在流体动力学分析项目上，右键单击【Geometry】→【Import Geometry】→【Browse】，找到模型文件 Wave. agdb，打开导入几何模型。如模型文件在 D：\ AWB \ Chapter13 文件夹中。

4. 进入 Meshing 网格划分环境

(1) 在流体力学分析项目上，右键单击【Mesh】→【Edit】进入 Meshing 网格划分环境。

(2) 在 Meshing 的主菜单【Units】中设置单位为 Metric (mm, kg, N, s, mV, mA)。

5. 划分网格

(1) 在导航树上单击【Mesh】→【Details of "Mesh"】→【Sizing】→【Size Function】= Curvature，【Relevance Center】= Fine，【Max Face Size】= 200mm，【Max Tet Size】= 500mm，其他默认。

(2) 生成网格，在导航树上右键单击【Mesh】→【Generate Mesh】，网格划分结果如图 13-48 所示。

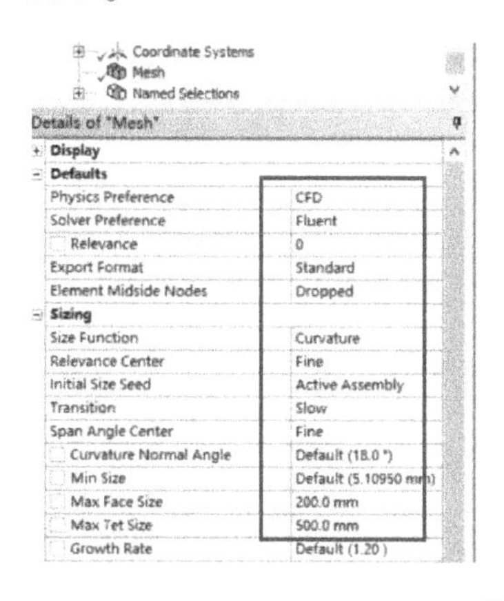

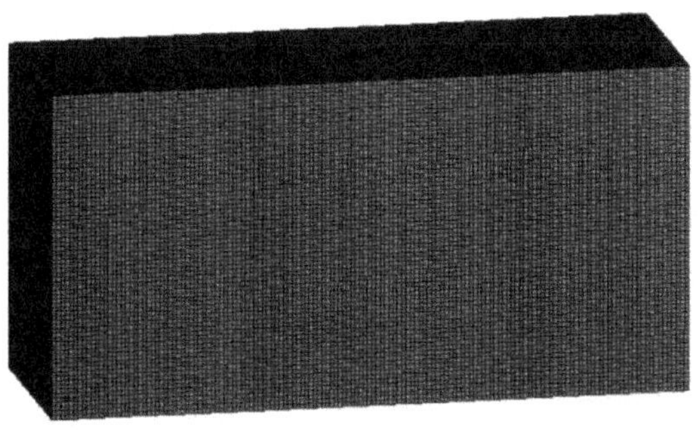

图 13-48　网格划分

(3) 网格质量检查，在导航树上单击【Mesh】→【Details of "Mesh"】→【Quality】→【Mesh Metric】= Jacobian Ratio (Gauss Points)，显示 Jacobian Ratio (Gauss Points) 规则下网格质量详细信息，平均值处在好水平范围内，展开【Statistics】显示网格和节点数量。

(4) 单击主菜单【File】→【Close Meshing】。

（5）返回 Workbench 主界面，右键单击流体系统【Mesh】，从弹出的菜单中选择【Update】升级，把数据传递到下一单元中。

6. 进入 Fluent 环境

右键单击流体系统【Setup】，从弹出的菜单中选择【Edit】，启动 Fluent 界面，设置双精度【Double Precision】，本地并行计算【Parallel（Local Machine）Solver】→【Processes】= 8（根据用户计算机计算能力设置），如图 13-49 所示，然后单击【OK】进入 Fluent 环境。

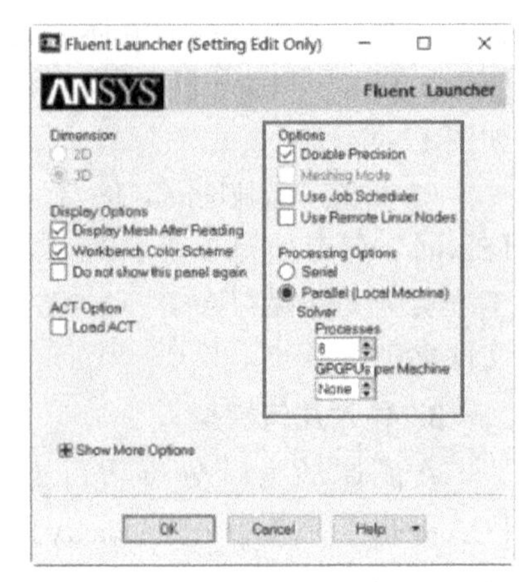

图 13-49 Fluent 启动界面

7. 网格检查

（1）在控制面板上单击【General】→【Mesh】→【Check】，命令窗口出现所检测的信息。

（2）在控制面板上单击【General】→【Mesh】→【Report Quality】，命令窗口出现所检测的信息，显示网格质量处于较好的水平。

（3）单击 Ribbon 功能区的【Setting Up Domain】→【Info】→【Size】，命令窗口出现所检测的信息，显示网格节点数量为 585276 个。

8. 指定求解类型

（1）单击 Ribbon 功能区的【Setting Up Physics】，选择时间为瞬态【Transient】，求解类型为压力基【Pressure-Based】，速度方程为绝对值【Absolute】，如图 13-50 所示。

（2）单击 Ribbon 功能区的【Setting Up Physics】，选择操作条件【Operation Conditions】，选择【Gravity】，设置【Y（m/s2）】= -9.81，【Z（m）】= 14，选择【Specified Operation Density】，如图 13-51 所示。

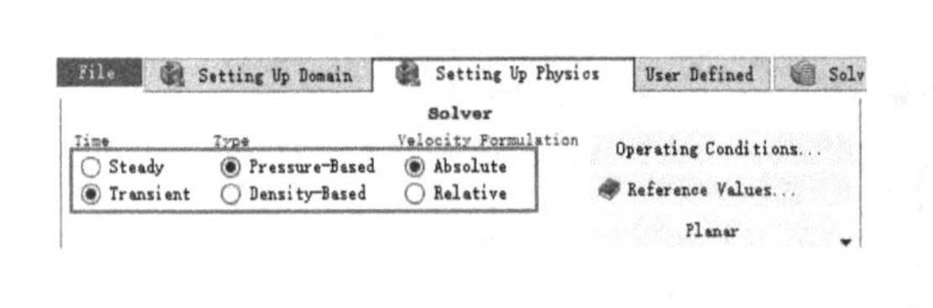

图 13-50 求解算法控制

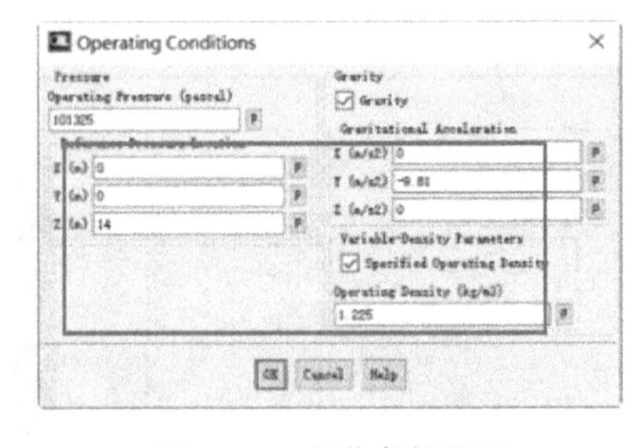

图 13-51 操作条件设置

9. 模型设置

（1）多相流设置。单击 Ribbon 功能区的【Setting Up Physics】→【Models】→【Multiphase】，从弹出的对话框中选择【Volume of Fluid】和【Implicit Body Force】；选择【VOF Sub-Models】→【Open Channel Flow】，【Open Channel Wave BC】；选择【Interfacial Anti-Diffusion】，其他默认，如图 13-52 所示。

（2）湍流设置。单击 Ribbon 功能区的【Setting Up Physics】→【Models】→【Viscous…】，从弹出的对话框中选择【K-omega（2eqn）】，选择【K-omega Model】= SST，其他默认，如图 13-53 所示。

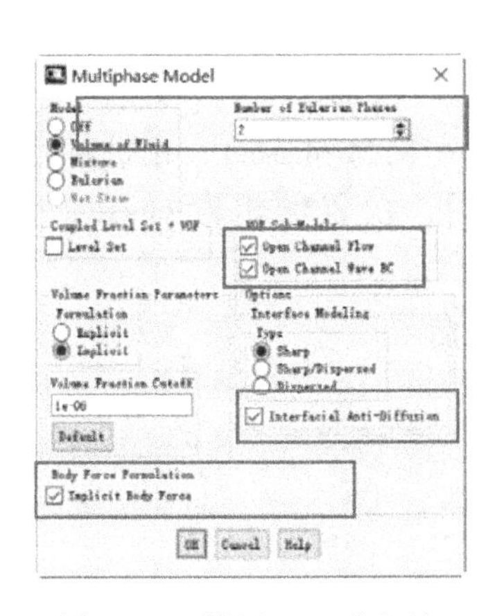

图 13-52　设置 VOF 多相流

图 13-53　湍流模型设置

10. 指定材料属性

设置材料属性，单击 Ribbon 功能区的【Setting Up Physics】→【Materials】→【Create/Edit…】，在弹出的对话框中单击【Fluent Database…】，在弹出的对话框中选择【water-liquid (h2o < 1 >)】，选择【Density (kg/m3)】= compressible-liquid，如图 13-54 所示，弹出【Compressible Liquid】，单击【Cancel】，如图 13-55所示；然后单击【Copy】，再次弹出【New Material Name】，单击【OK】，如图 13-56 所示，之后单击【Close】关闭窗口，如图 13-57 所示。

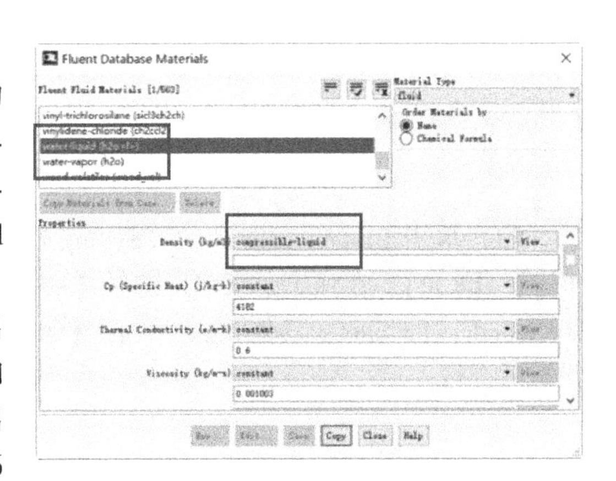

图 13-54　选择材料

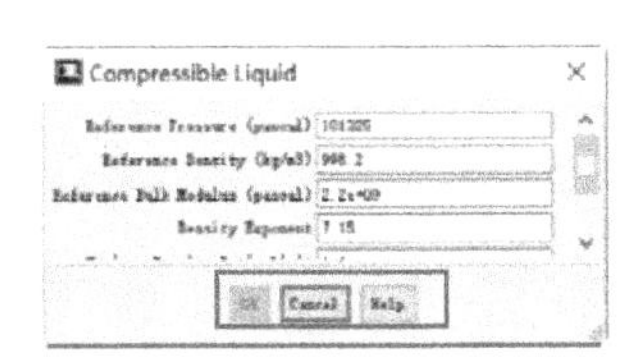

图 13-55　可压缩流体选项

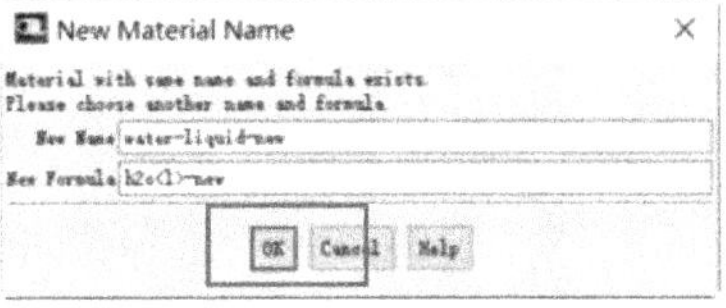

New Material Name

Material with same name and formula exists.
Please choose another name and formula.
New Name water-liquid-new
New Formula h2o<l>-new
OK　Cancel　Help

图 13-56　新材料选项

Create/Edit Materials

Name: water-liquid-new
Chemical Formula: h2o<l>-new
Material Type: fluid
Fluent Fluid Materials: water-liquid-new (h2o<l>-new)
Mixture: none
Order Materials by: Name / Chemical Formula
Fluent Database...
User-Defined Database...
Properties
Density (kg/m3) constant　998.2
Viscosity (kg/m-s) constant　0.001003
Change/Create　Delete　Close　Help

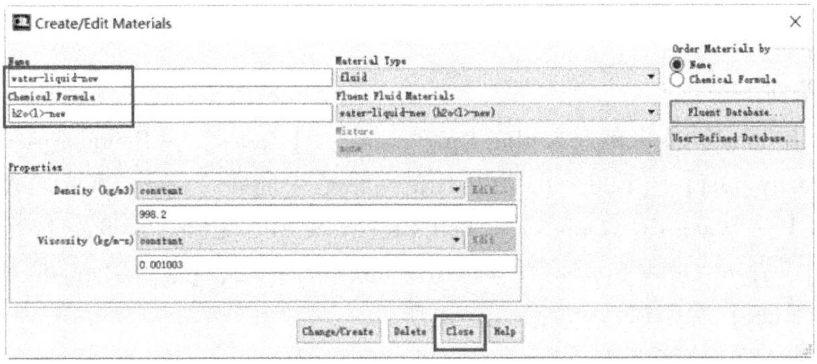

图 13-57　创建材料

11. 多相流主辅相的设置

（1）单击 Ribbon 功能区的【Setting Up Physics】→【Phases】→【List Show All…】→【phases-1-Primary Phase】→【Edit】，在弹出的菜单中设主相为 phase-1，相材料为 air，如图 13-58 所示；单击【phases-2-Secondary Phase】→【Edit】，设置辅相为 phase-2，相材料为 water-liquid-new，如图 13-59 所示。

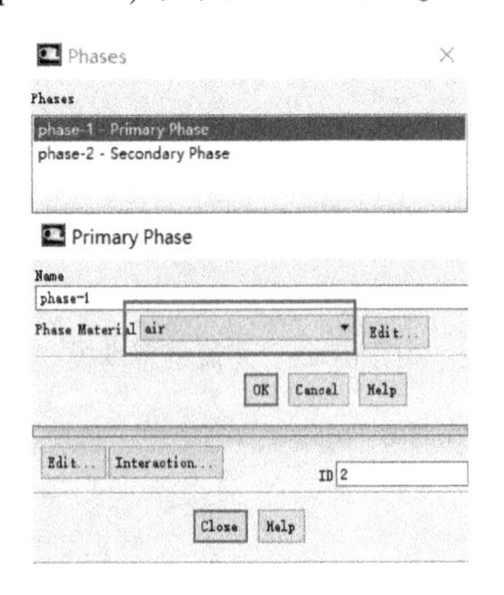

图 13-58 主相材料

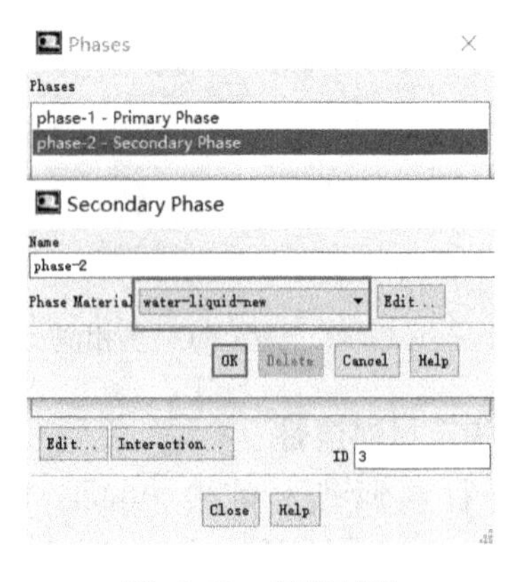

图 13-59 辅相材料

（2）单击 Ribbon 功能区的【Setting Up Physics】→【Zones】→【Cell Zones】→【phases-1-fluid】→【Edit】，在弹出的菜单中选择【Multiphase】→【Numerical Beach】→【Compute From Inlet Boundary】= inlet，其他默认，单击【OK】关闭，如图 13-60 所示。注意此处设置在边界设置后进行。

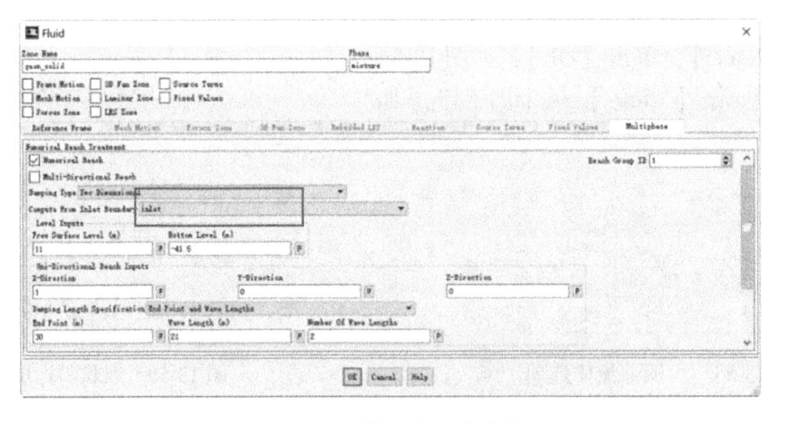

图 13-60 设置主相流边界

12. 边界条件

（1）单击 Ribbon 功能区的【Setting Up Physics】→【Zones】→【Boundaries…】→【inlet】→【Type】→【Velocity-inlet】→【Edit…】，在弹出的对话框中选择【Open Channel Wave BC】，选择【Multiphase】→【Wave BC Options】= Short Gravity Wave，【Free Surface Level（m）】= 11，【Wave Theory】= Third Order Stokes，【Wave Height（m）】= 2，【Wave Length（m）】= 21，其他默认，单击【OK】关闭窗口，如图 13-61 所示。

（2）单击 Ribbon 功能区的【Setting Up Physics】→【Zones】→【Boundaries…】→【outlet】→

【Type】→【Pressure - outlet】→【Edit…】，在弹出的对话框中选择【Multiphase】→【Open Channel】，【Free Surface Level（m）】=11，其他默认，单击【OK】关闭窗口，如图 13-62 所示。

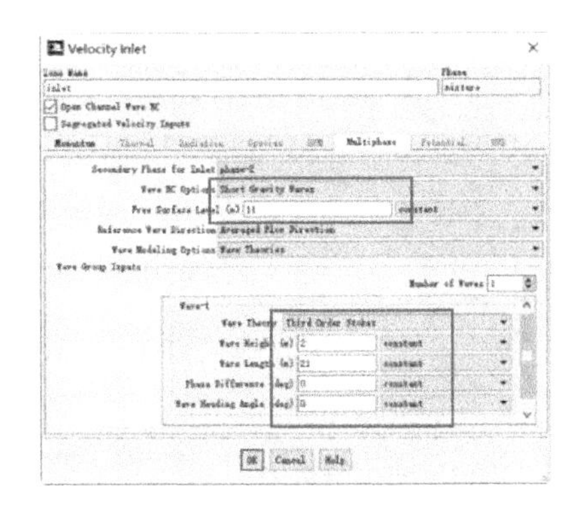

图 13-61　入口边界

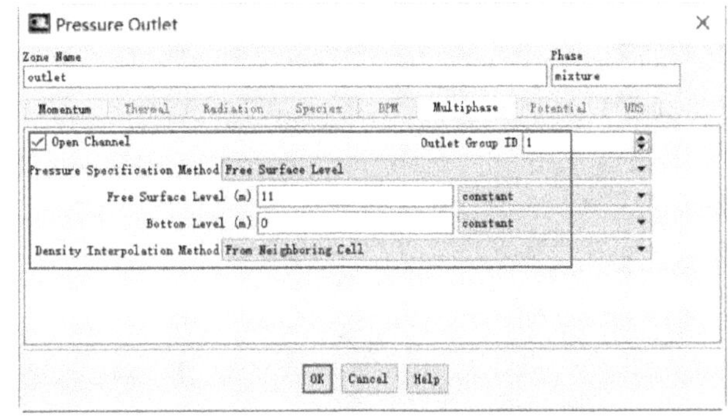

图 13-62　出口边界

（3）单击 Ribbon 功能区的【Setting Up Physics】→【Zones】→【Boundaries…】→【air】→【Type】→【Pressure-outlet】→【Edit…】，在弹出的对话框中选择【Gauge Pressure（Pascal）】为 0，其他默认，单击【OK】关闭窗口，如图 13-63 所示。

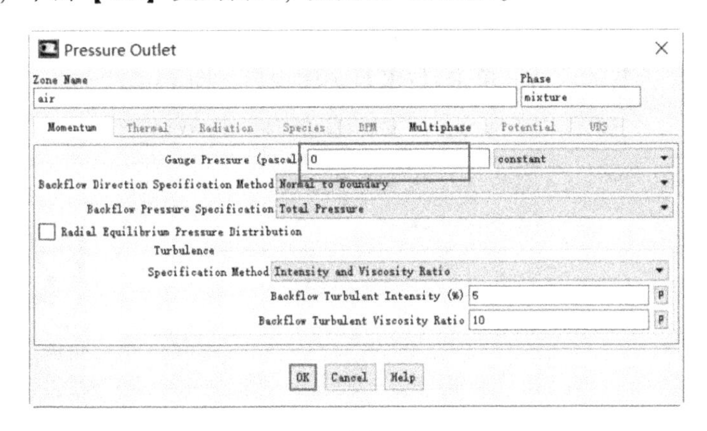

图 13-63　大气环境边界

13. 参考值

（1）单击 Ribbon 功能区的【Setting Up Physics】→【Reference Values…】，单击【Reference Values】→平板【Reference Values】默认，如图 13-64 所示。

（2）在菜单栏上单击【File】→【Save Project】，保存项目。

14. 求解设置

求解方法设置，如图 13-65 所示。

15. 初始化设置

单击 Ribbon 功能区的【Solving】→【Hybrid】，回到任务面板，选择【Compure from】= inlet，【Open channel

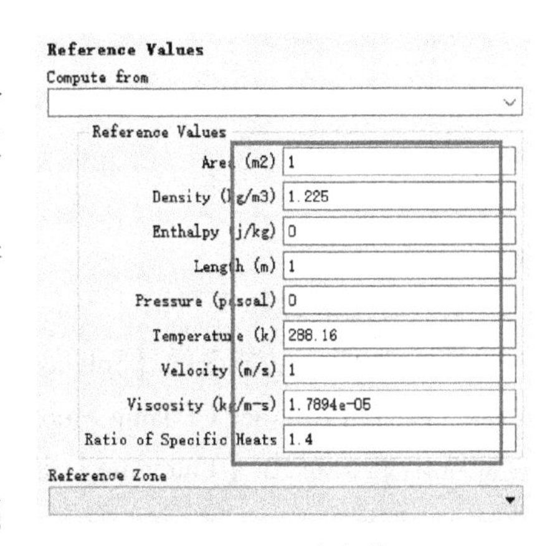

图 13-64　参考值

Initialization Method】= Flat，单击【Initialize】初始化，如图 13-66 所示。

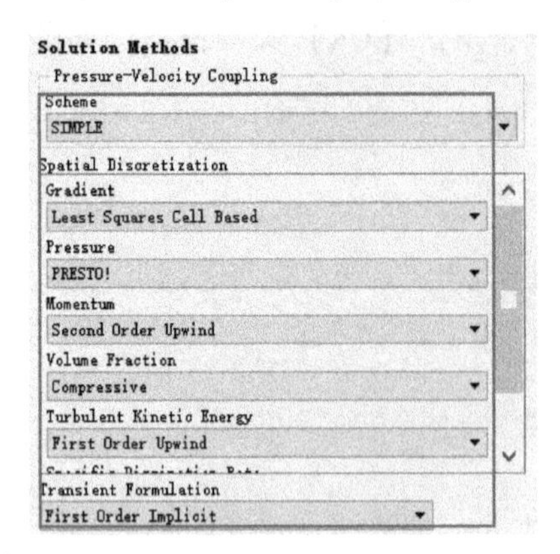

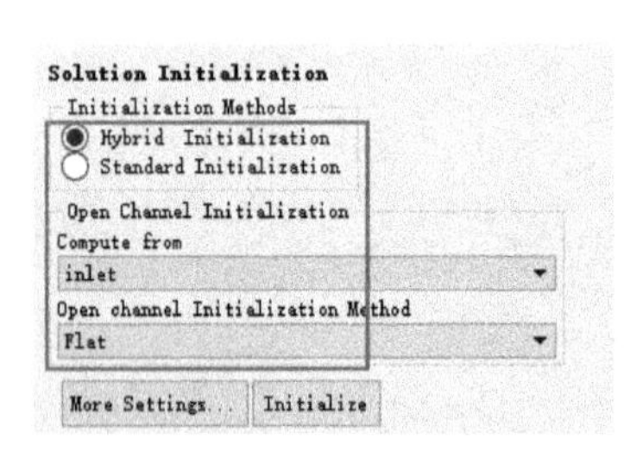

图 13-65 求解方法　　图 13-66 初始化

16. 求解控制

默认设置。

17. 求解输出类型

单击 Ribbon 功能区的【Solving】→【Activities】→【Create】→【Force Solution Data Export】，在弹出的对话框中设置【File Type】= CFD – Post Compatible，【Frequency（Time Steps）】= 4；【Quantities】单击 ，其他默认，单击【OK】关闭窗口，图 13-67 所示。

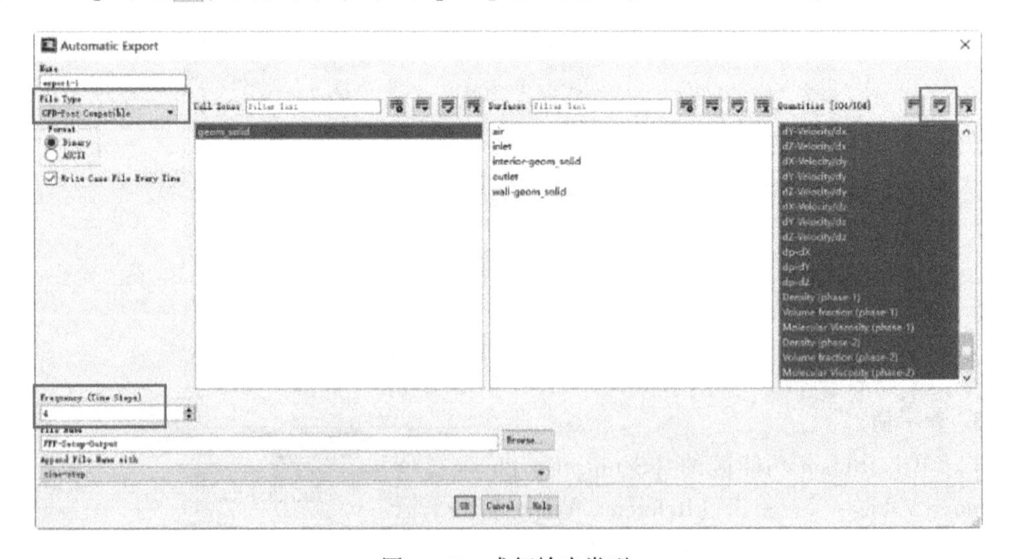

图 13-67 求解输出类型

18. 运行求解

单击 Ribbon 功能区的【Solving】→【Run Calculation】→【Advanced…】→【Time Step Size】= 0.01，设置【Number Of Time Steps】= 100，【Max Iterations/Time Step】= 70，其他默认，设置完毕以后，单击【Calculate】进行求解，这需要一段时间，请耐心等待，如图 13-68 所示。

19. 创建后处理

（1）在菜单栏上单击【File】→【Save Project】，保存项目。

（2）右键单击【Results】→【Contours】，弹出 Countours 对话框，【Contours of】= Phases…，选择【Volume fraction】，【Phase】= Phase-2，【Options】下选择 Filled，单击【Save/Display】，其他默认，如图 13-69 所示，可以看到结果体积分数云图显示，如图 13-70 所示。

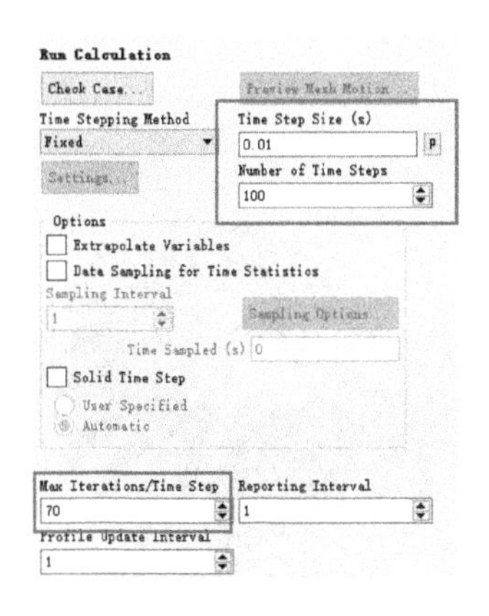

图 13-68　求解设置

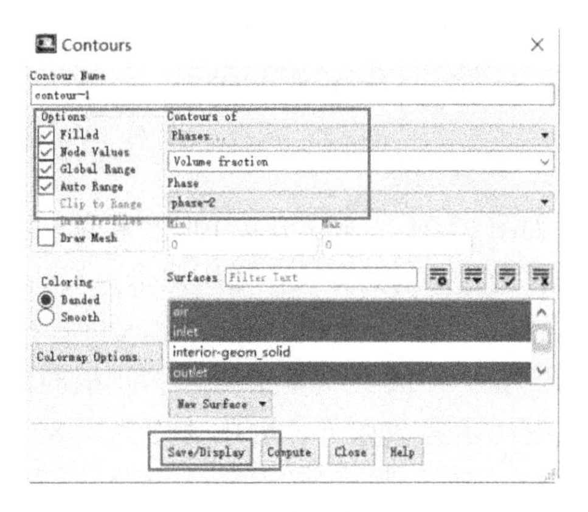

图 13-69　结果输出设置

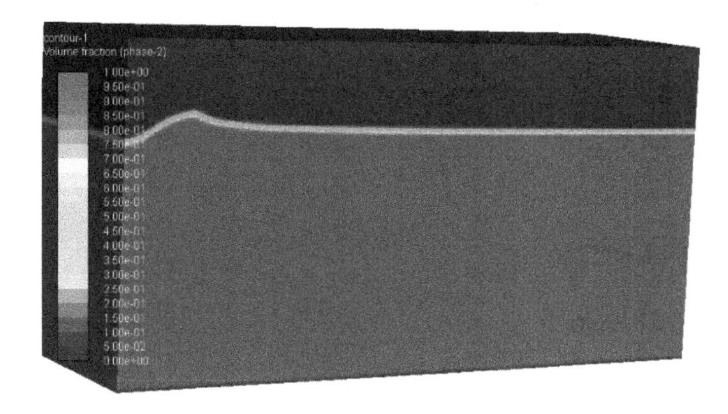

图 13-70　结果体积分数云图显示

20. 保存与退出

（1）退出后处理环境，在菜单栏上单击【File】→【Close Fluent】，退出 Fluent 环境，然后回到 Workbench 主界面，此时主界面的分析流程图中显示的分析已完成。

（2）单击 Workbench 主界面上的【Save】按钮，保存所有分析结果文件。

（3）退出 Workbench 环境，单击 Workbench 主界面的菜单【File】→【Exit】退出主界面，完成项目分析。

13.2.3　结果分析与点评

本例是棱柱形渠道水流波浪分析，从分析结果来看，在给定条件下，水流在明渠中产生了明显波浪现象，这主要是水流在明渠中的非均匀流动造成的。从分析过程和问题来看，由于明渠自由表面上的大气压强以相对压强计为零，为可动边界，明渠水流的现象与所涉及的问题均较管流复杂，例如相对实例 13.1，主要体现在运用 VOF 模型、边界施加等。本实例相对简单，不过可以用该方法模拟明渠水流可能发生的各种水流现象、估算输水能力及渠道纵横断面尺寸、确定水位或水深的沿程变化等。

13.3 离心压缩机叶片设计对比分析

13.3.1 问题与重难点描述

1. 问题描述

如图 13-71 所示含有 9 主叶片和 9 分流叶片的离心压缩机涡轮。初始参数：增压比率为 4.5，质量流率为 0.6kg/s，转速为 90000r/min，罩入口直径基于叶片入口角计算，扩散类型基于叶片，叶梢间隙比为 0.02。若改变初始参数如下：增压比率为 1.8，质量流率为 0.3kg/s，转速为 60000r/min，罩入口直径为 60mm，扩散类型基于无叶片，叶梢间隙比为 0.03，涡轮其他参数不变，试设计离心压缩机叶片，并利用不同的方法进行校核。

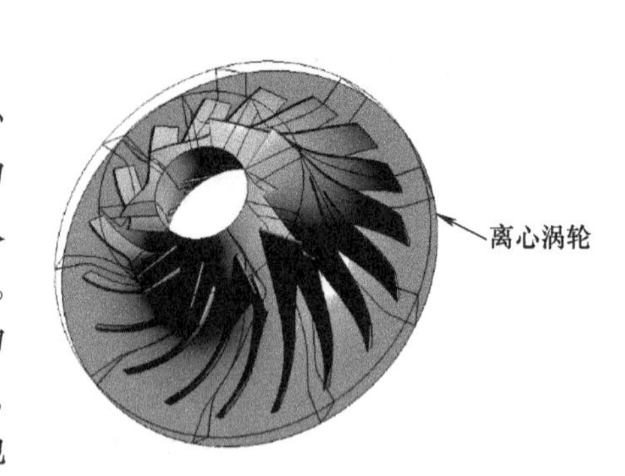

图 13-71 离心压缩机叶片模型

2. 重难点提示

本实例重难点在于 Vista CCD (with CCM) 叶轮设计、求解，CFX 环境边界施加、求解及结果后处理。

13.3.2 实例详细解析过程

1. 启动 Workbench18.0

在“开始”菜单中执行 ANSYS18.0→Workbench18.0 命令。

2. 创建离心压缩机设计性能图项目

(1) 在工具箱【Toolbox】的【Component Systems】中双击或拖动离心压缩机设计性能图【Vista CCD (with CCM)】到项目分析流程图，如图 13-72 所示。

(2) 在 Workbench 的工具栏中单击【Save】，保存项目工程名为 Centrifugal compressor.wbpj。如工程实例文件保存在 D:\AWB\Chapter13 文件夹中。

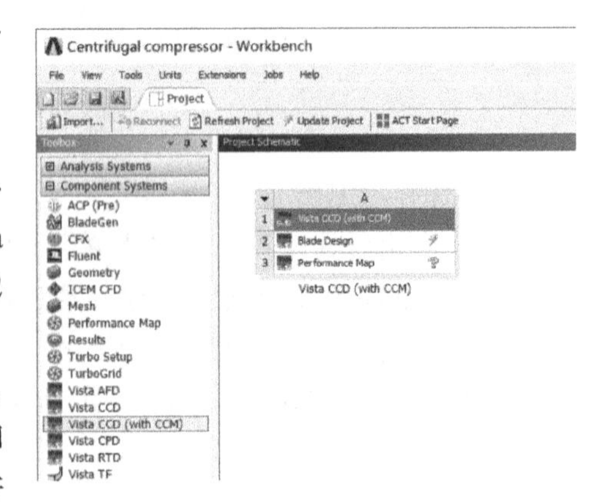

图 13-72 创建 Vista CCD (with CCM) 项目

3. 设计几何模型

(1) 在 Vista CCD (with CCM) 项目上单击【Blade Design】→【Properties of Schematic A2: Blade Design】→【Aerodynamic inputs】→【Pressure Ratio t-t】=1.8，设置【Mass flow

rate】=0.3，【Rotational Speed】=60000；【Geometry inputs】→【Shroud diameter calc】=Diameter，【Shroud inlet diameter】=60，【Diffuser type】=Vaneless，【Tip dearance ratio】=0.03，其他默认，如图 13-73 所示。

Properties of Schematic A2: Blade Design

	A	B
1	Property	Value
2	⊞ General	
6	⊞ Notes	
8	⊞ Used Licenses	
10	⊟ Aerodynamic inputs	
11	Pressure ratio t-t	1.8
12	Mass flow rate	0.3
13	Rotational speed	60000
14	Inlet stagnation temperature	288.15
15	Inlet stagnation pressure	1.0135E+05
16	Inlet Angle	0
17	Radial distribution	constant angle
18	Shroud incidence method	specified incidence
19	Incidence at shroud	1.5
20	Stage efficiency	Correlation
21	Correlation	Casey-Robinson
22	Reynolds number correction	✓
23	Tip clearance & shroud correction	✓
24	Impeller isentropic efficiency calc	Link to stage
25	Power input factor calc	Correlation
26	Merid. velocity gradient	1.15
27	Relative velocity ratio	0.52
28	⊞ Gas property inputs	
32	⊟ Geometry inputs	
33	Hub inlet diameter	30
34	Stacking	Radial
35	Hub vane normal thickness	1.8
36	Shroud diameter calc	Diameter
37	Shroud inlet diameter	60
38	Shroud vane normal thickness	0.5
39	Leading edge location on shroud %M	0
40	Leading edge normal to hub	☐
41	Leading edge inclination to radial	0
42	Diffuser type	Vaneless
43	Impeller type	Unshrouded impeller
44	Axial tip clearance	Tip clearance/vane height
45	Tip clearance ratio	0.03
46	Impeller length ratio	Automatic

图 13-73　几何模型参数设置

（2）在 Vista CCD（with CCM）项目上单击【Blade Design】→【Update】。

（3）在 Vista CCD（with CCM）项目上，右键单击【Performance Map】→【Edit】，设置【Number of speed】=5，其他参数不变，单击【Calculate】，产生质量流与压力率图，如图 13-74 所示，然后单击关闭按钮关闭。

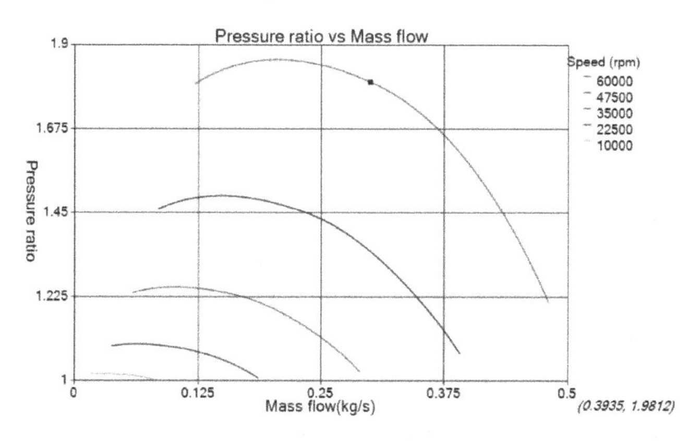

图 13-74　质量流与压力率图

4. 创建分析系统

(1) 在 Vista CCD (with CCM) 项目上单击【Blade Design】→【Create New】→【Through flow (Blade Editor)】。

(2) 在新产生 Vista TF 项目上依次右键单击【Setup】→【Update】，选择【Solution】→【Update】，【Results】→【Edit】进入后处理窗口，然后在图形区域左上选择【plot 3 VTF Contour of P View】，如图 13-75 所示。

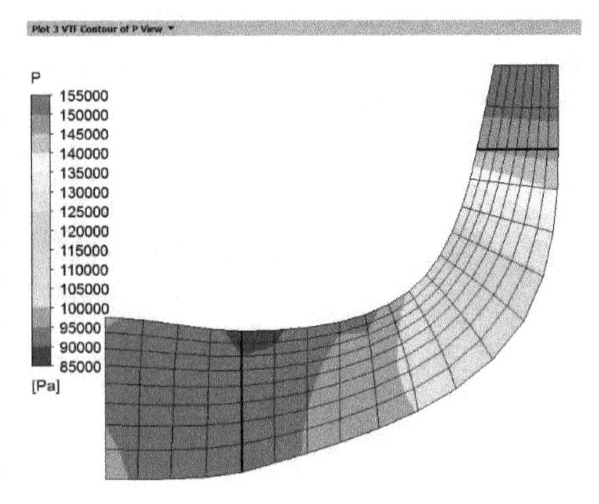

图 13-75 结果评估

5. 创建 CFX 分析系统

在 Geometry 项目上右键单击【Blade Design】→【Transfer Data To New】→【Turbo Grid】，然后右键单击【Turbo Mesh】→【Transfer Data To New】→【CFX】，如图 13-76 所示。

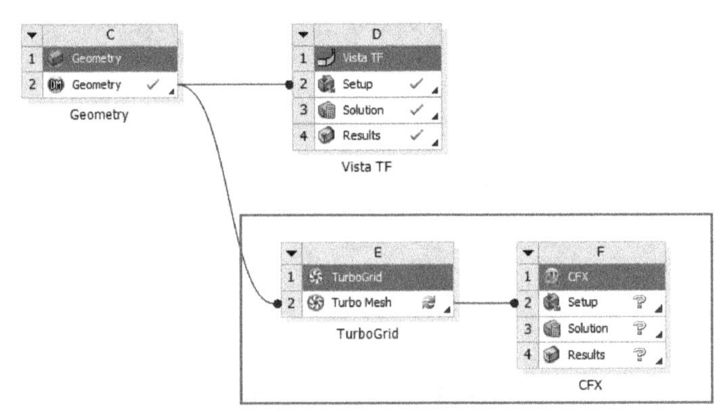

图 13-76 创建 CFX 分析系统

6. 进入 CFX 分析系统及设置

(1) 右键单击【Turbo Mesh】→【Update】。

(2) 在新产生 CFX 项目上依次右键单击【Setup】→【Edit…】，进入 CFX 工作环境。

(3) 单击菜单栏的【Tools】→【Tubo Mode…】，选择【Basic Setting】→【Machine Type】= Centrifugal Compressor，其他默认，单击【Next】，如图 13-77 所示。

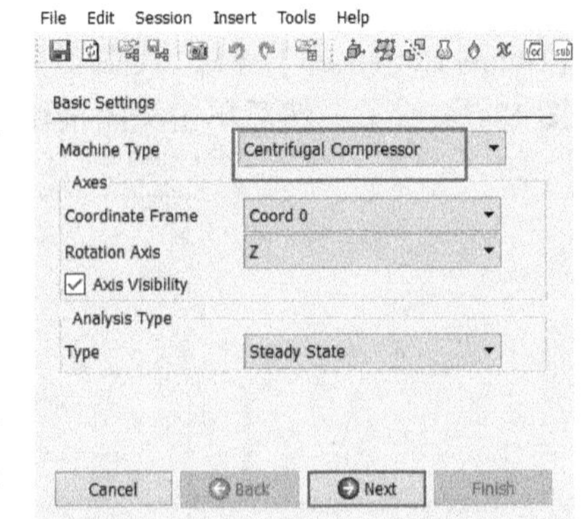

图 13-77 设置计算类型

(4) 单击【Component Definition】→【Component】→【R1】→【Component Type】→【Value】= -60000，选择【Wall Configuration】，选择【Tip Clearance at Shroud】→【Yes】，其他默认，单击【Next】，如图 13-78 所示。

(5) 单击【Physics Definition】→【Fluid】= Air Ideal Gas，【Reference Pressure】= 0 [atm]，选择【P-Total Inlet Mass Flow Outlet】→【T-Total】= 288 [K]，【Mass Flow Rate】=

0.3［kg s^-1］，选择【Solver Parameters】，其他默认，单击【Next】，如图 13-79 所示。

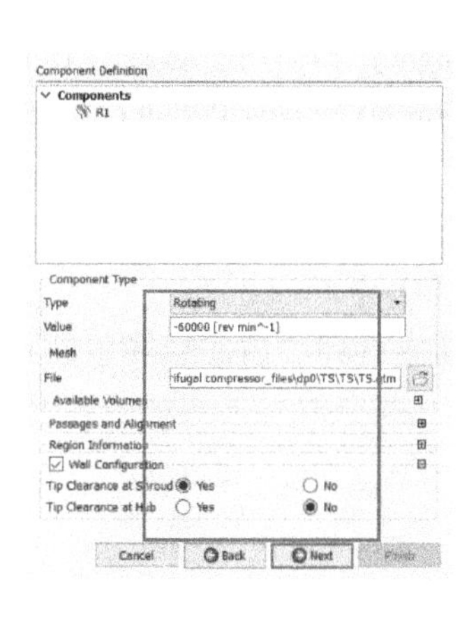

图 13-78　设置组件条件

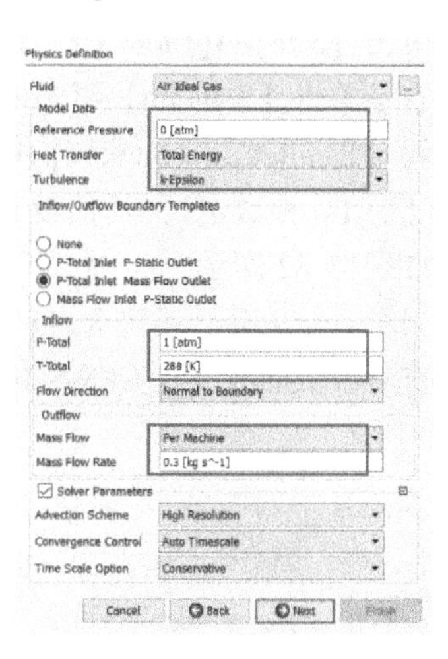

图 13-79　设置物理条件

（6）依次单击【Interface Definition】→【Next】，选择【Boundary Definition】→【Next】，【Final Operation】→【Finish】，其他默认，如图 13-80 所示。

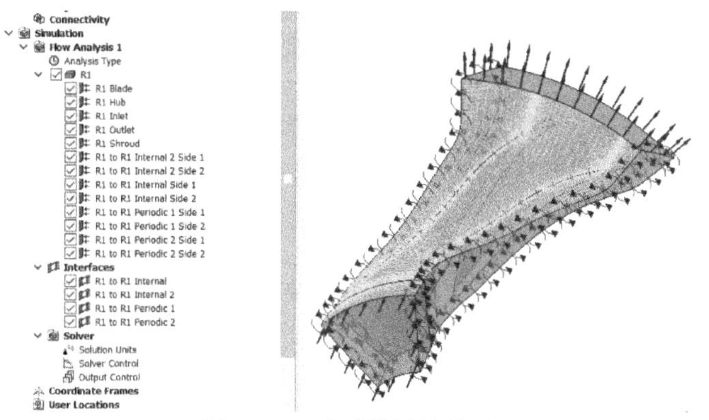

图 13-80　完成设置及显示

7. 输出控制

在操作树上右键单击【Output Control】→【Edit】进入求解输出控制窗口，对流项【Efficient Output】→【Efficient Type】= Compression，【Value】= Total to Total，其他默认，单击【OK】关闭。

8. 求解控制

在操作树上右键单击【Solver Control】→【Edit】进入求解控制窗口，设置求解总步数【Convergence Control】→【Max. Iterations】= 1000，求解参数的时间项【Timescale Factor】= 10，收敛判据【Convergence Criteria】→【Residual Type】= RMS，【Residual Target】= 1e-05，其他默认，单击【OK】关闭任务窗口，如图 13-81 所示。

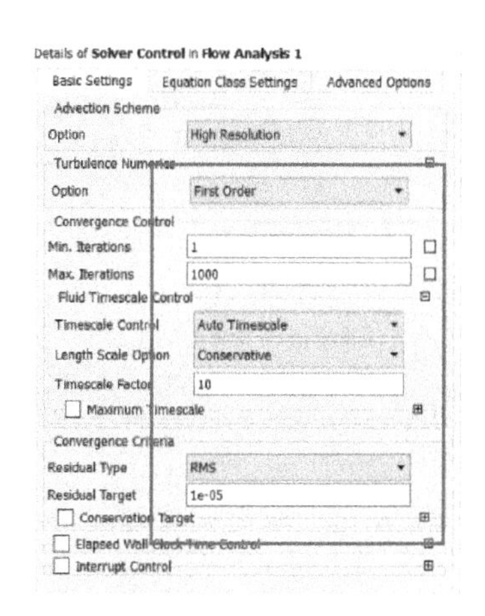

图 13-81　求解设置

9. 运行求解

（1）单击【File】→【Close CFX-Pre】退出环境，然后回到 Workbench 主界面。

（2）右键单击【Solution】→【Edit】，当【Solver Manager】弹出时，选择【Double Precision】，设置【Parallel Environment】→【Run Mode】= Platform MPI Local Parallel，Partitions 为 8（根据计算机 CPU 核数定），其他设置默认，在【Define Run】面板上单击【Start Run】运行求解，如图 13-82 所示。

（3）当求解结束后，系统会自动弹出提示窗，单击【OK】。

（4）查看收敛曲线，在 CFX-Solver Manager 环境界面中看到收敛曲线和求解运行信息，如图 13-83 所示。

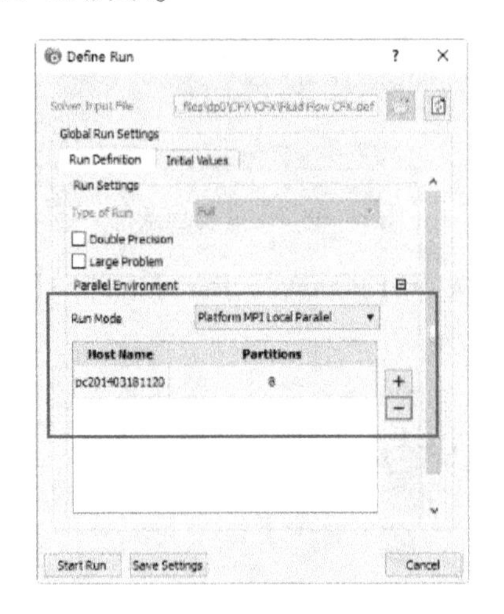

图 13-82 求解设置

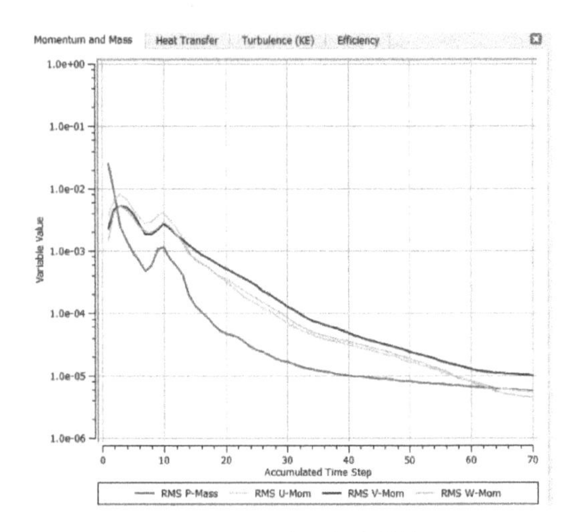

图 13-83 残差收敛曲线

（5）单击【File】→【Close CFX-Solver Manager】退出环境，然后回到 Workbench 主界面。

10. 后处理

（1）在 Workbench 主界面，选择 Vista TF 项目单元格的【Solution】并拖动与 CFX 分析项目单元格的【Results】相连接，如图 13-84 所示。

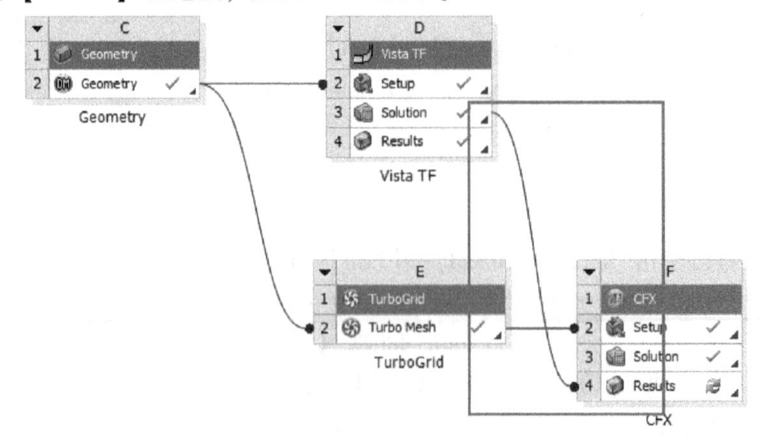

图 13-84 后处理项目连接

（2）在CFX分析项目上右键单击【Results】→【Edit…】，进入【CFX-CFD-Post】环境。

（3）在工具栏上单击【Turbo】→【Component1（R1）】→【Initialization】→【Initialize All Components】，如图13-85所示。

（4）在工具栏上单击【Turbo】→【Plots】→【3D View】→【Parts to View】，选择【Hub】和【Blade】；设置【Graphical Instancing】→【Domain】=R1，【#of Copies】=9，然后单击【Apply】。

（5）在工具栏上单击【Turbo】→【Plots】→【Blade-to-Blade】，默认设置，单击【Apply】。在工具栏上单击【Turbo】→【Plots】→【3D View】→【Parts to View】，选择【Show Blade-to-Blade Plot】和【Blade】；保持设置，然后单击【Apply】，如图13-86所示。

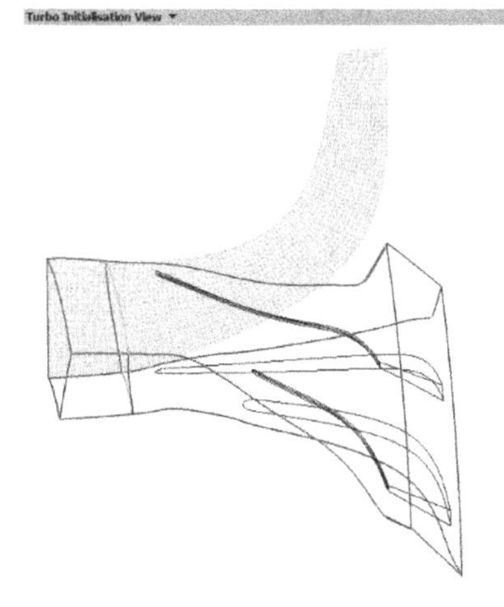

图13-85　初始化模型

图13-86　插入3D云图显示

（6）在工具栏上单击【Turbo】→【Plots】→【Meridional】→【Variable】=Pressure，【Range】=Local，其他默认，然后单击【Apply】，然后，回到【Outline】，图形区域左上角选择【Meridional View】，最后显示如图13-87所示。

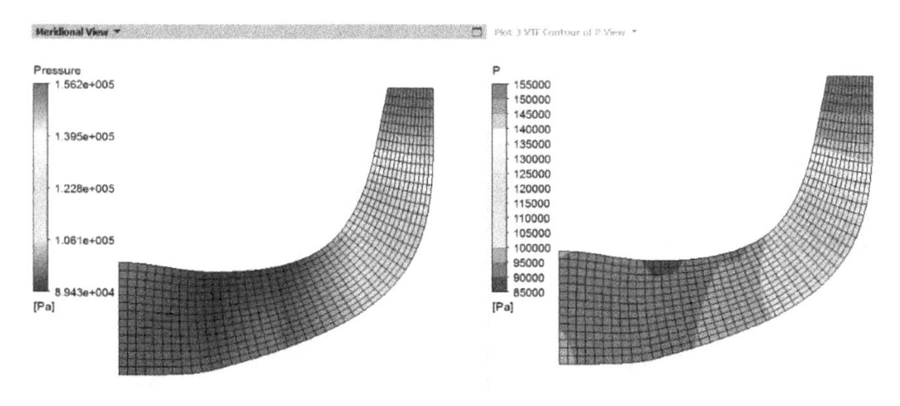

图13-87　压力云图对比显示

11. 保存与退出

（1）退出流体分析后处理环境，单击菜单【File】→【Close CFD-Post】退出环境，返回到 Workbench 主界面，此时主界面的分析流程图中显示的分析已完成。

(2) 单击 Workbench 主界面上的【Save】按钮，保存所有分析结果文件。

(3) 退出 Workbench 环境，单击 Workbench 主界面的菜单【File】→【Exit】退出主界面，完成项目分析。

13.3.3 结果分析与点评

本例是离心压缩机叶片设计对比分析，从分析结果来看，两种分析方法结果一致，从设计效率来看，Vista CCD (with CCM) 方法在已知相关参数后，进行二维叶片子午面设计评估效率较快捷，而从三维角度，进行离心压缩机叶轮叶片设计评估通过建模 CFX 分析较为合适。从分析过程来看，前一种设计分析方法得到模型数据可直接转化为后一种分析方法需要的叶轮三维模型，而整个过程通过顺序连接即可。同样，其他类型的叶轮叶片设计也可用此种方法，如对风扇设计，可见 ANSYS 在旋转机械叶轮叶片设计分析的易用性。

13.4 叶片泵非定常分析

13.4.1 问题与重难点描述

1. 问题描述

如图 13-88 所示 6 叶片离心泵，由叶轮、蜗壳、入口延长段和出口延长段组成。泵内叶轮以2900r/min 转动，无滑移壁面，其中入口延长段入口处相对压力为 1atm，出口延长段出口处质量流为 2.77kg/s，其他参数在分析过程中体现，假设泵内的流体稳定且不可压缩，试对叶片泵进行非定常分析并计算泵内压力与速度分布情况。

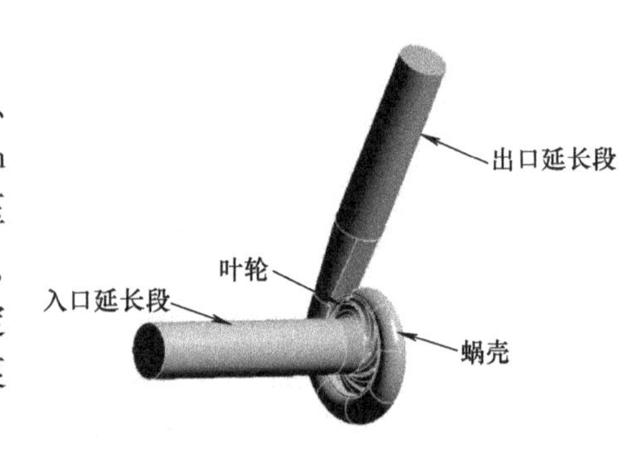

图 13-88 离心泵模型

2. 重难点提示

本实例重难点在于网格划分、定常和非定常的物理模型确定、边界施加、求解及结果后处理。

13.4.2 实例详细解析过程

1. 启动 Workbench18.0

在“开始”菜单中执行 ANSYS18.0→Workbench18.0 命令。

2. 创建流体动力学分析项目

(1) 在工具箱【Toolbox】的【Analysis Systems】中双击或拖动流体动力学分析项目【Fluid Flow (CFX)】到项目分析流程图，如图 13-89 所示。

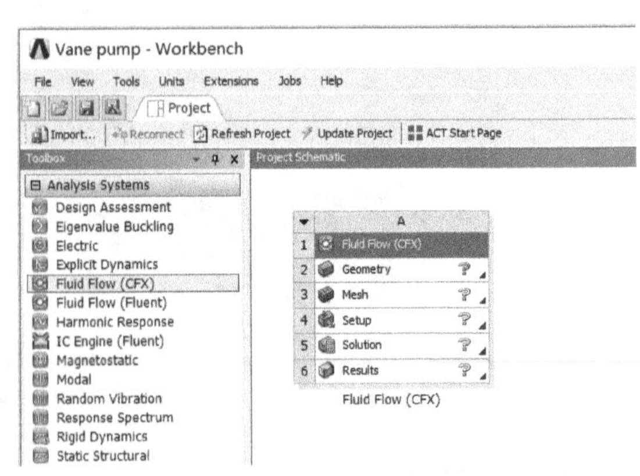

图 13-89 创建流体分析项目

（2）在 Workbench 的工具栏中单击【Save】，保存项目工程名为 Vane pump. wbpj。如工程实例文件保存在 D：\ AWB \ Chapter13 文件夹中。

3. 导入几何模型

在流体分析项目上右键单击【Geometry】→【Import Geometry】→【Browse】，找到模型文件 Vane pump. agdb，打开导入几何模型。如模型文件在 D：\ AWB \ Chapter13 文件夹中。

4. 进入 Meshing 网格划分环境

（1）在流体力学分析项目上右键单击【Mesh】→【Edit】进入 Meshing 网格划分环境。

（2）在 Meshing 的主菜单【Units】中设置单位为 Metric（mm，kg，N，s，mV，mA）。

5. 接触设置

在导航树上单击【Connections】展开，右键单击【Contacts】，从弹出的快捷菜单中单击【Delete】删除接触。

6. 划分网格

（1）在导航树上单击【Mesh】→【Details of “Mesh”】→【Sizing】→【Size Function】= Proximity and Curvature，【RelevanceCenter】= Medium，其他默认。

（2）叶轮边界膨胀网格，在标准工具栏上单击，选择 Impeller 几何模型，然后在导航树上右键单击【Mesh】，从弹出的菜单中选择【Insert】→【Inflation】→【Details of “Inflation” -Inflation】→【Definition】→【Boundary Scoping Method】= Named Selections，【Boundary】选择几何模型的 Hub、Blade、Shroud（参考 Named Selections）；设置【Inflation Option】= Smooth Transition，【Transition Ratio】= 0.3，【Maximum Layers】= 10，【Growth Rate】= 1.2，其他默认，如图 13-90 所示。

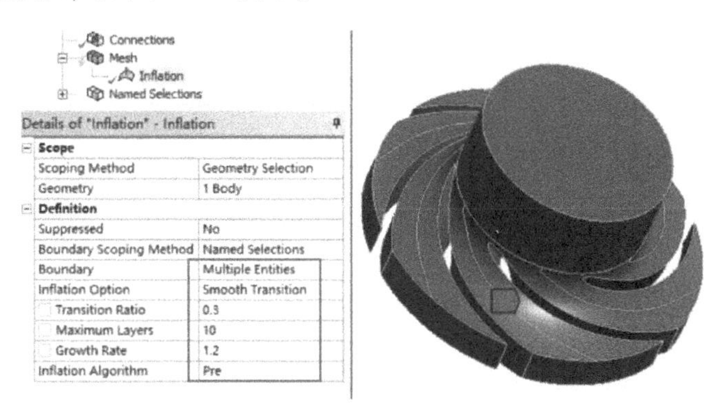

图 13-90　叶轮边界膨胀网格设置

（3）蜗壳边界膨胀网格，在标准工具栏上单击，选择 Volute 几何模型，然后在导航树上右键单击【Mesh】，从弹出的菜单中选择【Insert】→【Inflation】→【Details of “Inflation” -Inflation】→【Definition】→【Boundary Scoping Method】= Named Selections，【Boundary】选择几何模型的 Volutewall（参考 Named Selections）；设置【Inflation Option】= First Aspect Ratio，【First Aspect Ratio】= 10，【Maximum Layers】= 5，【Growth Rate】= 1.4，其他默认，如图 13-91 所示。

（4）入口延长段边界膨胀网格，在标准工具栏上单击，选择 Inlet 几何模型，然后在

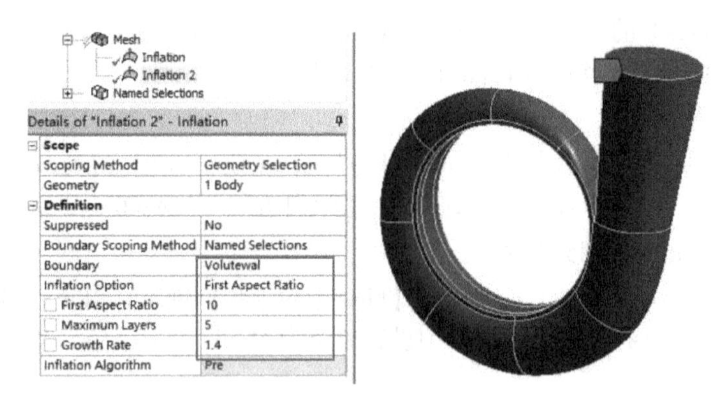

图 13-91 蜗壳边界膨胀网格设置

导航树上右键单击【Mesh】，从弹出的菜单中选择【Insert】→【Inflation】→【Details of “Inflation” -Inflation】→【Definition】→【Boundary Scoping Method】= Named Selections，【Boundary】选择几何模型的 Inletwall（参考 Named Selections）；设置【Inflation Option】= Smooth Transition，【Transition Ratio】=0.3，【Maximum Layers】=10，【Growth Rate】=1.2，其他默认，如图 13-92 所示。

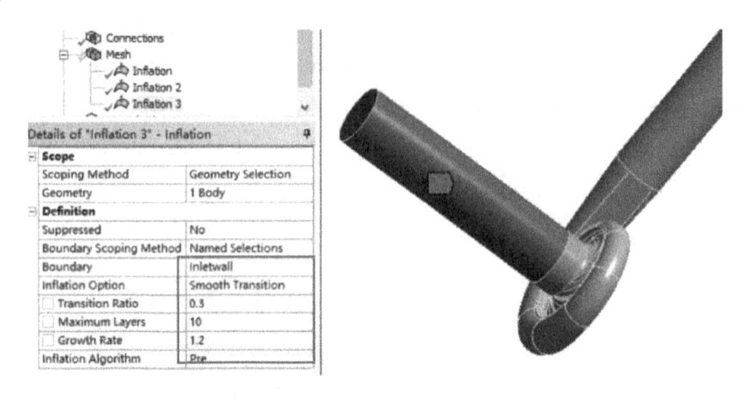

图 13-92 入口延长段边界膨胀网格设置

（5）出口延长段边界膨胀网格，在标准工具栏上单击，选择 Outlet 几何模型，然后在导航树上右键单击【Mesh】，从弹出的菜单中选择【Insert】→【Inflation】→【Details of “Inflation” -Inflation】→【Definition】→【Boundary Scoping Method】= Named Selections，【Boundary】选择几何模型的 Outletwall（参考 Named Selections）；设置【Inflation Option】= First Aspect Ratio，【First Aspect Ratio】= 10，【Maximum Layers】= 5，【Growth Rate】= 1.4，其他默认，如图 13-93 所示。

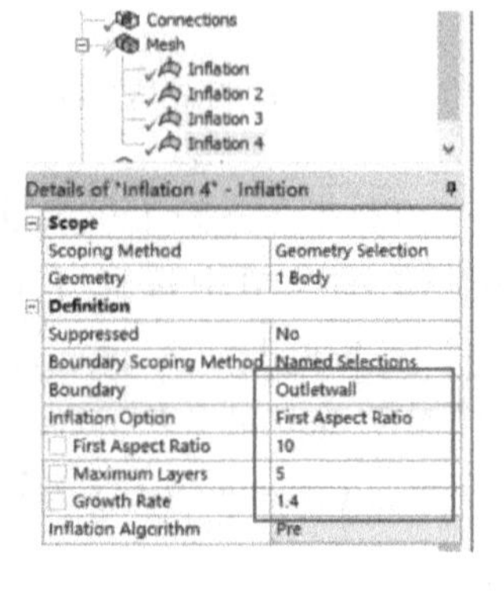

图 13-93 出口延长段边界膨胀网格设置

（6）生成网格，右键单击【Mesh】→【Generate Mesh】，图形区域显示程序生成的单元网格模型，如图 13-94 所示。

图 13-94　网格划分

（7）网格质量检查，在导航树上单击【Mesh】→【Details of "Mesh"】→【Quality】→【Mesh Metric】= Jacobian Ratio（Gauss Points），显示 Jacobian Ratio（Gauss Points）规则下网格质量详细信息，平均值处在好水平范围内，展开【Statistics】显示网格和节点数量。

（8）单击主菜单【File】→【Close Meshing】。

7. 进入 CFX 环境

（1）返回 Workbench 主界面，右键单击流体系统【Mesh】，从弹出的菜单中选择【Update】升级，把数据传递到下一单元中。

（2）在流体分析项目上，右键单击流体【Setup】，从弹出的菜单中单击【Edit…】，进入 CFX 工作环境。

8. 设置计算类型

设置稳态计算，在左侧导航树上双击【Analysis Type】进入属性编辑。选择【Analysis Type】→【Option】= Steady State，然后单击【OK】确定关闭任务窗口。

9. 设置叶轮计算域及边界属性

（1）设置计算网格，单击【Insert】→【Domain】或者直接单击工具条的域图标，弹出对话框，在对话框中输入计算域名称 IMPELLER，单击【OK】确定，左侧弹出计算域选项卡，选择【Basic Setting】→【Location】= Impeller，【Material】= Water，【Reference Pressure】= 0［atm］；【Domain Motion】→【Option】= Rotating，【Angular Velocity】= 2900［rev min^ - 1］；【Axis Definition】→【Option】= Coordinate Axis，【Rotation Axis】= Global Z；【Fluid Models】→【Heat Transfer】→【Option】= Isothermal，【Fluid Temperature】= 25［C］，【Turbulence】→【Option】= K - Epsilon，【Wall Function】= Scalable，其他默认，单击【OK】关闭任务窗口，如图 13-95 所示。

（2）叶片表面域壁面设置，在工具栏上单击边界条件（in IMPELLER），从弹出的【Insert Boundary】中，输入名称为"Blade"，单击【OK】确定，左侧弹出边界条件属性选项卡，选择【Basic Setting】→【Boundary Type】= Wall，【Location】= Blade，参考坐标系【Frame Type】= Rotating；【Boundary Details】→【Mass And Momentum】→【Option】= No Slip Wall，选中【Wall Velocity】，【Option】= Rotating Wall，【Angular Velocity】= 0［rev min^ -

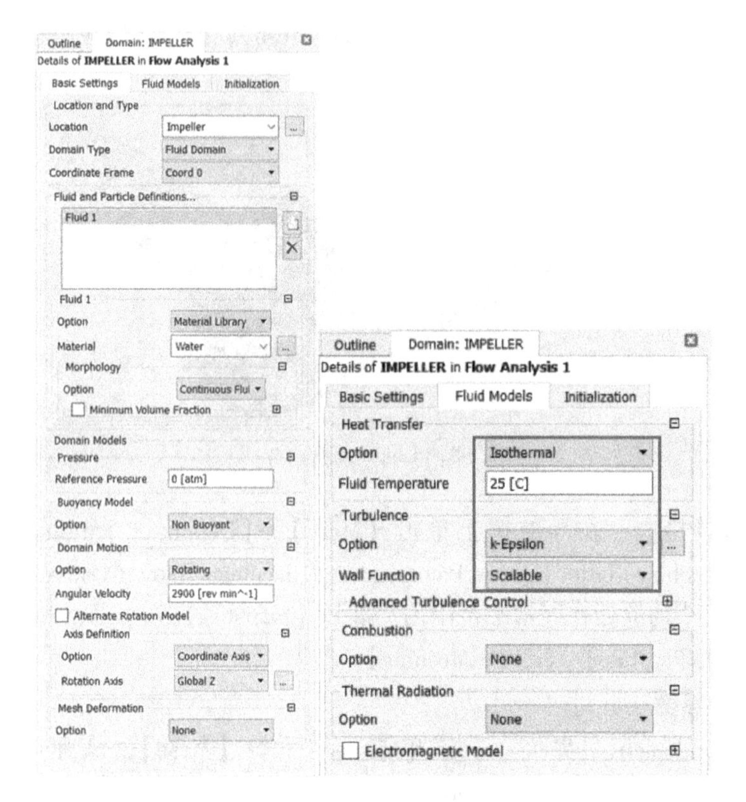

图 13-95 设置叶轮计算域

1]；【Axis Definition】→【Option】= Coordinate Axis，【Rotation Axis】= Global Z；【Axis Wall Roughness】→【Option】= Smooth Wall，其他默认，单击【OK】关闭任务窗口，如图 13-96 所示。

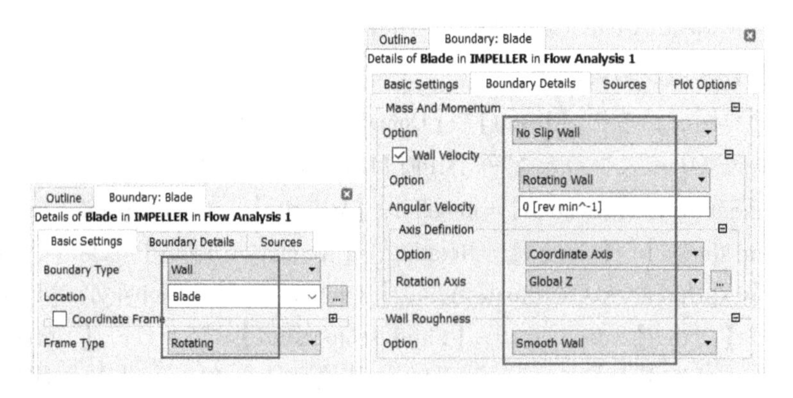

图 13-96 叶片表面域壁面设置

（3）前盖板域壁面设置，在工具栏上单击边界条件 （in IMPELLER），从弹出的【Insert Boundary】中，输入名称为“Shroud”，单击【OK】确定，左侧弹出边界条件属性选项卡，设置【Basic Setting】→【Boundary Type】= Wall，【Location】= Shroud，参考坐标系【Frame Type】= Rotating；【Boundary Details】→【Mass And Momentum】→【Option】= No Slip

Wall，选中【Wall Velocity】，设置【Option】= Rotating Wall，【Angular Velocity】= 0 [rev min ^ - 1]；【Axis Definition】→【Option】= Coordinate Axis，【Rotation Axis】= Global Z；【Axis Wall Roughness】→【Option】= Smooth Wall，其他默认，单击【OK】关闭任务窗口，如图 13-97 所示。

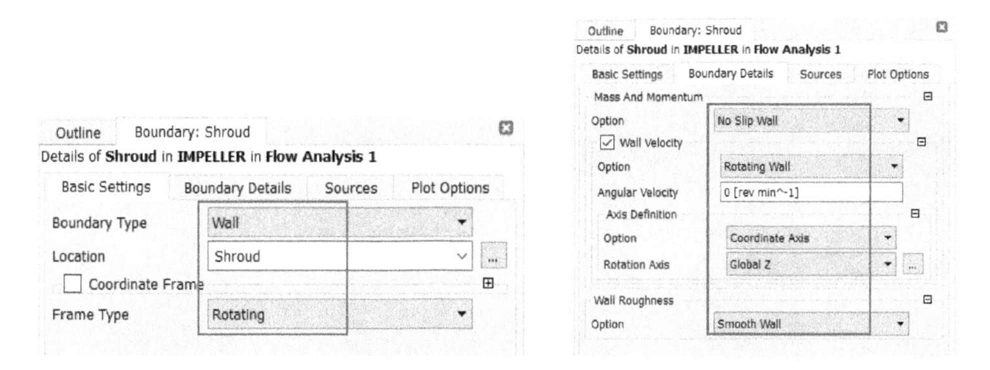

图 13-97　前盖板域壁面设置

（4）后盖板域壁面设置，在工具栏上单击边界条件（in IMPELLER），从弹出的【Insert Boundary】中，输入名称为“Hub”，单击【OK】确定，左侧弹出边界条件属性选项卡，设置【Basic Setting】→【Boundary Type】= Wall，【Location】= 叶片表面，参考坐标系【Frame Type】= Rotating；【Boundary Details】→【Mass And Momentum】→【Option】= No Slip Wall，选中【Wall Velocity】，设置【Option】= Rotating Wall，【Angular Velocity】= 0 [rev min ^ - 1]；【Axis Definition】→【Option】= Coordinate Axis，【Rotation Axis】= Global Z；【Axis Wall Roughness】→【Option】= Smooth Wall，其他默认，单击【OK】关闭任务窗口，如图 13-98 所示。

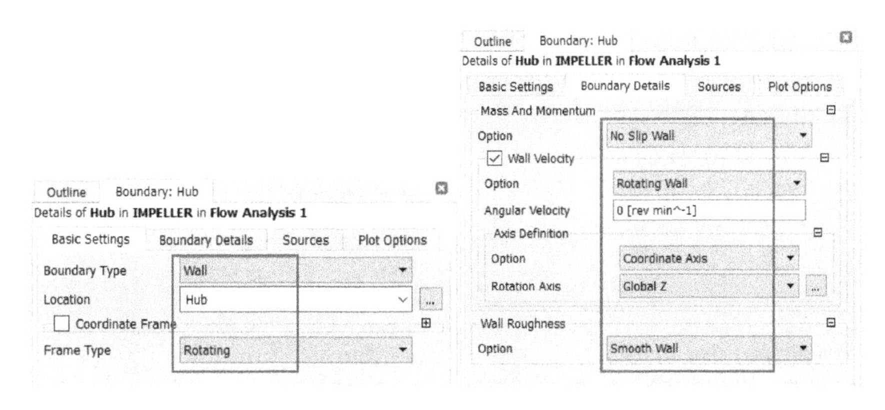

图 13-98　后盖板域壁面设置

10. 设置入口延长静止计算域及边界属性

（1）设置计算网格。单击【Insert】→【Domain】或者直接单击工具条的域图标，弹出对话框，在对话框中输入计算域名称 IINLET，单击【OK】确定，左侧弹出计算域选项卡，设置【Basic Setting】→【Location】= Inletex，【Material】= Water，【Reference Pressure】= 0 [atm]；【Domain Motion】→【Option】= Stationary；【Fluid Models】→【Heat Transfer】→

【Option】= Isothermal，【Fluid Temperature】= 25 [C]，【Turbulence】→【Option】= K – Epsilon，【Wall Function】= Scalable，其他默认，单击【OK】关闭任务窗口，如图 13-99 所示。

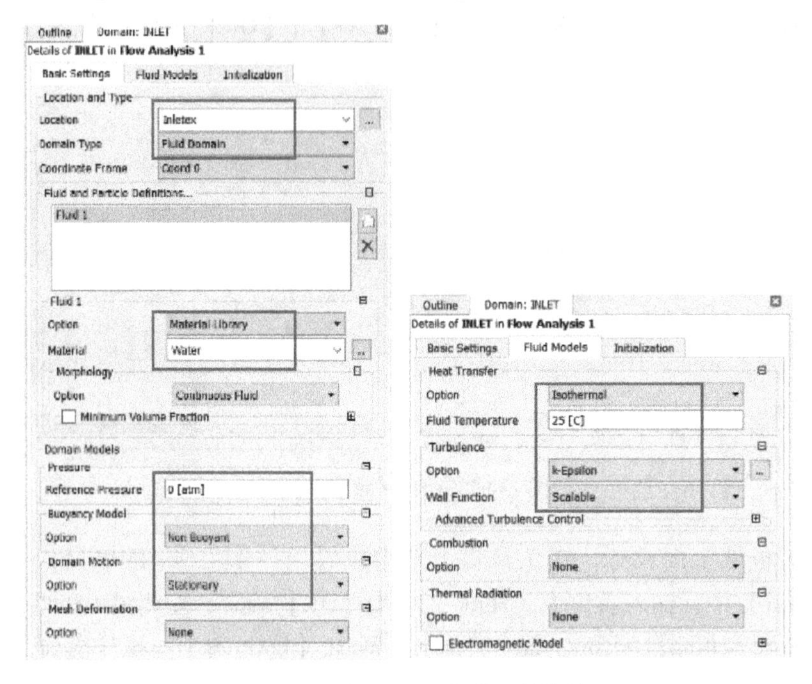

图 13-99 设置入口延长静止计算域

（2）入口边界设置。在工具栏上单击边界条件 （in INLET），在弹出的【Insert Boundary】中输入名称为“Inlet”，单击【OK】确定，左侧弹出边界条件属性选项卡，设置【Basic Setting】→【Boundary Type】= Inlet，【Location】= Inlet；【Boundary Details】→【Mass And Momentum】→【Option】= Total Pressure（Stable），【Relative Pressure】= 1 [atm]，【Turbulence】→【Option】= Medium（Intensity = 5%），其他默认，单击【OK】关闭任务窗口，如图 13-100 所示。

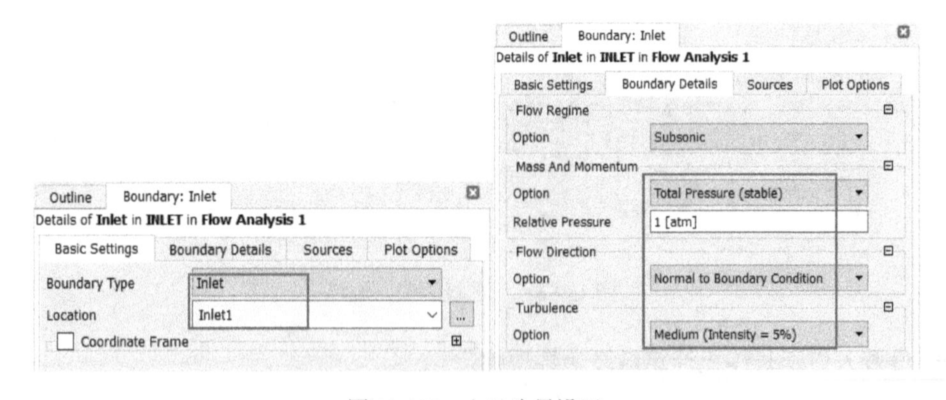

图 13-100 入口边界设置

（3）入口墙壁面设置。在工具栏上单击边界条件 （in INLET），在弹出的【Insert Boundary】中输入名称为“Inlet wall”，单击【OK】确定，左侧弹出边界条件属性选项卡，设置【Basic Setting】→【Boundary Type】= Wall，【Location】= Inlet wall；【Boundary Details】→【Mass And Momentum】→【Option】= No Slip Wall；【Wall Roughness】→【Option】= Smooth Wall，其他默认，单击【OK】关闭任务窗口，如图 13-101 所示。

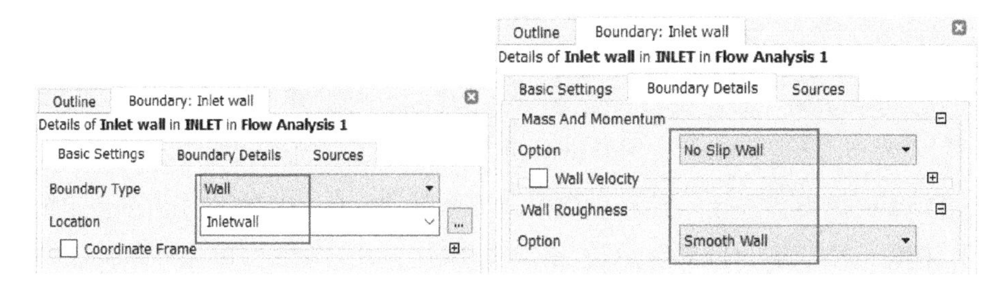

图 13-101 入口墙壁面设置

11. 设置出口延长静止计算域及边界属性

（1）设置计算网格。单击【Insert】→【Domain】或者直接单击工具条的域图标，弹出对话框，在对话框中输入计算域名称 OUTLET，单击【OK】确定，左侧弹出计算域选项卡，设置【Basic Setting】→【Location】= Outletex，【Material】= Water，【Reference Pressure】= 0［atm］；【Domain Motion】→【Option】= Stationary；【Fluid Models】→【Heat Transfer】→【Option】= Isothermal，【Fluid Temperature】= 25［C］，【Turbulence】→【Option】= K – Epsilon，【Wall Function】= Scalable，其他默认，单击【OK】关闭任务窗口，如图 13-102 所示。

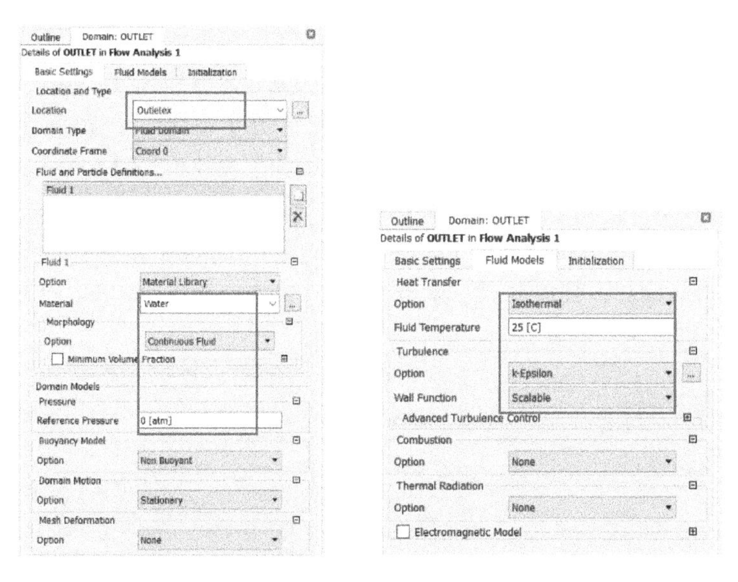

图 13-102 设置出口延长静止计算域

（2）出口边界设置。在工具栏上单击边界条件 (in OUTLET)，在弹出的【Insert Boundary】中输入名称为“outlet”，单击【OK】确定，左侧弹出边界条件属性选项卡，设置【Basic Setting】→【Boundary Type】= Outlet1，【Location】= OUTLET；【Boundary Details】→【Mass And Momentum】→【Option】= Mass Flow Rate，【Mass Flow Rate】= 2. 77［kg s^ – 1］，【Mass Flow Rate Area】= As Specified，其他默认，单击【OK】关闭任务窗口，如图 13-103 所示。

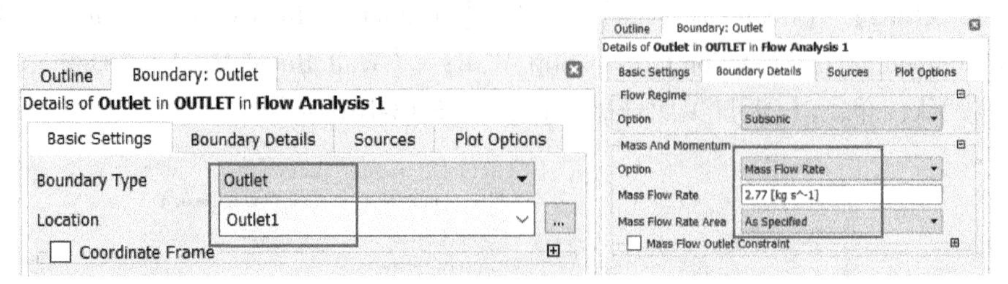

图 13-103 出口边界设置

（3）出口墙壁面设置。在工具栏上单击边界条件（in OUTLET），在弹出的【Insert Boundary】中输入名称为“Outlet wall”，单击【OK】确定，左侧弹出边界条件属性选项卡，设置【Basic Setting】→【Boundary Type】= Wall，【Location】= Outletwall；【Boundary Details】→【Mass And Momentum】→【Option】= No Slip Wall；【Wall Roughness】→【Option】= Smooth Wall，其他默认，单击【OK】关闭任务窗口，如图 13-104 所示。

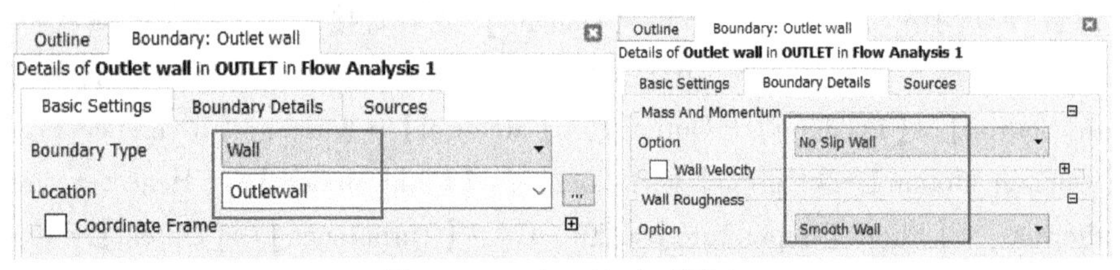

图 13-104 出口墙壁面设置

12. 设置蜗壳静止计算域及边界属性

（1）设置计算网格。单击【Insert】→【Domain】或者直接单击工具条的域图标，弹出对话框，在对话框中输入计算域名称 VOLUTE，单击【OK】确定，左侧弹出计算域选项卡，设置【Basic Setting】→【Location】= Volute，【Material】= Water，【Reference Pressure】= 0 [atm]；【Domain Motion】→【Option】= Stationary；【Fluid Models】→【Heat Transfer】→【Option】= Isothermal，【Fluid Temperature】= 25 [C]，【Turbulence】→【Option】= K - Epsilon，【Wall Function】= Scalable，其他默认，单击【OK】关闭任务窗口，如图 13-105 所示。

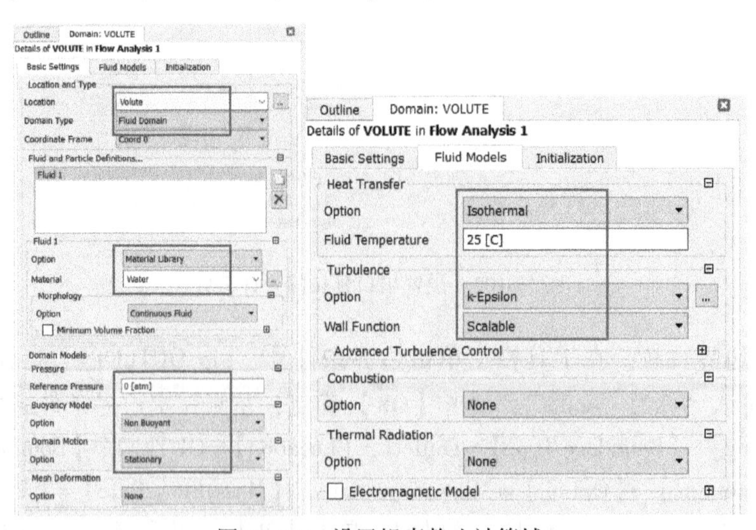

图 13-105 设置蜗壳静止计算域

（2）蜗壳墙壁面设置。在工具栏上单击边界条件 （in VOLUTE），在弹出的【Insert Boundary】中输入名称为“Volute wall”，单击【OK】确定，左侧弹出边界条件属性选项卡，设置【Basic Setting】→【Boundary Type】= Wall，【Location】= Volutewall、InletHub、Inlet-Shroud；【Boundary Details】→【Mass And Momentum】→【Option】= No Slip Wall；【Wall Roughness】→【Option】= Smooth Wall，其他默认，单击【OK】关闭任务窗口，如图 13-106 所示。

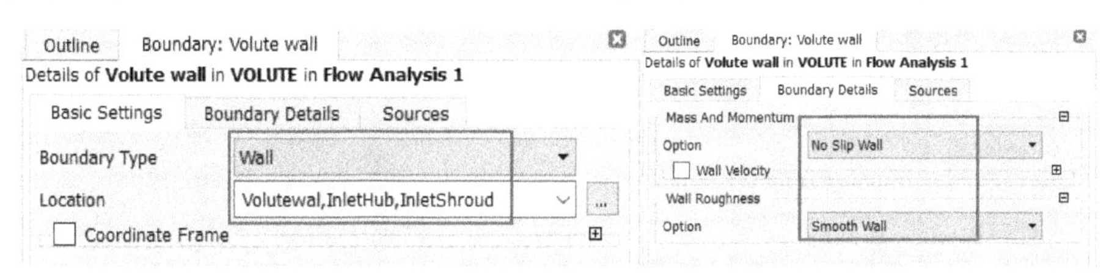

图 13-106　蜗壳墙壁面设置

13. 交界面设置

（1）入口延长段与叶轮交界面的动-静交界面设置。在任务栏上单击交界面按钮 ，在弹出的插入交界面面板里输入名称为“Interface1”，单击【OK】确定。在基本设定中设置交界面类型为 Fluid Fluid，在第一交界面处，【Domain（Filter）】= INLET，【Region List】= Inlet2；在第二交界面处，【Domain（Filter）】= IMPELLER，【Region List】= Inflow【Frame Change/Mixing Model】→【Option】= Frozen Rotor，【Pitch Change】→【Option】= Specified Pitch Angle，【Pitch Angle Side1】= 360［degree］，【Pitch Angle Side2】= 360［degree］；【Mesh Connection】→【Mesh Connection Method】→【Mesh Connection】→【Option】= GGI，其他默认，单击【OK】关闭任务窗口，如图 13-107、图 13-108 所示。

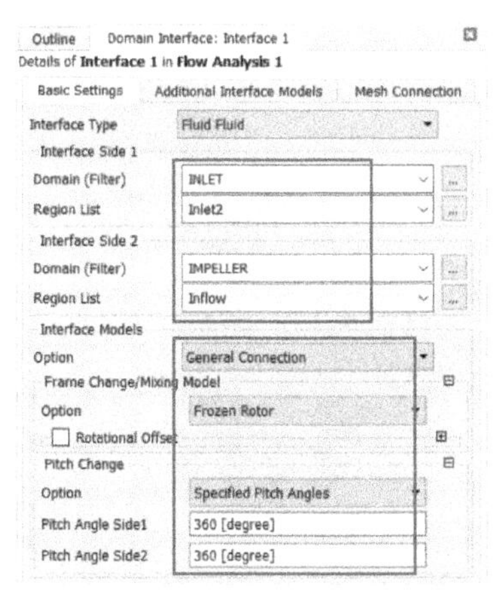

图 13-107　进口延长段与叶轮间动-静计算域交界面设置

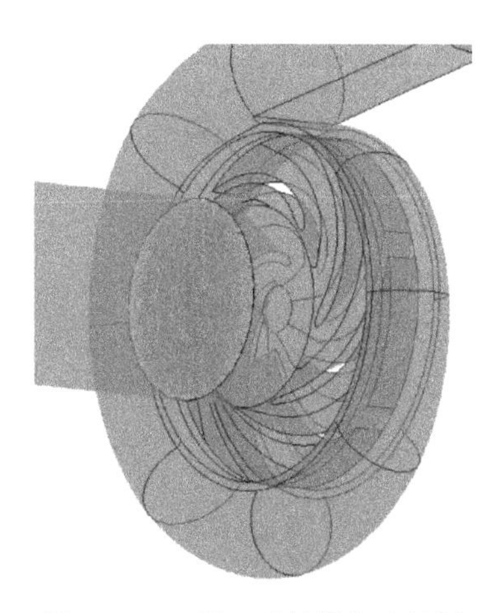

图 13-108　进口延长段与叶轮间动-静计算域交界面位置

（2）叶轮与蜗壳间交界面的动-静交界面设置。在任务栏上单击交界面按钮 ，在弹出的插入交界面面板里输入名称为“Interface2”，单击【OK】确定。在基本设定中设置交界面类型为 Fluid Fluid，在第一交界面处，【Domain（Filter）】= IMPELLER，【Region List】= Outflow；在第二交界面处，【Domain（Filter）】= VOLUTE，【Region List】= Inlet，【Frame

Change/Mixing Model】→【Option】= Frozen Rotor，【Pitch Change】→【Option = Specified Pitch Angle，【Pitch Angle Side1】= 360 ［degree］，【Pitch Angle Side2】= 360 ［degree］；【Mesh Connection】→【Mesh Connection Method】→【Mesh Connection】→【Option】= GGI，其他默认，单击【OK】关闭任务窗口，如图 13-109、图 13-110 所示。

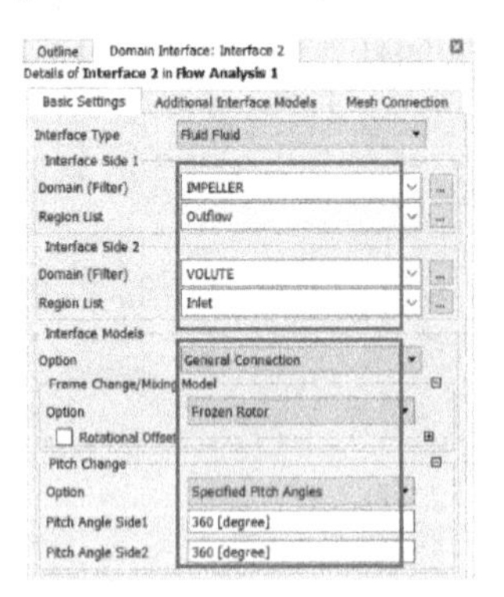

图 13-109 叶轮与蜗壳间动-静计算域交界面设置

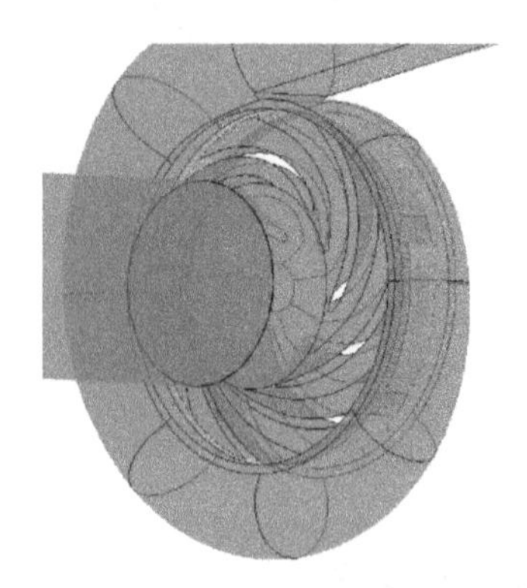

图 13-110 叶轮与蜗壳间动-静计算域交界面位置

（3）蜗壳与出口延长段间交界面的离心泵静-静交界面设置，在任务栏上单击交界面按钮，在弹出的插入交界面面板里输入名称为“Interface3”，单击【OK】确定。在基本设定中设置交界面类型为 Fluid Fluid，在第一交界面处，【Domain （Filter）】= VOLUTE，【Region List】= Outlet；在第二交界面处，【Domain （Filter）】= OUTLET，【Region List】= Outlet2，【Frame Change/Mixing Model】→【Option】= None；【Mesh Connection】→【Mesh Connection Method】→【Mesh Connection】→【Option】= GGI，其他默认，单击【OK】关闭任务窗口，如图 13-111、图 13-112 所示。

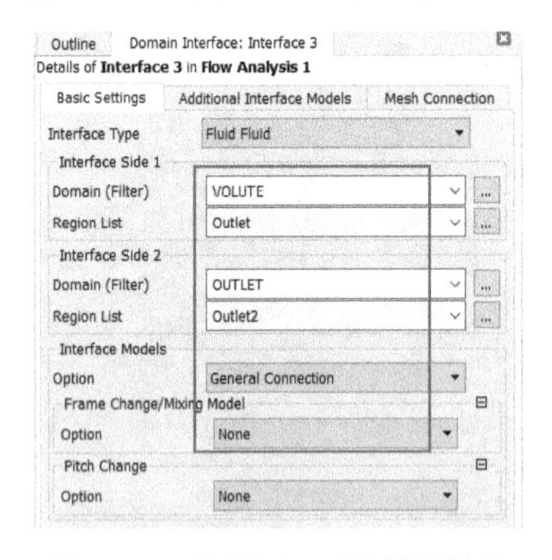

图 13-111 蜗壳与出口延长段间静-静计算域交界面设置

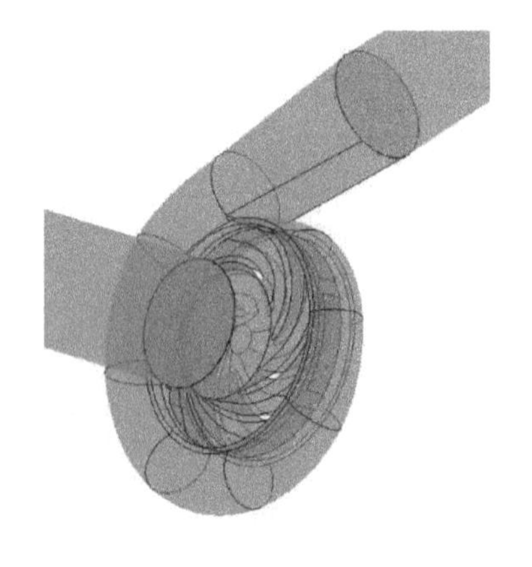

图 13-112 蜗壳与出口延长段间静-静计算域交界面位置

14. 求解控制

在操作树上右键单击【Solver Control】→【Edit】进入求解控制窗口，设置对流项【Advection Scheme】→【Option】= High Resolution，湍流数值项【Turbulence Numerics】→【Option】= First Order，设置求解总步数【Convergence Control】→【Max. Iterations】= 100，求解参

数的时间项【Timescale Control】= Physical Timescale，【Physical Timescale】= 0.002（一般为叶轮转速的倒数），收敛判据【Convergence Criteria】→【Residual Type】= RMS，【Residual Target】= 1.E-4，其他默认，单击【OK】关闭任务窗口，如图 13-113 所示。

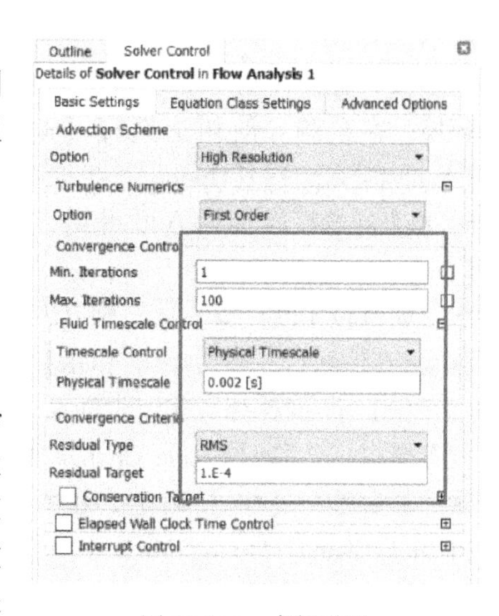

图 13-113　求解设置

15. 运行求解

（1）单击【File】→【Close CFX - Pre】退出环境，然后回到 Workbench 主界面。

（2）右键单击【Solution】→【Edit】，当【Solver Manager】弹出时，选择【Double Precision】，设置【Parallel Environment】→【Run Mode】= Platform MPI Local Parallel，Partitions 为 8（根据计算机 CPU 核数定），其他默认，在【Define Run】面板上单击【Start Run】运行求解，如图 13-114 所示。

（3）当求解结束后，系统会自动弹出提示窗，单击【OK】。

（4）查看收敛曲线，在 CFX-Solver Manager 环境界面中看到收敛曲线和求解运行信息，如图 13-115 所示。

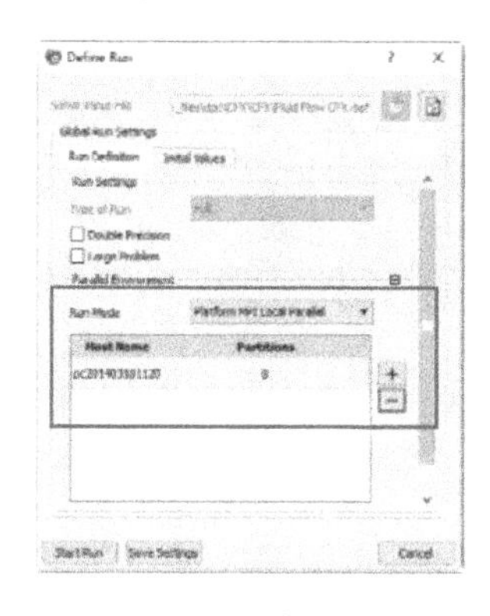

图 13-114　求解设置

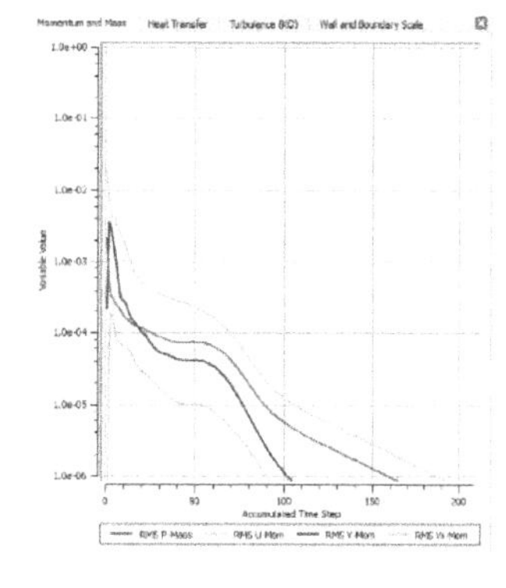

图 13-115　残差收敛曲线

（5）单击【File】→【Close CFX-Solver Manager】退出环境，然后回到 Workbench 主界面。

（6）单击【File】→【Close CFD-Post】退出环境，然后回到 Workbench 主界面，单击保存图标保存。

16. 非定常分析

（1）在流体动力学分析 A 单元上右键单击【Fluid Flow（CFX）】标签，在弹出的菜单中选择【Duplicate】，即一个新的 CFX 分析被创建，同时把流体动力学分析 B 单元命名为“Transient”，原来的流体动力学分析 A 单元命名为“Steady”，如图 13-116

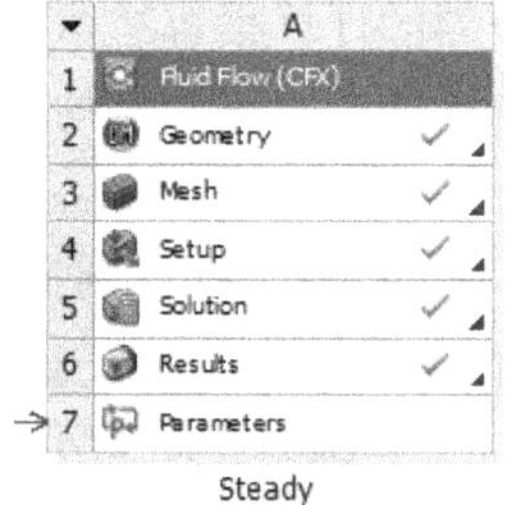

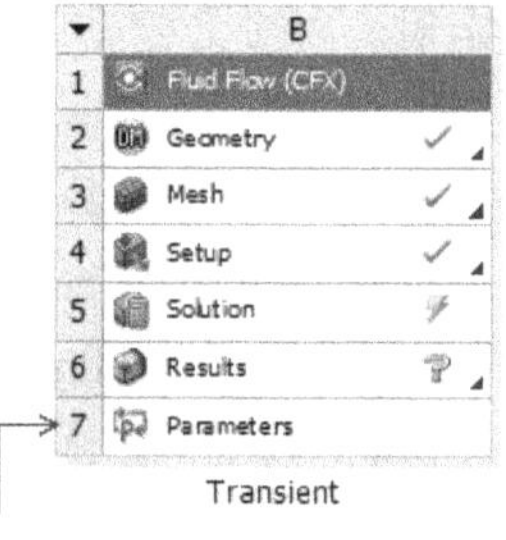

图 13-116　建立扩展分析

所示。

（2）在流体动力学分析 B 上，右键单击【Setup】→【Edit…】，进入 Transient 的前处理环境。在左侧导航树上选择【Analysis Type】，双击进入属性编辑，非定常设置，选择【Analysis Type】→【Option】= Transient；设置非定常计算总时间，一般非定常计算需要计算 5 ~8 个叶轮旋转周期方可得到可靠的解，设置【Time Duration】→【Option】= Total Time，【Total Time】=0. 10345［s］；每一个旋转周期内计算步数，也就是叶轮每旋转几度计算一次，如每转 4 度计算一次，则【Time Steps】→【Option】= Timesteps，【Timesteps】=0. 001149［s］，其他默认，然后单击【OK】确定，如图 13-117 所示。

（3）动-静计算域非定常计算的数据交界面模型设置，双击【Interface 1】，弹出交界面设置窗口，选择【Frame Change/Mixing Model】→【Option】= Transient Rotor Stator，其他默认，然后单击【OK】确定，如图所示。双击【Interface 2】，弹出交界面设置窗口，设置【Frame Change/Mixing Model】→【Option】= Transient Rotor Stator，其他默认，然后单击【OK】确定，如图 13-118 所示。

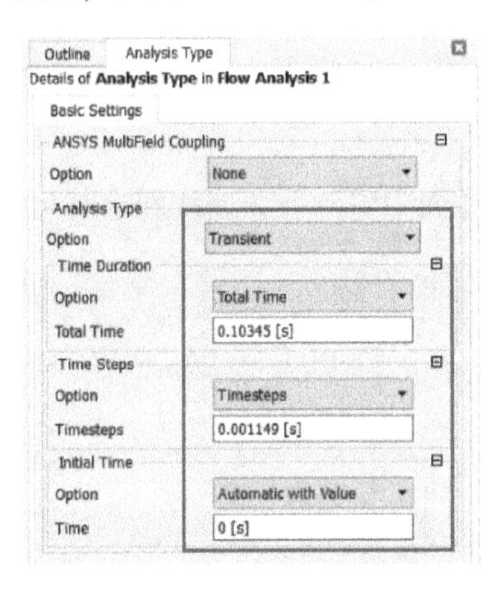

图 13-117 计算定义步骤

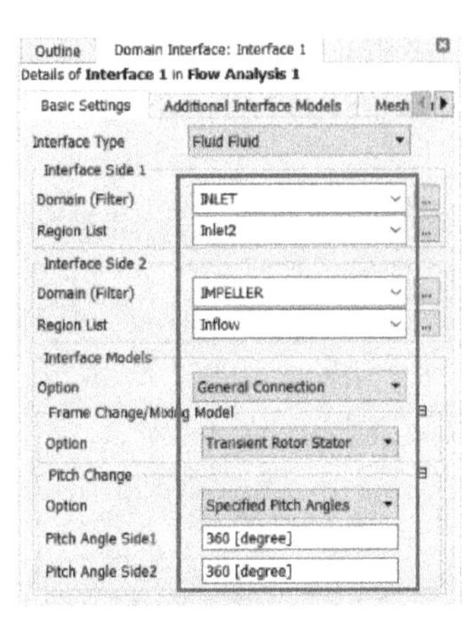

图 13-118 非定常动-静交界面设置

（4）求解设置，在操作树上右键单击【Solver Control】→【Edit】进入求解控制窗口，对瞬态时间项【Transient Scheme】保持默认设置，内循环计算是针对每个时间步的求解次数，可理解为每个时间步内都是一个定常计算，而内循环计算的次数【Min. Coeff. Loops】和【Max. Coeff. Loops】是对该定常数计算的计算步数进行调整，一般非定常计算稳定后，每个非定常时间步内的计算很容易达到收敛值 RMS，【Residual Target】=1. E-4，即内循环计算的次数可以很小，一般【Min. Coeff. Loops】=1，【Max. Coeff. Loops】=10，即可保证每个非定常时间步内的收敛；收敛判据【Convergence Criteria】→【Residual Type】= RMS，【Residual Target】=1. E-4，其他默认，单击【OK】关闭任务窗口，如图 13-119 所示。

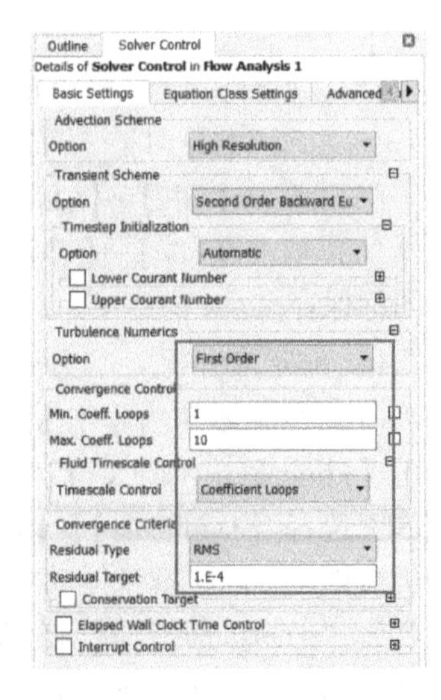

图 13-119 非定常求解器参数设置

（5）叶轮旋转过程中的流场数据设置。在操作树上右键单击【Output Control】→【Edit】进入求解控制窗口，单击【Trn Results】→【Transient Results】，然后单击新建图标，保持默认命名，单击【OK】确定，设置【Output Frequency】→【Option】= Time Interval，【Time Interval】= 0.005747 [s]，其他默认，单击【OK】关闭任务窗口，如图 13-120 所示。

（6）设置非定常初始流场，在工具栏上单击【Execution Control】，进入执行控制窗口，单击【Initial Values】，选中【Initial Values Specification】→【Initial Values】，然后单击新建图标，保持默认命名，单击【OK】确定，设置【Initial Values1】→【Option】= Results File，【File Name】= D：/AWB/Vane pump_files/dp0/CFX/CFX/Fluid Flow CFX_001. res，找到定常计算的结果文件 . res，其他默认，单击【OK】关闭任务窗口，如图 13-121 所示。

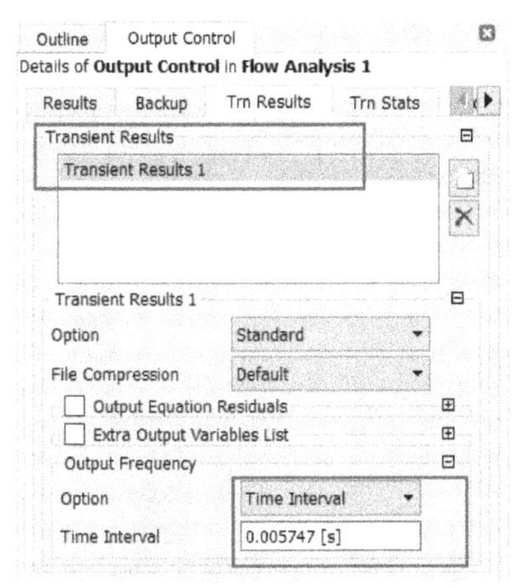

图 13-120　非定常瞬态计算数据编辑设置

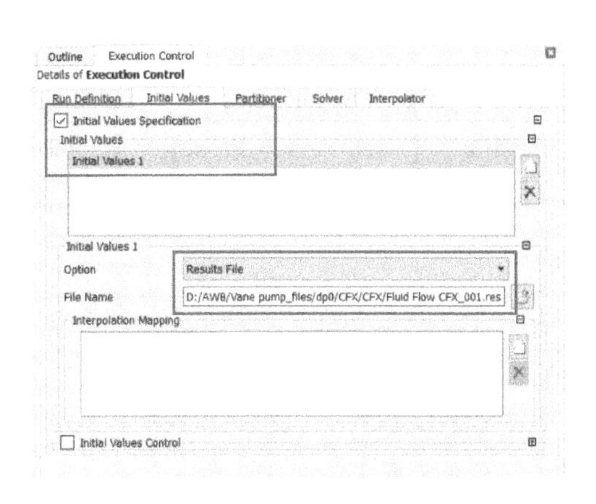

图 13-121　非定常文件的计算设置

17. 运行求解

（1）单击【File】→【Close CFX-Pre】退出环境，然后回到 Workbench 主界面。

（2）右键单击【Solution】→【Edit】，当【Solver Manager】弹出时，选择【Double Precision】，设置【Parallel Environment】→【Run Mode】= Platform MPI Local Parallel，Partitions 为 8（根据计算机 CPU 核数定），其他默认，在【Define Run】面板上单击【Start Run】运行求解。

18. 后处理

（1）在流体分析项目上右键单击【Results】→【Edit…】，进入【CFX-CFD-Post】环境。

（2）插入平面，在工具栏上单击【Location】→【Plane】并默认名确定，Detail of Plane1 任务窗口选项默认，单击【Apply】确定，如图 13-122 所示。

（3）创建压力云图，在工具栏上单击【Contour】并默认名确定，设置【Domains】= All Domains，【Location】= Plane1，【Variable】= Pressure，【Range】= Global，【of Contours】= 110，其他默认，单击【Apply】，可以看到压力云图，如图 13-123、图 13-124 所示。

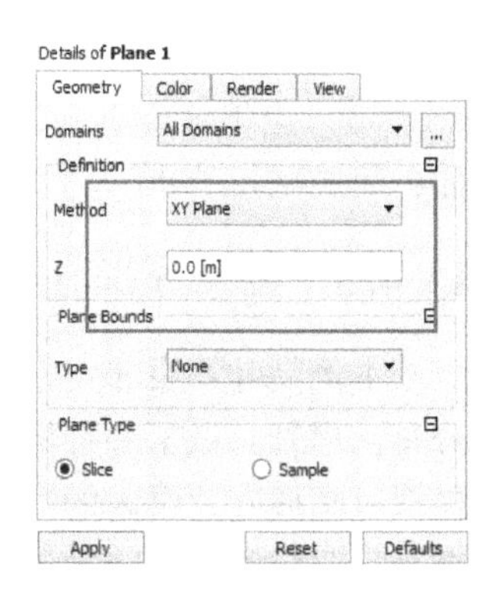

图 13-122　插入平面

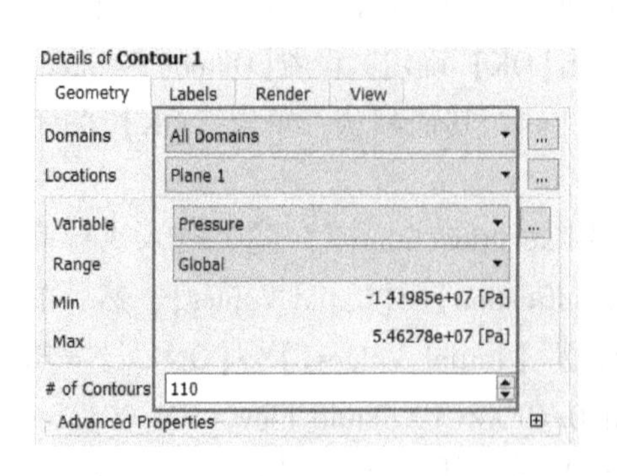

图 13-123 插入云图设置

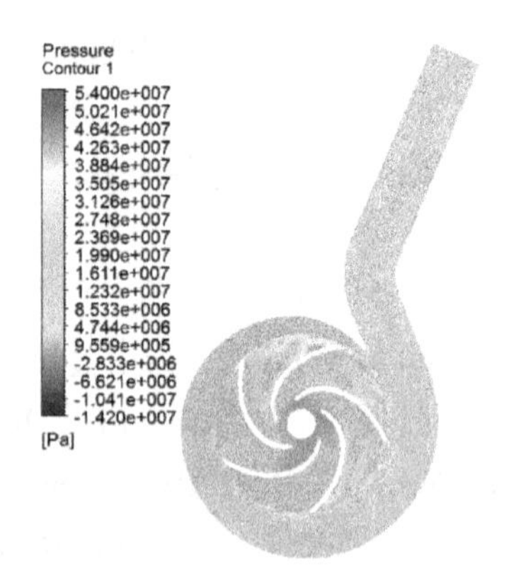

图 13-124 压力分布云图

（4）创建速度矢量云图，在工具栏上单击【Vector】并默认名确定，设置【Domains】= All Domains，【Location】= Plane1，【Sampling】= Vertex，【Variable】= Velocity，其他默认，单击【Apply】，可以看到速度矢量云图，如图 13-125、图 13-126 所示。

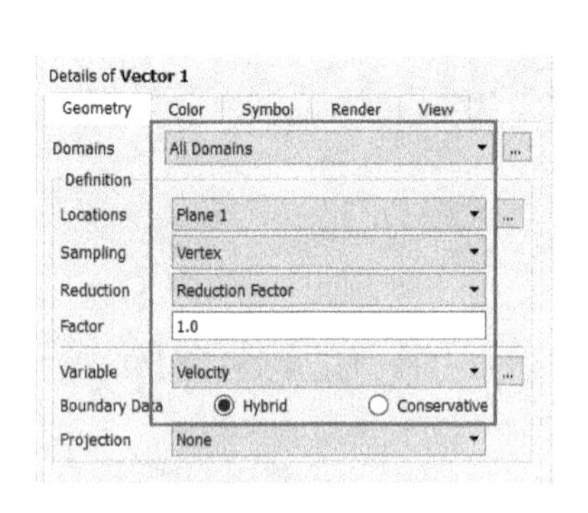

图 13-125 插入云图设置

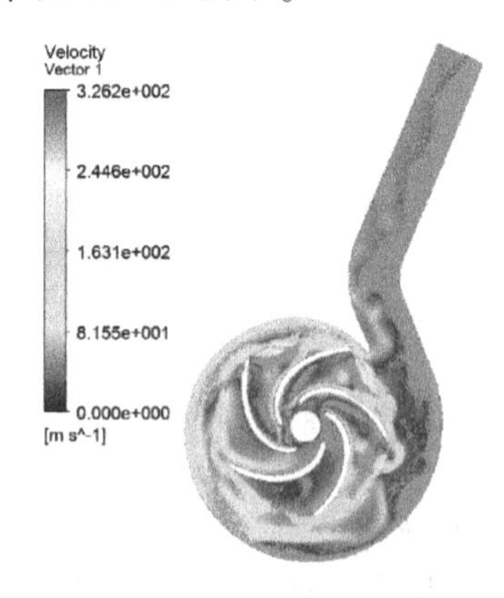

图 13-126 速度矢量云图

19. 保存与退出

（1）退出流体分析后处理环境，单击菜单【File】→【Close CFD - Post】退出环境，返回到 Workbench 主界面，此时主界面的分析流程图中显示的分析已完成。

（2）单击 Workbench 主界面上的【Save】按钮，保存所有分析结果文件。

（3）退出 Workbench 环境，单击 Workbench 主界面的菜单【File】→【Exit】退出主界面，完成项目分析。

13.4.3 结果分析与点评

本例是叶片泵非定常分析，从分析结果来看，在给定条件下，得到泵内压力场与速度场分布，尽管只做了一种情况的计算，但实际上，不用时刻压力场和速度场分布并不相同，该模拟对掌握叶片泵内的流动规律、减少水力损失、提高泵效率设计有一定帮助。从分析过程来看，非定常分析通常先进行定常分析计算，定常分析是非定常分析的基础。

第 14 章　多物理场耦合分析

14.1　模型风机叶片单向流固耦合分析

14.1.1　问题与重难点描述

1. 问题描述

如图 14-1 所示风机叶片长 42.3m，叶片为非均匀厚度，内有翼梁作支撑，根部为圆柱形，材料为铝合金，假设湍流风速以 12m/s 作用在叶片上（垂直指向屏幕向内），引起叶片顺时针围绕 Z 轴以 2.22rad/s 的角速度转动。试求风机叶片在风载荷作用下的变形与应力情况。

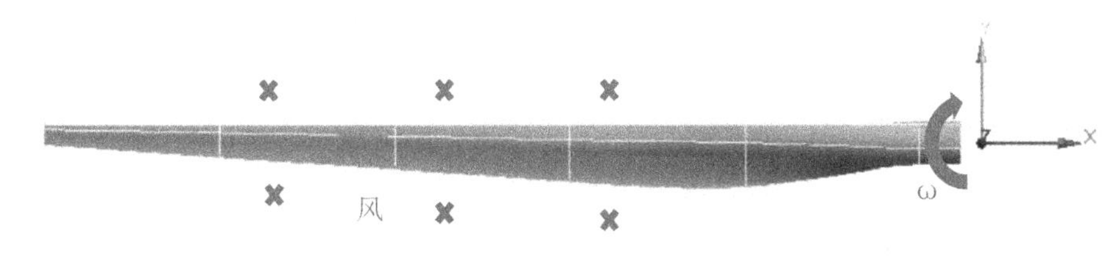

图 14-1　风机叶片模型

2. 重难点提示

本实例重难点在于风机叶片与风载的流固耦合作用，包括涉及的模型创建、网格划分、物理模型创建、边界施加、流体求解及后处理，固体结构边界施加，耦合求解及后处理。

14.1.2　实例详细解析过程

1. 启动 Workbench18.0

在“开始”菜单中执行 ANSYS18.0→Workbench18.0 命令。

2. 创建流体动力学分析 Fluent

（1）在工具箱【Toolbox】的【Analysis Systems】中双击或拖动流体动力学分析【Fluid Flow (Fluent)】到项目分析流程图，如图 14-2 所示。

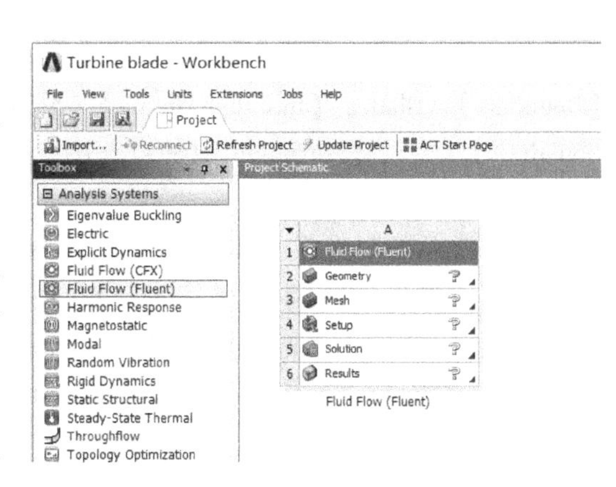

图 14-2　创建 Fluent 罐体充水过程分析

（2）在 Workbench 的工具栏中单击【Save】，保存项目实例名为 Turbine blade.

Wbpj。如工程实例文件保存在 D：\ AWB \ Chapter14 文件夹中。

3. 导入几何模型

在流体动力学分析上右键单击【Geometry】→【Import Geometry】→【Browse】，找到模型文件 Turbine blade. agdb，打开导入几何模型。如模型文件在 D：\ AWB \ Chapter14 文件夹中。

4. 进入 Meshing 网格划分环境

（1）在流体力学分析上右键单击【Mesh】→【Edit】进入 Meshing 网格划分环境。

（2）在 Meshing 的主菜单【Units】中设置单位为 Metric（m，kg，N，s，V，A）。

5. 定义局部坐标

在导航树上右键单击【Coordinate Systems】，从弹出的快捷菜单中选择【Insert】→【Coordinate System】→【Details of "Coordinate System"】→【Definition】→【Origin】→【Define By】= Named Selection，【Named Selection】= Blade，其他默认，如图 14-3 所示。

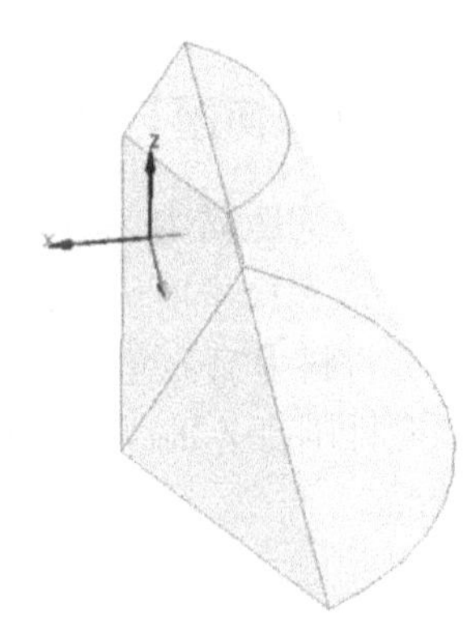

图 14-3 定义局部坐标

6. 划分网格

（1）在导航树上单击【Mesh】→【Details of "Mesh"】→【Defaults】→【Physics Preference】= CFD，【Solver Preference】= Fluent；【Sizing】→【Size Function】= Proximity and Curvature，【Relevance Center】= Medium，设置 Min Size = 2mm，Max Face Size = 40mm，其他默认。

（2）在标准工具栏上单击▣，右键单击【Mesh】，从弹出的菜单中选择【Insert】→【Match Control】，【Match Control】→【Details of "Match Control"】，【High Geometry Selection】选择 Periodic 1 面，然后单击【Apply】；【Low Geometry Selection】= 选择 Periodic 2 面，然后单击【Apply】；【Axis of Rotation】= Global Coordinate System。

（3）右键单击【Mesh】，从弹出的菜单中选择【Insert】→【Sizing】，设置【Sizing】→【Details of "Sizing" -Sizing】→【Scope】→【Scoping Method】= Named Selection，【Named Selection】= Blade，【Element Size】= 0. 3m，【Behavior】= Hard。

（4）叶片边界膨胀网格。在标准工具栏上单击▣，选择所有几何模型，然后右键单击【Mesh】，在弹出的菜单中选择【Insert】→【Inflation】→【Details of "Inflation" -Inflation】→【Definition】→【Boundary Scoping Method】= Named Selections，设置【Boundary】= Blade；【Inflation Option】= Smooth Transition，【Transition Ratio】= 0. 3，【Maximum Layers】= 10，【Growth Rate】= 1. 2，其他默认。

（5）在标准工具栏上单击▣，选择所有几何模型，右键单击【Mesh】，在弹出的菜单中选择【Insert】→【Sizing】，设置【Sizing】→【Details of "Sizing" -Sizing】→【Definition】→【Type】= Sphere of Influence，【Sphere Center】= Coordinate System，【Sphere Radius】= 30m，【Element Size】= 2m。

（6）生成网格，在导航树上右键单击【Mesh】→【Generate Mesh】，图形区域显示程序生成的网格模型，如图 14-4 所示。

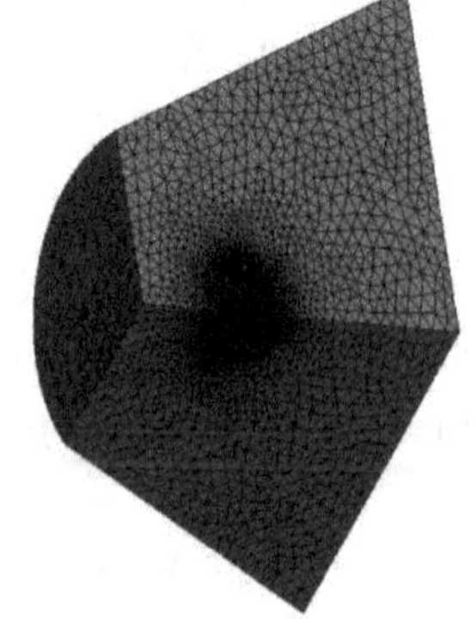

图14-4 网格划分

（7）网格质量检查，在导航树上单击【Mesh】→【Details of“Mesh”】→【Quality】→【Mesh Metric】=Jacobian Ratio（Gauss Points），显示 Jacobian Ratio（Gauss Points）规则下网格质量详细信息，平均值处在好水平范围内，展开【Statistics】显示网格和节点数量。

（8）单击主菜单【File】→【Close Meshing】。

（9）返回 Workbench 主界面，右键单击流体动力学分析【Mesh】，从弹出的菜单中选择【Update】升级，把数据传递到下一单元中。

7. 进入 Fluent 环境

右键单击流体动力学分析【Setup】，从弹出的菜单中选择【Edit】，启动 Fluent 界面，设置双精度【Double Precision】，本地并行计算【Parallel（Local Machine）Solver】→【Processes】=8（根据用户计算机计算能力设置），如图 14-5 所示，然后单击【OK】进入 Fluent 环境。

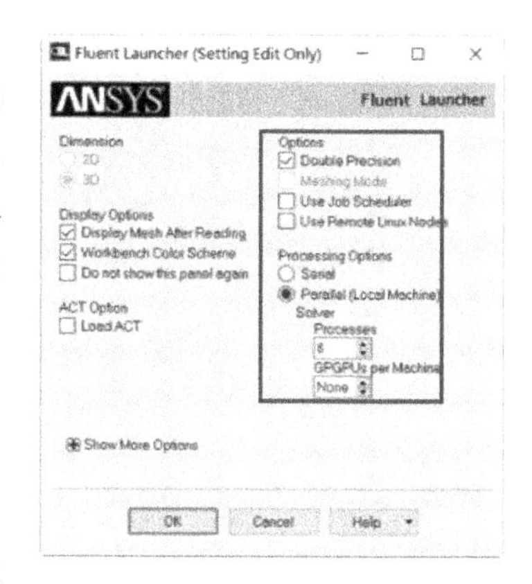

图 14-5　Fluent 启动界面

8. 网格检查

（1）在控制面板单击【General】→【Mesh】→【Check】，命令窗口出现所检测的信息。

（2）在控制面板单击【General】→【Mesh】→【Report Quality】，命令窗口出现所检测的信息，显示网格质量处于较好的水平。

（3）单击 Ribbon 功能区的【Setting Up Domain】→【Info】→【Size】，命令窗口出现所检测的信息，显示网格节点数量为 70560 个。

9. 指定求解类型

单击 Ribbon 功能区的【Setting Up Physics】，选择时间为稳态【Steady】，求解类型为压力基【Pressure-Based】，速度方程为绝对值【Absolute】，如图 14-6 所示。

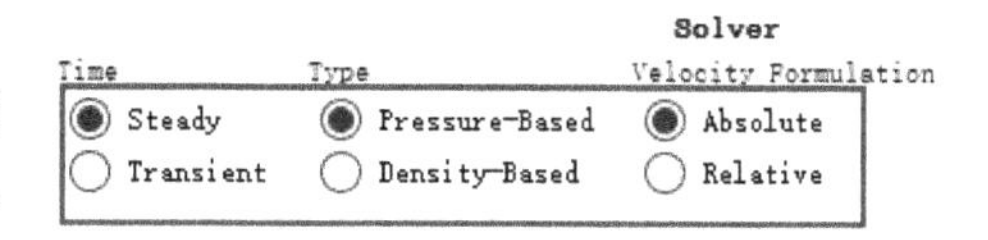

图 14-6　求解算法控制

10. 湍流模型

单击 Ribbon 功能区的【Setting Up Physics】→【Viscous…】→【Viscous Model】→【K-omega（2eqn）】，设置【K-omega Model】= SST，其他默认，单击【OK】退出窗口，如图 14-7 所示。

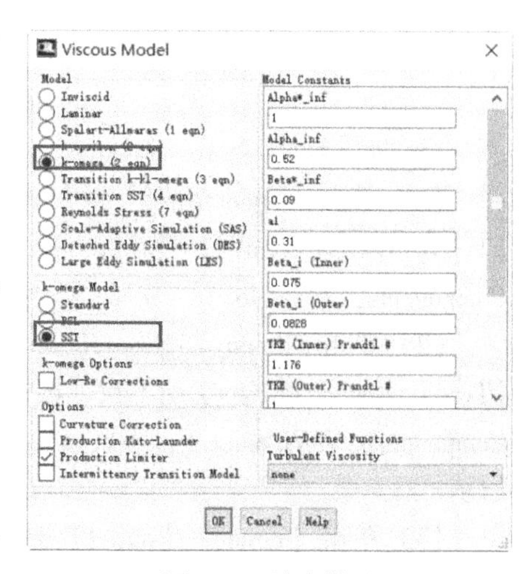

图 14-7　湍流模型

11. 指定材料属性

单击 Ribbon 功能区的【Setting Up Physics】→【Materials】→【Create/Edit…】，在弹出的【Air】材料对话框，默认材料属性，单击【Close】关闭【Create/Edit Materials】对话框，如图 14-8 所示。

12. 分配流体域材料

单击 Ribbon 功能区的【Setting Up Physics】→【Cell Zones】，任务面板选择【Zone】→【fluid】→

【Type】= fluid，单击【Edit…】→【Fluid】→【Material Name】= air，选择【Frame Motion】→【Speed（rad/s)】= -2.22，其他默认，单击【OK】关闭窗口，如图 14-9 所示。

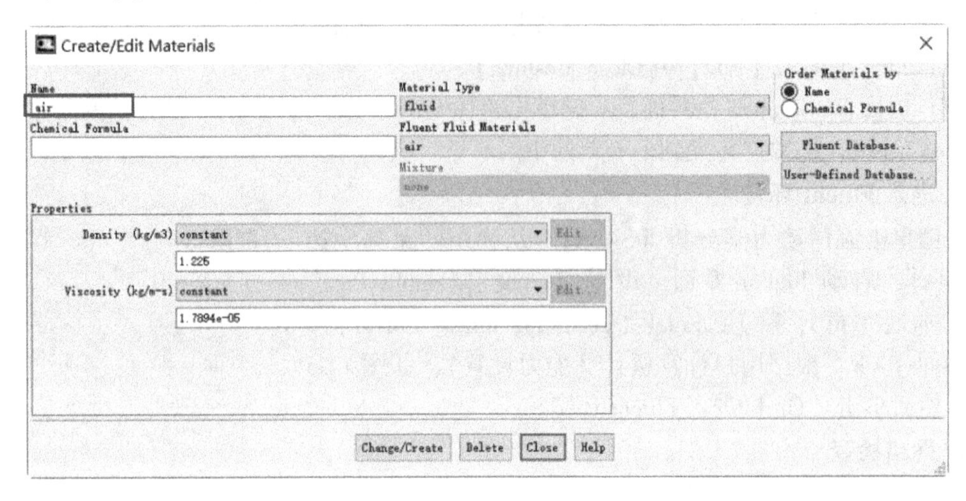

图 14-8　创建材料

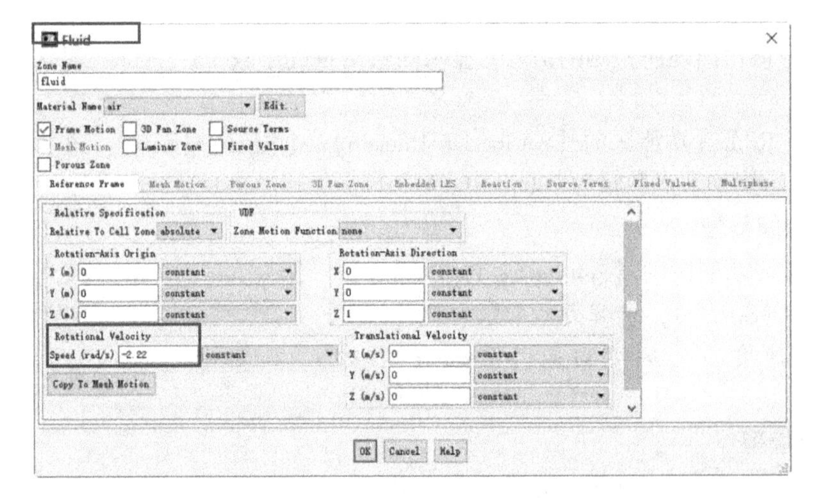

图 14-9　设置流体域

13. 边界条件

（1）单击 Ribbon 功能区的【Setting Up Physics】→【Boundaries…】→【Zone】→【inlet】→【Type】→【velocity-inlet】→【Edit…】，在弹出的对话框中设置【Velocity Specification Method】= Components，Z - Velocity（m/s） = -12，其他默认，单击【OK】关闭窗口，如图 14-10 所示。

（2）单击 Ribbon 功能区的【Setting Up Physics】→【Boundaries…】→【Zone】→【inlet-top】→【Type】→【velocity-inlet】→【Edit…】，在弹出的对话框中设置【Velocity Specification Method】= Components，Z-Velocity（m/s） = -12，其他默认，单击【OK】关闭窗口，如图 14-11 所示。

（3）单击【Zone】→【outlet】→【Type】→【pressure-outlet】→【Edit…】，在弹出的对话框中设置【Gauge Pressure（pascal)】=0，其他默认，单击【OK】关闭窗口，如图 14-12 所示。

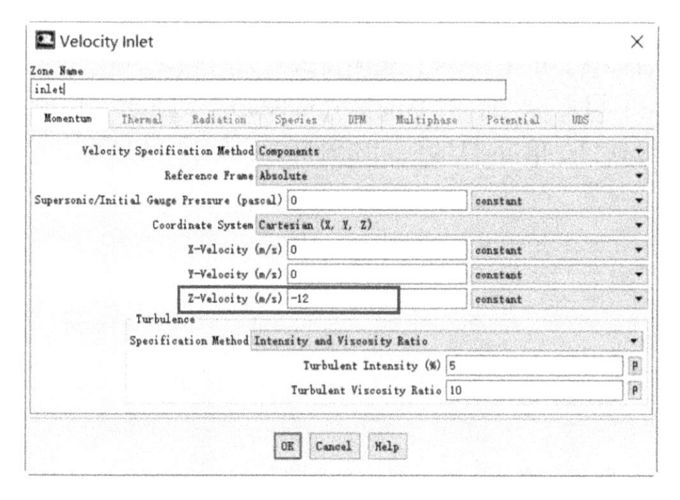

图 14-10　设置入口边界速度

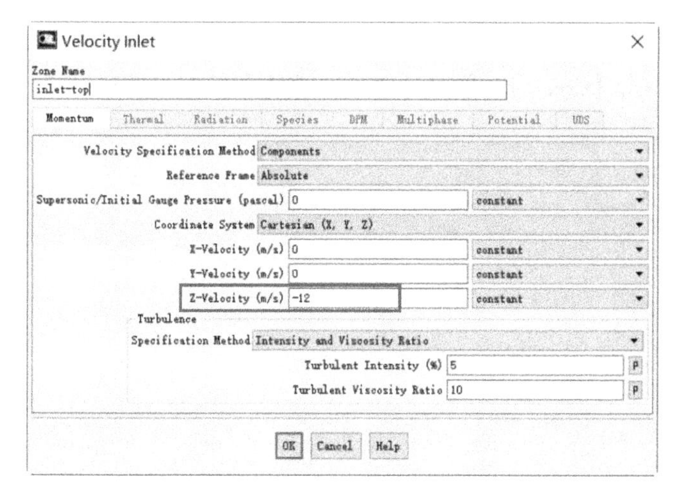

图 14-11　设置入口顶部边界速度

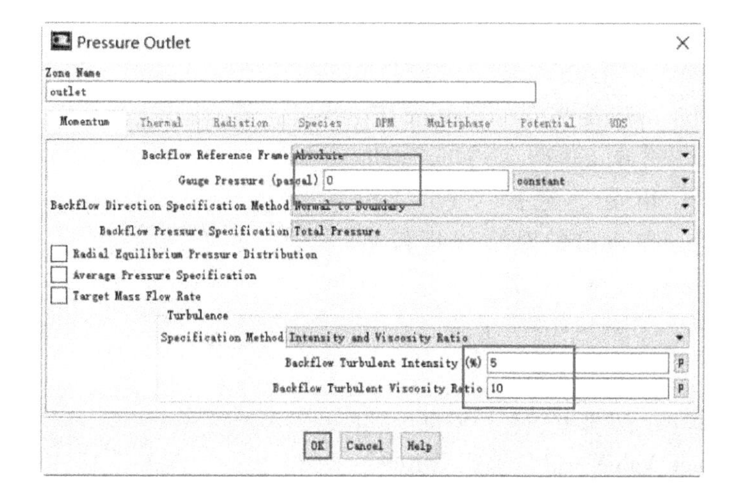

图 14-12　设置出口边界

（4）单击【Zone】→【rotate_1】→【Type】→【interface】→【Edit…】，在弹出的对话框中设置【Zone Name】= rotate_1，单击【OK】关闭窗口，如图 14-13 所示。

（5）单击【Zone】→【rotate_2】→【Type】→【interface】→【Edit…】，在弹出的对话框中设置【Zone Name】= rotate_2，单击【OK】关闭窗口，如图 14-14 所示。

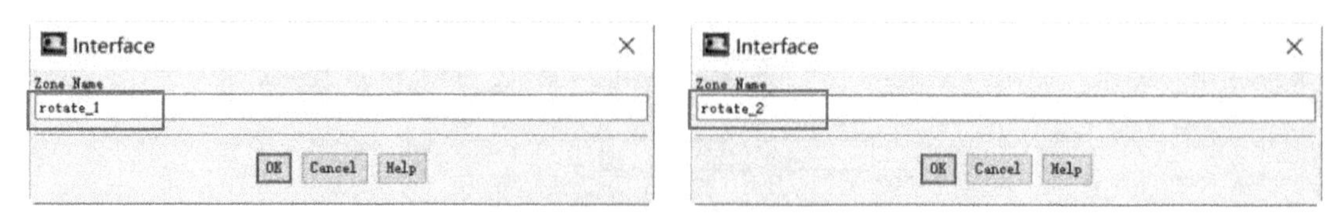

图 14-13　设置 rotate_1 交界面

图 14-14　设置 rotate_2 交界面

14. 交界面设置

（1）单击 Ribbon 功能区的【Setting Up Domain】→【Interfaces】→【Mesh…】，从弹出的对话框中选择【Mesh Interface】= interface-periodic，【Interface Options】下选择 Periodic Boundary Condition 和 Matching，设置【Periodic Boundary Condition】→【Type】= Rotational，【Offset】→【Angle (deg)】= 120，不选【Auto Compute Offset】；【Interface Zone1】= rotate_1，【Interface Zone2】= rotate_2，单击【Create】，单击【Close】关闭窗口，如图 14-15 所示。

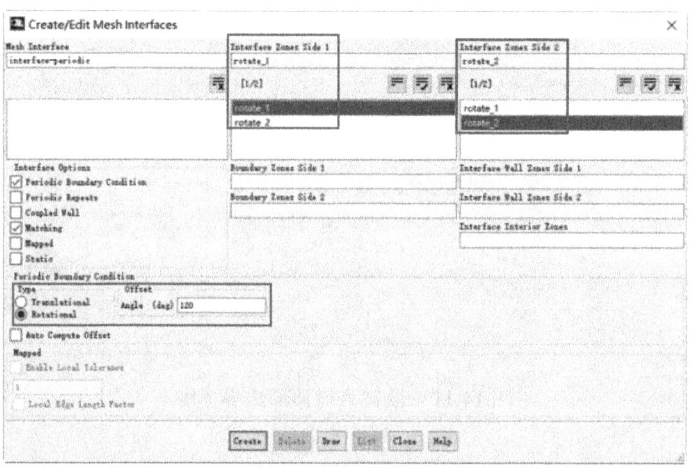

图 14-15　设置网格交界面

（2）单击 Ribbon 功能区的【Setting Up Physics】→【Zones】→【Boundaries…】→【wall-tank】→【Phase】= Mixture，选择【Type】→【wall】→【Edit…】，在弹出的对话框中设置【Wall Motion】= Stationary Wall，其他默认，单击【OK】关闭窗口，如图 14-16 所示。

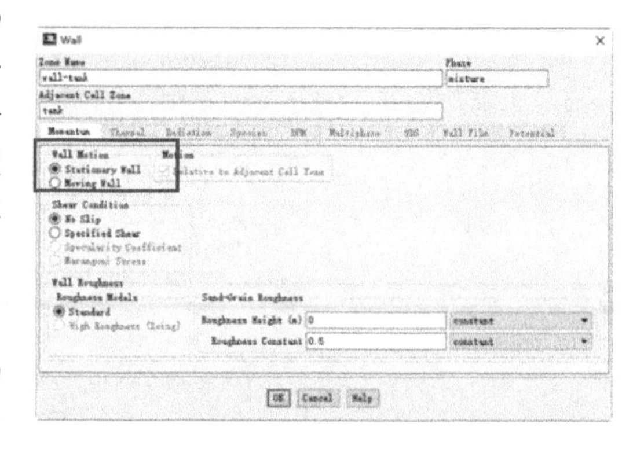

图 14-16　墙壁面边界

15. 参考值

（1）单击 Ribbon 功能区的【Setting Up Physics】→【Reference Values…】，单击【Reference Values】，参数默认，如图 14-17 所示。

（2）在菜单栏上单击【File】→【Save Project】，保存项目。

16. 求解设置

单击 Ribbon 功能区的【Solving】→【Methods…】，设置【Task Page】→【Scheme】= Coupled，【Pressure】= Standard，选择 Pseudo Transient，High Order Term Relaxation，其他默认，如图 14-18 所示。

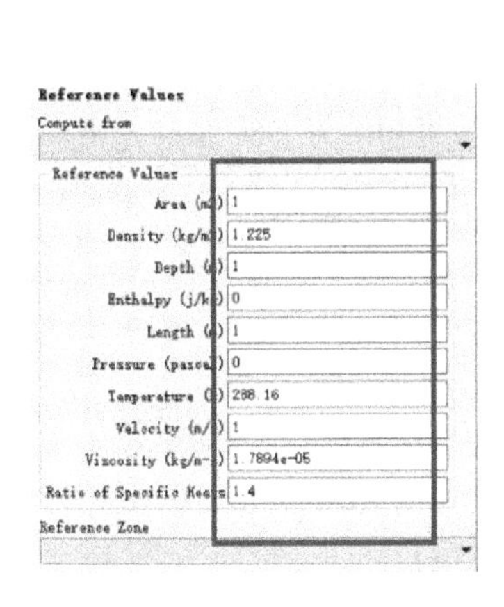

图 14-17　参考值

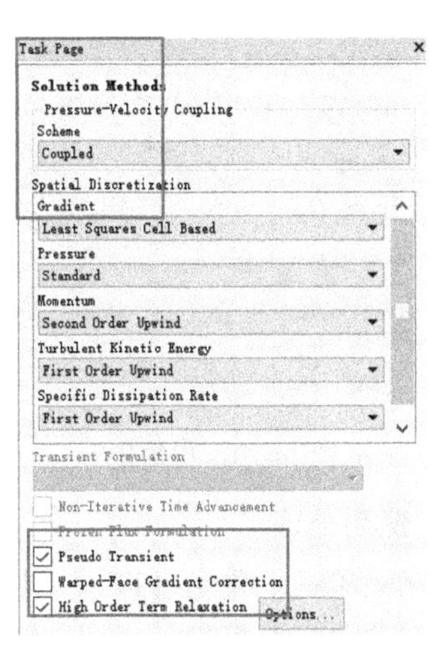

图 14-18　求解方法设置

17. 设置监控

单击 Ribbon 功能区的【Solving】→【Residuals…】，在弹出的对话框中分别改变 Continuity、X-Velocity、Y-Velocity、Z-Velocity 为 1e-6，单击【OK】关闭，如图 14-19 所示。

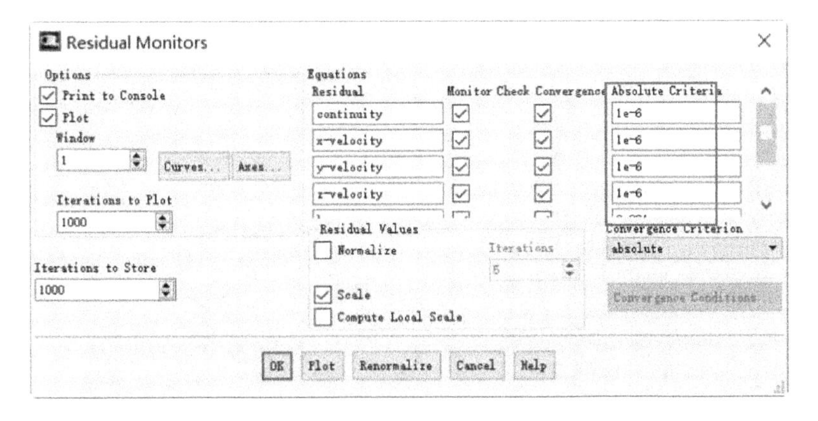

图 14-19　设置剩余误差监控

18. 初始化

单击 Ribbon 功能区的【Solving】→【Initialization】→【Standard】→【Options…】→【Compute from】= inlet，其他默认，单击【Initialize】初始化，如图 14-20 所示。

19. 运行求解

单击 Ribbon 功能区的【Solving】→【Run Calcuation】→【No. of Iterations】= 1500，其他默认，设置完毕以后，单击【Calculate】进行求解，这需要一段时间，请耐心等待，如

图 14-21 所示。

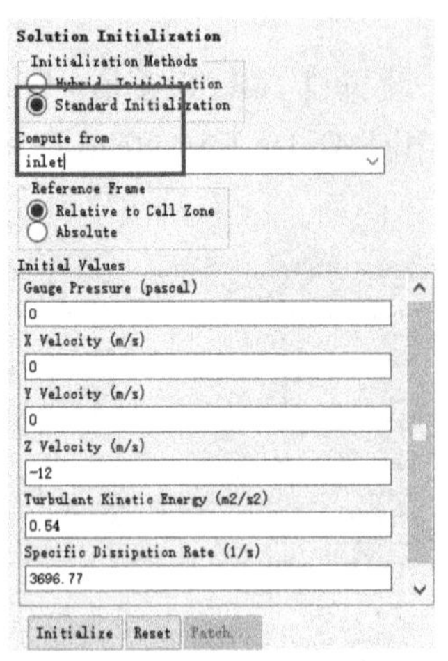

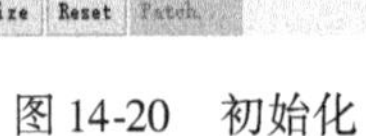

图 14-20 初始化

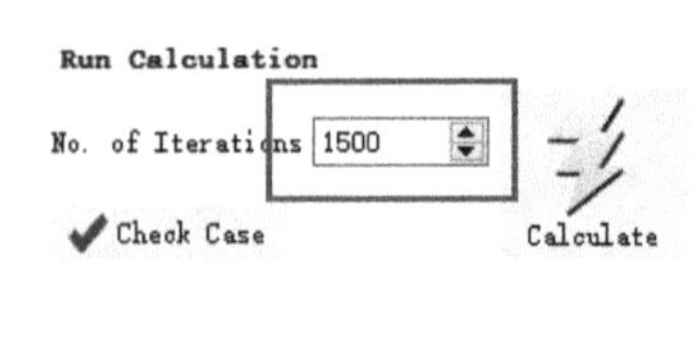

图 14-21 求解设置

20. 创建后处理

（1）在菜单栏上单击【File】→【Save Project】，保存项目。

（2）在菜单栏上单击【File】→【Close Fluent】，退出 Fluent 环境，然后回到 Workbench 主界面。

（3）右键单击流体动力学分析【Results】→【Edit···】进入后处理系统。

（4）双击【fluid】→【Details of “fluid”】→【Instancing】→【Number of Graphical Instances】= 3，设置【Instance Definition】= Custom，选择 Full Circle，单击【Apply】，如图 14-22 所示。选择【Blade】，可以改变 Blade 的颜色显示，如图 14-23 所示。

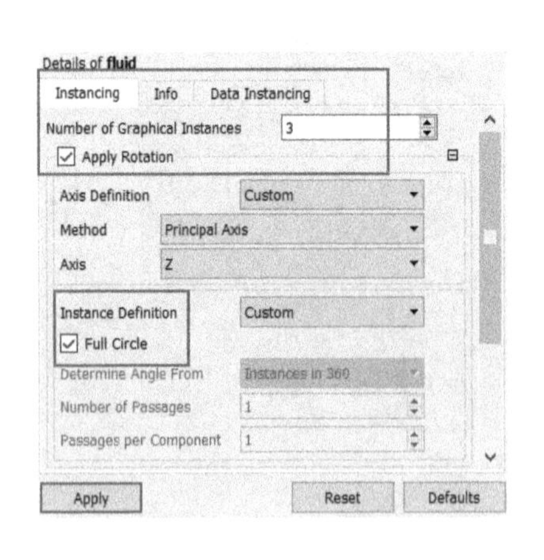

图 14-22 选择 Full Circle

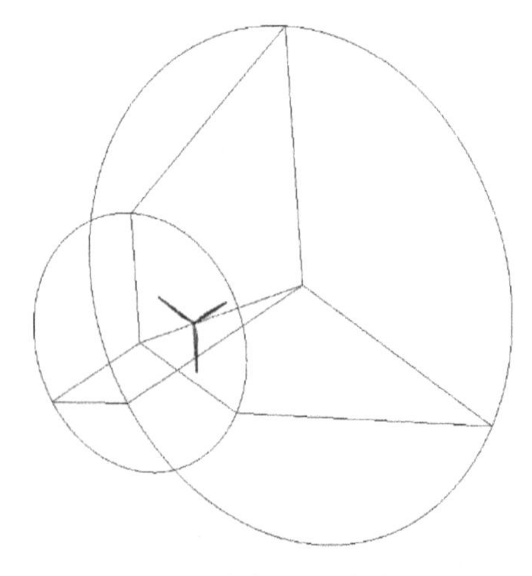

图 14-23 改变 Blade 颜色显示

（5）插入云图，在工具栏上单击【Vector】并默认名确定，在几何选项中的域【Domains】选择 All Domains，位置【Locations】栏后单击···选项，在弹出的位置选择器里选择 blade 确定；设置样点【Sampling】= Equally Spaced，【#of Points】= 300，在变量【Variable】栏后单击···选项，在弹出的变量选择器选择 Velocity in Stn Frame 确定，其他默认，单击

【Apply】，可以看到速度矢量云图，如图 14-24 所示。

（6）插入云图，在工具栏上单击【Contour】并默认名确定，在几何选项中的域【Domains】选择 All Domains，在位置【Locations】栏后单击…选项，在弹出的位置选择器里选择 blade 确定；在变量【Variable】栏后单击…选项，在弹出的变量选择器选择 Pressure 确定，设置【#of Contour】= 200，在 Render 标签下，取消选择 Lighting，其他默认，单击【Apply】，可以看到压力云图，如图 14-25 所示。

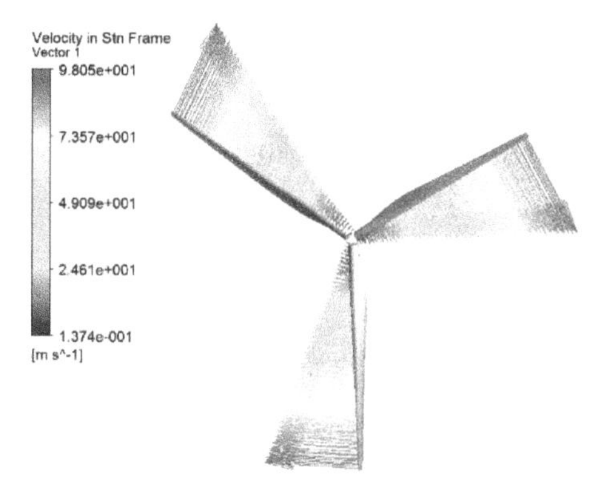

图 14-24　速度矢量云图

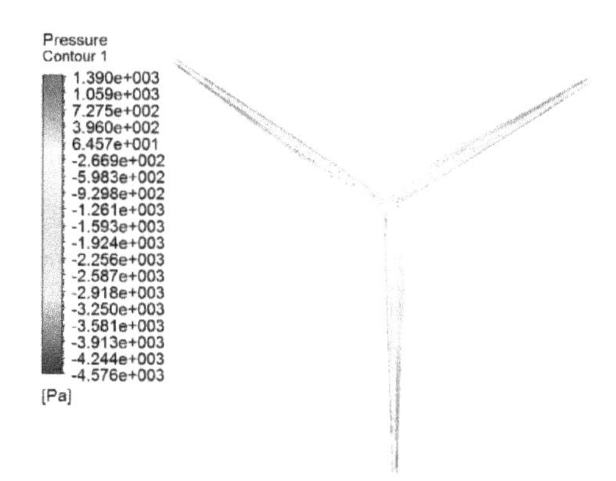

图 14-25　压力云图

（7）退出流体动力学分析后处理环境，单击菜单【File】→【Close CFD-Post】退出环境，返回到 Workbench 主界面。

21. 创建耦合分析

在 Fluent 上右键单击【Solution】单元，在弹出的菜单中选择【Transfer Data To New】→【Static Structural】，即创建静力分析，如图 14-26 所示。

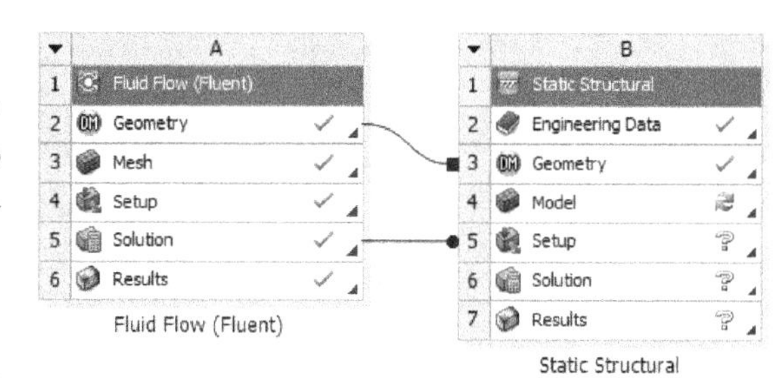

图 14-26　创建耦合分析

22. 创建材料参数

（1）编辑工程数据单元，右键单击【Engineering Data】→【Edit】。

（2）在工程数据属性中增加材料，在 Workbench 的工具栏上单击工程材料源库，此时的界面主显示【Engineering Data Sources】和【Outline of Favorites】。选择 A3 栏【General materials】，从【Outline of General materials】里查找铜合金【Aluminum Alloy】材料，然后单击【Outline of General Material】表中的添加按钮，此时在 C4 栏中显示标示，表明材料添加成功，如图 14-27 所示。

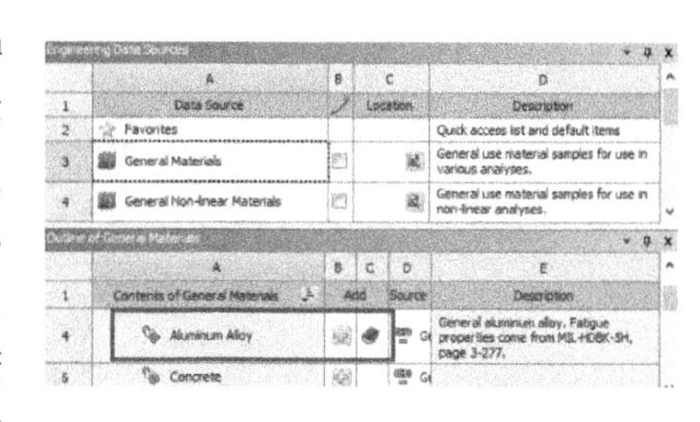

图 14-27　创建材料

（3）单击工具栏中的【B2：Engineering Data】关闭按钮，返回到 Workbench 主界面，新材料创建完毕。

23. 进入 Mechanical 网格划分环境

（1）在结构静力分析上，右键单击【Mesh】→【Edit】进入 Mechanical 分析环境。

（2）在 Mechanical 的主菜单【Units】中设置单位为 Metric（m，kg，N，s，V，A）。

24. 定义局部坐标

在导航树上右键单击【Coordinate Systems】→【Insert】→【Coordinate System】→【Details of "Coordinate System"】→【Origin】→【Define By】= Global Coordinates。

25. 为几何模型分配材料及厚度

（1）为叶片分配材料，在导航树上单击【Geometry】展开，选择【Blade FEA】→【Details of "Blade FEA"】→【Material】→【Assignment】= Aluminum Alloy，【Coordinate System】= Coordinate System，其他默认。

（2）为叶片面分配厚度，展开【Blade FEA】，选择 9 个【Surface Body】→【Details of "Multiple Selection"】→【Definition】→【Thickness】= 0.001m。

（3）右键单击【Fluid】→【Suppress Body】。

26. 为叶片体添加厚度

（1）右键单击【Geometry】→【Insert】→【Thickness】→【Details of "Thickness"】→【Scope】→【Scoping Method】= Named Selection，选择【Named Selection】= Blade surface，【Definition】→【Thickness】= Tabular Data，然后输入数据 -44.2、0.005、 -1、0.1，如图 14-28 所示。

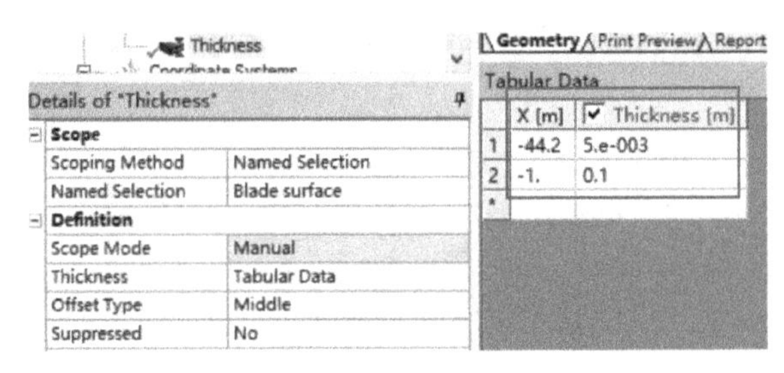

图 14-28 设置 Blade surface 厚度

（2）右键单击【Geometry】→【Insert】→【Thickness】→【Details of "Thickness"】→【Scope】→【Scoping Method】= Named Selection，设置【Named Selection】= Rib，【Definition】→【Thickness】= Tabular Data，然后输入数据 -44.2、0.03、 -3、0.1，如图 14-29 所示。

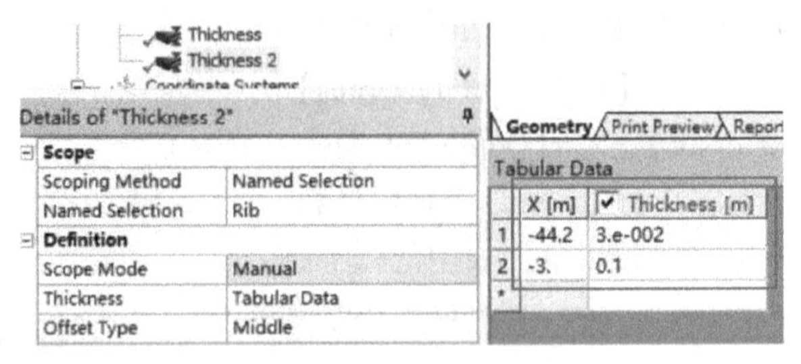

图 14-29 设置 Rib 厚度

27. 创建远端点

在标准工具栏上单击选择边线图标，右键单击【Model（B4）】→【Insert】→【Remote

Point】→【Details of “Remote Point”】→【Scope】→【Scoping Method】= Named Selection，设置【Named Selection】= Root，【X Coordinate】=0，【Y Coordinate】=0，【Z Coordinate】=0，【Behavior】= Rigid，如图 14-30 所示。

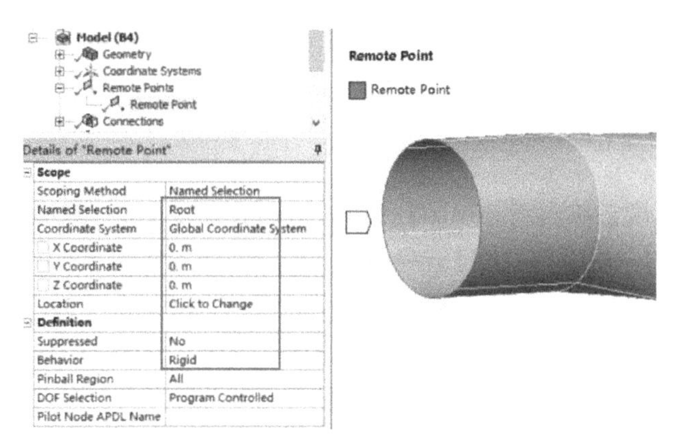

图 14-30 设置远端点

28. 接触设置

在导航树上单击展开【Connections】，右键单击【Contact】→【Delete】。

29. 划分网格

（1）在导航树上单击【Mesh】→【Details of “Mesh”】→【Sizing】→【Size Function】= Adaptive，设置【Relevance Center】= Medium，【Element Size】=50mm，其他默认。

（2）右键单击【Mesh】→【Insert】→【Method】→【Face Meshing】→【Details of “Face Meshing”】→【Scope】→【Scoping Method】= Named Selection，【Named Selection】= Root，其他默认。

（3）在标准工具栏上单击，选择所有面（Ctrl + A），右键单击【Mesh】，在弹出的菜单中选择【Insert】→【Sizing】，【Face Sizing】→【Details of “Face Sizing” – Sizing】→【Definition】→【Element Size】=0. 2m。

（4）生成网格，右键单击【Mesh】→【Generate Mesh】，图形区域显示程序生成的网格模型，如图 14-31 所示。

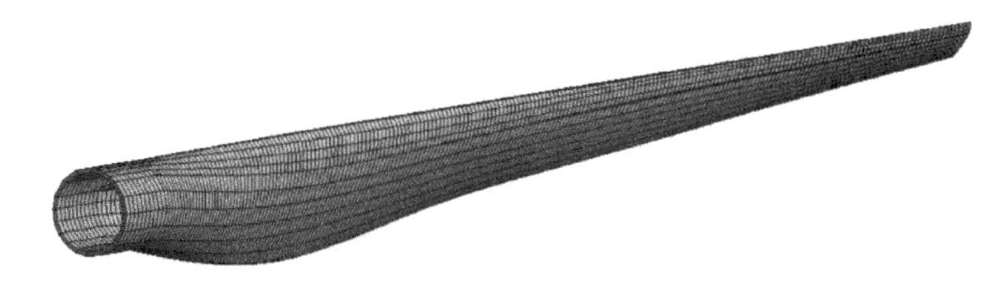

图 14-31 网格划分

（5）网格质量检查，在导航树上单击【Mesh】→【Details of “Mesh”】→【Quality】→【Mesh Metric】= Orthogonal Quality，显示 Orthogonal Quality 规则下网格质量详细信息，平均值处在好水平范围内，展开【Statistics】显示网格和节点数量。

30. 施加边界条件

(1) 在导航树上单击【Static Structural (B5)】。

(2) 在环境工具栏上单击【Supports】→【Remote Displacement】,【Remote Displacement】→【Details of "Remote Displacement"】→【Scope】→【Scoping Method】= Remote Point, 设置【Named Selection】= Remote Point,【Definition】→【X Component】=0 mm,【Y Component】=0mm,【Z Component】=0mm, Rotation X =0°, Rotation Y =0°, Rotation Z =0°, 其他默认, 如图 14-32 所示。

(3) 施加旋转速度, 单击【Inertial】→【Rotational Velocity】→【Details of "Rotational Velocity"】→【Definition】→【Define By】= Components, 设置【X Component】=0,【Y Component】=0,【Z Component】= -2.22rad/s,【X Coordinate】=0,【Y Coordinate】=0,【Z Coordinate】=0, 如图 14-33 所示。

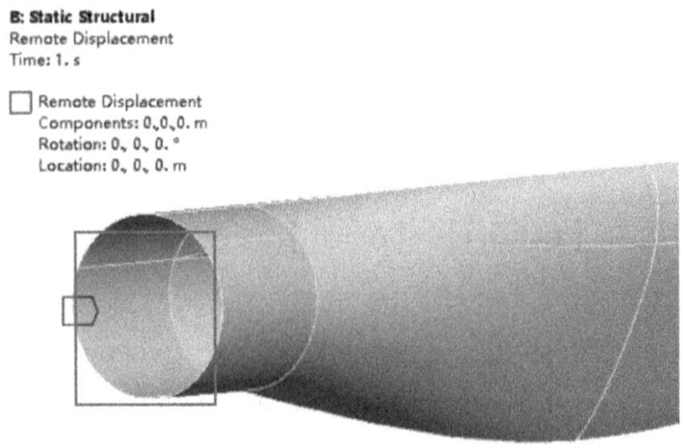

图 14-32 设置远端位移

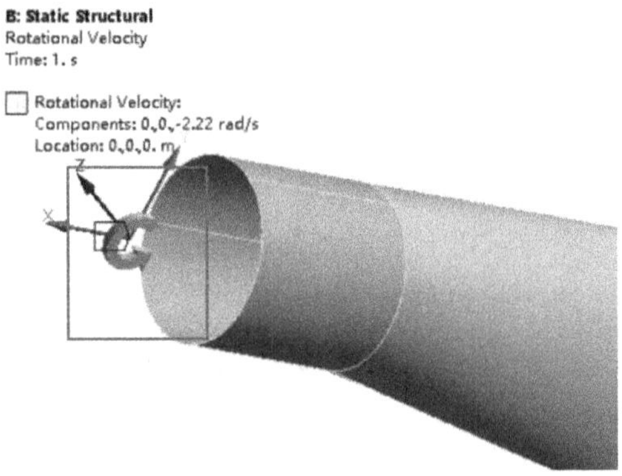

图 14-33 设置旋转速度

(4) 右键单击【Imported Load (A5)】→【Insert】→【Pressure】,【Imported Pressure】→【Details of "Imported Pressure"】→【Scope】→【Scoping Method】= Named Selection, 设置【Named Selection】= Blade Surface,【Transfer Definition】→【CFD Surface】= blade, 右键单击【Imported Load (A5)】→【Import Load】。

(5) 非线性设置, 单击【Analysis Settings】→【Details of "Analysis Settings"】→【Solver Controls】→【Large Deflection】= On, 其他默认。

31. 设置需要的结果

(1) 在导航树上单击【Solution (B6)】。

(2) 在求解工具栏上单击【Deformation】→【Total】。

(3) 在求解工具栏上单击【Stress】→【Equivalent (von-Mises)】。

32. 求解与结果显示

(1) 在 Mechanical 标准工具栏上单击 Solve 进行求解运算。

(2) 运算结束后, 单击【Solution (B6)】→【Total Deformation】, 图形区域显示得到的叶片总变形分布云图, 如图 14-34 所示; 单击【Solution (B6)】→【Equivalent Stress】, 显示叶片等效应力分布云图, 如图 14-35 所示。

图 14-34　叶片总变形分布云图

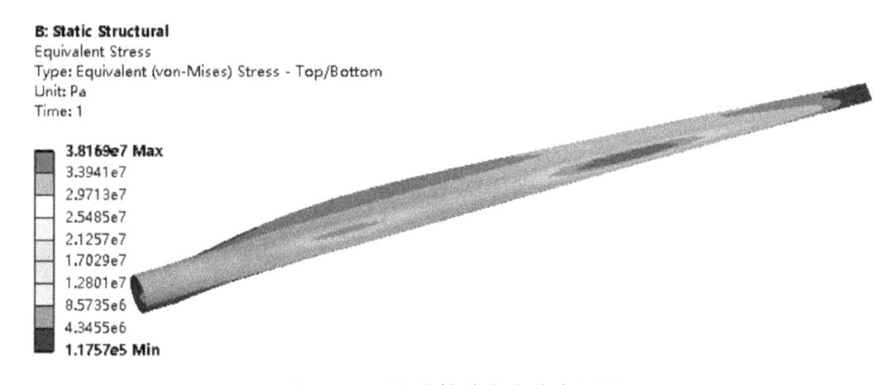

图 14-35　叶片等效应力分布云图

33. 保存与退出

（1）退出流体动力学分析后处理环境，单击 CFD - Post 主界面的菜单【File】→【Close CFD-Post】退出环境返回到 Workbench 主界面，此时主界面的分析流程图中显示的分析已完成。

（2）单击 Workbench 主界面上的【Save】按钮，保存所有分析结果文件。

（3）退出 Workbench 环境，单击 Workbench 主界面的菜单【File】→【Exit】退出主界面，完成分析。

14.1.3　结果分析与点评

本实例是模型风机叶片单向流固耦合分析，从分析结果来看，叶片最大变形在叶尖处，这是因为它是展向长、弦向短、柔性好的细长弹性体。叶片的变形随着风轮半径的减小而减小，从叶尖到叶根呈现梯度分布，最大变形为 0.83052m，而叶片总长为 43m，变形量仅占叶片长度的 1.93%，这对叶片的工作产生的影响可忽略。叶片迎风面和背风面的压力不等，使叶片在旋转方向的合力不为 0，也正是这个作用效果使风力发电机产生转动。叶片应力最大处主要靠近叶尖部，这主要这些区域流场模拟显示压力最大，可见与流场分析吻合。本实例单向耦合，分析顺序是先进行流场分析然后进行固体场分析，并把流场分析的结果作为固体场分析的边界条件进行分析，该方法可扩展多个场合应用。

14.2 燃气轮机基座热流固耦合分析

14.2.1 问题与重难点描述

1. 问题描述

如图 14-36 所示燃气轮机机座结构由支承板、轴承座和外缸体组成，各部件之间用焊接或螺栓连接。机座材料为铁镍高温合金 GH4169，其中密度为 8240kg/m^3，弹性模量为 1.999×10^{11} pa，泊松比为 0.3。机座工作时受到高温高压高速气体作用，试求该机座支承板在高温高压高速气体作用下的变形与应力分布。

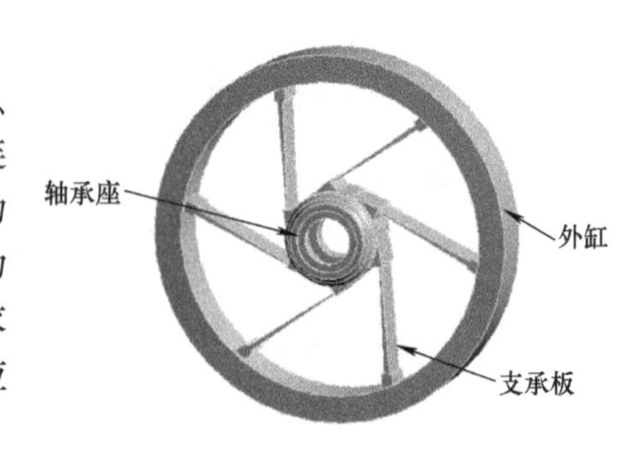

图 14-36 机座模型

2. 重难点提示

本实例重难点在于机座与高温高压气体间的热流固耦合作用，包括涉及的机座稳态温度场求解、固体结构边界施加、耦合求解及后处理。

14.2.2 实例详细解析过程

1. 启动 Workbench18.0

在“开始”菜单中执行 ANSYS18.0→Workbench18.0 命令。

2. 创建耦合分析

(1) 在工具箱【Toolbox】的【Component Systems】中双击或拖动流体动力学分析【CFX】到项目分析流程图。

(2) 在 CFX 上右键单击【Solution】单元，从弹出的菜单中选择【Transfer Data To New】→【Steady-State Thermal Setup】，即创建稳态热分析；然后右键单击稳态热分析的【Solution】单元，在弹出的菜单中选择【Transfer Data To New】→【Static Structural】，即创建静力分析，如图 14-37 所示。

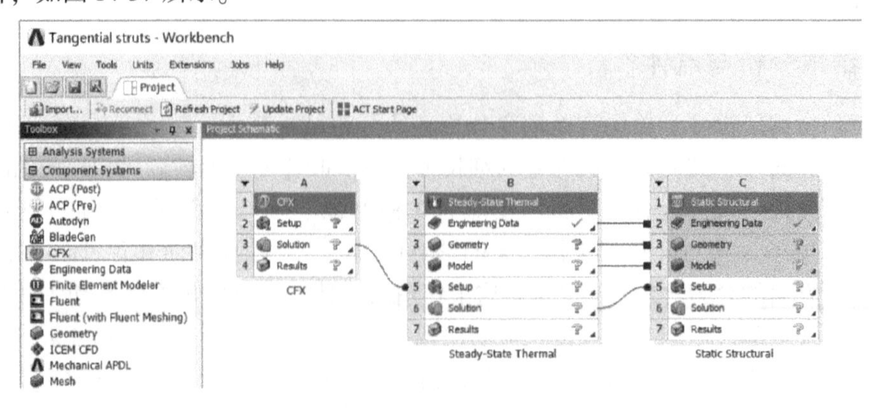

图 14-37 创建冷热水混合耦合分析

（3）在 Workbench 的工具栏中单击【Save】，保存项目实例名为 Tangential struts. wbpj。如工程实例文件保存在 D：\ AWB \ Chapter14 文件夹中。

3. 导入求解模型

（1）在流体动力学分析上，右键单击【Setup】→【Import Case】→【Browse】，找到模型文件 Thermal fluid. res，打开导入几何模型。如模型文件在 D：\ AWB \ Chapter14 文件夹中。

（2）右键单击【Solution】→【Update】，求解。

4. 创建材料参数

（1）编辑工程数据单元，在稳态热分析上右键单击【Engineering Data】→【Edit】。

（2）在工程数据属性中增加新材料：【Outline of Schematic A2：Engineering Data】→【Click here to add a new material】输入新材料名称 GH4169。

（3）在左侧单击【Physical Properties】展开，双击【Density】→【Properties of Outline Row 4：Gh4169】→【Table of Properties Row 2：Density】→【Density】=8240 kg m^-3。

（4）双击【Isotropic Secant Coefficient of Thermal Expansion】→【Properties of Outline Row 3：Gh4169】→【Isotropic Secant Coefficient of Thermal Expansion】→【Coefficient of Thermal Expansion】=1. 84E-05Cy-1。

（5）在左侧单击【Linear Elastic】展开，双击【Isotropic Elasticity】→【Properties of Outline Row 4：GH4169】→【Young's Modulus】=1. 999E +11Pa。

（6）【Properties of Outline Row 4：GH4169】→【Poisson's Ratio】=0. 3。

（7）输入导热系数参数，在左侧单击【Thermal】展开，双击【Isotropic thermal Conductivity】→【Properties of Outline Row 4：GH4169】→【Isotropic thermal Conductivity】=28. 5Wm^-1C^-1。

（8）输入比热容参数，在左侧单击【Thermal】展开，双击【Specific Heat】→【Properties of Outline Row 4：GH4169】→【Specific Heat】=654. 8Jkg^-1C^-1，如图 14-38 所示。

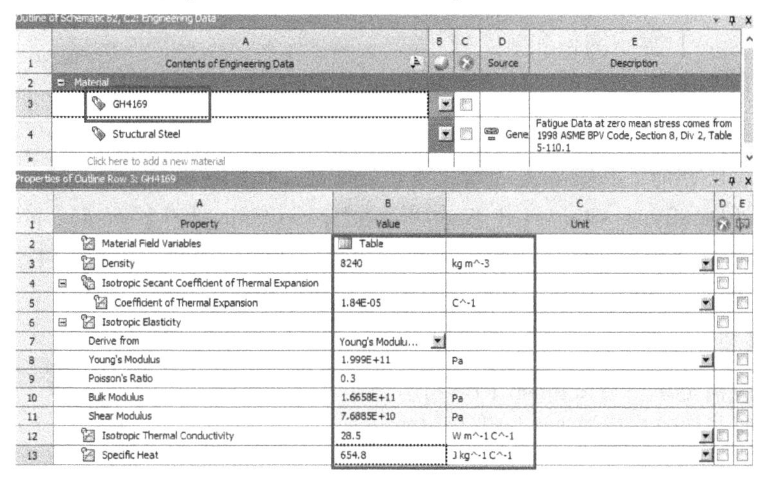

图 14-38　创建新材料

（9）单击工具栏中的【B2，C2：Engineering Data】关闭按钮，返回到 Workbench 主界面，新材料创建完毕。

5. 导入几何

在稳态热分析上右键单击【Geometry】→【Import Geometry】→【Browse】，找到模型文件

Tangential struts. agdb，打开导入几何模型。如模型文件在 D：\ AWB \ Chapter14 文件夹中。

6. 进入 Mechanical 分析环境

（1）在稳态热分析上右键单击【Model】→【Edit】进入 Mechanical 分析环境。

（2）在 Mechanical 的主菜单【Units】中设置单位为 Metric（m，kg，N，s，V，A）。

7. 为几何模型分配材料

单击【Model】→【Geometry】→【Tangential struts】→【Detail of “Tangential struts”】→【Material】→【Assignment】= GH4169。

8. 划分网格

（1）在导航树上单击【Mesh】→【Details of “Mesh”】→【Sizing】→【Size Function】= Adaptive，【Relevance Center】= Medium，其他默认。

（2）在标准工具栏上单击选择体图标，选择机座模型，然后在导航树上右键单击【Mesh】，从弹出的菜单中选择【Insert】→【Method】→【Details of “Automatic Mesh”】→【Definition】→【Method】→【Hex Dominant】，其他默认。

（3）在标准工具栏上单击，选择机座模型，然后在导航树上右键单击【Mesh】，在弹出的菜单中选择【Insert】→【Sizing】→【Details of “Body Sizing” -Sizing】→【Definition】→【Element Size】= 50mm，其他默认。

（4）生成网格，右键单击【Mesh】→【Generate Mesh】，图形区域显示程序生成的网格模型，如图 14-39 所示。

（5）网格质量检查，在导航树上单击【Mesh】→【Details of “Mesh”】→【Quality】→【Mesh Metric】= Skewness，显示 Skewness 规则下网格质量详细信息，平均值处在好水平范围内，展开【Statistics】显示网格和节点数量。

图 14-39　划分网格

9. 施加边界条件

（1）在导航树上单击【Steady-State Thermal（B5）】。

（2）设置流体载荷，右键单击【Imported Load（A3）】→【Temperature】，【Imported Body Temperature】→【Details of “Imported Temperature”】→【Scope】→【Scoping Method】= Named Selection，【Named Selection】= Struts surface，【Transfer Definition】→【CFD Surface】= jizuo cool side 2，右键单击【Imported Load（A3）】→【Import Load】。

10. 设置需要的结果

（1）在导航树上单击【Solution（B6）】。

（2）在求解工具栏上单击【Thermal】→【Temperature】。

11. 求解与结果显示

（1）在 Mechanical 标准工具栏上单击 Solve 进行求解运算。

（2）运算结束后，单击【Solution（B6）】→【Temperature】，图形区域显示得到温度分布云图，如图 14-40 所示。

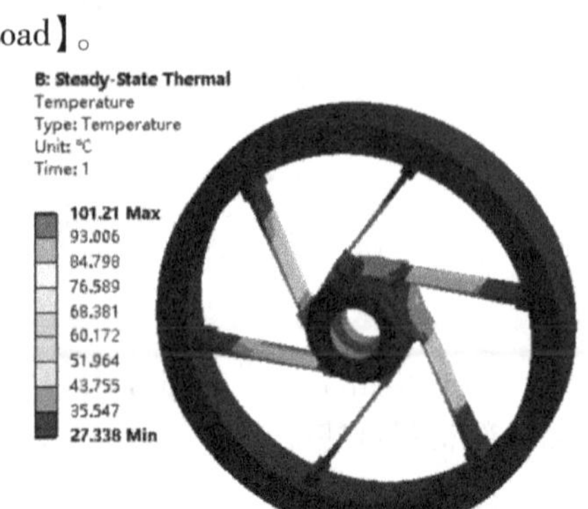

图 14-40　机座温度分布云图

12. 施加边界条件

（1）在导航树上单击【Static Structural（C5）】。

（2）施加约束，给机座外缸两端面分别施加固定约束与位移约束。单击选择面图标，选择机座前端面，然后在环境工具栏上单击【Supports】→【Fixed Support】，如图 14-41 所示；再选择机座后端面，在环境工具栏上单击【Supports】→【Displacement】→【Details of "Displacement"】→【Definition】，【X Component】输入 0，【Y Component】输入 0，【Z Component】输入 Free，如图 14-42 所示。

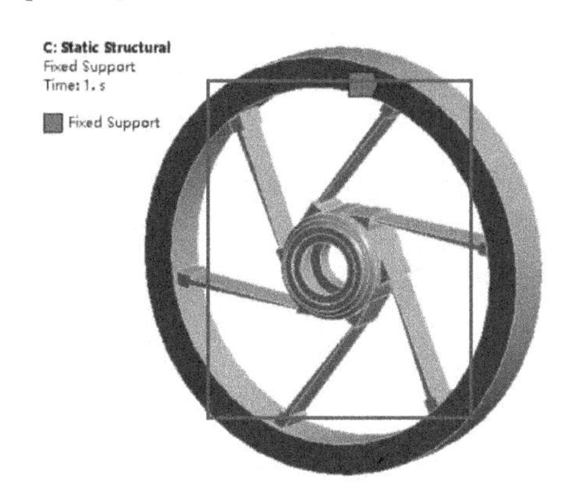

图 14-41　施加固定约束

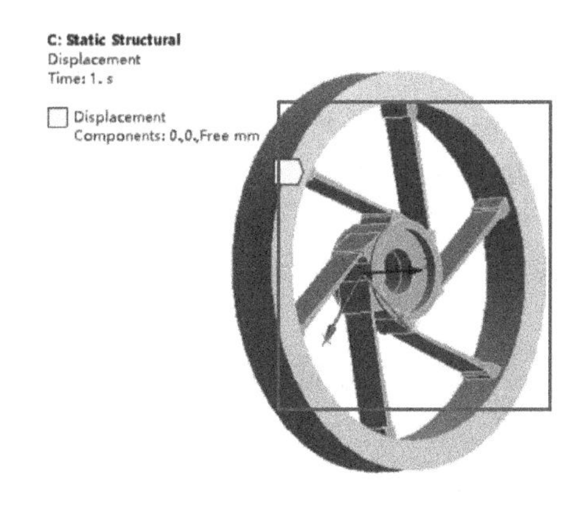

图 14-42　施加位移约束

13. 设置需要的结果

（1）在导航树上单击【Solution（C6）】。

（2）在求解工具栏上单击【Deformation】→【Total】。

（3）在标准工具栏上单击【Stress】→【Equivalent（von-Mises）】。

14. 求解与结果显示

（1）在 Mechanical 标准工具栏上单击 Solve 进行求解运算。

（2）运算结束后，单击【Solution（C6）】→【Total Deformation】，图形区域显示分析得到的整体变形分布云图，如图 14-43 所示；单击【Solution（C6）】→【Equivalent Stress】，显示整体等效应力分布云图，如图 14-44 所示。

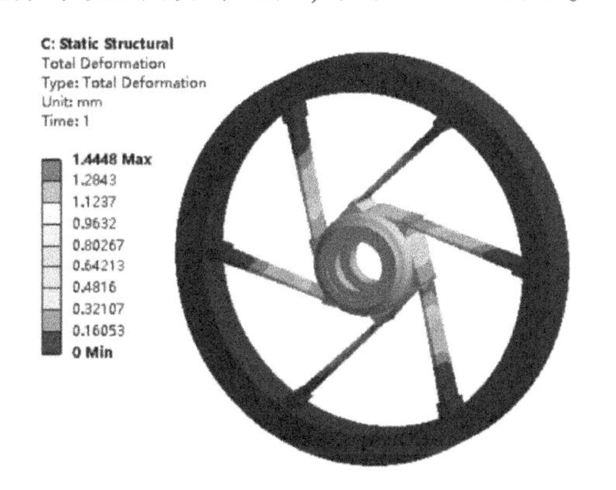

图 14-43　整体变形分布云图

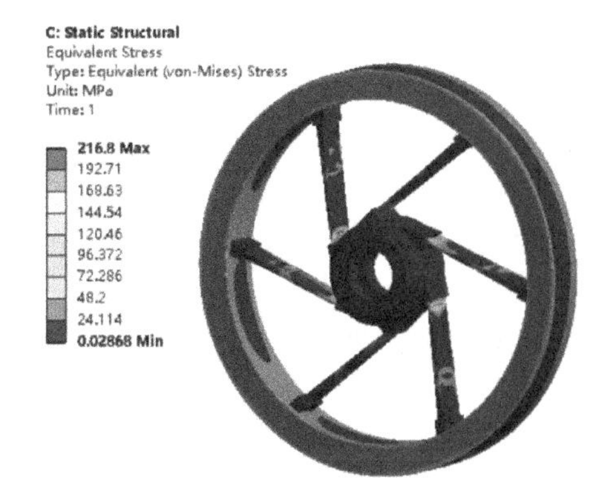

图 14-44　整体等效应力分布云图

15. 保存与退出

(1) 退出 Mechanical 分析环境，单击 Mechanical 主界面的菜单【File】→【Close Mechanical】退出环境，返回到 Workbench 主界面，此时主界面的分析流程图中显示的分析已完成。

(2) 单击 Workbench 主界面上的【Save】按钮，保存所有分析结果文件。

(3) 退出 Workbench 环境，单击 Workbench 主界面的菜单【File】→【Exit】退出主界面，完成分析。

14.2.3 结果分析与点评

本实例是燃气轮机基座热流固耦合分析，从分析结果来看，高温高压气体对机座的影响较大，机座6个支承板起着支承轴承座的作用。从分析过程来看，首先进行热流场分析（采用预先分析结果文件），其次把热流场分析结果导入结构场进行稳态温度场分析，最后把稳态温度场结果导入结构场进行静力场分析，最终实现机座的热流固耦合分析。本实例直接采用热流场分析的结果文件，减少了繁琐叙述，但分析过程完整，方法值得借鉴。

14.3 振动片双向流固耦合分析

14.3.1 问题与重难点描述

1. 问题描述

如图 14-45 所示材料为聚乙烯的振动片。振动片大端面约束，小端面自由，平面受到力载荷，载荷数据在分析中体现，除此之外，振动片还受到 6m/s 的黏性水流冲击，试求振动片在外力载荷及流体作用下所受到的应力。

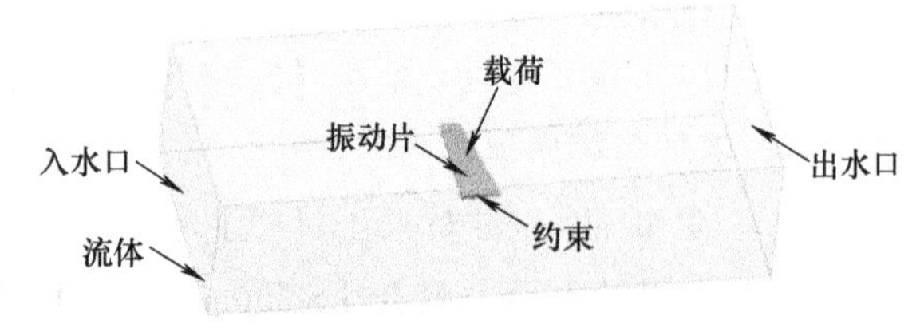

图 14-45 振动片及流体域模型

2. 重难点提示

本实例重难点在于振动片与水流的双向流固耦合作用，包括涉及的模型创建、物理模型创建、边界施加、流体求解及后处理，固体结构边界施加与求解，双向耦合设置、耦合求解及后处理。

14.3.2 实例详细解析过程

1. 启动 Workbench18.0

在“开始”菜单中执行 ANSYS18.0→Workbench18.0 命令。

2. 创建耦合分析

(1) 在工具箱【Toolbox】的【Analysis Systems】中双击或拖动结构瞬态分析【Transient Structural】到项目分析流程图。

(2) 在工具箱【Toolbox】的【Analysis Systems】中双击或拖动流体动力学分析【Fluid Flow (Fluent)】到项目分析流程图。

（3）在工具箱【Toolbox】的【Component Systems】中双击或拖动耦合分析【System Coupling】到项目分析流程图。

（4）创建关联，按住结构瞬态分析 Geometry 与流体动力学分析 Geometry 关联，然后结构瞬态分析 Setup 和流体动力学分析 Setup 都与耦合分析 Setup 关联，如图 14-46 所示。

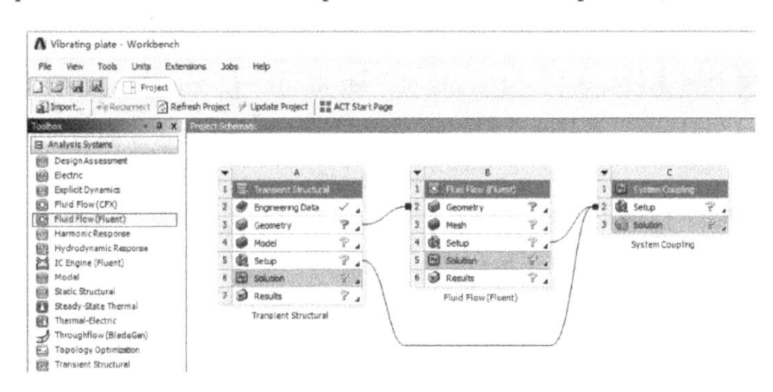

图 14-46　创建振动片双向流固耦合分析

（5）在 Workbench 的工具栏中单击【Save】，保存项目实例名为 Vibrating plate. wbpj。如工程实例文件保存在 D：\ AWB \ Chapter14 文件夹中。

3. 创建材料参数

（1）编辑工程数据单元，右键单击结构瞬态分析【Engineering Data】→【Edit】。

（2）在工程数据属性中增加材料，在 Workbench 的工具栏上单击工程材料源库，此时的界面主显示【Engineering Data Sources】和【Outline of Favorites】。选择 A3 栏【General materials】，从【Outline of General materials】里查找聚乙烯【Polyethylene】材料，然后单击【Outline of General Material】表中的添加按钮，此时在 C10 栏中显示标示，表明材料添加成功，如图 14-47 所示。

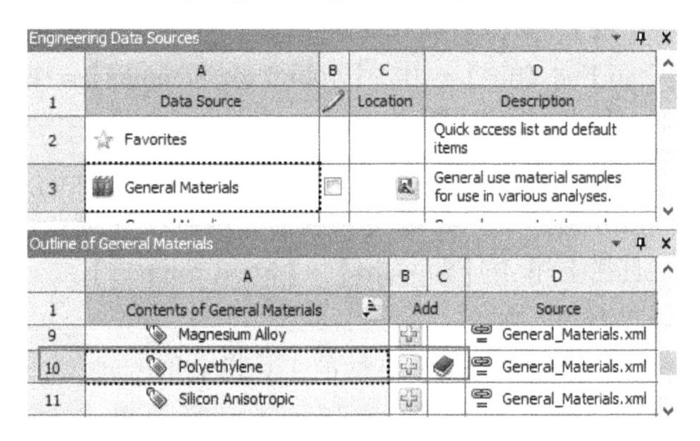

图 14-47　材料属性

（3）单击工具栏中的【A2：Engineering Data】关闭按钮，返回到 Workbench 主界面，新材料创建完毕。

4. 导入几何模型

在结构瞬态分析上，右键单击【Geometry】→【Import Geometry】→【Browse】，找到模型文件 Vibrating plate. agdb，打开导入几何模型。如模型文件在 D：\ AWB \ Chapter14 文件夹中。

5. 进入 Mechanical 分析环境

（1）在结构瞬态分析上，右键单击【Model】→【Edit】进入 Mechanical 分析环境。

（2）在 Mechanical 的主菜单【Units】中设置单位为 Metric（mm，kg，N，s，mV，mA）。

6. 为几何模型分配材料

（1）为平板分配材料，在导航树上单击【Geometry】展开，【Plate】→【Details of "Plate"】→【Material】→【Assignment】= Polyethylene，其他默认。

（2）右键单击【Fluid domain】→【Suppress Body】。

7. 划分网格

（1）在导航树上单击【Mesh】→【Details of "Mesh"】→【Sizing】→【Size Function】= Adaptive，设置【Relevance Center】= Fine，【Span Angle Center】= Fine；【Quality】→【Smoothing】= High，其他默认。

（2）生成网格，右键单击【Mesh】→【Generate Mesh】，图形区域显示程序生成的网格模型，如图 14-48 所示。

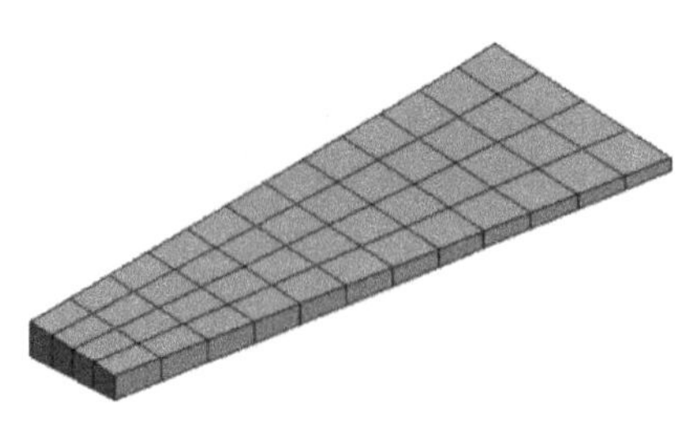

图 14-48 划分网格

（3）网格质量检查，在导航树上单击【Mesh】→【Details of "Mesh"】→【Quality】→【Mesh Metric】= Skewness，显示 Skewness 规则下网格质量详细信息，平均值处在好水平范围内，展开【Statistics】显示网格和节点数量。

8. 施加边界条件

（1）在导航树上单击【Transient（A5）】。

（2）单击【Analysis Settings】→【Details of "Analysis Settings"】→【Step Controls】，设置【Step End Time】= 10，【Auto Time Stepping】= Off，【Define By】= Substeps，【Number Substeps】= 10，其他默认。

（3）施加约束，在标准工具栏上单击，然后分别选择平板侧边大端面，然后在环境工具栏上单击【Supports】→【Fixed Support】，如图 14-49 所示。

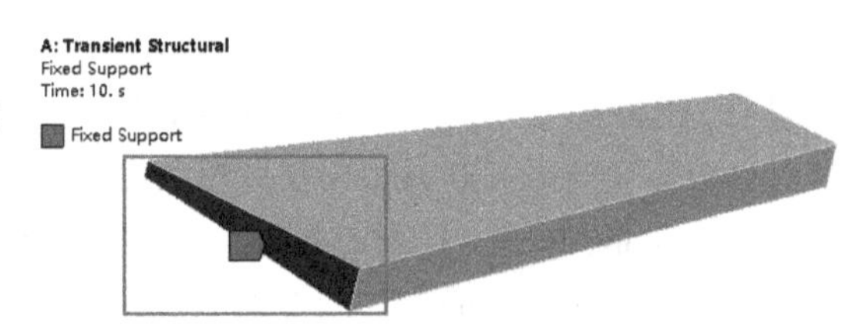

图 14-49 施加固定约束

（4）施加面力，在标准工具栏上单击，然后选择平板表面，在环境工具栏上单击【Loads】→【Force】→【Details of "Force"】→【Definition】→【Define By】= Vector，设置【Direction】方向为箭头指向表面沿 Y 轴方向（参考视图坐标系），如图 14-50 所示；选择【Magnitude】= Tabular，然后在表格数据输入如图 14-51 所示数据。

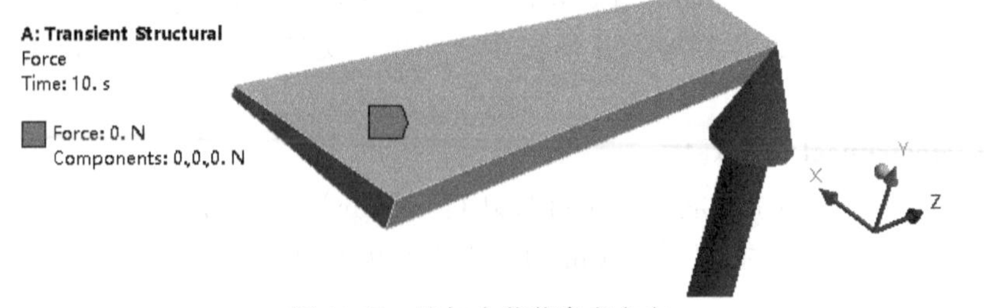

图 14-50 施加力载荷参考方向

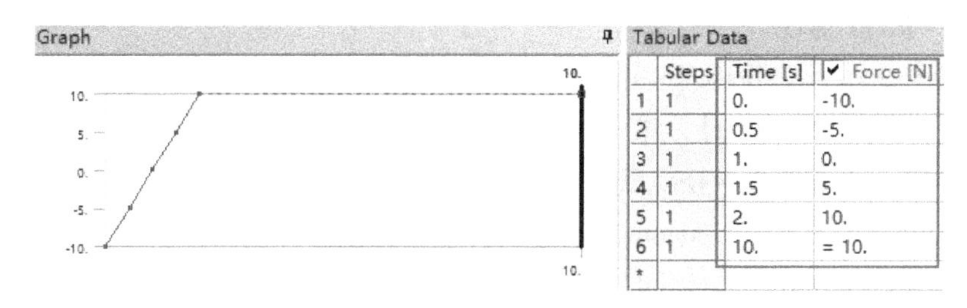

	Steps	Time [s]	Force [N]
1	1	0.	-10.
2	1	0.5	-5.
3	1	1.	0.
4	1	1.5	5.
5	1	2.	10.
6	1	10.	= 10.
*			

图 14-51　施加力载荷数据

（5）设置流固耦合结合面，在环境工具栏上单击【Loads】→【Fluid Solid Interface】→【Details of "Fluid Solid Interface"】→【Scope】→【Scoping Method】= Named Selection，选择【Named Selection】= Solid Fluid Interface。

9. 设置需要的结果及退出 Mechanical

（1）在导航树上单击【Solution（A6）】。

（2）在求解工具栏上单击【Stress】→【Equivalent Stress】。

（3）退出 Mechanical 分析环境，单击 Mechanical 主界面的菜单【File】→【Close Mechanical】退出环境。

（4）单击 Workbench 主界面上的【Save】按钮，保存设置文件。

10. 进入 Meshing 网格划分环境

（1）在流体动力学分析上，右键单击【Mesh】→【Edit】进入 Meshing 网格划分环境。

（2）在 Meshing 的主菜单【Units】中设置单位为 Metric（mm，kg，N，s，mV，mA）。

11. 抑制平板模型

在导航树上单击【Geometry】展开，右键单击【Plate】→【Suppress Body】。

12. 划分网格

（1）在导航树上单击【Mesh】→【Details of "Mesh"】→【Sizing】→【Size Function】= Curvature，选择【Relevance Center】= Fine，【Span Angle Center】= Fine；【Quality】→【Smoothing】= High，其他默认。

（2）生成网格，右键单击【Mesh】→【Generate Mesh】，图形区域显示程序生成的四面体网格模型，如图 14-52 所示。

图 14-52　划分网格

（3）网格质量检查，在导航树上单击【Mesh】→【Details of "Mesh"】→【Quality】→【Mesh Metric】= Jacobian Ratio（Gauss Points），显示 Jacobian Ratio（Gauss Points）规则下网格质量详细信息，平均值处在好水平范围内，展开【Statistics】显示网格和节点数量。

（4）单击主菜单【File】→【Close Meshing】。

（5）返回 Workbench 主界面，右键单击流体动力学分析【Mesh】，从弹出的菜单中选择【Update】升级，把数据传递到下一单元中。

13. 进入 Fluent 环境

右键单击流体动力学分析【Setup】，从弹出的菜单中选择【Edit】，启动 Fluent 界面，设置双精度【Double Precision】，然后单击【OK】进入 Fluent 环境。

14. 进入 Fluent 环境及网格检查

（1）在控制面板单击【General】→【Mesh】→【Check】，命令窗口出现所检测的信息。

（2）在控制面板单击【General】→【Mesh】→【Report Quality】，命令窗口出现所检测的信息，显示网格质量处于较好的水平。

（3）单击 Ribbon 功能区的【Setting Up Domain】→【Info】→【Size】，命令窗口出现所检测的信息，显示网格节点数量为 20633 个。

15. 指定求解类型

单击 Ribbon 功能区的【Setting Up Physics】，选择时间为瞬态【Transient】，求解类型为压力基【Pressure-Based】，速度方程为绝对值【Absolute】，如图 14-53 所示。

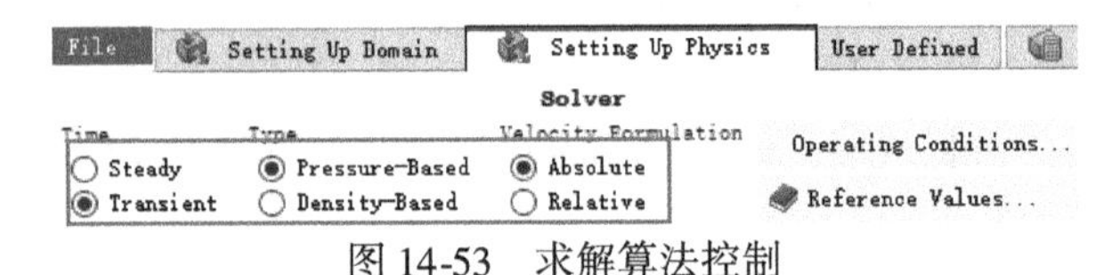

图 14-53 求解算法控制

16. 湍流模型

单击 Ribbon 功能区的【Setting Up Physics】→【Viscous…】→【Viscous Model】→【K-epsilon（2eqn）】，选择【K-epsilon Model】= Realizable，【Near-Wall Treatment】= Scalable Wall Functions，其他默认，单击【OK】退出对话框，如图 14-54 所示。

17. 指定材料属性

设置材料属性，单击 Ribbon 功能区的【Setting Up Physics】→【Materials】→【Create/Edit…】，在弹出的对话框中单击【Fluent Database…】，在弹出的对话框中选择【water-liquid（h2o <1>)】，之后单击【Copy】，然后单击【Close】关闭窗口，如图 14-55 所示。单击【Close】关闭【Create/Edit Materials】对话框，如图 14-56 所示。

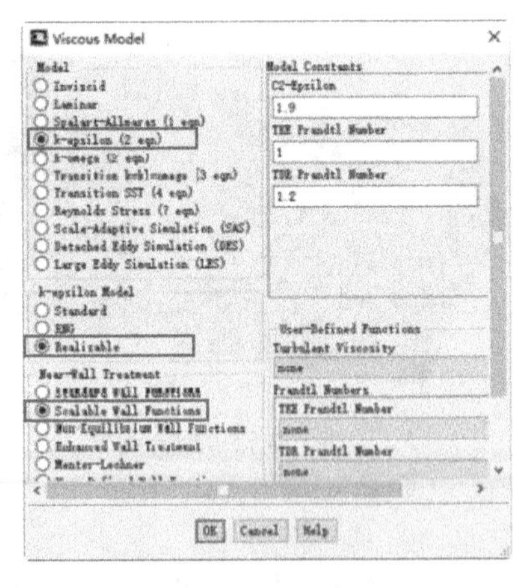

图 14-54 湍流模型

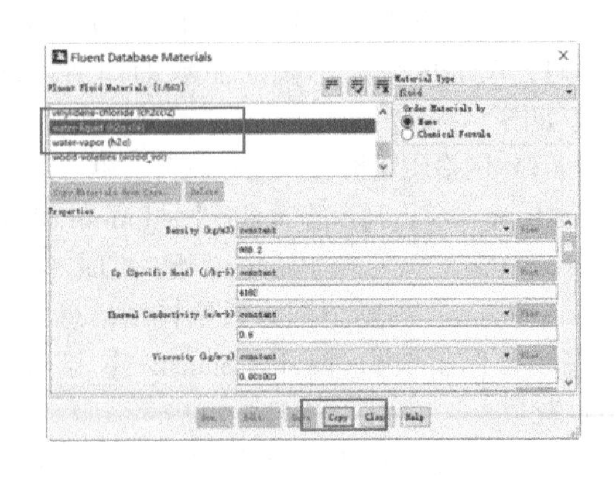

图 14-55 选择材料

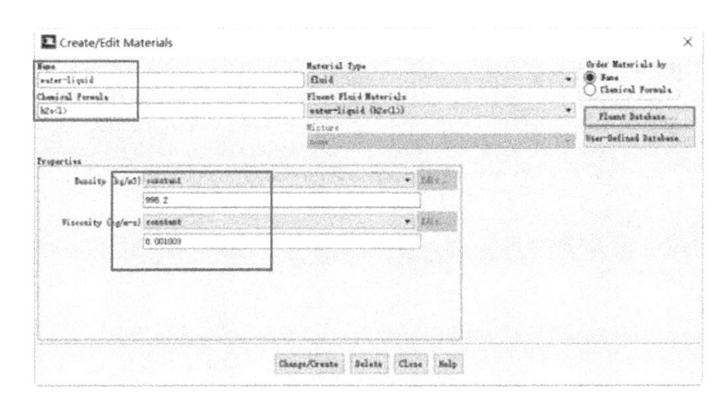

图 14-56　创建材料

18. 设置流体域

单击 Ribbon 功能区的【Setting Up Physics】→【Zones】→【Cell Zones】→【Task Page】→【Zone】→【fluid_domain】→【Type】= fluid，单击【Edit…】在弹出的对话框中设置【Phase Material】= water-liquid，单击【OK】关闭对话框，如图 14-57 所示。

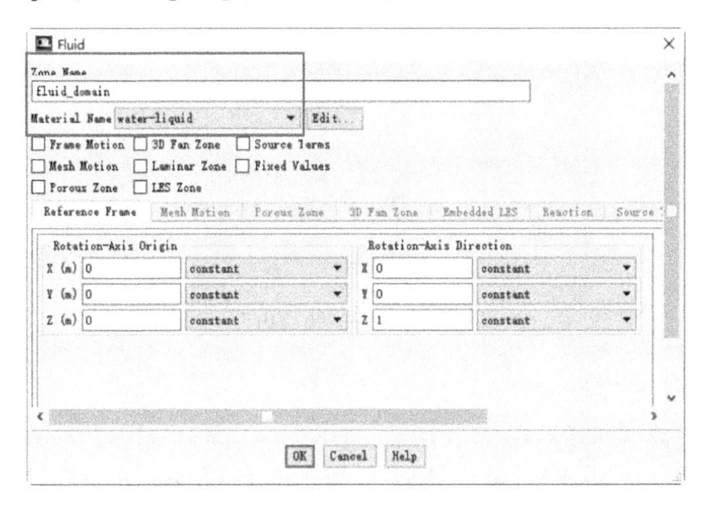

图 14-57　设置流体域

19. 边界条件

（1）单击 Ribbon 功能区的【Setting Up Physics】→【Boundaries…】→【Zone】→【fluid solid interface】→【Type】= wall，单击【Edit…】，保持弹出的对话框中的设置，单击【OK】关闭对话框，如图 14-58 所示。

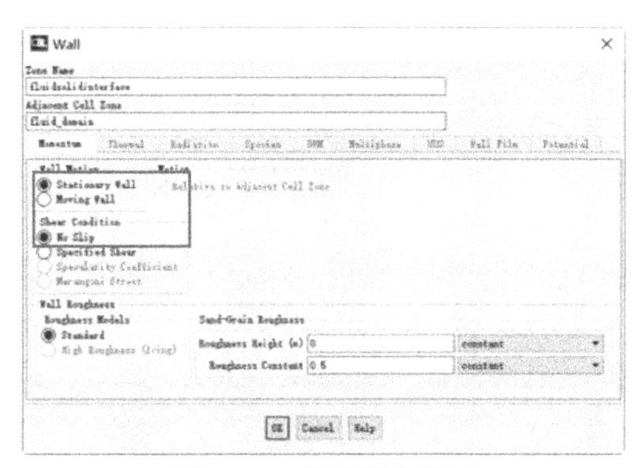

图 14-58　设置耦合壁面

（2）单击【Zone】→【inlet】→【Type】= Velocity-inlet，单击【Edit…】，在弹出的对话框中设置 Velocity Magnitude（m/s）= 6，单击【OK】关闭对话框，如图 14-59 所示。

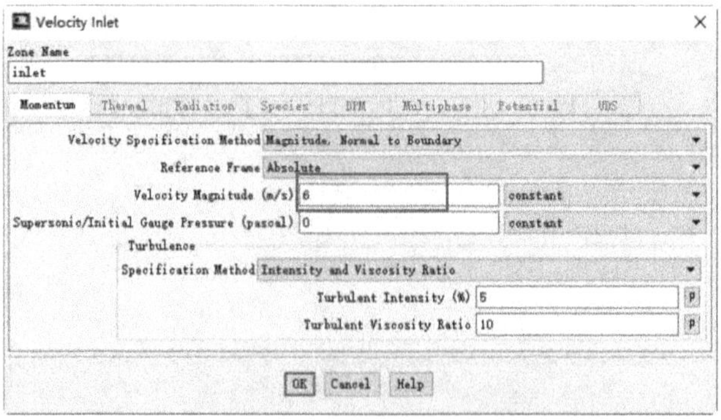

图 14-59 设置入口边界

（3）单击【Zone】→【outlet】→【Type】= pressure-outlet，单击【Edit…】，保持弹出的对话框中的设置，单击【OK】关闭对话框，如图 14-60 所示。

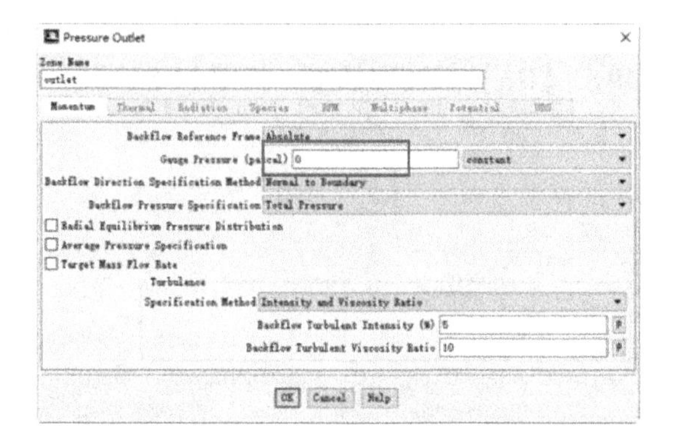

图 14-60 设置出口边界

20. 动网格设置

单击 Ribbon 功能区的【Setting Up Domain】→【Mesh Models】→【Dynamic Mesh】→【Task Page】，选择【Dynamic Mesh】；设置【Mesh Methods】→【Smoothing】→【Create/Edit…】→【Dynamic Mesh Zones】→【Zone Name】= fluid solid interface，【Type】= System Coupling，单击【Create】，然后单击【Close】关闭对话框，如图 14-61 所示。

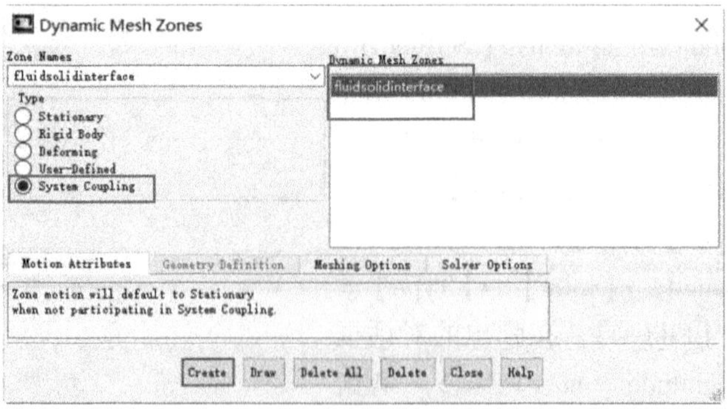

图 14-61 设置动网格

21. 参考值

（1）单击 Ribbon 功能区的【Setting Up Physics】→【Reference Values…】，单击【Reference Values】，参数默认，如图 14-62 所示。

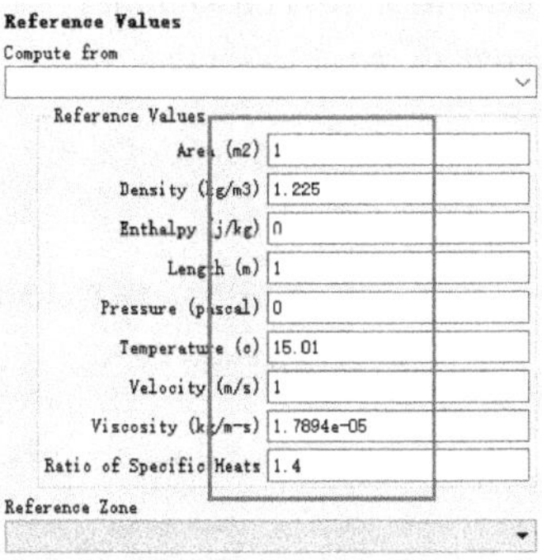

（2）在菜单栏上单击【File】→【Save Project】，保存项目。

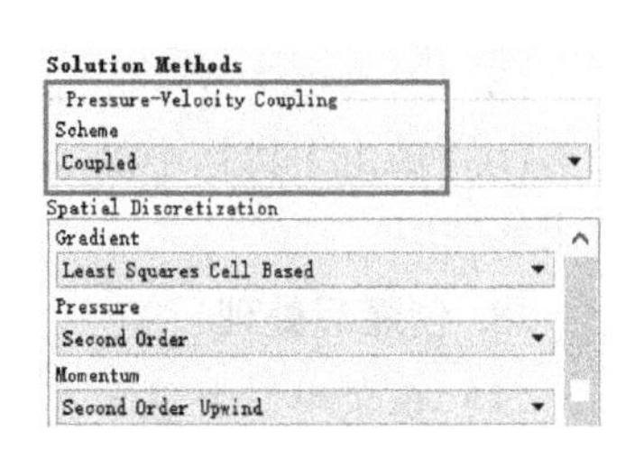

图 14-62　参考值

22. 求解设置

单击 Ribbon 功能区的【Solving】→【Methods…】，选择【Task Page】→【Scheme】= Coupled，其他默认，如图 14-63 所示。

图 14-63　求解方法设置

23. 初始化

单击 Ribbon 功能区的【Solving】→【Initialization】→【Initialize】初始化。

24. 设置自动保存频率

单击 Ribbon 功能区的【Solving】→【Activities】→【Mange…】，选择【Task Page】→【Autosave Every（Time Steps）】= 1，其他默认。

25. 求解时间及退出 Fluent

（1）单击 Ribbon 功能区的【Solving】→【Run Calculation】→【Time Step Size（s）】= 0.01，设置【No. of Time Steps】= 250，如图 14-64 所示。

（2）在菜单栏上单击【File】→【Save Project】，保存项目。

（3）在菜单栏上单击【File】→【Close Fluent】，退出 Fluent 环境，然后回到 Workbench 主界面。

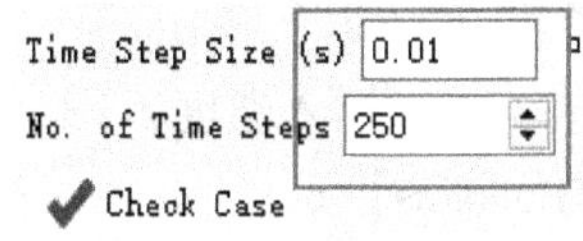

图 14-64　求解设置

26. 升级数据

（1）右键单击结构瞬态分析【Setup】，在弹出的菜单中选择【Update】升级，把数据传递到耦合分析中。

（2）右键单击流体动力学分析【Setup】，在弹出的菜单中选择【Update】升级，把数据传递到耦合分析中。

27. 耦合设置

（1）右键单击耦合分析的【Setup】→【Edit…】进入。

（2）分别单击选择【Transient Structural】下的【Fluid Solid Interface】与【Fluid Flow（Fluent）】下的【fluid solid interface】，然后右键单击选择【Create Data Transfer】创建耦合数据传递，如图 14-65 所示。

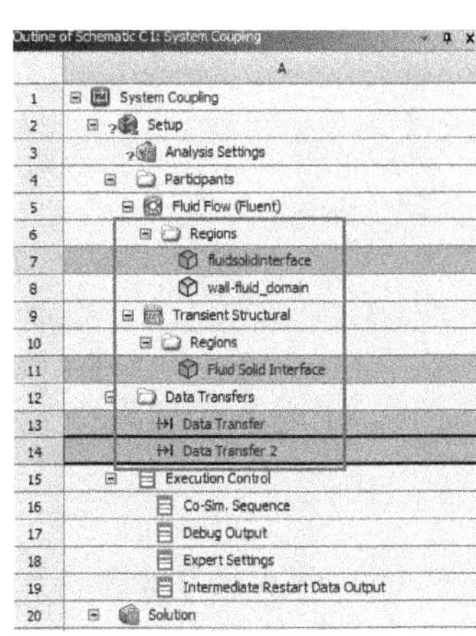

图 14-65　耦合设置界面

（3）单击【Analysis Settings】→【Properties of Analysis Settings】→【End Time［s］】= 2.5，设置【Step Size［s］】= 0.1，如图 14-66 所示，其他默认。

（4）单击【Execute Control】→【Intermediate Restart Data Output】→【Properties of Intermediate Restart Data Output】→【Output Frequency】= At Step Interval，设置【Step Interval】=5，如图 14-67 所示。

Properties of Analysis Settings

	A	B
1	Property	Value
2	Analysis Type	Transient
3	⊟ Initialization Controls	
4	Coupling Initialization	Program Controlled
5	⊟ Duration Controls	
6	Duration Defined By	End Time
7	End Time [s]	2.5
8	⊟ Step Controls	
9	Step Size [s]	0.1
10	Minimum Iterations	1
11	Maximum Iterations	5

图 14-66　设置耦合持续时间与时步控制

18	Expert Settings
19	Intermediate Restart Data Output
20	⊟ Solution

Properties of Intermediate Restart Data Output

	A	B
1	Property	Value
2	Output Frequency	At Step Interval
3	Step Interval	5

图 14-67　设置耦合输出频率

（5）右键单击【Solution】，在弹出的菜单中选择【Update】升级计算。

（6）单击工具栏中的【C：System Coupling】关闭按钮，返回到 Workbench 主界面，耦合求解完毕。

28. 创建后处理

（1）在菜单栏上单击【File】→【Save】，保存项目。

（2）拖动结构静力分析【Solution】到流体动力学分析【Results】使其连接。

（3）右键单击流体动力学分析【Results】→【Edit…】进入后处理系统。

（4）插入平面，在工具栏上单击【Location】→【Plane】并默认名确定，在几何选项中的域【Domains】选择 All Domains，在方法【Method】栏后选 ZX Plane，【Y】为 3.5mm，单击【Apply】确定。

（5）插入速度云图，在工具栏上单击【Contour】并默认名确定，在几何选项中的域【Domains】选择 All Domains，在位置【Locations】栏后单击…选项，在弹出的位置选择器里选择 Plane1 确定。在变量【Variable】栏后单击…选项，在弹出的变量选择器选择 Velocity 确定，设置【#of Contours】为 110，其他默认，单击【Apply】，可以看到振动片的速度云图，如图 14-68 所示。

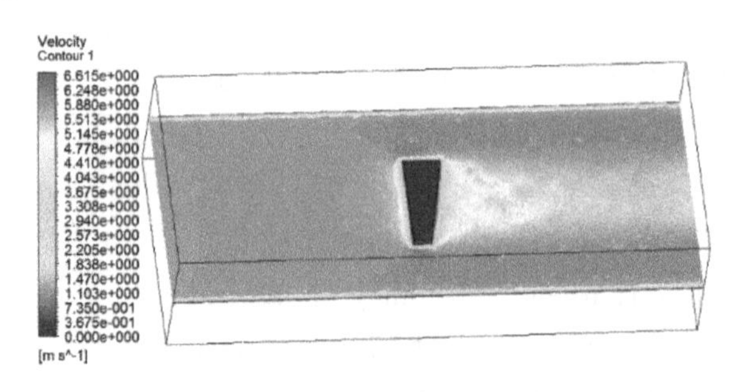

图 14-68　振动片的速度云图

（6）插入应力云图，在工具栏上单击【Contour】并默认名确定，在几何选项中的域【Domains】选择 All Domains，在位置【Locations】栏后单击…选项，在弹出的位置选择器里选择 Plane1 确定。在变量【Variable】栏后单击…选项，在弹出的变量选择器选择 Von Mises Stress 确定，设置【#of Contours】为 110，其他默认，单击【Apply】，可以看到振动片等效应力云图，如图 14-69 所示。

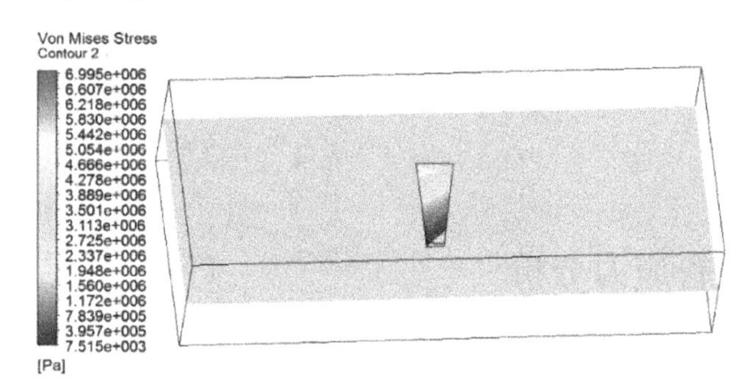

图 14-69　振动片等效应力云图

（7）在菜单栏上单击【File】→【Close CFD-Post】，退出 Fluent 环境，然后回到 Workbench 主界面。

29. 保存与退出

（1）退出 Mechanical 分析环境，单击 Mechanical 主界面的菜单【File】→【Close Mechanical】退出环境，返回到 Workbench 主界面，此时主界面的分析流程图中显示的分析已完成。

（2）单击 Workbench 主界面上的【Save】按钮，保存所有分析结果文件。

（3）退出 Workbench 环境，单击 Workbench 主界面的菜单【File】→【Exit】退出主界面，完成分析。

14.3.3　结果分析与点评

本实例是振动片双向流固耦合分析，属于外部流动的双向流固耦合问题，模拟流体流动对振动片的影响。从分析结果来看，较好地模拟了振动片在流体作用下的应力状况，为振动片的优化设计提供了参考。本实例与前两实例不同的是，本实例考虑了耦合的双向性，即流体与固体的相互作用，更接近真实情况。一般情况，双向耦合为动态耦合，所以本例利用了 Transient Structural 模块和瞬态模式，在本例中，重点是耦合界面设置、动网格设置及耦合求解设置。

第 15 章　客户化定制应用分析

15.1　储热补偿管应力分析

15.1.1　问题与重难点描述

1. 问题描述

对复杂储热管道系统，为防止管道因温度升高引起热伸长产生的应力而遭到破坏，通常设置补偿器来避免以上情况发生，主要是利用管道弯曲管段的弹性变形来补偿管道的热伸长。补偿器有多种形式，本实例就是其中的一种，如图 15-1 所示。已知补偿器管的材料为 12Cr1MoV，线膨胀系数为 1.2×10^{-5}/℃，弹性模量为 2.14×10^{11}Pa，泊松比为 0.286。假设补偿器管内部温度 500℃，内壁压力 0.1MPa，两端固定，试求补偿器管的整体变形、剪力和应力。

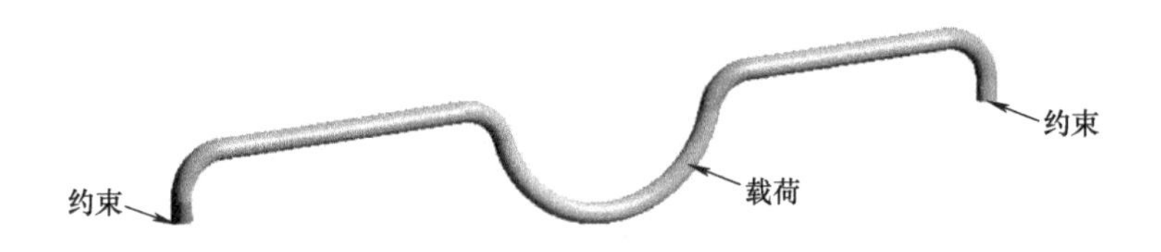

图 15-1　补偿管模型

2. 重难点提示

本实例重难点在于客户化 ASME Pipe Check 应用，包括涉及的对实体管道模型简化、边界施加、梁单元管道结果后处理、客户化管道应力求解后处理。

15.1.2　实例详细解析过程

1. 启动 Workbench18.0

在“开始”菜单中执行 ANSYS18.0 → Workbench18.0 命令。

2. 创建结构静力分析

（1）在工具箱【Toolbox】的【Analysis Systems】中双击或拖动结构静力分析【Static Structural】到项目分析流程图，如图 15-2 所示。

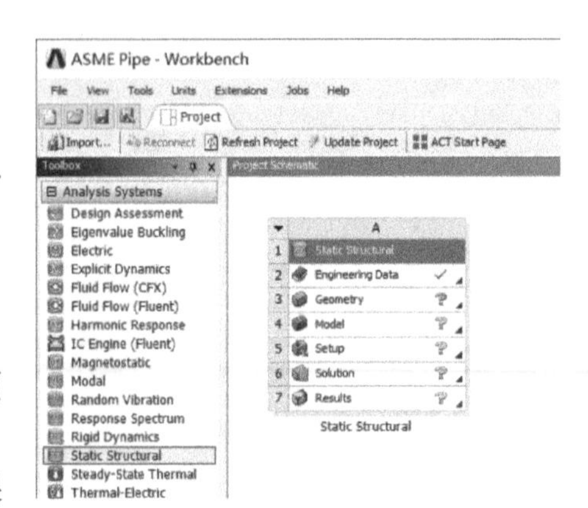

图 15-2　创建结构静力分析

（2）在 Workbench 的工具栏中单击【Save】，保存项目实例名为 ASME Pipe. wbpj。如工程实例文件保存在 D：\ AWB \ Chapter15 文件夹中。

3. 创建材料参数

（1）编辑工程数据单元，右键单击【Engineering Data】→【Edit】。

（2）在工程数据属性中增加新材料。单击【Outline of Schematic A2：Engineering Data】→【Click here to add a new material】，输入材料名称 12Cr1MoV。

（3）输入线热膨胀系数。单击工具栏【Filter Engineering Data】，在左侧单击【Physical Properties】展开，双击【Isotropic Secant Coefficient of Thermal Expansion】→【Properties of Outline Row 4：12Cr1MoV】→【Coefficient of Thermal Expansion】= 1.2E - 05C^-1。

（4）在左侧单击【Creep】展开，双击【Combined Time hardening】→【Properties of Outline Row 4：12Cr1MoV】→【Isotropic Elasticity】→【Young's Modulus】= 2.14E + 11 Pa。

（5）设置【Isotropic Elasticity】→【Poisson's Ratio】= 0.286。

（6）单击工具栏中的【A2：Engineering Data】关闭按钮，返回到 Workbench 主界面，新材料创建完毕，如图 15-3 所示。

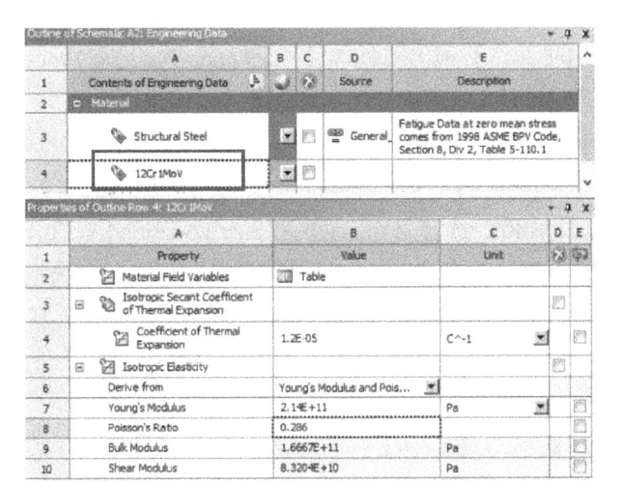

图 15-3　材料属性

4. 导入几何

（1）在结构静力分析上，右键单击【Geometry】→【Import Geometry】→【Browse】，找到模型文件 ASME Pipe. x_t，打开导入几何模型。如模型文件在 D：\ AWB \ Chapter15 文件夹中。

（2）在结构静力分析上，右键单击【Geometry】→【Edit Geometry in SpaceClaim…】进入 SpaceClaim 环境。

5. 模型简化处理

（1）单击【Prepare】→【Beams】→【Extract】，然后框选整个模型，如图 15-4 所示。

（2）单击 SpaceClaim 主界面的菜单【File】→【Exit SpaceClaim】退出几何建模环境。

（3）返回 Workbench 主界面，单击 Workbench 主界面上的【Save】按钮保存。

6. 进入 Mechanical 分析环境

（1）在结构静力分析上，右键单击【Model】→【Edit】进入 Mechanical 分析环境。

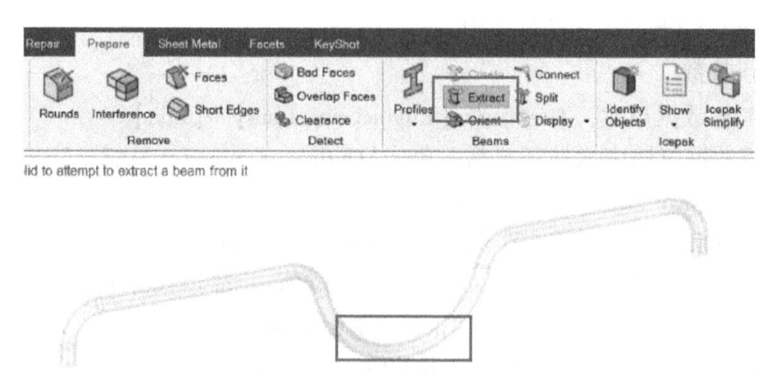

图 15-4　模型简化处理

（2）在 Mechanical 的主菜单【Units】中设置单位为 Metric（mm，kg，N，s，mV，mA）。

7. 为几何模型分配属性及材料

在导航树上单击【Geometry】展开，选择【SYS \ Extracted Beam（Extracted Profile1）】→【Details of "Multiple Selection"】→【Definition】→【Model Type】= Pipe；【Material】→【Assignment】= 12Cr1MoV，其他默认。

8. 几何模型划分网格

（1）在导航树上单击【Mesh】→【Details of "Mesh"】→【Defaults】→【Physics Preference】= Mechanical，【Relevance】= 80；选择【Sizing】→【Size Function】= Curvature，【Relevance Center】= Fine，【Element Midside Node】= Kept，其他默认。

（2）在标准工具栏单击，选择所有管道模型，在导航树上右键单击【Mesh】，从弹出的菜单中选择【Insert】→【Sizing】→【Details of "Edge Sizing" -Sizing】→【Definition】→【Element Size】= 10mm，其他默认。

（3）生成网格，右键单击【Mesh】→【Generate Mesh】，图形区域显示程序生成的网格模型，如图 15-5 所示。

图 15-5　网格划分

（4）网格质量检查，在导航树上单击【Mesh】→【Details of "Mesh"】→【Quality】→【Mesh Metric】= Element Quality，显示 Element Quality 规则下网格质量详细信息，平均值处在好水平范围内，展开【Statistics】显示网格和节点数量。

9. 节点融合设置

（1）在导航树上右键单击【Mesh】，在弹出的菜单中选择【Insert】→【Node Merge】，【Node Merge Group】→【Details of "Node Merge Group"】→【Tolerance Value】= 0.01mm。

（2）在导航树上右键单击【Node Merge Group】，在弹出的菜单中选择【Detect Connections】，

自动探测在容差范围下可融合的节点连接。

（3）删除有问号第一个【Node Merge】。

（4）右键单击【Node Merge Group】，在弹出的菜单中选择【Generate】，产生融合节点，如图 15-6 所示。

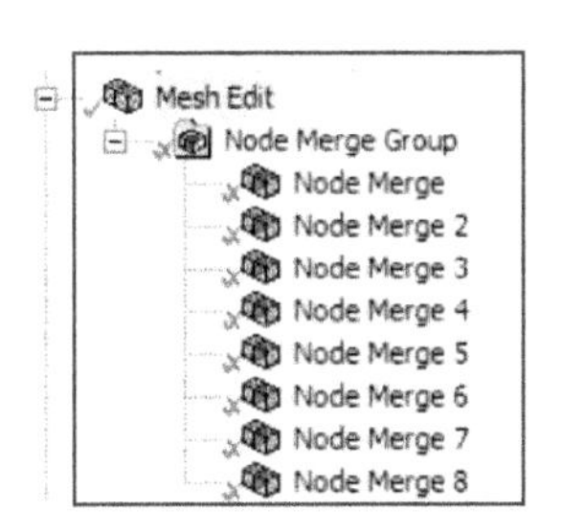

图 15-6　创建节点融合

10. 施加边界条件

（1）选择【Static Structural（A5）】。

（2）在标准工具栏单击，选择所有管道模型，然后在环境工具栏单击【Loads】→【Pipe Pressure】。单击【Pipe Pressure】→【Details of "Pipe Pressure"】→【Definition】→【Magnitude】= 0. 1MPa，其他默认，如图 15-7 所示。

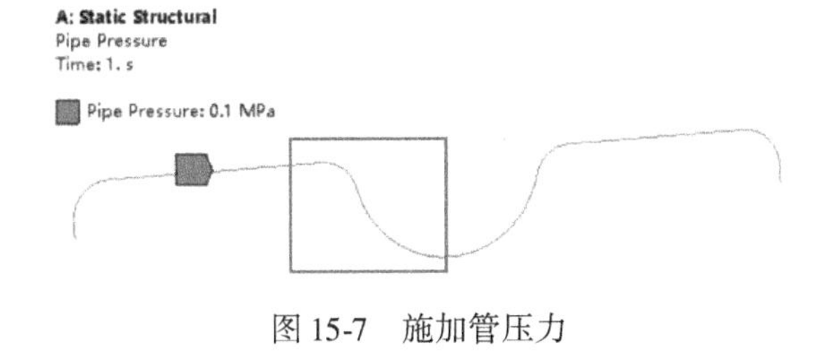

图 15-7　施加管压力

（3）在标准工具栏单击，选择所有管道模型，然后在环境工具栏单击【Loads】→【Pipe Temperature】。单击【Pipe Temperature】→【Details of "Pipe Temperature"】→【Definition】→【Magnitude】=500℃，其他默认，如图 15-8 所示。

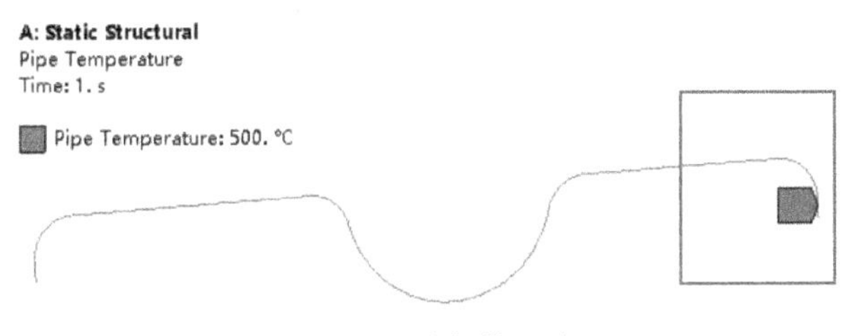

图 15-8　施加管温度

（4）在标准工具栏单击，选择管道的 5 个弯管处，然后在环境工具栏单击【Conditions】→【Pipe Idealization】，其他默认，如图 15-9 所示。

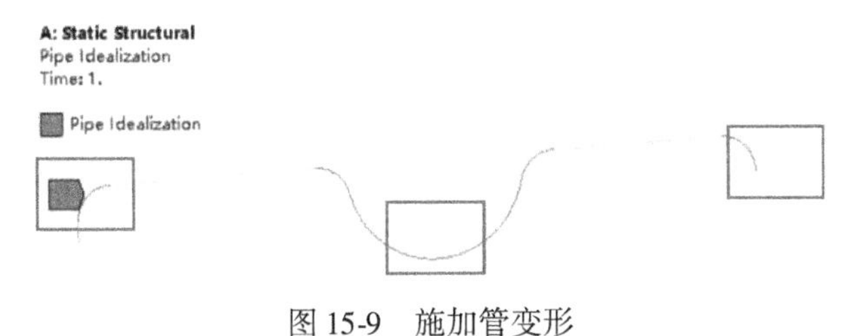

图 15-9　施加管变形

（5）施加约束，在标准工具栏上单击选择点图标，选择管的一端，在环境工具栏上单击【Supports】→【Fixed Support】，如图 15-10 所示。然后选择管的另一端，在环境工具栏上单击【Supports】→【Fixed Support】，如图 15-11 所示。

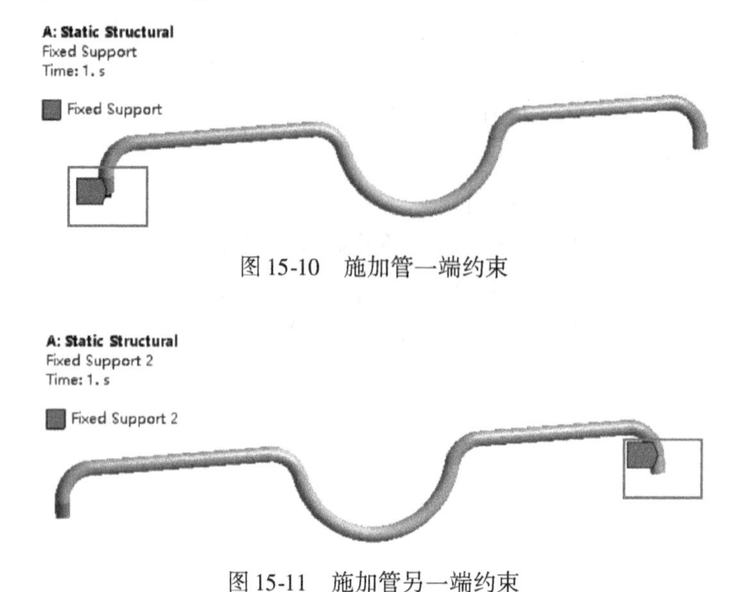

图 15-10　施加管一端约束

图 15-11　施加管另一端约束

11. 设置需要的结果

(1) 选择【Solution (A6)】。

(2) 在求解工具栏上单击【Deformation】→【Total】。

(3) 在求解工具栏上单击【Beam Results】→【Shear Force】。

(4) 在求解工具栏上单击【ASME Pipe Check】→【Pipe Stress】。

12. 求解与结果显示

(1) 在 Mechanical 标准工具栏上单击 Solve 进行求解运算。

(2) 在导航树上选择【Solution (A6)】→【Total Deformation】，图形区域显示补偿管总变形分布云图，如图 15-12 所示；选择【Solution (A6)】→【Total Shear Force】，图形区域显示补偿管总剪切应力分布云图，如图 15-13 所示；选择【Solution (A6)】→【Pipe Stress】→【Details of "Pipe Stress"】→【Definition】→【Stress Type】= Combined Stress，【Combined Stress Criterion】= Maximum of Shear and Distortion，【Hoop Stress Criterion】= ASME Formulation，图形区域显示补偿管组合应力分布云图，如图 15-14 所示。

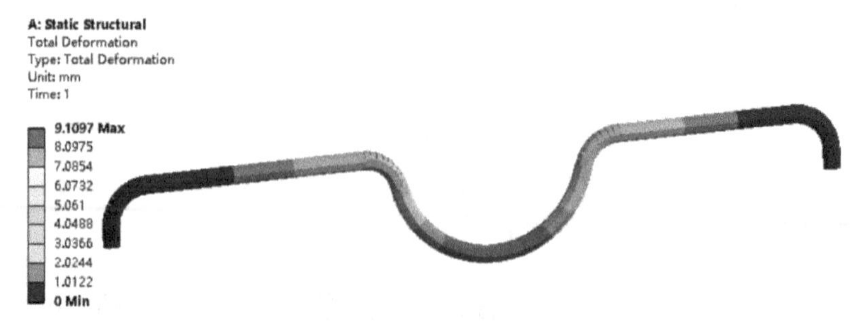

图 15-12　补偿管总变形分布云图

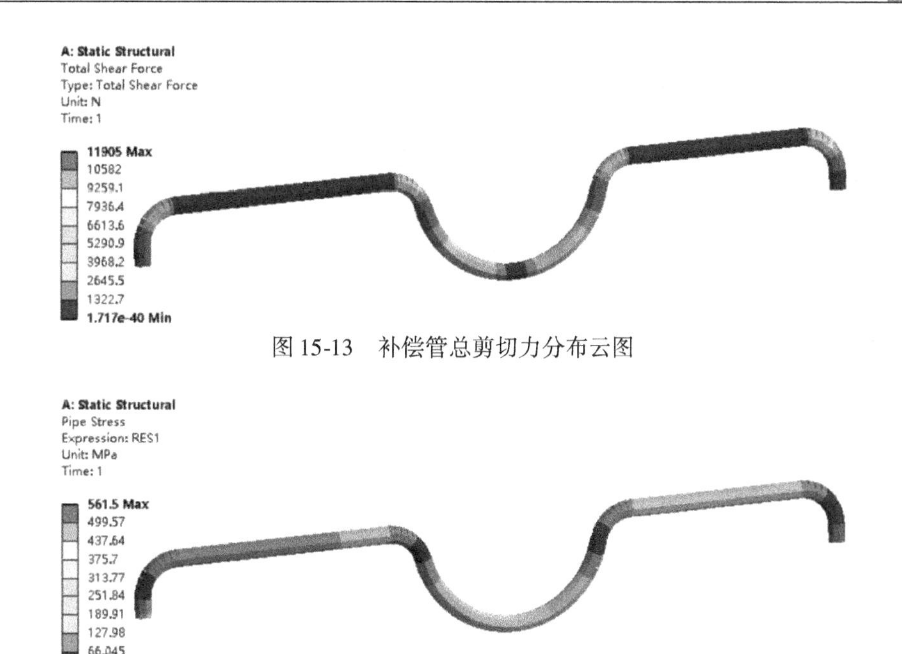

图 15-13　补偿管总剪切力分布云图

图 15-14　补偿管组合应力分布云图

13. 保存与退出

（1）退出 Mechanical 分析环境，单击 Mechanical 主界面的菜单【File】→【Close Mechanical】退出环境，返回到 Workbench 主界面，此时主界面的分析流程图中显示的分析已完成。

（2）单击 Workbench 主界面上的【Save】按钮，保存所有分析结果文件。

（3）退出 Workbench 环境，单击 Workbench 主界面的菜单【File】→【Exit】退出主界面，完成分析。

15.1.3　结果分析与点评

本实例是储热补偿管应力分析，从分析结果来看，管道补偿器片中间部位变形较大，而剪应力集中在弯管处，最大应力主要在可活动的右端。这主要是因为管受到热载荷和压力载荷所致。本实例主要应用基于 ASME B31.8—2012《气体传输和分配管道系统》ANSYS ACT 客户化管道评估插件进行分析，该客户化插件适用于管道应力校核，可进行环向应力、纵向应力及组合应力评估，可方便对实体复杂管道简化为线体管道进行分析。使用管道评估插件功能，需要先加载该插件。

15.2　集热器框架应力分析

15.2.1　问题与重难点描述

1. 问题描述

如图 15-15 所示，集热器（部分）是光热发电的核心部件，主要用来收集太阳光热。集热器通常放置在空旷的野外十几米的混凝土柱上，工作环境恶劣，其中风载荷是常年受到的主要作用载荷。已知集热器框架材料为 Q345：密度为 7850kg/m^3，弹性模量为 2.09×10^{11}Pa，泊松比为 0.3；玻璃材料的密度为 2500kg/m^3，弹性模量为 7.2×10^{10}Pa，泊松比为 0.2；橡胶材料的密度为 1200kg/m^3，弹性模量为 1.0363×10^{6}Pa，泊松比为 0.499。假设集热器镜片上水平受 1 海里风速，支撑集热器的框架固定约束，试求集热器框架的强度。

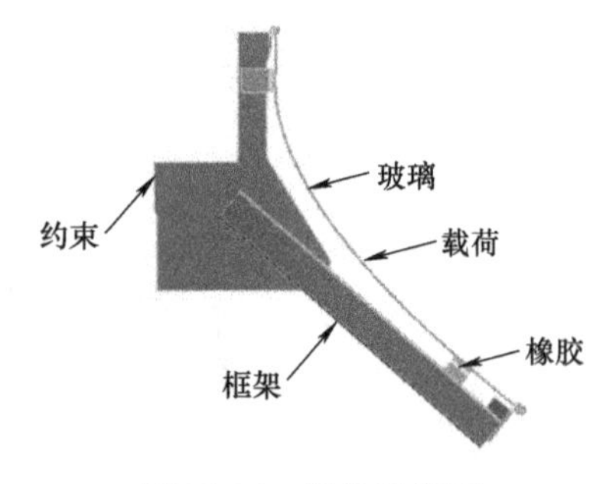

图 15-15 集热器模型

2. 重难点提示

本实例重难点在于风载荷的应用，包括涉及的材料参数确定、网格划分、边界施加、客户化风载载荷施加、结果后处理。

15.2.2 实例详细解析过程

1. 启动 Workbench18.0

在“开始”菜单中执行 ANSYS18.0→Workbench18.0 命令。

2. 创建结构静力分析

（1）在工具箱【Toolbox】的【Analysis Systems】中双击或拖动结构静力分析【Static Structural】到项目分析流程图，如图 15-16 所示。

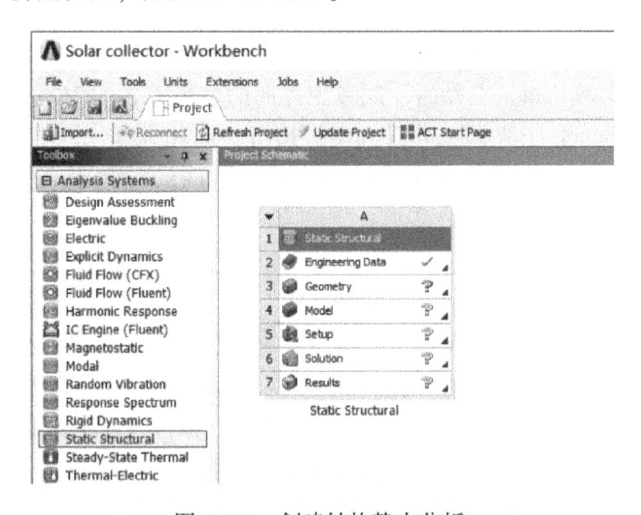

图 15-16 创建结构静力分析

（2）在 Workbench 的工具栏中单击【Save】，保存项目实例名为 Solar collector. wbpj。如工程实例文件保存在 D：\ AWB \ Chapter15 文件夹中。

3. 创建材料参数

（1）编辑工程数据单元，右键单击【Engineering Data】→【Edit】。

（2）在工程数据属性中增加新材料：【Outline of Schematic A2：Engineering Data】→【Click here to add a new material】输入材料名称 Q345R。

（3）在左侧单击【Physical Properties】展开，双击【Density】→【Properties of Outline Row 4：Q345R】→【Density】=7850kg m^-3。

（4）在左侧单击【Linear Elastic】展开，双击【Isotropic Elasticity】→【Properties of Outline Row 4：Q345R】→【Young's Modulus】=2.09E+11Pa。

（5）设置【Properties of Outline Row 4：Q345R】→【Poisson′s Ratio】=0.3。

（6）在工程数据属性中增加新材料。选择【Outline of Schematic A2：Engineering Data】→【Click here to add a new material】，输入材料名称 Glass。

（7）在左侧单击【Physical Properties】展开，双击【Density】→【Properties of Outline Row 5：Glass】→【Density】=2500 kg m^-3。

（8）在左侧单击【Linear Elastic】展开，双击【Isotropic Elasticity】→【Properties of Outline Row 5：Glass】→【Young's Modulus】=7.2E+10Pa。

（9）设置【Properties of Outline Row 5：Glass】→【Poisson's Ratio】=0.2。

（10）在工程数据属性中增加新材料。选择【Outline of Schematic A2：Engineering Data】→【Click here to add a new material】，输入材料名称 Rubber。

（11）在左侧单击【Physical Properties】展开，双击【Density】→【Properties of Outline Row 6：Rubber】→【Density】=1200 kg m^-3。

（12）在左侧单击【Linear Elastic】展开，双击【Isotropic Elasticity】→【Properties of Outline Row 6：Rubber】→【Young's Modulus】=1.0363E+06Pa。

（13）设置【Properties of Outline Row 6：Rubber】→【Poisson's Ratio】=0.499。

（14）单击工具栏中的【A2：Engineering Data】关闭按钮，返回到 Workbench 主界面，新材料创建完毕，如图 15-17 所示。

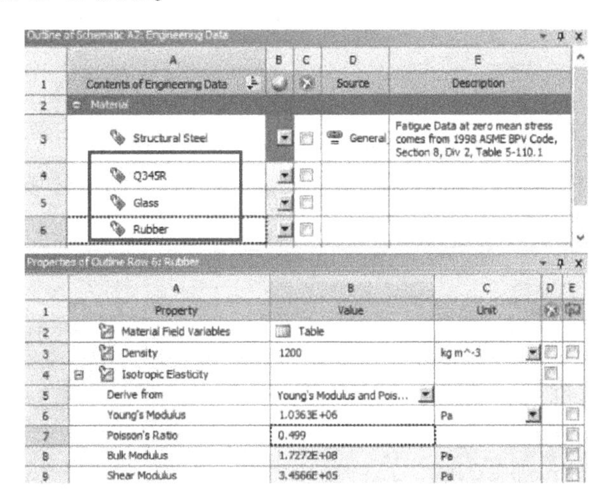

图 15-17　材料属性

4. 导入几何

在结构静力分析上，右键单击【Geometry】→【Import Geometry】→【Browse】，找到模型文件 Solar collector.x_t，打开导入几何模型。如模型文件在 D：\ AWB \ Chapter15 文件夹中。

5. 进入 Mechanical 分析环境

（1）在结构静力分析上，右键单击【Model】→【Edit】进入 Mechanical 分析环境。

（2）在 Mechanical 的主菜单【Units】中设置单位为 Metric（mm，kg，N，s，mV，mA）。

6. 为几何模型分配材料

（1）在导航树上单击【Geometry】展开，选择【Shim. 1、Shim. 2、Shim. 3、Shim. 4、Shim. 5、Shim. 6】→【Details of “Multiple Selection”】→【Material】→【Assignment】=Q345R，其他默认。

（2）在导航树上单击【Geometry】展开，选择【Frame. 1、Frame. 2、Frame. 3、Frame. 4、Frame. 5、Frame. 6】→【Details of “Multiple Selection”】→【Material】→【Assignment】=Q345R，其他默认。

（3）在导航树上单击【Geometry】展开，选择【Rubber. 1、Rubber. 2、Rubber. 3、Rubber. 4、Rubber. 5、Rubber. 6】→【Details of “Multiple Selection”】→【Material】→【Assignment】=Rubber，其他默认。

（4）在导航树上单击【Geometry】展开，选择【Tempered glass】→【Details of “Tempered glass”】→【Material】→【Assignment】=Glass，其他默认。

7. 几何模型划分网格

（1）在导航树上单击【Mesh】→【Details of “Mesh”】→【Sizing】→【Size Function】=Adaptive，【Relevance Center】=Medium，其他默认。

（2）在标准工具栏单击，选择所有模型，在导航树上右键单击【Mesh】，在弹出的菜单中选择【Insert】→【Sizing】→【Details of “Body Sizing” -Sizing】→【Definition】→【Element Size】=9mm，其他默认。

（3）选择 Frame. 1、Frame. 4 模型，然后右键单击【Mesh】，从弹出的菜单中选择【Insert】→【Method】→【MultiZone】，其他默认，如图 15-18 所示。

（4）生成网格，右键单击【Mesh】→【Generate Mesh】，图形区域显示程序生成的网格模型，如图 15-19 所示。

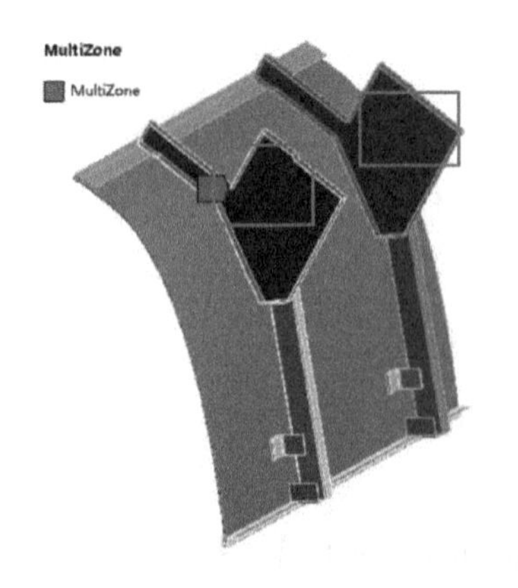

图 15-18　多区域网格设置

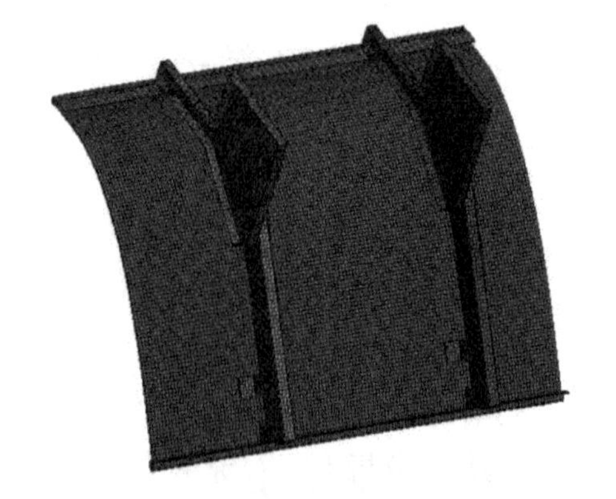
图 15-19　网格划分

（5）网格质量检查，在导航树上单击【Mesh】→【Details of “Mesh”】→【Quality】→【Mesh Metric】=Element Quality，显示 Element Quality 规则下网格质量详细信息，平均值处在好水平范围内，展开【Statistics】显示网格和节点数量。

8. 施加边界条件

（1）选择【Static Structural（A5）】。

（2）在标准工具栏单击，选择 Glass 模型，然后在环境工具栏单击【Wind Loading on Solid or Shell】→【Wind Loading（Face）】→【Details of “Wind Loading（Face）”】→【Wind Front Faces】→【Scoping Method】= Name Selection，选择【Name Selection】= Windward face，【Wind Load Method】→【Wind Load Method】= Projected Area Approach，【Wind Velocity】→【Reference Datum】= Global Coordinate System，【Height Direction】= X，【X Component】= –1knot，其他默认，如图 15-20 所示。

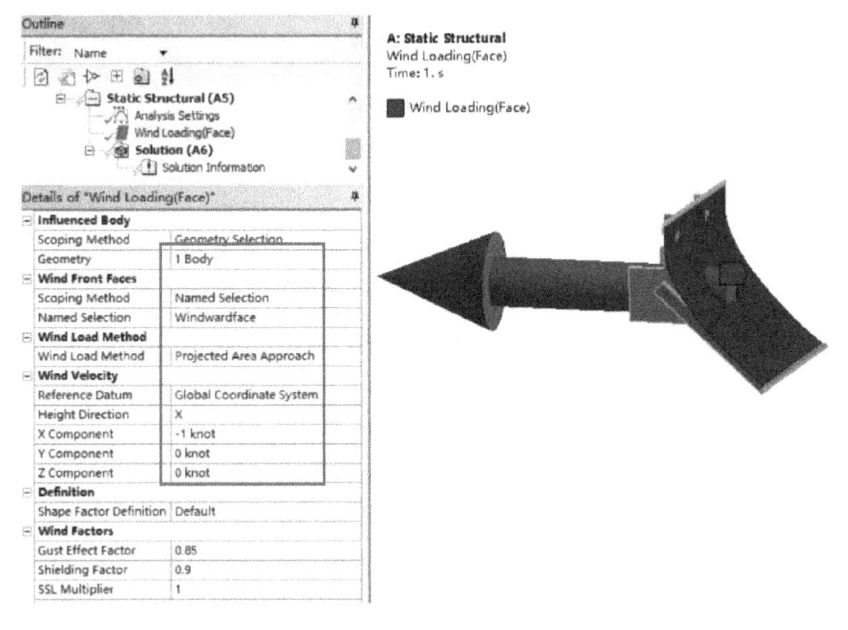

图 15-20　施加风载

（3）施加约束，在标准工具栏上单击，选择 Frame. 1、Frame. 4，然后在环境工具栏上单击【Supports】→【Fixed Support】，如图 15-21 所示。

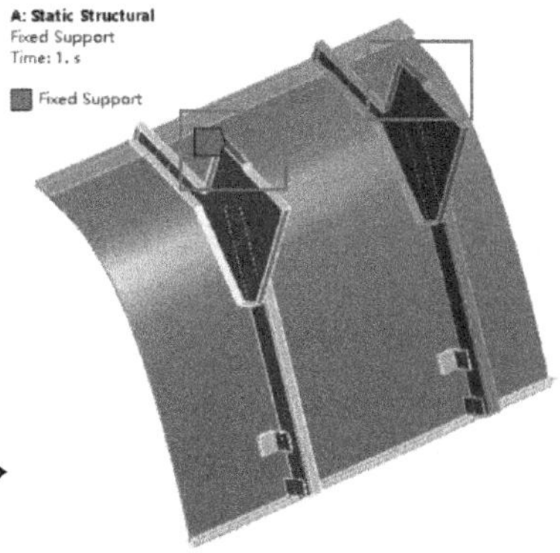

图 15-21　施加约束

9. 设置需要的结果

（1）选择【Solution（A6）】。

（2）在求解工具栏上单击【Deformation】→【Total】。

（3）在标准工具栏单击，选择【Frame. 1、Frame. 2、Frame. 3、Frame. 4、Frame. 5、Frame. 6】模型，单击【Stress】→【Equivalent（von-Mises）】。

10. 求解与结果显示

（1）在 Mechanical 标准工具栏上单击 Solve 进行求解运算。

（2）在导航树上选择【Solution（A6）】→【Total Deformation】，图形区域显示集热器变形分布云图，如图 15-22 所示；单击【Solution（A6）】→【Equivalent Stress】，显示集热器框

架等效应力分布云图，如图 15-23 所示。

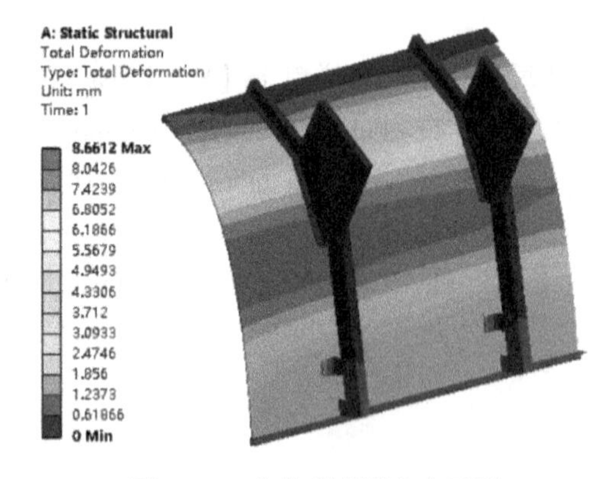

图 15-22　集热器变形分布云图

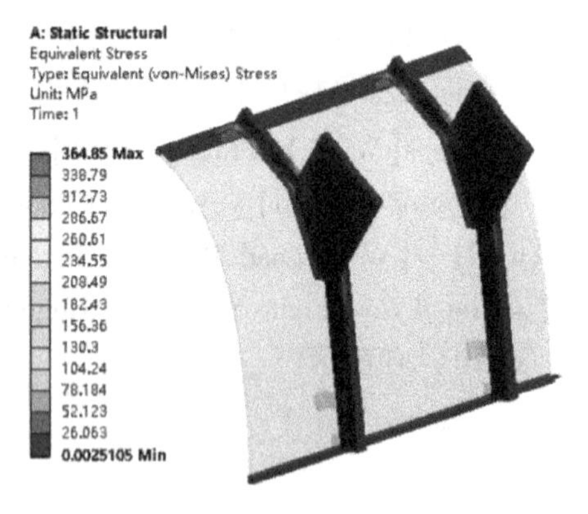

图 15-23　集热器框架等效应力分布云图

11. 保存与退出

（1）退出 Mechanical 分析环境，单击 Mechanical 主界面的菜单【File】→【Close Mechanical】退出环境，返回到 Workbench 主界面，此时主界面的分析流程图中显示的分析已完成。

（2）单击 Workbench 主界面上的【Save】按钮，保存所有分析结果文件。

（3）退出 Workbench 环境，单击 Workbench 主界面的菜单【File】→【Exit】退出主界面，完成分析。

15.2.3　结果分析与点评

本实例是集热器框架应力分析，从分析结果来看，集热器镜片中间部位变形较大，而最大应力集中在集热器框架，这是因为水平风载荷主要作用在集热器镜片所致。本实例主要应用基于 API 4F《钻井和修井结构规范》ANSYS ACT 客户化风载插件进行分析，该客户化插件适用于实体、壳体、线体几何结构模型，可以进行单步或多步加载，可以对迎风面自动探测，也可应用背风面。使用风载插件功能，需要先加载该插件。

15.3　生死接触单元分析

15.3.1　问题与重难点描述

1. 问题描述

如图 15-24 所示材料为结构钢的圆环由两部分组成，上半圆环截面小，直径为 10mm，下半圆环截面大，直径为 20mm，其中小直径部分受 100N 作用力，大直径部分约束，两部分圆环通过接触连接，其中一端接触连接固定，另一端接触存在摩擦，且摩擦因数为 0.1。试求圆环在力载荷作用下具有摩擦关系的一端的位移和应力情况。

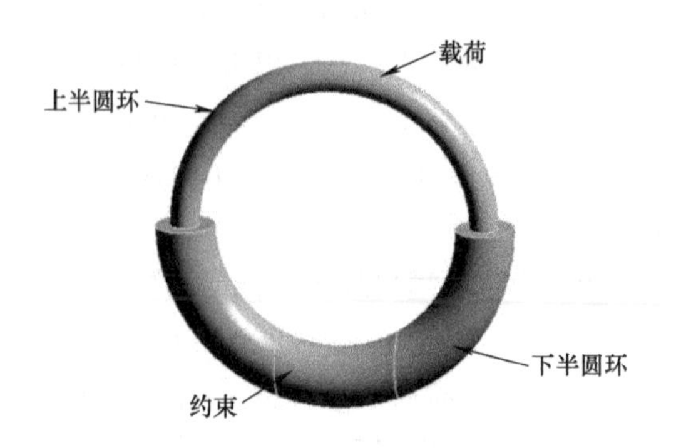

图 15-24　片弹簧及平板模型

2. 重难点提示

本实例重难点在于客户化的生死单元应用，包括涉及的接触设置、边界施加、客户化生死单元施加，分析设置和结果后处理。

15.3.2　实例详细解析过程

1. 启动 Workbench18.0

在“开始”菜单中执行 ANSYS18.0→Workbench18.0 命令。

2. 创建结构静力分析

(1) 在工具箱【Toolbox】的【Analysis Systems】中双击或拖动结构静力分析【Static Structural】到项目分析流程图，如图 15-25 所示。

(2) 在 Workbench 的工具栏中单击【Save】，保存项目实例名为 BD element.wbpj。如工程实例文件保存在 D：\AWB\Chapter15 文件夹中。

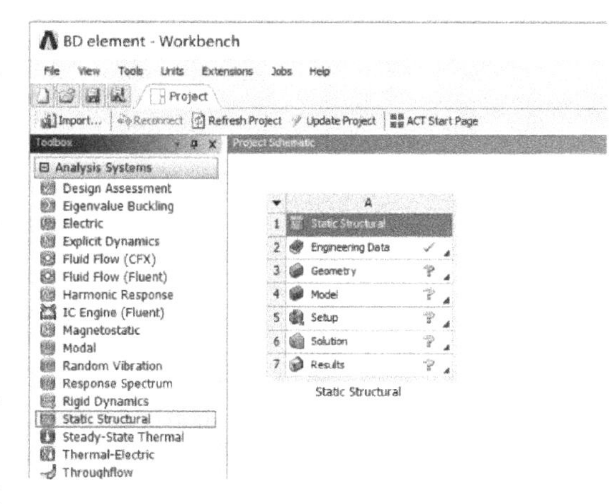

图 15-25　创建结构静力分析

3. 创建材料参数，材料默认

4. 导入几何模型

在结构静力分析上，右键单击【Geometry】→【Import Geometry】→【Browse】，找到模型文件 BD element.agdb，打开导入几何模型。如模型文件在 D：\AWB\Chapter15 文件夹中。

5. 进入 Mechanical 分析环境

(1) 在结构静力分析上，右键单击【Model】→【Edit】进入 Mechanical 分析环境。

(2) 在 Mechanical 的主菜单【Units】中设置单位为 Metric（mm，kg，N，s，mV，mA）。

6. 为几何模型分配材料，材料默认

7. 创建接触连接

(1) 在导航树上展开【Connections】→【Contacts】，右键单击【Contact Region】→【Delete】。

(2) 在导航树上右键单击【Contacts】，单击【Bonded-No Selection To No Selection】→【Details of “Bonded-No Selection To No Selection”】→【Scope】→【Contact】，隐藏 Big，单击选择 Small 端面，然后单击【Apply】确定；选择【Target】，显示 Big，选择 Big 端面，然后单击【Apply】确定，如图 15-26 所示。

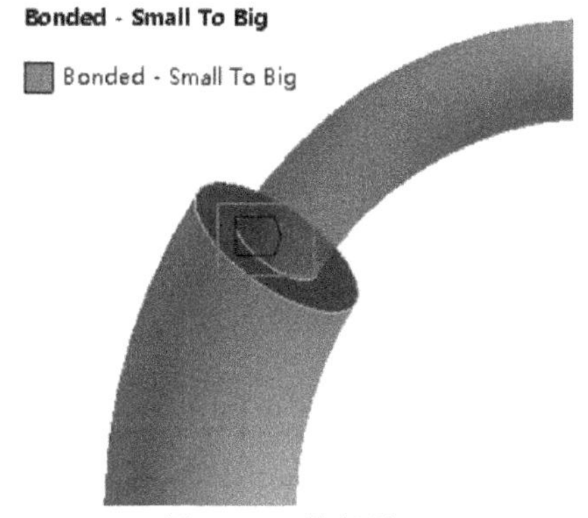

图 15-26　接触设置

(3) 在导航树上右键单击【Contacts】，单击【Bonded-No Selection To No Selection】→【Details of “Bonded-No Selection To No Selection”】→【Scope】→【Contact】，隐藏 Big，单击选择 Small 另一端端面，

然后单击【Apply】确定；选择【Target】，显示 Big，选择 Big 另一端端面，然后单击【Apply】确定；设置【Definition】→【Type】= Frictional，【Frictional Coefficient】=0.2，【Behavior】= Symmetric；【Advanced】→【Formulation】= Augmented Lagrange，【Detection Method】= On Gauss Point，【Pinball Region】= Radius，【Pinball Radius】=5mm，其他默认，如图 15-27 所示。

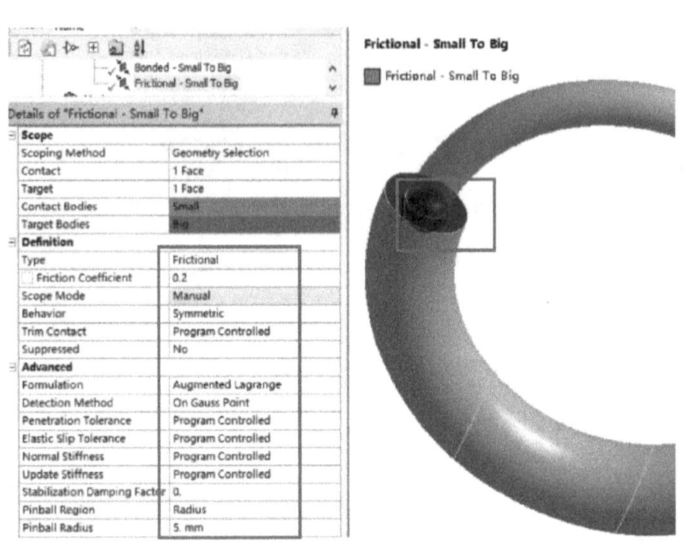

图 15-27 接触设置

8. 划分网格

（1）在导航树上单击【Mesh】→【Details of "Mesh"】→【Defaults】→【Element Midside Nodes】= Dropped；【Sizing】→【Relevance Center】= Medium，其他默认。

（2）在标准工具栏上单击，选择所有几何模型，然后在导航树上右键单击【Mesh】，在弹出的菜单中选择【Insert】→【Sizing】→【Details of "Body Sizing" -Sizing】→【Definition】→【Element Size】=3mm，其他默认。

（3）生成网格，右键单击【Mesh】→【Generate Mesh】，图形区域显示程序生成的六面体网格模型，如图 15-28 所示。

（4）网格质量检查，在导航树上单击【Mesh】→【Details of "Mesh"】→【Quality】→【Mesh Metric】= Skewness，显示 Skewness 规则下网格质量详细信息，平均值处在好水平范围内，展开【Statistics】显示网格和节点数量。

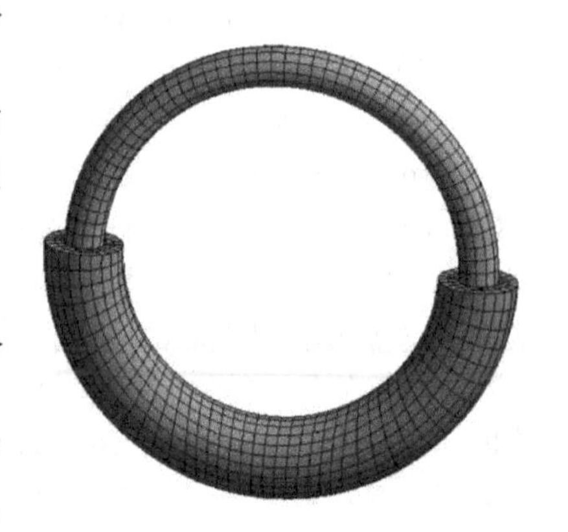

图 15-28 划分网格

9. 接触初始检测

（1）在导航树上右键单击【Connections】→【Insert】→【Contact Tool】。

（2）右键单击【Contact Tool】，在弹出的快捷菜单中选择【Generate Initial Contact Results】，经过初始运算，得到接触状态信息，如图 15-29 所示。注意图示接触状态值是按照网格设置后的状态，也可先不设置网格，查看接触初始状态。

Name	Contact Side	Type	Status	Number Contacting	Penetration (mm)	Gap (mm)	Geometric Penetration (mm)	Geometric Gap (mm)	Resulting Pinball (mm)	Real Constant
Bonded - Small To Big	Contact	Bonded	Closed	17.	0.	0.	0.	0.	0.83509	3.
Bonded - Small To Big	Target	Bonded	Closed	25.	0.	0.	0.	0.	1.0371	4.
Frictional - Small To Big	Contact	Frictional	Closed	17.	8.4401e-015	0.	8.4401e-015	0.	5.	5.
Frictional - Small To Big	Target	Frictional	Closed	25.	8.4946e-015	0.	8.4946e-015	0.	5.	6.

图 15-29　接触初始检测

10. 施加边界条件

（1）单击【Static Structural（A5）】。

（2）施加力载荷，在标准工具栏单击，选择 Small 面，然后在环境工具栏单击【Loads】→【Force】→【Details of “Force”】→【Define By】= Components，【Coordinate System】= Global Coordinate System，设置【Y Component】= －100N，【X Component】= 0N，【Z Component】= 0N，如图 15-30 所示。

（3）施加约束，首先在标准工具栏上单击，然后选择 Big 中间面，在环境工具栏单击【Supports】→【Remote Displacement】→【Details of “Remote Displacement”】→【Definition】，设置【X Component】= 0mm，【Y Component】= 0mm，【Z Component】= 0mm，【Rotation X】= 0°，【Rotation Y】= 0°，【Rotation Z】= 0°，其他默认，如图 15-31 所示。

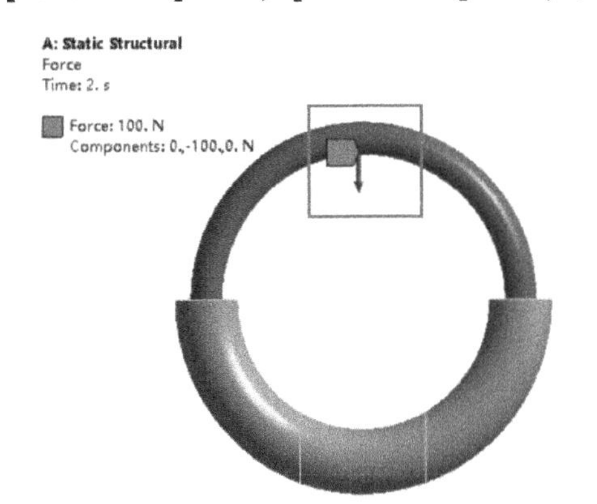

图 15-30　施加力载荷

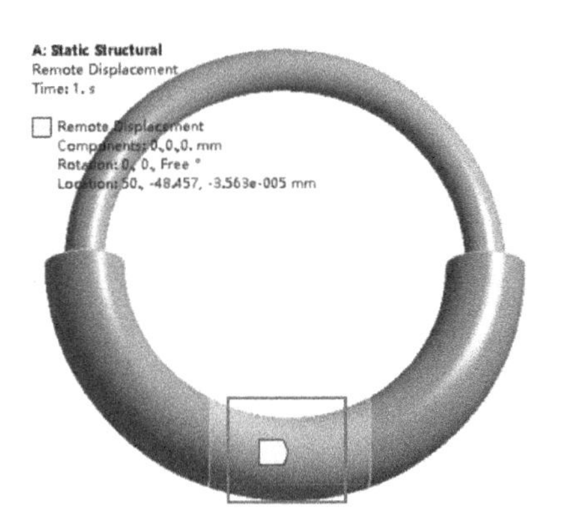

图 15-31　施加约束

（4）右键单击【Static Structural（A5）】→【Element Death】→【Details of “Element Death”】→【Definition】→【Type】= Contact，设置【Kill Element Step】= 1，【Alive Element Step】= 2，【Contact】= Frictional-Small To Big <33>，如图 15-32 所示。

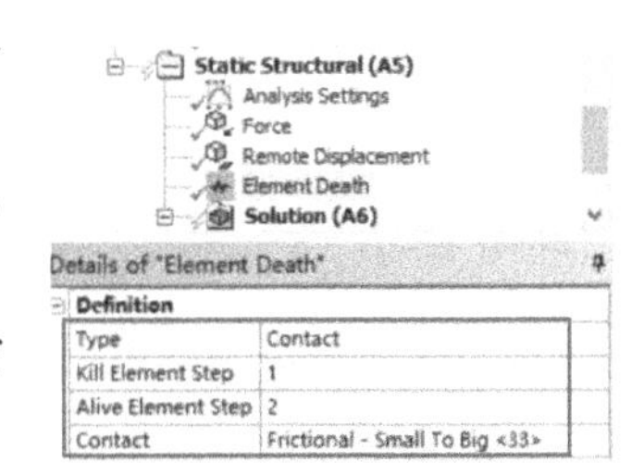

图15-32　施加生死单元

（5）分析设置，单击【Analysis Settings】→【Details of “Analysis Settings”】→【Step Controls】，设置【Number of Steps】= 2，【Current Step Number】= 1，【Step End Time】= 1，【Auto Time Stepping】= Off，【Define By】= Substeps，【Number Of Substeps】= 10；【Current Step Number】= 2，【Step End Time】= 2，【Auto Time Stepping】= Off，【Define By】= Substeps，【Number Of Substeps】= 10；【Solver Controls】→【Solver Type】= Direct，其他默认，如图 15-33 所示。

11. 设置需要的结果

（1）在导航树上单击【Solution（A6）】。

（2）在求解工具栏上单击【Deformation】→【Total】。

（3）在求解工具栏上单击【Stress】→【Equivalent（von-Mises）】。

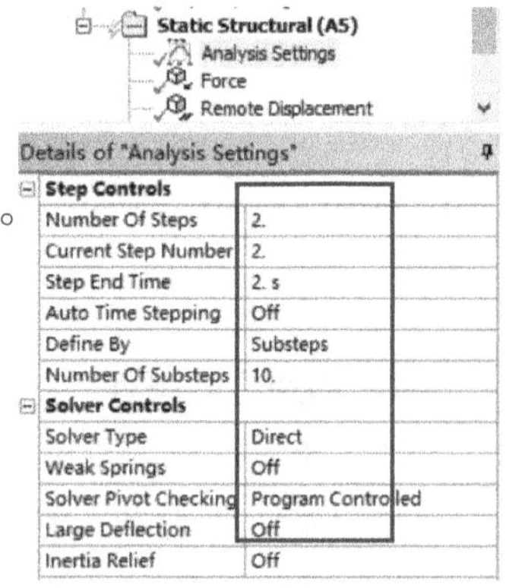

图 15-33 分析设置

12. 求解与结果显示

（1）在 Mechanical 标准工具栏上单击 Solve 进行求解运算。

（2）运算结束后，单击【Solution（A6）】→【Total Deformation】，图形区域显示分析得到的圆环变形分布云图及数据，如图 15-34 所示；单击【Solution（A6）】→【Equivalent Stress】，图形区域显示分析得到的圆环等效应力分布云图及数据，如图 15-35 所示。

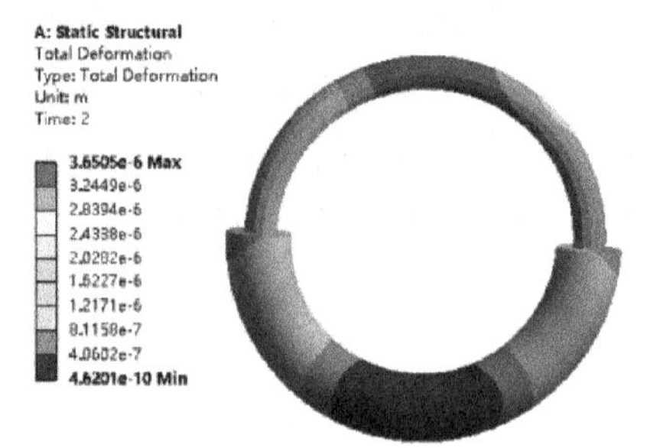

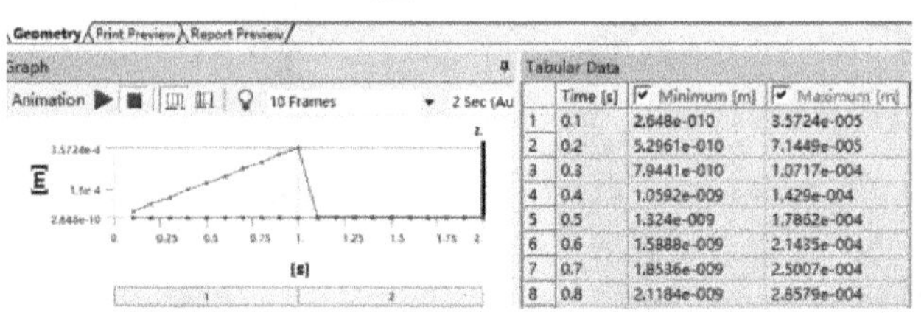

图 15-34 圆环变形分布云图及数据

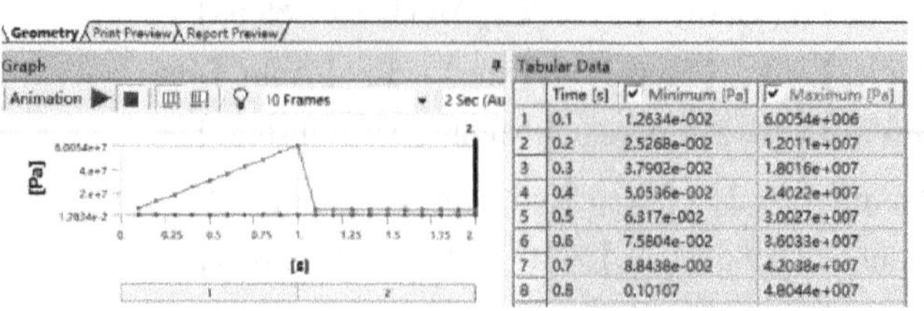

图 15-35 圆环等效应力分布云图及数据

13. 保存与退出

（1）退出 Mechanical 分析环境，单击 Mechanical 主界面的菜单【File】→【Close Mechanical】退出环境，返回到 Workbench 主界面，此时主界面的分析流程图中显示的分析已完成。

（2）单击 Workbench 主界面上的【Save】按钮，保存所有分析结果文件。

（3）退出 Workbench 环境，单击 Workbench 主界面的菜单【File】→【Exit】退出主界面，完成分析。

15.3.3　结果分析与点评

本实例是生死接触单元分析，从分析结果位移来看，上半圆环左侧在 0～1.1s，位移逐渐变大，这是因为该时间段左侧接触单元全部被杀死，呈自由状态；在 1.1～2s，位移急剧变为 0mm，这是因为该时间段左侧接触单元被激活，呈现摩擦接触状态。应力状态与位移类似。本实例主要应用 ANSYS ACT 客户化生死单元插件进行分析，使用该客户化插件只要正确选择接触类型和接触对即可，可避免输入命令流来实现该功能。使用生死单元插件功能，需要先加载该插件，不过最新版 19.0 Workbench Mechanical 已经新增生死单元功能。

15.4　钢板冲压显式动力学分析

15.4.1　问题与重难点描述

1. 问题描述

冲压是靠压力机和模具对板材、带材、管材和型材等施加外力，使之产生塑性变形或分离，从而获得所需形状和尺寸的工件（冲压件）的成形加工方法，广泛应用。已知被冲压板材料为 SS304，其他结构材料为结构钢。若冲压模以 15000mm/s 的垂直速度冲击板材使之与弯曲模贴合产生弯曲变形，如图 15-36 所示。试分析钢板冲压成形情况。

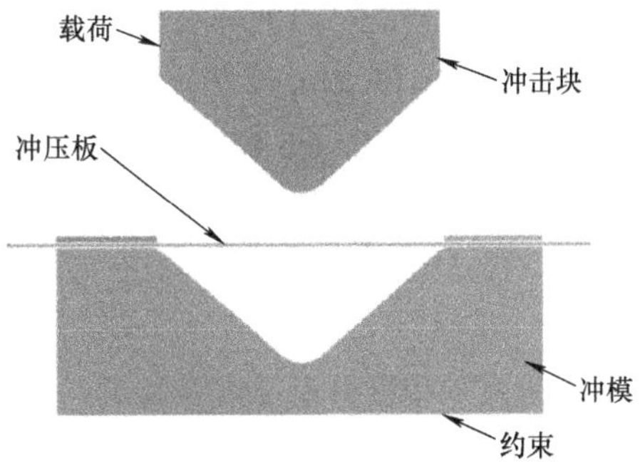

图 15-36　冲压模型

2. 重难点提示

本实例重难点在于 Workbench LS-DYNA 应用，以及涉及的接触设置、边界施加、收敛性设置和结果后处理。

15.4.2　实例详细解析过程

1. 启动 Workbench18.0

在“开始”菜单中执行 ANSYS18.0→Workbench18.0 命令。

2. 创建显式动力分析

（1）在工具箱【Toolbox】的【Workbench LS-DYNA】中双击或拖动【Workbench LS-DYNA】到项目分析流程图，如图 15-37 所示。

（2）在 Workbench 的工具栏中单击【Save】，保存项目实例名为 Stamping. wbpj。如工程实例文件保存在 D：\ AWB \ Chapter15 文件夹中。

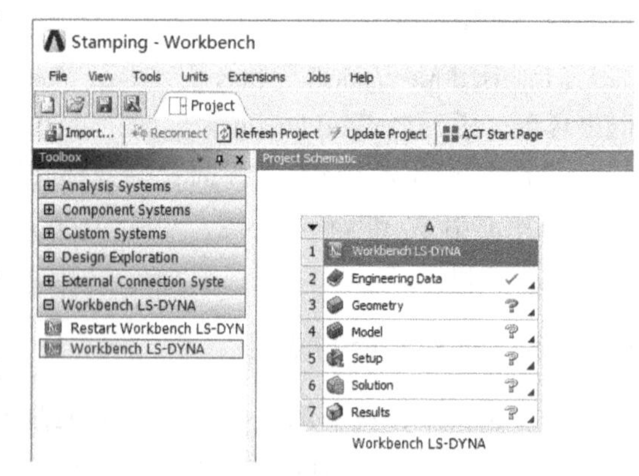

图 15-37 创建显式动力分析

3. 创建材料参数

（1）编辑工程数据单元，右键单击【Engineering Data】→【Edit】。

（2）在工程数据属性中增加材料，在 Workbench 的工具栏上单击工程材料源库，此时的界面主显示【Engineering Data Sources】和【Outline of Favorites】。单击【Explicit Materials】，在【Outline of General materials】里查找【SS 304】材料，然后单击【Outline of Explicit Materials】表中的添加按钮，此时在 C164 栏中显示标示，表明材料添加成功，如图 15-38 所示。

（3）单击工具栏中的【A2：Engineering Data】关闭按钮，返回到 Workbench 主界面，新材料创建完毕。

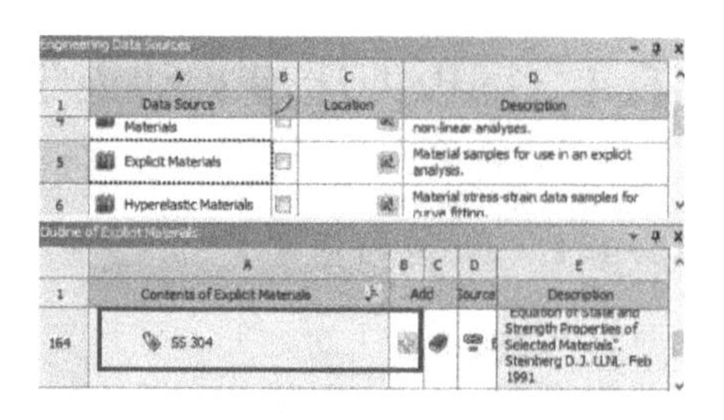

图 15-38 材料设置

4. 导入几何模型

在 Workbench LS-DYNA 分析上，右键单击【Geometry】→【Import Geometry】→【Browse】，找到模型文件 Stamping. agdb，打开导入几何模型。如模型文件在 D：\ AWB \ Chapter15 文件夹中。

5. 进入 Workbench LS-DYNA-Mechanical 分析环境

（1）在显式力分析上，右键单击【Model】→【Edit】进入 Mechanical 分析环境。

（2）在 Mechanical 的主菜单【Units】中设置单位为 Metric（mm，kg，N，s，mV，mA）。

6. 为几何模型分配厚度及材料

（1）为 Plate，在导航树上单击【Geometry】展开，选择【Plate】→【Details of "Plate"】→【Material】→【Assignment】= SS304，其他默认。

（2）转换 Block 刚性行为，单击【Block】→【Details of "Block"】→【Definition】→【Stiffness Behavior】= Rigid，其他默认。

（3）转换 Impact 刚性行为，单击【Impact】→【Details of "Impact"】→【Definition】→【Stiffness Behavior】= Rigid，其他默认。

（4）转换 Baffle1 刚性行为，单击【Baffle1】→【Details of "Baffle1"】→【Definition】→【Stiffness Behavior】= Rigid，其他默认。

（5）转换 Baffle2 刚性行为，单击【Baffle2】→【Details of "Baffle2"】→【Definition】→【Stiffness Behavior】= Rigid，其他默认。

7. 接触设置

（1）在导航树上单击【Connections】，【Connections】→【Contact】→【Frictionless】，在接

触详细栏，接触区域选择 Plate 下平面，如图 15-39 所示，目标区域选择 Black V 型面（共 7 个面），其他选项默认，如图 15-40 所示。

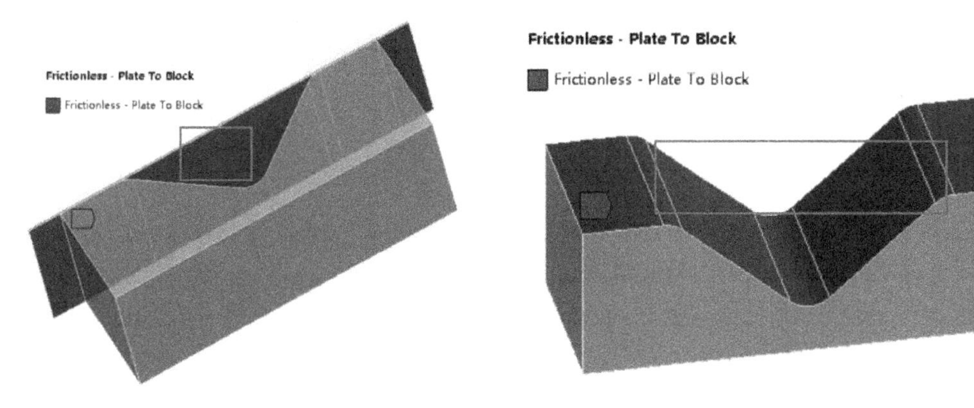

图 15-39　无摩擦设置接触面　　　图 15-40　无摩擦设置目标面

（2）在导航树上单击【Connections】，选择【Connections】→【Contact】→【Bonded】，在接触详细栏，接触区域选择 Plate 上平面，目标区域选择 Baffle1 与 Plate 上平面对应的面，其他默认，如图 15-41 所示。

（3）在导航树上单击【Connections】，【Connections】→【Contact】→【Bonded】，在接触详细栏，接触区域选择 Plate 上平面，目标区域选择 Baffle2 与 Plate 上平面对应的面，其他默认，如图 15-42 所示。

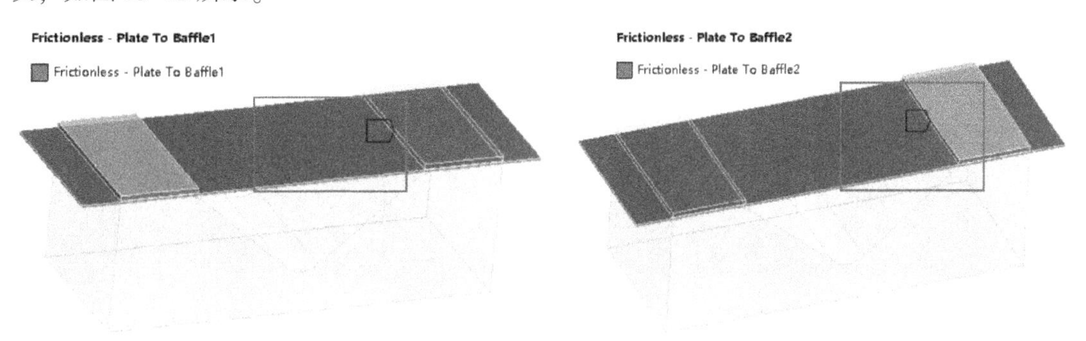

图 15-41　设置绑定接触面　　　图 15-42　设置绑定目标面

8. 划分网格

（1）在导航树上单击【Mesh】→【Details of "Mesh"】→【Defaults】→【Element Midside Nodes】= Dropped；选择【Sizing】→【Relevance Center】= Medium，其他默认。

（2）在标准工具栏上单击▣，选择 Plate 模型，然后在导航树上右键单击【Mesh】，在弹出的菜单中选择【Insert】→【Sizing】→【Details of "Body Sizing" -Sizing】→【Definition】→【Element Size】= 5mm，其他默认。

图 15-43　网格划分

（3）生成网格，右键单击【Mesh】→【Generate Mesh】，图形区域显示程序生成的六面体网格模型，如图 15-43 所示。

（4）网格质量检查，在导航树上单击【Mesh】→【Details of “Mesh”】→【Quality】→【Mesh Metric】= Element Quality，显示 Element Quality 规则下网格质量详细信息，平均值处在好水平范围内，展开【Statistics】显示网格和节点数量。

9. 施加边界条件

（1）单击【Explicit Dynamics (A5)】。

（2）时间设置，单击【Analysis Settings】→【Details of “Analysis Settings”】→【Step Controls】→【End Time】= 0.005s，其他默认。

（3）在标准工具栏上单击选择 Impact，在导航树上右键单击【Initial Conditions】，在弹出的快捷菜单中选择【Velocity】；然后依次设置【Velocity】→【Details of “Velocity”】→【Definition】→【Define By】= Components，【X Component】= 0mm/s【Y Component】= −15000mm/s，【Z Component】= 0mm/s，如图 15-44 所示。

（4）在标准工具栏上单击选择 Impact，然后在环境工具栏单击【Supports】→【Displacement】→【Details of “Displacement”】→【Definition】→【Define By】= Components，【X Component】= 0mm，【Y Component】= Free，【Z Component】= 0mm，如图 15-45 所示。

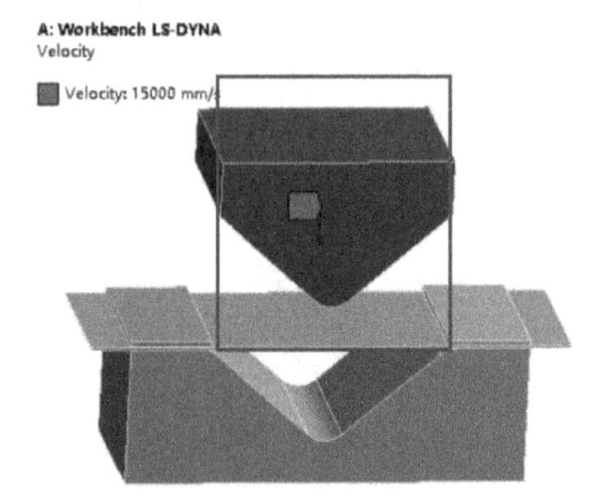

图 15-44 设置初始条件

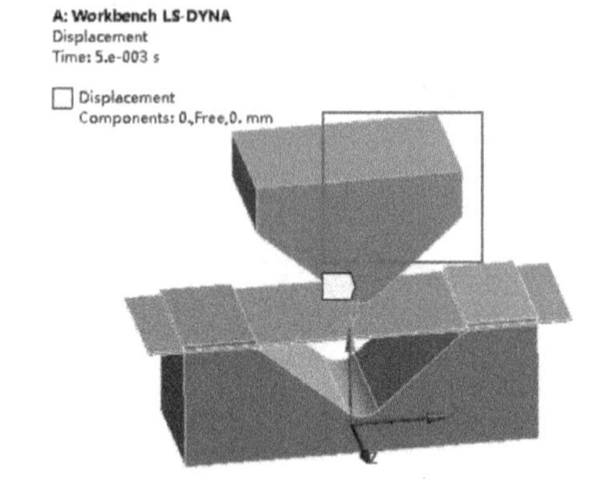

图 15-45 施加位移约束

（5）在标准工具栏上单击选择Baffle1，然后在环境工具栏单击【Constraint】→【Rigid Body Constraint】，如图 15-46 所示。

（6）在标准工具栏上单击选择Baffle2，然后在环境工具栏单击【Constraint】→【Rigid Body Constraint】，如图 15-47 所示。

（7）在标准工具栏上单击选择 Black，然后在环境工具栏单击【Supports】→【Fixed Support】，如图 15-48 所示。

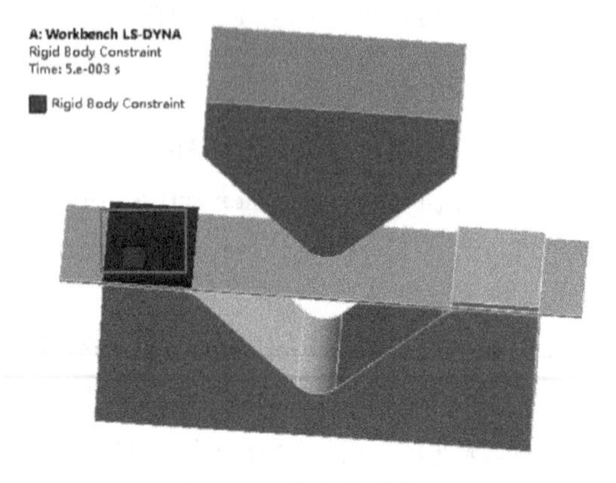

图15-46 施加位移约束

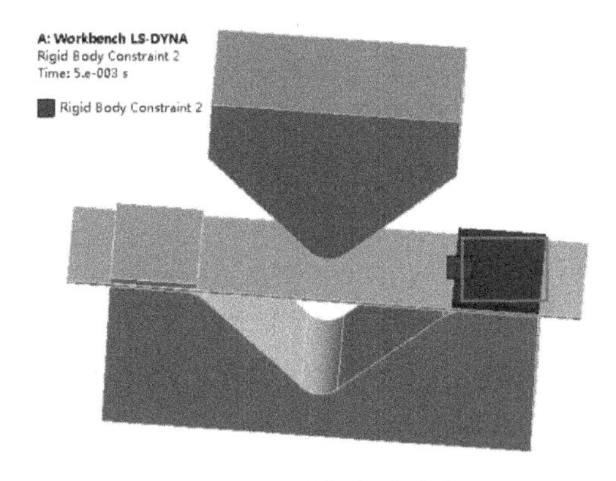

图 15-47　施加位移约束

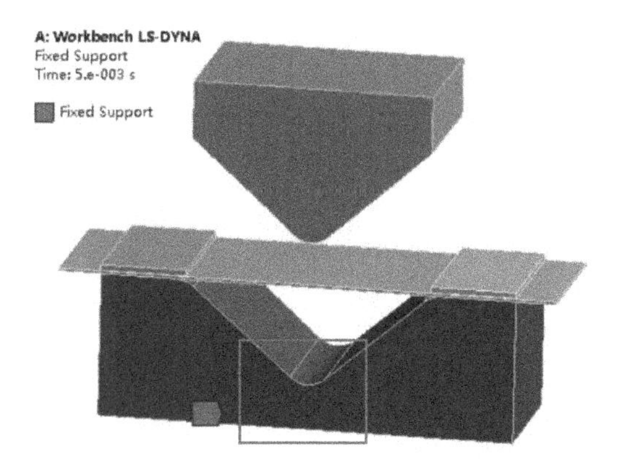

图 15-48　施加约束

10. 设置需要的结果

（1）在导航树上单击【Solution（A6）】。

（2）在求解工具栏上单击【Deformation】→【Total】。

（3）在求解工具栏上单击【Strain】→【Equivalent（von-Mises）】。

11. 求解与结果显示

（1）在 Mechanical 标准工具栏上单击 Solve 进行求解运算。

（2）运算结束后，单击【Solution（A6）】→【Total Deformation】，图形区域显示钢板冲压成形的整体变形分布云图及变化曲线，如图 15-49 所示；单击【Solution（A6）】→【Equivalent（von-Mises）】，图形区域显示钢板冲压成形的等效应力分布云图及变化曲线，如图 15-50 所示。

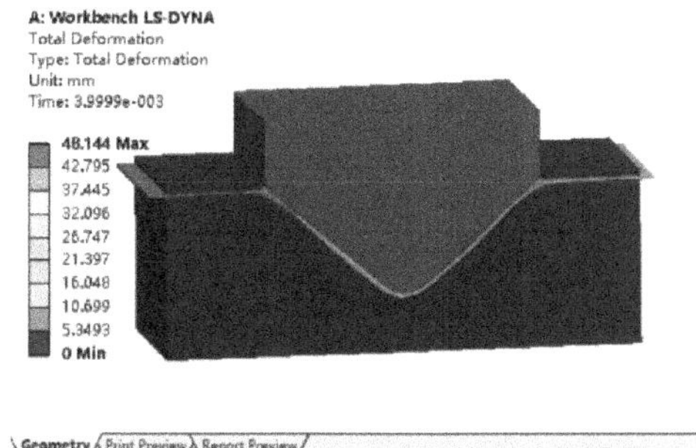

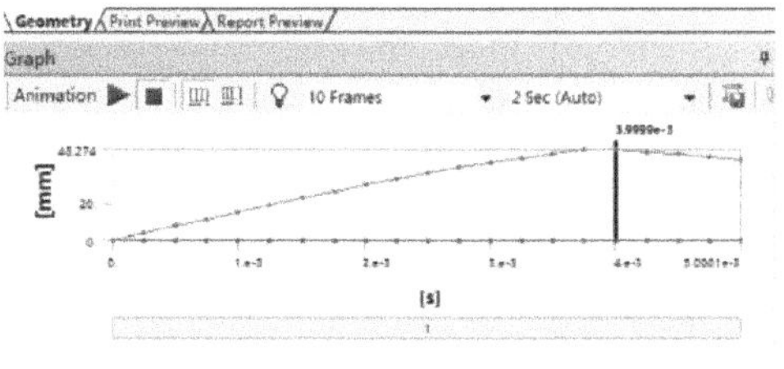

图 15-49　整体变形分布云图及变化曲线

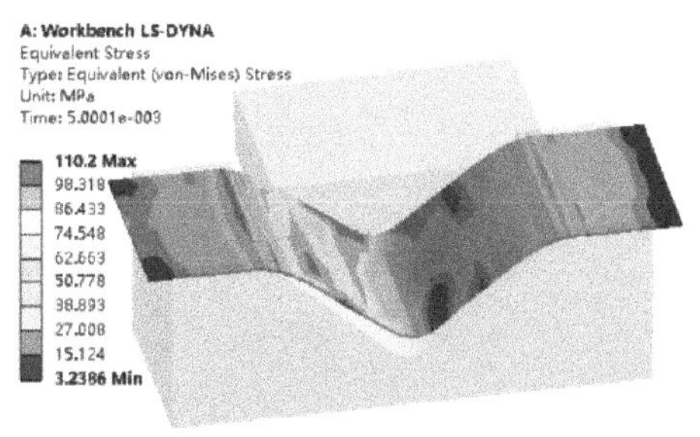

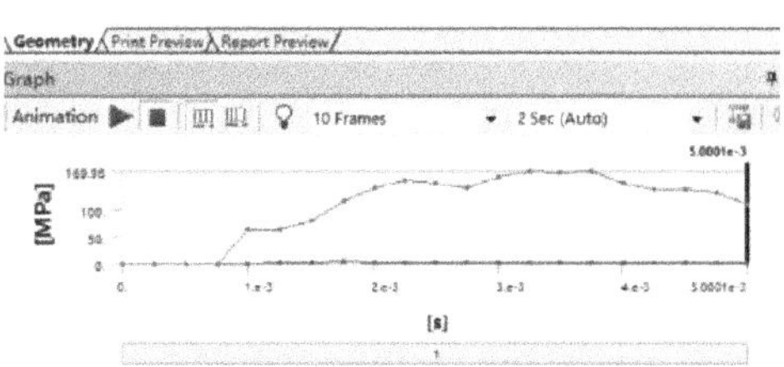

图 15-50　等效应力分布云图及变化曲线

12. 保存与退出

（1）退出 Workbench LS-DYNA-Mechanical 分析环境，单击 Mechanical 主界面的菜单【File】→【Close Mechanical】退出环境，返回到 Workbench 主界面，此时主界面的分析流程

图中显示的分析已完成。

（2）单击 Workbench 主界面上的【Save】按钮，保存所有分析结果文件。

（3）退出 Workbench 环境，单击 Workbench 主界面的菜单【File】→【Exit】退出主界面，完成分析。

15.4.3 结果分析与点评

本实例是钢板冲压显式动力学分析，从分析结果来看，完整模拟了钢板冲击成形的过程以及在冲击过程中变形和应力的变化曲线。本实例主要应用 ANSYS ACT 客户化 Workbench LS-DYNA 插件进行分析，该插件主要把 LS-DYNA 的相关功能集成在一起，与 Workbench 的前后处理联合应用方便调用 LS-DYNA 求解器，可为一般的显示动力学分析进行建模和求解。这样在 Workbench 下可使用本地化的 Explicit Dynamics、Autodyn、Workbench LS-DYNA 三款软件进行显式动力学分析，不过使用该插件功能，还需要先安装再加载该插件。

第 16 章　试验探索与拓扑优化分析

16.1　燃气轮机机座热流固耦合及多目标驱动优化

16.1.1　问题与重难点描述

1. 问题描述

本实例的具体描述请参看第 14 章 14.2 节，已知机座的支承板已参数化，对机座的稳定性起着决定性的作用，为了使支承板的各个参数最优，模型如图 16-1 所示。试对支承板参数进行多目标优化。

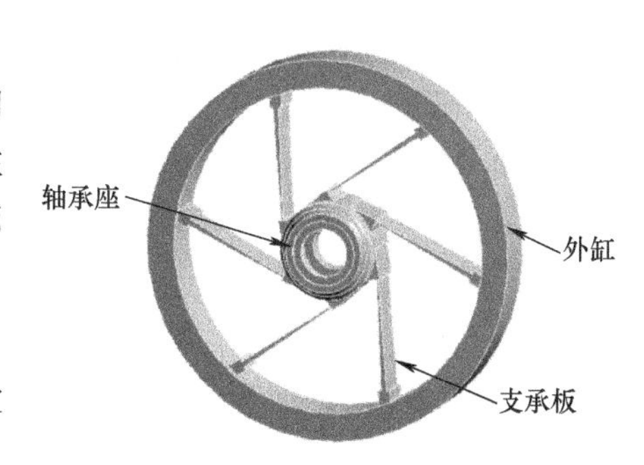

图 16-1　模型

2. 重难点提示

本实例重难点在于优化参数确定、多目标优化设置、优化求解、优化参数后处理和优化结果验证。

16.1.2　实例详细解析过程

1. 启动 Workbench18. 0

在“开始”菜单中执行 ANSYS18. 0→Workbench18. 0 命令。

2. 打开 14. 2 实例分析项目

（1）在 Workbench 工具栏中单击 Open... 工具，从文件夹中找到保存的项目工程名为 Tangential struts. wbpj 打开，如 14. 2 实例分析数据文件在 D：\ AWB \ Chapter14 文件夹中。

（2）在 Workbench 的工具栏中单击【Save Project As…】，保存项目工程名为 Tangential struts OP. wbpj。如工程实例文件保存在 D：\ AWB \ Chapter16 文件夹中。

3. 进入 Mechanical 分析环境

在结构静力分析上，右键单击【Setup】→【Edit】进入 Mechanical 分析环境。

4. 提取参数

（1）提取结果变形参数，在导航树上单击【Solution (C6)】→【Total Deformation】→【Details of “Total Deformation”】→【Results】→【Maximum】，选择结果变形参数框，出现“P”字，如图 16-2 所示。

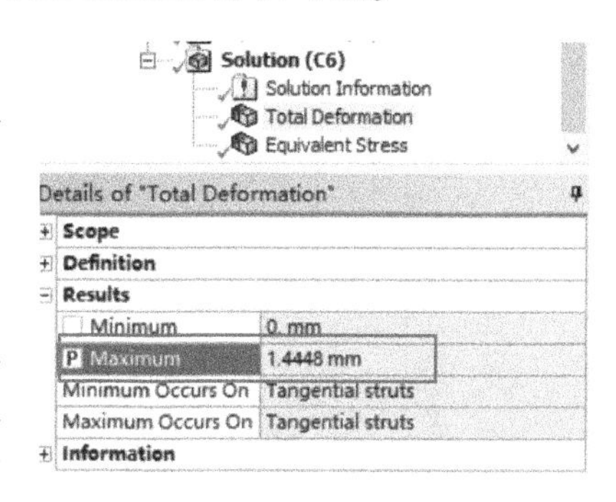

图 16-2　提取结果变形参数

（2）提取结果应力参数，在导航树上单击【Solution (C6)】→【Equivalent Stress】→【Details of “Equivalent Stress”】→【Results】→【Maximum】，选择结果变形参数框，出现“P”字，如图 16-3 所示。

（3）退出 Mechanical 分析环境，单击 Mechanical 主界面的菜单【File】→【Close Mechanical】退出环境，返回到 Workbench 主界面。单击 Workbench 主界面上的【Save】按钮，保存所有分析结果文件。

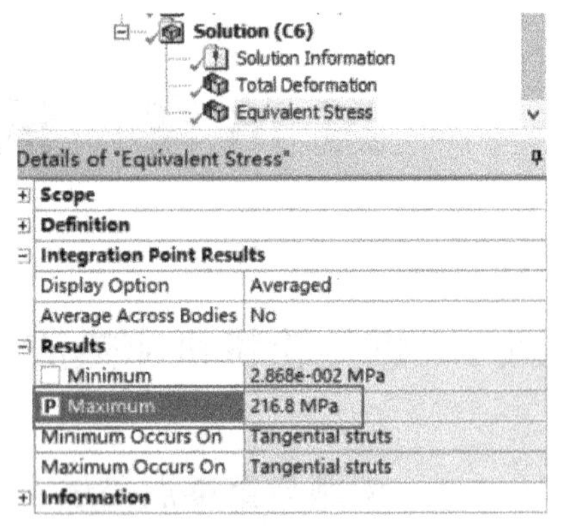

5. 创建多目标优化项目及参数设置

（1）将目标驱动优化模块【Response Surface Optimization】拖入项目流程图，该模块与参数空间自动连接。

（2）目标驱动优化中，双击试验设计【Design of Experiments】单元格进入。在大纲窗口中单击【Design of Experiments】→【Properties of Outline D2：Design of Experiment】→【Design Type】= Auto Defined。

（3）在输入参数下，设置【P1-ds_A】→【Properties of Outline A5：P1-ds_A】→【Value】→【Lower Bound】= 0.97，【Upper Bound】= 1.07，如图 16-4 所示，在粗线框处更改。

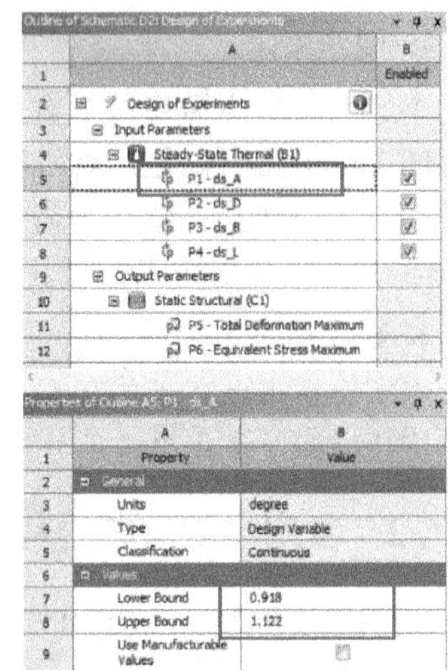

图 16-4 优化参数设置

（4）同样的方法，在输入参数下，对其他 3 个参数进行限定，分别为：

P2-ds_D = 11.16mm to 12.34 mm；

P3-ds_B = 228mm to 252 mm；

P4-ds_L = 1333.61 mm to 1473.99mm。

（5）在 Workbench 工具栏中选择预览数据【Preview】得到 25 组数据，如图 16-5 所示，单击升级【Update】数据，程序开始运行，可以得到样本设计点的计算结果，如图 16-6 所示。

Table of Outline A2: Design Points of Design of Experiments

	A	B	C	D	E	F	G
1	Name	P4 - ds_L (mm)	P3 - ds_B (mm)	P2 - ds_D (mm)	P1 - ds_A (degree)	P5 - Total Deformation Maxinum (mm)	P6 - Equivalent Stress Maximum (MPa)
2	1	1403.8	240	11.75	1.02		
3	2	1333.6	240	11.75	1.02		
4	3	1474	240	11.75	1.02		
5	4	1403.8	228	11.75	1.02		
6	5	1403.8	252	11.75	1.02		
7	6	1403.8	240	11.16	1.02		
8	7	1403.8	240	12.34	1.02		
9	8	1403.8	240	11.75	0.97		
10	9	1403.8	240	11.75	1.07		
11	10	1333.6	228	11.16	0.97		
12	11	1474	228	11.16	0.97		
13	12	1333.6	252	11.16	0.97		
14	13	1474	252	11.16	0.97		
15	14	1333.6	228	12.34	0.97		
16	15	1474	228	12.34	0.97		
17	16	1333.6	252	12.34	0.97		
18	17	1474	252	12.34	0.97		
19	18	1333.6	228	11.16	1.07		
20	19	1474	228	11.16	1.07		
21	20	1333.6	252	11.16	1.07		
22	21	1474	252	11.16	1.07		
23	22	1333.6	228	12.34	1.07		
24	23	1474	228	12.34	1.07		
25	24	1333.6	252	12.34	1.07		
26	25	1474	252	12.34	1.07		

图 16-5 预览设计点

Table of Outline A2: Design Points of Design of Experiments

	A	B	C	D	E	F	G
1	Name	P4 - ds_L (mm)	P3 - ds_B (mm)	P2 - ds_D (mm)	P1 - ds_A (degree)	P5 - Total Deformation Maximum (mm)	P6 - Equivalent Stress Maximum (MPa)
2	1	1403.8	240	11.75	1.02	0.92677	139.72
3	2	1333.6	240	11.75	1.02	0.92394	142.39
4	3	1474	240	11.75	1.02	0.9278	156.67
5	4	1403.8	228	11.75	1.02	0.91913	138.35
6	5	1403.8	252	11.75	1.02	0.93203	145.23
7	6	1403.8	240	11.16	1.02	0.92621	142.16
8	7	1403.8	240	12.34	1.02	0.92854	141.53
9	8	1403.8	240	11.75	0.97	0.92576	138.76
10	9	1403.8	240	11.75	1.07	0.92603	141.29
11	10	1333.6	228	11.16	0.97	0.91042	142.16
12	11	1474	228	11.16	0.97	0.91807	140.42
13	12	1333.6	252	11.16	0.97	0.92527	147.27
14	13	1474	252	11.16	0.97	0.93509	160.61
15	14	1333.6	228	12.34	0.97	0.91721	139.71
16	15	1474	228	12.34	0.97	0.91759	157
17	16	1333.6	252	12.34	0.97	0.93343	163.21
18	17	1474	252	12.34	0.97	0.93812	129.31
19	18	1333.6	228	11.16	1.07	0.91306	143.24
20	19	1474	228	11.16	1.07	0.91422	142.87
21	20	1333.6	252	11.16	1.07	0.92766	149.56
22	21	1474	252	11.16	1.07	0.93315	162.48
23	22	1333.6	228	12.34	1.07	0.91287	142.98
24	23	1474	228	12.34	1.07	0.9181	128.73
25	24	1333.6	252	12.34	1.07	0.93306	163.95
26	25	1474	252	12.34	1.07	0.92701	139.72

图 16-6　设计点参数计算

（6）计算完后，单击工具栏中的【B2：Design of Experiments】关闭按钮，返回到 Workbench 主界面。

6. 响应面设置

（1）在目标驱动优化中，右键单击响应面【Response Surface】，在弹出的快捷菜单中选择【Refresh】。

（2）双击【Response Surface】进入响应面环境，在大纲窗口中单击响应面【Response Surface】→【Properties of Schematic：Response Surface】→【Response Surface Type】= Genetic Aggregation，在 Workbench 工具栏中选择升级数据【Update】程序进行升级计算设计点，如图 16-7 所示。

（3）双击【Response Surface】，进入响应面环境，在大纲窗口中单击响应面【Response Surface】→【Properties of Outline D3：Response Surface】→【Quality】→【Goodness of Fit】，可以观看设计点图，如图 16-8 所示。

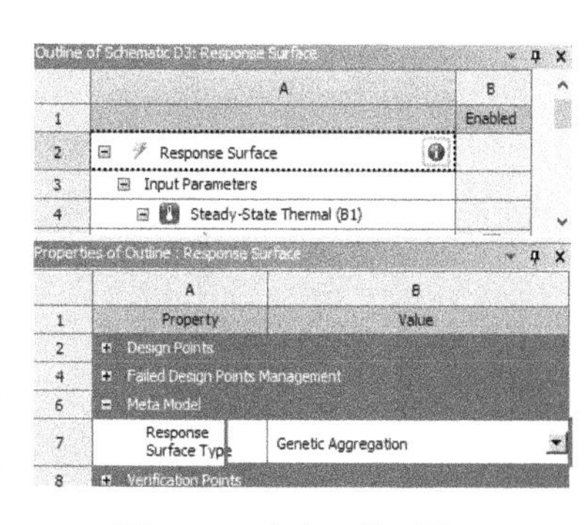

图 16-7　响应面类型设置

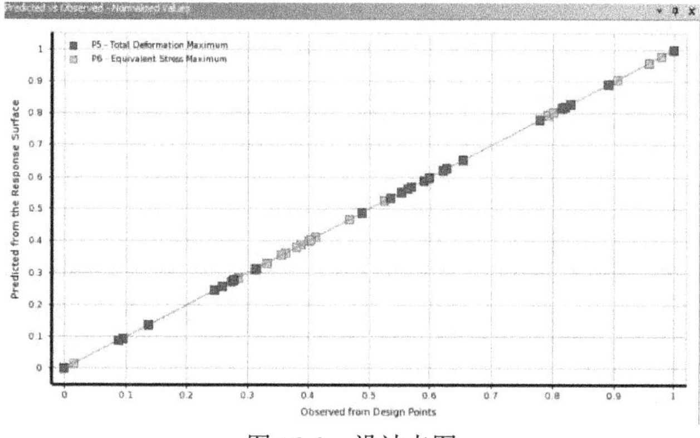

图 16-8　设计点图

（4）单击【Response Point】→【Properties of Outline A21：Response Point】→【Output Parameters】，显示响应面预测的数值，如图16-9所示。

（5）查看二维响应曲线，在大纲窗口中单击【Response】→【Properties of Outline A22：Response】→【Chart】→【Mode】=2D，【Axes】→【X Axis】=P4-ds_L，【Y Axis】=P5－Total Deformation Maximum，可以查看最大热变形与热流温度的二维响应曲线，如图16-10所示。同理，设置【Axes】→【X Axis】=P2-P4-ds_L，【Y Axis】=P6-Equivalent Stress Maximum，可以查看最大应力与冷流速度的二维响应曲线，如图16-11所示。

20	Response Points
21	Response Point
22	Response
23	Local Sensitivity
24	Local Sensitivity Curves
25	Spider
*	New Response Point

Properties of Outline A21: Response Point

	A	B
1	Property	Value
2	Response Point	
3	Note	
4	Input Parameters	
9	Output Parameters	
10	P5 - Total Deformation Maximum	0.92677
11	P6 - Equivalent Stress Maximum	139.72

图16-9 响应面预测的数值

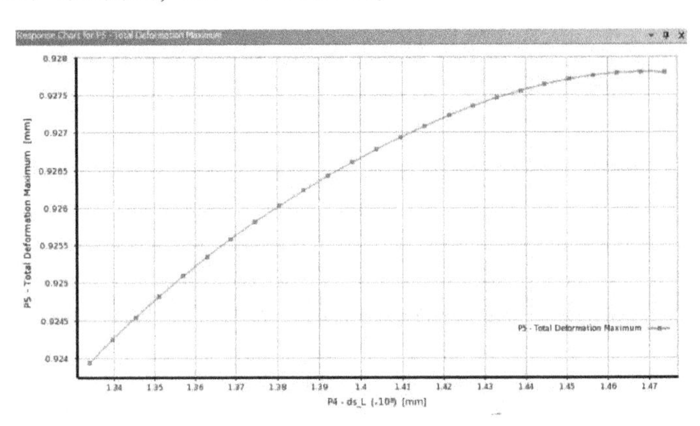

图16-10 最大热变形与热流温度的二维响应曲线

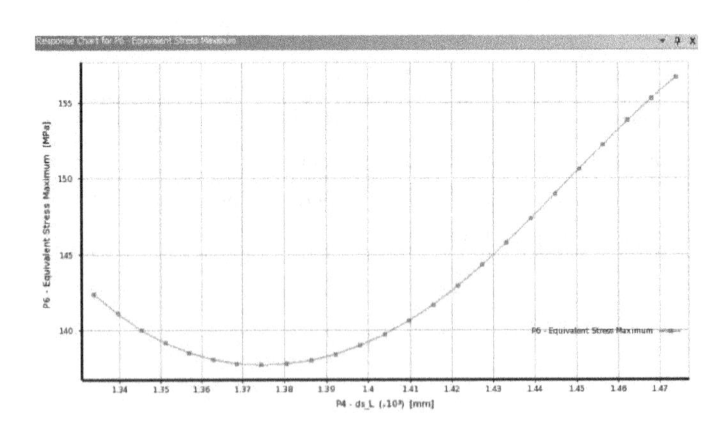

图16-11 最大应力与冷流速度的二维响应曲线

（6）查看二维切片，设置【Mode】=2D Slices，【X Axis】=P2-ds_D，【Slices Axis】=P4-ds_L，【Y Axis】=P6-Equivalent Stress Maximum可以查看最大热变形与热流温度的二维切片响应曲线，如图16-12所示。

（7）查看三维响应曲面，设置【Mode】=3D，【Axes】→【X Axis】=P1-ds_A，【Y Axis】=P4-ds_L，【Z Axis】=P6-Equivalent Stress Maximum，可以查看最大热应力随着冷流和输出半

径的 3D 响应曲面，如图 16-13 所示。同理，【Axes】→【X Axis】= P2-ds_D，【Y Axis】= P4-ds_L，【Z Axis】= P6-Equivalent Stress Maximum，可以查看最大热变形随着冷流速度和热流温度的 3D 响应曲面，如图 16-14 所示。同理，【Axes】→【X Axis】= P3-ds_B，【Y Axis】= P4-ds_L，【Z Axis】= P6-Equivalent Stress Maximum，可以查看耗散量随着冷流温度和出口半径的 3D 响应曲面，如图 16-15 所示。当然，也可任意更换 X 与 Y 轴的参数来对比显示。

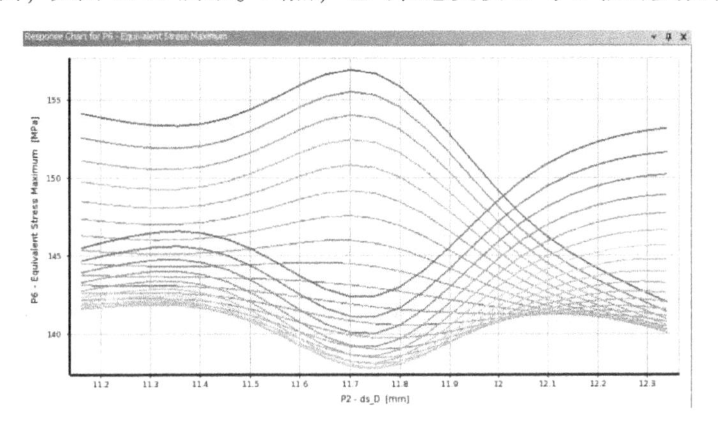

图 16-12　最大热变形与热流温度的二维切片响应曲线

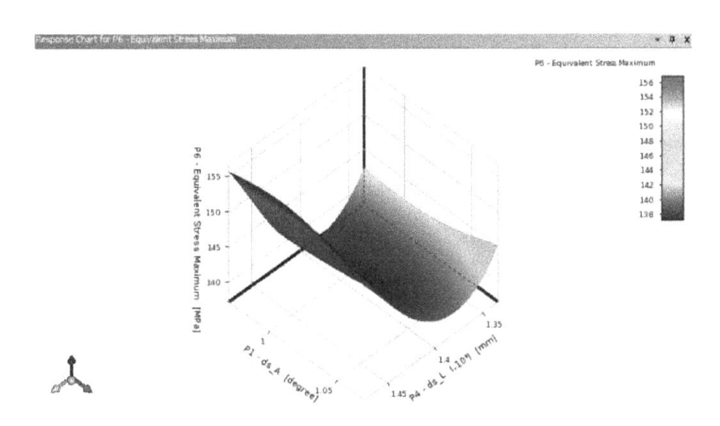

图 16-13　最大热应力随着冷流和输出半径的 3D 响应曲面

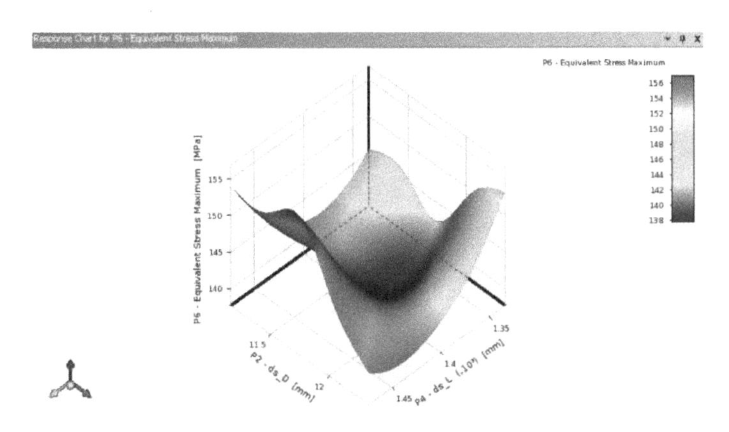

图 16-14　最大热变形随着冷流速度和热流温度的 3D 响应曲面

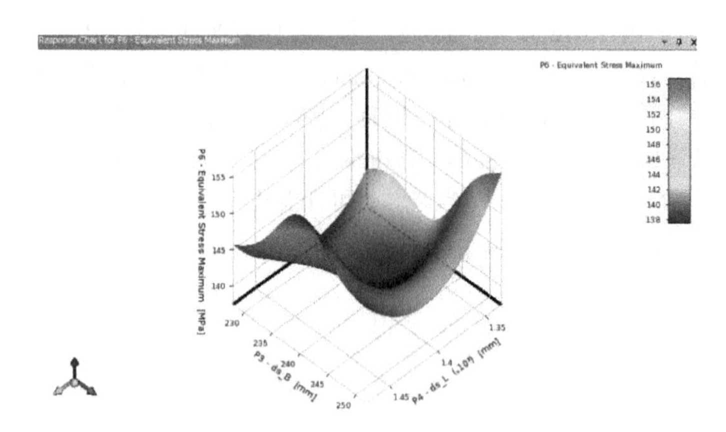

图 16-15 耗散量随着冷流温度和出口半径的 3D 响应曲面

(8) 在大纲窗口中单击【Local Sensitivity】→【Properties of Outline A23：Local Sensitivity】→【Chart】→【Mode】= Bar，Pipe 可以查看输入参数与结果输出参数之间的局部敏感情况，如图 16-16、图 16-17 所示。

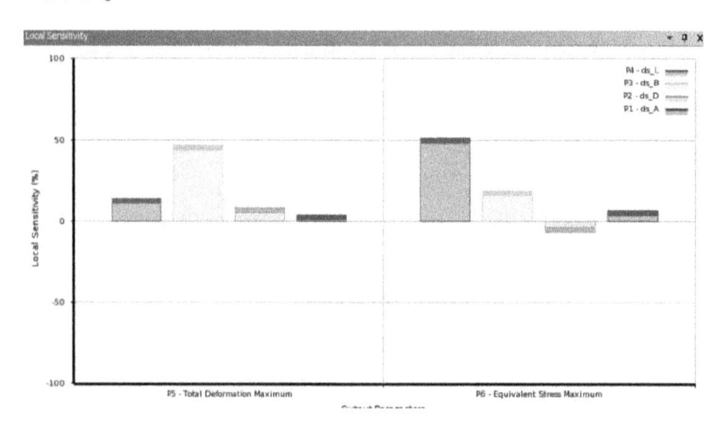

图 16-16 查看直方局部灵敏度图

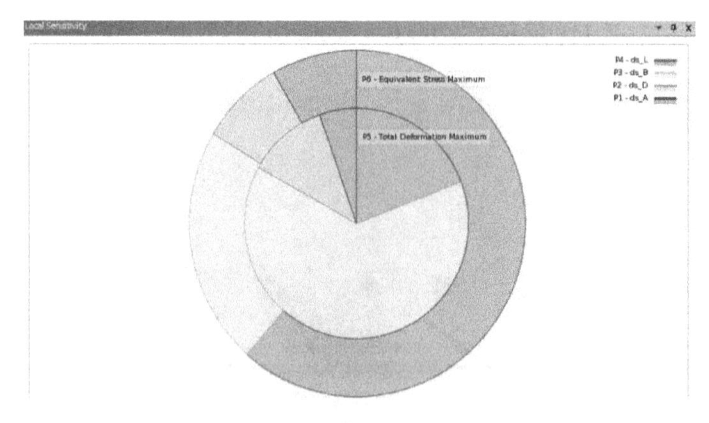

图 16-17 饼状局部灵敏度图

(9) 在大纲窗口中单击【Local Sensitivity Curves】→【Properties of Outline A25：Local

Sensitivity Curves】→【Axes】→【X Axis】= Input Parameters，【Y Axis】= P6-Equivalent Stress Maximum，可以查看输入参数与结果耗散之间的局部灵敏度曲线，如图 16-18 所示。

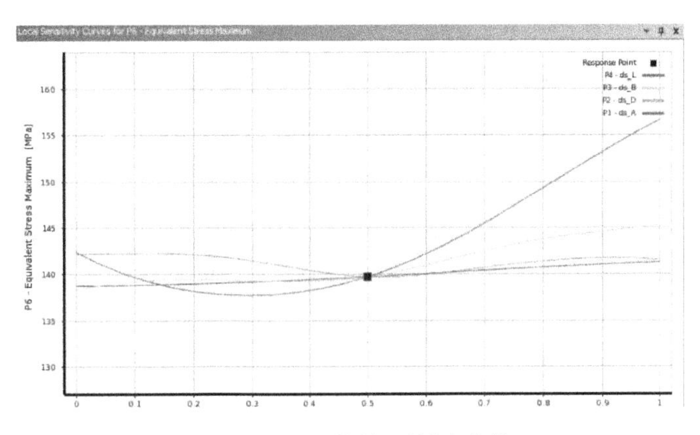

图 16-18　查看局部灵敏度曲线

（10）在大纲窗口中单击【Spider】，可以查看输出参数之间的关系，如图 16-19 所示。

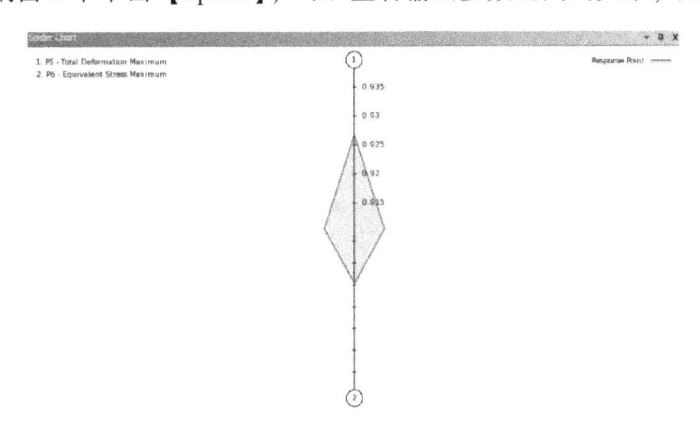

图 16-19　输出参数之间的关系

（11）查看完后，单击工具栏中的【B3：Response Surface】关闭按钮，返回到 Workbench 主界面。

7. 目标驱动优化

（1）在目标驱动优化中，右键单击响应面【Optimization】，在弹出的快捷菜单中选择【Refresh】。

（2）在目标驱动优化中，双击优化设计【Optimization】，进入优化工作空间。

（3）在【Table of Schematic D4：Optimization】中，选择【Properties of Outline A2：Optimization】→【Optimization】→【Optimization Method】= Screening，如图 16-20 所示。

（4）单击【Objectives and Constraints】→【Table of Schematic D4：Optimization】，优化列表窗口中设置优化目标角度【P1-ds_A】= No Objective，长度【P4-ds_L】= Maximize，宽度【P3-ds_B】= Minimize，厚度【P2-ds_D】= Minimize，变形【P5-Total Deformation Maximum】= Maximize，No Constraint，等效应力【P6 – Equivalent Stress Maximum】= Minimize，No Constraint，如图 16-21 所示。

（5）Workbench 工具栏中，单击【Update】升级优化，使用响应面生成 1000 个样本点，最后程序给出最好的 3 个候选结果，列表显示在优化表中，如图 16-22 所示。

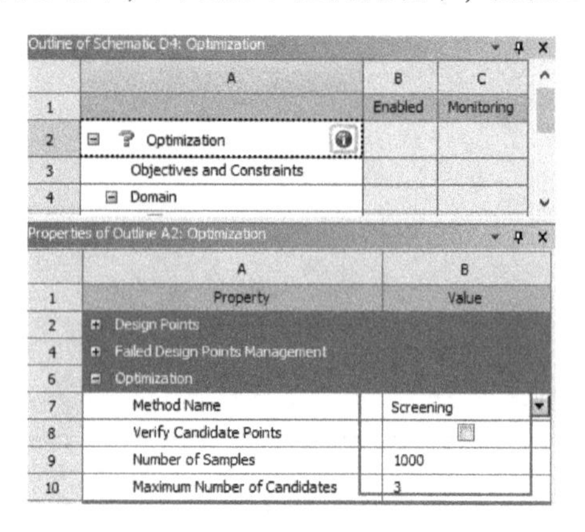

图 16-20 选择优化方法

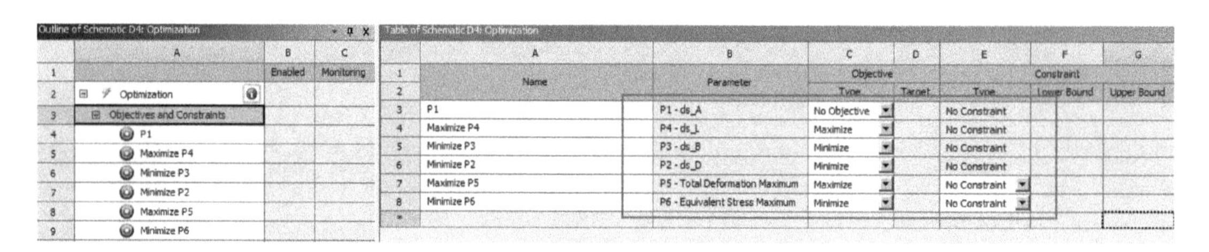

图 16-21 设置优化目标

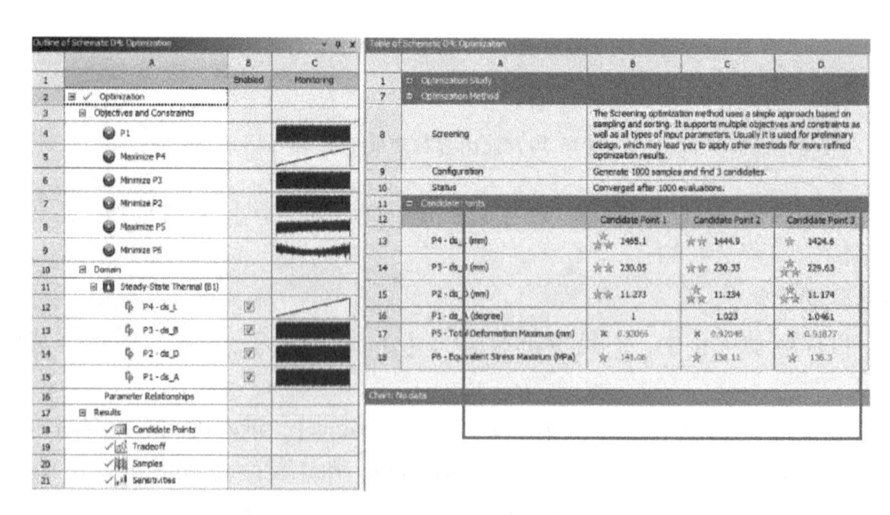

图 16-22 优化候选列表

（6）可以查看样本点的权衡结果图表，在优化大纲图中，单击【Results】→【Tradeoff】→【Properties of Outline A19：Tradeoff】→【Chart】→Mode＝2D，【Axes】→【X Axis】＝P5-Total Deformation Maximum，【Y Axis】＝P6-Equivalent Stress Maximum，结果如图 16-23 所示。同

理，也可查看灵敏度图等，如图 16-24 所示。

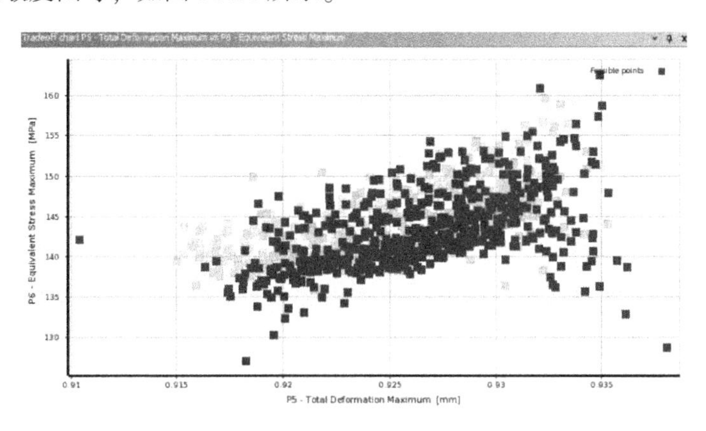

图 16-23　查看权衡图

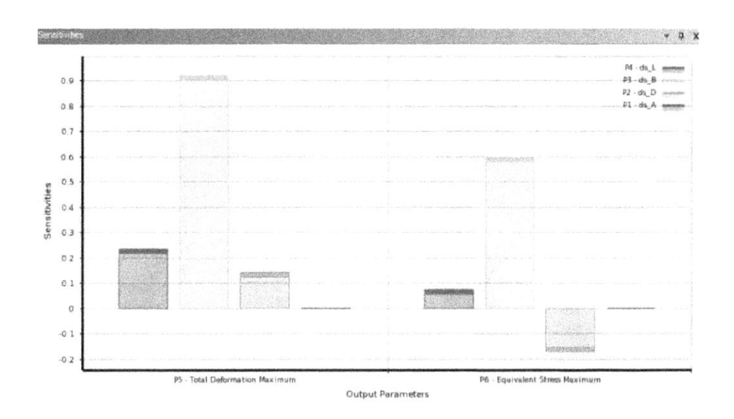

图 16-24　直方图灵敏度图

（7）在候选点的第一组后单击鼠标右键，从弹出的快捷菜单中选择【Insert as Design Point】，如图 16-25 所示。

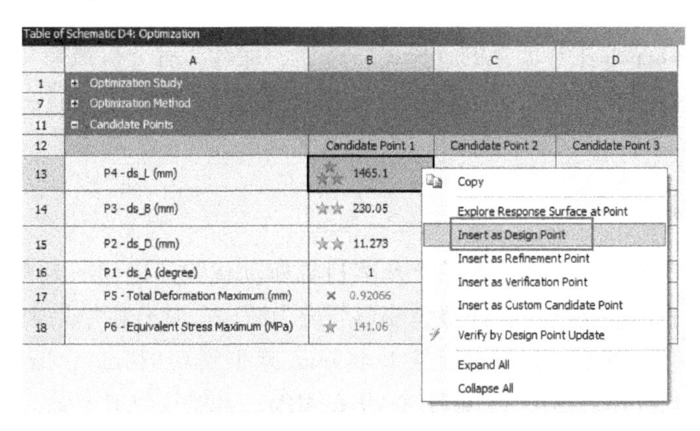

图 16-25　插入设计点

（8）把更新后的设计点应用到具体的模型中，单击 D4：Optimization 关闭按钮，返回到

Workbench 主界面，双击参数设置【Parameter Set】进入参数工作空间，在更新后的点即 DP1 组后右键单击，在弹出的快捷菜单中选择【Copy inputs to Current】；然后右键单击【DP0 (Current)】，在弹出的快捷菜单中选择【Update Selected Design Points】 Update Selected Design Points 进行计算。

（9）计算完成后，单击工具栏中的【Parameter Set】关闭按钮，返回到 Workbench 主界面。

8. 观察新设计点的结果

（1）在 Workbench 主界面，在结构静力分析上，右键单击【Result】→【Edit】进入 Mechanical 分析环境。

（2）查看优化结果，单击【Solution（C6）】→【Total Deformation】，图形区域显示优化结果变形分布云图，如图 16-26 所示；单击【Solution（C6）】→【Equivalent Stress】，显示优化结果等效应力分布云图，如图 16-27 所示。

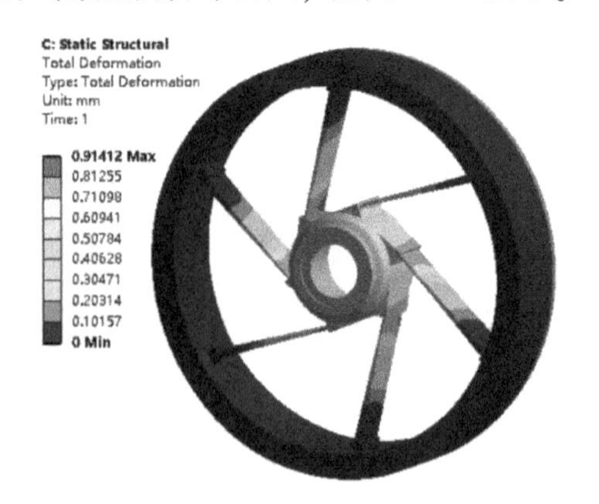

图 16-26 优化结果变形分布云图

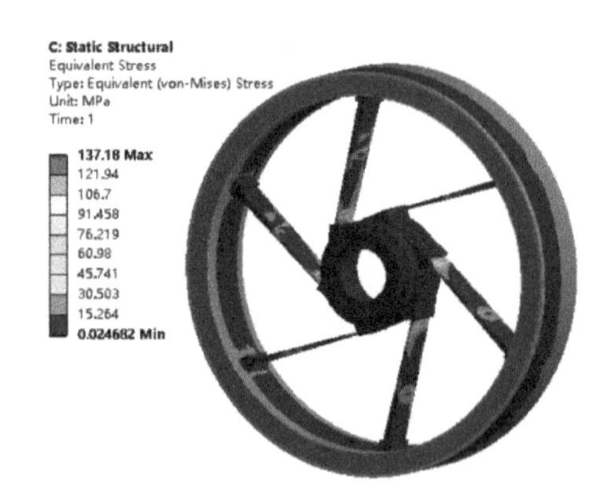

图 16-27 优化结果等效应力分布云图

9. 保存与退出

（1）退出 Mechanical 分析环境，单击 Mechanical 主界面的菜单【File】→【Close Mechanical】退出环境，返回到 Workbench 主界面，此时主界面的分析流程图中显示的分析已完成。

（2）单击 Workbench 主界面上的【Save】按钮，保存所有分析结果文件。

（3）退出 Workbench 环境，单击 Workbench 主界面的菜单【File】→【Exit】退出主界面，完成分析。

16.1.3 结果分析与点评

本实例是某燃气轮机机座热流固耦合及多目标驱动优化，优化的是机座支承板的尺寸，目的是在保持机座相同的功能下，使整体变形与应力减少。从分析结果来看，尺寸得到了优化，而变形与应力分别减小，其中变形从 1.445mm 减小到 0.914mm，减小了 0.531mm；应力从 216.8MPa 减小到 137.18MPa，减小了 79.62MPa，虽然从数值上看，减小的不多，但对如此重要的部件，也是很重要的。本实例是一个完整的多目标尺寸参数优化实例，由流体传热分析到结构静力分析；分析过程中进行了优化前分析、参数提取、响应面驱动优化参数设置、优化方法选择、优化求解、优化验证等内容。本例是多物理场耦合分析的优化，也可进行单场的多目标优化。

16.2　圆盘拓扑优化设计分析

16.2.1　问题与重难点描述

1. 问题描述

如图 16-28 所示圆盘，外圆均匀受到 6 个 20000N 的力，内圆面固定。假设圆盘材料为结构钢，试求在满足使用条件下的最佳优化模型，并进行验证分析。

2. 重难点提示

本实例重难点在于边界设置、优化设置、优化验证和优化结果后处理。

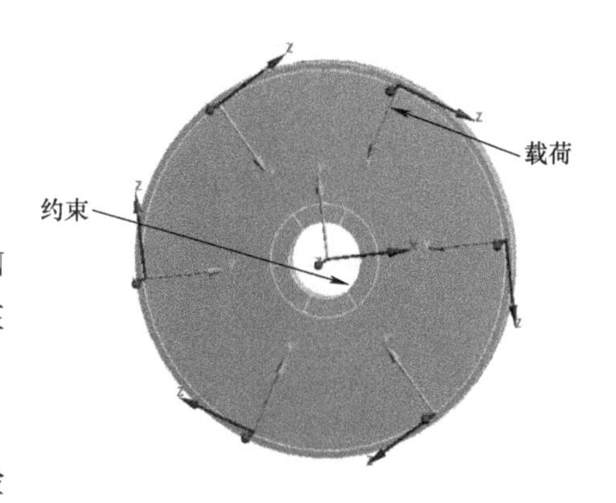

图 16-28　圆盘模型

16.2.2　实例详细解析过程

1. 启动 Workbench18.0

在“开始”菜单中执行 ANSYS18.0→Workbench18.0 命令。

2. 创建结构静力分析

（1）在工具箱【Toolbox】的【Analysis Systems】中双击或拖动结构静力分析【Static Structural】到项目分析流程图，如图 16-29 所示。

（2）在 Workbench 的工具栏中单击【Save】，保存项目实例名为 Round dish. wbpj。如工程实例文件保存在 D：\ AWB \ Chapter16 文件夹中。

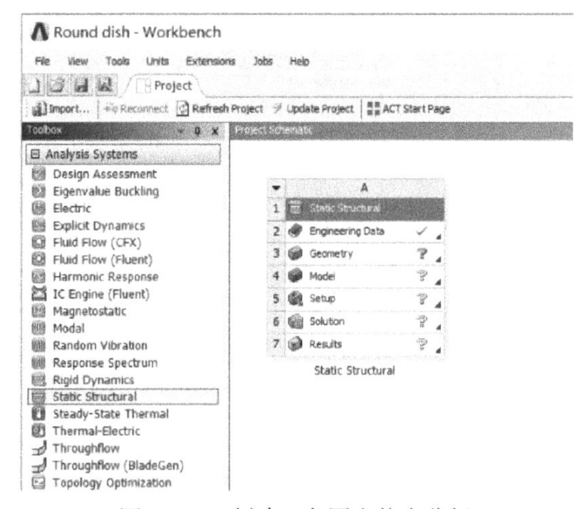

图 16-29　创建三角圆盘静力分析

3. 导入几何模型

在结构静力分析上，右键单击【Geometry】→【Import Geometry】→【Browse】，找到模型文件 Round dish. agdb，打开导入几何模型。如模型文件在 D：\ AWB \ Chapter16 文件夹中。

4. 进入 Mechanical 分析环境

（1）在结构静力分析上，右键单击【Model】→【Edit】进入 Mechanical 分析环境。

（2）在 Mechanical 的主菜单【Units】中设置单位为 Metric（mm，kg，N，s，mV，mA）。

5. 为模型分配材料，模型材料为默认的结构钢。

6. 定义局部坐标

（1）创建第 1 个局部坐标，在导航树上右键单击【Coordinate Systems】，在弹出的快捷菜单中选择【Insert】→【Coordinate Systems】，设置【Coordinate Systems】→【Details of“Coordinate Systems”】→【Origin】→【Define By】= Named Selection，【Named Selection】= CS1，【Principal Axis】→【Define By】= Global Z Axis，【Orientation About Principal Axis】→【Define By】= Geometry Selection，【Geometry】选择内圈与之对应的线，然后单击【Apply】，其他默认，如图 16-30 所示。

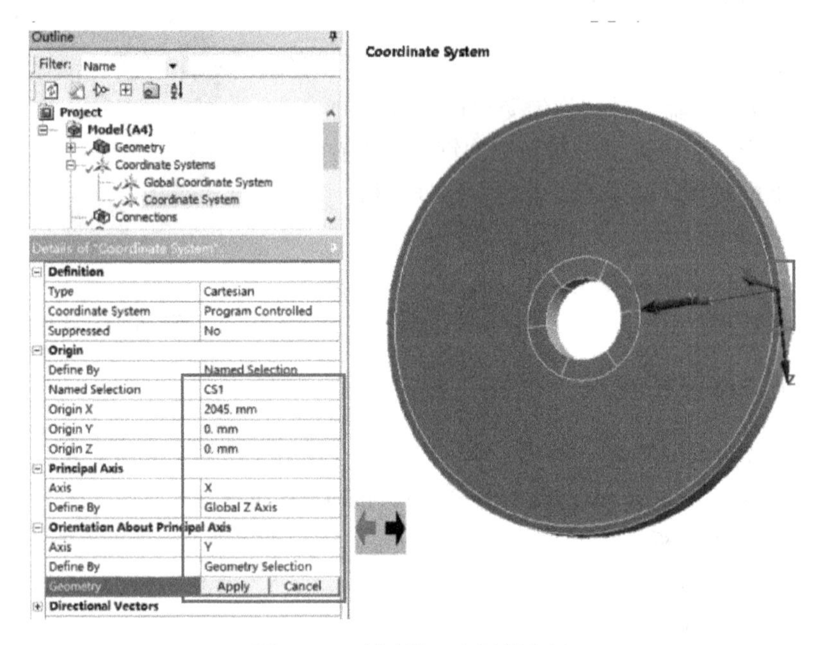

图 16-30 创建第 1 个局部坐标

(2) 创建第 2 个局部坐标，在导航树上右键单击【Coordinate Systems】，在弹出的快捷菜单中选择【Insert】→【Coordinate Systems】，设置【Coordinate Systems】→【Details of“Coordinate Systems”】→【Origin】→【Define By】= Named Selection，【Named Selection】= CS2，【Principal Axis】→【Define By】= Global Z Axis，【Orientation About Principal Axis】→【Define By】= Geometry Selection，【Geometry】选择内圈与之对应的线，然后单击【Apply】，其他默认。

(3) 创建第 3 个局部坐标，在导航树上右键单击【Coordinate Systems】，在弹出的快捷菜单中选择【Insert】→【Coordinate Systems】，设置【Coordinate Systems】→【Details of“Coordinate Systems”】→【Origin】→【Define By】= Named Selection，【Named Selection】= CS3，【Principal Axis】→【Define By】= Global Z Axis，【Orientation About Principal Axis】→【Define By】= Geometry Selection，【Geometry】选择内圈与之对应的线，然后单击【Apply】，其他默认。

(4) 创建第 4 个局部坐标，在导航树上右键单击【Coordinate Systems】，在弹出的快捷菜单中选择【Insert】→【Coordinate Systems】，设置【Coordinate Systems】→【Details of“Coordinate Systems”】→【Origin】→【Define By】= Named Selection，【Named Selection】= CS4，【Principal Axis】→【Define By】= Global Z Axis，【Orientation About Principal Axis】→【Define By】= Geometry Selection，【Geometry】选择内圈与之对应的线，然后单击【Apply】，其他

默认。

（5）创建第 5 个局部坐标，在导航树上右键单击【Coordinate Systems】，在弹出的快捷菜单中选择【Insert】→【Coordinate Systems】，设置【Coordinate Systems】→【Details of "Coordinate Systems"】→【Origin】→【Define By】= Named Selection，【Named Selection】= CS5，【Principal Axis】→【Define By】= Global Z Axis，【Orientation About Principal Axis】→【Define By】= Geometry Selection，【Geometry】选择内圈与之对应的线，然后单击【Apply】，其他默认。

（6）创建第 6 个局部坐标，在导航树上右键单击【Coordinate Systems】，在弹出的快捷菜单中选择【Insert】→【Coordinate Systems】，设置【Coordinate Systems】→【Details of "Coordinate Systems"】→【Origin】→【Define By】= Named Selection，【Named Selection】= CS6，【Principal Axis】→【Define By】= Global Z Axis，【Orientation About Principal Axis】→【Define By】= Geometry Selection，【Geometry】选择内圈与之对应的线，然后单击【Apply】，其他默认，局部坐标显示如图 16-31 所示。

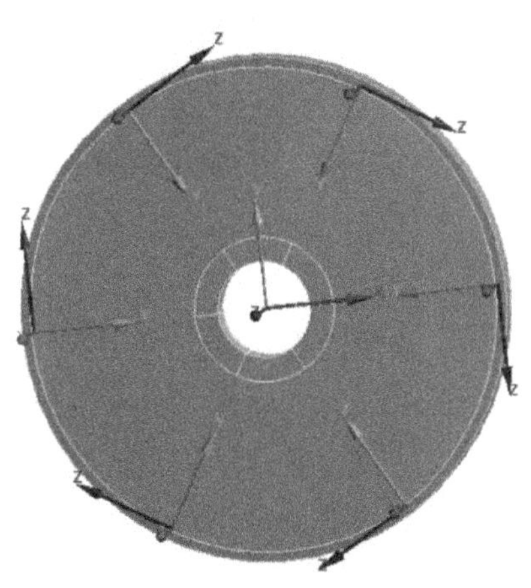

图 16-31 局部坐标显示

7. 划分网格

（1）在导航树上单击【Mesh】→【Details of "Mesh"】→【Sizing】→【Size Function】= Adaptive，【Relevance Center】= Medium，其他默认。

（2）在标准工具栏上单击选择体图标，选择 Inner 和 Dish 模型，然后在导航树上右键单击【Mesh】，从弹出的菜单中选择【Insert】→【Method】→【Details of "Automatic Mesh"】→【Definition】→【Method】→【Hex Dominant】，其他默认。

（3）在标准工具栏上单击，选择所有模型，然后右键单击【Mesh】→【Insert】→【Sizing】，设置【Body Sizing】→【Details of "Body Sizing" -Sizing】→【Definition】→【Element Size】= 100mm。其他默认。

（4）在标准工具栏上单击，选择 Inner 和 Dish 端面，然后右键单击【Mesh】→【Insert】→【Method】→【Face Meshing】，其他默认，如图 16-32 所示。

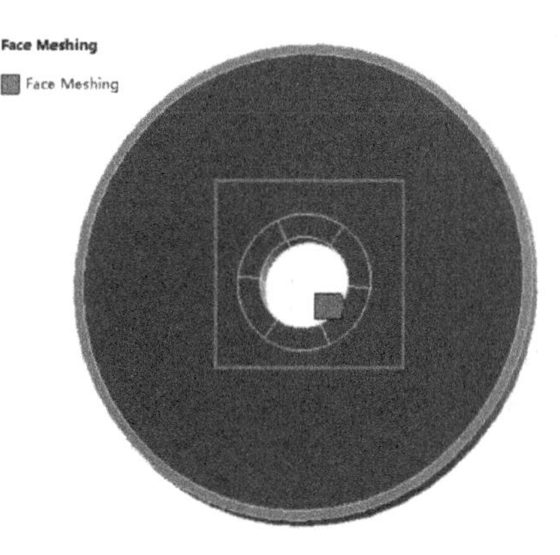

图 16-32 Inner 和 Dish 端面

（5）在标准工具栏上单击，选择圆盘另一所有端面，然后右键单击【Mesh】→【Insert】→【Method】→【Face Meshing】，其他默认，如图 16-33 所示。

（6）生成网格，右键单击【Mesh】→【Generate Mesh】，图形区域显示程序生成的网格模型，如图 16-34 所示。

（7）网格质量检查，在导航树上单击【Mesh】→【Details of "Mesh"】→【Quality】→【Mesh Metric】= Skewness，显示 Skewness 规则下网格质量详细信息，平均值处在好水平范围内，展开【Statistics】显示网格和节点数量。

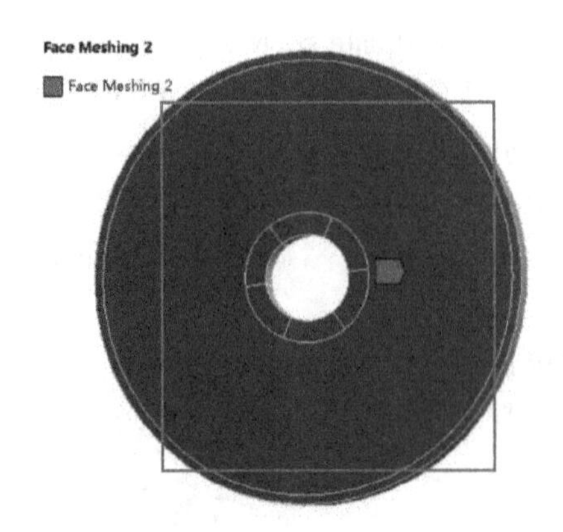

图 16-33 圆盘另一所有端面

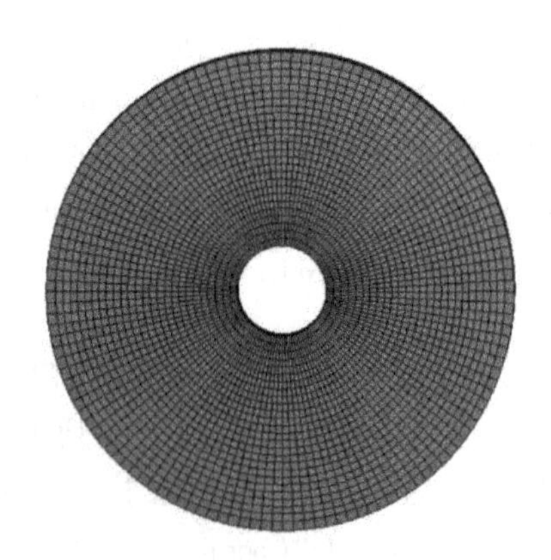

图 16-34 网格划分

8. 施加边界条件

（1）单击【Static Structural（A5）】。

（2）施加第 1 个力载荷，在环境工具栏单击【Loads】→【Force】→【Details of "Force"】→【Scope】，设置【Scoping Method】= Named Selection，【Named Selection】= CS1，【Define By】= Components，【Coordinate System】= Coordinate System，【X Component】= 0N，【Y Component】= 20000N，【Z Component】= 0N。

（3）施加第 2 个力载荷，在环境工具栏单击【Loads】→【Force】→【Details of "Force"】→【Scope】，设置【Scoping Method】= Named Selection，【Named Selection】= CS2，【Define By】= Components，【Coordinate System】= Coordinate System2，【X Component】= 0N，【Y Component】= 20000N，【Z Component】= 0N。

（4）施加第 3 个力载荷，在环境工具栏单击【Loads】→【Force】→【Details of "Force"】→【Scope】，设置【Scoping Method】= Named Selection，【Named Selection】= CS3，【Define By】= Components，【Coordinate System】= Coordinate System3，【X Component】= 0N，【Y Component】= 20000N，【Z Component】= 0N。

（5）施加第 4 个力载荷，在环境工具栏单击【Loads】→【Force】→【Details of "Force"】→【Scope】，设置【Scoping Method】= Named Selection，【Named Selection】= CS4，【Define By】= Components，【Coordinate System】= Coordinate System4，【X Component】= 0N，【Y Component】= 20000N，【Z Component】= 0N。

（6）施加第 5 个力载荷，在环境工具栏单击【Loads】→【Force】→【Details of "Force"】→【Scope】，设置【Scoping Method】= Named Selection，【Named Selection】= CS5，【Define By】= Components，【Coordinate System】= Coordinate System5，【X Component】= 0N，【Y Component】= 20000N，【Z Component】= 0N。

（7）施加第 6 个力载荷，在环境工具栏单击【Loads】→【Force】→【Details of "Force"】→【Scope】，设置【Scoping Method】= Named Selection，【Named Selection】= CS6，【Define By】= Components，【Coordinate System】= Coordinate System6，【X Component】= 0N，【Y Component】= 20000N，【Z Component】= 0N，施加力载荷如图 16-35 所示。

（8）施加固定约束，首先在标准工具栏上单击，选择 Inner 内孔面（共 6 个面），然后在环境工具栏单击【Supports】→【Fixed Support】，其他默认，如图 16-36 所示。

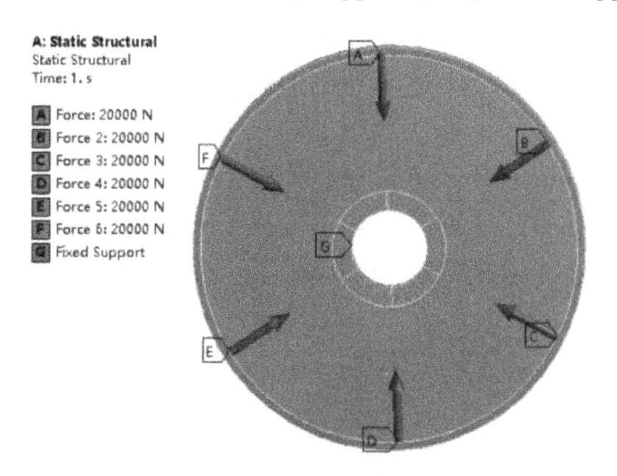

图 16-35　施加力载荷

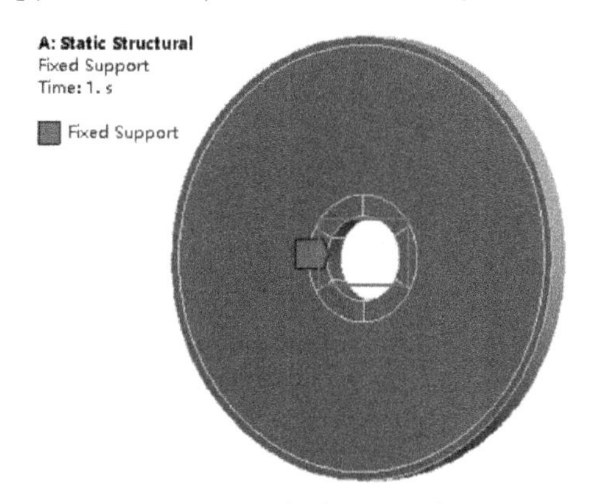

图 16-36　创建固定约束

9. 设置需要的结果

（1）在导航树上单击【Solution（A6）】。

（2）在求解工具栏上单击【Deformation】→【Total】。

（3）在求解工具栏上单击【Stress】→【Equivalent（von-Mises）】。

10. 求解与结果显示

（1）在 Mechanical 标准工具栏上单击 Solve 进行求解运算。

（2）运算结束后，单击【Solution（A6）】→【Total Deformation】，图形区域显示结构分析得到的圆盘结构变形分布云图，如图 16-37 所示；单击【Solution（A6）】→【Equivalent Stress】，显示圆盘结构等效应力分布云图，如图 16-38 所示。

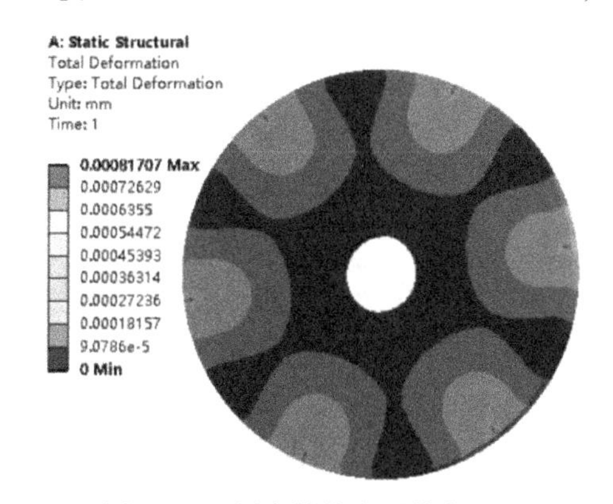

图 16-37　圆盘结构变形分布云图

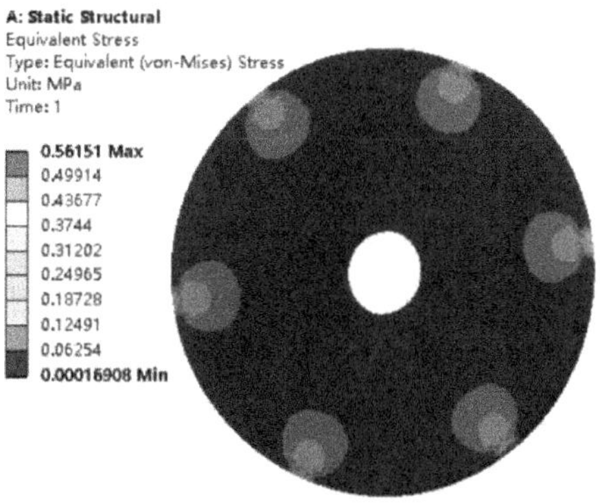

图 16-38　圆盘结构等效应力分布云图

11. 创建拓扑优化分析

（1）右键单击结构静力分析的【Solution】→【Transfer Data To New】→【Topology Optimization】到项目分析流程图，创建拓扑优化分析，如图 16-39 所示。

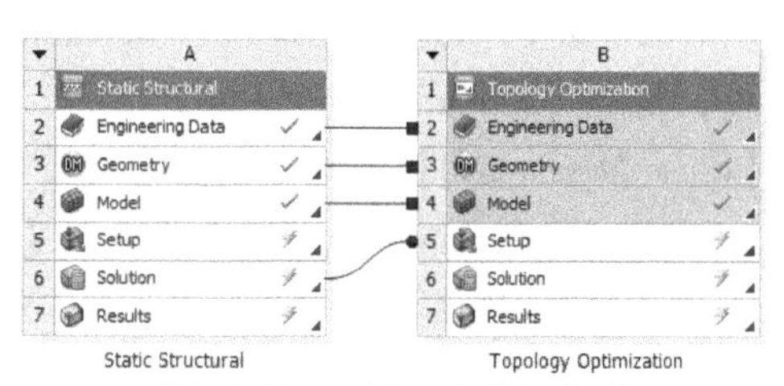

图 16-39　创建拓扑优化分析

（2）返回进入 Multiple System-Mechanical 分析环境。

12. 拓扑优化设置

（1）在导航树上单击【Topology Optimization（B5）】→【Analysis Settings】→【Details of “Analysis Settings”】→【Definition】→【Solver Controls】→【Solver Type】= Optimality Criteria，其他默认。

（2）施加设计优化区域，单击【Optimization Region】→【Details of “Optimization Region”】→【Design Region】→【Geometry】选择 Dish；【Exclusion Region】→【Define By】= Geometry Selection；【Geometry】选择 Inner 和 Outlet，如图 16-40 所示。

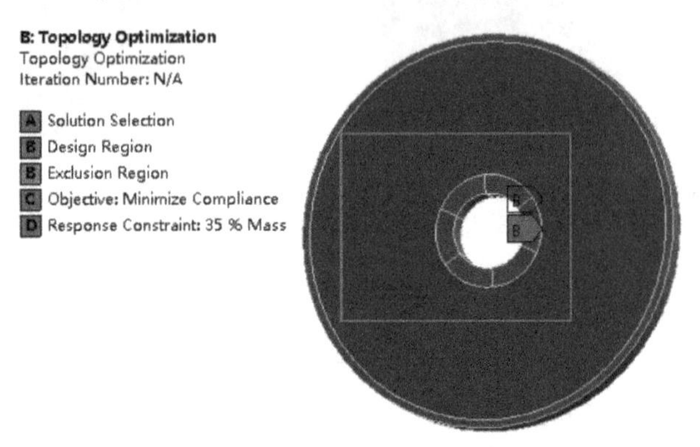

图 16-40 拓扑优化边界设置

（3）施加优化约束，单击【Response Constraint】→【Details of “Response Constraint”】→【Definition】→【Response】= Mass，【Percent to Retain】= 35%。

（4）施加优化目标，单击【Objective】→【Details of “Objective”】→【Definition】→【Response Type】= Compliance，【Goal】= Minimize。

13. 求解与结果显示

（1）在 Multiple System-Mechanical 标准工具栏上单击 Solve 进行求解运算。

（2）运算结束后，单击【Solution（B6）】→【Topology Density】，图形区域显示拓扑优化得到的圆盘结构拓扑密度分布云图，如图 16-41 所示。也可通过设置【Details of “Topology Density”】→【Retained Threshold】= 0.45，显示需保存区域。

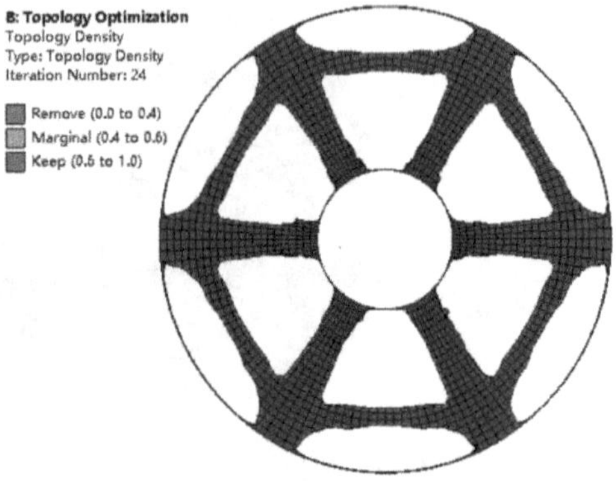

图 16-41 圆盘结构拓扑密度分布云图

14. 保存与退出

（1）退出 Multiple System - Mechanical 分析环境，单击 Mechanical 主界面的菜单【File】→【Close Mechanical】退出环境，返回到 Workbench 主界面。

（2）单击 Workbench 主界面上的【Save】按钮，保存所有分析结果文件。

15. 转入优化验证系统

（1）右键单击拓扑优化分析【Results】→【Transfer to Design Validation System…】，转移

验证分析系统进行设计验证，如图 16-42 所示。

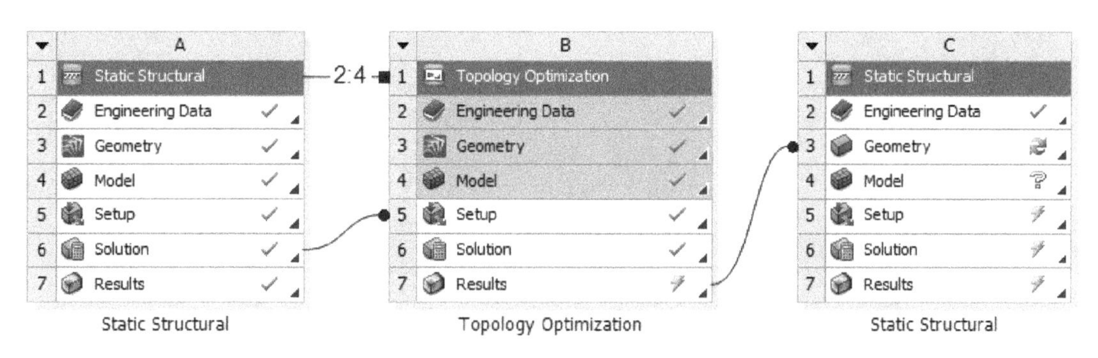

图 16-42　创建设计验证分析系统

（2）右键单击拓扑优化分析【Results】→【Update】，数据传递到验证分析。

（3）右键单击验证分析【Geometry】→【Update】，接收拓扑优化分析数据。

（4）在验证分析上，右键单击【Geometry】→【Edit Geometry in SpaceClaim…】，进入 SpaceClaim 几何工作环境。

16. 优化模型处理

（1）在左侧导航树上，不选第一个 SYS-1，展开第二个 SYS-1。

（2）在工具栏上单击草图模式图标，在模型上选定一点进入草图模式，如图 16-43 所示。框选择模型轮廓线，如图 16-44 所示。然后在工具栏单击 Copy，Paste，创建曲线。最后不选第二个 SYS-1。

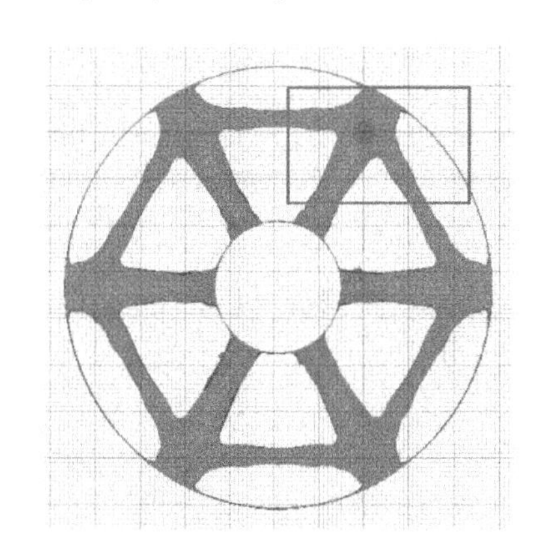

图 16-43　进入草图模式

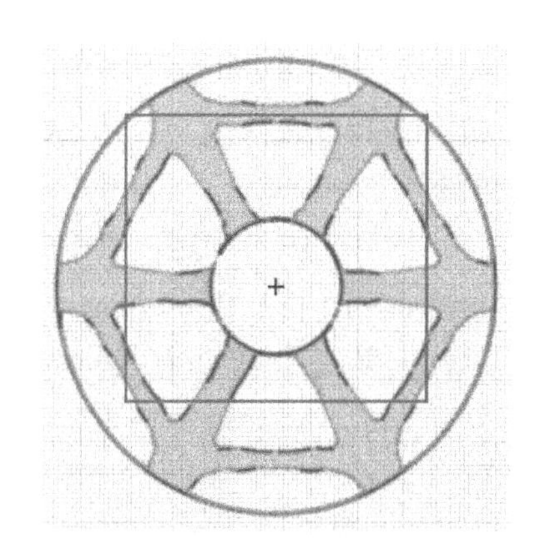

图 16-44　框选择模型轮廓

（3）在工具栏上单击【Design】→【Circle】，在圆心处画内小圆，直径为 1220mm，如图 16-45 所示；在工具栏上单击【Design】→【Circle】，在圆心处画外大圆，直径为 4090mm，如图 16-46 所示。

（4）在工具栏上单击【Design】→【Trim Away】剪切多余边线，用【Line】连接断线，最终草图如图 16-47 所示。

（5）在工具栏上单击【Pull】，然后拉平面增加厚度 300mm，如图 16-48 所示。

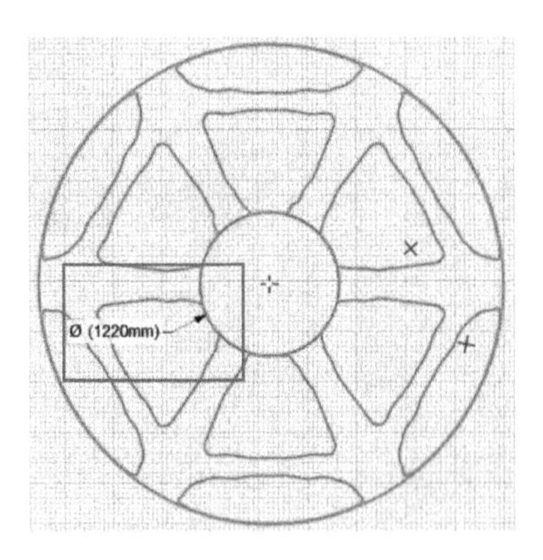

图 16-45　画内小圆

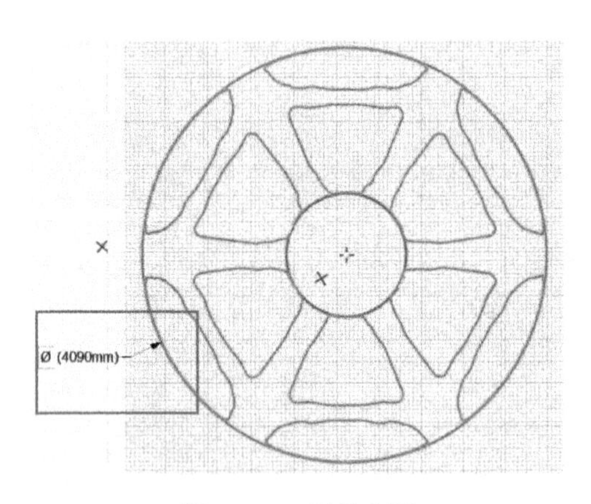

图 16-46　画外大圆

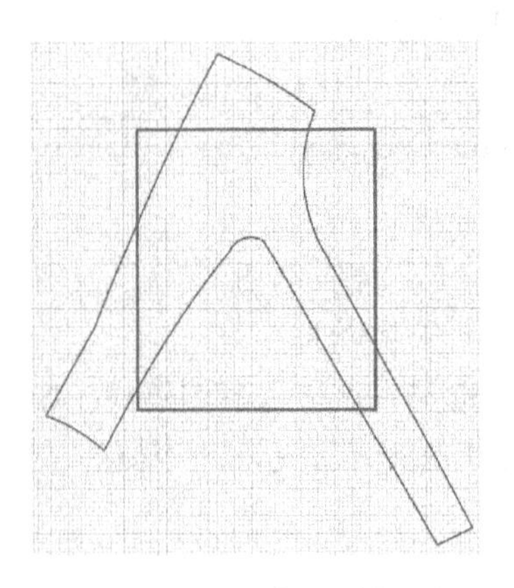

图16-47　修剪搭建后的模型草图

图 16-48　拉伸模型

(6) 在导航树上选择刚生成的 SYS-2 下实体模型，然后选择【Repair】→【Circular Pattern】，再选择阵列中心线，该线可以利用显示 Inner 的中心线，在选项阵列数目【Circular count】为 6，然后选择✓确定，如图 16-49 所示。

(7) 合并阵列，依次展开【Pattern】、【Component1】，然后选择【Component1】下的实体，在工具栏上单击【Repair】→【Combine】，如图 16-50 所示。

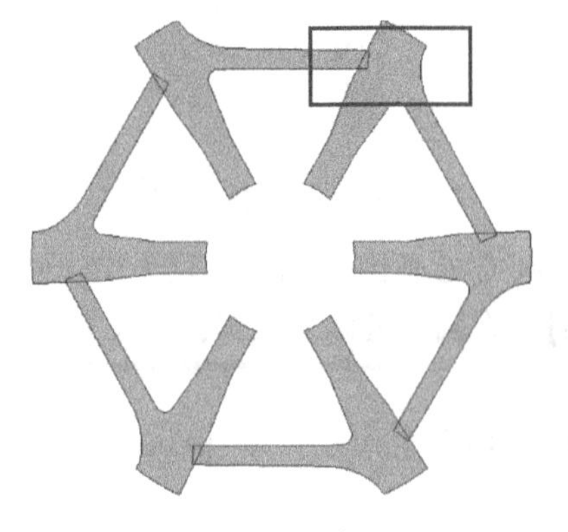

图 16-49　阵列

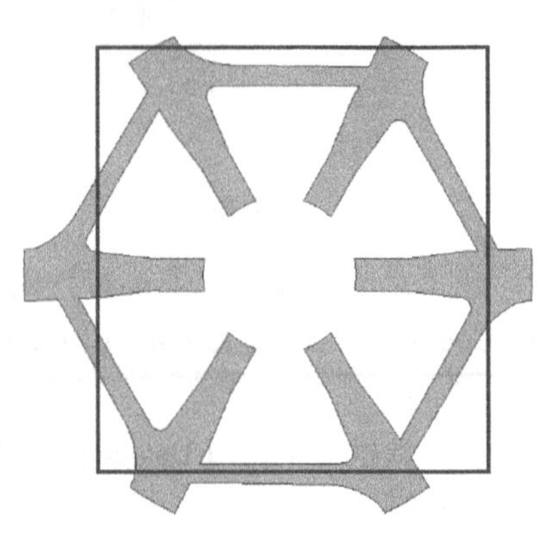

图 16-50　合并阵列

（8）显示整个模型，依次选择【Inner】、【Outer】，显示优化设计模型，如图16-51所示。

（9）在左侧导航树上右键单击【Dish】→【Suppress for Physics】。

（10）单击【File】→【Exit SpaceClaim】关闭SpaceClaim，返回到Workbench主界面。

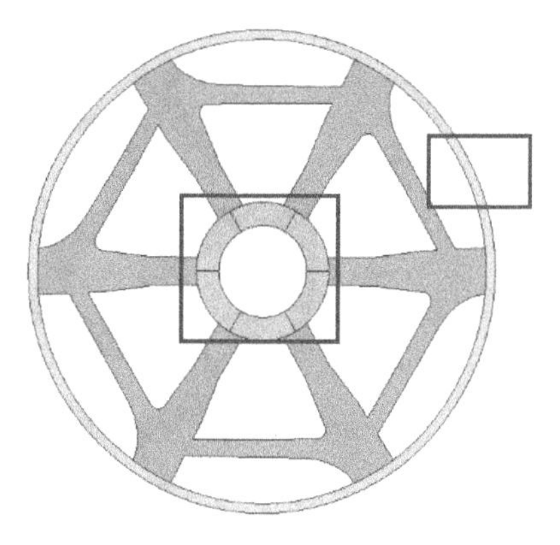

图16-51　显示整个模型

17. 验证分析

（1）右键单击验证分析【Model】→【Refresh】，接收几何数据。

（2）在结构静力分析上，右键单击【Model】→【Edit】进入Mechanical分析环境。

（3）右键单击局部坐标【Coordinate System】→【Suppress】。

（4）接触设置默认。

（5）生成网格，重新选择上步网格划分所设置，其中网格尺寸改为50mm，删除【Face Meshing】面匹配；右键单击【Mesh】→【Generate Mesh】，图形区域显示程序生成的网格模型，如图16-52所示。

（6）网格质量检查，在导航树上单击【Mesh】→【Details of "Mesh"】→【Quality】→【Mesh Metric】= Element Quality，显示Element Quality规则下网格质量详细信息，平均值处在好水平范围内，展开【Statistics】显示网格和节点数量。

（7）施加固定约束与载荷，右键单击【Force】→【Suppress】，施加压力载荷，选择Ouler外圆面，然后在环境工具栏单击【Loads】→【Pressure】→【Details of "Pressure"】→【Definition】→【Magnitude】=0. 3MPa，如图16-53所示。约束结构静力分析相同，施加位置重新选择即可。

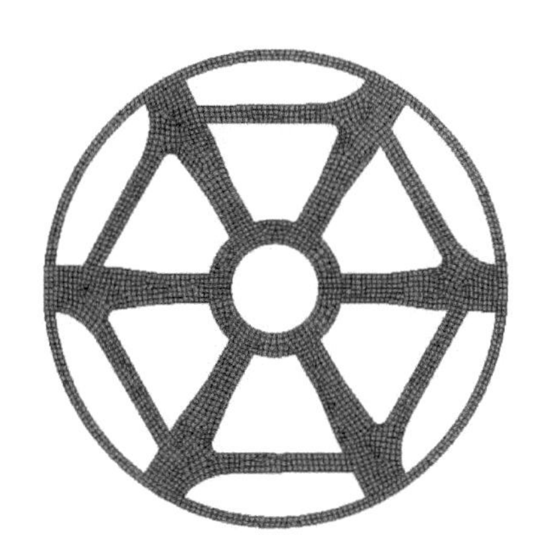

图16-52　网格划分

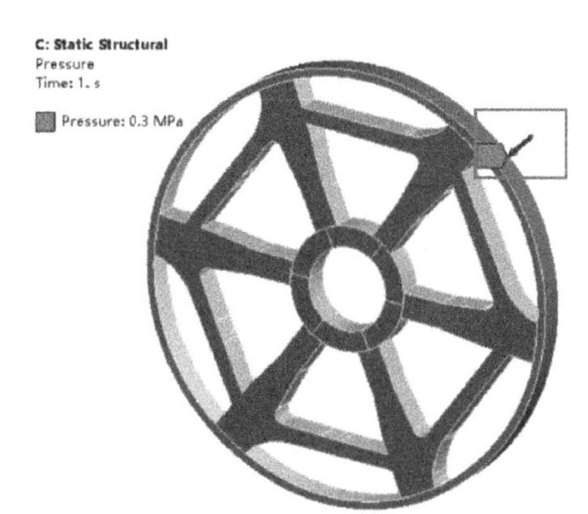

图16-53　施加边界

（8）在Mechanical标准工具栏上单击 Solve 进行求解运算。

（9）运算结束后，单击【Solution（C6）】→【Total Deformation】，图形区域显示优化分析得到的圆盘结构优化模型变形分布云图，如图16-54所示；单击【Solution（C6）】→【Equivalent Stress】，显示优化分析得到的圆盘结构优化模型等效应力分布云图，如图16-55所示。

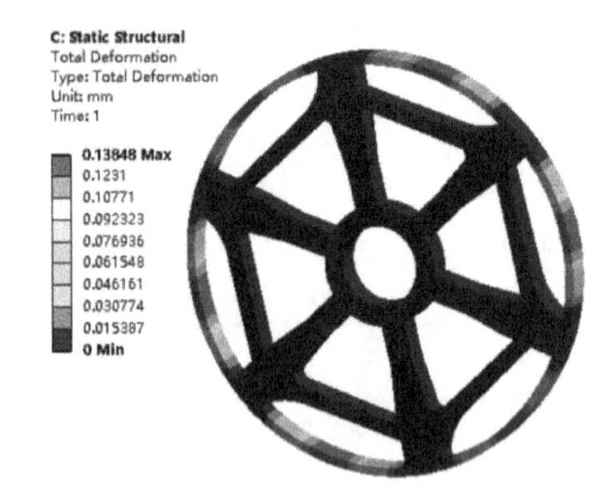

图 16-54 圆盘结构优化模型变形分布云图

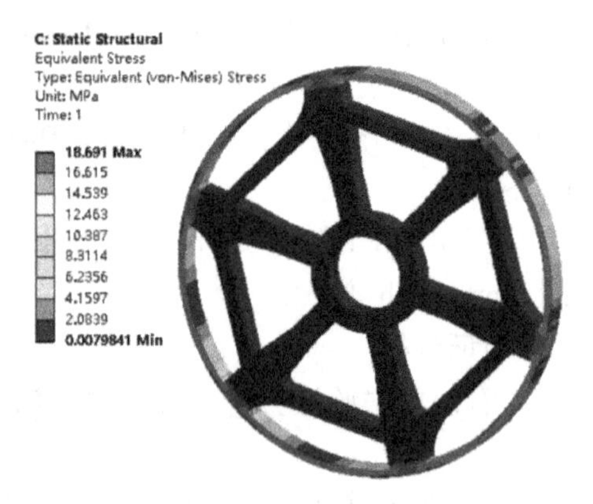

图 16-55 圆盘结构优化模型等效应力分布云图

18. 保存与退出

(1) 退出 Mechanical 分析环境，单击 Mechanical 主界面的菜单【File】→【Close Mechanical】退出环境，返回到 Workbench 主界面，此时主界面的分析流程图中显示的分析已完成。

(2) 单击 Workbench 主界面上的【Save】按钮，保存所有分析结果文件。

(3) 退出 Workbench 环境，单击 Workbench 主界面的菜单【File】→【Exit】退出主界面，完成分析。

16.2.3 结果分析与点评

本实例是圆盘拓扑优化设计分析，为连续体拓扑优化。从优化结果来看，在结构强度允许的条件下，优化结构模型与原圆盘模型相比，节省了材料，结构更合理。本实例通过对优化实体设置设计优化区域、不优化区域、优化目标、优化约束和制造约束等方法实现了新型结构构型设计，虽然还有待实际应用检验，但拓扑优化给我们带来了开辟结构设计的新思路，可以与增材制造方法结合，实现结构的快速制造。随着 ANSYS 模型处理不断强大带来的便捷，使得优化模型可以直接导入 SpaceClaim 进行处理，方便验证分析。本实例优化过程完整，不但给出了圆盘结构拓扑优化的全过程，还给出了由拓扑优化结果网格模型到实体模型处理的全过程及优化结构结果验证分析过程。本实例优化结构简单，但其中的各种方法值得借鉴。需要说明的是，本实例的拓扑优化模型可直接进行增材制造。

参 考 文 献

[1] 买买提明·艾尼，陈华磊. ANSYS Workbench14.0 仿真技术与工程实践［M］. 北京：清华大学出版社，2013.

[2] 买买提明·艾尼，陈华磊，等. ANSYS Workbench18.0 有限元分析入门与应用［M］. 北京：机械工业出版社，2018.

[3] 买买提明·艾尼，陈华磊. ANSYS Workbench18.0 工程应用与实例解析［M］. 北京：机械工业出版社，2018.

[4] 陈华磊，买买提明·艾尼. 旋转对称支承板机座的热分析与变工况计算［J］. 机床与液压，2013，41（1）.

[5] Hibbeler R C. 动力学：影印版［M］. 原书第12版. 北京：机械工业出版社，2014.